필답형/작업형

지적실기

기사 · 산업기사

<<< 머리말

최근 지적측량은 지상측량기계, 사진측량, GPS, LIS 등의 발달로 종래보다 신속하고 경제적인 방법으로 토지경계점의 위치를 정확하게 결정하고 있으며, 도해지적측량제도에서 수치지적측량제도로 변화됨으로써 종합토지정보시스템을 구축할 정도로 고도화되고 있다.

이러한 관점에서 본서는 지적기사·지적산업기사의 자격시험에 철저히 대비할 수 있도록 필수적으로 이해하여야 할 이론을 기초해서 과년도 기출문제 및 예상문제를 자세히 다루었다.

지적측량 자격시험에 관계되는 서적은 많이 출간되었으나 지적기사·지적산업기사 기출문제를 다루는 서적은 출간되지 않아 출제경향 분석 및 과년도 문제유형 파악에 수험생들의 고생은 이루 말할 수 없을 정도였다.

이러한 수험생들의 고충을 다소나마 해소하고자 다년간의 실무업무와 지적기술사 및 지적기사 강의에서 얻어진 경험을 토대로 최신 출제경향을 반영한 출제예상문제를 실은 본서를 출간하게 되었다.

출제예상문제는 반복 출제되는 기출문제를 토대로 만든 것이며, 실제 시험이 이와 비슷하게 출제되므로 100% 숙지하고 반복하여 연습해야 한다.

근래 들어 지적산업기사에 기존 지적기사 기출문제가 출제되고 있는데, 보통 5~6 문제당 1 문제 정도로 출제된다. 따라서 산업기사 수험생들도 특히, 교회점 계산(주관식), 도곽구획, 면적분할 부분은 반드시 숙지하도록 해야 한다. 이와 같은 이유로 기존에 분리되었던 지적기사·지적산업기사를 통합하여 출간하였다.

본서는 수험자 입장에서 다음과 같은 사항에 역점을 두어 편찬하였다.

- 각 장마다 수험생이 필수적으로 이해하여야 할 핵심이론을 정리하여 이해를 돕도록 하였다.
- 각 장의 이론을 바탕으로 그에 따른 기출 문제와 유사 문제를 다루어 실기시험에 완벽을 기할 수 있도록 노력하였다.
- 각 장의 관련 법의 실기에 따른 법규규정을 포함시켜 이해하도록 했으며 또한 실기의 풀이순서를 통해 쉽게 접근할 수 있도록 하였다.
- 영상처리(사진) 및 자세한 해설을 통해 외업실기시험에 효과적으로 대비할 수 있도록 구성하였다.

이상과 같은 사항에 역점을 두어 지적(산업)기사 실기 참고서의 역할을 다할 수 있도록 노력하였으나 아직 미숙한 점이 많으리라 사료되며 앞으로 더 알찬 참고서가 되도록 독자 여러분의 많은 충고와 격려를 바라는 바이다.

아무쪼록 본서가 독자 여러분의 지적측량에 대한 폭넓은 이해 및 수험에 대한 보탬이 된다면 저자로서는 큰 보람이 될 것이며, 이 자리를 빌어 본서를 집필하는 데 많은 도움을 주신 서초수도건축토목학원 박성규 원장님을 비롯한 한국국토정보공사 김현필님, 박근표님, 고광준님에게 심심한 감사를 드리며 또한 어려움에도 불구하고 출판을 맡아 노고를 아끼지 않은 도서출판 예문사 정용수 사장님을 비롯한 직원 여러분께도 깊은 감사를 드리는 바이다.

저자

지적기사·산업기사 실기시험 출제기준 및 검정방법

1. 검정과목 및 출제기준
(1) 지적기사

실기과목명	주요항목	세부항목	세세항목
기초측량 및 세부측량	1. 지적기준점측량	1. 지적삼각점 측량하기	1. 지적측량시행규칙에서 규정하고 있는 지적삼각점 측량의 절차 및 방법을 파악하고 측량계획을 수립할 수 있다. 2. 지적측량시행규칙에서 규정하고 있는 관측오차를 파악하고 지적삼각점 관측과 계산을 할 수 있다.
		2. 지적삼각보조점 측량하기	1. 지적측량시행규칙에서 규정하고 있는 지적삼각보조점 측량의 절차 및 방법을 파악하고 측량계획을 수립할 수 있다. 2. 지적측량시행규칙에서 규정하고 있는 관측오차를 파악하고 지적삼각보조점 관측과 계산을 할 수 있다.
		3. 지적도근점 측량하기	1. 지적측량시행규칙에서 규정하고 있는 지적도근점 측량의 절차 및 방법을 파악하고 측량계획을 수립할 수 있다. 2. 지적측량시행규칙에서 규정하고 있는 관측오차를 파악하고 지적도근점 관측과 계산을 할 수 있다.
	2. 세부측량	1. 현지 측량하기	1. 지적측량시행규칙에서 규정하고 있는 세부측량의 기준 및 방법을 파악하고 현지측량을 실시할 수 있다. 2. 세부측량의 기준이 되는 기준점을 확인하고 활용할 수 있다. 3. 측량기기를 현지에 설치하고 관측 및 오차를 조정할 수 있다.
		2. 성과 결정하기	1. 지적측량시행규칙에서 규정하고 있는 성과결정방법을 파악할 수 있다. 2. 기지경계선과 도상경계선의 부합여부를 확인하여 성과를 결정할 수 있다. 3. 지적측량시행규칙에서 정하고 있는 필지에 대한 면적을 측정하고 계산할 수 있다.
		3. 결과부 작성하기	1. 지적측량시행규칙에서 규정하고 있는 측량결과부에 등록할 사항을 파악할 수 있다. 2. 성과결정에 따른 측량결과도 및 측량성과도를 작성할 수 있다. 3. 지적공부 정리에 필요한 측량결과 파일을 생성할 수 있다.

(2) 지적산업기사

실기과목명	주요항목	세부항목	세세항목
기초측량 및 세부측량	1. 지적기준 점측량	1. 지적삼각 보조점 측량하기	1. 지적측량시행규칙에서 규정하고 있는 지적삼각보조점 측량의 절차 및 방법을 파악하고 측량계획을 수립할 수 있다. 2. 지적측량시행규칙에서 규정하고 있는 관측오차를 파악하고 지적삼각보조점 관측과 계산을 할 수 있다.
		2. 지적도근점 측량하기	1. 지적측량시행규칙에서 규정하고 있는 지적도근점 측량의 절차 및 방법을 파악하고 측량계획을 수립할 수 있다. 2. 지적측량시행규칙에서 규정하고 있는 관측오차를 파악하고 지적도근점 관측과 계산을 할 수 있다.
	2. 세부측량	1. 현지 측량하기	1. 지적측량시행규칙에서 규정하고 있는 세부측량의 기준 및 방법을 파악하고 현지측량을 실시할 수 있다. 2. 세부측량의 기준이 되는 기준점을 확인하고 활용할 수 있다. 3. 측량기기를 현지에 설치하고 관측 및 오차를 조정할 수 있다.
		2. 성과 결정하기	1. 지적측량시행규칙에서 규정하고 있는 성과결정방법을 파악할 수 있다. 2. 기지경계선과 도상경계선의 부합여부를 확인하여 성과를 결정할 수 있다. 3. 지적측량시행규칙에서 정하고 있는 필지에 대한 면적을 측정하고 계산할 수 있다.
		3. 결과부 작성하기	1. 지적측량시행규칙에서 규정하고 있는 측량결과부에 등록할 사항을 파악할 수 있다. 2. 성과결정에 따른 측량결과도 및 측량성과도를 작성할 수 있다. 3. 지적공부 정리에 필요한 측량결과 파일을 생성할 수 있다.

2. 검정방법

종목	시험방법	시험시간	채점방법	배점
지적기사	주관식 필기시험(6~10)문제와 작업형(100점 만점에 60점 이상)	필답형 : 3시간 작업형 : 1시간 45분	필답형 : 중앙채점 작업형 : 현지채점	필답형 : 55점 작업형 : 45점
지적 산업기사	주관식 필기시험(6~10)문제와 작업형(100점 만점에 60점 이상)	필답형 : 2시간 30분 작업형 : 1시간 10분	필답형 : 중앙채점 작업형 : 현지채점	필답형 : 55점 작업형 : 45점

Contents

Part I　내업필답형

Contents

Part Ⅱ 　　외업작업형

Part Ⅲ 출제예상문제

Contents

Part

01

Engineer Cadastral Surveying
Industrial Engineer Cadastral Surveying

내업필답형

contents

CHAPTER

01

지적삼각측량 및 삼각보조측량

1. 개요

지표면상에 삼각망을 구성하여 최소한도의 거리측정과 최대한도의 각도 측정으로 지표면상 원거리에 있는 미지점의 상호위치를 결정함으로써 각 직선의 방향과 수평거리를 측정하여 여러 가지 측량의 골격을 이루는 측량이다.

2. 핵심용어

(1) 각조건

삼각형의 내각의 합이 $180°$가 되어야 한다는 조건과 같이 각 상호 간에서 성립될 조건

(2) 변조건

삼각망 중에서 임의의 한 변의 길이는 계산순서에 관계없이 동일해야 하는 조건

(3) 공차

허용오차

(4) 관측오차

관측에 따라 생기는 오차, 관측값와 참값의 오차

(5) 교차

어떤 양에 대한 2가지의 측정값의 차

(6) 귀심

측표 또는 기기의 중심은 표석 중심과 동일 연직선상에 있지 않으면 안되나 장애물로 인하여 기준점에 기계를 세울 수 없을 때 표석에서 약간 떨어진 위치에 기계를 거치하여 관측하는 경우는, 이 결과를 보정하여 표석상의 값으로 계산하며 이 작업을 귀심이라 한다. 귀심에는 측표귀심과 점표귀심이 있다.

(7) 기선

삼각측량에서 삼각망의 1변에 설치하는 기본적인 측선. 될 수 있는 한 평탄지에서 길이 3~6km로 정한다. 기선측량에는 인버(Inver)와이어를 쓰는 것이 보통이다.

(8) 방위

어떤 직선이 자오선과 이루는 예각, 그 표시방법은 그 직선의 방위각 A가 속하는 상한에 따라 결정된다.

(9) 방위각

진북을 기준으로 하여 우회로 측정한 각을 그 직선의 방위각이라 한다.

(10) 대회관측법

지적삼각측량에서 주로 사용하는 수평각 관측방법으로 정·반위 방향관측법으로 관측한다.

(11) 기준점

삼각점, 도근점, 수준점 등에 의하여 위치와 높이가 결정되는데 이 점들을 결정하는 측량을 기준점 측량이라고 한다.

(12) 기지각

이미 알고 있는 각

(13) 삼각망

삼각함수를 써서 삼각형의 해법 및 그 응용을 연구하는 수학의 한 분과

(14) 삼각쇄

양단의 기선을 두고 삼각형이 단열로 연이어진 삼각망

(15) 삽입망

기지 2변을 기준으로 하여 신설 삼각점 1개 이상 수 개를 측설하는 방법으로서 일반적으로 안전하고 실무에 가장 많이 이용된다.

계산은 2변이 형성하는 기지내각과 관측각의 차가 반드시 40초 이내여야 한다. 각 삼각형의 내각은 기지변의 대각을 β로, 소구변의 대각을 α로, 기타의 각을 γ로 사용하여야 지적삼각측량 서식으로 계산할 수 있다.

(16) 수평각 점표귀심

수평각의 측점귀심과는 반대로 점표(보표)가 중심에서 벗어난 경우 혹은 있다고 하더라도 점의 중심에서 벗어났기 때문에 그 옆의 가까운 거리에 똑똑히 보이는 지물을 시준한 때에는 계산에 의하여 시준점의 중심을 관측한 값으로 계산하여야 하는데 이를 수평각의 점표귀심이라 한다.

(17) 수평각 측점귀심

삼각점의 중심에 기계를 세워 둘 수 없을 때 또는 세울 수 있다고 하더라도 다른 점을 시준하는 데 많은 수목을 베어내야 할 경우가 가끔 있다. 이때에는 중심 삼각점 가까운 곳에 편심측점을 설치하고 여기에 기계를 세워 보통 때와 같이 각도를 관측하고 따로 중심점과 편심의 관계에 따라 중심 삼각점에서 관측한 것과 같은 각도를 산출하는데, 이를 수평각의 측점귀심이라 한다.

(18) 유심다각망

기지 2점 간의 거리와 방위각을 기준으로 하여 보통 5각형 이상의 폐다각형을 형성한 삼각형의 계산으로 일시에 같은 점을 설치할 수 있는 이점이 있다.

(19) 편심

중심이 서로 일치하지 않는 것

(20) 4사 5입법

단수처리에서 4 이하인 때에는 내리고 5 이상인 때에는 올리는 방법

예) 356.49 → 356   0.965 → 0.97

　　356.51 → 357   3.765 → 3.77

(21) 5사 5입법

단수처리에서 생략할 자리수 이하의 수들이 5보다 클 때에는 올리고 5보다 적을 때에는 내린다. 또한 5일 경우에는 5앞의 수가 짝수일 때는 내리고, 5앞의 수가 홀수일 때에는 올리는 방법이다.

예) 3.765 → 3.76   0.945 → 0.94

　　0.955 → 0.96   0.975 → 0.98

3. 지적삼각측량 및 지적삼각보조측량 실시기준

▌지적삼각측량

(1) 경위의 측량법

• 수평각 측각공차

종별	1방향각	1측회의 폐색	삼각형 내각관측치의 합과 180°와의 차	기지각과의 차
공차	30초 이내	±30초 이내	±30초 이내	±40초 이내

(2) 전파기, 광파기 측량법

점간거리 측정은 5회 측정하여 최대치와 최소치의 교차	삼각형 내각계산은 3변 평면거리 계산하여 기지각과의 차
10만분의 1미터 이하	±40초 이내

(3) 연직각

정·반 관측치의 최대와 최소의 교차	2개의 기지점에서 소구점의 표고를 계산한 결과 그 교차
30초 이내	$0.05m + 0.05(S_1 + S_2)m$ 이하 ※ S_1, S_2는 기지점에서 소구점까지의 평면거리로서 km 단위로 표시한 수임

(4) 계산

종별	각	변의 길이	진수	좌표 또는 표고	경위도	자오선수차
단위	초	cm	6자리 이상	cm	초아래 3자리	초아래 1자리

지적삼각보조측량

(1) 교회법

• 수평각 측각공차

종별	1 방향각	1측회의 폐색	삼각형 내각관측치의 합과 180°와의 차	기지각과의 차	연결교차 $\sqrt{종선교차^2 + 횡선교차^2}$
공차	40초 이내	±40초 이내	±50초 이내	±50초 이내	0.3m 이하

(2) 전파기, 광파기 측량법

종별	점간거리의 측정은 5회 측정하여 최대치와 최소치의 교차	정반 관측치의 최대치와 최소치의 교차	기지각과의 차	연결교차 $\sqrt{종선교차^2 + 횡선교차^2}$
공차	1/100,000m 이하	30초 이내	±50초 이내	0.30m 이내

(3) 다각망 도선법

종별	점간거리 측정은 5회 측정하여 최대치와 최소치의 교차	정반 관측치의 최대치와 최소치의 교차	평균방위각과 관측방위각의 폐색오차	연결교차 $\sqrt{\text{종선교차}^2 + \text{횡선교차}^2}$
공차	1/100,000m 이하	30초 이내	±10√n (n은 폐색변을 포함한 변수)	0.05×Sm 이하 (S는 기지점과 교점간 또는 교점과 교점간 점간거리의 총합계를 1000으로 나눈 수임)

(4) 계산

종별	각	변장	진수	좌표
단위	초	cm	6자리 이상	cm

4. 수평각 측점귀심 계산

(1) 정의

삼각측량시 현지사정에 의하여 삼각점 중심에 기계를 세울 수 없는 경우 삼각점에서 가까운 위치로 이동하여 관측하는 방법으로 편심거리와 편심각을 이용하여 계산한다.

(2) 핵심 이론

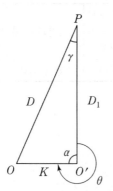

여기서, D : 삼각점간 거리
K : 편심거리
θ : 편심각

$$\frac{K}{\sin \gamma} = \frac{D}{\sin (360° - \theta)}$$

$$\sin \gamma = \frac{K \times \sin (360° - \theta)}{D}$$

$$\gamma'' = \frac{K \times \sin (360° - \theta)}{D \cdot \sin 1''} = \frac{K \times \sin (360° - \theta)}{D} \times \rho''$$

(3) 풀이 순서

시준점, 편심거리 기재	
α 계산	관측방향각 $+ (360° - \theta)$
γ'' 계산	$\dfrac{1}{D} \times \dfrac{1}{\sin 1''} \times K \times \sin \alpha$
γ' 계산(귀심화수)	분초로 환산
중심방향각 계산	관측방향각 $+ \gamma'$
C점에서 O점을 O'로 한 중심방향각	중심방향각－원방향의 γ각
중심각	앞선방향각－뒤에 따른 방향각

실전문제 및 해설

01 서5에서 측점귀심방법으로 수평각을 측정하여 편심거리 K = 3.450 m, θ = 125°13′40″, 주어진 서식을 이용하여 중심각을 산출하시오.

시준점	서17	서23	서30	서24
관측방향각	0°00′00″	23°12′42.5″	61°25′17.3″	123°34′29.2″
거리(m)	3021.70	2175.43	3598.26	1335.83

해설

01 측점명 서5 기재

02 K란에 3.450기재

03 α의 계산 → 관측방향각 + (360° − θ)

	서17	서23	서30	서24
	0° 00′ 00″	23° 12′ 42.5″	61° 25′ 17.3″	123° 34′ 29.2″
+	234° 46′ 20″	234° 46′ 20.0″	234° 46′ 20.0″	234° 46′ 20.0″
$\alpha=$	234° 46′ 20″	257° 59′ 02.5″	296° 11′ 37.3″	358° 20′ 49.2″

04 $\dfrac{1}{D}$ 의 계산

측선	서5−서17	서5−서23	서5−서30	서5−서24
거리 (D)	3021.70	2175.43	3598.26	1335.83
$\dfrac{1}{D}$	0.000331	0.000460	0.000278	0.000749

05 $\sin\alpha$의 계산

	서17	서23	서30	서24
α	234° 46′ 20″	257° 59′ 02.5″	296° 11′ 37.3″	358° 20′ 49.2″
$\sin\alpha$	−0.816865	−0.978090	−0.897307	−0.028846

06 r'' 계산 → $\dfrac{1}{D} \times \dfrac{1}{\sin 1''} \times K \times \sin \alpha$

서5−서17　$r'' = 0.000331 \times 206264.8 \times 3.450 \times (-0.816865) = -192.4''$

서5−서23　$r'' = 0.000460 \times 206264.8 \times 3.450 \times (-0.978090) = -320.2''$

서5−서30　$r'' = 0.000278 \times 206264.8 \times 3.450 \times (-0.897307) = -177.5''$

서5−서24　$r'' = 0.000749 \times 206264.8 \times 3.450 \times (-0.028846) = -15.4''$

07 r''를 분, 초로 환산(r)

서5−서17 $= -3'\ 12.4''$

서5−서23 $= -5'\ 20.2''$

서5−서30 $= -2'\ 57.5''$

서5−서24 $= -0'\ 15.4''$

08 중심방향각 계산 → 관측방향각 $+ r'$

서5−서17 $=\quad 0°\ 00'\ 00.0'' + (-3'\ 12.4'') =\quad -3'\ 12.4''$

서5−서23 $=\ 23°\ 12'\ 42.5'' + (-5'\ 20.2'') =\ 23°\ 07'\ 22.3''$

서5−서30 $=\ 61°\ 25'\ 17.3'' + (-2'\ 57.5'') =\ 61°\ 22'\ 19.8''$

서5−서24 $= 123°\ 34'\ 29.2'' + (-0'\ 15.4'') = 123°\ 34'\ 13.8''$

09 C점에서 O점을 $0°$로 한 중심방향각 → (중심방향각 $- r'$)

서5−서17 $=\qquad -3'\ 12.4'' - (-3'\ 12.4'') =\quad 0°\ 0'\ 00.0''$

서5−서23 $=\ 23°\ 07'\ 22.3'' - (-3'\ 12.4'') =\ 23°\ 10'\ 34.7''$

서5−서30 $=\ 61°\ 22'\ 19.8'' - (-3'\ 12.4'') =\ 61°\ 25'\ 32.2''$

서5−서24 $= 123°\ 34'\ 13.8'' - (-3'\ 12.4'') = 123°\ 37'\ 26.2''$

10 중심각 계산 → (앞선 방향각−뒤에 따른 방향각)

∠서17, 서5, 서23 $=\ 23°\ 10'\ 34.7'' -\quad 0°\ 00'\ 00.0'' =\ 23°\ 10'\ 34.7''$

∠서23, 서5, 서30 $=\ 61°\ 25'\ 32.2'' -\ 23°\ 10'\ 34.7'' =\ 38°\ 14'\ 57.5''$

∠서30, 서5, 서24 $= 123°\ 37'\ 26.2'' -\ 61°\ 25'\ 32.2'' =\ 62°\ 11'\ 54.0''$

∠서24, 서5, 서17 $= 360°\ 00'\ 00.0'' - 123°\ 37'\ 26.2'' = 236°\ 22'\ 33.8''$

합계　$360°$

[정답]

수평각측점귀심계산부

[별지 제35호 서식]

		측점명	서5	점			360°	00′	00″
$r''=\dfrac{K\cdot\sin\alpha}{D\cdot\sin 1''}$ α : 관측방향각 $+(360°-\theta)$ K : 편심거리(5 m 이내) D : 삼각점간 거리(약치도 가함)			$K=$	3.450	m	$\theta=$	125°	13′	40″
						$360°-\theta=$	234°	46′	20″

시준점	$O=$서17	$P=$서23	$Q=$서30	$R=$서24	$S=$
관측방향각	0° 00′ 00″	23° 12′ 42.5″	61° 25′ 17.3″	123° 34′ 29.2″	° ′ ″
$360°-\theta$	234° 46′ '20″	234° 46′ 20.0″	234° 46′ 20.0″	234° 46′ 20.0″	
α	+⌐ 234° 46′ 20″	+⌐ 257° 59′ 02.5″	+⌐ 296° 11′ 37.3″	+⌐ 358° 20′ 49.2″	+⌐
	(3021.70)	(2175.43)	(3598.26)	(1335.83)	
$\dfrac{1}{D}$	0.000331	0.000460	0.000278	0.000749	
$\dfrac{1}{\sin 1''}$	206264.8	206264.8	206264.8	206264.8	
K	3.450m	3.450m	3.450m	3.450m	
$\sin\alpha$	−0.816865	−0.978090	−0.897307	−0.028846	
r''	×⌐ −192.4″	×⌐ −320.2″	×⌐ −177.5″	×⌐ −15.4″	×⌐
r	−3′ 12.4″	−5′ 20.2″	−2′ 57.5″	−0′ 15.4″	″
중심방향각	−0° 3′ 12.4″	23° 07′ 22.3″	61° 22′ 19.8″	123° 34′ 13.8″	° ′ ″
C점에서 O점을 0°한 중심방향각	0° 00′ 00.0″	23° 10′ 34.7″	61° 25′ 32.2″	123° 37′ 26.2″	° ′ ″
중심각	23° 10′ 34.7″	38° 14′ 57.5″	62° 11′ 54.0″	236° 22′ 33.8″	
비고	D : 중심삼각점과 시준점간 거리 r'' : 초를 단위로 한, 귀심화수 r : 분초를 환산한, 귀심화수 $\Big\}$ 부호는 $\sin\alpha$의 정, 부에 따라 붙임				

약 도

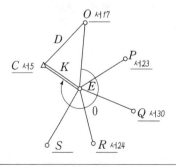

C : 중심삼각점
E : 편심측점
K : 편심거리

02 기10에서 측점귀심방법으로 수평각을 측정하여 편심거리 $K = 4.150\,\text{m}$, $\theta = 256°$ $12'\ 45.4''$이며 주어진 서식을 이용하여 중심각을 산출하시오.

시준점	기9	서33	서44	기8
관측방향각	0° 00′ 00″	68° 45′ 25.2″	178° 18′ 23.5″	225° 53′ 42.9″
거리(m)	3212.90	3908.12	3625.55	4192.70

해설

01 측점명 및 편심거리 기재

02 α 계산 → 관측방향각 $+ (360° - \theta)$

03 $\dfrac{1}{D}$ 의 계산

$\dfrac{1}{3212.90} = 0.000311$

04 $\dfrac{1}{\sin''}$ 및 K 기재

05 $\sin \alpha$ 계산

$\sin 103°\ 47'\ 14.6'' = 0.971187$

06 r'' 계산 → $\dfrac{1}{D} \times \dfrac{1}{\sin 1''} \times K \times \sin \alpha$

기10 → 기9 : $r'' = 0.000331 \times 206264.8 \times 4.150 \times 0.971187 = 258.5''$

07 r''를 분, 초로 환산(r)

08 중심방향각 계산 → 관측방향각 $+ r$

기10 → 기9 : $0°\ 00'\ 00.0'' + 4'\ 45.5'' = 0°\ 04'\ 18.5''$

09 C점에서 O점을 $0°$로 한 중심방향각 → (중심방향각 $- r$)

기10 → 기9 : $0°\ 04'\ 18.5'' - 4'\ 18.5'' = 0°\ 00'\ 00''$

10 중심각 계산 → (앞선방향각 − 뒤에 따른 방향각)

$\angle OEC = 68°\ 41'\ 35.1'' - 0°\ 00'\ 00'' = 68°\ 41'\ 35.1''$

[정답]

수평각측점귀심계산부

[별지 제35호 서식]

$r'' = \dfrac{K \cdot \sin\alpha}{D \cdot \sin 1''}$	측 점 명	기10 점		360° 00′ 00.0″	
α : 관측방향각 $+(360° - \theta)$	$K=$ 4.150 m		$\theta=$	256° 12′ 45.4″	
K : 편심거리(5m 이내)			$360° - \theta=$	103° 47′ 14.6″	
D : 삼각점간 거리(약치도 가함)					

시준점	$O=$기9	$P=$서33	$Q=$서44	$R=$기8	$S=$
관측방향각	0° 00′ 00″	68° 45′ 25.2″	178° 18′ 23.5″	225° 53′ 42.9″	′ ″
$360° - \theta=$	103° 47′ 14.6″	103° 47′ 14.6″	103° 47′ 14.6″	103° 47′ 14.6″	
α	+⌐103° 47′ 14.6″	+⌐172° 32′ 39.8″	+⌐282° 05′ 38.1″	+⌐329° 40′ 57.5″	+⌐
$\dfrac{1}{D}$	0.000311	0.000256	0.000276	0.000239	
$\dfrac{1}{\sin 1''}$	206264.8	206264.8	206264.8	206264.8	
K	4.150m	4.150m	4.150m	4.150m	
$\sin\alpha$	0.971187	0.129758	−0.977805	−0.504789	
r''	×⌐ 258.5″	×⌐ 28.4″	×⌐ −231.0″	×⌐ −103.3″	×⌐
r	4′ 18.5″	28.4″	−3′ 51.0″	−1′ 43.3″	″
중심방향각	0° 04′ 18.5″	68° 45′ 53.6″	178° 14′ 32.5″	225° 51′ 59.6″	° ′ ″
C점에서 O점을 0°로 한 중심방향각	0° 00′ 00.0″	68° 41′ 35.1″	178° 10′ 14.0″	225° 47′ 41.1″	° ′ ″
중심각	68° 41′ 35.1″	109° 28′ 38.9″	47° 37′ 27.1″	134° 12′ 18.9″	

비고	D : 중심삼각점과 시준점간 거리 r'' : 초를 단위로 한, 귀심화수 } r : 분초를 환산한, 귀심화수 부호는 $\sin\alpha$의 정, 부에 따라 붙임

약 도

C : 중심삼각점
E : 편심측점
K : 편심거리

5. 수평각 점표귀심 계산

(1) 정의

수평각 관측할 때 시준점에 세운 점표(조표)가 관측이 불가할 때 점표의 중심에서 약간 이동하여 관측함으로써 수평각을 얻는 방법

(2) 핵심 이론

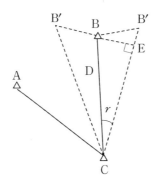

∴ r각이 계산되면 점표를 기준으로 우측인 경우 (−), 좌측인 경우 (+) 부호를 붙인다.

$$\frac{BE}{\sin r} = \frac{D}{\sin 90°}$$

$$\sin r = \frac{BE \times \sin 90°}{D}$$

$$r = \sin^{-1}(\frac{BE \times \sin 90°}{D})$$

$$r'' = \frac{BE}{D} \times \rho''$$

(3) 풀이 순서

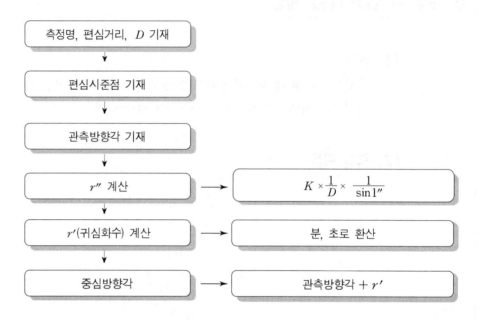

측정명, 편심거리, D 기재

↓

편심시준점 기재

↓

관측방향각 기재

↓

r'' 계산 → $K \times \dfrac{1}{D} \times \dfrac{1}{\sin 1''}$

↓

r'(귀심화수) 계산 → 분, 초로 환산

↓

중심방향각 → 관측방향각 $+ r'$

실전문제 및 해설

01 서10에서 중심각을 측정하려고 했으나 장애물로 인하여 관측하지 못하고 다음과 같이 편심관측하였다. 정확한 중심방향각을 구하시오.

	서11	서12	서13
관측방향각	32° 43′ 56.3″	54° 29′ 40″	78° 34′ 43.3″
편심거리(m)	2.430	3.245	1.217
삼각점간 거리(m)	2345.67	3021.07	3398.70

해설

01 측점명 "서10" 기재

02 $K=$ 2.430, 3.245, 1.217 기재

03 $D = 2345.67,\ 3021.07,\ 3398.70$ 기재

04 편심 시준점 $O' = $ 서11

   $P' = $ 서12

   $Q' = $ 서13 기재

05 관측 방향각 기재

	서11	서12	서13
관측방향각	32° 43′ 56.3″	54° 29′ 40.0″	78° 34′ 43.3″

06 $\dfrac{1}{D}$ 의 계산

측선	서10−서11	서10−서12	서10−서13
D	2345.67	3021.07	3398.70
$\dfrac{1}{D}$	0.000426	0.000331	0.000294

07 r'' 의 계산 → $\left(K \times \dfrac{1}{D} \times \dfrac{1}{\sin 1''} \right)$

   서10−서11 $(r'') = 2.430 \times 0.000426 \times 206264.81 = 213.5''$

   서10−서12 $(r'') = 3.245 \times 0.000331 \times 206264.81 = 221.5''$

   서10−서13 $(r'') = 1.217 \times 0.000294 \times 206264.81 = 73.8''$

08 r(귀심화수) 계산 → r''를 분, 초로 환산

   서10−서11 $(r') = 3'\ 33.5''$

   서10−서12 $(r) = 3'\ 41.5''$

   서10−서13 $(r) = 1'\ 13.8''$

09 중심방향각 계산 → (관측방향각 + r)

   서10−서11 $= 32°\ 43'\ 56.3'' + 3'\ 33.5'' = 32°\ 47'\ 29.8''$

   서10−서12 $= 54°\ 29'\ 40.0'' + 3'\ 41.5'' = 54°\ 33'\ 21.5''$

   서10−서13 $= 78°\ 34'\ 43.3'' + 1'\ 13.8'' = 78°\ 35'\ 57.1''$

[정답]

수평각점표귀심계산부(진수)

측점명　　　서10 점

$$r'' = \frac{K}{D \cdot \sin 1''}$$

K : 편심거리

D : 삼각점간 거리

K	= 2.430
	= 3.245
	= 1.217

D	= 2345.67m
	= 3021.07m
	= 3398.70m

편심시준점	$O' = $ 서11	$P' = $ 서12	$Q' = $ 서13
관측방향각	32° 43′ 56.3″	54° 29′ 40.0″	78° 34′ 43.3″
K	2.430m	3.245m	1.217m
$1/D$	0.000426	0.000331	0.000294
$1/\sin 1''$	206264.81	206264.81	206264.81
r''	213.5″	221.5″	73.8″
r	3′ 33.5″	3′ 41.5″	1′ 13.8″
중심방향각	32° 47′ 29.8″	54° 33′ 21.5″	78° 35′ 57.1″

비고	r : r''를 분초로 환산 기입하고 편심 관측방향이 중심 방향선의 좌측에 있는 때에는(+), 우측에 있는 때에는 (−)부호를 붙인다. K : 5m 이내일 것 D : 약치라도 가함

약 도

※ 중심 방향선은 실지와 부합하도록 기입할 것
$C = $측점
O', P', $Q' = $편심시준점

02 서12에서 중심각을 측정하려고 했으나 장애물로 인하여 관측하지 못하고 다음과 같이 편심관측하였다. 정확한 중심방향각을 결정하시오.

	기10	기11	기12
관측방향각	33° 25′ 42.4″	56° 27′ 40.1″	73° 34′ 42.5″
편심거리(m)	2.520	1.324	1.537
삼각점간 거리(m)	2452.68	2998.81	3492.72

해설

01 측점명 및 편심거리, 삼각점간 거리 기재

02 편심시준점 및 관측방향각 기재

03 $\dfrac{1}{D}$ 계산

서12 → 기10 : $\dfrac{1}{2452.68} = 0.000408$

04 r''의 계산 → $\left(K \times \dfrac{1}{D} \times \dfrac{1}{\sin 1''} \right)$

서12 → 기10 : $2.520 \times 0.000408 \times 206264.81 = 212.1''$

05 r (귀심회수) 계산 → r''를 분, 초로 계산

06 중심방향각 계산 → (관측방향각 + r)

서12 → 기10 : 33° 25′ 42.4″ + 3′ 32.1″ = 33° 29′ 14.5″

[정답]

수평각점표귀심계산부(진수)

	측점명	서12점

$$r'' = \frac{K}{D \cdot \sin 1''}$$

	K	$=$	2.520
		$=$	1.324
		$=$	1.537

K : 편심거리
D : 삼각점간 거리

	D	$=$	2452.68m
		$=$	2998.81m
		$=$	3492.72m

편심시준점	$O' =$ 기10	$P' =$ 기11	$Q' =$ 기12
관측방향각	33° 25′ 42.4″	56° 27′ 40.1″	73° 34′ 42.5″
K	2.520m	1.324m	1.537m
$1/D$	0.000408	0.000333	0.000286
$1/\sin 1''$	206264.81	206264.81	206264.81
r''	212.1″	90.9″	90.7″
r	3′ 32.1″	1′ 30.9″	1′ 30.7″
중심방향각	33° 29′ 14.5″	56° 29′ 11.0″	73° 36′ 13.2″
비고	r : r''를 분초로 환산 기입하고 편심 관측방향이 중심 방향선의 좌측에 있는 때에는(＋), 우측에 있는 때에는 (－)부호를 붙인다. K : 5m 이내일 것 D : 약치라도 가함		

약 도

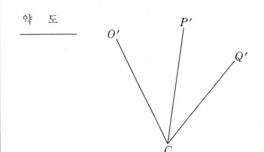

※중심 방향선은 실지와 부합하도록 기입할 것
C : 측점
O', P', Q' ＝편심시준점

6. 표고 계산

(1) 정의

2개의 기지점에서 소구점의 표고를 구하기 위해서는 측정된 연직각과 광파측거기에 의하여 측정된 거리를 이용하여 고저차를 구한 다음 기지점의 표고에 고저차를 더하여 구한다.

(2) 핵심이론

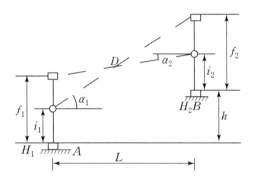

수평거리(L) 계산

경사거리를 수평거리로 환산

$$L = D \times \cos \alpha_1 \ \text{또는} \ \alpha_2$$

단, α=연직각

D=경사거리

1) 고저차 계산

두 측점의 고저차를 뜻하며 다음 식으로 산출

① $H_2 - H_1(h) = i_1 + (L \cdot \tan \alpha_1) - f_2$ ········ ⓐ

② $H_2 - H_1(h) = f_1 + (L \cdot \tan \alpha_2) - i_2$ ········ ⓑ

ⓐ+ⓑ하면

$$h = L \cdot \tan \frac{(\alpha_1 + (-\alpha_2))}{2} + \frac{(i_1 - i_2) + (f_1 - f_2)}{2}$$

여기서, H_1 : 기지점 표고 α_1, α_2 : 연직각

　　　　H_2 : 소구점 표고 i_1, i_2 : 기계고

　　　　h : 고저차   　　　f_1, f_2 : 시준고

　　　　L : 수평거리   　　D : 경사거리

2) 표고 계산

$$H_2 = H_1 + L \cdot \tan \frac{(\alpha_1 - \alpha_2)}{2} + \frac{(i_1 - i_2) + (f_1 - f_2)}{2}$$

(3) 풀이 순서

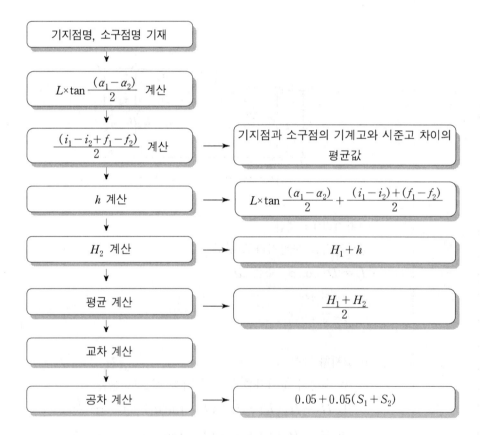

실전문제 및 해설

01 서10과 서21에서 보1의 표고를 관측한 결과 다음과 같다. 소구점에 대한 표고를 주어진 표고계산부에 의하여 결정하시오.

	서10	서21
L	1711.04m	1885.30m
α_1	$-2°\ 12'\ 57''$	$+1°\ 26'\ 41''$
α_2	$+2°\ 12'\ 49''$	$-1°\ 26'\ 37''$
i_1	1.42m	1.42m
i_2	1.48m	1.47m
f_1	1.63m	1.63m
f_2	1.66m	1.67m
H_1	163.56m	50.02m

해설

01 기지점명 서10, 서21 기재

02 소구점명 "보1" 기재

03 서10 → 보1의 표고 계산

$(\alpha_1 - \alpha_2) = -2°\ 12'\ 57'' - 2°\ 12'\ 49'' = -4°\ 25'\ 46''$

$L \cdot \tan\dfrac{(\alpha_1 - \alpha_2)}{2} = 1711.04 \times \tan\left(\dfrac{-4°\ 25'\ 46''}{2}\right) = -66.17\mathrm{m}$

$\dfrac{(i_1 - i_2) + (f_1 - f_2)}{2} = \dfrac{(1.42 - 1.48) + (1.63 - 1.66)}{2} = -0.04\mathrm{m}$

04 고저차(h) 계산

$h = L \times \tan\dfrac{(\alpha_1 - \alpha_2)}{2} + \dfrac{(i_1 - i_2) + (f_1 - f_2)}{2}$

$h = -66.17 - 0.04 = -66.21\mathrm{m}$

05 표고(H_2) 계산

$H_2 = H_1 + h$

$H_2 = 163.56 - 66.21 = 97.35\text{m}$

06 서21에서 보1 표고 계산

$(\alpha_1 - \alpha_2) = 1° \ 26' \ 41'' - (-1° \ 26' \ 37'') = 2° \ 53' \ 18''$

$L \times \tan\dfrac{(\alpha_1 - \alpha_2)}{2} = 1885.30 \times \tan(\dfrac{2° \ 53' \ 18''}{2}) = 47.53\text{m}$

$\dfrac{(i_1 - i_2) + (f_1 - f_2)}{2} = \dfrac{(1.42 - 1.47) + (1.63 - 1.67)}{2} = -0.04\text{m}$

07 고저차(h) 계산

$h = L \times \tan\dfrac{(\alpha_1 - \alpha_2)}{2} + \dfrac{(i_1 - i_2) + (f_1 - f_2)}{2}$

$h = 47.53 - 0.04 = 47.49\text{m}$

08 표고(H_2) 계산

$H_2 = H_1 + h$

$H_2 = 50.02 + 47.49 = 97.51\text{m}$

09 표고의 결정(평균)

$H_2 = \dfrac{97.35 + 97.51}{2} = 97.43\text{m}$

10 교차

$97.35 - 97.51 = -0.16\text{m}$

11 공차

$0.05 + 0.05(S_1 + S_2)$

$= 0.05 + 0.05(1.71104 + 1.88530)$

$= \pm 0.22\text{m}$

※ S_1, S_2는 두 기지점으로부터 소구점까지의 거리를 km 단위로 환산한 수치임

[정답]

표고계산부

[별지 제35호 서식]

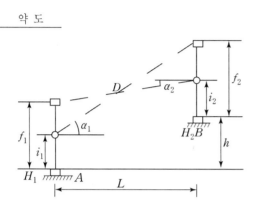

약 도

공 식

$$H_2 = H_1 + h$$
$$h = L \cdot \tan(a_1 - a_2)/2 + (i_1 - i_2 + f_1 - f_2)/2$$
$$L = D \cdot \cos a_1 \text{ 또는 } a_2$$

H_1 : 기지점 표고 a_1, a_2 : 연직각
H_2 : 소구점 표고 i_1, i_2 : 기계고
h : 고저차 f_1, f_2 : 시준고
L : 수평거리 D : 경사거리

기지점명	서10 점	서21 점	점	점
소구점명	보1 점		점	
L	1711.04m	1885.30m	m	m
a_1	−2° 12′ 57″	1° 26′ 41″	° ′ ″	° ′ ″
a_2	+2° 12′ 49″	−1° 26′ 37″		
$(a_1 - a_2)$	−4° 25′ 46″	+2° 53′ 18″		
$\tan\left(\dfrac{a_1 - a_2}{2}\right)$	−0.038673	0.025211		
$L \cdot \tan\left(\dfrac{a_1 - a_2}{2}\right)$	−66.17m	47.53m	m	m
i_1	1.42m	1.42m	m	m
i_2	1.48m	1.47m	m	m
f_1	1.63m	1.63m	m	m
f_2	1.66m	1.67m	m	m
$\dfrac{(i_1 - i_2) + (f_1 - f_2)}{2}$	−0.04m	−0.04m	m	m
h	−66.21m	47.49m	m	m
H_1	163.56m	50.02m	m	m
H_2	97.35m	97.51m	m	m
평 균	97.43m		m	
교 차	−0.16m		m	
공 차	±0.22m		m	
평 균		검 사 자		

02 두 기지점 서5와 서8에서 보2의 표고를 관측한 결과 다음과 같다. 주어진 서식을 이용하여 표고를 계산하시오.

	서5	서8
L	2673.92m	3862.51m
α_1	$-2°\ 08'\ 16''$	$-6°\ 32'\ 42''$
α_2	$+2°\ 07'\ 54''$	$+6°\ 33'\ 11''$
i_1	1.65m	1.62m
i_2	1.68m	1.65m
f_1	2.88m	2.08m
f_2	2.02m	1.88m
H_1	414.53m	758.67m

해설

01 기지점 및 소구점명 기재

02 서5 → 보2의 표고 계산

$(\alpha_1 - \alpha_2) = -2°\ 08'\ 16'' - 2°\ 07'\ 54'' = -4°\ 16'\ 10''$

$\tan \dfrac{(\alpha_1 - \alpha_2)}{2} = \tan(\dfrac{-4°\ 16'\ 10''}{2}) = -0.037275$

$L \cdot \tan \dfrac{(\alpha_1 - \alpha_2)}{2} = 2673.92 \times (-0.037275) = -99.67\text{m}$

$\dfrac{(i_1 - i_2) + (f_1 - f_2)}{2} = \dfrac{(1.67 - 1.68) + (2.88 - 2.02)}{2} = 0.42\text{m}$

03 고저차(h) 계산

$h = L \times \tan \dfrac{(\alpha_1 - \alpha_2)}{2} + \dfrac{(i_1 - i_2) + (f_1 - f_2)}{2}$

$= -99.67 + 0.42 = -99.25\text{m}$

04 표고(H_2) 계산

$H_2 = H_1 + h = 414.53 + (-99.25) = 315.28\text{m}$

05 서8 → 보2에 대한 표고 계산

06 표고의 결정(평균)

$$H_2 = \frac{315.28 + 315.33}{2} = 315.30\text{m} \ (315.305를 \ 오사오입으로 \ 처리함)$$

07 교차

$$315.28 - 315.33 = -0.05\text{m}$$

08 공차

$$0.05 + 0.05(S_1 + S_2)$$
$$= 0.05 + 0.05(2.67392 + 3.86251)$$
$$= 0.377 \fallingdotseq \pm 0.37 \, (공차이므로 \ 무조건 \ 내림)$$

※ S_1, S_2는 두 기지점으로부터 소구점까지의 거리를 km 단위로 환산한 수치임

[정답]

표고계산부

[별지 제35호 서식]

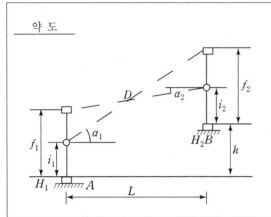

약 도

공 식

$H_2 = H_1 + h$

$h = L \cdot \tan(a_1 - a_2)/2 + (i_1 - i_2 + f_1 - f_2)/2$

$L = D \cdot \cos a_1$ 또는 a_2

H_1 : 기지점 표고 a_1, a_2 : 연직각
H_2 : 소구점 표고 i_1, i_2 : 기계고
h : 고저차 f_1, f_2 : 시준고
L : 수평거리 D : 경사거리

기지점명	서5 점	서8 점	___ 점	___ 점
소구점명	보2 점		___ 점	
L	2673.92m	3862.51m	m	m
a_1	−2° 08′ 16″	−6° 32′ 42″	° ′ ″	° ′ ″
a_2	2° 07′ 54″	6° 33′ 11″		
$(a_1 - a_2)$	−4° 16′ 10″	−13° 05′ 53″		
$\tan\left(\dfrac{a_1 - a_2}{2}\right)$	−0.037275	−0.114802		

$L \cdot \tan\left(\dfrac{a_1 - a_2}{2}\right)$	−99.67m	−443.42m	m	m
i_1	1.65m	1.62m	m	m
i_2	1.68m	1.65m	m	m
f_1	2.88m	2.08m	m	m
f_2	2.02m	1.88m	m	m
$\dfrac{(i_1 - i_2) + (f_1 - f_2)}{2}$	0.42m	0.08m	m	m
h	−99.25m	−443.34m	m	m
H_1	414.53m	758.67m	m	m
H_2	315.28m	315.33m	m	m
평 균	315.30m			m
교 차	−0.05m			m
공 차	±0.37m			m
평 균		검 사 자		

7. 평면거리 계산

(1) 정의

기준면상 거리를 평면에 투영했을 때의 거리를 평면거리라 하며 연직각에 의한 기준면거리와 표고에 의한 기준면거리를 구한 다음 축척계수를 이용하여 평면거리를 구한다.

(2) 핵심 이론

평면거리는 연직각에 의한 평면거리 계산과 표고에 의한 평면거리 계산으로 나누어 평면거리를 구한다.

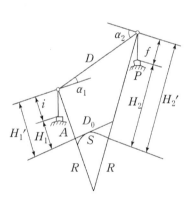

여기서, D : 경사거리

α_1, α_2 : 연직각

R : 곡률반경

K = 축척계수

S : 기준면상 거리

i : 기계고

Y_1, Y_2 : 원점에서부터 삼각점
까지 횡선거리(Km)

f : 시준고

H_1, H_2 : 표고

$H_1' = H_1 + i$

$H_2' = H_2 + f$

1) 연직각에 의한 평면거리 계산

① 기준면상거리$(S) = D \cdot \cos \frac{1}{2}(\alpha_1 + \alpha_2) - \frac{D(H_1' + H_2')}{2R}$

② 축척계수$(K) = 1 + \frac{(Y_1 + Y_2)^2}{8R^2}$

③ 평면거리$(D_0) = S \times K$

2) 표고에 의한 평면거리 계산

① 기준면상 거리(S) $= D - \dfrac{(H_1{}' - H_2{}')^2}{2D} - \dfrac{D(H_1{}' + H_2{}')}{2R}$

② 축척계수(K) $= 1 + \dfrac{(Y_1 + Y_2)^2}{8R^2}$

③ 평면거리(D_0) $= S \times K$

(3) 풀이 순서

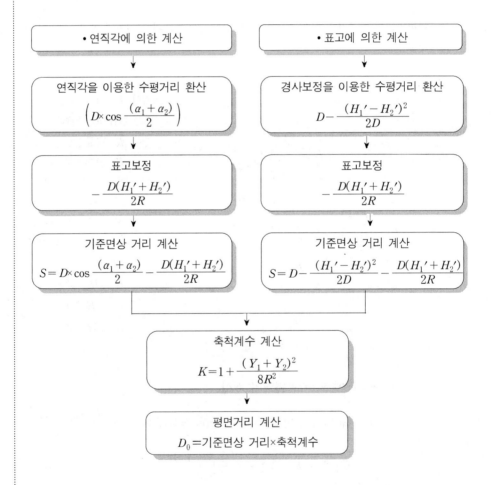

실전문제 및 해설

01 원점에서 30km 떨어진 곳에서 기지점 A와 B에서 같은 조건으로 경사거리를 측정하였다.
평면거리 계산부를 사용하여 연직각과 표고에 의하여 평면거리를 구하시오.
(단, 거리는 소수 3자리까지, 각도는 초단위까지 구하시오.)

AB 두 점간의 측정거리(D)=3516.43m	
A에서 연직각(a_1)= +3° 15′ 03″	A에서 기지점 표고(H_1)=315.67m
B에서 연직각(a_2)=-3° 14′ 57″	B에서 기지점 표고(H_2)=507.24m
A에서 기계고(i)=1.35m	원점에서 A까지의 거리(Y_1)=30.0km
B에서 시준고(f)=1.45m	원점에서 B까지의 거리(Y_2)=33.5km

해설

01 연직각에 의한 계산

(1) $\dfrac{1}{2}(a_1+a_2) = \dfrac{3°\ 15′\ 03″ + 3°\ 14′\ 57″}{2} = 3°\ 15′\ 00″$

※ (a_1+a_2)의 값은 절대치 값

(2) 수평거리 환산 → $D \times \cos\dfrac{a_1+a_2}{2}$

$3516.43 \times 0.998392 = 3510.78$m

(3) $H_1′$, $H_2′$의 계산

$H_1′$=표고+기계고

$H_2′$=표고+시준고

$H_1′ = 315.67 + 1.35 = 317.02$m

$H_2′ = 507.24 + 1.45 = 508.69$m

(4) 기준면상 거리(S) 계산

$S = D \times \cos\dfrac{1}{2}(a_1+a_2) - \dfrac{D(H_1′+H_2′)}{2R}$

$= 3510.78 - 0.228$

$= 3510.552$m

(5) 축척계수(K) 계산

$K = 1 + \dfrac{(Y_1+Y_2)^2}{8R^2}$

$$= 1 + \frac{4032.25}{324839427.7}$$

$$= 1.000012$$

(6) 연직각에 의한 평면거리 계산(D_0)

$D_0 =$ 기준면상 거리(S)×축척계수

$\quad = 3510.552 \times 1.000012$

$\quad = 3510.594\text{m}$

02 표고에 의한 계산

(1) $(H_1{}' - H_2{}') = (317.02 - 508.69) = -191.67\text{m}$

(2) 수평거리 환산

$$D - \frac{(H_1{}' - H_2{}')^2}{2D} = 3516.43 - \frac{36737.39}{7032.86} = 3511.21\text{m}$$

(3) 기준면상 거리(S) 계산

$$S = D - \frac{(H_1{}' - H_2{}')^2}{2D} - \frac{D(H_1{}' - H_2{}')}{2R}$$

$$= 3511.21 - 0.228$$

$$= 3510.982\text{m}$$

(4) 축척계수(K) 계산

$$K = 1 + \frac{(Y_1 + Y_2)^2}{8R^2}$$

$$= 1 + \frac{4032.25}{324839427.7}$$

$$= 1.000012$$

(5) 표고에 의한 평면거리(D_0) 계산

$D_0 =$ 기준면상 거리(S) × 축척계수(K)

$\quad = 3510.982 \times 1.000012$

$\quad = 3511.024\text{m}$

03 평면거리 평균(D_0)

$$\frac{3510.594 + 3511.024}{2} = 3510.809\text{m}$$

[정답]

평면거리계산부

[별지 제38호 서식]

약 도	공 식

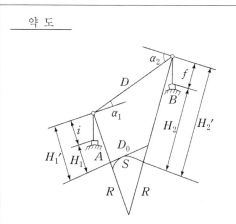

○ 연직각에 의한 계산

$$S = D \cdot \cos \frac{1}{2}(a_1 + a_2) - \frac{D(H_1' + H_2')}{2R}$$

○ 표고에 의한 계산

$$S = D - \frac{(H_1' - H_2')^2}{2D} - \frac{D(H_1' + H_2')}{2R}$$

○ 평면거리 $D_0 = S \times K \left(K = 1 + \frac{(Y_1 + Y_2)^2}{8R^2} \right)$

D : 경사거리 R : 곡률반경(6372199.7m)
S : 기준면거리 i : 기계고
H_1, H_2 : 표고 f : 시준고
a_1, a_2 : 연직각(절대치) K : 축척계수
Y_1, Y_2 : 원점에서 삼각점까지의 횡선거리(km)

연직각에 의한 계산		표고에 의한 계산	
방 향	A 점	→	B 점
D	3516.43m	D	3516.43m
a_1	3° 15′ 03″	$2D$	7032.86m
a_2	-3° 14′ 57″	H_1'	317.02m
$\frac{1}{2}(a_1 + a_2)$	3° 15′ 00″	H_2'	508.69m
$\cos \frac{1}{2}(a_1 + a_2)$	0.998392	$(H_1' - H_2')$	-191.67m
$D \cdot \cos \frac{1}{2}(a_1 + a_2)$	3510.78m	$(H_1' - H_2')^2$	36737.39m

$H_1' = H_1 + i$	317.02m	$\dfrac{(H_1' - H_2')^2}{2D}$	5.22m
$H_2' = H_2 + f$	508.69m	$D - \dfrac{(H_1' - H_2')^2}{2D}$	3511.21m
R	6372199.7m	R	6372199.7m
$2R$	12744399.3m	$2R$	12744399.3m
$\dfrac{D(H_1' + H_2')}{2R}$	0.228m	$\dfrac{D(H_1' + H_2')}{2R}$	0.228m
S	3510.552m	S	3510.982m
Y_1	30.0km	Y_1	30.0km
Y_2	33.5km	Y_2	33.5km
$(Y_1 + Y_2)^2$	4032.25km	$(Y_1 + Y_2)^2$	4032.25km
$8R^2$	324839427.7km	$8R^2$	324839427.7km
$K = 1 + \dfrac{(Y_1 + Y_2)^2}{8R^2}$	1.000012	$K = 1 + \dfrac{(Y_1 + Y_2)^2}{8R^2}$	1.000012
$S \times K$	3510.594m	$S \times K$	3511.024m
평 균 (D_o)		3510.809m	
계 산 자		검 사 자	

02 지적삼각측량을 실시하기 위하여 광파측거기로 측점 "예진"에서 "기용2"까지의 거리를 측정한 결과 2800.010m이었다. 주어진 여건이 다음과 같을 때 서식을 완성하여 평면거리를 계산하시오.

여건)

$$\alpha_1 = +3° \ 15' \ 42'' \qquad \alpha_2 = -3° \ 15' \ 25''$$

$$H_1 = 275.43 \, \text{m} \qquad H_2 = 434.03 \, \text{m}$$

$$i = 1.56 \, \text{m} \qquad f = 2.50 \, \text{m}$$

$$Y_1 = 23.5 \, \text{km} \qquad Y_2 = 25.4 \, \text{km}$$

해설

01 연직각에 의한 계산

(1) $\frac{1}{2}(\alpha_1 + \alpha_2) = \frac{3° \ 15' \ 42'' + 3° \ 15' \ 25''}{2} = 3° \ 15' \ 33.5''$

(2) 수평거리 환산 → $D \times \cos \frac{\alpha_1 + \alpha_2}{2}$

$2800.010 \times 0.998382 = 2795.48 \text{m}$

(3) H_1', H_2'의 계산

(4) 기준면상 거리(S) 계산

$$S = D \times \cos \frac{1}{2}(\alpha_1 + \alpha_2) - \frac{D(H_1' + H_2')}{2R}$$

$$= 2795.48 - 0.157$$

$$= 2795.323 \text{m}$$

(5) 축척계수 계산

$$K = 1 + \frac{(Y_1 + Y_2)^2}{8R^2}$$

$$= 1 + \frac{2391.21}{324839427.7}$$

$$= 1.000007$$

(6) 연직각에 의한 평면거리 계산

$$D_0 = S \times K$$

$$= 2795.323 \times 1.000007$$

$$= 2795.343 \text{m}$$

02 표고에 의한 계산

(1) $(H_1' - H_2') = 276.99 - 436.53 = -159.54 \text{m}$

(2) 수평거리 환산

$$D - \frac{(H_1' - H_2')^2}{2D} = 2800.01 - \frac{25453.01}{5600.02} = 2795.46\text{m}$$

(3) 기준면상 거리(S) 계산

$$S = D - \frac{(H_1' - H_2')^2}{2D} - \frac{D(H_1' + H_2')}{2R}$$

$$= 2795.46 - 0.157 = 2795.303\text{m}$$

(4) 축척계수(K) 계산

(5) 표고에 의한 평면거리(D_0) 계산

$$D_0 = S \times K$$

$$= 2795.303 \times 1.000007$$

$$= 2795.32\text{m}$$

03 평면거리 평균

$$D_0 = \frac{2795.34 + 2795.32}{2} = 2795.33\text{m}$$

[정답]

평면거리계산부

[별지 제38호 서식]

약 도	공 식
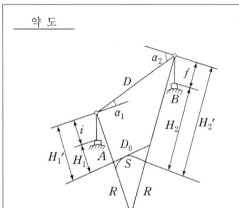	○연직각에 의한 계산 $$S = D \cdot \cos \frac{1}{2}(a_1 + a_2) - \frac{D(H_1' + H_2')}{2R}$$ ○표고에 의한 계산 $$S = D - \frac{(H_1' - H_2')^2}{2D} - \frac{D(H_1' + H_2')}{2R}$$ ○평면거리 $D_0 = S \times K \left(K = 1 + \frac{(Y_1 + Y_2)^2}{8R^2} \right)$ D : 경사거리 R : 곡률반경(6372199.7m) S : 기준면거리 i : 기계고 H_1, H_2 : 표고 f : 시준고 a_1, a_2 : 연직각(절대치) K : 축척계수 Y_1, Y_2 : 원점에서 삼각점까지의 횡선거리(km)

연직각에 의한 계산		표고에 의한 계산	
방 향	예진 점 → 기용2 점		
D	2800.01m	D	2800.01m
a_1	3° 15′ 42.0″	$2D$	5600.02m
a_2	-3° 15′ 25.0″	H_1'	276.99m
$\frac{1}{2}(a_1 + a_2)$	3° 15′ 33.5″	H_2'	436.53m
$\cos\frac{1}{2}(a_1 + a_2)$	0.998382	$(H_1' - H_2')$	-159.54m
$D \cdot \cos\frac{1}{2}(a_1 + a_2)$	2795.48m	$(H_1' - H_2')^2$	25453.01m

$H_1' = H_1 + i$	276.99m	$\frac{(H_1' - H_2')^2}{2D}$	4.55m
$H_2' = H_2 + f$	436.53m	$D - \frac{(H_1' - H_2')^2}{2D}$	2795.46m
R	6372199.7m	R	6372199.7m
$2R$	12744399.3m	$2R$	12744399.3m
$\frac{D(H_1' + H_2')}{2R}$	0.157m	$\frac{D(H_1' + H_2')}{2R}$	0.157m
S	2795.323m	S	2795.303m
Y_1	23.5km	Y_1	23.5km
Y_2	25.4km	Y_2	25.4km
$(Y_1 + Y_2)^2$	2391.21km	$(Y_1 + Y_2)^2$	2391.21km
$8R^2$	324839427.7km	$8R^2$	324839427.7km
$K = 1 + \frac{(Y_1 + Y_2)^2}{8R^2}$	1.000007	$K = 1 + \frac{(Y_1 + Y_2)^2}{8R^2}$	1.000007
$S \times K$	2795.34m	$S \times K$	2795.32m
평 균 (D_o)		2795.33m	
계 산 자		검 사 자	

8. 유심다각망 조정

(1) 정의

기지 2점 간의 거리와 방위각을 이용하여 보통 5각형 이상의 폐다각형을 형성한 삼각형의 계산으로 일시에 여러 점을 설치할 수 있는 이점이 있다.

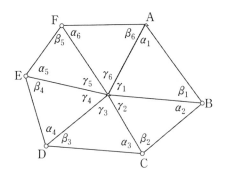

(2) 핵심 이론

1) 각규약 조정식

$$(\text{II}) = \frac{\Sigma\varepsilon - 3e}{2n}, \quad (\text{I}) = \frac{-\varepsilon_1 - (\text{II})}{3}$$

여기서, n : 삼각형 수

ε : 각 삼각형 내각의 합과 $180°$와의 차(삼각규약)

e : 중심각의 합과 $360°$와의 차(망규약)

2) 변규약 조정식

$$\frac{\sin\alpha_1 \cdot \sin\alpha_2 \cdot \sin\alpha_3 \cdot \sin\alpha_4 \cdot \sin\alpha_5 \cdot \sin\alpha_6}{\sin\beta_1 \cdot \sin\beta_2 \cdot \sin\beta_3 \cdot \sin\beta_4 \cdot \sin\beta_5 \cdot \sin\beta_6} = 1 \text{이므로}$$

$$\frac{\pi\sin\alpha}{\pi\sin\beta} = 1 \text{이 된다.}$$

$$E_1 = \frac{\pi\sin\alpha}{\pi\sin\beta} - 1, \quad E_2 = \frac{\pi\sin\alpha'}{\pi\sin\beta'} - 1$$

여기서, $\sin\alpha'$, $\sin\beta'$는 $\sin\alpha$, $\sin\beta$의 조정 후의 값

π는 누승기호

3) 변규약의 경정수 계산식

$$10'' : |E_1 - E_2| = x_1'' : E_1$$

$$x_1'' = \frac{10'' \cdot E_1}{|E_1 - E_2|}, \quad x_2'' = \frac{10'' \cdot E_2}{|E_1 - E_2|}$$

검산은 $|x_1'' - x_2''| = 10''$

4) 변장 계산

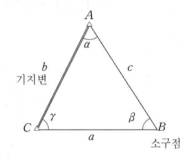

$$\frac{a}{\sin \alpha} = \frac{b}{\sin \beta} = \frac{c}{\sin \gamma}$$

$$\therefore a = \frac{b \cdot \sin \alpha}{\sin \beta}$$

$$\therefore c = \frac{b \cdot \sin \gamma}{\sin \beta}$$

5) 방위각 및 종횡선 좌표 계산

AB 방위각 $= AC$ 방위각 $- \alpha$

CB 방위각 $= AC$ 방위각 $\pm 180° + \gamma$

A점에서 B점에 대한 종횡선 좌표 계산

$$X_B = X_A + AB \times \cos V_A{}^B$$

$$Y_B = Y_A + AB \times \sin V_A{}^B$$

C점에서 B점에 대한 종횡선 좌표 계산

$$X_B = X_C + CB \times \cos V_C{}^B$$

$$Y_B = Y_C + CB \times \sin V_C{}^B$$

(3) 풀이 순서

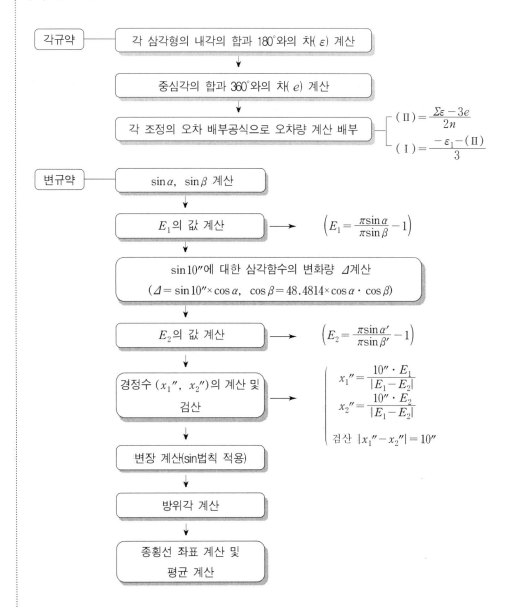

각규약 ── 각 삼각형의 내각의 합과 180°와의 차(ε) 계산

중심각의 합과 360°와의 차(e) 계산

각 조정의 오차 배부공식으로 오차량 계산 배부

$$(\text{II}) = \frac{\Sigma\varepsilon - 3e}{2n}$$

$$(\text{I}) = \frac{-\varepsilon_1 - (\text{II})}{3}$$

변규약 ── $\sin\alpha$, $\sin\beta$ 계산

E_1의 값 계산 ──→ $\left(E_1 = \frac{\pi\sin\alpha}{\pi\sin\beta} - 1\right)$

$\sin 10''$에 대한 삼각함수의 변화량 $\varDelta$계산

($\varDelta = \sin 10'' \times \cos\alpha$, $\cos\beta = 48.4814 \times \cos\alpha \cdot \cos\beta$)

E_2의 값 계산 ──→ $\left(E_2 = \frac{\pi\sin\alpha'}{\pi\sin\beta'} - 1\right)$

경정수 (x_1'', x_2'')의 계산 및 검산 ──→

$$x_1'' = \frac{10'' \cdot E_1}{|E_1 - E_2|}$$

$$x_2'' = \frac{10'' \cdot E_2}{|E_1 - E_2|}$$

검산 $|x_1'' - x_2''| = 10''$

변장 계산(sin법칙 적용)

방위각 계산

종횡선 좌표 계산 및 평균 계산

실전문제 및 해설

01 지적 삼각측량을 유심다각망으로 구성하고 내각을 관측하여 다음의 결과를 얻었다.
주어진 서식으로 P_2와 P_3의 좌표를 계산하시오. (단, 좌표는 m단위 소수2자리까지
계산하시오.)

1) 기지점

    A점 $X_A = 4981.83\,\mathrm{m}$

          $Y_A = 4264.47\,\mathrm{m}$

    B점 $X_B = 4622.87\,\mathrm{m}$

          $Y_B = 7395.42\,\mathrm{m}$

2) 망도

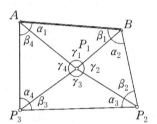

3) 관측내각

점명	각명	관측각	점명	각명	관측각
A	α_1	50° 37′ 57.8″	P_2	α_3	54° 13′ 10.2″
B	β_1	39° 43′ 45.9″	P_3	β_3	36° 08′ 38.9″
P_1	γ_1	89° 38′ 22.0″	P_1	γ_3	89° 38′ 12.9″
B	α_2	37° 28′ 49.8″	P_3	α_4	37° 49′ 11.5″
P_2	β_2	52° 09′ 22.6″	A	β_4	51° 49′ 09.8″
P_1	γ_2	90° 21′ 45.1″	P_1	γ_4	90° 21′ 42.5″

해설

01 기지점간 거리 및 방위각 계산

  (1) a에서 b에 대한 거리

$$\overline{ab} = \sqrt{\Delta x^2 + \Delta y^2} = \sqrt{(-358.96)^2 + (3130.95)^2} = 3151.46\,\mathrm{m}$$

  (2) a에서 b에 대한 방위각

$$\theta = \tan^{-1} \frac{\Delta y}{\Delta x} = \tan^{-1} \frac{3130.95}{358.96} = 83° 27′ 34.8″ \ (2상한)$$

$$V_a{}^b = 180° - \theta = 180° - 83° 27′ 34.8″ = 96° 32′ 25.2″$$

02 각규약 조정

  (1) 각 삼각형 내각의 합과 180°와의 차(ε) 계산

    $\varepsilon_1 = +5.7″$ $\varepsilon_2 = -2.5″$

    $\varepsilon_3 = +2.0″$ $\varepsilon_4 = +3.8″$

(2) 중심각의 합계($\Sigma\gamma$)와 360°와의 차(e) 계산

$$e = 360° \ 00' \ 02.5'' - 360° = +2.5''$$

(3) $\Sigma\varepsilon = +5.7 + (-2.5) + 2.0 + 3.8 = +9.0''$

$$\text{망규약(II)} = \frac{\Sigma\varepsilon - 3e}{2n} = \frac{+9.0 - (3 \times 2.5)}{2 \times 4} = 0.2'' \qquad n : \text{삼각형수}$$

$$\text{삼각규약(I)} = \frac{-\varepsilon - (\text{II})}{3} \text{이므로}$$

① 삼각형(I) $= \dfrac{-5.7 - 0.2}{3} = \quad -1.97 = -2.0''$

② 삼각형(I) $= \dfrac{-(-2.5) - 0.2}{3} = 0.77 = \quad 0.8''$

③ 삼각형(I) $= \dfrac{-2.0 - 0.2}{3} = \quad\quad 0.73 = -0.7''$

④ 삼각형(I) $= \dfrac{-3.8 - 0.2}{3} = \quad -1.33 = -1.3''$

참고 각 조정 후 단수 처리로 인하여 삼각형 내각의 합이 180°와 ±0.1″가 생길 수 있다. 이때는 ±0.1″를 90°에 가까운 각에 배부한다.

03 변규약 조정

(1) E_1 계산

$$E_1 = \frac{\pi\sin\alpha}{\pi\sin\beta} - 1 = \frac{0.773090 \times 0.608494 \times 0.811261 \times 0.613176}{0.639155 \times 0.789689 \times 0.589816 \times 0.786062} - 1 = \frac{0.234009}{0.234011} - 1$$
$$= -9(-0.000009)$$

(2) $\Delta\alpha$, $\Delta\beta$ 계산

$$\Delta\alpha, \ \Delta\beta = \sin 10'' \times \cos\alpha, \beta$$

여기서 소수점 이하 6자리까지 계산하기 위하여 10^6을 곱하면 $\Delta\alpha, \Delta\beta = 48.4814 \times \cos\alpha, \beta$가 된다.

$$\Delta\alpha_1 = 48.4814 \times \cos 50° \ 37' \ 55.8'' = 31$$

$$\Delta\beta_1 = 48.4814 \times \cos 39° \ 43' \ 43.9'' = 37$$

나머지도 위와 같이 계산한다.

참고 $\pi\sin\alpha < \pi\sin\beta$이면 E_1값이 (−)이므로 $\sin\alpha$에는 $+\Delta\alpha$, $\sin\beta$에는 $-\Delta\beta$로 조정하여 $\sin\alpha'$, $\sin\beta'$를 구한다.

(3) E_2 계산

$$E_2 = \frac{\pi\sin\alpha'}{\pi\sin\beta'} - 1 = \frac{0.773121 \times 0.608532 \times 0.811289 \times 0.613214}{0.639118 \times 0.789659 \times 0.589777 \times 0.786032} - 1 = \frac{0.234055}{0.233964} - 1$$
$$= 389(0.000389)$$

$$|E_1 - E_2| = |-9 - 389| = 398$$

(4) 경정수(x_1'', x_2'') 계산

$$x_1'' = \frac{10'' \times E_1}{|E_1 - E_2|} = \frac{10'' \times (-9)}{398} = -0.2''$$

$$x_2'' = \frac{10'' \times E_2}{|E_1 - E_2|} = \frac{10'' \times 389}{398} = +9.8''$$

[검산] $|x_1'' - x_2''| = 10''$ 가 된다.

04 변장계산

$\langle a \to P_1 \rangle \quad L = \dfrac{3151.46 \times \sin 39° \ 43' \ 43.7''}{\sin 89° \ 38' \ 20.3''} = 2014.31\,\mathrm{m}$

$\langle b \to P_1 \rangle \quad L = \dfrac{3151.46 \times \sin 50° \ 37' \ 56.0''}{\sin 89° \ 38' \ 20.3''} = 2436.41\,\mathrm{m}$

변형형은 기지변이 바깥쪽에 위치해 있으므로 $\dfrac{변장(C) \times \sin \alpha \cdot \beta}{\sin \gamma}$ 로 계산한다.

(처음 ① 삼각형만 적용)

$\langle b \to P_2 \rangle \quad L = \dfrac{2436.41 \times \sin 90° \ 21' \ 46.0''}{\sin 52° \ 09' \ 23.2''} = 3085.22\,\mathrm{m}$

$\langle P_1 \to P_2 \rangle \quad L = \dfrac{2436.41 \times \sin 37° \ 28' \ 50.8''}{\sin 52° \ 09' \ 23.2''} = 1877.38\,\mathrm{m}$

나머지도 다음과 같이 계산한다.

05 방위각 계산

$\langle a \to P_1 \rangle$

$V = 96° \ 32' \ 25.2'' + 50° \ 37' \ 56.0'' = 147° \ 10' \ 21.2''$

$\langle b \to P_1 \rangle$

$V = 96° \ 32' \ 25.2'' + 180° - 39° \ 43' \ 43.7'' = 236° \ 48' \ 41.5''$

변형형이므로 ①삼각형에서는 α, β각을 사용하고 ②, ③, ④삼각형에서는 α, γ각을 사용한다.

$\langle b \to P_2 \rangle$

$V = 236° \ 48' \ 41.5'' - 37° \ 28' \ 50.8'' = 199° \ 19' \ 50.7''$

$\langle P_1 \to P_2 \rangle$

$V = 236° \ 48' \ 41.5'' - 180° + 90° \ 21' \ 46.0'' = 147° \ 10' \ 27.5''$

나머지도 위와 같이 계산한다.

06 종횡선좌표 계산

$\langle a \to P_1 \rangle$

$X_1 = 4981.83 + (\cos 147° \ 10' \ 21.2'' \times 2014.31) = 3289.19\,\mathrm{m}$

$Y_1 = 4264.47 + (\sin 147° \ 10' \ 21.2'' \times 2014.31) = 5356.45\,\mathrm{m}$

$\langle b \to P_1 \rangle$

$X_1 = 4622.87 + (\cos 236° \ 48' \ 41.5'' \times 2436.41) = 3289.19\,\mathrm{m}$

$Y_1 = 7395.42 + (\sin 236° \ 48' \ 41.5'' \times 2436.41) = 5356.45\,\mathrm{m}$

나머지도 위와 같이 계산한다.

02 지적삼각측량 유심다각망을 구성하고 내각을 관측하여 다음과 같이 결과를 얻었다. 주어진 서식으로 소구점의 좌표를 계산하시오.(단, 각은 초단위 소수 1자리까지, 거리 및 좌표는 m 단위, 소수 2자리까지 계산할 것.)

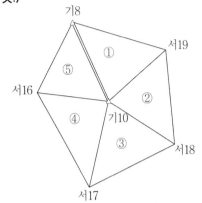

기지점 좌표

기8 $X = 467607.88\,\mathrm{m}$
$Y = 194719.60\,\mathrm{m}$

기10 $X = 464357.92\,\mathrm{m}$
$Y = 197280.74\,\mathrm{m}$

관측값

α_1 39° 59′ 14.1″	α_3 59° 08′ 45.8″	α_5 66° 14′ 34.9″
β_1 55° 20′ 42.2″	β_3 54° 10′ 56.6″	β_5 55° 45′ 48.4″
γ_1 84° 40′ 17.6″	γ_3 66° 40′ 09.2″	γ_5 57° 59′ 29.9″
α_2 60° 29′ 03.2″	α_4 47° 29′ 29.5″	
β_2 44° 38′ 03.3″	β_4 56° 43′ 19.5″	
γ_2 74° 52′ 43.3″	γ_4 75° 47′ 20.0″	

해설

01 기지점간 거리 및 방위각 계산

〈기10 → 기8〉

$$L = \sqrt{\Delta x^2 + \Delta y^2} = \sqrt{3249.96^2 + (-2561.14)^2} = 4137.83\,\mathrm{m}$$

$$\theta = \tan^{-1}\frac{\Delta y}{\Delta x} = \tan^{-1}\frac{-2561.14}{3249.96} = -38° \ 14′ \ 23.9″\,(4상한)$$

$$V = 360° - \theta = 360° - 38° \ 14′ \ 23.9″ = 321° \ 45′ \ 36.1″$$

02 각규약 조정

(1) 각 삼각형 내각의 합과 180°와의 차(ε) 계산

$\varepsilon_1 = +13.9″$ 　　$\varepsilon_2 = -10.2″$ 　　$\varepsilon_3 = -8.4″$

$\varepsilon_4 = +9.0″$ 　　$\varepsilon_5 = -6.8″$

(2) 중심각의 합계(Σr)와 360°와의 차(e) 계산

$e = 360° \ 00′ \ 00.0″ - 360° = 0″$

(3) $\Sigma\varepsilon = +13.9'' + (-10.2'') + (-8.4'') + 9.0'' + (-6.8'') = -2.5''$

망규약(Π) $= \dfrac{\Sigma\varepsilon - 3e}{2n} = \dfrac{(-2.5) - (3\times0)}{2\times5} = -0.2''$ n : 삼각형수

삼각규약(I) $= \dfrac{-\varepsilon - (\Pi)}{3}$ 이므로

① 삼각형(I) $= \dfrac{-13.9 - (-0.2)}{3} = \quad -4.57 = -4.6''$

② 삼각형(I) $= \dfrac{-(-10.2) - (-0.2)}{3} = 3.47 = \quad 3.5''$

③ 삼각형(I) $= \dfrac{-(-8.4) - (-0.2)}{3} = 2.87 = \quad 2.9''$

④ 삼각형(I) $= \dfrac{-9.0 - (-0.2)}{3} = \quad -2.93 = -2.9''$

⑤ 삼각형(I) $= \dfrac{-(-6.8) - (-0.2)}{3} = 2.33 = \quad 2.3''$

03 변규약 조정

(1) E_1 계산

$$E_1 = \frac{\pi\sin\alpha}{\pi\sin\beta} - 1 = \frac{0.323907}{0.323905} - 1 = 6 \ (0.000006)$$

(2) $\varDelta\alpha,\ \varDelta\beta$ 계산

$\varDelta\alpha,\ \varDelta\beta = \sin10'' \times \cos\alpha, \beta$

여기서, 소수점 이하 6자리까지 구하기 위해 10^6을 곱하면

$\varDelta\alpha,\ \varDelta\beta = 48.4814 \times \cos\alpha, \beta$가 된다.

$\varDelta\alpha_1 = 48.4814 \times \cos 39°\ 59'\ 09.5'' = 37$

$\varDelta\beta_1 = 48.4814 \times \cos 55°\ 20'\ 37.6'' = 28$

나머지도 위와 같이 계산하며

$\pi\sin\alpha > \pi\sin\beta$이면 E_1값이 $(+)$이므로 $\sin\alpha$에는 $-\varDelta\alpha$, $\sin\beta$에는 $+\varDelta\beta$로 조정하여 $\sin\alpha'$, $\sin\beta'$를 구한다.

(3) E_2 계산

$$E_2 = \frac{\pi\sin\alpha'}{\pi\sin\beta'} - 1 = \frac{0.323849}{0.323964} - 1 = -355\ (-0.000355)$$

$|E_1 - E_2| = |6 - (-355)| = 361$

(4) 경정수(x_1'', x_2'') 계산

$$x_1'' = \frac{10'' \times E_1}{|E_1 - E_2|} = \frac{10'' \times 6}{361} = +0.2''$$

$$x_2'' = \frac{10'' \times E_2}{|E_1 - E_2|} = \frac{10'' \times (-355)}{361} = -9.8''$$

[검산] $|x_1'' - x_2''| = 10''$가 된다.

04 변장 계산

<기8 → 서19>　　$L = \dfrac{4137.83 \times \sin 84° \ 40' \ 12.9''}{\sin 55° \ 20' \ 37.8''} = 5008.56\text{m}$

<기10 → 서19>　　$L = \dfrac{4137.83 \times \sin 39° \ 59' \ 09.3''}{\sin 55° \ 20' \ 37.8''} = 3232.47\text{m}$

나머지도 다음과 같이 계산한다.

05 방위각 계산

<기8 → 서19>

$V = 321° \ 45' \ 36.1'' - 180° - 39° \ 59' \ 09.3'' = 101° \ 46' \ 26.8''$

<기10 → 서19>

$V = 321° \ 45' \ 36.1'' + 84° \ 40' \ 12.9'' = 46° \ 25' \ 49.0''$

나머지도 위와 같이 계산한다.

06 종횡선좌표 계산

<기8 → 서19>

$X_1 = 467607.88 + (\cos 101° \ 46' \ 26.8'' \times 5008.56) = 466585.86\text{m}$

$Y_1 = 194719.60 + (\sin 101° \ 46' \ 26.8'' \times 5008.56) = 199622.78\text{m}$

<기10 → 서19>

$X_2 = 464357.92 + (\cos 46° \ 25' \ 49.0'' \times 3232.47) = 466585.86\text{m}$

$Y_2 = 197280.74 + (\sin 46° \ 25' \ 49.0'' \times 3232.47) = 199622.78\text{m}$

두 값을 평균하며 이때 오사오입을 적용하여 단수처리한다.

나머지도 위와 같이 계산한다.

9. 사각망 조정

(1) 정의

기지점 2개를 이용하여 소구점 2개를 설치하는 방법으로 가장 정밀한 계산방법이지만 계산방식이 복잡하다는 단점이 있고 기선이 확고하여야 한다.

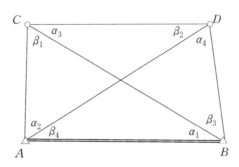

(2) 핵심 이론

1) 각규약 조정식

$$\varepsilon = (\Sigma\alpha + \Sigma\beta) - 360°$$

각오차는 8개의 관측각에 균등하게 배부하므로 $\dfrac{\varepsilon}{8}$ 가 된다.

$$(\alpha_1 + \beta_4) - (\alpha_3 + \beta_2) = e_1$$

$$(\alpha_2 + \beta_1) - (\alpha_4 + \beta_3) = e_2$$ 이며 오차배부는 $\dfrac{e_1}{4}$ 과 $\dfrac{e_2}{4}$ 가 된다.

따라서,

e_1이 +일 경우 α_1, β_4는 −로 배부하고 α_3, β_2는 +로 배부하며

e_1이 −일 경우 α_1, β_4는 +로 배부하고 α_3, β_2는 −로 배부하며

e_2이 +일 경우 α_2, β_1는 −로 배부하고 α_4, β_3는 +로 배부하며

e_2이 −일 경우 α_2, β_1는 +로 배부하고 α_4, β_3는 −로 배부한다.

2) 변규약 조정식

$$\frac{\sin\alpha_1 \cdot \sin\alpha_2 \cdot \sin\alpha_3 \cdot \sin\alpha_4}{\sin\beta_1 \cdot \sin\beta_2 \cdot \sin\beta_3 \cdot \sin\beta_4} = \frac{AB}{AB}$$ 이므로

$\dfrac{\pi \sin \alpha}{\pi \sin \beta} = 1$이 된다.

그러므로

$$E_1 = \dfrac{\pi \sin \alpha}{\pi \sin \beta} - 1$$

$$E_2 = \dfrac{\pi \sin \alpha'}{\pi \sin \beta'} - 1$$이 된다.

여기서 $\sin \alpha'$, $\sin \beta'$는 $\sin \alpha$, $\sin \beta$의 조정 후의 값
π는 누승기호

3) 변규약의 경정수 계산

$$x_1'' = \dfrac{10'' \cdot E_1}{|E_1 - E_2|}, \quad x_2'' = \dfrac{10'' \cdot E_2}{|E_1 - E_2|}$$

검산은 $|x_1'' - x_2''| = 10''$

4) 변장 계산

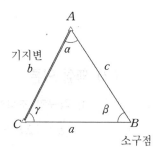

기지변

소구점

$$\dfrac{a}{\sin \alpha} = \dfrac{b}{\sin \beta} = \dfrac{c}{\sin \gamma}$$

$$\therefore \ a = \dfrac{b \cdot \sin \alpha}{\sin \beta}$$

$$\therefore \ c = \dfrac{b \cdot \sin \gamma}{\sin \beta}$$ 가 된다.

5) 방위각 및 종횡선 좌표 계산

AB 방위각 $= AC$ 방위각 $- \alpha$

CB 방위각 $=$ AC 방위각 $\pm 180° + \gamma$

A점에서 B점에 대한 종횡선 좌표 계산

$$X_B = X_A + \overline{AB} \times \cos V_A{}^B$$

$$Y_B = Y_A + \overline{AB} \times \sin V_A{}^B$$

C점에서 B점에 대한 종횡선 좌표 계산

$$X_B = X_C + \overline{CB} \times \cos V_C{}^B$$

$$Y_B = Y_C + \overline{CB} \times \sin V_C{}^B$$

(3) 풀이 순서

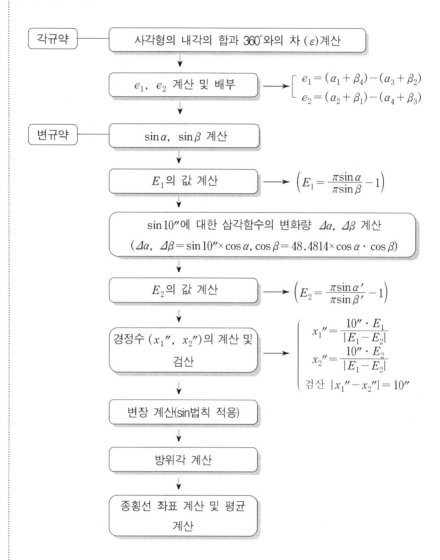

실전문제 및 해설 Q&A

01 그림과 같은 사각망에서 기지점 좌표와 관측내각이 다음과 같을 경우 별지 서식에 의해 관측내각을 조정하고 소구점(기성7 및 기성8)의 좌표를 계산하시오.(단, 각은 초 단위 소수 1자리까지, 거리 및 좌표는 m단위 소수 2자리까지 계산할 것)

점명	X(m)	Y(m)
양3	453278.75	192562.46
여8	454263.52	194459.26

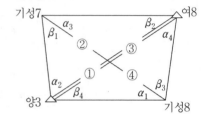

관측내각

$\alpha_1 = 37° \ 08' \ 20.2''$ $\beta_1 = 35° \ 24' \ 36.4''$

$\alpha_2 = 59° \ 53' \ 15.4''$ $\beta_2 = 49° \ 47' \ 59.4''$

$\alpha_3 = 34° \ 53' \ 47.4''$ $\beta_3 = 44° \ 51' \ 35.8''$

$\alpha_4 = 50° \ 26' \ 12.8''$ $\beta_4 = 47° \ 33' \ 50.2''$

해설

01 각규약 조정

(1) $(\Sigma\alpha + \Sigma\beta) - 360° = \varepsilon$

$359° \ 59' \ 37.6'' - 360° = -22.4''$

조정량 $\dfrac{\varepsilon}{8} = -2.8''$이므로 $+2.8''$씩 배부한다.

(2) $(\alpha_1 + \beta_4) - (\alpha_3 + \beta_2) = e_1$

$84° \ 42' \ 10.4'' - 84° \ 41' \ 46.8'' = +23.6''$

조정량 $\dfrac{e_1}{4} = 5.9''$이고 $(+)$이므로 α_1, β_4는 $-5.9''$, α_3, β_2는 $+5.9''$씩 배부한다.

(3) $(\alpha_2 + \beta_1) - (\alpha_4 + \beta_3) = e_2$

$95° \ 17' \ 51.8'' - 95° \ 17' \ 48.6'' = +3.2''$

조정량 $\dfrac{e_2}{4} = 0.8''$이고 $(+)$이므로 α_2, $\beta_1 = -0.8''$, α_4, β_3는 $+0.8''$씩 배부한다.

02 변규약 조정

(1) E_1 계산

$$E_1 = \frac{\pi \sin \alpha}{\pi \sin \beta} - 1 = \frac{0.603738 \times 0.865048 \times 0.572130 \times 0.770935}{0.579433 \times 0.763821 \times 0.705389 \times 0.738021} - 1$$

$$= \frac{0.230357}{0.230405} - 1 = -208(-0.000208)$$

(2) $\varDelta \alpha$, $\varDelta \beta$ 계산

$\varDelta \alpha$, $\varDelta \beta = \sin 10'' \times \cos \alpha$, β

여기서 소수점 이하 6자리까지 구하기 위해 10^6을 곱하면

$\varDelta \alpha$, $\varDelta \beta = 48.4814 \times \cos \alpha$, β

$\therefore$ $\varDelta \alpha_1 = 48.4814 \times \cos 37° \ 08' \ 17.1'' = 39$

$\varDelta \beta_1 = 48.4814 \times \cos 35° \ 24' \ 38.4'' = 40$

나머지도 위와 같이 계산하며

부호는 $\pi \sin \alpha < \pi \sin \beta$이면 E_1값이 (−)이므로 $\sin \alpha$에는 $+\varDelta \alpha$, $\sin \beta$에는 $-\varDelta \beta$로 조정하여 $\sin \alpha'$, $\sin \beta'$를 구한다.

(3) E_2 계산

$$E_2 = \frac{\pi \sin \alpha'}{\pi \sin \beta'} - 1 = \frac{0.603777 \times 0.865072 \times 0.572170 \times 0.770966}{0.579393 \times 0.763790 \times 0.705355 \times 0.737988} - 1$$

$$= \frac{0.230404}{0.230359} - 1 = +195(0.000195)$$

$|E_1 - E_2| = 403$

(4) 경정수 (x_1'', x_2'') 계산

$$x_1'' = \frac{10'' E_1}{|E_1 - E_2|} = \frac{10'' \times (-208)}{403} = -5.2''$$

$$x_2'' = \frac{10'' \times E_2}{|E_1 - E_2|} = \frac{10'' \times 195}{403} = +4.8''$$

[검산] $|x_1'' - x_2''| = |-5.2'' - (+4.8'')| = 10''$

03 변장 계산

(A=양3, B=기성8, C=기성7, D=여8)

기지변 변장 $AD = \sqrt{\varDelta x^2 + \varDelta y^2} = \sqrt{(984.77)^2 + (1896.80)^2} = 2137.20$m

$$AC = \frac{AD \times \sin \beta_2}{\sin \gamma_2} = \frac{2137.20 \times \sin 49° \ 48' \ 02.9''}{\sin 70° \ 18' \ 34.5''} = 1733.78$m$$

$$DC = \frac{AD \times \sin \alpha_2}{\sin \gamma_2} = \frac{2137.20 \times \sin 59° \ 53' \ 22.6''}{\sin 70° \ 18' \ 34.5''} = 1963.63$m$$

나머지도 위와 같이 계산하며 다음과 같은 변형인 경우에는 ② 삼각형에서 기성7, ③ 삼각형에서 기성8, ④ 삼각형에서 양3, 다시 ④ 삼각형에서 여8의 순서로 계산한다.

04 방위각 계산

기지변 방위각 $\theta = \tan^{-1}\dfrac{\Delta y}{\Delta x} = \tan^{-1}\dfrac{1896.80}{984.77} = 62° \ 33' \ 46.1''$ (1상한)

$$V_A{}^D = 62° \ 33' \ 46.1''$$

$V_A{}^C = V_A{}^D - \alpha_2 = 62° \ 33' \ 46.1'' - 59° \ 53' \ 22.6'' = 2° \ 40' \ 23.5''$

$V_D{}^C = V_A{}^D \pm 180° + \beta_2 = 62° \ 33' \ 46.1'' + 180° + 49° \ 48' \ 02.9'' = 292° \ 21' \ 49.0''$

나머지도 위와 같이 계산한다.

05 종횡선좌표 계산

종선좌표 $X =$ 기지점 종선 좌표 + 종선차(Δx)

여기서, $\Delta x = \cos V \times l$ (변장)

횡선좌표 $Y =$ 기지점 횡선 좌표 + 횡선차(Δy)

여기서, $\Delta y = \sin V \times l$ (변장)

② 삼각형에서 기성7의 종횡선 좌표 계산

<양3 → 기성7>

$X_1 = 453278.75 + (\cos 2° \ 40' \ 23.5'' \times 1733.78) = 455010.64 \,\mathrm{m}$

$Y_1 = 192562.46 + (\sin 2° \ 40' \ 23.5'' \times 1733.78) = 192643.32 \,\mathrm{m}$

<여8 → 기성7>

$X_2 = 454263.52 + (\cos 292° \ 21' \ 49.0'' \times 1963.63) = 455010.65 \,\mathrm{m}$

$Y_2 = 194459.26 + (\sin 292° \ 21' \ 49.0'' \times 1963.63) = 192643.32 \,\mathrm{m}$

평균하면

$X = (455010.64 + 455010.65) \div 2 = 455010.64 \,\mathrm{m}$

$Y = (192643.32 + 192643.32) \div 2 = 192643.32 \,\mathrm{m}$

나머지도 위와 같이 계산한다.

02 사각망에서 기지점 좌표와 관측내각이 다음과 같은 경우 서식에 의하여 관측내각을 조정하고 소구점의 좌표를 계산하시오. (단, 각은 초단위 소수 1자리까지 거리 및 좌표는 m단위 소수 2자리까지 계산)

기지점 좌표	X	Y
기7	466858.80m	194965.72m
기21	466736.27m	192741.81m

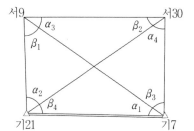

관측내각

$\alpha_1 = 20° 49' 09.9''$　　　$\beta_1 = 24° 00' 11.1''$

$\alpha_2 = 74° 24' 19.5''$　　　$\beta_2 = 40° 55' 34.0''$

$\alpha_3 = 40° 39' 39.2''$　　　$\beta_3 = 47° 49' 36.4''$

$\alpha_4 = 50° 35' 06.2''$　　　$\beta_4 = 60° 46' 02.1''$

해설

01 각규약 조정

(1) $(\Sigma\alpha + \Sigma\beta) - 360° = \varepsilon$

　　$359° 59' 38.4'' - 360° = -21.6''$

　　조정량 $\dfrac{\varepsilon}{8} = -2.7''$ 이고 부호가 $(-)$이므로 $+2.7''$씩 배부한다.

(2) $(\alpha_1 + \beta_4) - (\alpha_3 + \beta_2) = e_1$

　　$81° 35' 12.0'' - 81° 35' 13.2'' = -1.2''$

　　조정량 $\dfrac{e_1}{4} = -0.3''$ 이고 부호가 $(-)$이므로 α_1, β_4는 $+0.3''$, α_3, β_2는 $-0.3''$씩 배부한다.

(3) $(\alpha_2 + \beta_1) - (\alpha_4 + \beta_3) = e_2$

　　$98° 24' 30.6'' - 98° 24' 42.6'' = -12.0''$

　　$\dfrac{e_2}{4} = -3.0''$ 이고 부호가 $(-)$이므로 α_2, $\beta_1 = +3.0''$, α_4, $\beta_3 = -3.0''$씩 배부한다.

02 변규약 조정

(1) E_1 계산

　　$E_1 = \dfrac{\pi\sin\alpha}{\pi\sin\beta} - 1 = \dfrac{0.172341}{0.172355} - 1 = -81(-0.000081)$

(2) $\Delta\alpha$, $\Delta\beta$ 계산

　　$\Delta\alpha$, $\Delta\beta = \sin 10'' \times \cos\alpha, \beta$

　　　　$= 48.4814 \times \cos\alpha, \beta$

$$\Delta a_1 = 48.4814 \times \cos 20° \; 49' \; 12.9'' = 45$$

$$\Delta \beta_1 = 48.4814 \times \cos 24° \; 00' \; 16.8'' = 44$$

나머지도 위와 같은 방법으로 계산한다.

또한 부호는 $\pi\sin\alpha < \pi\sin\beta$이면 E_1값이 $(-)$이므로 $\sin\alpha$에는 $+\Delta\alpha$, $\sin\beta$에는 $-\Delta\beta$로 조정하여 $\sin\alpha'$, $\sin\beta'$를 구한다.

(3) E_2 계산

$$E_2 = \frac{\pi\sin\alpha'}{\pi\sin\beta'} - 1 = \frac{0.172381}{0.172314} - 1 = 389(0.000389)$$

$$|E_1 - E_2| = 470$$

(4) 경정수(x_1'', x_2'') 계산

$$x_1'' = \frac{10'' E_1}{|E_1 - E_2|} = \frac{10'' \times (-81)}{470} = -1.7''$$

$$x_2'' = \frac{10'' E_2}{|E_1 - E_2|} = \frac{10'' \times 389}{470} = +8.3''$$

[검산] $|x_1'' - x_2''| = |-1.7'' - (+8.3'')| = 10''$

03 변장 계산

기지변 변장 계산

$$AB = \sqrt{\Delta x^2 + \Delta y^2} = \sqrt{(122.53^2 + 2223.91^2)} = 2227.28 \; \text{m}$$

(A = 기21, B = 기7, C = 서9, D = 서30)

$$BC = \frac{AB \times \sin\gamma_1}{\sin\beta_1} = \frac{2227.28 \times \sin 135° \; 10' \; 30.3''}{\sin 24° \; 00' \; 15.1''} = 3859.61 \text{m}$$

$$AC = \frac{AB \times \sin\alpha_1}{\sin\beta_1} = \frac{2227.28 \times \sin 20° \; 49' \; 14.6''}{\sin 24° \; 00' \; 15.1''} = 1946.09 \text{m}$$

나머지도 위와 같이 계산한다.

04 방위각 계산

기지변 방위각

$$\theta = \tan^{-1} \frac{\Delta y}{\Delta x} = \tan^{-1} \frac{2223.91}{122.53} = 86° \; 50' \; 47.0''(1상한)$$

$$V_A^B = 86° \; 50' \; 47.0''$$

$$V_B^C = V_A^B \pm 180° + \alpha_1 = 86° \; 50' \; 47'' + 180° + 20° \; 49' \; 14.6'' = 287° \; 40' \; 01.6''$$

$$V_A^C = V_A^B - \gamma_1 = 86° \; 50' \; 47'' - 135° \; 10' \; 30.3'' = 311° \; 40' \; 16.7''$$

나머지도 위와 같이 계산한다.

05 종횡선좌표 계산

종선좌표 X = 기지점 종선좌표 + 종선차(Δx)

여기서 $\Delta x = \cos V \times l$(변장)

횡선좌표 Y=기지점 횡선 좌표+횡선차(Δy)

여기서 $\Delta y = \sin V \times l$ (변장)

① 삼각형에서 서9의 종횡선 좌표 계산

    <기7 → 서9>

    $X_1 = 466858.80 + (\cos 287° \ 40' \ 01.6'' \times 3859.61) = 468030.14\mathrm{m}$

    $Y_1 = 194965.72 + (\sin 287° \ 40' \ 01.6'' \times 3859.61) = 191288.15\mathrm{m}$

    <기21 → 서9>

    $X_2 = 466736.27 + (\cos 311° \ 40' \ 16.7'' \times 1946.09) = 468030.14\mathrm{m}$

    $Y_2 = 192741.81 + (\sin 311° \ 40' \ 16.7'' \times 1946.09) = 191288.14\mathrm{m}$

평균하면

    $X = (468030.14 + 468030.14) \div 2 = 468030.14\mathrm{m}$

    $Y = (191288.15 + 191288.14) \div 2 = 191288.14\mathrm{m}$

나머지도 위와 같이 계산한다.

10. 삽입망 조정

(1) 정의

기지 2변을 기준으로 하여 신설되는 기준점을 1개 이상 설치하는 방법으로서 일반적으로 안전하고 실무에 가장 많이 이용되는 망이다.

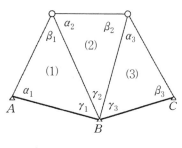

[삽입망]

(2) 핵심 이론

1) 각규약 조정식

$$(\mathrm{II}) = \frac{\varSigma \varepsilon - 3e}{2n}$$

$$(\mathrm{I}) = \frac{-\varepsilon - (\mathrm{II})}{3}$$

여기서 n : 삼각형 수

　　 ε : 각 삼각형 내각의 합과 180°와의 차(삼각규약)

　　 e : 각 삼각형의 중심각의 합($\varSigma r$)과 기지내각의 차(망규약)

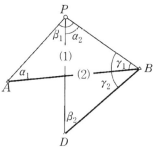

[변형형 1]

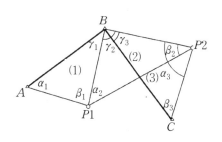

[변형형 2]

변형형은 표준형과 기지오차(e) 및 각규약(Ⅰ)의 계산에서 차이가 있다.

[변형형 1]

기지오차 (e) $= (r_2 - r_1) -$ 기지내각

삼각형(1)의 (Ⅰ) $= \dfrac{-\varepsilon_1 - (Ⅱ)}{3}$

삼각형(2)의 (Ⅰ) $= \dfrac{-\varepsilon_2 + (Ⅱ)}{3}$ 이 된다.

[변형형 2]

기지오차 (e) $= (r_1 + r_2 - r_3) -$ 기지내각

삼각형(1)의 (Ⅰ) $= \dfrac{-\varepsilon_1 - (Ⅱ)}{3}$

삼각형(2)의 (Ⅰ) $= \dfrac{-\varepsilon_2 - (Ⅱ)}{3}$

삼각형(3)의 (Ⅰ) $= \dfrac{-\varepsilon_3 + (Ⅱ)}{3}$ 이 된다.

2) 변규약 조정식

$$\frac{\sin\alpha_1 \cdot \sin\alpha_2 \cdot \sin\alpha_3 \cdot l_1}{\sin\beta_1 \cdot \sin\beta_2 \cdot \sin\beta_3 \cdot l_2} = 1$$ 이므로

$$\frac{\pi\sin\alpha \cdot l_1}{\pi\sin\beta \cdot l_2} = 1$$ 이 된다.

그러므로

$$E_1 = \frac{\pi\sin\alpha \cdot l_1}{\pi\sin\beta \cdot l_2} - 1$$

$$E_2 = \frac{\pi\sin\alpha' \cdot l_1}{\pi\sin\beta' \cdot l_2} - 1$$

여기서, $\sin\alpha'$, $\sin\beta'$ 는 $\sin\alpha$, $\sin\beta$의 조정 후의 값

π는 누승기호

3) 변규약의 경정수 계산

$$x_1'' = \frac{10'' \cdot E_1}{|E_1 - E_2|}, \quad x_2'' = \frac{10'' \cdot E_2}{|E_1 - E_2|}$$

[검산] $|x_1'' - x_2''| = 10''$

4) 변장 계산

$$\frac{a}{\sin \alpha} = \frac{b}{\sin \beta} = \frac{c}{\sin \gamma}$$

$$\therefore \ a = \frac{b \cdot \sin \alpha}{\sin \beta}$$

$$\therefore \ c = \frac{b \cdot \sin \gamma}{\sin \beta} \ \text{가 된다.}$$

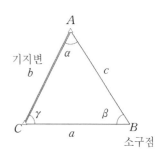

5) 방위각 및 종횡선 좌표 계산

AB 방위각 $= AC$ 방위각 $- \alpha$

CB 방위각 $= AC$ 방위각 $\pm 180° + \gamma$

A점에서 B점에 대한 종횡선 좌표 계산

$$X_B = X_A + \overline{AB} \times \cos V_A{}^B$$

$$Y_B = Y_A + \overline{AB} \times \sin V_A{}^B$$

C점에서 B점에 대한 종횡선 좌표 계산

$$X_B = X_C + \overline{CB} \times \cos V_C{}^B$$

$$Y_B = Y_C + \overline{CB} \times \sin V_C{}^B$$

(3) 풀이 순서

각규약 ── 각 삼각형의 내각의 합과 $180°$와의 차(ε) 계산

↓

각 삼각형의 중심각의 합($\Sigma \gamma$)과
기지 내각과의 차(e) 계산

↓

각 소정의 오차 배부공식으로 오차량 계산 배부
(변형형은 변형형 공식 적용)

$$(\mathrm{II}) = \frac{\Sigma c - 3e}{2n}$$

$$(\mathrm{I}) = \frac{-\varepsilon_1 - (\mathrm{II})}{3}$$

```
┌──────┐       ┌─────────────────────────┐
│ 변규약 │───────│   sin α, sin β 계산      │
└──────┘       └─────────────────────────┘
                            │
                            ▼
               ┌─────────────────────────┐
               │    E₁의 값 계산          │────────▶  $\left(E_1 = \dfrac{\pi\sin\alpha \cdot l_1}{\pi\sin\beta \cdot l_2} - 1\right)$
               └─────────────────────────┘
                            │
                            ▼
         ┌───────────────────────────────────────────┐
         │  sin 10″에 대한 삼각함수의 변화량 Δ계산      │
         │ (Δ = sin 10″ × cos α, cos β = 48.4814 × cos α, cos β) │
         └───────────────────────────────────────────┘
                            │
                            ▼
               ┌─────────────────────────┐
               │    E₂의 값 계산          │────────▶  $\left(E_2 = \dfrac{\pi\sin\alpha' \cdot l_1}{\pi\sin\beta' \cdot l_2} - 1\right)$
               └─────────────────────────┘
                            │
                            ▼
               ┌─────────────────────────┐
               │   경정수 (x₁″, x₂″)의 계산 │────────▶
               │        및 검산           │
               └─────────────────────────┘
                            │
                            ▼
               ┌─────────────────────────┐
               │   변장 계산(sin법칙 적용)  │
               └─────────────────────────┘
                            │
                            ▼
               ┌─────────────────────────┐
               │      방위각 계산          │
               └─────────────────────────┘
                            │
                            ▼
               ┌─────────────────────────┐
               │  종횡선 좌표 계산 및 평균   │
               │         계산             │
               └─────────────────────────┘
```

$$\begin{cases} x_1'' = \dfrac{10'' \cdot E_1}{|E_1 - E_2|} \\[2mm] x_2'' = \dfrac{10'' \cdot E_2}{|E_1 - E_2|} \\[2mm] \text{검산 } |x_1'' - x_2''| = 10'' \end{cases}$$

실전문제 및 해설　　　Q&A

01 삼각측량을 실시하여 다음과 같은 값을 얻었다. 이를 삽입망 조정 계산방법으로 내각을 조정하시오.(단, 거리는 cm 단위, 각은 0.1″까지 5사5입한다.)

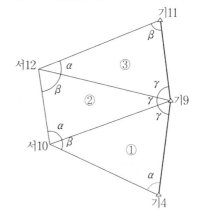

	X(m)	Y(m)
기4	439591.97	189428.53
기9	442819.63	189755.27
기11	446216.59	189692.90

관측내각

α_1　60° 12′ 28.8″	α_2　64° 42′ 22.0″	α_3　60° 30′ 29.1″
β_1　65° 18′ 46.4″	β_2　55° 21′ 57.2″	β_3　60° 43′ 42.0″
γ_1　54° 28′ 38.1″	γ_2　59° 55′ 44.0″	γ_3　58° 45′ 44.6″

해설

01 기지점간 거리 및 방위각 계산

〈기4 → 기9〉

$$l_1 = \sqrt{\Delta x^2 + \Delta y^2} = \sqrt{3227.66^2 + 326.74^2} = 3244.16\text{m}$$

$$\theta = \tan^{-1} \frac{\Delta y}{\Delta x} = \tan^{-1} \frac{326.74}{3227.66} = 5° 46′ 49.6″(1상한)$$

$$V^{기9}_{기4} = 5° 46′ 49.6″$$

〈기9 → 기11〉

$$l_2 = \sqrt{\Delta x^2 + \Delta y^2} = \sqrt{3396.96^2 + (-62.37)^2} = 3397.53\text{m}$$

$$\theta = \tan^{-1} \frac{\Delta y}{\Delta x} = \tan^{-1} \frac{62.37}{3396.96} = 1° 03′ 06.7″(4상한)$$

$$V^{기11}_{기9} = 360° - 1° 03′ 06.7″ = 358° 56′ 53.3″$$

02 각규약 조정

(1) $\Sigma\varepsilon = -6.7 + 3.2 + (-4.3) = -7.8''$

(2) 각 삼각형 γ각의 합과 기지 내각과의 차(e) 계산

$\Sigma\gamma = 173°\ 10'\ 06.7''$

기지내각 $= 358°\ 56'\ 53.3'' - (180° + 5°\ 46'\ 49.6'') = 173°\ 10'\ 03.7''$

$\therefore\ e = 173°\ 10'\ 06.7'' - 173°\ 10'\ 03.7'' = +3.0''$가 된다.

(3) $(\text{Ⅱ}) = \dfrac{\Sigma\varepsilon - 3e}{2n} = \dfrac{-7.8 - (3\times 3.0)}{2\times 3} = -2.8''$

$(\text{Ⅰ}) = \dfrac{-\varepsilon - (\text{Ⅱ})}{3}$ 이므로

① 삼각형$(\text{Ⅰ}) = \dfrac{-(-6.7) - (-2.8)}{3} = 3.17 = +3.2''$

② 삼각형$(\text{Ⅰ}) = \dfrac{-3.2 - (-2.8)}{3} = -0.13 = -0.1''$

③ 삼각형$(\text{Ⅰ}) = \dfrac{-(-4.3) - (-2.8)}{3} = 2.37 = +2.4''$

참고 각규약 (Ⅰ) 조정시 단수처리로 인하여 삼각형 내각의 합이 180°와 ±0.1″의 차이가 생길 수 있다. 이때는 90°에 가까운 각에 ±0.1″를 추가 배부한다.

03 변규약 조정

(1) E_1 계산

$E_1 = \dfrac{\pi\sin\alpha\cdot l_1}{\pi\sin\beta\cdot l_2} - 1 = \dfrac{0.867843\times0.904128\times0.870431\times3244.16}{0.908608\times0.822798\times0.872317\times3397.53} - 1 = \dfrac{2215.683375}{2215.681952} - 1$

$= 1(0.000001)$

(2) $\Delta\alpha,\ \Delta\beta$ 계산

$\Delta\alpha,\ \Delta\beta = \sin 10''\times\cos\alpha,\ \beta = 48.4814\times\cos\alpha,\ \beta$

($\sin 10''\times 10^6$: 소수점 이하 6자리까지 계산하기 위함)

$\Delta\alpha_1 = 48.4814\times\cos 60°\ 12'\ 32.0'' = 24$

$\Delta\beta_1 = 48.4814\times\cos 65°\ 18'\ 49.5'' = 20$

나머지도 위와 같이 구하며

$\pi\sin\alpha\cdot l_1 > \pi\sin\beta\cdot l_2$ 이면 E_1값이 (+)이므로 $\sin\alpha$에는 $-\Delta\alpha$, $\sin\beta$에는 $+\Delta\beta$로 조정하여 $\sin\alpha'$, $\sin\beta'$를 구한다.

(3) E_2 계산

$E_2 = \dfrac{\pi\sin\alpha'\cdot l_1}{\pi\sin\beta'\cdot l_2} - 1 = \dfrac{0.867819\times0.904107\times0.870407\times3244.16}{0.908628\times0.822826\times0.872341\times3397.53} - 1 = \dfrac{2215.509550}{2215.867088} - 1$

$= -161(-0.000161)$

$|E_1 - E_2| = |+1 - (-161)| = 162$

(4) 경정수 (x_1'', x_2'') 계산

$$x_1'' = \frac{10'' \times E_1}{|E_1 - E_2|} = \frac{10'' \times 1}{162} = +0.1''$$

$$x_2'' = \frac{10'' \times E_2}{|E_1 - E_2|} = \frac{10'' \times (-161)}{162} = -9.9''$$

[검산] $|x_1'' - x_2''| = 10''$가 된다.

04 변장 계산

<기4 → 서10>　$L = \dfrac{3244.16 \times \sin 54° \ 28' \ 38.5''}{\sin 65° \ 18' \ 49.6''} = 2905.96\,\mathrm{m}$

<기9 → 서10>　$L = \dfrac{3244.16 \times \sin 60° \ 12' \ 31.9''}{\sin 65° \ 18' \ 49.6''} = 3098.61\,\mathrm{m}$

나머지도 위와 같이 계산한다.

05 방위각 계산

<기4 → 서10>

$V = 5° \ 46' \ 49.6'' - 60° \ 12' \ 31.9'' = 305° \ 34' \ 17.7''$

<기9 → 서10>

$V = 5° \ 46' \ 49.6'' + 180° + 54° \ 28' \ 38.5'' = 240° \ 15' \ 28.1''$

나머지도 위와 같이 계산한다.

06 종횡선좌표 계산

<기4 → 서10>

$X_1 = 439591.97 + (\cos 305° \ 34' \ 17.7'' \times 2905.96) = 441282.42\,\mathrm{m}$

$Y_1 = 189428.53 + (\sin 305° \ 34' \ 17.7'' \times 2905.96) = 187064.85\,\mathrm{m}$

<기9 → 서10>

$X_2 = 442819.63 + (\cos 240° \ 15' \ 28.1'' \times 3098.61) = 441282.42\,\mathrm{m}$

$Y_2 = 189755.27 + (\sin 240° \ 15' \ 28.1'' \times 3098.61) = 187064.85\,\mathrm{m}$

나머지도 위와 같이 계산한다.

02 삼각측량을 실시하여 다음과 같은 값을 얻었다. 이를 삽입망 조정계산방법으로 조정하시오.(단, 거리는 cm 단위, 각은 0.1″까지 5사5입한다.)

	X(m)	Y(m)
(기9) A	404245.60	221105.78
(기8) B	404428.57	223208.72
(기7) C	405137.81	221485.24

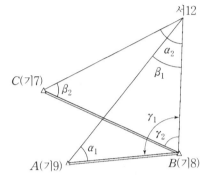

기지내각

α_1 33° 04′ 32.0″ α_2 92° 15′ 12.1″

β_1 72° 15′ 54.5″ β_2 40° 25′ 33.1″

γ_1 74° 39′ 23.7″ γ_2 47° 19′ 09.1″

해설

01 기지점간 거리 및 방위각 계산

<기9 → 기8>

$$l_1 = \sqrt{\Delta x^2 + \Delta y^2} = \sqrt{182.97^2 + 2102.94^2} = 2110.88\text{m}$$

$$\theta = \tan^{-1}\frac{\Delta y}{\Delta x} = \tan^{-1}\frac{2102.94}{182.97} = 85°\ 01′\ 38.6″ (1상한)$$

$$V_{기9}^{기8} = 85°\ 01′\ 38.6″$$

<기8 → 기7>

$$l_2 = \sqrt{\Delta x^2 + \Delta y^2} = \sqrt{709.24^2 + (-1723.48^2)} = 1863.71\text{m}$$

$$\theta = \tan^{-1}\frac{\Delta y}{\Delta y} = \tan^{-1}\frac{1723.48}{709.24} = 67°\ 37′\ 55.3″ (4상한)$$

$$V_{기8}^{기7} = 360° - 67°\ 37′\ 55.3″ = 292°\ 22′\ 04.7″$$

02 각규약 조정

(1) $\Sigma\varepsilon = \varepsilon_1 - \varepsilon_2 = -9.8 - (-5.7) = -4.1″$

※ 변형형이므로 $\varepsilon_1 + \varepsilon_2$가 아닌 $\varepsilon_1 - \varepsilon_2$로 계산한다.

(2) 각 삼각형 γ각의 합과 기지내각과의 차(e) 계산

변형형이므로

$$\Sigma\gamma = 74°\ 39′\ 23.7″ - 47°\ 19′\ 09.1″ = 27°\ 20′\ 14.6″$$

$$기지내각 = V_{기8}^{기7} - V_{기8}^{기9}$$

$$= 292°\ 22′\ 04.7″ - 265°\ 01′\ 38.6″ = 27°\ 20′\ 26.1″$$

$\therefore \ e = 27° \ 20′ \ 14.6″ - 27° \ 20′ \ 26.1″ = -11.5″$가 된다.

(3) $(\text{II}) = \dfrac{\Sigma\varepsilon - 3e}{2n} = \dfrac{-4.1 - (3 \times -11.5)}{2 \times 2} = +7.6″$

※ (II)값 배부시 겹친 삼각형 ②에는 $-7.6″$를 배부한다.

$(\text{I}) = \dfrac{-\varepsilon - (\text{II})}{3}$ 이므로

① 삼각형 $(\text{I}) = \dfrac{-(-9.8) - 7.6}{3} = 0.73 = 0.7″$

② 삼각형 $(\text{I}) = \dfrac{-(-5.7) + 7.6}{3} = 4.43 = 4.4″$ ※ 변형형임을 주의한다.

참고 각 조정 후 단수처리로 인하여 삼각형 내각의 합이 180°와 ±0.1″의 차이가 생길 수 있다. 이때는 90°에 가까운 각에 ±0.1″를 추가 배부한다.

③ 변규약 조정

(1) E_1 계산

$$E_1 = \frac{\pi\sin\alpha \cdot l_1}{\pi\sin\beta \cdot l_2} - 1 = \frac{1151.114774}{1151.143377} - 1 = -25(-0.000025)$$

(2) $\Delta\alpha, \ \Delta\beta$ 계산

$\Delta\alpha, \ \Delta\beta = \sin 10″ \times \cos\alpha, \ \beta = 48.4814 \times \cos\alpha, \ \beta$

($\sin 10″ \times 10^6$: 소수점 이하 6자리까지 계산하기 위함)

$\Delta\alpha_1 = 48.4814 \times \cos 33° \ 04′ \ 32.7″ = 41$

$\Delta\beta_1 = 48.4814 \times \cos 72° \ 15′ \ 55.2″ = 15$

$\Delta\alpha_2 = 48.4814 \times \cos 92° \ 15′ \ 16.6″ = -2$

$\Delta\beta_2 = 48.4814 \times \cos 40° \ 25′ \ 37.5″ = 37$

부호는 $\pi\sin\alpha \cdot l_1 < \pi\sin\beta \cdot l_2$이면 E_1값이 $(-)$이므로 $\sin\alpha$에는 $+\Delta\alpha$, $\sin\beta$에는 $-\Delta\beta$로 조정하여 $\sin\alpha′, \ \sin\beta′$를 구한다.

(3) E_2 계산

$$E_2 = \frac{\pi\sin\alpha′ \cdot l_1}{\pi\sin\beta′ \cdot l_2} - 1 = \frac{1151.198949}{1151.059569} - 1 = 121(0.000121)$$

$|E_1 - E_2| = |-25 - 121| = 146$

(4) 경정수$(x_1″, \ x_2″)$ 계산

$$x_1″ = \frac{10″ \times E_1}{|E_1 - E_2|} = \frac{10″ \times (-25)}{146} = -1.7″$$

$$x_2″ = \frac{10″ \times E_2}{|E_1 - E_2|} = \frac{10″ \times 121}{146} = +8.3″$$

[검산] $|x_1″ - x_2″| = |-1.7 - 8.3| = 10″$가 된다.

04 변장 계산

<기9 → 서12> $L = \dfrac{2110.88 \times \sin 74° \ 39' \ 32.1''}{\sin 72° \ 15' \ 53.5''} = 2137.24\text{m}$

<기8 → 서12> $L = \dfrac{2110.88 \times \sin 33° \ 04' \ 34.4''}{\sin 72° \ 15' \ 53.5''} = 1209.50\text{m}$

<서12 → 기7> $L = \dfrac{1209.50 \times \sin 47° \ 19' \ 05.9''}{\sin 40° \ 25' \ 35.8''} = 1371.13\text{m}$

<기8 → 기7> $L = \dfrac{1209.50 \times \sin 92° \ 15' \ 18.3''}{\sin 40° \ 25' \ 35.8''} = 1863.70\text{m}$

05 방위각 계산

<기9 → 서12>

$V = 85° \ 01' \ 38.6'' - 33° \ 04' \ 34.4'' = 51° \ 57' \ 04.2''$

<기8 → 서12>

$V = 85° \ 01' \ 38.6'' + 180° + 74° \ 39' \ 32.1'' = 339° \ 41' \ 10.7''$

<서12 → 기7>

$V = 339° \ 41' \ 10.7'' - 180° + 92° \ 15' \ 18.3'' = 251° \ 56' \ 29.0''$

<기8 → 기7>

$V = 339° \ 41' \ 10.7'' - 47° \ 19' \ 05.9'' = 292° \ 22' \ 04.8''$

※ 단수처리로 인하여 기지거리는 0.1cm, 기지 방위각은 0.1″ 정도 차이가 날 수 있다.

06 종횡선좌표 계산

<기9 → 서12>

$X_1 = 404245.60 + (\cos 51° \ 57' \ 04.2'' \times 2137.24) = 405562.85\text{m}$

$Y_1 = 221105.78 + (\sin 51° \ 57' \ 04.2'' \times 2137.24) = 222788.83\text{m}$

<기8 → 서12>

$X_2 = 404428.57 + (\cos 339° \ 41' \ 10.7'' \times 1209.50) = 405562.85\text{m}$

$Y_2 = 223208.72 + (\sin 339° \ 41' \ 10.7'' \times 1209.50) = 222788.83\text{m}$

<서12 → 기7>

$X_1 = 405562.85 + (\cos 251° \ 56' \ 29.0'' \times 1371.13) = 405137.81\text{m}$

$Y_1 = 222788.83 + (\sin 251° \ 56' \ 29.0'' \times 1371.13) = 221485.24\text{m}$

<기8 → 기7>

$X_2 = 404428.57 + (\cos 292° \ 22' \ 04.8'' \times 1863.70) = 405137.81\text{m}$

$Y_2 = 223208.72 + (\sin 292° \ 22' \ 04.8'' \times 1863.70) = 221485.25\text{m}$

11. 삼각쇄 조정

(1) 정의

삼각쇄는 삽입망과 같이 기지변에 폐색을 시켜 삼각점의 좌표를 구하는 방법으로
다른 삼각망 조정보다 각조정이 간단한 것이 특징이며, 삼각쇄망의 특수성(위치
조건 불만족) 때문에 출발점에서 시작하여 도착점에 이르면 기지점에 폐색이 되
지 않고 약간의 차이가 발생하기도 한다.

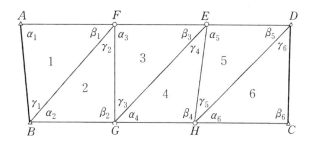

(2) 핵심 이론

1) 각규약 조정식

$$e = (\alpha + \beta + \gamma) - 180°$$

$$V_D^C = V_B^A + \Sigma\gamma\,홀수 \; - \Sigma\gamma\,짝수$$

방위각 오차 $q = V_D^C - 기지도착\ 방위각$

방위각 오차(q)의 배부공식

γ각이 좌측에 있을 때	γ각이 우측에 있을 때
$\alpha = -\dfrac{q}{2n}$	$\alpha = +\dfrac{q}{2n}$
$\beta = -\dfrac{q}{2n}$	$\beta = +\dfrac{q}{2n}$
$\gamma = +\dfrac{q}{n}$	$\gamma = -\dfrac{q}{n}$

여기서, n은 삼각형수

2) 변규약 조정식

$$E_1 = \frac{\pi \sin \alpha \cdot l_1}{\pi \sin \beta \cdot l_2} - 1 \qquad E_2 = \frac{\pi \sin \alpha' \cdot l_1}{\pi \sin \beta' \cdot l_2} - 1$$

여기서 $\sin \alpha'$, $\sin \beta'$는 $\sin \alpha$, $\sin \beta$에 $\Delta \alpha$, $\Delta \beta$값을 더하여 보정한 값

3) 변규약의 경정수 계산

$$x_1'' = \frac{10'' \cdot E_1}{|E_1 - E_2|}, \quad x_2'' = \frac{10'' \cdot E_2}{|E_1 - E_2|}$$

[검산] $|x_1'' - x_2''| = 10''$

4) 변장 계산

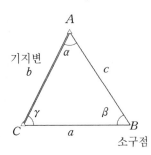

기지변 b

소구점

$$\frac{a}{\sin \alpha} = \frac{b}{\sin \beta} = \frac{c}{\sin \gamma}$$

$$\therefore a = \frac{b \cdot \sin \alpha}{\sin \beta}$$

$$\therefore c = \frac{b \cdot \sin \gamma}{\sin \beta}$$ 가 된다.

5) 방위각 및 종횡선좌표 계산

AB 방위각 $= AC$ 방위각 $- \alpha$

CB 방위각 $= AC$ 방위각 $\pm 180° + \gamma$

A점에서 B점에 대한 종횡선 좌표 계산

$$X_B = X_A + \overline{AB} \times \cos V_A{}^B$$

$$Y_B = Y_A + \overline{AB} \times \sin V_A{}^B$$

C점에서 B점에 대한 종횡선 좌표 계산

$$X_B = X_C + \overline{CB} \times \cos V_C{}^B$$

$$Y_B = Y_C + \overline{CB} \times \sin V_C{}^B$$

(3) 풀이 순서

각규약 ── 각 삼각형의 내각의 합과 180°와의 차(ε) 계산 및 조정 $\left(\frac{\varepsilon}{3} \right)$

↓

방위각 오차(q) 계산 및 각규약 경정수 계산 및 조정

↓

변규약 ── $\sin\alpha$, $\sin\beta$ 계산

↓

E_1의 값 계산 ──→ $\left(E_1 = \dfrac{\pi\sin\alpha \cdot l_1}{\pi\sin\beta \cdot l_2} - 1 \right)$

↓

$\sin 10''$에 대한 삼각함수의 변화량 $\varDelta\alpha$, $\varDelta\beta$ 계산
($\varDelta\alpha$, $\varDelta\beta = \sin 10'' \times \cos\alpha$, $\cos\beta = 48.4814 \times \cos\alpha$, $\cos\beta$)

↓

E_2의 값 계산 ──→ $\left(E_2 = \dfrac{\pi\sin\alpha' \cdot l_1}{\pi\sin\beta' \cdot l_2} - 1 \right)$

↓

경정수 $(x_1'',\ x_2'')$의 계산 및 검산 ──→ $\begin{cases} x_1'' = \dfrac{10'' \cdot E_1}{|E_1 - E_2|} \\[2mm] x_2'' = \dfrac{10'' \cdot E_2}{|E_1 - E_2|} \\[1mm] \text{검산} \ |x_1'' - x_2''| = 10'' \end{cases}$

↓

변장 계산(sin법칙 적용)

↓

방위각 계산

↓

종횡선 좌표 계산 및 평균 계산

실전문제 및 해설   Q & A

01 다음 삼각쇄망의 관측결과에 의하여 서식을 완성하고 기양7의 좌표를 구하시오. (단, 각은 초단위 소수1자리까지 거리와 좌표는 m단위 소수 2자리까지 계산)

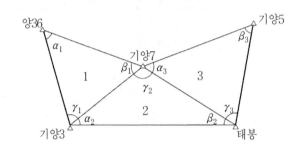

기지점 좌표

점명	X(m)	Y(m)
기양3	481465.61	182383.79
양36	482414.39	180789.65
태봉	482110.80	184548.52
기양5	483901.31	183969.41

관측내각

α_1 39° 54′ 54.5″ α_2 59° 25′ 56.6″ α_3 61° 04′ 15.0″

β_1 66° 52′ 18.3″ β_2 34° 51′ 02.3″ β_3 65° 06′ 30.6″

γ_1 73° 12′ 36.7″ γ_2 85° 42′ 52.4″ γ_3 53° 49′ 30.0″

해설

01 기지점간 거리 및 방위각 계산

<기양3 → 양36>

$$l_1 = \sqrt{\Delta x^2 + \Delta y^2} = \sqrt{948.78^2 + (-1594.14)^2} = 1855.12\,\text{m}$$

$$\theta = \tan^{-1} \frac{\Delta y}{\Delta x} = \tan^{-1} \frac{1594.14}{948.78} = 59° \ 14′ \ 25.0″ \ (4상한)$$

$$V = 360° - 59° \ 14′ \ 25.0″ = 300° \ 45′ \ 35.0″$$

〈태봉 → 기양5〉

$$l_2 = \sqrt{\Delta x^2 + \Delta y^2} = \sqrt{1790.51^2 + 579.11^2} = 1881.83\,\mathrm{m}$$

$$\theta = \tan^{-1}\frac{\Delta y}{\Delta x} = \tan^{-1}\frac{579.11}{1790.51} = 17°\ 55'\ 22.5''\ (4상한)$$

$$V = 360° - 17°\ 55'\ 22.5'' = 342°\ 04'\ 37.5''$$

02 각규약 조정

(1) 각 삼각형 내각의 합과 180°와의 차(ε) 계산

① 삼각형

$$\varepsilon_1 = -10.5'' \qquad \varepsilon_1/3 = -3.5''$$

② 삼각형

$$\varepsilon_2 = -8.7'' \qquad \varepsilon_2/3 = -2.9''$$

③ 삼각형

$$\varepsilon_3 = +15.6'' \qquad \varepsilon_3/3 = +5.2''가 되며 이 값으로 1차 조정한다.$$

(2) 방위각 오차(q) 계산

출발점에서 시작하여 도착점에 폐색시켜 기지방위각과의 차를 계산한다.

산출방위각 = 기지출발방위각 + γ_1 - 180° - γ_2 + 180° + γ_3

$$= 300°\ 45'\ 35.0'' + 73°\ 12'\ 40.2'' - 180° - 85°\ 42'\ 55.3''$$
$$+ 180° + 53°\ 49'\ 24.8'' = 342°\ 04'\ 44.7''$$

$$q = 342°\ 04'\ 44.7'' - 342°\ 04'\ 37.5'' = +7.2''$$

(3) 기지각 오차(각규약 경정수) 계산

γ각이 좌측에 있을 때	γ각이 우측에 있을 때
$\alpha = -\dfrac{q}{2n} = -1.2''$	$\alpha = +\dfrac{q}{2n} = +1.2''$
$\beta = -\dfrac{q}{2n} = -1.2''$	$\beta = +\dfrac{q}{2n} = +1.2''$
$\gamma = +\dfrac{q}{n} = +2.4''$	$\gamma = -\dfrac{q}{n} = -2.4''$

약도처럼 ①, ③ 삼각형은 γ각이 우측에, ② 삼각형은 γ각이 좌측에 있으므로 계산부처럼 조정한다.

03 변규약 규정

(1) E_1 계산

$$E_1 = \frac{\pi\sin\alpha \cdot l_1}{\pi\sin\beta \cdot l_2} - 1 = \frac{0.641670 \times 0.861034 \times 0.875209 \times 1855.12}{0.919637 \times 0.571446 \times 0.907098 \times 1881.83} - 1 = \frac{897.048282}{897.069788} - 1$$

$$= -24(-0.000024)$$

(2) $\Delta\alpha,\ \Delta\beta$ 계산

$$\Delta\alpha,\ \Delta\beta = \sin 10'' \times \cos\alpha, \beta = 48.4814 \times \cos\alpha, \beta$$

※ 48.4814는 소수점 이하 6자리까지 계산하기 위하여 $\sin 10'' \times 10^6$한 것임

$$\Delta\alpha_1 = 48.4814 \times \cos 39°\ 54'\ 59.2'' = 37$$

$$\varDelta\beta_1 = 48.4814 \times \cos 66°\ 52'\ 23.0'' = 19$$

나머지도 위와 같이 구하며

$\pi\sin\alpha \cdot l_1 < \pi\sin\beta \cdot l_2$이면 E_1값이 (−)이므로 $\sin\alpha$에는 $+\varDelta\alpha$, $\sin\beta$에는 $-\varDelta\beta$로 조정하여 $\sin\alpha'$, $\sin\beta'$를 구한다.

(3) E_2 계산

$$E_2 = \frac{\pi\sin\alpha' \cdot l_1}{\pi\sin\beta' \cdot l_2} - 1 = \frac{0.641707 \times 0.861059 \times 0.875232 \times 1855.12}{0.919618 \times 0.571406 \times 0.907078 \times 1881.83} - 1 = \frac{897.149631}{896.968685} - 1$$

$$= +202(+0.000202)$$

$$|E_1 - E_2| = |-24 - (+202)| = 226$$

(4) 경정수(x_1'', x_2'') 계산 및 검산

$$x_1'' = \frac{10'' \times E_1}{|E_1 - E_2|} = \frac{10'' \times (-24)}{226} = -1.1''$$

$$x_2'' = \frac{10'' \times E_2}{|E_1 - E_2|} = \frac{10'' \times 202}{226} = +8.9''$$

[검산] $|x_1'' - x_2''| = |-1.1 - (+8.9)| = 10''$가 된다.

04 변장 계산

<양36 → 기양7> $\quad l = \dfrac{1855.12 \times \sin 73°\ 12'\ 37.8''}{\sin 66°\ 52'\ 21.9''} = 1931.25\text{m}$

<기양9 → 기양7> $\quad l = \dfrac{1855.12 \times \sin 39°\ 55'\ 00.3''}{\sin 66°\ 52'\ 21.9''} = 1294.41\text{m}$

나머지도 위와 같이 계산한다.

05 방위각 계산

<양36 → 기양7>

$V = 300°\ 45'\ 35.0'' - 180° - 39°\ 55'\ 00.3'' = 80°\ 50'\ 34.7''$

<기양3 → 기양7>

$V = 300°\ 45'\ 35.0'' + 73°\ 12'\ 37.8'' = 13°\ 58'\ 12.8''$

나머지도 위와 같이 계산한다.

06 종횡선좌표 계산

<양36 → 기양7>

$X_1 = 482414.39 + (1931.25 \times \cos 80°\ 50'\ 34.7'') = 482721.73\text{ m}$

$Y_1 = 180789.65 + (1931.25 \times \sin 80°\ 50'\ 34.7'') = 182696.29\text{ m}$

<기양3 → 기양7>

$X_2 = 481465.61 + (1294.41 \times \cos 13°\ 58'\ 12.8'') = 482721.73\text{ m}$

$Y_2 = 182383.79 + (1294.41 \times \sin 13°\ 58'\ 12.8'') = 182696.28\text{ m}$

두 값을 평균하며 단수처리는 오사오입에 의한다.

나머지도 위와 같이 계산한다.

02 다음은 삼각쇄망의 관측결과에 의하여 서식을 완성하고 서23, 서24의 좌표를 구하시오.
(단, 각은 초단위 소수 1자리까지, 거리와 좌표는 m 단위 소수 2자리까지 계산하시오.)

	X (m)	Y (m)
서8	463520.47	195426.72
서7	467342.11	193901.89
서9	464716.45	202291.50
서10	469391.95	199770.06

관측내각

α_1 85° 17′ 28.7″ α_2 62° 35′ 6.4″ α_3 82° 06′ 28.0″ α_4 73° 12′ 07.1″

β_1 57° 06′ 30.3″ β_2 72° 22′ 27.1″ β_3 59° 57′ 24.7″ β_4 69° 43′ 01.8″

γ_1 37° 35′ 53.7″ γ_2 45° 02′ 20.9″ γ_3 37° 56′ 16.8″ γ_4 37° 04′ 50.5″

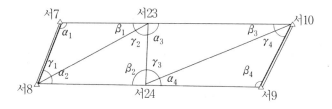

해설

01 기지점간 거리 및 방위각 계산

<서8 → 서7>

$$l_1 = \sqrt{\Delta x^2 + \Delta y^2} = \sqrt{3821.64^2 + (-1524.83)^2} = 4114.61 \, \text{m}$$

$$\theta = \tan^{-1} \frac{\Delta y}{\Delta x} = \tan^{-1} \frac{1524.83}{3821.64} = 21° \ 45′ \ 07.0″ \ (4상한)$$

$$V = 360° - 21° \ 45′ \ 07.0″ = 338° \ 14′ \ 53.0″$$

<서10 → 서9>

$$l_2 = \sqrt{\Delta x^2 + \Delta y^2} = \sqrt{(-4675.50)^2 + (2521.44)^2} = 5312.06 \, \text{m}$$

$$\theta = \tan^{-1} \frac{\Delta y}{\Delta x} = \tan^{-1} \frac{2521.44}{4675.50} = 28° \ 20′ \ 14.8″ \ (2상한)$$

$$V = 180° - 28° \ 20′ \ 14.8″ = 151° \ 39′ \ 45.2″$$

02 각규약 조정

(1) 각 삼각형 내각의 합과 180°와의 차(ε) 계산

① 삼각형

$\varepsilon_1 = -7.3″$ $\varepsilon_1/3 = -2.4″$

② 삼각형

$\varepsilon_2 = -5.6''$ $\varepsilon_2/3 = -1.9''$

③ 삼각형

$\varepsilon_3 = +9.5''$ $\varepsilon_3/3 = +3.2''$

④ 삼각형

$\varepsilon_4 = -0.6''$ $\varepsilon_4/3 = -0.2''$

가 되며 단수처리로 인하여 ±0.1″ 차이가 날 수 있다.

이때는 90°에 가까운 각에 ±0.1″를 추가로 배부하여 조정한다.

(2) 방위각 오차(q) 계산

출발기지변에서 시작하여 도착기지변에 폐색시켜 기지방위각과의 차를 계산한다.

산출방위각 = 기지출발방위각 + γ_1 + 180° − γ_2 − 180° + γ_3 + 180° − γ_4

$$= 338°\ 14'\ 53.0'' + 37°\ 35'\ 56.1'' + 180° - 45°\ 02'\ 22.8''$$

$$- 180° + 37°\ 56'\ 13.6'' + 180° - 37°\ 04'\ 50.7''$$

$$= 151°\ 39'\ 49.2''$$

방위각 오차 (q) = 151° 39′ 49.2″ − 151° 39′ 45.2″ = +4.0″

(3) 기지각 오차 (각규약 경정수) 계산

γ 각이 좌측에 있을 때	γ 각이 우측에 있을 때
$\alpha = -\dfrac{q}{2n} = -0.5''$	$\alpha = +\dfrac{q}{2n} = +0.5''$
$\beta = -\dfrac{q}{2n} = -0.5''$	$\beta = +\dfrac{q}{2n} = +0.5''$
$\gamma = +\dfrac{q}{n} = +1.0''$	$\gamma = -\dfrac{q}{n} = -1.0''$

약도처럼 ①, ③ 삼각형은 γ 각이 우측에, ②, ④ 삼각형은 γ 각이 좌측에 있으므로 계산부와 같이 조정한다.

03 변규약 규정

(1) E_1 계산

$$E_1 = \frac{\pi \sin \alpha \cdot l_1}{\pi \sin \beta \cdot l_2} - 1 = \frac{3451.864309}{3451.807907} - 1 = +16(0.000016)$$

여기서 π는 누승(×)기호이다.

(2) $\Delta\alpha$, $\Delta\beta$ 계산

$\Delta\alpha$, $\Delta\beta = \sin 10'' \times \cos \alpha, \ \beta$

         $= 48.4814 \times \cos \alpha, \ \beta$

여기서 48.4814는 소수점 이하 6자리까지 계산하기 위해 $\sin 10'' \times 10^6$한 것임

$\Delta\alpha_1 = 48.4814 \times \cos 85°\ 17'\ 31.7'' = 4$

$\Delta\beta_1 = 48.4814 \times \cos 57°\ 06'\ 33.2'' = 26$

나머지도 위와 같이 구하며

$\pi \sin \alpha \cdot l_1 > \pi \sin \beta \cdot l_2$ 이면 E_1 값이 (+)이므로 $\sin \alpha$ 에는 $-\varDelta \alpha$, $\sin \beta$ 에는 $-\varDelta \beta$ 로 조정하여 $\sin \alpha'$, $\sin \beta'$ 를 구한다.

(3) E_2 계산

$$E_2 = \frac{\pi \sin \alpha' \cdot l_1}{\pi \sin \beta' \cdot l_2} - 1 = \frac{3451.690035}{3452.127386} - 1 = -127(-0.000127)$$

$$|E_1 - E_2| = |16 - (-127)| = 143$$

(4) 경정수 (x_1'', x_2'') 계산 및 검산

$$x_1'' = \frac{10'' \times E_1}{|E_1 - E_2|} = \frac{10'' \times 16}{143} = +1.1''$$

$$x_2'' = \frac{10'' \times E_2}{|E_1 - E_2|} = \frac{10'' \times (-127)}{143} = -8.9''$$

[검산] $|x_1'' - x_2''| = |1.1 - (-8.9)| = 10''$ 가 된다.

04 변장 계산

<서7 → 서23>

$$l = \frac{4114.61 \times \sin 37° \ 35' \ 55.1''}{\sin 57° \ 06' \ 34.3''} = 2989.64\,\mathrm{m}$$

<서8 → 서23>

$$l = \frac{4114.61 \times \sin 85° \ 17' \ 30.6''}{\sin 57° \ 06' \ 34.3''} = 4883.50\,\mathrm{m}$$

나머지도 위와 같이 계산한다.

05 방위각 계산

<서7 → 서23>

$V = 338° \ 14' \ 53.0'' - 180° - 85° \ 17' \ 30.6'' = 72° \ 57' \ 22.4''$

<서8 → 서23>

$V = 338° \ 14' \ 53.0'' + 37° \ 35' \ 55.1'' = 15° \ 50' \ 48.1''$

나머지도 위와 같이 계산한다.

06 종횡선좌표 계산

<서7 → 서23>

$X_1 = 467342.11 + (2989.64 \times \cos 72° \ 57' \ 22.4'') = 468218.38\mathrm{m}$

$Y_1 = 193901.89 + (2989.64 \times \sin 72° \ 57' \ 22.4'') = 196760.23\mathrm{m}$

<서8 → 서23>

$X_2 = 463520.47 + (4883.50 \times \cos 15° \ 50' \ 48.1'') = 468218.38\mathrm{m}$

$Y_2 = 195426.72 + (4883.50 \times \sin 15° \ 50' \ 48.1'') = 196760.23\mathrm{m}$

두 값을 평균하며 나머지도 위와 같이 계산하여 정리한다.

12. 삼각망 정밀조정

(1) 정의

삼각형의 독립된 하나의 삼각형을 조정하는 것이 아니며 각조건과 변조건을 동시 고려하여 조정하는 방법으로 측량의 정확도를 높이고 각 잔차의 제곱의 합을 최소화 하는 방법이다.

(2) 핵심이론

▌기지점 3점에 의한 계산

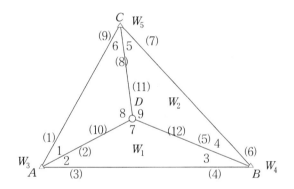

여기서, 각의 수 : 9

변의 수 : 12

각도방정식 수(5)＝기지삼각점 수(3)＋삼각형 수(3)−1

변방정식 수(1)＝기선 수(3)＋소구점 수(1)−3

1) 각도방정식

① 삼각조정에 의하여

$$-(2)+(3)-(4)+(5)+(10)-(12)+W_1=0$$

$$-(5)+(6)-(7)+(8)-(11)+(12)+W_2=0$$

② 망조정에 의하여

$$-(1)+(3)+W_3=0$$

$$-(4)+(6)+W_4=0$$

$$-(7)+(9)+W_5=0$$

2) 변방정식

$$(1+3+5)-(2+4+6)+W_{S1}=0$$

$$\therefore \ 1-2+3-4+5-6+W_{S1}=0$$

여기에 방향각을 곱하고 순서대로 정리하면

$$-A1(1)+(A1+A2)(2)-A2(3)-A3(4)+(A3+A4)(5)-A4(6)$$

$$-A5(7)+(A5+A6)(8)-A6(9)+W_{S1}=0$$

여기서 Ai는 해당각 (i)에 대한 cot 값

3) W_{S1} 계산

$$\left(\frac{\sin 1 \times \sin 3 \times \sin 5}{\sin 2 \times \sin 4 \times \sin 6}-1\right)\times \rho''=W_{S1}$$

$$\therefore \ \left(\frac{\pi \sin A}{\pi \sin B}-1\right)\times \rho''=W_{S1}$$

여기서 $\rho''=1/\sin 1''$로 $206265''$임

기지점 4점에 의한 계산

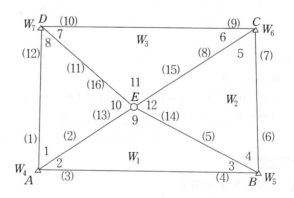

여기서, 각의 수 : 12

번의 수 : 16

각도 방정식 수(7)=기지 삼각점 수(4)+삼각형 수(4)−1

변 방정식 수 (2)=기선 수(4)+소구점 수(1)−3

1) 각도 방정식(방향각에 의해 순서대로 풀이)

　① 삼각조정에 의하여

$$-(2)+(3)-(4)+(5)+(13)-(14)+W_1=0$$

$$-(5)+(6)-(7)+(8)+(14)-(15)+W_2=0$$

$$-(8)+(9)-(10)+(11)+(15)-(16)+W_3=0$$

　② 망조정에 의하여

$$-(1)+(3)+W_4=0$$

$$-(4)+(6)+W_5=0$$

$$-(7)+(9)+W_6=0$$

$$-(10)+(12)+W_7=0$$

2) 변방정식

　① $(1+3+5+7)-(2+4+6+8)+W_{S1}=0$

　　$\therefore\ 1-2+3-4+5-6+7-8+W_{S1}=0$

　여기에 변(방향각)을 곱하여 순서대로 정리하면

$$-A1(1)+(A1+A2)(2)-A2(3)-A3(4)+(A3+A4)(5)-A4(6)$$

$$-A5(7)+(A5+A6)(8)-A6(9)-A7(10)+(A7+A8)(11)$$

$$-A8(12)+W_{S1}=0$$

　여기서 Ai는 해당각(i)에 대한 cot 값

　② $(1+11)-(10+6)+W_{S2}=0$

　　$\therefore\ 1-6-10+11+W_{S2}=0$

　여기에 방향각을 곱하여 순서대로 정리하면

$$-A1(1)+A1(2)+A6(8)-A6(9)+A10(13)+A11(15)$$

$$-(A10+A11)(16)+W_{S2}=0$$

　여기서 A_i는 해당각(i)에 대한 cot 값

　③ W_{S1}, W_{S2} 계산

$$\left(\frac{\sin1\times\sin3\times\sin5\times\sin7}{\sin2\times\sin4\times\sin6\times\sin8}-1\right)\times\rho''=W_{S1}$$

$$\therefore\ \left(\frac{\pi\sin A}{\pi\sin B}-1\right)\times\rho''=W_{S1}$$

$$\left(\frac{DA\times\sin1\times\sin11}{CD\times\sin6\times\sin10}-1\right)\times\rho''=W_{S2}$$

$$\therefore \left(\frac{DA\cdot\pi\sin A}{CD\cdot\pi\sin B}-1\right)\times\rho''=W_{S2}$$

여기서 $\rho''=1/\sin1''$로 206265″임

(3) 풀이 순서

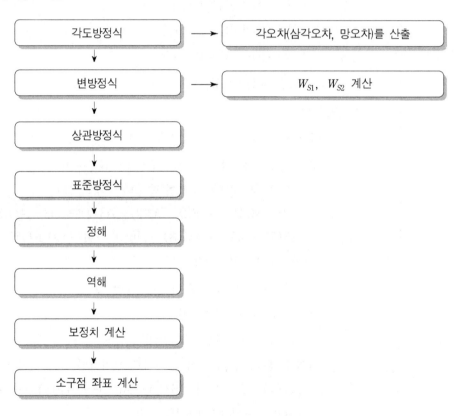

각도방정식 → 각오차(삼각오차, 망오차)를 산출

변방정식 → W_{S1}, W_{S2} 계산

상관방정식

표준방정식

정해

역해

보정치 계산

소구점 좌표 계산

실전문제 및 해설

01 그림과 같이 기지점 3점에 의한 삼각망을 정밀 조정하는 데 필요한 상관방정식이 아래와 같을 경우 표준방정식을 계산하시오.(소수 2자리까지 계산하시오.)

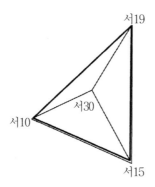

각오차(삼각오차)　$W_1 = -1.0''$　　　변규약　$W_{s1} = -51.3''$

$W_2 = -18.2''$

각오차(망오차)　$W_3 = +0.6''$

$W_4 = -12.2''$

$W_5 = -20.2''$

상관방정식

	1	2	3	4	5	6	7	Σ
1			-1.0			-7.8		
2	-1.0					12.7		
3	1.0		1.0			-4.9		
4	-1.0			-1.0		-1.2		
5	1.0	-1.0				2.2		
6		1.0		1.0		-1.0		
7		-1.0			-1.0	-0.8		
8		1.0				2.9		
9					1.0	-2.1		
10	1.0							
11	-1.0	1.0						
12		-1.0						
13								

해설

01 1식

(1) 1식 1항=[aa]

상관방정식 1열의 계수를 a로 하고 제곱하여 합산한다.

$[aa] = (-1)^2 + (+1)^2 + (-1)^2 + (+1)^2 + (+1)^2 + (-1)^2 = +6$

(2) 1식 2항=[ab]

상관방정식 1열과 2열을 a, b라고 하고 1열과 2열이 만나는 행의 계수를 곱하여 합산한다.

$[ab] = \{(+1)×(-1)\} + \{(-1)×(+1)\} = -2$

(3) 1식 3항=[ac]

상관방정식 1열과 3열을 a, c라고 하고 1열과 3열이 만나는 행의 계수를 곱하여 합산한다.

$[ac] = (+1)×(+1) = +1$

(4) 1식 4항=[ad]

상관방정식 1열과 4열을 a, d라 하고, 1열과 4열이 만나는 행의 계수를 곱하여 합산한다.

$[ad] = (-1)×(-1) = +1$

(5) 1식 5항=[ae]

상관방정식 1열과 5열을 a, e라 하고 1열과 6열이 만나는 행이 없으므로 0이다.

(6) 1식 6항=[af]

상관방정식 1열과 6열을 a, f라 하고 1열과 6열이 만나는 행의 계수를 곱하여 합산한다.

$[af] = \{(-1)×(+12.7)\} + \{(+1)×(-4.9)\} + \{(-1)×(-1.2)\} + \{(+1)×(2.2)\}$
$\qquad = -14.2$

(7) 1식 7항= n

오차에 대한 란으로 삼각규약(Ⅰ)에 대한 오차 $W_1 = -1.0''$를 기입한다.

(8) 1식 8항= Σn

행의 모든 값을 합산하여 기입한다.

02 2식

(1) 2식 2항=[bb]

상관방정식 2열을 계수를 b로 하고 제곱하여 합산한다.

$[bb] = (-1)^2 + (+1)^2 + (-1)^2 + (+1)^2 + (+1)^2 + (-1)^2 = +6$

(2) 2식 3항=[bc]

상관방정식 2열과 3열을 b, c라 하면 두 열이 만나는 행이 없으므로 0이다.

(3) 2식 4항=[bd]

상관방정식 2열과 4열을 b, d라 하고 2열과 4열이 만나는 행의 계수를 곱하여 합산한다.

$[bd] = (+1)×(+1) = +1$

(4) 2식 5항=[be]

상관방정식 2열과 5열을 b, e라 하고 2열과 5열이 만나는 행의 계수를 곱하여 합산한다.

[be]=$(-1) \times (-1) = +1$

(5) 2식 6항=[bf]

상관방정식 2열과 6열을 b, f라 하고 2열과 6열이 만나는 행의 계수를 곱하여 합산한다.

[bf]=$\{(-1) \times (+2.2)\} + \{(+1) \times (-1)\} + \{(-1) \times (-0.8)\} + \{(+1) \times (+2.9)\}$
$\quad = +0.5$

(6) 2식 7항= n

오차에 대한 란으로 삼각규약(Ⅱ)에 대한 오차 $W_2 = -18.2''$를 기입한다.

(7) 2식 8항= Σn

행의 모든 값을 합산하여 기입한다.

위의 1식, 2식과 같이 3, 4, 5식도 같은 방법으로 계산한다.

③ 6식

(1) 6식 6항=[ff]

상관방정식 6열의 계수를 f라 하고 제곱하여 합산한다.

[ff]=$(-7.8)^2 + (+12.7)^2 + (-4.9)^2 + (-1.2)^2 + (+2.2)^2 + (-1.0)^2 + (-0.8)^2$
$\quad + (+2.9)^2 + (-2.1)^2 = 266.88$

(2) 6식 7항= n

상관방정식 6열은 변방정식(Ⅰ)에 대한 등식이므로 $W_{S1} = -51.3''$를 기입한다.

(3) 6식 8항= Σn

항의 모든 값을 합산하여 기입한다.

정답

표준방정식

	1	2	3	4	5	6	n	Σn
1	6.0	-2.0	1.0	1.0	0.0	-14.2	-1.0	-9.2
2		6.0	0.0	1.0	1.0	0.5	-18.2	-9.7
3			2.0	0.0	0.0	2.9	0.6	+5.5
4				2.0	0.0	0.2	-12.2	-10.0
5					2.0	-1.3	-20.2	-19.5
6						266.88	-51.3	+215.58
7								

[정답]

삼각망조정계산부

	삼각점 위치	
약 도	도엽명	도엽번호

약도: 서19, 서30, 서10, 서15

각 명	관 측 각	보정각(″)	조정각	각 명	관 측 내 각	기 지 내 각
2	11-28-24.5	-4.9	11-28-19.6	1+2	18-48-19.5	18-48-18.9
3	38-40-20.5	6.3	38-40-26.8	3+4	84-52-28.2	84-52-40.4
7	129-51-14.0	-0.4	129-51-13.6	5+6	76-18-40.5	76-19-00.7
	179-59-14.0		180-00-00.0		$W_3 = +0.6$	
	$W_1 = -1.0$				$W_4 = -12.2$	
4	46-12-0.7	5.9	46-12-13.6		$W_5 = -0.2$	
5	50-48-26.3	11.6	50-48-37.9	1. 각도방정식		
9	82-59-07.8	0.7	82-59-08.5	$0=$	$-(2)+(3)-(4)+(5)+(10)-(11)+W_1$	
	179-59-41.8		180-00-00.0	$0=$	$-(5)+(6)-(7)+(8)+(11)-(12)+W_2$	
	$W_2 = -18.2$			$0=$	$-(1)+(3)+W_3$	
1	7-19-55.0	4.3	7-19-59.3	$0=$	$-(4)+(6)+W_4$	
6	25-30-14.2	8.6	25-30-22.8	$0=$	$-(7)+(9)+W_5$	
8	147-09-38.2	-0.3	147-09-37.9	$0=$		
	179-59-47.4		180-00-00.0	$0=$		
	$W = -12.6$			$0=$		
				$0=$		
				$0=$		
				$0=$		
				$0=$		
				$0=$		
				$0=$		
				$0=$		

2. 변방정식

$$0 = -A1(1) + (A1 + A2)(2) - A2(3) - A3(4) + (A3 + A4)(5)$$
$$\quad - A4(6) + A5(7) + (A5 + A6)(8) - A6(9) + W_s1$$

$$0 = -7.8(1) + 12.7(2) - 4.9(3) - 1.2(4) + 2.2(5) - 1.0(6) - 0.8(7) + 2.9(8) - 2.1(9) - 51.3$$

각명	관측각	sin A	cot A	각명	관측각	sin B	cot B
1	7-19-55.0	0.127618	7.8	2	11-28-24.5	0.198914	4.9
3	38-40-20.5	0.624866	1.2	4	46-12-0.7	0.721786	1.0
5	50-48-26.3	0.775025	0.8	6	25-30-14.2	0.430573	2.1
$\pi\sin A = 0.061804$				$\pi\sin B = 0.061819$			
			$W_{S1} = -51.296$				

3. 상관방정식

	1	2	3	4	5	6	7	8	9	10	11	12	Σ
1			-1.0			-7.8							
2	-1.0		1.0			12.7							
3	-1.0					-4.9							
4	-1.0			-1.0		-1.2							
5	1.0	1.0				2.2							
6		-1.0		1.0		-1.0							
7		-1.0			-1.0	-0.8							
8		1.0				2.9							
9					1.0	-2.1							
10	1.0												
11	-1.0	1.0											
12		-1.0											
13													
14													
15													
16													
17													
18													
19													
20													

4. 표준방정식

	1	2	3	4	5	6	7	8	9	10	11	12	Σ_n
1	6.0	-2.0	1.0	1.0	0.0	-14.2	-1.0						-9.2
2		6.0	0.0	1.0	1.0	0.5	-18.2						-9.7
3			2.0	0.0	0.0	2.9	0.6						5.5
4				2.0	0.0	0.2	-12.2						-10.0
5					2.0	-1.3	-20.2						-19.5
6						266.88	-51.3						215.58
7													
8													
9													
10													
11													
12													

CHAPTER **02**

지적도근측량

1. 개요

세부측량의 기준이 되는 지적도근점의 설치를 요할 때 시행하는 측량으로 도근측량의 시행은 크게 도선법과 교회법, 그리고 다각망 도선법으로 나누어지며, 도선법은 방위각법과 배각법으로 구분된다.

2. 핵심용어

(1) 대회

방향법에서 반복 측량함으로써 분도원 눈금의 불량이나 수직축의 편심으로 인한 오차를 제거하기 위해 관측하는 방법

(2) 데오돌라이트(경위의)

천문관측이나 측량에 사용되는 망원경이 부착된 형태의 각을 잴 수 있는 장비

(3) 배각법

하나의 각을 2회 이상 반복 관측하여 누적된 값을 측정하는 방법

(4) 3배각

배각법에 의한 지적도근측량에서 각을 3회 관측하여 3으로 나누어 구하는 방법

(5) 방위각법

지적도근측량을 시행할 때 기지방위각에 의하여 순차적으로 각 측선의 방위각을 직접 측정하여 계산하는 방법

(6) 교회법

지형상 도선연결이 곤란할 때 알고 있는 3점을 이용하여 1점 내지 2점의 신설점을 구하는 방법

(7) 교점다각망

기지변 3개 이상을 이용하여 도선법으로 교점에 폐합시켜 계산하는 방법

(8) 지적도근점

기존에 설치된 삼각점만으로는 세부측량 시행시 그 수량이 불충분하여 새로 설치하는 기준점

(9) 지적도근측량

지적삼각점, 지적삼각보조점, 도근점을 기초로 하여 세부 측량의 기초가 되는 도근점을 설치하기 위하여 실시하는 측량을 말한다.

(10) 수평각

두 직선이 동일 수평상태에서 이루는 각

(11) 연결오차

그림에서 A, B를 종선오차(f_x), B, C를 횡선오차(f_y)라고 할 때 A, C를 연결하는 길이를 연결오차라 한다.

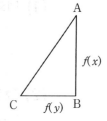

(12) 오차

관측값과 참값의 차

(13) 측량 계산의 단수 처리

방위각의 각치, 종횡선의 수치 또는 거리의 계산 및 면적측정에 있어서 구하고자 하는 자릿수의 다음 숫자가 5를 초과하는 경우에는 올리고 5 미만의 경우는 내리며 5인 경우에는 구하고자 하는 끝자릿수가 0 또는 짝수인 때에는 내리고 홀수인 때에는 올리도록 지적측량에서 규정하고 있다.<오사오입>

(14) 허용오차

허용할 수 있는 최대오차

(15) 반수

측선장 1m에 대하여 1000을 기준으로 한 수

$$반수 = \frac{1000}{L} \quad L : 측선장$$

3. 지적도근측량 실시기준

▌도선의 등급

1등 도선 : 삼각점, 지적삼각점 및 지적삼각보조점 상호간을 연결하는 도선 또는 다각망도선을
말한다.(가, 나, 다, …순으로 표시한다.)

2등 도선 : 삼각점, 지적삼각점 및 지적삼각보조점과 지적도근점을 연결하는 도선 또는 도근점
상호간을 연결하는 도선(ㄱ, ㄴ, ㄷ, …순으로 표시)

▌도근측량

(1) 도선법과 다각망도선법

1) 점간거리 및 연직각 교차제한

점간거리 2회 측정하여 그 측정치의 교차	연직각 관측은 올려다본 각과 내려다본 각을 관측하여 교차
3천분의 1미터 이하	90초 이내

2) 폐색오차

구분	도선	1배각과 3배각 평균값 교차	각도측정 폐색오차	연결오차
배각법	1등 도선	30초 이내	$\pm20\sqrt{n}$초 이내	$1/100M\sqrt{n}$ cm 이하
	2등 도선	30초 이내	$\pm30\sqrt{n}$초 이내	$1.5/100M\sqrt{n}$ m 이하
방위각법	1등 도선		$\pm\sqrt{n}$분 이내	$1/100M\sqrt{n}$ cm 이하
	2등 도선		$\pm1.5\sqrt{n}$분 이내	$1.5/100M\sqrt{n}$ cm 이하
비고			n : 폐색변을 포함한 변수	M : 축척분모 n : 수평거리 총합계를 100으로 나눈 수

(2) 교회법

배각법에 의한 수평각 관측의 경우 삼각형 내각관측치의 합과 180도와의 차 및 기지각의 차	연결교차	1배각과 3배각의 평균값에 대한 교차 (배각법)
±60초 이내	0.3미터 이하	30초 이내

(3) 측각오차의 배부

배각법	방위각법
$K=-\dfrac{e}{R}\times r$	$K_n=-\dfrac{e}{S}\times s$
K는 각측선에 배부할 초단위 각도	K_n은 각측선의 순서대로 배부할 분단위의 각도
e는 초단위 오차	e는 분단위 오차
R은 각측선장 반수의 총합계	S은 폐색변을 포함한 변수
r은 각측선장의 반수	s는 각측선의 순서

(4) 종·횡선 오차의 배부

배각법	방위각법
$T=-\dfrac{e}{L}\times l$	$C=-\dfrac{e}{L}\times l$
T는 각측선의 종선차 또는 횡선차에 배분할 cm단위의 수치	C는 각측선의 종선차 또는 횡선차에 배분할 cm단위의 수치
e는 종선오차 또는 횡선오차	e는 종선오차 또는 횡선오차
L은 종선차 또는 횡선차의 절대치의 합계	L은 각측선장의 총합계
l은 각측선의 종선차 또는 횡선차	l은 각측선의 측선장

4. 배각법에 의한 도근측량

(1) 정의

지적도근측량은 도선법과 교회법, 그리고 다각망 도선법으로 나누어지며, 배각법은 도선법 중 하나로서 관측의 정도를 높이기 위하여 시가지 지역에서 주로 사용하며 도선은 기지점간을 연결하는 결합도선에 의하여 행하는 것을 원칙으로 한다.

(2) 핵심 이론

1) 측각오차 계산

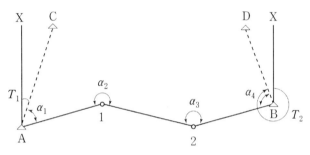

$$[\,T_1 < 180°, \quad T_2 > 180°\,]$$

$$각오차 = \Sigma \alpha - 180°(n-3) + T_1 - T_2$$

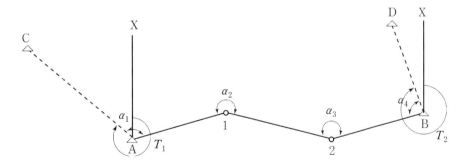

$$[\,T_1 > 180°, \quad T_2 > 180°\,]\,[\,T_1 < 180°, \quad T_2 < 180°\,]$$

$$각오차 = \Sigma \alpha - 180°(n-1) + T_1 - T_2$$

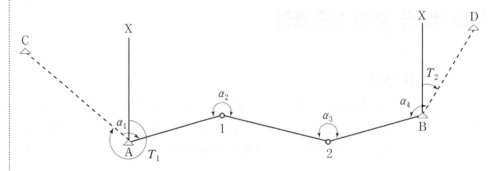

$$[\,T_1 > 180°, \quad T_2 < 180°\,]$$

$$각오차 = \Sigma\alpha - 180°(n+1) + T_1 - T_2$$

여기서, $\Sigma\alpha$: 관측값의 합

　　　 n : 폐색변을 포함한 변수

　　　 T_1 : 출발기지 방위각

　　　 T_2 : 도착기지 방위각

2) 공차계산

　　1등 도선 : $\pm20\sqrt{n}$초 이내

　　2등 도선 : $\pm30\sqrt{n}$초 이내

3) 측각오차의 배부

　　측각오차의 발생은 거리가 짧으면 많이 생기고 거리가 길면 오차가 적게 생긴
　　다는 원리를 적용하기 때문에 거리반수에 비례하여 오차를 배부한다.

$$K = -\frac{e}{R} \times r$$

여기서, K : 각측선에 배부할 초단위 각도

　　　 e : 초단위오차

　　　 R : 변장반수의 합계

　　　 r : 각측선장의 반수

4) 방위각 계산

　　배각법은 각 점에서 교각을 측정하여 방위각을 산출한다.

$$V_1 = T_1 + \alpha_1$$

$$V_2 = V_1 \pm 180° + \alpha_2$$

$$V_3 = V_2 \pm 180° + \alpha_3$$

여기서, V : 방위각

$\quad\quad\alpha$: 관측각

$\quad\quad T_1$: 출발기지방위각

※ 도선의 진행방향에서 좌측각(우회각)을 관측하면 $-180°$하며 우측각(좌회각)을 관측하면 $+180°$한다.

5) 종선, 횡선오차 계산

오차배부는 종선차, 횡선차의 길이에 비례하여 배부함으로 종선차, 횡선차의 절대치 합계와 종선차, 횡선차 합계를 산출하고 종선오차(f_x)와 횡선오차(f_y)를 구하여 배분한다.

$$T = -\frac{e}{L} \times l$$

여기서, T : 각측선의 종·횡선차에 배부할 센티미터 단위의 수치

$\quad\quad e$: 종선오차 또는 횡선오차의 센티미터 단위

$\quad\quad L$: 종선차 또는 횡선차 절대치의 합계

$\quad\quad l$: 종선차 또는 횡선차(절대치)

(3) 풀이 순서

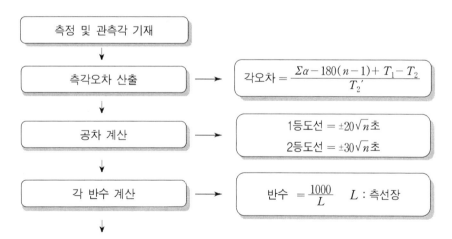

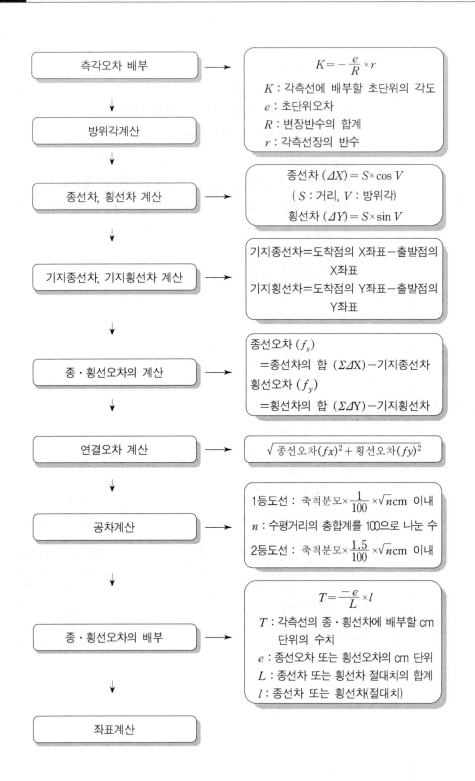

실전문제 및 해설

01 다음 배각법에 의한 지적도근측량의 관측성과에 의하여 주어진 서식으로 각 점의 좌표를 계산하시오.(단, 도선명 "가" 이고 축척은 1200분의 1임)

측점	시준점	관측각	수평거리	방위각	X좌표(m)	Y좌표(m)
서1	서2			118−55−48	443239.79	184636.03
서1	1	226−43−58	54.74			
1	2	226−09−46	147.59			
2	3	319−08−48	29.25			
3	4	177−56−33	48.38			
4	5	98−13−49	129.78			
5	6	206−20−28	35.77			
6	7	244−20−40	92.94			
7	서3	85−26−16	68.58		443249.30	184948.32
서3	서4	178−38−47		81−54−47		

해설

01 측점 및 관측값 기재

02 산출방위각 ($T_2{}'$)의 계산

$$T_2{}' = \Sigma a + T_1 - 180°(n+1)$$

여기서, Σa : 관측각의 합

　　　　T_1 : 출발기지 방위각

　　　　n : 폐색변을 포함한 변수

$$T_2{}' = 1762° \; 59' \; 05'' + 118° \; 55' \; 48'' - 180(9+1)$$

$$= 81° \; 54' \; 53''$$

03 각오차

각오차 = 산출방위각($T_2{}'$) − 도착기지 방위각(T_2)

$$= 81° \; 54' \; 53'' - 81° \; 54' \; 47''$$

$$= +6''$$

04 각공차 계산

$$1등도선 = \pm 20\sqrt{n}초$$
$$= \pm 20\sqrt{9}$$
$$= \pm 60''$$

05 각측선의 반수계산

배각법을 사용할 때에는 측각오차를 측선장에 역비례하여 배부하는 점이 방위각법과 다르다. 즉 각의 측정에 있어서는 측선장이 길수록 관측오차가 적고 짧을수록 관측오차가 크다는 원리에 기인되는 것이다. 측각오차를 측선장에 역비례하여 배부하는 것은 좀 복잡하므로 각측선에 변장반수를 부여하고 계산한다.

$$변장반수 = \frac{1000}{L} \quad (L:측선장)$$

$$1측선 = \frac{1000}{54.74} = 18.3$$

$$2측선 = \frac{1000}{147.59} = 6.8$$

$$3측선 = \frac{1000}{29.25} = 34.2$$

$$4측선 = \frac{1000}{48.38} = 20.7$$

$$5측선 = \frac{1000}{129.78} = 7.7$$

$$6측선 = \frac{1000}{35.77} = 28.0$$

$$7측선 = \frac{1000}{92.94} = 10.8$$

$$8측선 = \frac{1000}{68.58} = 14.6$$

반수의 합계 $= 141.1$

06 측각오차 배부

$$공식 = \frac{-\ 각\ 오차}{반수의\ 종합계} \times 각측선의\ 반수$$

$$서1-1 = \frac{-6}{141.1} \times 18.3 = -1''$$

$$1-2 = \frac{-6}{141.1} \times 6.8 = \quad 0$$

$$2-3 = \frac{-6}{141.1} \times 34.2 = -1''$$

$$3-4 = \frac{-6}{141.1} \times 20.7 = -1''$$

$$4-5 = \frac{-6}{141.1} \times 7.7 = \quad 0$$

$$5-6 = \frac{-6}{141.1} \times 28.0 = -1''$$

$$6-7 = \frac{-6}{141.1} \times 10.8 = -1''$$

$$7-\text{서}3 = \frac{-6}{141.1} \times 14.6 = -1''$$

$$\therefore \ 합계 \qquad\qquad\qquad -6''$$

* 각오차가 (+)이면 배부는 (−)가 되며 (−)이면 배부는 (+)가 된다.

* 배부량의 합계와 측각오차가 ±1″ 정도가 차이가 있는 때에는 단수처리상에 생기는 오차이므로 구하려는 숫자 다음 숫자가 0.5에 가장 가까운 수에 더하거나 감하여 각오차와 같게 조정한다.

* 6−7 측선에서 0.459가 나왔지만 0.5에 가장 가까운 수에 올려줌으로써 6″가 맞게 조정한다.

07 각측선의 방위각 계산

$$V_1 = T_1 + a_1$$
$$V_2 = V_1 \pm 180° + a_2$$
$$V_3 = V_2 \pm 180° + a_3$$

여기서, V : 방위각

$\qquad\quad a$: 관측각

$\qquad\quad T_1$: 출발기지 방위각

서1−1 $\ = 118° \ 55' \ 48'' + 226° \ 43' \ 58'' - 1'' \qquad = 345° \ 39' \ 45''$

$\ \ 1−2 \ = 345° \ 39' \ 45'' - 180° + 226° \ 09' \ 46'' + 0'' = \ \ 31° \ 49' \ 31''$

$\qquad\qquad (360°가 \ 넘으므로 \ -360° \ 해준다.)$

$\ \ 2−3 \ \ = \ \ 31° \ 49' \ 31'' - 180° + 319° \ 08' \ 48'' - 1'' = 170° \ 58' \ 18''$

$\ \ 3−4 \ \ = 170° \ 58' \ 18'' - 180° + 177° \ 56' \ 33'' - 1'' = 168° \ 54' \ 50''$

$\ \ 4−5 \ \ = 168° \ 54' \ 50'' - 180° + \ \ 98° \ 13' \ 49'' + 0'' = \ \ 87° \ 08' \ 39''$

$\ \ 5−6 \ \ = \ \ 87° \ 08' \ 39'' - 180° + 206° \ 20' \ 28'' - 1'' = 113° \ 29' \ 06''$

$\ \ 6−7 \ \ = 113° \ 29' \ 06'' - 180° + 244° \ 20' \ 40'' - 1'' = 177° \ 49' \ 45''$

$\ \ 7−\text{서}3 \ = 177° \ 49' \ 45'' - 180° + \ \ 85° \ 26' \ 16'' - 1'' = \ \ 83° \ 16' \ 00''$

서3−서4 $= \ \ 83° \ 16' \ 00'' - 180° + 178° \ 38' \ 47'' \qquad = \ \ 81° \ 54' \ 47''$

* 방위각 관측시 서1−1 측선에는 출발방위각만 더하여 계산하고 나머지 측선은 180°를 빼거나 더하여 일률적으로 계산한다.

* 방위각 계산시 360°가 넘으면 360°을 빼주면 되고 (−)값이 나오면 360°을 더하여 계산한다.

08 종선차($\varDelta X$), 횡선차($\varDelta Y$)의 계산

$$종선차 \ (\varDelta X) = S \times \cos V$$
$$횡선차 \ (\varDelta Y) = S \times \sin V \qquad S = 거리 \qquad V = 방위각$$

서1-1	$\Delta X=$	$54.74 \times \cos 345°\ 39'\ 45''=$	53.04m
	$\Delta Y=$	$54.74 \times \sin 345°\ 39'\ 45''=$	-13.56m
1-2	$\Delta X=$	$147.59 \times\ \cos 31°\ 49'\ 31''=$	125.40m
	$\Delta Y=$	$147.59 \times\ \sin 31°\ 49'\ 31''=$	77.83m
2-3	$\Delta X=$	$29.25 \times \cos 170°\ 58'\ 18''=$	-28.89m
	$\Delta Y=$	$29.25 \times \sin 170°\ 58'\ 18''=$	$+4.59\text{m}$
3-4	$\Delta X=$	$48.38 \times \cos 168°\ 54'\ 50''=$	-47.48m
	$\Delta Y=$	$48.38 \times \sin 168°\ 54'\ 50''=$	9.30m
4-5	$\Delta X=$	$129.78 \times\ \cos 87°\ 08'\ 39''=$	6.47m
	$\Delta Y=$	$129.78 \times\ \sin 87°\ 08'\ 39''=$	129.62m
5-6	$\Delta X=$	$35.77 \times \cos 113°\ 29'\ 06''=$	-14.25m
	$\Delta Y=$	$35.77 \times \sin 113°\ 29'\ 06''=$	32.81m
6-7	$\Delta X=$	$92.94 \times \cos 177°\ 49'\ 45''=$	-92.87m
	$\Delta Y=$	$92.94 \times \sin 177°\ 49'\ 45''=$	3.52m
7-서3	$\Delta X=$	$68.58 \times\ \cos 83°\ 16'\ 00''=$	8.04m
	$\Delta Y=$	$68.58 \times\ \sin 83°\ 16'\ 00''=$	68.11m

09 종선오차 및 횡선오차 계산

> 종선오차$(fx)=$ 종선차의 합$(\Sigma \Delta x)-$ 기지종선차
> 횡선오차$(fy)=$ 횡선차의 합$(\Sigma \Delta y)-$ 기지횡선차

(1) 종선차의 합

$(\Sigma \Delta x)=53.04+125.40-28.89-47.48+6.47-14.25-92.87+8.04=9.46$

기지종선차=도착점 종선 좌표-출발점 종선좌표

$\quad\quad\quad\quad =443249.30-443239.79=+9.51\text{m}$

종선오차$(fx)=$종선차의 합$(\Sigma \Delta x)-$기지종선차

$\quad\quad\quad\quad =9.46-9.51$

$\quad\quad\quad\quad =-0.05\text{m}$

(2) 횡선차의 합$(\Sigma \Delta y)=-13.56+77.83+4.59+9.30+129.62+32.81+3.52+68.11=312.22$

기지횡선차=도착점 횡선 좌표-출발점 횡선좌표

$\quad\quad\quad\quad =184948.32-184636.03$

$\quad\quad\quad\quad =312.29\text{m}$

횡선오차$(fy)=$횡선차의 합$(\Sigma \Delta y)-$기지횡선차

$\quad\quad\quad\quad\quad =312.22-312.29$

$\quad\quad\quad\quad\quad =-0.07\text{m}$

❿ 연결오차 및 연결오차의 공차

$$연결오차 = \sqrt{(fx)^2 + (fy)^2}$$

$$공차 \ 1등 \ 도선 = M \times \frac{1}{100} \times \sqrt{n} \ cm$$

$$2등 \ 도선 = M \times \frac{1.5}{100} \times \sqrt{n} \ cm$$

M : 축척분모
n : 수평거리합계를 100으로 나눈 수

$$연결오차 = \sqrt{(fx)^2 + (fy)^2} = \sqrt{(-0.05)^2 + (0.07)^2} = 0.09m$$

$$공차 = 1200 \times \frac{1}{100} \times \sqrt{6.0703} = 29 \ cm = 0.29m$$

⓫ 종선오차 및 횡선오차의 배부

배각법에 의한 도근측량의 계산에서는 종선오차, 횡선오차의 배부방법은 종선차, 횡선차의 절대치 크기에 비례하여 배분한다.

(1) 종선오차 배부

$$배부량 = -\frac{종선오차(fx)}{종선차의 \ 절대치 \ 합계} \times 각측선의 \ 종선차(절대치)$$

$$서 - 1 \ = -\frac{-0.05}{376.44} \times \ 53.04 = 0.01m$$

$$1 - 2 \ = -\frac{-0.05}{376.44} \times 125.40 = 0.02m$$

$$2 - 3 \ = -\frac{-0.05}{376.44} \times \ 28.89 = 0.00m$$

$$3 - 4 \ = -\frac{-0.05}{376.44} \times \ 47.48 = 0.01m$$

$$4 - 5 \ = -\frac{-0.05}{376.44} \times \ \ 6.47 = 0.00m$$

$$5 - 6 \ = -\frac{-0.05}{376.44} \times \ 14.25 = 0.00m$$

$$6 - 7 \ = -\frac{-0.05}{376.44} \times \ 92.87 = 0.01m$$

$$7 - 서3 = -\frac{-0.05}{376.44} \times \ \ 8.04 = 0.00m$$

∴ 합계 : $+0.05m$

＊ 종선오차가 -0.05이므로 배부수 합이 오차와 차이가 날 때에는 소요자리 다음 수의 크기에 따라 올리고 내리는 방법으로 해서 오차와 같게 처리한다.

(2) 횡선오차 배부

$$배부량 = -\frac{횡선오차(fy)}{횡선차의 \ 절대치 \ 합계} \times 각측선의 \ 횡선차(절대치)$$

$$서-1 = -\frac{-0.07}{339.34} \times \quad 13.56 = 0.00\text{m}$$

$$1-2 \quad = -\frac{-0.07}{339.34} \times \quad 77.83 = 0.02\text{m}$$

$$2-3 \quad = -\frac{-0.07}{339.34} \times \quad 4.59 = 0.00\text{m}$$

$$3-4 \quad = -\frac{-0.07}{339.34} \times \quad 9.30 = 0.00\text{m}$$

$$4-5 \quad = -\frac{-0.07}{339.34} \times 129.62 = 0.03\text{m}$$

$$5-6 \quad = -\frac{-0.07}{339.34} \times \quad 32.81 = 0.01\text{m}$$

$$6-7 \quad = -\frac{-0.07}{339.34} \times \quad 3.52 = 0.00\text{m}$$

$$7-서3 = -\frac{-0.07}{339.34} \times 68.11 = 0.01\text{m}$$

$\therefore$ 합계 : $+0.07$m

* 횡선오차가 -0.07이므로 배부수 합이 오차와 차이가 날 때에는 소요자리 다음 수의 크기에 따라 올리고 내리는 방법으로 해서 오차와 같게 처리한다.

⓬ 종선좌표 및 횡선좌표 결정

종선좌표 및 횡선좌표는 처음 출발하는 출발좌표에다 보정치와 종선차, 횡선차를 더해 줌으로 구하고자는 좌표를 산출할 수 있다.

(1) 종선좌표 결정

> 종선좌표 $X_1 =$ 출발기지 종선좌표$+$종선차 $(\varDelta X)+$보정치
>
> $X_2 = X_1 + \varDelta X_2 +$ 보정치
>
> $X_3 = X_2 + \varDelta X_3 +$ 보정치 순으로 계산한다.

$$X_1 = 443239.79 + \quad 53.04 + 0.01 = 443292.84\text{m}$$

$$X_2 = 443292.84 + 125.40 + 0.02 = 443418.26\text{m}$$

$$X_3 = 443418.26 - \quad 28.89 + 0.00 = 443389.37\text{m}$$

$$X_4 = 443389.37 - \quad 47.48 + 0.01 = 443341.90\text{m}$$

$$X_5 = 443341.90 + \quad 6.47 + 0.00 = 443348.37\text{m}$$

$$X_6 = 443348.37 - \quad 14.25 + 0.00 = 443334.12\text{m}$$

$$X_7 = 443334.52 - \quad 92.87 + 0.01 = 443241.26\text{m}$$

$$서3 = 443241.26 + \quad 8.04 + 0.00 = 443249.30\text{m}$$

(2) 횡선좌표 결정

> 종선좌표 Y_1 = 출발기지 횡선좌표 + 횡선차 $(\varDelta Y)$ + 보정치
>
> $Y_2 = Y_1 + \varDelta Y_2 +$ 보정치
>
> $Y_3 = Y_2 + \varDelta Y_3 +$ 보정치 순으로 계산함

$Y_1 = 184636.03 - 13.56 + 0.00 = 184622.47\text{m}$

$Y_2 = 184622.47 + 77.83 + 0.02 = 184700.32\text{m}$

$Y_3 = 184700.32 + 4.59 + 0.00 = 184704.91\text{m}$

$Y_4 = 184704.91 + 9.30 + 0.00 = 184714.21\text{m}$

$Y_5 = 184714.21 + 129.62 + 0.03 = 184843.86\text{m}$

$Y_6 = 184843.86 + 32.81 + 0.01 = 184876.68\text{m}$

$Y_7 = 184876.68 + 3.52 + 0.00 = 184880.20\text{m}$

서3 $= 184880.20 + 68.11 + 0.01 = 184948.32\text{m}$

[정답]

도근측량계산부(배각법)

측 점	시준점	관 측 각 (보정치)	반수 수평거리	방위각	종선차(ΔX) 보정치 종선좌표(X)	횡선차(ΔY) 보정치 횡선좌표(Y)
서1	서2	° ′ ″	m	118 55 48	m 443239.79	m 184636.03
서	1	−1 / 226 43 58	18.3 / 54.74	345 39 45	53.04 / 0.01 / 443292.84	−13.56 / 0 / 184622.47
1	2	0 / 226 09 46	6.8 / 147.59	31 49 31	125.40 / 0.02 / 443418.26	77.83 / 0.02 / 184700.32
2	3	−1 / 319 08 48	34.2 / 29.25	170 58 18	−28.89 / 0.00 / 443389.37	4.59 / 0 / 184704.91
3	4	−1 / 177 56 33	20.7 / 48.38	168 54 50	−47.48 / 0.01 / 443341.90	9.30 / 0 / 184714.21
4	5	0 / 98 13 49	7.7 / 129.78	87 08 39	6.47 / 0 / 443348.37	129.62 / 0.03 / 184843.86
5	6	−1 / 206 20 28	28.0 / 35.77	113 29 06	−14.25 / 0 / 443334.12	32.81 / 0.01 / 184876.68
6	7	−1 / 244 20 40	10.8 / 92.94	177 49 45	−92.87 / 0.01 / 443241.26	3.52 / 0 / 184880.20
7	서3	−1 / 85 26 16	14.6 / 68.58	83 16 00	8.04 / 0 / 443249.30	68.11 / 0.01 / 184948.32
서3	서34	178 38 47	(141.1) / (607.03)	81 54 47		

	$\Sigma a =$ 1762° 59′ 05″				$\Sigma\|\Delta X\| =$ 376.44	$\Sigma\|\Delta Y\| =$ 339.34
	$+ T =$ 118° 55′ 48″				$\Sigma\Delta X =$ +9.46	$\Sigma\Delta Y =$ 312.22
	$-180(n+1) =$ 1800° 00′ 00″				기지 = +9.51	기지 = 312.29
	$T_2' =$ 81° 54′ 53″				$f(x) =$ −0.05	$f(y) =$ −0.07
	$T_2 =$ 81° 54′ 47″					
		오차=+6″			연결오차=0.09m	
		공차=±60″			공 차=±0.29m	

02 다음 배각법에 의한 지적도근측량의 관측성과에 의하여 주어진 서식으로 각점의 좌표를 계산하시오.(단, 도선명을 "ㄱ"이고 축척은 1200분의 1임)

측점	시준점	관측각	수평거리(m)	방위각	X좌표(m)	Y좌표(m)
11	12			118° 55′ 48″	443239.79	184636.03
11	1	226° 43′ 58″	54.74			
1	2	226° 09′ 46″	147.59			
2	3	319° 08′ 48″	29.25			
3	4	177° 56′ 33″	48.38			
4	5	98° 13′ 49″	129.78			
5	6	206° 20′ 28″	35.77			
6	7	244° 20′ 40″	92.94			
7	14	85° 26′ 16″	68.58		443249.30	184948.32
14	15	178° 38′ 47″		81° 54′ 47″		

해설

01 측점 및 관측값 기재

02 산출방위각 (T_2')의 계산

$T_2' = \Sigma a + T_1 - 180°(n+1)$

$= 1762° 59′ 05″ + 118° 55′ 48″ - 180(9+1)$

$= 81° 54′ 53″$

03 각오차 계산

각오차 = 산출방위각(T_2') − 도착기지 방위각(T_2)

$= 81° 54′ 53″ - 81° 54′ 47″$

$= +6″$

04 각공차 계산

2등 도선 $= \pm 30\sqrt{n}$초

$= \pm 30\sqrt{9}$

$= \pm 90″$

05 각측선의 반수 계산

$$변장반수 = \frac{1000}{L} \quad (L:측선장)$$

1측선 $= \frac{1000}{54.74} = 18.3$

2측선 $= \frac{1000}{147.59} = 6.8$

3측선 $= \frac{1000}{29.25} = 34.2$

4측선 $= \frac{1000}{48.38} = 20.7$

5측선 $= \frac{1000}{129.78} = 7.7$

6측선 $= \frac{1000}{35.77} = 28.0$

7측선 $= \frac{1000}{92.94} = 10.8$

8측선 $= \frac{1000}{68.58} = 14.6$

반수의 합계 $= 141.1$

06 측각오차 배부

$$측각오차 = \frac{-각\ 오차}{반수의\ 총합계} \times 각측선의\ 반수$$

$11-1 = \frac{-6}{141.1} \times 18.3 = -1''$

$1-2 = \frac{-6}{141.1} \times 6.8 = 0$

$2-3 = \frac{-6}{141.1} \times 34.2 = -1''$

$3-4 = \frac{-6}{141.1} \times 20.7 = -1''$

$4-5 = \frac{-6}{141.1} \times 7.7 = 0$

$5-6 = \frac{-6}{141.1} \times 28.0 = -1''$

$6-7 = \frac{-6}{141.1} \times 10.8 = -1''$

$7-서3 = \frac{-6}{141.1} \times 14.6 = -1''$

$\therefore 합계 = -6''$

07 각측선의 방위각 계산

$$V_1 = T_1 + a_1$$
$$V_2 = V_1 \pm 180° + a_2$$
$$V_3 = V_2 \pm 180° + a_3$$

여기서, V : 방위각

a : 관측각

T_1 : 출발기지 방위각

$11-1$ $= 118° \ 55' \ 48'' + 226° \ 43' \ 58'' - 1''$ $= 345° \ 39' \ 45''$

$1-2$ $= 345° \ 39' \ 45'' - 180° + 226° \ 09' \ 46'' + 0'' = \ 31° \ 49' \ 31''$

$2-3$ $= \ 31° \ 49' \ 31'' - 180° + 319° \ 08' \ 48'' - 1'' = 170° \ 58' \ 18''$

$3-4$ $= 170° \ 58' \ 18'' - 180° + 177° \ 56' \ 33'' - 1'' = 168° \ 54' \ 50''$

$4-5$ $= 168° \ 54' \ 50'' - 180° + \ 98° \ 13' \ 49'' + 0'' = \ 87° \ 08' \ 39''$

$5-6$ $= \ 87° \ 08' \ 39'' - 180° + 206° \ 20' \ 28'' - 1'' = 113° \ 29' \ 06''$

$6-7$ $= 113° \ 29' \ 06'' - 180° + 244° \ 20' \ 40'' - 1'' = 177° \ 49' \ 45''$

$7-14$ $= 177° \ 49' \ 45'' - 180° + \ 85° \ 26' \ 16'' - 1'' = \ 83° \ 16' \ 00''$

$14-15$ $= \ 83° \ 16' \ 00'' - 180° + 178° \ 38' \ 47''$ $= \ 81° \ 54' \ 47''$

08 종선차(ΔX), 횡선차(ΔY)의 계산

$$\text{종선차} (\Delta X) = S \times \cos V$$
$$\text{횡선차} (\Delta Y) = S \times \sin V \qquad \therefore S = \text{거리} \qquad V = \text{방위각}$$

$11-1$: $\Delta X = 54.74 \times \cos 345° \ 39' \ 45'' = \ 53.04\text{m}$

$\Delta Y = 54.74 \times \sin 345° \ 39' \ 45'' = -13.56\text{m}$

$1-2$: $\Delta X = 147.59 \times \cos 31° \ 49' \ 31'' = 125.40\text{m}$

$\Delta Y = 147.59 \times \sin 31° \ 49' \ 31'' = \ 77.83\text{m}$

나머지도 위와 같이 계산한다.

09 종선오차 및 횡선오차 계산

$$\text{종선오차}(fx) = \text{종선차의 합}(\Sigma \Delta X) - \text{기지종선차}$$
$$\text{횡선오차}(fy) = \text{횡선차의 합}(\Sigma \Delta Y) - \text{기지횡선차}$$

종선오차$(fx) =$ 종선차의 합$(\Sigma \Delta X) -$ 기지종선차

$= 9.46 - 9.51$

$= -0.05\text{m}$

횡선오차$(fy) =$ 횡선차의 합$(\Sigma \Delta Y) -$ 기지횡선차

$= 312.22 - 312.29$

$= -0.07\text{m}$

⑩ 연결오차 및 연결오차의 공차

$$연결오차 = \sqrt{(fx)^2 + (fy)^2}$$

$$공차 \quad 1등 \ 도선 = M \times \frac{1}{100} \times \sqrt{n} \ cm$$

$$2등 \ 도선 = M \times \frac{1.5}{100} \times \sqrt{n} \ cm$$

여기서, M : 축척분모
n : 수평거리합계를 100으로
나눈 수

$$연결오차 = \sqrt{(fx)^2 + (fy)^2} = \sqrt{(-0.05)^2 + (-0.07)^2} = 0.09m$$

$$공차 = 1200 \times \frac{1.5}{100} \times \sqrt{6.0703} = 44 \ cm = 0.44m$$

⑪ 종선오차 및 횡선오차의 배부

(1) 종선오차 배부

$$배부량 = -\frac{종선오차(fx)}{종선차의 \ 절대치 \ 합계} \times 각측선의 \ 종선차(절대치)$$

$$11 - 1 = -\frac{-0.05}{376.44} \times 53.04 = 0.01 \ m$$

$$1 - 2 = -\frac{-0.05}{376.44} \times 125.40 = 0.02m$$

나머지도 위와 같이 계산한다.

(2) 횡선오차 배부

$$배부량 = -\frac{횡선오차(fy)}{횡선차의 \ 절대치 \ 합계} \times 각측선의 \ 횡선차(절대치)$$

$$11 - 1 = -\frac{-0.07}{339.34} \times 13.56 = 0.00m$$

$$1 - 2 = -\frac{-0.07}{339.34} \times 77.83 = 0.02m$$

나머지는 위와 같이 계산하며 배부수의 합이 오차와 차이날 때에는 소요자리 다음 수의 크기에 따라 올리고 내리는 방법으로 오차와 같게 처리한다.

⑫ 종ㆍ횡선좌표 결정

$$종선좌표 \quad X_1 = 출발기지 \ 종선좌표 + 종선차(\Delta X) + 보정치$$

$$X_2 = X_1 + \Delta X_2 + 보정치$$

$$X_3 = X_2 + \Delta X_3 + 보정치 \ 순으로 \ 계산$$

$$횡선좌표 \quad Y_1 = 출발기지 \ 횡선좌표 + 횡선차(\Delta Y) + 보정치$$

$$Y_2 = Y_1 + \Delta Y_2 + 보정치$$

$$Y_3 = Y_2 + \Delta Y_3 + 보정치 \ 순으로 \ 계산$$

[정답]

도근측량계산부(배각법)

측 점	시준점	보정치 관측각	반수 수평거리	방위각	종선차(ΔX) 보정치 종선좌표(X)	횡선차(ΔY) 보정치 횡선좌표(Y)
11	12	° ′ ″	m	118 55 48	m 443239.79	m 184636.03
11	1	−1 226 43 58	18.3 54.74	345 39 45	53.04 0.01 443292.84	−13.56 0 184622.47
1	2	0 226 09 46	6.8 147.59	31 49 31	125.40 0.02 443418.26	77.83 0.02 184700.32
2	3	−1 319 08 48	34.2 29.25	170 58 18	−28.89 0.00 443389.37	4.59 0 184704.91
3	4	−1 177 56 33	20.7 48.38	168 54 50	−47.48 0.01 443341.90	9.30 0 184714.21
4	5	0 98 13 49	7.7 129.78	87 08 39	6.47 0 443348.37	129.62 0.03 184843.86
5	6	−1 206 20 28	28.0 35.77	113 29 06	−14.25 0 443334.12	32.81 0.01 184876.68
6	7	−1 244 20 40	10.8 92.94	177 49 45	−92.87 0.01 443241.26	3.52 0 184880.20
7	14	−1 85 26 16	14.6 68.58	83 16 00	8.04 0 443249.30	68.11 0.01 184948.32
14	15	178 38 47	(141.1) (607.03)	81 54 47		
	$\Sigma a =$ 1762° 59′ 05″ $+ T =$ 118° 55′ 48″ $-180(n+1)=$ 1800° 00′ 00″ $T_2' =$ 81° 54′ 53″ $T_2 =$ 81° 54′ 47″				$\Sigma|\Delta X| = 376.44$ $\Sigma\Delta X = +9.46$ 기시 = +9.51 $f(x) = -0.05$	$\Sigma|\Delta Y| = 339.34$ $\Sigma\Delta Y = 312.22$ 기지 = 312.29 $f(y) = -0.07$
	오차=+6″ 공차=±90″				연결오차=0.09m 공 차=±0.44m	

03 다음 배각법에 의한 지적도근측량의 관측성과에 의하여 주어진 서식으로 각 점의 좌표를 계산하시오.(단, 도선명은 "가" 이고, 축척은 600분의 1임)

측점	시준점	관측각	수평거리(m)	방위각	X좌표(m)	Y좌표(m)
강11	강12			10° 30′ 14″	5227.66	6846.71
강11	1	273° 06′ 08″	46.50			
1	2	276° 18′ 05″	131.96			
2	3	263° 59′ 07″	33.44			
3	4	274° 41′ 19″	40.50			
4	5	86° 04′ 34″	114.99			
5	6	269° 06′ 42″	40.55			
6	7	180° 40′ 16″	50.65			
7	강11	270° 29′ 46″	112.01		5227.66	6846.71
강11	강12	265° 33′ 36″		10° 30′ 14″		

해설

01 측점 및 관측값 기재

02 산출방위각 ($T_2{}'$)의 계산

$$T_2{}' = \Sigma\alpha + T_1 - 180°(n+3)$$
$$= 2159° \ 59′ \ 33″ + 10° \ 30′ \ 14″ - 180(9+3)$$
$$= 10° \ 29′ \ 47″$$

03 각오차 계산

각오차 = 산출방위각($T_2{}'$) - 도착기지 방위각(T_2)
$$= 10° \ 29′ \ 47″ - 10° \ 30′ \ 14″$$
$$= -27″$$

04 각공차 계산

1등 도선 $= \pm 20\sqrt{n}$초
$$= \pm 20\sqrt{9}$$
$$= \pm 60″$$

05 각측선의 반수 계산

$$변장반수 = \frac{1000}{L} \quad (L:측선장)$$

06 측각오차 배부

$$측각오차 = \frac{-\text{각 오차}}{\text{반수의 총합계}} \times 각측선의 \text{ 반수}$$

07 각측선의 방위각 계산

$$V_1 = T_1 + \alpha_1$$
$$V_2 = V_1 \pm 180° + \alpha_2$$
$$V_3 = V_2 \pm 180° + \alpha_3$$

여기서, V : 방위각

α : 관측각

T_1 : 출발기지 방위각

08 종선차(ΔX), 횡선차(ΔY)의 계산

$$종선차\ (\Delta X) = S \times \cos V$$
$$횡선차\ (\Delta Y) = S \times \sin V \qquad \therefore\ S = 거리 \qquad V = 방위각$$

09 종선오차 및 횡선오차 계산

$$종선오차(fx) = 종선차의 \text{ 합}(\Sigma \Delta X) - 기지종선차$$
$$횡선오차(fy) = 횡선차의 \text{ 합}(\Sigma \Delta Y) - 기지횡선차$$

10 연결오차 및 연결오차의 공차

$$연결오차 = \sqrt{(fx)^2 + (fy)^2}$$
$$공차 \quad 1등 \text{ 도선} = M \times \frac{1}{100} \times \sqrt{n}\ \text{cm}$$
$$2등 \text{ 도선} = M \times \frac{1.5}{100} \times \sqrt{n}\ \text{cm}$$

여기서, M : 축척분모

n : 수평거리합계를 100으로 나눈 수

11 종선오차 및 횡선오차의 배부

$$종선오차 \text{ 배부량} = -\frac{종선오차(fx)}{종선차의 \text{ 절대치 합계}} \times 각측선의 \text{ 종선차(절대치)}$$

$$횡선오차 \text{ 배부량} = -\frac{횡선오차(fy)}{횡선차의 \text{ 절대치 합계}} \times 각측선의 \text{ 횡선차(절대치)}$$

12 종·횡선좌표 결정

종선좌표 $X_1 = 출발기지 \text{ 종선좌표} + 종선차\ (\Delta X) + 보정치$

$X_2 = X_1 + \Delta X_2 + 보정치$

$X_3 = X_2 + \Delta X_3 + 보정치 \text{ 순으로 계산}$

횡선좌표 $Y_1 = 출발기지 \text{ 횡선좌표} + 횡선차\ (\Delta Y) + 보정치$

$Y_2 = Y_1 + \Delta Y_2 + 보정치$

$Y_3 = Y_2 + \Delta Y_3 + 보정치 \text{ 순으로 계산}$

[정답]

도근측량계산부(배각법)

[별지 제36호 서식]

측 점	시준점	보정치 관 측 각	반수 수평거리	방위각	종선차(ΔX) 보정치 종선좌표(X)	횡선차(ΔY) 보정치 횡선좌표(Y)
강11	강12	° ′ ″	m	10 30 14	m 5227.66	m 6846.71
강11	1	+4 273 06 08	21.5 46.50	283 36 26	10.94 0.00 5238.60	-45.19 -0.01 6801.51
1	2	+1 276 18 05	7.6 131.96	19 54 32	124.07 +0.03 5362.70	44.94 0.00 6846.45
2	3	+5 263 59 07	29.9 33.44	103 53 44	-8.03 0.00 5354.67	32.46 0.00 6878.91
3	4	+5 274 41 19	24.7 40.50	198 35 08	-38.39 +0.01 5316.29	-12.91 0.00 6866.00
4	5	2 86 04 34	8.7 114.99	104 39 44	-29.11 +0.01 5287.19	111.25 -0.01 6977.24
5	6	4 269 06 42	24.7 40.55	193 46 30	-39.38 +0.01 5247.82	-9.66 0.00 6967.58
6	7	4 180 40 16	19.7 50.65	194 26 50	-49.05 +0.01 5198.78	-12.64 0.00 6954.94
7	강11	2 270 29 46	8.9 112.01	284 56 38	28.88 0.00 5227.66	-108.22 -0.01 6846.71
강11	강12	265 33 36	145.7 570.6	10 30 14		
	$\Sigma\alpha =$ 2159° 59′ 33″ $+ T=$ 10° 30′ 14″ $-180(n+3)=$ 2160° 00′ 00″ $T_2' =$ 10° 29′ 47″ $T_2 =$ 10° 30′ 14″				$\Sigma|\Delta X| =$ 327.85 $\Sigma\Delta X =$ -0.07 기지 0.00 $f(x) =$ -0.07	$\Sigma|\Delta Y| =$ 377.27 $\Sigma\Delta Y =$ +0.03 기지 0.00 $f(y) =$ +0.03
	오차=-27″ 공차=±60″				연결오차=0.07 공 차=±0.14	

04 다음 주어진 관측조건과 배각법 서식을 이용하여 각 도근점의 좌표를 계산하시오. (단, 축척은 1/1200, 1등 도선이다.)

측점	시준점	관측각	수평거리	기지방위각	기지좌표1 X	기지좌표 Y
보2	보3	0° 00′ 00″		245° 34′ 29″	459746.70	198765.33
보2	1	262° 47′ 11″	87.41			
1	2	188° 24′ 30″	71.36			
2	3	172° 53′ 11″	83.82			
3	4	346° 00′ 30″	39.97			
4	5	288° 29′ 20″	41.36			
5	6	328° 34′ 38″	55.01			
6	보4	148° 12′ 15″	59.08		459475.71	198860.32
보4	보5	105° 16′ 30″		106° 12′ 05″		

해설

01 측점 및 관측값 기재

02 산출방위각 ($T_2{'}$)의 계산

$T_2{'} = \Sigma a + T_1 - 180°(n+3)$

$\quad = 1840° 38′ 05.0″ + 245° 34′ 29.0″ - 180(8+3)$

$\quad = 106° 12′ 34″$

03 각오차 계산

각오차 = 산출방위각($T_2{'}$) − 도착기지 방위각(T_2)

$\quad = 106° 12′ 34″ - 106° 12′ 05″$

$\quad = 29″$

04 각공차 계산

1등 도선 $= \pm 20\sqrt{n}$초

$\quad = \pm 20\sqrt{8}$

$\quad = \pm 56″$

05 각측선의 반수 계산

$$변장반수 = \frac{1000}{L} \quad (L: 측선장)$$

06 측각오차 배부

$$측각오차 = \frac{-\,각\ 오차}{반수의\ 총합계} \times 각측선의\ 반수$$

07 각측선의 방위각 계산

$$V_1 = T_1 + a_1$$
$$V_2 = V_1 \pm 180° + a_2$$
$$V_3 = V_2 \pm 180° + a_3$$

여기서, V : 방위각
a : 관측각
T_1 : 출발기지 방위각

08 종선차($\varDelta X$), 횡선차($\varDelta Y$)의 계산

$$종선차\ (\varDelta X) = S \times \cos V$$
$$횡선차\ (\varDelta Y) = S \times \sin V \qquad \therefore S = 수평거리 \qquad V = 방위각$$

09 종선오차 및 횡선오차 계산

$$종선오차(fx) = 종선차의\ 합(\varSigma \varDelta X) - 기지종선차$$
$$횡선오차(fy) = 횡선차의\ 합(\varSigma \varDelta Y) - 기지횡선차$$

10 연결오차 및 연결오차의 공차

$$연결오차 = \sqrt{(fx)^2 + (fy)^2}$$
$$공차 \quad 1등\ 도선 = M \times \frac{1}{100} \times \sqrt{n}\ \mathrm{cm}$$
$$2등\ 도선 = M \times \frac{1.5}{100} \times \sqrt{n}\ \mathrm{cm}$$

여기서, M : 축척분모
n : 수평거리합계를 100으로
나눈 수

11 종·횡선오차 배부

$$종선오차\ 배부량 = -\frac{종선오차(fx)}{종선차의\ 절대치\ 합계} \times 각측선의\ 종선차(절대치)$$
$$횡선오차\ 배부량 = -\frac{횡선오차(fy)}{횡선차의\ 절대치\ 합계} \times 각측선의\ 횡선차(절대치)$$

12 종·횡선좌표 결정

$$종선좌표 \quad X_1 = 출발기지\ 종선좌표 + 종선차\ (\varDelta X_1) + 보정치$$
$$X_2 = X_1 + \varDelta X_2 + 보정치$$
$$X_3 = X_2 + \varDelta X_3 + 보정치\ 순으로\ 계산$$
$$횡선좌표 \quad Y_1 - 출발기지\ 횡선좌표 + 횡선차\ (\varDelta Y_1) + 보정치$$
$$Y_2 = Y_1 + \varDelta Y_2 + 보정치$$
$$Y_3 = Y_2 + \varDelta Y_3 + 보정치\ 순으로\ 계산$$

[정답]

도근측량계산부(배각법)

측 점	시준점	보정치 관측각		반수 수평거리	방위각	종선차(ΔX) 보정치 종선좌표(X)	횡선차(ΔY) 보정치 횡선좌표(Y)
보2	보3	° ′ ″			° ′ ″ 245 34 29	459746.70	198765.33
보2	1	262	47 11 −3	11.44 87.41	148 21 37	−74.42 0.01 459672.29	45.85 0.01 198811.19
1	2	188	24 30 −3	14.01 71.36	156 46 04	−65.57 0.01 459606.73	28.15 0.01 198839.35
2	3	172	53 11 −3	11.93 83.82	149 39 12	−72.34 0.01 459534.40	42.35 0.01 198881.71
3	4	346	00 30 −6	25.02 39.97	315 39 36	28.59 0.01 459563.00	−27.94 0.01 198853.78
4	5	288	29 20 −6	24.18 41.36	64 08 50	18.04 0.00 459581.04	37.22 0.01 198891.01
5	6	328	34 38 −4	18.18 55.01	212 43 24	−46.28 0.01 459534.77	−29.74 0.01 198861.27
6	보4	148	12 15 −4	16.93 59.08	180 55 35	−59.07 0.01 459475.71	−0.96 0.00 198860.32
보4	보5	105 16 30		(121.69) (438.01)	106 12 05	___ ___ ___	___ ___ ___
		$\Sigma \alpha =$ 1840° 38′ 05″ $+ T =$ 245° 34′ 29″ $-180(n+3) = 1980°$ 00′ 00″ $T_2' =$ 106° 12′ 34″ $T_2 =$ 106° 12′ 05″				$\Sigma|\Delta X| = 364.31$ $\Sigma \Delta X = -271.05$ 기지 $= -270.99$ $f(x) = -0.06$	$\Sigma|\Delta Y| = 212.21$ $\Sigma \Delta Y = 94.93$ 기지 $= -94.99$ $f(y) = -0.06$
		오차=29″ 공차=±56″				연결오차=0.08 공 차=±0.25	

5. 방위각법에 의한 도근측량

(1) 정의

도선법에 의한 도근 관측은 배각법과 방위각법으로 구별할 수 있으며 방위각법에 의한 도근측량은 기지 방위각에 의하여 순차적으로 방위각을 관측하는 것을 말하며 배각법에 비하여 정도는 떨어진다.

(2) 핵심 이론

방위각법에 의한 도근측량은 먼저 측각오차의 배부를 구하고 연결오차가 공차 안에 들어오면 종선오차, 횡선오차를 배부하여 각측선의 좌표를 구할 수 있다.

$$측각오차\ 배부 = -\frac{분단위의\ 오차}{폐색변을\ 포함한\ 변수} \times 각측선의\ 순서$$

$$종선오차\ 배부 = -\frac{종선오차}{각측선의\ 총합계} \times 각측선의\ 측선장$$

$$횡선오차\ 배부 = -\frac{횡선오차}{각측선의\ 총합계} \times 각측선의\ 측선장$$

종선좌표(X)=기지점 종선좌표 + 종선차(ΔX)+보정치

횡선좌표(Y)=기지점 횡선좌표 + 횡선차(ΔY)+보정치를 더하여 각측선의 좌표를 결정한다.

(3) 풀이 순서

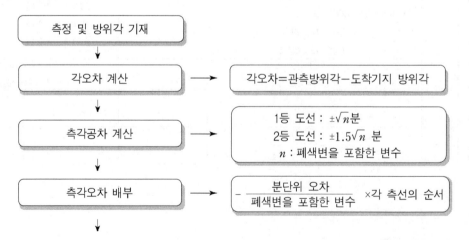

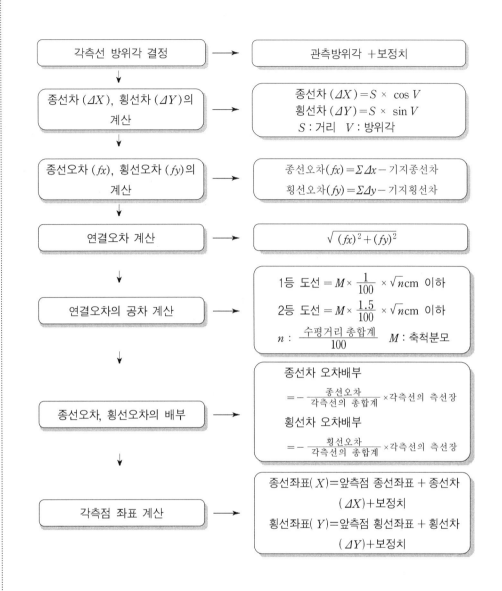

각측선 방위각 결정 → 관측방위각 + 보정치

종선차 (ΔX), 횡선차 (ΔY)의 계산 →
종선차 (ΔX) $= S \times \cos V$
횡선차 (ΔY) $= S \times \sin V$
S : 거리 V : 방위각

종선오차 (fx), 횡선오차 (fy)의 계산 →
종선오차(fx) $= \Sigma \Delta x -$ 기지종선차
횡선오차(fy) $= \Sigma \Delta y -$ 기지횡선차

연결오차 계산 → $\sqrt{(fx)^2 + (fy)^2}$

연결오차의 공차 계산 →
1등 도선 $= M \times \dfrac{1}{100} \times \sqrt{n}\,\mathrm{cm}$ 이하
2등 도선 $= M \times \dfrac{1.5}{100} \times \sqrt{n}\,\mathrm{cm}$ 이하
n : $\dfrac{\text{수평거리 총합계}}{100}$ M : 축척분모

종선오차, 횡선오차의 배부 →
종선차 오차배부
$= -\dfrac{\text{종선오차}}{\text{각측선의 총합계}} \times$ 각측선의 측선장
횡선차 오차배부
$= -\dfrac{\text{횡선오차}}{\text{각측선의 총합계}} \times$ 각측선의 측선장

각측점 좌표 계산 →
종선좌표(X) $=$ 앞측점 종선좌표 $+$ 종선차 (ΔX) $+$ 보정치
횡선좌표(Y) $=$ 앞측점 횡선좌표 $+$ 횡선차 (ΔY) $+$ 보정치

실전문제 및 해설

01 다음의 방위각법에 의한 1등도선 지적도근측량 관측성과를 이용하여 좌표를 계산하시오.
(단, 축척은 1,200분의 1 지역으로 한다.)

측점	시준점	방위각	수평거리	개정방위각	종선좌표(X)	횡선좌표(Y)
보1	보2			321° 12′	441234.12 m	114321.43 m
보1	1	175° 31′	37.73 m			
1	2	272° 08′	46.64 m			
2	3	284° 42′	95.59 m			
3	4	245° 27′	76.67 m			
4	5	181° 33′	87.78 m			
5	6	179° 45′	57.75 m			
6	7	176° 17′	49.94 m			
7	8	316° 56′	73.37 m			
8	보3	327° 42′	84.48 m		441120.36 m	114021.53 m
보3	보4	165° 05′		165° 07′		

해설

01 측점 및 방위각, 수평거리 기재

02 각오차 계산

> 각오차 = 관측방위각 − 도착기지 방위각

각오차 = 165° 05′ − 165° 07′
        = − 2′

03 측각공차 계산

> 1등 도선 : $\pm\sqrt{n}$ 분
> 2등 도선 : $\pm1.5\sqrt{n}$ 분 n : 폐색변을 포함한 변수

1등 도선 = $\pm\sqrt{10} = \pm3′$

04 측각오차 배부

$$\frac{-분단위\ 오차}{폐색변을\ 포함한\ 변수} \times 각\ 측선의\ 순서$$

$$1측선 = \frac{-(-2)}{10} \times 1 = 0.2 = 0'$$

$$2측선 = \frac{-(-2)}{10} \times 2 = 0.4 = 0'$$

$$3측선 = \frac{-(-2)}{10} \times 3 = 0.6 = 1'$$

$$4측선 = \frac{-(-2)}{10} \times 4 = 0.8 = 1'$$

$$5측선 = \frac{-(-2)}{10} \times 5 = \quad 1 = 1'$$

$$6측선 = \frac{-(-2)}{10} \times 6 = 1.2 = 1'$$

$$7측선 = \frac{-(-2)}{10} \times 7 = 1.4 = 1'$$

$$8측선 = \frac{-(-2)}{10} \times 8 = 1.6 = 2'$$

$$9측선 = \frac{-(-2)}{10} \times 9 = 1.8 = 2'$$

$$10측선 = \frac{-(-2)}{10} \times 10 = 2 = 2'$$

05 각 측선의 방위각 계산

$$방위각 = 관측방위각 + 보정치$$

$$1측선 = 175°\ 31' + 0' = 175°\ 31'$$

$$2측선 = 272°\ 08' + 0' = 272°\ 08'$$

$$3측선 = 284°\ 42' + 1' = 284°\ 43'$$

$$4측선 = 245°\ 27' + 1' = 245°\ 28'$$

$$5측선 = 181°\ 33' + 1' = 181°\ 34'$$

$$6측선 = 179°\ 45' + 1' = 179°\ 46'$$

$$7측선 = 176°\ 17' + 1' = 176°\ 18'$$

$$8측선 = 316°\ 56' + 2' = 316°\ 58'$$

$$9측선 = 327°\ 42' + 2' = 327°\ 44'$$

$$10측선 = 165°\ 05' + 2' = 165°\ 07'$$

06 종선차 (ΔX) 및 횡선차 (ΔY)의 계산

$$종선차\ (\Delta X) = 거리 \times \cos\ 방위각$$
$$횡선차\ (\Delta Y) = 거리 \times \sin\ 방위각$$

1측선	종선차 $= 37.73 \times \cos 175° \; 31' = -37.61$m
	횡선차 $= 37.73 \times \sin 175° \; 31' = \quad 2.95$m
2측선	종선차 $= 46.64 \times \cos 272° \; 08' = \quad 1.74$m
	횡선차 $= 46.64 \times \sin 272° \; 08' = -46.61$m
3측선	종선차 $= 95.59 \times \cos 284° \; 43' = \quad 24.28$m
	횡선차 $= 95.59 \times \sin 284° \; 43' = -92.45$m
4측선	종선차 $= 76.67 \times \cos 245° \; 28' = -31.84$m
	횡선차 $= 76.67 \times \sin 245° \; 28' = -69.75$m
5측선	종선차 $= 87.78 \times \cos 181° \; 34' = -87.75$m
	횡선차 $= 87.78 \times \sin 181° \; 34' = \quad -2.40$m
6측선	종선차 $= 57.75 \times \cos 179° \; 46' = -57.75$m
	횡선차 $= 57.75 \times \sin 179° \; 46' = \quad 0.24$m
7측선	종선차 $= 49.94 \times \cos 176° \; 18' = -49.84$m
	횡선차 $= 49.94 \times \sin 176° \; 18' = \quad 3.22$m
8측선	종선차 $= 73.37 \times \cos 316° \; 58' = \quad 53.63$m
	횡선차 $= 73.37 \times \sin 316° \; 58' = -50.07$m
9측선	종선차 $= 84.48 \times \cos 327° \; 44' = \quad 71.43$m
	횡선차 $= 84.48 \times \sin 327° \; 44' = -45.10$m

07 종선오차(f_x)와 횡선오차(f_y) 계산

$$종선오차 \; f(x) = \Sigma \Delta X - 기지종선차$$
$$횡선오차 \; f(y) = \Sigma \Delta Y - 기지횡선차$$

종선차의 합($\Sigma \Delta X$)

$= -37.61 + 1.74 + 24.28 - 31.84 - 87.75 - 57.75 - 49.84 + 53.63 + 71.43$

$= -113.71$m

기지종선차 = 도착기지 종선좌표 - 출발기지 종선좌표

$\qquad = 441120.36 - 441234.12 = -113.76$m

종선오차 $= -113.71 - (-113.76) = 0.05$m

횡선차의 합($\Sigma \Delta Y$)

$= 2.95 - 46.61 - 92.45 - 69.75 - 2.40 + 0.24 + 3.22 - 50.07 - 45.10$

$= -299.97$m

기지횡선차 = 도착기지 횡선좌표 - 출발기지 횡선좌표

$\qquad = 114021.53 - 114321.43 = -299.90$m

횡선오차 $= -299.97 - (-299.90) = -0.07$m

08 연결오차 계산

$$연결오차 = \sqrt{(fx)^2 + (fy)^2}$$

$$연결오차 = \sqrt{(0.05)^2 + (0.07)^2} = 0.09 \text{m}$$

09 연결공차 계산

$$1등도선 = 축척분모 \times \frac{1}{100} \times \sqrt{n} \text{ cm 이하}$$

$$2등도선 = 축척분모 \times \frac{1.5}{100} \times \sqrt{n} \text{ cm 이하}$$

$$n = \frac{수평거리\ 총합계}{100}$$

$$1등\ 도선 = 1200 \times \frac{1}{100} \times \sqrt{\left(\frac{609.95}{100}\right)}$$

$$= 29.6 \text{ cm} = \pm 0.29 \text{m}$$

10 종선오차 배부

$$종선오차\ 배부 = -\frac{종선오차}{각측선의\ 총합계} \times 각측선의\ 측선장$$

$$1측선 = \frac{-0.05}{609.95} \times 37.73 = 0$$

$$2측선 = \frac{-0.05}{609.95} \times 46.64 = 0$$

$$3측선 = \frac{-0.05}{609.95} \times 95.59 = -0.01$$

$$4측선 = \frac{-0.05}{609.95} \times 76.67 = -0.01$$

$$5측선 = \frac{-0.05}{609.95} \times 87.78 = -0.01$$

$$6측선 = \frac{-0.05}{609.95} \times 57.75 = 0$$

$$7측선 = \frac{-0.05}{609.95} \times 49.94 = 0$$

$$8측선 = \frac{-0.05}{609.95} \times 73.37 = -0.01$$

$$9측선 = \frac{-0.05}{609.95} \times 84.48 = -0.01$$

$$\therefore 합계 : 0.05$$

⑪ 횡선오차 배부

$$횡선오차\ 배부 = \frac{-횡선오차}{각측선의\ 종합계} \times 각측선의\ 측선장$$

$$1측선 = \frac{-(-0.07)}{609.95} \times 37.73 = 0$$

$$2측선 = \frac{-(-0.07)}{609.95} \times 46.64 = 0$$

$$3측선 = \frac{-(-0.07)}{609.95} \times 95.59 = 0.01$$

$$4측선 = \frac{-(-0.07)}{609.95} \times 76.67 = 0.01$$

$$5측선 = \frac{-(-0.07)}{609.95} \times 87.78 = 0.01$$

$$6측선 = \frac{-(-0.07)}{609.95} \times 57.75 = 0.01$$

$$7측선 = \frac{-(-0.07)}{609.95} \times 49.94 = 0.01$$

$$8측선 = \frac{-(-0.07)}{609.95} \times 73.37 = 0.01$$

$$9측선 = \frac{-(-0.07)}{609.95} \times 84.48 = 0.01$$

$\therefore$ 합계 : 0.07

⑫ 각 측점 종선좌표 계산

$$종선좌표\ (X) = 기지점(앞\ 측점)종선좌표 + 종선차\ (\varDelta X) + 보정치$$

1번 = 441234.12 + (-37.61) + 0 = 441196.51m
2번 = 441196.51 + 1.74 + 0 = 441198.25m
3번 = 441198.25 + 24.28 - 0.01 = 441222.52m
4번 = 441222.52 - 31.84 - 0.01 = 441190.67m
5번 = 441190.67 - 87.75 - 0.01 = 441102.91m
6번 = 441102.91 - 57.75 + 0 = 441045.16m
7번 = 441045.16 - 49.84 + 0 = 440995.32m
8번 = 440995.32 + 53.63 - 0.01 = 441048.94m
보3 = 441048.94 + 71.43 - 0.01 = 441120.36m

⑬ 각측점 횡선좌표 계산

$$횡선좌표\ (Y) = 기지점(앞\ 측점)횡선좌표 + 횡선차\ (\varDelta Y) + 보정치$$

1번 = 114321.43 + 2.95 + 0 = 114324.38m
2번 = 114324.38 - 46.61 + 0 = 114277.77m
3번 = 114277.77 - 92.45 + 0.01 = 114185.33m

4번＝114185.33－69.75＋0.01＝114115.59m
5번＝114115.59－ 2.40＋0.01＝114113.20m
6번＝114113.20＋ 0.24＋0.01＝114113.45m
7번＝114113.45＋ 3.22＋0.01＝114116.68m
8번＝114116.68－50.07＋0.01＝114066.62m
보3＝114066.62－45.10＋0.01＝114021.53m

[정답]

도근측량계산부(방위각법)

측 점	시준점	보정치 / 방위각	수평거리	개정방위각	종선차(ΔX) 보정치 종선좌표(X)	횡선차(ΔY) 보정치 횡선좌표(Y)
보1	보2	° ′	m	321 12	m / 441234.12	m / 114321.43
보1	1	0 / 175 31	37.73	175 31	-37.61 / 441196.51	2.95 / 114324.38
1	2	0 / 272 08	46.64	272 08	1.74 / 441198.25	-46.61 / 114277.77
2	3	1 / 284 42	95.59	284 43	24.28 / -1 / 441222.52	-92.45 / 1 / 114185.33
3	4	1 / 245 27	76.67	245 28	-31.84 / -1 / 441190.67	-69.75 / 1 / 114115.59
4	5	1 / 181 33	87.78	181 34	-87.75 / -1 / 441102.91	-2.40 / 1 / 114113.20
5	6	1 / 179 45	57.75	179 46	-57.75 / 441045.16	0.24 / 1 / 114113.45
6	7	1 / 176 17	49.94	176 18	-49.84 / 440995.32	3.22 / 1 / 114116.68
7	8	2 / 316 56	73.37	316 58	53.63 / -1 / 441048.94	-50.07 / 114066.62
8	보3	2 / 327 42	84.48	327 44	71.43 / -1 / 441120.36	-45.10 / 1 / 114021.53
보3	보4	2 / 165 05	(609.95)	165 07		

오차=-2′ 공차=±3′

ΣΔX = -113.71 ΣΔY = -299.97
기지 = -113.76 기지 = -299.90
f(x) = +0.05 f(y) = -0.07

연경오차=0.09m
공 차=±0.29m

02 다음의 방위각법에 의한 1등도선 도근측량 관측성과를 이용하여 좌표를 계산하시오.
(단, 축척은 1200분의 1 지역으로 한다.)

측점	시준점	방위각	수평거리	개정방위각	종선좌표	횡선좌표
보1	보2			289° 17′	442711.55	186186.77
보1	1	30° 46′	30.49			
1	2	115° 56′	96.57			
2	3	118° 43′	71.92			
3	4	125° 15′	78.09			
4	5	138° 28′	85.38			
5	6	95° 27′	99.99			
6	7	96° 48′	53.86			
7	보3	48° 23′	126.34		442619.70	186720.19
보3	보4	15° 57′		15° 59′		

해설

01 측점 및 방위각, 수평거리 기재

02 각오차 계산

각오차 $= 15° 57′ - 15° 59′$

$\quad\quad = -2′$

03 측각공차 계산

1등 도선 $= \pm\sqrt{n}$분 $= \pm\sqrt{9} = \pm 3′$

04 측각오차 배부

$$배부량 = \frac{-\text{분단위 오차}}{\text{폐색변을 포함한 변수}} \times 각\ 측선의\ 순서$$

1측선 $= \dfrac{-(-2)}{9} \times 1 = 0′$

2측선 $= \dfrac{-(-2)}{9} \times 2 = 0′$

3측선 $= \dfrac{-(-2)}{9} \times 3 = 1′$

나머지도 위와 같이 계산한다.

05 각측선의 방위각 계산

$$방위각 = 관측방위각 + 보정치$$

06 종선차 (ΔX) 및 횡선차 (ΔY)의 계산

$$종선차\,(\Delta X) = 수평거리 \times \cos V$$
$$횡선차\,(\Delta Y) = 수평거리 \times \sin V$$

07 종선오차(f_x)와 횡선오차(f_y) 계산

$$종선오차\,f(x) = 종선차의\,합\,(\Sigma \Delta X) - 기지종선차$$
$$횡선오차\,f(y) = 횡선차의\,합\,(\Sigma \Delta Y) - 기지횡선차$$

$$f(x) = -91.71 - (-91.85) = +0.14\,\text{m}$$
$$f(y) = -533.38 - 503.42 = -0.04\,\text{m}$$

08 연결오차 계산

$$연결오차 = \sqrt{(f_x)^2 + (f_y)^2}$$

$$연결오차 = \sqrt{(0.14)^2 + (-0.04)^2} = 0.15\text{m}$$

09 연결공차 계산

$$1등\,도선 = 축척분모 \times \frac{1}{100} \times \sqrt{n}\;\text{cm}$$
$$2등\,도선 = 축척분모 \times \frac{1.5}{100} \times \sqrt{n}\;\text{cm}$$

여기서, $n = \dfrac{수평거리\,합계}{100}$

$$1등\,도선 = 1200 \times \frac{1}{100} \times \sqrt{\left(\frac{642.64}{100}\right)}$$
$$= 30.4\,\text{cm} = \pm 0.30\text{m}$$

10 종선오차 배부

$$종선오차\,배부량 = -\frac{종선오차}{각측선의\,총합계} \times 각측선의\,측선장$$

$$1측선 = -\frac{0.14}{642.64} \times 30.49 = -0.01\text{m}$$

$$2측선 = -\frac{0.14}{642.64} \times 96.57 = -0.02\text{m}$$

나머지도 위와 같이 계산한다.

⑪ 횡선오차 배부

$$\text{횡선오차 배부량} = -\frac{\text{횡선오차}}{\text{각측선의 총합계}} \times \text{각측선의 측선장}$$

$1측선 = -\dfrac{-0.04}{642.64} \times 30.49 = 0.00\text{m}$

$2측선 = -\dfrac{-0.04}{642.64} \times 96.57 = 0.01\text{m}$

나머지도 위와 같이 계산하며 배부수의 합이 오차와 차이가 날 때에는 소요자리 다음 수의 크기에 따라 올리고 내리는 방법으로 오차와 같게 처리한다.

⑫ 종·횡선좌표 계산

$$\text{종선좌표}(X) = \text{기지점(앞 측점) 종선좌표} + \text{종선차}(\varDelta X) + \text{보정치}$$
$$\text{횡선좌표}(Y) = \text{기지점(앞 측점) 횡선좌표} + \text{횡선차}(\varDelta Y) + \text{보정치}$$

$1번 \quad X = 2711.55 + 26.20 - 0.01 = 2737.74\,\text{m}$

$\quad\quad Y = 6186.77 + 15.60 + 0 \quad\; = 6202.37\,\text{m}$

$2번 \quad X = 2737.74 - 42.23 - 0.02 = 2695.49\,\text{m}$

$\quad\quad Y = 6202.37 + 86.85 + 0.01 = 6289.23\,\text{m}$

나머지도 위와 같이 계산한다.

[정답]

도근측량계산부(방위각법)

축척 1/1200

측 점	시준점	보정치 / 방위각	수평거리	개정방위각	종선차(ΔX) 보정치 종선좌표(X)	횡선차(ΔY) 보정치 횡선좌표(Y)
보1	보2	° ′	m	289 17	442711.55	186186.77
보1	1	0 / 30 46	30.49	30 46	26.20 / -1 / 442737.74	15.60 / 0 / 186202.37
1	2	0 / 115 56	96.57	115 56	-42.23 / -2 / 442695.49	86.85 / +1 / 186289.23
2	3	+1 / 118 43	71.92	118 44	-34.57 / -1 / 442660.59	63.06 / 0 / 186352.29
3	4	+1 / 125 15	78.09	125 16	-45.09 / -2 / 442615.80	63.76 / 0 / 186416.05
4	5	+1 / 138 28	85.38	138 29	-63.93 / -2 / 442551.85	56.59 / +1 / 186472.65
5	6	+1 / 95 27	99.99	95 28	-9.53 / -2 / 442542.30	99.54 / 1 / 186572.20
6	7	+2 / 96 48	53.86	96 50	-6.41 / -1 / 442535.88	53.48 / 0 / 186625.68
7	8	+2 / 48 23	126.34	48 25	83.85 / -3 / 442619.70	94.50 / 1 / 186720.19
보3	보4	+2 / 15 57	(642.64)	15 59		
		오차=-2′ 공차=±3′			$\Sigma\Delta X$= -91.71 기지 = -91.85 $f(x)$ = +0.14	$\Sigma\Delta Y$= 533.38 기지 = 533.42 $f(y)$ = -0.04
					연경오차=0.15m 공 차=±0.30m	

6. 교회법에 의한 도근측량

(1) 정의

교회법은 지적삼각보조측량과 도근측량에서 시행되며 교회점은 1개 또는 2개의 삼각형으로부터 방위각 또는 내각을 관측하고 관측방향선을 수치적으로 교차시켜 소구점의 위치를 결정하는 방법이다.

(2) 핵심 이론

소구점 P의 좌표를 구하기 위해서는 방위각과 거리를 구하여 계산할 수 있다. 다시 말해 기지점 A점과 C점에서 소구점 P에 대한 방위각과 거리를 구하여 결정하며 특히 교회망의 종류가 많으므로 미리 약도를 그려보는 것이 계산에 도움을 준다는 점에 유의하여야 한다.

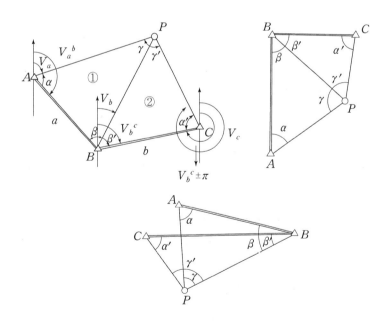

[교회망의 종류]

1) 종선차 ($\varDelta X$), 횡선차 ($\varDelta Y$) 계산

$$A-B \ \text{방향} \quad \begin{cases} \text{종선차}(\varDelta X)=B_X-A_X \\[2mm] \text{횡선차}(\varDelta Y)=B_Y-A_Y \end{cases}$$

$$B-C \ \text{방향} \quad \begin{cases} \text{종선차}(\varDelta X)=C_X-B_X \\[2mm] \text{횡선차}(\varDelta Y)=C_Y-B_Y \end{cases}$$

2) 방위 및 방위각 계산

방위 계산 $\quad \theta = \tan^{-1} \dfrac{\varDelta Y}{\varDelta X}$

방위각 계산

방위에서 나온 각을 상한으로 하여 방위각을 계산한다.

상한	$\varDelta X$	$\varDelta Y$	방위각 계산
Ⅰ	+	+	$V = \theta$
Ⅱ	−	+	$V = 180° - \theta$
Ⅲ	−	−	$V = 180° + \theta$
Ⅳ	+	−	$V = 360° - \theta$

3) 거리 계산

거리 $= \sqrt{\varDelta X^2 + \varDelta Y^2}$ 으로 하여 계산한다.

4) 삼각형 내각 계산

삼각형의 내각 계산은 소구점까지의 거리를 산출하기 위한 것이며 삼각형 배치 및 형식에 따라 계산방법이 조금씩 상이하므로 주의해서 계산한다.

① 삼각형 ABP의 경우

내각 계산에서 시계방향으로 앞선 방위각에서 뒤에 따른 방위각을 빼면 됨을 다음 식으로 알 수 있다.

$$\alpha = V_a^b - V_a$$

$$\beta = V_b - V_a^b \pm 180°$$

$$\gamma = V_a - V_b$$

으로 하며 $\alpha + \beta + \gamma = 180°$ 가 되는지 검산한다.

② 삼각형 BCP의 경우

$$\alpha' = V_c - V_c{}^b \pm 180°$$

$$\beta' = V_b{}^c - V_b$$

$$\gamma' = V_b - V_c$$

5) 변장 계산

소구점 P에 대한 변장은 기지변 $\overline{AB}$와 $\overline{BC}$를 이용하여 AP, CP를 구하면 된다.

$$\frac{AP}{\sin \beta} = \frac{AB}{\sin \gamma}$$

$$\therefore AP = \frac{\sin \beta}{\sin \gamma} \times AB$$

$$\frac{CP}{\sin \beta'} = \frac{BC}{\sin \gamma'}$$

$$\therefore CP = \frac{\sin \beta'}{\sin \gamma'} \times BC$$

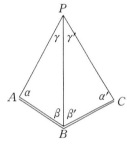

6) 소구점 P의 좌표 계산

A점과 C점에서 거리와 방위각을 이용하여 소구점 P의 좌표를 구한 다음 평균하여 결정하면 된다.

$$\left.\begin{array}{l} P_X = A_X + AP \times \cos V_a \\ P_Y = A_Y + AP \times \sin V_a \end{array}\right] A점에서 결정$$

$$\left.\begin{array}{l} P_X = C_X + CP \times \cos V_c \\ P_X = C_X + CP \times \sin V_c \end{array}\right] C점에서 결정$$

두 값을 평균하여 결정하며 이때 단수처리는 오사오입에 의한다.

(3) 풀이 순서

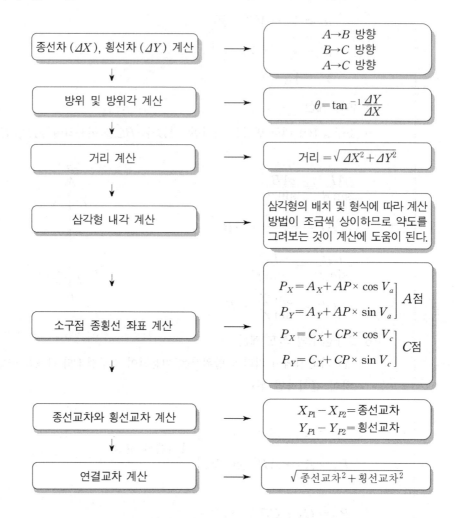

종선차 (ΔX), 횡선차 (ΔY) 계산 ⟶
- $A{\rightarrow}B$ 방향
- $B{\rightarrow}C$ 방향
- $A{\rightarrow}C$ 방향

방위 및 방위각 계산 ⟶ $\theta = \tan^{-1}\dfrac{\Delta Y}{\Delta X}$

거리 계산 ⟶ 거리 $= \sqrt{\Delta X^2 + \Delta Y^2}$

삼각형 내각 계산 ⟶ 삼각형의 배치 및 형식에 따라 계산 방법이 조금씩 상이하므로 약도를 그려보는 것이 계산에 도움이 된다.

소구점 종횡선 좌표 계산 ⟶
$$\left.\begin{aligned} P_X &= A_X + AP \times \cos V_a \\ P_Y &= A_Y + AP \times \sin V_a \end{aligned}\right] A점$$
$$\left.\begin{aligned} P_X &= C_X + CP \times \cos V_c \\ P_Y &= C_Y + CP \times \sin V_c \end{aligned}\right] C점$$

종선교차와 횡선교차 계산 ⟶
$X_{P1} - X_{P2} =$ 종선교차
$Y_{P1} - Y_{P2} =$ 횡선교차

연결교차 계산 ⟶ $\sqrt{종선교차^2 + 횡선교차^2}$

실전문제 및 해설

<u>01</u> 교회점 계산부

다음 교회점의 관측결과에 의하여 주어진 서식을 완성하여 소구점(보1)의 좌표를 계산하시오.

1) 기지점

점명	종선좌표(m)	횡선좌표(m)
중부3	441789.67	227072.14
중부5	443024.23	227072.14
중부7	443024.23	228074.50

2) 소구방위각

$$V_a = \ 54° \ 04' \ 50''$$

$$V_b = 145° \ 12' \ 56''$$

$$V_c = 207° \ 44' \ 23''$$

3) 약도

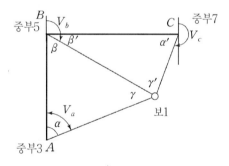

해설

01 종선차 $(\varDelta X)$, 횡선차 $(\varDelta Y)$ 계산

$A{\to}B$방향 $\begin{cases} \varDelta X = 3024.23 - 1789.67 = 1234.56\text{m} \\ \varDelta Y = 7072.14 - 7072.14 = 0\text{m} \end{cases}$

$$B{\to}C방향 \begin{cases} \mathit{\Delta}X = 3024.23 - 3024.23 = 0\text{m} \\ \mathit{\Delta}Y = 8074.50 - 7072.14 = 1002.36\text{m} \end{cases}$$

$$A{\to}C방향 \begin{cases} \mathit{\Delta}X = 3024.23 - 1789.67 = 1234.56\text{m} \\ \mathit{\Delta}Y = 8074.50 - 7072.14 = 1002.36\text{m} \end{cases}$$

02 방위 및 방위각 계산

중부3 → 중부5 방위 계산 : $\theta = \tan^{-1}\dfrac{\mathit{\Delta}X}{\mathit{\Delta}Y} = \tan^{-1}\left(\dfrac{0}{1234.56}\right)$ 인데, 이 식은 부정이 되어 도형에서

방위각을 보면 횡선차가 0이고, 종선만 위쪽으로 가므로 방위각은 0° 0′ 0″가 된다.

중부5 → 중부7 방위 계산 : $\theta = \tan^{-1}\left(\dfrac{1002.36}{0}\right)$ 인데, 이 식도 역시 부정이다. 도형에서 종선이

0이고 횡선만 우측으로 1002.36 가므로 방위각은 90° 0′ 0″가 된다.

03 거리 계산

$$a = \sqrt{1234.56^2 + 0^2} = 1234.56\text{m}$$
$$b = \sqrt{0^2 + 1002.36^2} = 1002.36\text{m}$$

04 삼각형의 내각 계산

$$a = V_a = 54° \ 04′ \ 50″$$
$$\beta = V_b{}^a - V_b = 180 - 145° \ 12′ \ 56″ = 34° \ 47′ \ 04″$$
$$\gamma = V_b - V_a = 145° \ 12′ \ 56″ - 54° \ 04′ \ 50″ = 91° \ 08′ \ 06″$$
$$a' = V_b{}^c + 180 - V_c = 90 + 180 - 207° \ 44′ \ 23″ = 62° \ 15′ \ 37″$$
$$\beta' = V_b - V_b{}^c = 145° \ 12′ \ 56″ - 90° = 55° \ 12′ \ 56″$$
$$\gamma' = V_c - V_b = 207° \ 44′ \ 23″ - 145° \ 12′ \ 56″ = 62° \ 31′ \ 27″$$

05 소구점 종횡선좌표 계산

$$X_{P1} = X_A + AP \times \cos V_a$$
$$Y_{P1} = Y_A + AP \times \sin V_a$$

여기서, $AP = \dfrac{\sin\beta \times a}{\sin\gamma}$

$$X_{P1} = 441789.67 + \left(\dfrac{\sin\beta \times a}{\sin\gamma} \times \cos V_a\right)$$
$$= 441789.67 + 413.26 = 442202.93\text{m}$$
$$Y_{P1} = 227072.14 + \left(\dfrac{\sin\beta \times a}{\sin\gamma} \times \sin V_a\right)$$
$$= 227072.14 + 570.49 = 227642.63\text{m}$$

$$X_{P2} = X_C + \left(\frac{\sin \beta' \times b}{\sin \gamma'} \times \cos V_C \right)$$

$$= 443024.23 + (-821.26) = 442202.97 \text{m}$$

$$Y_{P2} = Y_C + \left(\frac{\sin \beta' \times b}{\sin \gamma'} \times \sin V_C \right)$$

$$= 228074.50 + (-431.90) = 227642.60 \text{m}$$

$$\text{평균종선좌표} = \frac{(442202.93 + 442202.97)}{2} = 442202.95 \text{m}$$

$$\text{평균횡선좌표} = \frac{(227642.63 + 227642.60)}{2} = 227642.62 \text{m}$$

06 종선교차 및 횡선교차 계산

$$\text{종선교차} = 442202.93 - 442202.97 = 0.04 \text{m}$$

$$\text{횡선교차} = 227642.63 - 227642.60 = 0.03 \text{m}$$

07 연결교차 계산

$$\sqrt{0.04^2 + 0.03^2} = 0.05 \text{m}$$

[정답]

교회점계산부

[별지 제35호 서식]

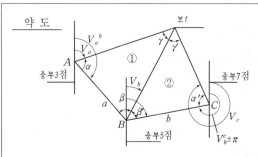

약 도		공 식

공 식

1. 방위(θ) 계산 $\qquad \tan\theta = \dfrac{\Delta y}{\Delta X}$

2. 방위각(V) 계산

Ⅰ 상한 : θ $\qquad$ Ⅱ 상한 : $180° - \theta$

Ⅲ 상한 : $\theta + 180°$ $\qquad$ Ⅳ 상한 : $360° - \theta$

3. 거리(a 또는 b) 계산

$\qquad \sqrt{\Delta x^2 + \Delta y^2}$

4. 삼각형 내각 계산

$a = V_a{}^b - V_a \qquad\qquad \alpha' = V_c - V_b{}^c \pm \pi$

$\beta = V_b - V_a{}^b \pm \pi \qquad \beta' = V_b{}^c - V_b$

$\gamma = V_a - V_b \qquad\qquad \gamma' = V_b - V_c$

V_a	V_b	V_c
54° 04′ 50″	145° 12′ 56″	207° 44′ 23″

점 명		X(m)	Y(m)	방 향	ΔX(m)	ΔY(m)
A	중부3	441789.67	227072.14	A → B	1234.56	0.00
B	중부5	443024.23	227072.14	B → C	0.00	1002.36
C	중부7	443024.23	228074.50	A → C	1234.56	1002.36

방 위 각 계 산				
방 향	중부3 → 중부5		방 향	중부5 → 중부7
$\theta = \tan^{-1}\dfrac{\Delta Y_{AB}}{\Delta X_{AB}}$	0° 00′ 00″		$\theta = \tan^{-1}\dfrac{\Delta Y_{BC}}{\Delta X_{BC}}$	90° 00′ 00″
$V_a{}^b$	0 00 00		$V_b{}^c$	90 00 00

거 리 계 산			
$a = \sqrt{\Delta x^2 + \Delta y^2}$	1234.56	$b = \sqrt{\Delta x^2 + \Delta y^2}$	1002.36

삼 각 형 내 각 계 산					
	각	내 각		각	내 각
①	α	54° 04′ 50″	②	α'	62° 15′ 37″
	β	34 47 04		β'	55 12 56
	γ	91 08 06		γ'	62 31 27
	합 계	180 00 00		합 계	180 00 00

소 구 점 종 횡 선 계 산(m)					
①	X_A	441789.67	①	Y_A	227072.14
	$\Delta X_1 = \dfrac{a \cdot \sin\beta}{\sin\gamma}\cos V_a$	413.26		$\Delta Y_1 = \dfrac{a \cdot \sin\beta}{\sin\gamma}\sin V_a$	570.49
	X_{P1}	442202.93		Y_{P1}	227642.63
②	X_C	443024.23	②	Y_C	228074.50
	$\Delta X_2 = \dfrac{b \cdot \sin\beta'}{\sin\gamma'}\cos V_c$	-821.26		$\Delta Y_2 = \dfrac{b \cdot \sin\beta'}{\sin\gamma'}\sin V_c$	-431.90
	X_{P2}	442202.97		Y_{P2}	227642.60
소 구 점 X		442202.95	소 구 점 Y		227642.62
종선교차=0.04m	횡선교차=0.03m		연결오차=0.05m		공차=0.30m

02 지적삼각보조측량을 교회법으로 실시하여 다음과 같이 내각을 관측하였다. 주어진 서식으로 보7의 좌표를 구하시오.

1)

기지점	X	Y
서10	445847.20	191583.94
서9	447129.47	190436.72
서11	447129.47	192584.20

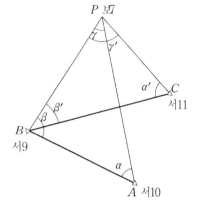

2) **관측내각**

$\gamma = 35°\ 18'\ 20''$

$\beta' = 43°\ 30'\ 30''$

$\gamma' = 60°\ 58'\ 52''$

해설

01 종선차 ($\varDelta X$), 횡선차 ($\varDelta Y$) 계산

$A{\rightarrow}B$ 방향
$\begin{cases} \varDelta X = 447129.47 - 445847.20 = 1282.27\text{m} \\ \varDelta Y = 190436.72 - 191583.94 = -1147.22\text{m} \end{cases}$

$B{\rightarrow}C$ 방향
$\begin{cases} \varDelta X = 447129.47 - 447129.47 = 0\text{m} \\ \varDelta Y = 192584.20 - 190436.72 = 2147.48\text{m} \end{cases}$

$A{\rightarrow}C$ 방향
$\begin{cases} \varDelta X = 447129.47 - 445847.20 = 1282.27\text{m} \\ \varDelta Y = 192584.20 - 191583.94 = 1000.26\text{m} \end{cases}$

02 방위 및 방위각 계산

서10 → 서9 방위 계산 : $\theta = \tan^{-1}\dfrac{\varDelta y}{\varDelta x} = \tan^{-1}\left(\dfrac{1147.22}{1282.27}\right) = 41°\ 49'\ 06''$

방위각 계산 : 부호가 $(+, -)$이면 4상한이므로 $360° - \theta$ 이다.

$360° - 41°\ 49'\ 06'' = 318°\ 10'\ 54''$

서9 → 서11 방위 계산 : $\theta = \tan^{-1}\left(\dfrac{2147.48}{0}\right)$인데 도형으로 보면 종선이 0이고 횡선만 우측으로

2147.48이므로 방위각은 $90°\ 0'\ 0''$가 된다.

방위각 계산 : $90°\ 0'\ 0''$

03 거리 계산

$a = \sqrt{1282.27^2 + 1147.22^2} = 1720.56\text{m}$

$b = \sqrt{0^2 + 2147.48^2} = 2147.48\text{m}$

04 V_b, V_a, V_c 소구 방위각 계산

먼저 소구점의 V_b, V_a, V_c를 구한 다음 내각을 구하는 방법으로 기존 소구방위각을 주고
내각을 구하는 것과는 다른 방법으로 유의해서 풀어야 한다.

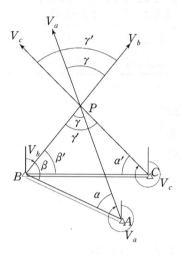

이미 알고 있는 내각 (γ, β', γ')과 기지 방위각 ($V_a{}^b$, $V_b{}^c$)을 참고로 하여 소구점 방위각을
구한다.

$V_b = V_b{}^c - \beta' = 90° - 43° \ 30' \ 30'' = 46° \ 29' \ 30''$

$V_a = V_b - \gamma = 46° \ 29' \ 30'' - 35° \ 18' \ 20'' = 11° \ 11' \ 10''$

$V_c = V_b - \gamma' = 46° \ 29' \ 30'' - 60° \ 58' 52'' = 345° \ 30' 38''$

05 삼각형의 내각 계산

$\alpha = V_a - V_a{}^b = 11° \ 11' \ 10'' - 318° \ 10' \ 54'' = 53° \ 0' \ 16''$

계산식에서 $-$부호가 붙은 경우에는 360°를 더하면 된다.

$\beta = V_b{}^a - V_b = 138° \ 10' \ 54'' - 46° \ 29' \ 30'' = 91° \ 41' \ 24''$

$\gamma = 35° \ 18' \ 20''$

$\alpha' = V_c - V_c{}^b = 345° \ 30' \ 38'' - 270° = 75° \ 30' \ 38''$

$\beta' = 43° \ 30' \ 30''$

$\gamma' = 60° \ 58' \ 52''$

06 소구점 종횡선좌표 계산

$$X_{Pl} = X_{A+} \left(\frac{a \times \sin \beta}{\sin \gamma} \times \cos V_a \right)$$

$$= 445847.20 + 2919.24 = 448766.44 \mathrm{m}$$

$$Y_{Pl} = Y_{A+} \left(\frac{a \times \sin \beta}{\sin \gamma} \times \sin V_a \right)$$

$$= 191583.94 + 577.29 = 192161.23\text{m}$$

$$X_{P2} = X_C + \left(\frac{b \times \sin\beta'}{\sin\gamma'} \times \cos V_C \right)$$

$$= 447129.47 + 1636.93 = 448766.40\text{m}$$

$$Y_{P2} = Y_C + \left(\frac{b \times \sin\beta'}{\sin\gamma'} \times \sin V_C \right)$$

$$= 192584.20 + (-423.02) = 192161.18\text{m}$$

$$평균종선좌표 = \frac{448766.44 + 448766.40}{2} = 448766.42\text{m}$$

$$평균횡선좌표 = \frac{192161.23 + 192161.18}{2} = 192161.20\text{m}$$

07 종선교차 및 횡선교차 계산

$$종선교차 = 448766.44 - 448766.40 = 0.04\text{m}$$

$$횡선교차 = 192161.23 - 192161.18 = 0.05\text{m}$$

08 연결교차 계산

$$\sqrt{0.04^2 + 0.05^2} = 0.06\text{m}$$

[정답]

교회점계산부

[별지 제35호 서식]

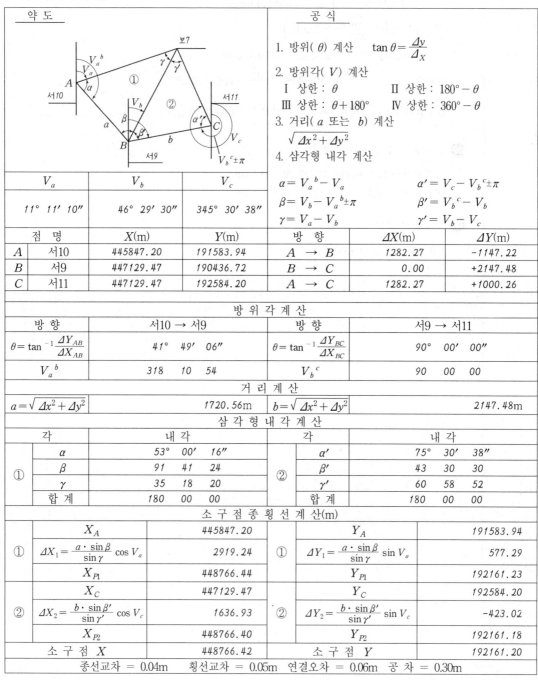

약 도		

공 식		

1. 방위(θ) 계산　　$\tan \theta = \dfrac{\Delta y}{\Delta X}$

2. 방위각(V) 계산
　Ⅰ 상한 : θ　　　　　　Ⅱ 상한 : $180° - \theta$
　Ⅲ 상한 : $\theta + 180°$　　Ⅳ 상한 : $360° - \theta$

3. 거리(a 또는 b) 계산
　　$\sqrt{\Delta x^2 + \Delta y^2}$

4. 삼각형 내각 계산

V_a	V_b	V_c
11° 11′ 10″	46° 29′ 30″	345° 30′ 38″

$a = V_a{}^b - V_a$　　　　　　$\alpha' = V_c - V_b{}^c \pm \pi$
$\beta = V_b - V_a{}^b \pm \pi$　　　　$\beta' = V_b{}^c - V_b$
$\gamma = V_a - V_b$　　　　　　$\gamma' = V_b - V_c$

점 명		X(m)	Y(m)	방 향	ΔX(m)	ΔY(m)
A	서10	445847.20	191583.94	$A \rightarrow B$	1282.27	-1147.22
B	서9	447129.47	190436.72	$B \rightarrow C$	0.00	+2147.48
C	서11	447129.47	192584.20	$A \rightarrow C$	1282.27	+1000.26

방 위 각 계 산				
방 향	서10 → 서9		방 향	서9 → 서11
$\theta = \tan^{-1} \dfrac{\Delta Y_{AB}}{\Delta X_{AB}}$	41° 49′ 06″		$\theta = \tan^{-1} \dfrac{\Delta Y_{BC}}{\Delta X_{BC}}$	90° 00′ 00″
$V_a{}^b$	318　10　54		$V_b{}^c$	90　00　00

거 리 계 산			
$a = \sqrt{\Delta x^2 + \Delta y^2}$	1720.56m	$b = \sqrt{\Delta x^2 + \Delta y^2}$	2147.48m

삼 각 형 내 각 계 산						
	각	내각			각	내각
①	α	53° 00′ 16″		②	α'	75° 30′ 38″
	β	91　41　24			β'	43　30　30
	γ	35　18　20			γ'	60　58　52
	합 계	180　00　00			합 계	180　00　00

소 구 점 종 횡 선 계 산(m)					
①	X_A	445847.20	①	Y_A	191583.94
	$\Delta X_1 = \dfrac{a \cdot \sin \beta}{\sin \gamma} \cos V_a$	2919.24		$\Delta Y_1 = \dfrac{a \cdot \sin \beta}{\sin \gamma} \sin V_a$	577.29
	X_{P1}	448766.44		Y_{P1}	192161.23
②	X_C	447129.47	②	Y_C	192584.20
	$\Delta X_2 = \dfrac{b \cdot \sin \beta'}{\sin \gamma'} \cos V_c$	1636.93		$\Delta Y_2 = \dfrac{b \cdot \sin \beta'}{\sin \gamma'} \sin V_c$	-423.02
	X_{P2}	448766.40		Y_{P2}	192161.18
소 구 점 X		448766.42	소 구 점 Y		192161.20
종선교차 = 0.04m　　횡선교차 = 0.05m　연결오차 = 0.06m　공 차 = 0.30m					

7. 다각망 도선법에 의한 교점다각망(X, Y형)

(1) 정의

지적삼각보조측량과 지적도근점을 필요로 하는 지역에서 여러 도선으로 이루어진 경우 도근망의 동일정도의 성과를 얻기 위하여 조정하며 기준망형으로는 X, Y, H, A형으로 구성된다.

(2) 핵심 이론

1) 도선별 망형과 조건식

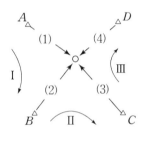

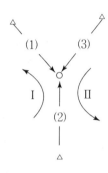

<X형망>　　　　　　<Y형망>

조건식

I : $(1)-(2)+W_1=0$　　　I : $(1)-(2)+W_1=0$

II : $(2)-(3)+W_2=0$　　　II : $(2)-(3)+W_2=0$

III : $(3)-(4)+W_3=0$

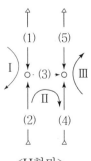

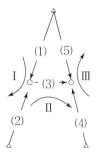

<H형망>　　　　　　<A형망>

조건식

Ⅰ : $(1) - (2) + W_1 = 0$

Ⅱ : $(2) + (3) - (4) + W_2 = 0$

Ⅲ : $(4) - (5) + W_3 = 0$

2) 평균방위각 계산

$$방위각 = \frac{\left[\dfrac{\sum \alpha}{\sum N}\right]}{\left[\dfrac{1}{\sum N}\right]}$$

$\sum \alpha$: 도선별 관측방위각 합

$\sum N$: 도선별 측정수 합

3) 평균 종횡선좌표 계산

$$종선좌표 = \frac{\left[\dfrac{\sum X}{\sum S}\right]}{\left[\dfrac{1}{\sum S}\right]}$$

$$횡선좌표 = \frac{\left[\dfrac{\sum Y}{\sum S}\right]}{\left[\dfrac{1}{\sum S}\right]}$$

$\sum S$: 도선별 측점간 거리 합

$\sum X$: 도선별로 계산된 교점의 종선좌표 합

$\sum Y$: 도선별로 계산된 교점의 횡선좌표 합

(3) 풀이 순서

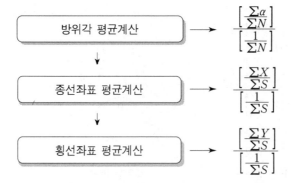

실전문제 및 해설

01 다각망 도선법에 의한 Y망의 관측결과가 다음과 같다. 주어진 서식을 완성하고, 평균방위각과 평균 종횡선좌표를 계산하시오.

도선	경 중 률		관측방위각	종선좌표 (m)	횡선좌표 (m)
	ΣN	ΣS			
(1)	18	10.41	24° 42′ 38″	402174.93	196283.57
(2)	10	5.69	24° 42′ 15″	402175.08	196283.48
(3)	8	5.14	24° 42′ 21″	402175.01	196283.50

해설

01 평균방위각 계산

$$방위각 = \frac{\left[\dfrac{\Sigma a}{\Sigma N}\right]}{\left[\dfrac{1}{\Sigma N}\right]} = \frac{\dfrac{38}{18} + \dfrac{15}{10} + \dfrac{21}{8}}{\dfrac{1}{18} + \dfrac{1}{10} + \dfrac{1}{8}} = 22''$$

계산시 도, 분 단위의 공통수 (24° 42′)는 생략하였으므로 평균방위각은 24° 42′ 22″이다.

02 평균 종횡선좌표 계산

$$종선좌표 = \frac{\left[\dfrac{\Sigma X}{\Sigma S}\right]}{\left[\dfrac{1}{\Sigma S}\right]} = \frac{\dfrac{0.93}{10.41} + \dfrac{1.08}{5.69} + \dfrac{1.01}{5.14}}{\dfrac{1}{10.41} + \dfrac{1}{5.69} + \dfrac{1}{5.14}} = 1.02 \, m$$

계산시 m단위의 공통수(2174.00)는 생략하였으므로 교점의 평균 종선좌표는 402175.02m이다.

$$횡선좌표 = \frac{\left[\dfrac{\Sigma Y}{\Sigma S}\right]}{\left[\dfrac{1}{\Sigma S}\right]} = \frac{\dfrac{0.57}{10.41} + \dfrac{0.48}{5.69} + \dfrac{0.50}{5.14}}{\dfrac{1}{10.41} + \dfrac{1}{5.69} + \dfrac{1}{5.14}} = 0.51 \, m$$

계산시 m단위의 공통수(6283.00)는 생략하였으므로 교점의 평균 횡선좌표는 196283.51m이다.

[정답]

교점다각망계산부(X, Y형)

약 도			

조건식	Ⅰ	$(1)-(2)+w_1=0$		조건식	Ⅰ	$(1)-(2)+w_1=0$	
	Ⅱ	$(2)-(3)+w_2=0$			Ⅱ	$(2)-(3)+w_2=0$	
	Ⅲ	$(3)-(4)+w_3=0$					

경중률		ΣN	ΣS	경중률		ΣN	ΣS
	(1)				(1)	18	10.41
	(2)				(2)	10	5.69
	(3)				(3)	8	5.14
	(4)						

1. 방위각

순서	도선		관 측	보정	평 균
Ⅰ	(1)		24° 42′ 38″	-16	24° 42′ 22″
	(2)		24 42 15	+7	24 42 22
	w_1		+23		
Ⅱ	(2)		24 42 15	+7	24 42 22
	(3)		24 42 21	+1	24 42 22
	w_2		-6		
Ⅲ	(3)				
	(4)				
	w_3				

2. 종선좌표

순서	도선	관 측(m)	보정	평 균(m)
Ⅰ	(1)	402174.93	+9	402175.02
	(2)	402175.08	-6	402175.02
	w_1	-0.15		
Ⅱ	(2)	402175.08	-6	402175.02
	(3)	402175.01	+1	402175.02
	w_2	+0.07		
Ⅲ	(3)			
	(4)			
	w_3			

3. 횡선좌표

순서	도선	관 측(m)	보정	평 균(m)
Ⅰ	(1)	196283.57	-6	196283.51
	(2)	196283.48	+3	196283.51
	w_1	+0.09		
Ⅱ	(2)	196283.48	+3	196283.51
	(3)	196283.50	+1	196283.51
	w_2	-0.02		
Ⅲ	(3)			
	(4)			
	w_3			

4. 계산

1) 방 위 각 $= \dfrac{\left[\dfrac{\Sigma a}{\Sigma N}\right]}{\left[\dfrac{1}{\Sigma N}\right]} = \dfrac{\dfrac{38}{18}+\dfrac{15}{10}+\dfrac{21}{8}}{\dfrac{1}{18}+\dfrac{1}{10}+\dfrac{1}{8}} = 22''$

2) 종선좌표 $= \dfrac{\left[\dfrac{\Sigma X}{\Sigma S}\right]}{\left[\dfrac{1}{\Sigma S}\right]} = \dfrac{\dfrac{0.93}{10.41}+\dfrac{1.08}{5.69}+\dfrac{1.01}{5.14}}{\dfrac{1}{10.41}+\dfrac{1}{5.69}+\dfrac{1}{5.14}} = 1.02\,\mathrm{m}$

3) 횡선좌표 $= \dfrac{\left[\dfrac{\Sigma Y}{\Sigma S}\right]}{\left[\dfrac{1}{\Sigma S}\right]} = \dfrac{\dfrac{0.57}{10.41}+\dfrac{0.48}{5.69}+\dfrac{0.50}{5.14}}{\dfrac{1}{10.41}+\dfrac{1}{5.69}+\dfrac{1}{5.14}} = 0.51\,\mathrm{m}$

$W=$ 오차, $N=$ 도선별 점수, $S=$ 측점간 거리, $a=$ 관측방위각

02 다각망 도선법에 의한 X망의 관측결과가 다음과 같다. 주어진 서식을 완성하고 평균방위각과 평균 종횡선좌표를 계산하시오.

도선	경 중 률		관측방위각	종선좌표(m)	횡선좌표(m)
	ΣN	ΣS			
(1)	17	1.488	116° 50′ 05″	4138.57	7593.71
(2)	8	0.951	116° 49′ 52″	4138.62	7593.74
(3)	19	1.521	116° 50′ 10″	4138.59	7593.72
(4)	15	1.080	116° 49′ 57″	4138.60	7593.68

해설

01 평균방위각 계산

$$\text{방위각} = \frac{\left[\frac{\sum \alpha}{\sum N}\right]}{\left[\frac{1}{\sum N}\right]} = \frac{\frac{65}{17} + \frac{52}{8} + \frac{70}{19} + \frac{57}{15}}{\frac{1}{17} + \frac{1}{8} + \frac{1}{19} + \frac{1}{15}} = 59''$$

계산시 도, 분 단위의 공통수(116° 49′)는 생략하였으므로 평균방위각은 116° 49′ 59″이다.

02 평균 종횡선좌표 계산

$$\text{종선좌표} = \frac{\left[\frac{\sum X}{\sum S}\right]}{\left[\frac{1}{\sum S}\right]} = \frac{\frac{0.57}{1.488} + \frac{0.62}{0.951} + \frac{0.59}{1.521} + \frac{0.60}{1.080}}{\frac{1}{1.488} + \frac{1}{0.951} + \frac{1}{1.521} + \frac{1}{1.080}} = 0.60\text{m}$$

계산시 m단위의 공통수(4138.00)는 생략하였으므로 교점의 평균 종선좌표는 4138.60m이다.

$$\text{횡선좌표} = \frac{\left[\frac{\sum Y}{\sum S}\right]}{\left[\frac{1}{\sum S}\right]} = \frac{\frac{0.71}{1.488} + \frac{0.74}{0.951} + \frac{0.72}{1.521} + \frac{0.68}{1.080}}{\frac{1}{1.488} + \frac{1}{0.951} + \frac{1}{1.521} + \frac{1}{1.080}} = 0.71\text{m}$$

계산시 m단위의 공통수(7593.00)는 생략하였으므로 교점의 평균 종선좌표는 7593.71m이다.

[정답]

교점다각망계산부(X, Y형)

약 도			

조건식	Ⅰ	$(1)-(2)+w_1=0$	조건식	Ⅰ	$(1)-(2)+w_1=0$
	Ⅱ	$(2)-(3)+w_2=0$		Ⅱ	$(2)-(3)+w_2=0$
	Ⅲ	$(3)-(4)+w_3=0$			

경중률		ΣN	ΣS	경중률		ΣN	ΣS
	(1)	17	1.488		(1)		
	(2)	8	0.951		(2)		
	(3)	19	1.521		(3)		
	(4)	15	1.080				

1. 방위각

순서	도선	관 측	보정	평 균
Ⅰ	(1)	116° 50′ 05″	-6	116° 49′ 59″
	(2)	116 49 52	+7	116 49 59
	w_1	+13		
Ⅱ	(2)	116 49 52	+7	116 49 59
	(3)	116 50 10	-11	116 49 59
	w_2	-18		
Ⅲ	(3)	116 50 10	-11	116 49 59
	(4)	116 49 57	+2	116 49 59
	w_3	+13		

2. 종선좌표

순서	도선	관 측(m)	보정	평 균(m)
Ⅰ	(1)	4138.57	+3	4138.60
	(2)	4138.62	-2	4138.60
	w_1	-5		
Ⅱ	(2)	4138.62	-2	4138.60
	(3)	4138.59	+1	4138.60
	w_2	+3		
Ⅲ	(3)	4138.59	+1	4138.60
	(4)	4138.60	0	4138.60
	w_3	-1		

3. 횡선좌표

순서	도선	관 측(m)	보정	평 균(m)
Ⅰ	(1)	7593.71	0	7593.71
	(2)	7593.74	-3	7593.71
	w_1	-3		
Ⅱ	(2)	7593.74	-3	7593.71
	(3)	7593.72	-1	7593.71
	w_2	+2		
Ⅲ	(3)	7593.72	-1	7593.71
	(4)	7593.68	+3	7593.71
	w_3	+4		

4. 계산

1) 방 위 각 $= \dfrac{\left[\dfrac{\Sigma a}{\Sigma N}\right]}{\left[\dfrac{1}{\Sigma N}\right]} = \dfrac{\dfrac{65}{17} + \dfrac{52}{8} + \dfrac{70}{19} + \dfrac{57}{15}}{\dfrac{1}{17} + \dfrac{1}{8} + \dfrac{1}{19} + \dfrac{1}{15}} = 59''$

2) 종선좌표 $= \dfrac{\left[\dfrac{\Sigma X}{\Sigma S}\right]}{\left[\dfrac{1}{\Sigma S}\right]} = \dfrac{\dfrac{0.57}{1.488} + \dfrac{0.62}{0.951} + \dfrac{0.59}{1.521} + \dfrac{0.60}{1.080}}{\dfrac{1}{1.488} + \dfrac{1}{0.951} + \dfrac{1}{1.521} + \dfrac{1}{1.080}} = 0.60\text{m}$

3) 횡선좌표 $= \dfrac{\left[\dfrac{\Sigma Y}{\Sigma S}\right]}{\left[\dfrac{1}{\Sigma S}\right]} = \dfrac{\dfrac{0.71}{1.488} + \dfrac{0.74}{0.951} + \dfrac{0.72}{1.521} + \dfrac{0.68}{1.080}}{\dfrac{1}{1.488} + \dfrac{1}{0.951} + \dfrac{1}{1.521} + \dfrac{1}{1.080}} = 0.71\text{m}$

$W=$오차, $N=$도선별 점수, $S=$측점간 거리, $a=$관측방위각

8. 다각망 도선법에 의한 교점다각망(H, A형)

(1) 정의

교점다각망의 한 형태로써 교점이 2개인 형태이다.

(2) 핵심이론

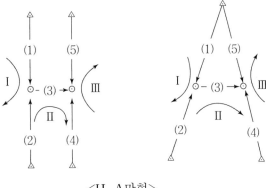

<H, A망형>

(a)   (b)

최소조건식 수=도선 수-교점 수(5-2=3)

H, A형의 조건식

Ⅰ : $(1) - (2) + W_1 = 0$

Ⅱ : $(2) + (3) - (4) + W_2 = 0$

Ⅲ : $(4) - (5) + W_3 = 0$

Ⅳ : $(5) - (3) - (1) + W_4 = 0$(최소 조건식에 만족하여 생략)

여기서 W_1, W_2, W_3, W_4는 교섬에서의 방위각 오차 또는 종횡선 오차

(3) 풀이 순서

상관방정식 작성	→ 최소 제곱법에 의한 계산 편의를 위해 ΣN (측점합계)은 10으로 나누고 ΣS(거리합계)는 1,000으로 나누기도 한다. 조건방정식의 도선명 부호에 맞게 1의 경중률을 주어 작성

↓

표준방정식 계산(방위각 및 종횡선 좌표)

→

$[Paa]K_1 + [Pab]K_2 + [Pac]K_3 + W_1 = 0$
$[Pbb]K_2 + [Pbc]K_3 + W_2 = 0$
$[Pcc]K_3 + W_3 = 0$
여기서 $P = \Sigma N, \Sigma S$(경중률),
$a = Ⅰ, \quad b = Ⅱ, \quad c = Ⅲ$

↓

정해(방위각 및 종횡선 좌표) 계산 → 행렬의 축약법으로 계산

↓

상관 계수
(방위각 및 종횡선 좌표) 계산 → 정해 계산에서 산출된 C_1, C_2, C_3를 인수로 하여 계산

↓

보정 계수
(방위각 및 종횡선 좌표) 계산 → 상관방정식의 각 항에 상관 계수를 대입하여 산출한다.

↓

방위각 및 교점의 종횡선 좌표
평균 계산

실전문제 및 해설

<u>01</u> 교점다각망 A형의 방위각과 종횡선좌표의 1차계산 결과를 주어진 서식을 이용하여 상관 방정식을 작성하고, 표준방정식의 값을 계산하시오.

	ΣN	ΣS	방 위 각	종선좌표(m)	횡선좌표(m)
(1)	8	0.64	230° 59′ 07″	1890.36	3773.64
(2)	9	0.84	230° 59′ 16″	1890.14	3773.50
(3)	5	0.44	183° 04′ 55″	2153.66	4114.94
(4)	9	0.88	183° 05′ 03″	2153.67	4115.07
(5)	5	0.35	183° 04′ 45″	2153.85	4114.99

해설

01 교점에서의 방위각 및 종횡선좌표 오차(W_1, W_2, W_3) 계산

(1) 방위각

$W_1 = 230° \ 59′ \ 07″ - 230° \ 59′ \ 16″ = -9″$

$W_2 = 183° \ 04′ \ 55″ - 183° \ 05′ \ 03″ = -8″$

$W_3 = 183° \ 05′ \ 03″ - 183° \ 04′ \ 45″ = +18″$

(2) 종선좌표

$W_1 = 1890.36 - 1890.14 = +0.22 \, \text{m}$

$W_2 = 2153.66 - 2153.67 = -0.01 \, \text{m}$

$W_3 = 2153.67 - 2153.85 = -0.18 \, \text{m}$

(3) 횡선좌표

$W_1 = 3773.64 - 3773.50 = +0.14 \, \text{m}$

$W_2 = 4114.94 - 4115.07 = -0.13 \, \text{m}$

$W_3 = 4115.07 - 4114.99 = +0.08 \, \text{m}$

02 상관방정식 작성

조건식의 도선명 부호에 맞게 1의 경중률을 주어 작성한다.

순서	ΣN	ΣS	I	II	III
(1)	8	0.64	+1		
(2)	9	0.84	−1	+1	
(3)	5	0.44		+1	
(4)	9	0.88		−1	+1
(5)	5	0.35			−1

03 표준방정식 계산

(1) 방위각

제1식에서

$[Paa] = (+1^2 \times 8) + (-1^2 \times 9) = +17$

$[Pab] = (-1) \times (+1) \times 9 = -9$

$[Pac] = 0$

제2식에서

$[Pbb] = (+1^2 \times 9) + (+1^2 \times 5) + (-1^2 \times 9) = 23$

$[Pbc] = (-1) \times (+1) \times 9 = -9$

제3식에서

$[Pcc] = (+1^2 \times 9) + (-1^2 \times 5) = 14$

또한 Wa는 앞서 산출된 방위각 오차를 이기하며, Σ는 다음과 같이 계산한다.

I	II	III	W_a	Σ
17	−9	0	−9 →	−1
	23	−9	−8 →	−3
		14	+18 →	+23

(2) 종·횡선좌표

제1식에서

$[Paa] = (+1^2 \times 0.64) + (-1^2 \times 0.84) = +1.48$

$[Pab] = (-1) \times (+1) \times 0.84 = -0.84$

$[Pac] = 0$

제2식에서

$[Pbb] = (+1^2 \times 0.84) + (+1^2 \times 0.44) + (-1^2 \times 0.88) = +2.16$

$[Pbc] = (-1) \times (+1) \times 0.88 = -0.88$

제3식에서

$[Pcc] = (+1^2 \times 0.88) + (-1^2 \times 0.35) = +1.23$

여기서 W_x, W_y는 앞서 계산된 종·횡선 오차를 이기하며, Σ란 계산 또한 방위각에서의 계산과 같다.

[정답]

교점다각망계산부(H, A형)

약 도			

조건식	I	(1) - (2) + w_1=0	경중률		ΣN	ΣS
				(1)	8	0.64
				(2)	9	0.84
	II	(2)+(3)-(4)+ w_2=0		(3)	5	0.44
				(4)	9	0.88
	III	(4) - (5) + w_3=0		(5)	5	0.35

1. 방위각

순서	도선	관 측	보정	평 균
I	(1)	230° 59′ 07″		° ′ ″
	(2)	230 59 16		
	w_1	-9		
II	(2)+(3)	183 04 55		
	(4)	183 05 03		
	w_2	-8		
III	(4)	183 05 03		
	(5)	183 04 45		
	w_3	+18		

2. 종선좌표

순서	도선	관 측	보정	평 균
I	(1)	1890.36		m
	(2)	1890.14		
	w_1	+0.22		
II	(2)+(3)	2153.66		
	(4)	2153.67		
	w_2	-0.01		
III	(4)	2153.67		
	(5)	2153.85		
	w_3	-0.18		

3. 횡선좌표

순서	도선	관 측	보정	평 균
I	(1)	3773.64		
	(2)	3773.50		
	w_1	+0.14		
II	(2)+(3)	4114.94		
	(4)	4115.07		
	w_2	-0.13		
III	(4)	4115.07		
	(5)	4114.99		
	w_3	+0.08		

4. 계산

1) 상관방정식

순서	ΣN	ΣS	I	II	III
(1)	8	0.64	+1		
(2)	9	0.84	-1	+1	
(3)	5	0.44		+1	
(4)	9	0.88		-1	+1
(5)	5	0.35			-1

2) 표준방정식(방위각)

I	II	III	W_a	Σ
17	-9	0	-9	-1
	23	-9	-8	-3
		14	+18	23

3) 표준방정식(종·횡선좌표)

I	II	III	W_x	Σ	W_y	Σ
1.48	-0.84	0	+0.22	0.86	+0.14	0.78
	2.16	-0.88	-0.01	0.43	-0.13	0.31
		1.23	-0.18	0.17	+0.08	0.43

02 H형 교점다각망을 관측하여 아래와 같을 경우 각도선별 평균방위각과 종횡선좌표를 구하기 위한 상관방정식과 표준방정식을 계산하시오.

경중률			관측방위각			종횡선좌표	
번호	ΣN	ΣS	순서	도선	관측방위각	X	Y
(1)	2	1.00	Ⅰ	(1)	276° 06′ 01″	2769.42	6942.24
(2)	4	2.02		(2)	276° 05′ 48″	2769.50	6942.11
(3)	4	1.91	Ⅱ	(2)+(3)	246° 57′ 58″	3115.75	7392.85
(4)	5	2.48		(4)	246° 57′ 56″	3115.69	7392.98
(5)	3	1.49	Ⅲ	(4)	246° 57′ 56″	3115.69	7392.98
				(5)	246° 58′ 05″	3115.58	7393.06

해설

01 교점에서의 방위각 및 종횡선좌표 오차(W_1, W_2, W_3) 계산

	방위각	종선좌표	횡선좌표
W_1	$+13″$	-0.08	$+0.13$
W_2	$+2″$	$+0.06$	-0.13
W_3	$-9″$	$+0.11$	-0.08

02 상관방정식 작성

조건식의 도선명 부호에 맞게 1의 경중률을 주어 작성한다.

03 표준방정식 계산

(1) 방위각

제1식에서

$$[Paa] = (+1^2 \times 2) + (-1^2 \times 4) = 6$$

$$[Pab] = (-1) \times (+1) \times 4 = -4$$

$$[Pac] = 0$$

제2식에서

$$[Pbb] = (+1^2 \times 4) + (+1^2 \times 4) + (-1^2 \times 5) = 13$$

$$[Pbc] = (-1) \times (+1) \times 5 = -5$$

제3식에서

$[Pcc] = (+1^2 \times 5) + (-1^2 \times 3) = 8$이며

Wa는 앞서 산출된 방위각 오차를 이기하며, Σ는 다음과 같이 계산한다.

I	II	III	W_a	Σ
6	-4	0	13	15
	13	-5	2	6
		8	-9	-6

(2) 종·횡선좌표

종횡선좌표의 표준방정식 계산은 방위각 계산과 같으므로 생략하기로 한다.

[정답]

교점다각망계산부(H, A형)

약 도

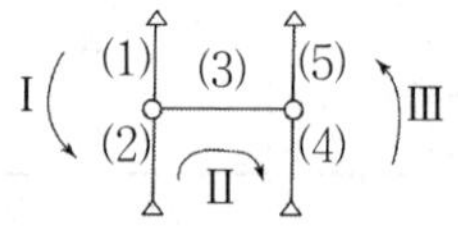

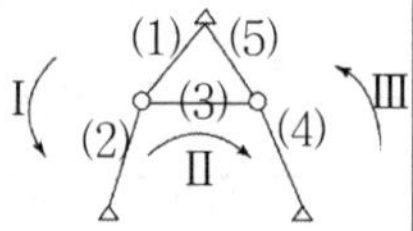

조건식		
Ⅰ	$(1)-(2)+w_1=0$
Ⅱ	$(2)+(3)-(4)+w_2=0$
Ⅲ	$(4)-(5)+w_3=0$

경중률	ΣN	ΣS
(1)	2	1.00
(2)	4	2.02
(3)	4	1.91
(4)	5	2.48
(5)	3	1.49

1. 방위각

순서	도선	관 측	보정	평 균
Ⅰ	(1)	276° 06′ 01″		° ′ ″
	(2)	276 05 48		
	w_1	+13		
Ⅱ	(2)+(3)	246 57 58		
	(4)	246 57 56		
	w_2	+2		
Ⅲ	(4)	246 57 56		
	(5)	246 58 05		
	w_3	-9		

2. 종선좌표

순서	도선	관 측	보정	평 균
Ⅰ	(1)	2769.42		m
	(2)	2769.50		
	w_1	-0.08		
Ⅱ	(2)+(3)	3115.75		
	(4)	3115.69		
	w_2	+0.06		
Ⅲ	(4)	3115.69		
	(5)	3115.58		
	w_3	+0.11		

3. 횡선좌표

순서	도선	관 측	보정	평 균
Ⅰ	(1)	6942.24		
	(2)	6942.11		
	w_1	+0.13		
Ⅱ	(2)+(3)	7392.85		
	(4)	7392.98		
	w_2	-0.13		
Ⅲ	(4)	7392.98		
	(5)	7393.06		
	w_3	-0.08		

4. 계산

1) 상관방정식

순서	ΣN	ΣS	Ⅰ	Ⅱ	Ⅲ
(1)	2	1.00	+1		
(2)	4	2.02	-1	+1	
(3)	4	1.91		+1	
(4)	5	2.48		-1	+1
(5)	3	1.49			-1

2) 표준방정식(방위각)

Ⅰ	Ⅱ	Ⅲ	W_a	Σ		
6	-4	0	13	15		
	13	-5	2	6		
		8	-9	-6		

3) 표준방정식(종 · 횡선좌표)

Ⅰ	Ⅱ	Ⅲ	W_x	Σ	W_y	Σ
3.02	-2.02	0	-0.08	0.92	+0.13	1.13
	6.41	-2.48	+0.06	1.97	-0.13	1.78
		3.97	+0.11	1.60	-0.08	1.41

CHAPTER

03

수치(좌표)측량

1. 개요

토지의 경계점을 도해적인 방법으로 표시하지 않고 수학적인 좌표로 경계점을 표시, 등록하는 측량을 말하며 토지를 개발하고 이를 정리하기 위하여 토지의 지번, 지목, 면적 및 경계, 또는 좌표를 지적공부에 새로이 등록하는 이동측량을 말한다.

2. 핵심용어

(1) 좌표

기초점 또는 경계상의 굴곡점의 위치를 평면직각 종횡선 수치로 표시한 것을 말하며 확정측량 시행지역 내 각 필지에 대한 경계점의 위치는 평면직각 종횡선 수치로 표시한다.

(2) 진북

북극의 방향이며 좌표축의 북 또는 자북과 구별하기 위하여 사용한다.

(3) 방위

북(N)과 남(S)의 사잇각으로 4개의 상한으로 나누어 남북선을 기준으로 하여 90° 이하의 각도로 나타낸다.

(4) 방위각법

각측선의 진북방향과 이루는 방위각을 시계방향으로 관측하는 방법

(5) 위거

일정한 자오선에 대한 어떤 측선의 정사투영거리를 위거라 하며 측선이 북쪽으로 향할 때 위거는 (+)로 하고 측선이 남쪽으로 향할 때 위거는 (−)로 한다.

(6) 경거

일정한 동서선에 대한 어떤 측선의 정사투영거리를 경거라 하며 측선이 동쪽으로 향할 때 경거는 (+)로 하고 측선이 서쪽으로 향할 때 경거는 (−)로 한다.

3. 수치측량의 실시기준

경위의 측량법

(1) 점간거리 및 연직각 교차

점간거리 측정은 2회 측정하여 그 측정치의 교차	연직각 관측은 정반 1회 관측하여 그 교차
3천분의 1미터 이하	5분 이내

(2) 수평각 측각공차

1방향각	1배각과 2배각의 평균값에 대한 교차
60초 이내	40초 이내

4. 직선과 직선 교차점 계산

(1) 정의

경계점 좌표 등록부 시행지역에서 분할측량 또는 확정측량할 때에 주로 직선교차로 점의 위치를 결정할 경우에 교차점 계산을 활용한다.

(2) 핵심이론

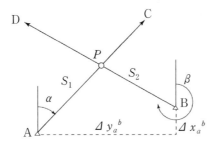

A점에서 $\begin{cases} P_X = A_X + S_1 \cdot \cos\alpha \\ P_Y = A_Y + S_1 \cdot \sin\alpha \end{cases}$

B점에서 $\begin{cases} P_X = B_X + S_2 \cdot \cos\beta \\ P_Y = B_Y + S_2 \cdot \sin\beta \end{cases}$

으로 P점을 구한다.

$A_X + S_1 \cdot \cos\alpha = B_X + S_2 \cdot \cos\beta$

$A_Y + S_1 \cdot \sin\alpha = B_Y + S_2 \cdot \sin\beta$ 에서 다음과 같이 표현할 수 있으며

$S_1 \cdot \cos\alpha - S_2 \cdot \cos\beta = B_X - A_X(\varDelta X)$

$S_1 \cdot \sin\alpha - S_2 \cdot \sin\beta = B_Y - A_Y(\varDelta Y)$

$\sin\beta$ 또는 $\cos\beta$를 곱하여 연립방정식을 구한다.

$$S_1 \cdot \cos\alpha\ \sin\beta - S_2\cos\beta\ \sin\beta = \Delta X \cdot \sin\beta$$

$$-\ \boxed{S_1 \cdot \sin\alpha\ \cos\beta - S_2\cos\beta\ \sin\beta = \Delta Y \cdot \cos\beta}$$

$$S_1(\cos\alpha \cdot \sin\beta - \sin\alpha \cdot \cos\beta) = \Delta X \cdot \sin\beta - \Delta Y \cdot \cos\beta$$

$$S_1 = \frac{\Delta X \cdot \sin\beta - \Delta Y \cdot \cos\beta}{\cos\alpha\ \sin\beta - \sin\alpha\ \cos\beta}$$

삼각함수 가법공식(덧셈공식)

$$\boxed{\sin(A-B) = \sin A \cdot \cos B - \cos A \cdot \sin B}$$ 이용

$$\therefore\ S_1 = \frac{\Delta y \cdot \cos\beta - \Delta x \cdot \sin\beta}{\sin(\alpha - \beta)}$$

$$\therefore\ S_2 = \frac{\Delta y \cdot \cos\alpha - \Delta x \cdot \sin\alpha}{\sin(\alpha - \beta)}$$

(3) 풀이 순서

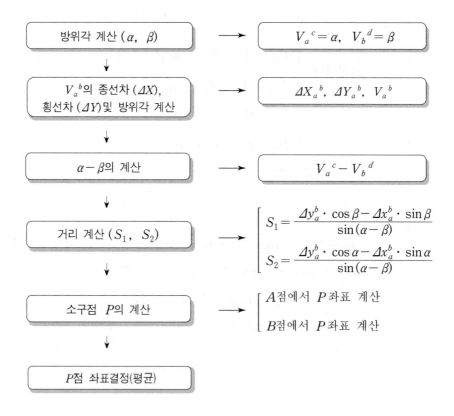

실전문제 및 해설

01 경계선 $\overline{AC}$와 $\overline{BD}$가 교차하는 P점 위치의 좌표를 「교차점 계산부」를 완성하고 결정하시오. (단, 계산은 반올림하여 각도는 0.1″단위까지, ①, ②의 빈칸은 소수 4자리까지, 기타의 거리 및 좌표는 cm단위까지 계산하여 구하시오.)

(단위 : m)

점명	부호	종선좌표(X)	횡선좌표(Y)
1	D	6584.79	4734.89
2	B	6530.34	4911.60
3	C	6589.13	4897.66
4	A	6533.98	4748.10

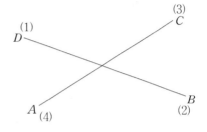

해설

01 방위각 계산 (α, β)

(1) V_b^d 방위각 계산(β)

$\Delta X_b^d = 6584.79 - 6530.34 = 54.45\text{m}$

$\Delta Y_b^d = 4734.89 - 4911.60 = -176.71\text{m}$

방위(θ) $= \tan^{-1}\left(\dfrac{\Delta y}{\Delta x}\right) = \tan^{-1}\left(\dfrac{176.71}{54.45}\right) = 72° \ 52' \ 27.3''$

4상한(+, −)이므로 $V_b^d = 360 - \theta = 287° \ 7' \ 32.7''$

(2) V_a^c 방위각 계산(α)

$\Delta X_a^c = 6589.13 - 6533.98 = 55.15\text{m}$

$\Delta Y_a^c = 4897.66 - 4748.10 = 149.56\text{m}$

방위(θ) $= \tan^{-1}\left(\dfrac{\Delta y}{\Delta x}\right) = \tan^{-1}\left(\dfrac{149.56}{55.15}\right) = 69° \ 45' \ 31.1''$

1상한(+, +)이므로 $V_a^c = 69° \ 45' \ 31.1''$

02 V_a^b 방위각 계산

$\Delta X_a^b = 6530.34 - 6533.98 = -3.64\text{m}$

$\Delta Y_a^b = 4911.60 - 4748.10 = 163.50\text{m}$

$$방위\ (\theta) = \tan^{-1}\left(\frac{\Delta y}{\Delta x}\right) = \tan^{-1}\left(\frac{163.5}{3.64}\right) = 88°\ 43'\ 28.7''$$

2상한이므로 $V_a{}^b$방위각 $= 180 - \theta = 180° - 88°\ 43'\ 28.7'' = 91°\ 16'\ 31.3''$

03 $\alpha - \beta$ 계산

$69°\ 45'\ 31.1'' - 287°\ 7'\ 32.7'' = 142°\ 37'\ 58.4''$

※ 각이 $-$값이 나오면 $+360°$를 더해 준다.

04 거리 계산($S_1,\ S_2$)

$$S_1 = \frac{\Delta Y_a{}^b \cdot \cos\beta - \Delta X_a{}^b \cdot \sin\beta}{\sin(\alpha - \beta)}$$

$$= \frac{(163.5 \times \cos 287°\ 7'\ 32.7'') - (-3.64 \times \sin 287°\ 7'\ 32.7'')}{\sin 142°\ 37'\ 58.4''}$$

$$= 73.5966\text{m}$$

$$S_2 = \frac{\Delta Y_a{}^b \cdot \cos\alpha - \Delta X_a{}^b \cdot \sin\alpha}{\sin(\alpha - \beta)}$$

$$= \frac{(163.5 \times \cos 69°\ 45'\ 31.1'') - (-3.64 \times \sin 69°\ 45'\ 31.1'')}{\sin 142°\ 37'\ 58.4''}$$

$$= 98.8306\text{m}$$

05 소구점 P의 계산

(1) A점에서 P점 좌표 계산

$P_X = A_X + (S_1 \times \cos\alpha)$

$P_Y = A_Y + (S_1 \times \sin\alpha)$

$P_X = 6533.98 + 25.46 = 6559.44\text{m}$

$P_Y = 4748.10 + 69.05 = 4817.15\text{m}$

(2) B점에서 P점 좌표 계산

$P_X = B_X + (S_2 \times \cos\beta)$

$P_Y = B_Y + (S_2 \times \sin\beta)$

$P_X = 6530.34 + \quad 29.10 = 6559.44\text{m}$

$P_Y = 4911.60 + (-94.45) = 4817.15\text{m}$

06 P점 좌표 결정(평균)

$P_X = (6559.44 + 6559.44) \div 2 = 6559.44\text{m}$

$P_Y = (4817.15 + 4817.15) \div 2 = 4817.15\text{m}$

[정답]

교차점계산부

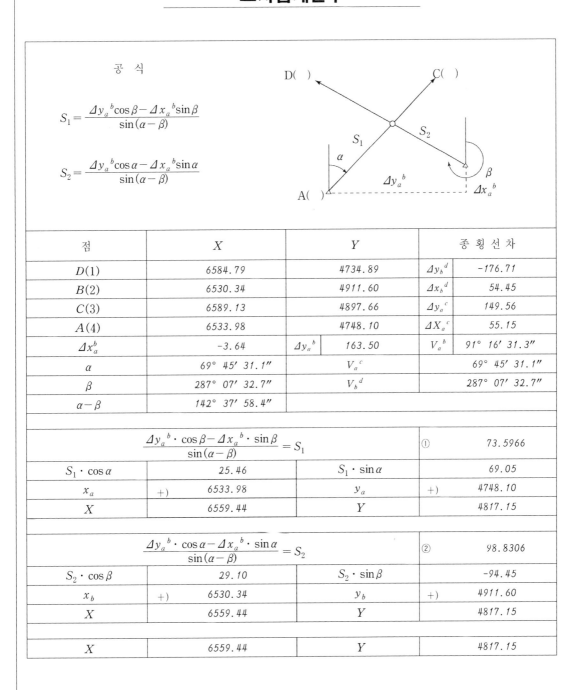

공 식

$$S_1 = \frac{\Delta y_a{}^b \cos\beta - \Delta x_a{}^b \sin\beta}{\sin(\alpha-\beta)}$$

$$S_2 = \frac{\Delta y_a{}^b \cos\alpha - \Delta x_a{}^b \sin\alpha}{\sin(\alpha-\beta)}$$

점	X		Y		종 횡 선 차	
$D(1)$	6584.79		4734.89		$\Delta y_b{}^d$	-176.71
$B(2)$	6530.34		4911.60		$\Delta x_b{}^d$	54.45
$C(3)$	6589.13		4897.66		$\Delta y_a{}^c$	149.56
$A(4)$	6533.98		4748.10		$\Delta X_a{}^c$	55.15
$\Delta x_a{}^b$	-3.64		$\Delta y_a{}^b$	163.50	$V_a{}^b$	91° 16′ 31.3″
α	69° 45′ 31.1″		$V_a{}^c$			69° 45′ 31.1″
β	287° 07′ 32.7″		$V_b{}^d$			287° 07′ 32.7″
$\alpha-\beta$	142° 37′ 58.4″					

$\dfrac{\Delta y_a{}^b \cdot \cos\beta - \Delta x_a{}^b \cdot \sin\beta}{\sin(\alpha-\beta)} = S_1$				①	73.5966
$S_1 \cdot \cos\alpha$	25.46		$S_1 \cdot \sin\alpha$		69.05
x_a	+) 6533.98		y_a	+)	4748.10
X	6559.44		Y		4817.15

$\dfrac{\Delta y_a{}^b \cdot \cos\alpha - \Delta x_a{}^b \cdot \sin\alpha}{\sin(\alpha-\beta)} = S_2$				②	98.8306
$S_2 \cdot \cos\beta$	29.10		$S_2 \cdot \sin\beta$		-94.45
x_b	+) 6530.34		y_b	+)	4911.60
X	6559.44		Y		4817.15

X	6559.44		Y		4817.15

02 경계선 $\overline{AC}$와 $\overline{BD}$가 교차하는 P점 위치의 좌표를 교차점 계산부를 완성하고 결정하시오.(단 계산은 반올림하여 각도는 0.1″ 단위까지 S_1, S_2의 빈칸은 소수 4자리까지 기타의 거리 및 좌표는 cm 단위까지 계산하여 구하시오.)

(단위 : m)

점명	부호	종선좌표(X)	횡선좌표(Y)
1	D	4360.75	2510.76
2	B	4311.21	2687.48
3	C	4367.19	2674.54
4	A	4312.67	2521.80

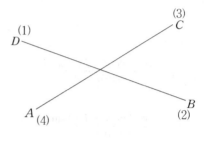

해설

01 방위각 계산 (α, β)

(1) $V_b{}^d$ 방위각 계산 (β)

$\Delta X_b{}^d = 4360.75 - 4311.21 = 49.54$m

$\Delta Y_b{}^d = 2510.76 - 2687.48 = -176.72$m

방위 (θ) $= \tan^{-1}\left(\dfrac{\Delta y}{\Delta x}\right) = \tan^{-1}\left(\dfrac{176.72}{49.54}\right) = 74° 20' 24.7''$

4상한(+, −)이므로 $V_b{}^d = 360° - \theta = 285° 39' 35.3''$

(2) $V_a{}^c$ 방위각 계산 (α)

$\Delta X_a{}^c = 4367.19 - 4312.67 = 54.52$m

$\Delta Y_a{}^c = 2674.54 - 2521.80 = 152.74$m

방위 (θ) $= \tan^{-1}\left(\dfrac{\Delta y}{\Delta x}\right) = \tan^{-1}\left(\dfrac{152.74}{54.52}\right) = 70° 21' 22.2''$

1상한(+, −)이므로 $V_a{}^c = 70° 21' 22.2''$

02 $V_a{}^b$ 방위각 계산

$\Delta X_a{}^b = 4311.21 - 4312.67 = -1.46$m

$\Delta Y_a{}^b = 2687.48 - 2521.80 = 165.68$m

방위 (θ) $= \tan^{-1}\left(\dfrac{\Delta y}{\Delta x}\right) = \tan^{-1}\left(\dfrac{165.68}{1.46}\right) = 89° 29' 42.4''$

2상한(−, +)이므로 $V_a{}^b = 180° - \theta = 90° 30' 17.6''$

03 $\alpha - \beta$ 계산

$70° \ 21' \ 22.2'' - 285° \ 39' \ 35.3'' = 144° \ 41' \ 46.9''$

※ 각이 $(-)$ 값이 나오므로 $+360°$를 더해준다.

04 거리 계산 $(S_1, \ S_2)$

$$S_1 = \frac{\varDelta Y_a{}^b \cdot \cos\beta - \varDelta X_a{}^b \cdot \sin\beta}{\sin(\alpha - \beta)}$$

$$= \frac{(165.68 \times \cos 285° \ 39' \ 35.3'') - (-1.46 \times \sin 285° \ 39' \ 35.3'')}{\sin 144° \ 41' \ 46.9''}$$

$$= 74.9518\text{m}$$

$$S_2 = \frac{\varDelta Y_a{}^b \cdot \cos\alpha - \varDelta X_a{}^b \cdot \sin\alpha}{\sin(\alpha - \beta)}$$

$$= \frac{(165.68 \times \cos 70° \ 21' \ 22.2'') - (-1.46 \times \sin 70° \ 21' \ 22.2'')}{\sin 144° \ 41' \ 46.9''}$$

$$= 98.7560\text{m}$$

05 소구점 P의 계산

(1) A점에서 P점 좌표 계산

$$P_X = A_X + (S_1 \times \cos\alpha)$$

$$P_Y = A_Y + (S_1 \times \sin\alpha)$$

$$P_X = 4312.67 + (74.9518 \times \cos 70° \ 21' \ 22.2'') = 4337.87\text{m}$$

$$P_Y = 2521.80 + (74.9518 \times \sin 70° \ 21' \ 22.2'') = 2592.39\text{m}$$

(2) B점에서 P점 좌표 계산

$$P_X = B_X + (S_2 \times \cos\beta)$$

$$P_Y = B_Y + (S_2 \times \sin\beta)$$

$$P_X = 4311.21 + (98.7560 \times \cos 285° \ 39' \ 35.3'') = 4337.87\text{m}$$

$$P_Y = 2687.48 + (98.7560 \times \sin 285° \ 39' \ 35.3'') = 2592.39\text{m}$$

06 P점 좌표 결정(평균)

$$P_X = (4337.87 + 4337.87) \div 2 = 4337.87\text{m}$$

$$P_Y = (2592.39 + 2592.39) \div 2 = 2592.39\text{m}$$

[정답]

교차점계산부

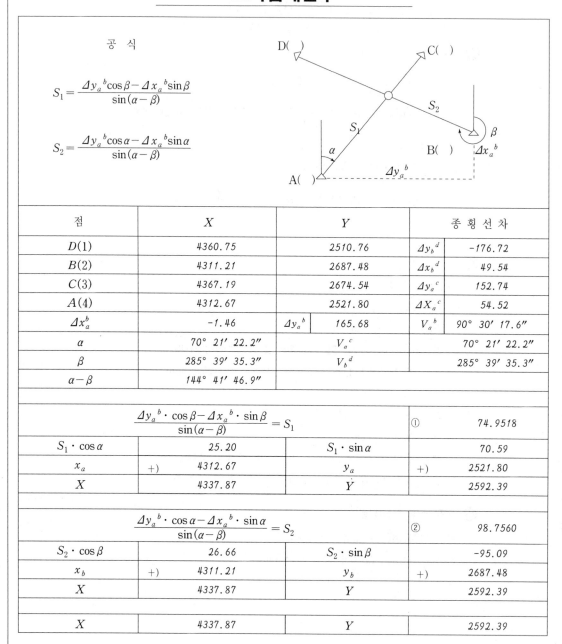

공 식

$$S_1 = \frac{\Delta y_a{}^b \cos\beta - \Delta x_a{}^b \sin\beta}{\sin(\alpha - \beta)}$$

$$S_2 = \frac{\Delta y_a{}^b \cos\alpha - \Delta x_a{}^b \sin\alpha}{\sin(\alpha - \beta)}$$

점	X		Y		종 횡 선 차	
$D(1)$	4360.75		2510.76		$\Delta y_b{}^d$	-176.72
$B(2)$	4311.21		2687.48		$\Delta x_b{}^d$	49.54
$C(3)$	4367.19		2674.54		$\Delta y_a{}^c$	152.74
$A(4)$	4312.67		2521.80		$\Delta X_a{}^c$	54.52
$\Delta x_a{}^b$	-1.46	$\Delta y_a{}^b$	165.68		$V_a{}^b$	90° 30′ 17.6″
α	70° 21′ 22.2″	$V_a{}^c$				70° 21′ 22.2″
β	285° 39′ 35.3″	$V_b{}^d$				285° 39′ 35.3″
$\alpha - \beta$	144° 41′ 46.9″					

$\dfrac{\Delta y_a{}^b \cdot \cos\beta - \Delta x_a{}^b \cdot \sin\beta}{\sin(\alpha-\beta)} = S_1$				①	74.9518
$S_1 \cdot \cos\alpha$	25.20		$S_1 \cdot \sin\alpha$		70.59
x_a	+) 4312.67		y_a	+)	2521.80
X	4337.87		Y		2592.39

$\dfrac{\Delta y_a{}^b \cdot \cos\alpha - \Delta x_a{}^b \cdot \sin\alpha}{\sin(\alpha-\beta)} = S_2$				②	98.7560
$S_2 \cdot \cos\beta$	26.66		$S_2 \cdot \sin\beta$		-95.09
x_b	+) 4311.21		y_b	+)	2687.48
X	4337.87		Y		2592.39

X	4337.87		Y		2592.39

5. 원과 직선의 교차점 계산

(1) 정의

원곡선과 직선도로가 교차되는 부분에 중심점을 설치하기 위해 원과 직선의 교차점 계산을 필요로 한다.

(2) 핵심이론

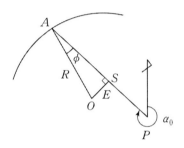

1) O점과 P점에서 ΔX, ΔY 계산

$$\Delta X = P_X - O_X$$

$$\Delta Y = P_Y - O_Y$$

2) 수선장 E 계산

$$E = \Delta Y \cdot \cos \alpha - \Delta X \cdot \sin \alpha$$

3) ϕ의 계산

$$\sin \phi = \frac{E}{R}$$

4) $V_O{}^A$ 방위각 계산

$$V_O{}^A = V_P{}^A \pm \phi$$

5) A점 좌표 계산

$$A_X = O_X + R \cdot \cos V_O{}^A$$

$$A_Y = O_Y + R \cdot \sin V_O{}^A$$

(3) 풀이 순서

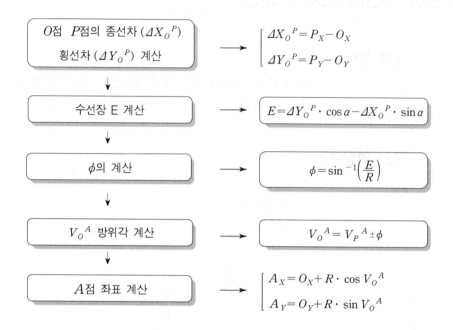

O점 P점의 종선차 $(\varDelta X_O{}^P)$ 횡선차 $(\varDelta Y_O{}^P)$ 계산 $\longrightarrow$
$$\begin{cases} \varDelta X_O{}^P = P_X - O_X \\ \varDelta Y_O{}^P = P_Y - O_Y \end{cases}$$

수선장 E 계산 $\longrightarrow$ $E = \varDelta Y_O{}^P \cdot \cos\alpha - \varDelta X_O{}^P \cdot \sin\alpha$

ϕ의 계산 $\longrightarrow$ $\phi = \sin^{-1}\!\left(\dfrac{E}{R}\right)$

$V_O{}^A$ 방위각 계산 $\longrightarrow$ $V_O{}^A = V_P{}^A \pm \phi$

A점 좌표 계산 $\longrightarrow$
$$\begin{cases} A_X = O_X + R \cdot \cos V_O{}^A \\ A_Y = O_Y + R \cdot \sin V_O{}^A \end{cases}$$

실전문제 및 해설

01 그림과 같이 중심점(O)의 좌표가 (741.97, 707.02)이고, 반지름 R=200m인 원과 P점 (751.83, 705.07)을 지나고 방위각 $V_P{}^A(\alpha_0) = 132°\ 26'\ 12''$인 직선이 교차하는 경우에 $\overline{OA}$ 방위각 ($V_O{}^A$) 및 교점 A의 좌표를 서식을 완성하여 구하시오.(단, 서식 계산과정에서 검산과정도 반드시 계산하여야 하며, 각도는 0.1″까지, (1)~(5)의 칸은 소수 5자리까지 구하고, 기타의 항(좌표)은 소수점 이하 2자리(cm 단위)까지 구하시오.)

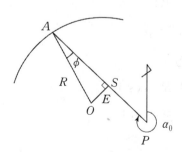

해설

01 O점, P점의 종선차 $(\Delta X_O{}^P)$ 횡선차 $(\Delta Y_O{}^P)$ 계산

$\Delta X_O{}^P = 751.83 - 741.97 = 9.86\text{m}$

$\Delta Y_O{}^P = 705.07 - 707.02 = -1.95\text{m}$

02 수선장 E 계산

$E = \Delta Y_O{}^P \cdot \cos\alpha - \Delta X_O{}^P \cdot \sin\alpha$

$= (-1.95 \times \cos 132° \ 26' \ 12'') - (9.86 \times \sin 132° \ 26' \ 12'')$

$= 1.31581 - 7.27691$

$= -5.96110\text{m}$

03 ϕ의 계산

$\phi = \sin^{-1} \dfrac{E}{R}$

$\phi = \sin^{-1} \dfrac{-5.96110}{200}$

$\phi = -1° \ 42' \ 28.7''$

04 $V_O{}^A$ 방위각 계산

$V_O{}^A = V_P{}^A + \phi$

$V_O{}^A = 132° \ 26' \ 12'' + (-1° \ 42' \ 28.7'')$

$= 130° \ 43' \ 43.3''$

05 A점 좌표 계산

$A_X = O_X + R \cdot \cos V_O{}^A$

$A_Y = O_Y + R \cdot \sin V_O{}^A$

$A_X = 741.97 + (200 \times \cos 130° \ 43' \ 43.3'') = 611.47\text{m}$

$A_Y = 707.02 + (200 \times \sin 130° \ 43' \ 43.3'') = 858.58\text{m}$

[검산]

$A_X = P_X + (S \cdot \cos\alpha)$

$A_Y = P_Y + (S \cdot \sin\alpha)$

$A_X = 751.83 + (208.01 \times \cos 132° \ 26' \ 12'') = 611.47\text{m}$

$A_Y = 705.07 + (208.01 \times \sin 132° \ 26' \ 12'') = 858.59\text{m}$

[정답]

원과 직선의 교점좌표 계산부

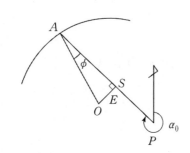

공 식

$$E = \Delta y_o{}^P \cos\alpha_o - \Delta x_o{}^P \sin\alpha_o$$

$$\sin\phi = E/R$$

검산공식

$$\tan\alpha_0 = \frac{\Delta y_P{}^a}{\Delta x_P{}^a}$$

$$S = \frac{\Delta x_P{}^a}{\cos\alpha_o}$$

$$= \frac{\Delta y_P{}^a}{\sin\alpha_o}$$

(1~5) : 소수 5자리 각도는 0.1″ 기타항(좌표)=소수점 2자리(m)

점		X		Y		R	200.00
P		751.83		705.07			
O		741.97		707.02			
$\Delta x_o{}^P$, $\Delta y_o{}^P$		9.86		-1.95			
$\Delta y_o{}^P \cos\alpha_o$	(1)	1.31581		α_o		132° 26′ 12.0″	
$\Delta x_o{}^P \sin\alpha_o$	(2)	7.27691		$\phi = \sin^{-1}\dfrac{E}{R}$		-1° 42′ 28.7″	
E	(3)	-5.96110		$V_o{}^A = \alpha_o + \phi$		130° 43′ 43.3″	
$R \cdot \cos V_o{}^A$	(4)	-130.49560		$R \cdot \sin V_o{}^A$	(5)	151.56153	
x_o		741.97		y_o		707.02	
x_a		611.47		y_a		858.58	
검 산	x_P	751.83		y_P		705.07	
	$\Delta x_P{}^a$	-140.36		$\Delta y_P{}^a$		153.51	
	$\dfrac{\Delta x_P{}^a}{\cos\alpha_o}$	208.01		$\dfrac{\Delta y_P{}^a}{\sin\alpha_o}$		208.00	
	$\tan^{-1}\dfrac{\Delta y_P{}^a}{\Delta x_P{}^a}$	47° 33′ 43.7″					

02 다음 좌표를 이용하여 원과 직선의 교점좌표 계산을 하시오.

$$O점 \begin{bmatrix} X = 4569.78\text{m} \\ Y = 3454.27\text{m} \end{bmatrix} \qquad P점 \begin{bmatrix} X = 4592.12\text{m} \\ Y = 3497.82\text{m} \end{bmatrix}$$

$R = 80.98\,\text{m}$

$\alpha_O = 288° \; 44' \; 40''$

(단, 서식 계산 과정에서 검산 과정도 반드시 계산하여야 하며 각도는 0.1″까지 (1)~(5)의 칸은 소수 5자리까지 구하고 기타의 항(좌표)은 소수점 이하 2자리(cm 단위)까지 구하시오.

해설

01 O점과 P점에서 $\varDelta X$, $\varDelta Y$ 계산

$\varDelta X = P_X - O_X$

$\varDelta Y = P_Y - O_Y$

$\varDelta X = 4592.12 - 4569.78 = 22.34\text{m}$

$\varDelta Y = 3497.82 - 3454.27 = 43.55\text{m}$

02 수선장 E 계산

$E = \varDelta Y \cdot \cos \alpha - \varDelta X \cdot \sin \alpha$

$E = (43.55 \times \cos 288° \; 44' \; 40'') - (22.34 \times \sin 288° \; 44' \; 40'')$

$\quad = 13.99469 - (-21.15512)$

$\quad = 35.14981\text{m}$

03 ϕ의 계산

$\sin \phi = \dfrac{E}{R}$

$\phi = \sin^{-1}\left(\dfrac{E}{R}\right)$

$\quad = \sin^{-1}\left(\dfrac{35.14981}{80.98}\right)$

$\quad = 25° \; 43' \; 30.7''$

04 $V_O{}^A$ 방위각 계산

$V_O{}^A = V_P{}^A + \phi$

$V_O{}^A = 288° \; 44' \; 40'' + 25° \; 43' \; 30.7''$

$\quad\quad = 314° \; 28' \; 10.7''$

05 A점 좌표 계산

$$A_X = O_X + R \cdot \cos V_O{}^A$$

$$A_Y = O_Y + R \cdot \sin V_O{}^A$$

$$A_X = 4569.78 + (80.98 \times \cos 314° \ 28' \ 10.7'')$$

$$= 4569.78 + 56.72902 = 4626.51\text{m}$$

$$A_Y = 3454.27 + (80.98 \times \sin 314° \ 28' \ 10.7'')$$

$$= 3454.27 + (-57.78909) = 3396.48\text{m}$$

[검산]

$$X_P = 4592.12\text{m} \qquad Y_P = 3497.82\text{m}$$

$$S = \frac{\Delta X_P{}^a}{\cos \alpha_o} = 107.02\text{m}$$

$$S = \frac{\Delta Y_P{}^a}{\sin \alpha_o} = -101.34\text{m}$$

$$A_X = X_P + (S \times \cos \alpha_o)$$

$$A_Y = Y_P + (S \times \sin \alpha_o)$$

$$A_X = 4592.12 + (107.02 \times \cos 288° \ 44' \ 40'') = 4626.51\text{m}$$

$$A_Y = 3497.82 + (107.02 \times \sin 2882° \ 44' \ 40'') = 3396.48\text{m}$$

[정답]

원과 직선의 교점좌표 계산부

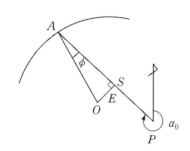

공 식

$$E = \Delta y_o{}^P \cos \alpha_o - \Delta x_o{}^P \sin \alpha_o$$

$$\sin \phi = E/R$$

검산공식

$$\tan \alpha_0 = \frac{\Delta y_P{}^a}{\Delta x_P{}^a}$$

$$S = \frac{\Delta x_P{}^a}{\cos \alpha_o}$$

$$= \frac{\Delta y_P{}^a}{\sin \alpha_o}$$

(1~5) : 소수 5자리 각도는 0.1″ 기타항(좌표)=소수점 2자리(m)

점		X	Y	R	80.98
P		4592.12	3497.82		
O		4569.78	3454.27		
$\Delta x_o{}^P, \Delta y_o{}^P$		22.34	43.55		
$\Delta y_o{}^P \cos \alpha_o$ (1)		13.99469	α_o		288° 44′ 40.0″
$\Delta x_o{}^P \sin \alpha_o$ (2)		−21.15512	$\phi = \sin^{-1}\dfrac{E}{R}$		25° 43′ 30.7″
E (3)		35.14981	$V_o{}^A = \alpha_o + \phi$		314° 28′ 10.7″
$R \cdot \cos V_o{}^A$ (4)		56.72902	$R \cdot \sin V_o{}^A$	(5)	−57.78909
x_o		4569.78	y_o		3454.27
x_a		4626.51	y_a		3396.48
검 산	x_P	4592.12	y_P		3497.82
	$\Delta x_P{}^a$	34.39	$\Delta y_P{}^a$		−101.34
	$\dfrac{\Delta x_P{}^a}{\cos \alpha_o}$	107.02	$\dfrac{\Delta y_P{}^a}{\sin \alpha_o}$		107.02
	$\tan^{-1}\dfrac{\Delta y_P{}^a}{\Delta x_P{}^a}$	71° 15′ 18.8″			

6. 가구점 계산

(1) 정의

가로교차부에 있어서 교차로 유통의 원활함을 위해 시야확보가 필요한데, 가구 정점 부분을 잘라 도로로 편입한다. 여기에 가구정점, 교각, 우절장, 전제장을 이용하여 가구점을 계산한다.

(2) 핵심 이론

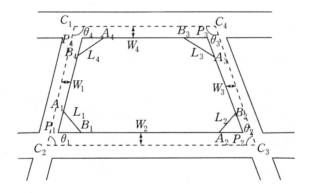

가로 중심점 : C_1, C_2, C_3, C_4

가로의 반폭 : W_1, W_2, W_3, W_4

가구정점 : P_1, P_2, P_3, P_4

교각(협각) : θ_1, θ_2, θ_3, θ_4

전제장 : PA, PB

가구점 : A, B

가구변장(우절장) : $\overline{A_2 B_2}$

가구정점간 거리 : $\overline{P_1 P_2}$

중심점간 거리 : $\overline{C_1 C_2}$

1) 전제장과 전제면적

① 전제장(l)

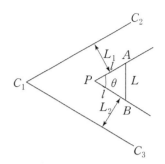

피타고라스 정의에 의해 $\sin\dfrac{\theta}{2} = \dfrac{\dfrac{L}{2}}{l}$

$$l = \dfrac{L}{2} \cdot \dfrac{1}{\sin\dfrac{\theta}{2}}$$

$$\therefore\ l = \dfrac{L}{2} \cdot \operatorname{cosec}\dfrac{\theta}{2}$$

② 전제면적

피타고라스 정의에 의해 $\tan\dfrac{\theta}{2} = \dfrac{\dfrac{L}{2}}{h}$

$$h = \dfrac{\dfrac{L}{2}}{\tan\dfrac{\theta}{2}} \qquad h = \dfrac{L}{2} \cdot \cot\dfrac{\theta}{2}$$

$$A = \dfrac{1}{2} \times L \times \dfrac{L}{2} \cdot \cot\dfrac{\theta}{2}$$

$$\therefore\ A = \left(\dfrac{L}{2}\right)^2 \cdot \cot\dfrac{\theta}{2}$$

2) 가구점 계산

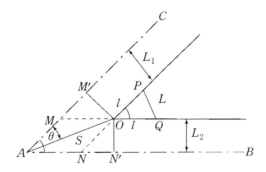

① 교각 $(\theta) = V_A{}^B - V_A{}^C$

② O점의 가구정점 계산

AM 계산 $\sin\theta = \dfrac{L_2}{ON}$ $ON(AM) = L_2 \times \dfrac{1}{\sin\theta}$

MM' 계산 $\tan\theta = \dfrac{L_1}{MM'}$ $MM' = L_1 \times \dfrac{1}{\tan\theta}$

$\therefore \ AM'$계산 $= AM + MM'$

거리 $S = \sqrt{(AM')^2 + (L_1)^2}$

③ $V_A{}^O$ 방위각 계산

$V_A{}^O = V_A{}^C + \angle CAO$ $\tan\angle CAO = \dfrac{L_1}{AM'}$

$\angle CAO = \tan^{-1}\left(\dfrac{L_1}{AM'}\right)$

④ 가구정점 계산

$O_X = A_X + S \cdot \cos V_A{}^O$

$O_Y = A_Y + S \cdot \sin V_A{}^O$

⑤ 가구점 계산

P점 $\begin{cases} P_X = O_X + l \times \cos V_A{}^C \\ P_Y = O_Y + l \times \sin V_A{}^C \end{cases}$

Q점 $\begin{cases} Q_X = O_X + l \times \cos V_A{}^B \\ Q_Y = O_Y + l \times \sin V_A{}^B \end{cases}$

(3) 풀이 순서

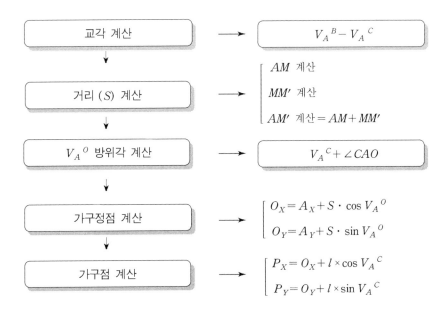

| 교각 계산 | → | $V_A{}^B - V_A{}^C$ |

| 거리 (S) 계산 | → | AM 계산
MM' 계산
AM' 계산 $= AM + MM'$ |

| $V_A{}^O$ 방위각 계산 | → | $V_A{}^C + \angle CAO$ |

| 가구정점 계산 | → | $O_X = A_X + S \cdot \cos V_A{}^O$
$O_Y = A_Y + S \cdot \sin V_A{}^O$ |

| 가구점 계산 | → | $P_X = O_X + l \times \cos V_A{}^C$
$P_Y = O_Y + l \times \sin V_A{}^C$ |

실전문제 및 해설 Q&A

01 다음 그림에서 C_1, C_2, C_3 점은 도로의 중심점이다. 주어진 조건으로 P점과 가구전
제점 A, B점의 좌표를 구하시오.(단, $\overline{C_1C_2}$와 $\overline{PA}$, $\overline{C_1C_3}$와 $\overline{PB}$는 서로 평행하고,
$\overline{PA}$는 $\overline{PB}$의 길이는 같으며, 계산은 반올림하여 각도는 초($''$) 단위, 거리는 소수점
이하 4자리로 계산하여 좌표를 소수점 이하 2자리까지 계산하시오.)

1) 조건

C_1**좌표** $X = 466501.47\,\mathrm{m}$, $Y = 193753.33\,\mathrm{m}$

C_3**좌표** $X = 466431.31\,\mathrm{m}$, $Y = 193895.57\,\mathrm{m}$

방위각 $V_{C_1}{}^{C_2} = 48° \, 36' \, 47''$

전제장 (L) $= 5\,\mathrm{m}$

노폭 : $L_1 = 4\,\mathrm{m}$, $L_2 = 3\,\mathrm{m}$

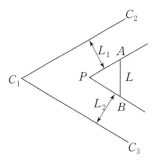

가. P점의 좌표 [단위:m]

해설

01 교각 (θ) 계산

$$V_{C_1}{}^{C_3} - V_{C_1}{}^{C_2} = 116°\ 15'\ 17'' - 48°\ 36'\ 47'' = 67°\ 38'\ 30''$$

02 S거리 계산

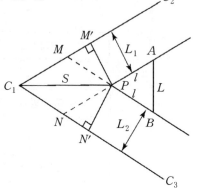

$\overline{C_1M}$ 계산 $\sin\theta = \dfrac{L_2}{NP}$

$$\overline{NP}\,(\,\overline{C_1M}\,) = L_2 \times \dfrac{1}{\sin\theta}$$

$$= 3 \times \dfrac{1}{\sin 67°\ 38'\ 30''}$$

$$= 3.2439\text{m}$$

$$\overline{MM'} = L_1 \times \dfrac{1}{\tan\theta}$$

$$= 4 \times \dfrac{1}{\tan 67°\ 38'\ 30''}$$

$$= 1.6453\text{m}$$

$$\overline{C_1M'} = \overline{C_1M} + \overline{MM'} = 3.2439 + 1.6453$$

$$= 4.8892\text{m}$$

$$S = \sqrt{4.8892^2 + 4^2} = 6.3170\text{m}$$

03 $V_{C1}{}^{P}$ 방위각 계산

$$V_{C1}{}^{P} = V_{C_1}{}^{C_2} + \angle C_2 C_1 P$$

$$= 48°\ 36'\ 47'' + \angle C_2 C_1 P$$

$$\tan\angle C_2 C_1 P = \dfrac{L_1}{C_1 M'}$$

$$\angle C_2 C_1 P = \tan^{-1}\left(\dfrac{4}{4.8892}\right)$$

$$\angle C_2 C_1 P = 39°\ 17'\ 15''$$

$$V_{C_1}{}^{P} = 48°\ 36'\ 47'' + 39°\ 17'\ 15''$$

$$= 87°\ 54'\ 2''$$

04 가구정점 계산

$$P_X = C_{1X} + S \cdot \cos V_{C_1}{}^{P}$$

$$= 466501.47 + (6.3170 \times \cos 87°\ 54'\ 2'') = 466501.70\text{m}$$

$$P_Y = C_{1Y} + S \cdot \sin V_{C_1}{}^{P}$$

$$= 193753.33 + (6.3170 \times \sin 87°\ 54'\ 2'') = 193759.64\text{m}$$

05 가구점 계산

$$A_X = P_X + l \cdot \cos V_{C_1}{}^{C_2}$$

$$A_Y = P_Y + l \cdot \sin V_{C_1}{}^{C_2}$$

$$※ \quad l = \frac{L}{2} \cdot \csc \frac{\theta}{2}$$

$$= \frac{5}{2} \times \csc \frac{67° \ 38' \ 30''}{2}$$

$$= 4.4916\text{m}$$

$$A_X = 466501.70 + (4.4916 \times \cos 48° \ 36' \ 47'') = 466504.67\text{m}$$

$$A_Y = 193759.64 + (4.4916 \times \sin 48° \ 36' \ 47'') = 193763.01\text{m}$$

$$B_X = P_X + l \cdot \cos V_{C_1}{}^{C_3}$$

$$B_Y = P_Y + l \cdot \sin V_{C_1}{}^{C_3}$$

$$B_X = 466501.70 + (4.4916 \times \cos 116° \ 15' \ 17'') = 466499.71\text{m}$$

$$B_Y = 193759.64 + (4.4916 \times \sin 116° \ 15' \ 17'') = 193763.67\text{m}$$

02 다음 그림은 가구(街區)의 일부분이다. 가구점 P의 좌표를 계산하시오.(단, C, D, E는 중심점이고 단위는 m이며, 소수 3자리까지 계산하여 소수 2자리까지 구할 것)

(1) C점 좌표

X	465715.46m
Y	198811.84m

(2) $V_C{}^E = 5° \ 43' \ 20''$

(3) $V_C{}^D = 91° \ 25' \ 40''$

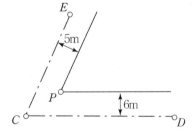

해설

01 교각 계산

$$V_C{}^D - V_C{}^E = 91° \ 25' \ 40'' - 5° \ 43' \ 20''$$

$$\theta = 85° \ 42' \ 20''$$

02 거리 (S) 계산

$\overline{CM}$ 계산 $\sin\theta = \dfrac{6}{NP}$

① $\overline{NP}(\overline{CM}) = 6 \times \dfrac{1}{\sin\theta}$

$= 6 \times \dfrac{1}{\sin 85°\ 42'\ 20''}$

$= 6.017\text{m}$

② $\overline{MM'} = 5 \times \dfrac{1}{\tan 85°\ 42'\ 20''}$

$= 0.375\text{m}$

$\overline{CM'} = 6.017 + 0.375 = 6.392\text{m}$

S계산 $= \sqrt{6.392^2 + 5^2} = 8.115\text{m}$

03 $V_C^{\ P}$ 방위각 계산

$V_C^{\ P} = V_C^{\ E} + \angle ECP$

$\angle ECP = \tan^{-1}\left(\dfrac{5}{6.392}\right)$

$= 38°\ 2'\ 0.62''$

$V_C^{\ P} = 5°\ 43'\ 20'' + 38°\ 2'\ 0.62''$

$= 43°\ 45'\ 20.62''$

04 가구정점 계산

$P_X = C_X + S \cdot \cos V_C^{\ P}$

$P_Y = C_Y + S \cdot \sin V_C^{\ P}$

$P_X = 465715.46 + (8.115 \times \cos 43°\ 45'\ 20.62'') = 465721.32\text{m}$

$P_Y = 198811.84 + (8.115 \times \sin 43°\ 45'\ 20.62'') = 198817.45\text{m}$

7. 면적지정분할

(1) 정의

분할에는 1필지의 일부가 소유자가 다른 때나 토지 이용상 불합리한 지상경계를 시정하려는 때, 일필지의 일부가 지목이 다르게 하는 일반적인 분할과 소유자나 시행자 측의 요구에 의해 면적을 지정하는 면적지정분할로 나눌 수가 있다. 면적지정분할은 여러 가지 유형으로 나타날 수 있으나 크게 AD와 BC가 평행할 경우와 평행하지 않을 경우로 나눌 수 있다.

(2) 핵심이론

1) AD와 BC가 평행할 경우

면적지정 조건식

(부호도)

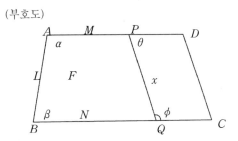

유형	지정조건	공 식
AD//BC의 경우	1) AB//PQ 및 F	$N = M = \dfrac{F}{L \cdot \sin\beta}$ $F = N \cdot L\sin\beta$
	2) $\phi \neq 90°$ 및 F	$M = \dfrac{F}{L \cdot \sin\beta} - \dfrac{L \cdot \cos\beta - x \cdot \cos\phi}{2}$ $N = \dfrac{F}{L \cdot \sin\beta} + \dfrac{L \cdot \cos\beta - x \cdot \cos\phi}{2}$ $x = \dfrac{L \cdot \sin\beta}{\sin\phi}$
	3) $\phi = 90°(\text{BC} \perp \text{PQ})$ 및 F	$M = \dfrac{F}{L \cdot \sin\beta} - \dfrac{L \cdot \cos\beta}{2}$ $N = \dfrac{F}{L \cdot \sin\beta} + \dfrac{L \cdot \cos\beta}{2}$
	4) 정점 : BQ 거리 N 및 F 지정	$M = \dfrac{2F}{L \cdot \sin\beta} - N$
	5) 정점 : AP거리 M 및 F지정	$N = \dfrac{2F}{L \cdot \sin\beta} - M$

2) AD와 BC가 평행하지 않을 경우

면적지정 조건식

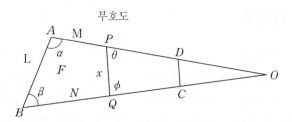

부호도

유형	지정조건	공식
AD✕BC의 경우	1) AB//PQ 및 F	$x=\sqrt{L^2-2F(\cot\alpha+\cot\beta)}$ $M=(L-x)\sin\beta\cdot\mathrm{cosec}\,(\alpha+\beta)$ $N=(L-x)\sin\alpha\cdot\mathrm{cosec}\,(\alpha+\beta)$
	2) AB✕PQ 및 F $\angle$PQC$=\phi$ 지정	$x=\sqrt{\left(\dfrac{L^2}{\cot\alpha+\cot\beta}-2F\right)(\cot\theta+\cot\phi)}$ $M=(L\sin\beta-x\sin\phi)\,\mathrm{cosec}\,(\alpha+\beta)$ $N=(L\sin\alpha-x\sin\theta)\,\mathrm{cosec}\,(\alpha+\beta)$
	3) $\phi=90°$(BC$\perp$PQ) 및 F	$x=\sqrt{\left(2F-\dfrac{L^2}{\cot\alpha+\cot\beta}\right)\tan(\alpha+\beta)}$ $M=(L\sin\beta-x)\,\mathrm{cosec}\,(\alpha+\beta)$ $N=\{L\sin\alpha+x\cos(\alpha+\beta)\}\,\mathrm{cosec}\,(\alpha+\beta)$
	4) $\theta=90°$(AD$\perp$QP) 및 F	$x=\sqrt{\left(2F-\dfrac{L^2}{\cot\alpha+\cot\beta}\right)\tan(\alpha+\beta)}$ $M=\{L\sin\beta+x\cos(\alpha+\beta)\}\,\mathrm{cosec}\,(\alpha+\beta)$ $N=(L\sin\alpha-x)\,\mathrm{cosec}\,(\alpha+\beta)$
	5) 정점 : P(M) 및 F	$N=\dfrac{2F-(ML\sin\alpha)}{L\sin\beta-M\sin(\alpha+\beta)}$
	6) 정점 : Q(N) 및 F	$M=\dfrac{2F-N\cdot L\cdot\sin\alpha}{L\sin\alpha-N\sin(\alpha+\beta)}$

(3) 풀이 순서

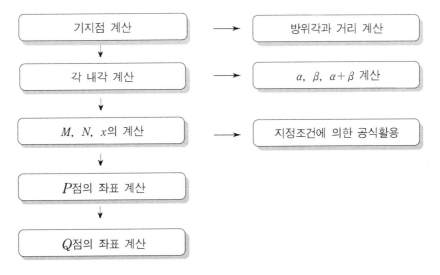

실전문제 및 해설

01 다음 도형에서 지시된 조건에 의하여 면적지정분할을 하려고 한다. 점 P, Q의 좌표를 구하시오. (단, 각은 0.1초, 거리는 소수 4자리까지 계산)

1) 약도

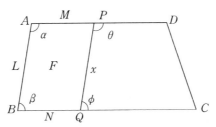

2) 조건

① $AD//BC$

② $AB//PQ$

③ $F = 600 \, \mathrm{m}^2$

3) 점의 좌표

	종선좌표(m)	횡선좌표(m)
A	366.43	1018.87
B	325.15	1043.82
C	363.76	1116.21
D	405.04	1091.26

해설

$$M = N = \frac{F}{L \times \sin\beta}$$

01 방위각 및 거리 계산

$$V_a{}^b = \tan^{-1}\left(\frac{\varDelta Y}{\varDelta X}\right) = 148° \ 51' \ 3.1''$$

$$V_a{}^d = \tan^{-1}\left(\frac{\varDelta Y}{\varDelta X}\right) = 61° \ 55' \ 34.6''$$

$$거리(L) = \sqrt{(\varDelta X^2) + (\varDelta Y^2)} = 48.2342\text{m}$$

02 각 내각 계산

$$\alpha = V_a{}^b - V_a{}^d = 86° \ 55' \ 28.5''$$

$$\beta = V_b{}^c - V_b{}^a = 93° \ 04' \ 31.5''$$

03 M의 길이 계산

$$M = \frac{600}{48.2342 \times \sin 93° \ 04' \ 31.5''} = 12.4572\text{m}$$

04 P점 좌표 계산

$$P_X = A_X + M \cdot \cos V_a{}^d$$
$$= 366.43 + (12.4572 \times \cos 61° \ 55' \ 34.6'') = 372.29\text{m}$$

$$P_Y = A_Y + M \cdot \sin V_a{}^d$$
$$= 1018.87 + (12.4572 \times \sin 61° \ 55' \ 34.6'') = 1029.86\text{m}$$

05 Q점 좌표 계산

$$Q_X = B_X + N \cdot \cos V_b{}^c$$
$$= 325.15 + (12.4572 \times \cos 61° \ 55' \ 34.6'') = 331.01\text{m}$$

$$Q_Y = B_Y + N \cdot \sin V_b{}^c$$
$$= 1043.82 + (12.4572 \times \sin 61° \ 55' \ 34.6'') = 1054.81\text{m}$$

06 검산

$$F = M \times L \times \sin\beta$$
$$= 12.4572 \times 48.2342 \times \sin 93° \ 04' \ 31.5'' = 600 \ \text{m}^2$$

02 다음 도형에서 지시된 조건에 의하여 면적지정분할을 하려고 한다.

점 P, Q 좌표를 구하시오. (단, 각은 0.1초, 거리는 소수 4자리까지 계산)

1) 약도

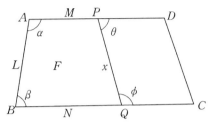

2) 조건

① $AD // BC$

② $\phi = 120°$

③ $F = 3000 \ \text{m}^2$

3) 점의 좌표

	종선좌표(m)	횡선좌표(m)
A	1043.34	653.65
B	1009.19	613.15
C	910.18	683.91
D	944.33	724.41

해설

공식

$$M = \frac{F}{L \cdot \sin\beta} - \frac{L \cdot \cos\beta - x \cdot \cos\phi}{2}$$

$$N = \frac{F}{L \cdot \sin\beta} + \frac{L \cdot \cos\beta - x \cdot \cos\phi}{2}$$

$$x = \frac{L \cdot \sin\beta}{\sin\phi}$$

01 방위각 및 거리 계산

$$V_a{}^b = \tan^{-1}\left(\frac{\Delta Y}{\Delta X}\right) = 229° \ 51' \ 43.5''$$

$$V_a{}^d = \tan^{-1}\left(\frac{\Delta Y}{\Delta X}\right) = 144° \ 26' \ 51.2''$$

$$\text{거리} \ (L) = \sqrt{(\Delta X^2) + (\Delta Y^2)} = 52.9762\text{m}$$

02 내각 계산

$$\alpha = V_a{}^b - V_a{}^d = 85° \ 24' \ 52.3''$$

$$\beta = V_b{}^c - V_b{}^a = 94° \ 35' \ 07.7''$$

03 M, N, x의 계산

$$x = \frac{52.9762 \times \sin 94° \ 35' \ 07.7''}{\sin 120°} = 60.9758\text{m}$$

$$M = \frac{3000}{52.9762 \times \sin 94° \ 35' \ 07.7''} - \frac{(52.9762 \times \cos 94° \ 35' \ 07.7'') - (60.9758 \times \cos 120°)}{2}$$
$$= 43.6847\text{m}$$

$$N = \frac{3000}{52.9762 \times \sin 94° \ 35' \ 07.7''} + \frac{(52.9762 \times \cos 94° \ 35' \ 07.7'') - (60.9758 \times \cos 120°)}{2}$$
$$= 69.9373\text{m}$$

04 P점 좌표 계산

$$P_X = A_X + M \cdot \cos V_a^{\ d}$$
$$= 1043.34 + (43.6847 \times \cos 144° \ 26' \ 51.2'') = 1007.80\text{m}$$

$$P_Y = A_Y + M \cdot \sin V_a^{\ d}$$
$$= 653.65 + (43.6847 \times \sin 144° \ 26' \ 51.2'') = 679.05\text{m}$$

05 Q점 좌표 계산

$$Q_X = B_X + N \cdot \cos V_b^{\ c}$$
$$= 1009.19 + (69.9373 \times \cos 144° \ 26' \ 51.2'') = 952.29\text{m}$$

$$Q_Y = B_Y + N \cdot \sin V_b^{\ c}$$
$$= 613.15 + (69.9373 \times \sin 144° \ 26' \ 51.2'') = 653.81\text{m}$$

06 검산

$$F = \frac{1}{2}(M + N) \times L \times \sin \beta$$
$$= \frac{(43.6847 + 69.9373)}{2} \times 52.9762 \times \sin 94° \ 35' \ 07.7'' = 3000 \ \text{m}^2$$

03 다음 도형에서 지시된 조건에 의하여 면적지정분할을 하려고 한다. 점 P, Q 좌표를 구하시오. (단, 각은 0.1초, 거리는 소수 4자리까지 계산)

1) 약도

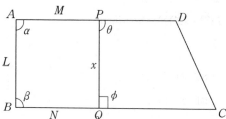

2) 조건

① $AD//BC$

② $\phi = 90$

③ $F = 400 \text{ m}^2$

3) 점의 좌표

	종선좌표(m)	횡선좌표(m)
A	1031.58	540.92
B	1007.01	540.64
C	1004.96	614.42
D	1029.53	614.70

해설

공식

$$M = \frac{F}{L \cdot \sin\beta} - \frac{L \cdot \cos\beta}{2}$$

$$N = \frac{F}{L \cdot \sin\beta} + \frac{L \cdot \cos\beta}{2}$$

01 방위각 및 거리 계산

$$V_a{}^b = \tan^{-1}\left(\frac{\Delta Y}{\Delta X}\right) = 180° \ 39' \ 10.5''$$

$$V_a{}^d = \tan^{-1}\left(\frac{\Delta Y}{\Delta X}\right) = 91° \ 35' \ 29.7''$$

$$거리 \ (L) = \sqrt{(\Delta X^2) + (\Delta Y^2)} = 24.5716\text{m}$$

02 각 내각 계산

$$\alpha = V_a{}^b - V_a{}^d = 89° \ 03' \ 40.8''$$

$$\beta = V_b{}^c - V_b{}^a = 90° \ 56' \ 19.2''$$

03 M, N의 계산

$$M = \frac{400}{24.5716 \times \sin 90° \ 56' \ 19.2''} - \frac{24.5716 \times \cos 90° \ 56' \ 19.2''}{2} = 16.4824\text{m}$$

$$N = \frac{400}{24.5716 \times \sin 90° \ 56' \ 19.2''} + \frac{24.5716 \times \cos 90° \ 56' \ 19.2''}{2} = 16.0798\text{m}$$

04 P점 좌표 계산

$$P_X = A_X + M \cdot \cos V_a{}^d$$

$$= 1031.58 + (16.4824 \times \cos 91° \ 35' \ 29.7'') = 1031.12\text{m}$$

$$P_Y = A_Y + M \cdot \sin V_a{}^d$$

$$= 540.92 + (16.4824 \times \sin 91° \ 35' \ 29.7'') = 557.40\text{m}$$

05 Q점 좌표 계산

$$Q_X = B_X + N \cdot \cos V_b{}^c$$
$$= 1007.01 + (16.0798 \times \cos 91° \ 35' \ 29.7'') = 1006.56\text{m}$$

$$Q_Y = B_Y + N \cdot \sin V_b{}^c$$
$$= 540.64 + (16.0798 \times \sin 91° \ 35' \ 29.7'') = 556.71\text{m}$$

06 검산

$$F = \frac{1}{2}(M+N) \times L \times \sin\beta$$

$$= \frac{16.4824 + 16.0798}{2} \times 24.5716 \times \sin 90° \ 56' \ 19.2'' = 400\text{m}^2$$

04 다음 도형에서 지시된 조건에 의하여 면적지정분할을 하려고 한다. 점 P, Q 좌표를 구하시오. (단, 각은 0.1초, 거리는 소수 4자리까지 계산)

1) 약도

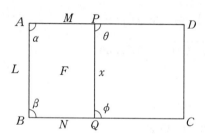

2) 조건

① $AD // BC$

② $M = 40\text{m}$

③ $F = 4000\text{m}^2$

3) 점의 좌표

	종선좌표(m)	횡선좌표(m)
A	1043.34	653.65
B	1009.19	613.15
C	910.18	683.91
D	944.33	724.41

해설

공식

$$N = \frac{2F}{L \cdot \sin\beta} - M$$

01 방위각 및 거리 계산

$$V_b{}^c = \tan^{-1}\left(\frac{\varDelta Y}{\varDelta X}\right) = 144° \ 26' \ 51.2''$$

$$V_b{}^a = \tan^{-1}\left(\frac{\varDelta Y}{\varDelta X}\right) = 49° \ 51' \ 43.5''$$

거리 $(L) = \sqrt{(\varDelta X^2) + (\varDelta Y^2)} = 52.9762\text{m}$

02 각 내각 계산

$$\beta = V_b{}^c - V_b{}^a = 94° \ 35' \ 07.7''$$

03 N의 계산

$$N = \frac{2 \times 4000}{52.9762 \times \sin 94° \ 35' \ 07.7''} - 40 = 111.4961\text{m}$$

04 P점 좌표 계산

$$P_X = A_X + M \cdot \cos V_a{}^d$$
$$= 1043.34 + (40 \times \cos 144° \ 26' \ 51.2'') = 1010.80\text{m}$$

$$P_Y = A_Y + M \cdot \sin V_a{}^d$$
$$= 653.65 + (40 \times \sin 144° \ 26' \ 51.2'') = 676.91\text{m}$$

05 Q점 좌표 계산

$$Q_X = B_X + N \cdot \cos V_b{}^c$$
$$= 1009.19 + (111.4961 \times \cos 144° \ 26' \ 51.2'') = 918.48\text{m}$$

$$Q_Y = B_Y + N \cdot \sin V_b{}^c$$
$$= 613.15 + (111.4961 \times \sin 144° \ 26' \ 51.2'') = 677.98\text{m}$$

05 다음 도형에서 지시된 조건에서 면적시정분할을 히려고 한다. 점 P, Q 좌표를 구하시오 (단, 각은 0.1초, 거리는 소수 4자리까지 계산)

1) 약도

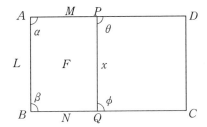

2) 조건

① $AD /\!/ BC$

② $N = 20\text{m}$

③ $F = 1500\text{m}^2$

3) 점의 좌표

	종선좌표(m)	횡선좌표(m)
A	1043.34	653.65
B	1009.19	613.15
C	910.18	683.91
D	944.33	724.41

해설

공식

$$M = \frac{2F}{L \cdot \sin\beta} - N$$

01 방위각 및 거리 계산

$$V_b{}^c = \tan^{-1}\left(\frac{\Delta Y}{\Delta X}\right) = 144°\ 26'\ 51.2''$$

$$V_b{}^a = \tan^{-1}\left(\frac{\Delta Y}{\Delta X}\right) = 49°\ 51'\ 43.5''$$

거리 $(L) = \sqrt{(\Delta X^2) + (\Delta Y^2)} = 52.9762\text{m}$

02 각 내각 계산

$$\beta = V_b{}^c - V_b{}^a = 94°\ 35'\ 07.7''$$

03 M의 계산

$$M = \frac{2 \times 1500}{52.9762 \times \sin 94°\ 35'\ 07.7''} - 20 = 36.8110\text{m}$$

04 P점 좌표 계산

$$P_X = A_X + M \cdot \cos V_a{}^d$$
$$= 1043.34 + (36.8110 \times \cos 144°\ 26'\ 51.2'') = 1013.39\text{m}$$

$$P_Y = A_Y + M \cdot \sin V_a{}^d$$
$$= 653.65 + (36.8110 \times \sin 144°\ 26'\ 51.2'') = 675.05\text{m}$$

05 Q점 좌표 계산

$$Q_X = B_X + N \cdot \cos V_b{}^c$$
$$= 1009.19 + (20 \times \cos 144°\ 26'\ 51.2'') = 992.92\text{m}$$

$$Q_Y = B_Y + N \cdot \sin V_b{}^c$$
$$= 613.15 + (20 \times \sin 144°\ 26'\ 51.2'') = 624.78\text{m}$$

06 다음 도형 중에서 지시된 조건에 의하여 면적지정분할을 하려고 한다. 점 P, Q의 좌표를 구하시오. (단, 각은 0.1초, 거리는 소수 4자리까지 계산)

1) 약도

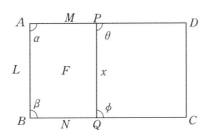

2) 조건

① $AD \nparallel BC$

② $AB /\!/ PQ$

③ $F = 1500 \text{ m}^2$

3) 점의 좌표

	종선좌표(m)	횡선좌표(m)
A	1037.58	540.92
B	1007.01	540.64
C	1004.96	614.42
D	1029.00	615.12

해설

> 공식
> $$x = \sqrt{L^2 - 2F(\cot\alpha + \cot\beta)}$$
> $$M = (L - x)\sin\beta \cdot \operatorname{cosec}(\alpha + \beta)$$
> $$N = (L - x)\sin\alpha \cdot \operatorname{cosec}(\alpha + \beta)$$

01 방위각 및 거리 계산

$V_a{}^b = 180° \; 31' \; 29.2''$

$V_a{}^d = 96° \; 35' \; 45.6''$

$V_b{}^c = 91° \; 35' \; 29.7''$

$V_b{}^a = 0° \; 31' \; 29.2''$

거리 $(L) = 30.5713\text{m}$

02 각 내각 계산

$\alpha = V_a{}^b - V_a{}^d = 83° \; 55' \; 43.6''$

$\beta = V_b{}^c - V_b{}^a = 91° \; 04' \; 00.5''$

03 x, M, N의 계산

$$x = \sqrt{30.5713^2 - 2 \times 1500(\cot 83° \; 55' \; 43.6'' + \cot 91° \; 04' \; 00.5'')} = 25.9111\text{m}$$

$$M = (30.5713 - 25.9111) \times \sin 91° \ 04' \ 00.5'' \times \csc(83° \ 55' \ 43.6'' + 91° \ 04' \ 00.5'')$$
$$= 53.4135\text{m}$$

$$N = (30.5713 - 25.9111) \times \sin 83° \ 55' \ 43.6'' \times \csc(83° \ 55' \ 43.6'' + 91° \ 04' \ 00.5'')$$
$$= 53.1231\text{m}$$

04 P점 좌표 계산

$$P_X = A_X + M \cdot \cos V_a^{\ d}$$
$$= 1037.58 + (53.4135 \times \cos 96° \ 35' \ 45.6'') = 1031.44\text{m}$$

$$P_Y = A_Y + M \cdot \sin V_a^{\ d}$$
$$= 540.92 + (53.4135 \times \sin 96° \ 35' \ 45.6'') = 593.98\text{m}$$

05 Q점 좌표 계산

$$Q_X = B_X + N \cdot \cos V_b^{\ c}$$
$$= 1007.01 + (53.1231 \times \cos 91° \ 35' \ 29.7'') = 1005.53\text{m}$$

$$Q_Y = B_Y + N \cdot \sin V_b^{\ c}$$
$$= 540.64 + (53.1231 \times \sin 91° \ 35' \ 29.7'') = 593.74\text{m}$$

07 다음 도형에서 지시된 조건에 의하여 면적지정분할을 하려고 한다. 점 P, Q 좌표를 구하시오. (단, 각은 0.1초, 거리는 소수 4자리까지 계산)

1) 약도

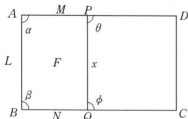

2) 조건

① $AD /\!\!/ BC$

② $\phi = 85°$

③ $F = 800\text{m}^2$

3) 점의 좌표

	종선좌표(m)	횡선좌표(m)
A	1037.58	540.92
B	1007.01	540.64
C	1004.96	614.42
D	1029.00	615.12

해설

공식

$$x = \sqrt{\left(\frac{L^2}{\cot\alpha + \cot\beta} - 2F\right)(\cot\theta + \cot\phi)}$$

$$M = (L \cdot \sin\beta - x \cdot \sin\phi)\,\mathrm{cosec}\,(\alpha + \beta)$$

$$N = (L \cdot \sin\alpha - x \cdot \sin\theta)\,\mathrm{cosec}\,(\alpha + \beta)$$

01 방위각 및 거리 계산

$V_a{}^b = 180°\ 31'\ 29.2''$

$V_a{}^d = 96°\ 35'\ 45.6''$

$V_b{}^c = 91°\ 35'\ 29.7''$

$V_b{}^a = 0°\ 31'\ 29.2''$

거리 $(L) = 30.5713\mathrm{m}$

02 각 내각 계산

$\alpha = V_a{}^b - V_a{}^d = 83°\ 55'\ 43.6''$

$\beta = V_b{}^c - V_b{}^a = 91°\ 04'\ 00.5''$

$\theta = \alpha + \beta - \phi = 89°\ 59'\ 44.1''$

03 $x,\ M,\ N$의 계산

$$x = \sqrt{\left(\frac{30.5713^2}{\cot 83°\ 55'\ 43.6'' + \cot 91°\ 04'\ 00.5''} - 2 \times 800\right) \times (\cot 89°\ 59'\ 44.1'' + \cot 85°)}$$

$= 28.1540\mathrm{m}$

$M = (30.5713 \times \sin 91°\ 04'\ 00.5'' - 28.1540 \times \sin 85°) \times \mathrm{cosec}\,(83°\ 55'\ 43.6'' + 91°\ 04'\ 00.5'')$

$= 28.8784\mathrm{m}$

$N = (30.5713 \times \sin 83°\ 55'\ 43.6'' - 28.1540 \times \sin 89°\ 59'\ 44.1'')$

$\qquad \times \mathrm{cosec}\,(83°\ 55'\ 43.6'' + 91°\ 04'\ 00.5'')$

$= 25.7453\mathrm{m}$

04 P점 좌표 계산

$P_X = A_X + M \cdot \cos V_a{}^d$

$\qquad = 1037.58 + (28.8784 \times \cos 96°\ 35'\ 45.6'') = 1034.26\mathrm{m}$

$P_Y = A_Y + M \cdot \sin V_a{}^d$

$\qquad = 540.92 + (28.8784 \times \sin 96°\ 35'\ 45.6'') = 569.61\mathrm{m}$

05 Q점 좌표 계산

$Q_X = B_X + N \cdot \cos V_b{}^c$

$\quad = 1007.01 + (25.7453 \times \cos 91° \ 35' \ 29.7'') = 1006.29\text{m}$

$Q_Y = B_Y + N \cdot \sin V_b{}^c$

$\quad = 540.64 + (25.7453 \times \sin 91° \ 35' \ 29.7'') = 566.38\text{m}$

08 다음 도형에서 지시된 조건에서 면적지정분할을 하려고 한다. 점 P, Q 좌표를 구하시오.
(단, 각은 0.1초, 거리는 소수 4자리까지 계산)

1) 약도

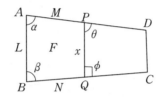

2) 조건

① $AD /\!\!/ BC$

② $\phi = 90°$

③ $F = 700\text{m}^2$

3) 점의 좌표

	종선좌표(m)	횡선좌표(m)
A	1037.58	540.92
B	1007.01	540.64
C	1004.96	614.42
D	1029.00	615.12

해설

공식

$$x = \sqrt{\left(2F - \frac{L^2}{\cot\alpha + \cot\beta}\right)\tan(\alpha + \beta)}$$

$$M = \frac{L \cdot \sin\beta - x}{\sin(\alpha + \beta)}$$

$$N = \frac{L \cdot \sin\alpha + x \cdot \cos(\alpha + \beta)}{\sin(\alpha + \beta)}$$

01 방위각 및 거리 계산

$$V_a{}^b = 180° \ 31' \ 29.2''$$

$$V_a{}^d = 96° \ 35' \ 45.6''$$

$$V_b{}^c = 91° \ 35' \ 29.7''$$

$$V_b{}^a = 0° \ 31' \ 29.2''$$

거리 $(L) = 30.5713$m

02 각 내각 계산

$$\alpha = V_a{}^b - V_a{}^d = 83° \ 55' \ 43.6''$$

$$\beta = V_b{}^c - V_b{}^a = 91° \ 04' \ 00.5''$$

03 $x, \ M, \ N$의 계산

$$x = \sqrt{\left(2 \times 700 - \frac{30.5713^2}{\cot 83° \ 55' \ 43.6'' + \cot 91° \ 04' \ 00.5''}\right) \times \tan\left(83° \ 55' \ 43.6'' + 91° \ 04' \ 00.5''\right)}$$

$$= 28.4634\text{m}$$

$$M = \frac{(30.5713 \times \sin 91° \ 04' \ 00.5'') - 28.4634}{\sin(83° \ 55' \ 43.6'' + 91° \ 04' \ 00.5'')} = 24.1034\text{m}$$

$$N = \frac{(30.5713 \times \sin 83° \ 55' \ 43.6'') + (28.4634 \times \cos 83° \ 55' \ 43.6'' + 91° \ 04' \ 00.5'')}{\sin(83° \ 55' \ 43.6'' + 91° \ 04' \ 00.5'')}$$

$$= 23.4423\text{m}$$

04 P점 좌표 계산

$$P_X = A_X + M \cdot \cos V_a{}^d$$

$$P_Y = A_Y + M \cdot \sin V_a{}^d$$

$$P_X = 1037.58 + (24.1034 \times \cos 96° \ 35' \ 45.6'') = 1034.81\text{m}$$

$$P_Y = 540.92 + (24.1034 \times \sin 96° \ 35' \ 45.6'') = 564.86\text{m}$$

05 Q점 좌표 계산

$$Q_X = B_X + N \cdot \cos V_b{}^c$$

$$Q_Y = B_Y + N \cdot \sin V_b{}^c$$

$$Q_X = 1007.01 + (23.4423 \times \cos 91° \ 35' \ 29.7'') = 1006.36\text{m}$$

$$Q_Y = 540.64 + (23.4423 \times \sin 91° \ 35' \ 29.7'') = 564.07\text{m}$$

09 다음 도형에서 지시된 조건에 따라 면적지정분할을 하려고 한다. 점 P, Q 좌표를 구하시오. (단, 각은 0.1초, 거리는 소수 4자리까지 계산)

1) 약도

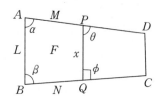

2) 조건

① $AD \parallel BC$

② $M = 15\,\text{m}$

③ $F = 600\,\text{m}^2$

3) 점의 좌표

	종선좌표(m)	횡선좌표(m)
A	1037.58	540.92
B	1007.01	540.64
C	1004.96	614.42
D	1029.00	615.12

해설

공식

$$N = \frac{2F - M \cdot L \cdot \sin \alpha}{L \cdot \sin \beta - M \cdot \sin(\alpha + \beta)}$$

01 방위각 및 거리 계산

$V_a{}^b = 180° \ 31' \ 29.2''$

$V_a{}^d = 96° \ 35' \ 45.6''$

$V_b{}^c = 91° \ 35' \ 29.7''$

$V_b{}^a = 0° \ 31' \ 29.2''$

거리 $(L) = 30.5713\text{m}$

02 각 내각 계산

$\alpha = V_a{}^b - V_a{}^d = 83° \ 55' \ 43.6''$

$\beta = V_b{}^c - V_b{}^a = 91° \ 04' \ 00.5''$

03 N의 계산

$$N = \frac{(2 \times 600) - (15 \times 30.5713 \times \sin 83° \ 55' \ 43.6'')}{(30.5713 \times \sin 91° \ 04' \ 00.5'') - (15 \times \sin 174° \ 59' \ 44.1'')} = 25.4295\text{m}$$

04 P점 좌표 계산

$P_X = A_X + M \cdot \cos V_a{}^d$

$P_Y = A_Y + M \cdot \sin V_a{}^d$

$P_X = 1037.58 + (15 \times \cos 96° \ 35' \ 45.6'') = 1035.86\text{m}$

$P_Y = 540.92 + (15 \times \sin 96° \ 35' \ 45.6'') = 555.82\text{m}$

05 Q점 좌표 계산

$Q_X = B_X + N \cdot \cos V_b{}^c$

$Q_Y = B_Y + N \cdot \sin V_b{}^c$

$Q_X = 1007.01 + (25.4295 \times \cos 91° \ 35' \ 29.7'') = 1006.30\text{m}$

$Q_Y = 540.64 + (25.4295 \times \sin 91° \ 35' \ 29.7'') = 566.06\text{m}$

10 다음 도형에서 지시된 조건에 따라 면적지정분할을 하려고 한다. 점 P, Q 좌표를 구하시오. (단, 각은 0.1초, 거리는 소수 4자리까지 계산)

1) 약도

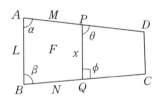

2) 조건

① $AD /\!/ BC$

② $N = 20 \text{m}$

③ $F = 600 \text{m}^2$

3) 점의 좌표

	종선좌표(m)	횡선좌표(m)
A	1037.58	540.92
B	1007.01	540.64
C	1004.96	614.42
D	1029.00	615.12

해설

공식

$$M = \frac{2F - N \cdot L \cdot \sin\beta}{L \cdot \sin\alpha - N \cdot \sin(\alpha + \beta)}$$

01 방위각 및 거리 계산

$$V_a{}^b = 180° \ 31' \ 29.2''$$

$$V_a{}^d = 96° \ 35' \ 45.6''$$

$$V_b{}^c = 91° \ 35' \ 29.7''$$

$$V_b{}^a = 0° \ 31' \ 29.2''$$

거리 $(L) = 30.5713\text{m}$

02 각 내각 계산

$$\alpha = V_a{}^b - V_a{}^d = 83° \ 55' \ 43.6''$$

$$\beta = V_b{}^c - V_b{}^a = 91° \ 04' \ 00.5''$$

03 M의 계산

$$M = \frac{(2 \times 600) - (20 \times 30.5713 \times \sin 91° \ 04' \ 00.5'')}{(30.5713 \times \sin 83° \ 55' \ 43.6'') - (20 \times \sin 174° \ 59' \ 44.1'')} = 20.5436\text{m}$$

04 P점 좌표 계산

$$P_X = A_X + M \cdot \cos V_a{}^d$$

$$P_Y = A_Y + M \cdot \sin V_a{}^d$$

$$P_X = 1037.58 + (20.5436 \times \cos 96° \ 35' \ 45.6'') = 1035.22\text{m}$$

$$P_Y = 540.92 + (20.5436 \times \sin 96° \ 35' \ 45.6'') = 561.33\text{m}$$

05 Q점 좌표 계산

$$Q_X = B_X + N \cdot \cos V_b{}^c$$

$$Q_Y = B_Y + N \cdot \sin V_b{}^c$$

$$Q_X = 1007.01 + (20 \times \cos 91° \ 35' \ 29.7'') = 1006.45\text{m}$$

$$Q_Y = 540.64 + (20 \times \sin 91° \ 35' \ 29.7'') = 560.63\text{m}$$

11 경계점 좌표가 아래 그림의 □ABCD에서 $\overline{AB}$를 4 : 3으로 내분하는 점 P를 지나고, $\overline{AB}$에 수직이 되는 $\overline{PQ}$로 이 사변형을 분할하려고 한다. P 및 Q점의 좌표와 □PBCQ의 면적을 계산하시오. (단, 각도는 0.1초 단위까지, 거리는 m단위로 소수 5자리까지 계산하여 좌표와 면적을 소수 2자리까지 답할 것)

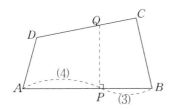

점명	X	Y
A	426.26m	237.48m
B	451.76m	271.48m
C	472.47m	263.69m
D	446.26m	237.48m

가. P점의 좌표를 구하시오.

나. Q점의 좌표를 구하시오.

다. □PBCQ의 면적을 구하시오.

해설

01 $V_a{}^b$ 방위각 계산

$$V_a{}^b = \tan^{-1}\left(\frac{\Delta Y}{\Delta X}\right) = \tan^{-1}\left(\frac{34}{25.5}\right) = 53° \ 7' \ 48.4''$$

02 거리 계산

$$\overline{AB} = \sqrt{25.5^2 + 34^2} = 42.5\text{m}$$

$$\overline{AB} : \overline{AP} = 7 : 4$$

$$\overline{AP} = 42.5 \times \frac{4}{7} = 24.28571\text{m}$$

03 P점 좌표 계산

$$P_X = A_X + \overline{AP} \cdot \cos V_a{}^b$$

$$P_Y = A_Y + \overline{AP} \cdot \sin V_a{}^b$$

$$P_X = 426.26 + (24.28571 \times \cos 53° \ 7' \ 48.4'') = 440.83\text{m}$$

$$P_Y = 237.48 + (24.28571 \times \sin 53° \ 7' \ 48.4'') = 256.91\text{m}$$

04 $\overline{DQ}$, $\overline{PQ}$ 거리 계산(교차점 계산)

$$S_1 = \frac{\Delta Y_d{}^b \cdot \cos \beta - \Delta X_d{}^b \cdot \sin \beta}{\sin(\alpha - \beta)}$$

$$S_2 = \frac{\Delta Y_d{}^b \cdot \cos \alpha - \Delta X_d{}^b \cdot \sin \alpha}{\sin(\alpha - \beta)}$$

$$\Delta X_d{}^b = 440.83 - 446.26 = -5.43\text{m}$$

$$\Delta Y_d{}^b = 256.91 - 237.48 = 19.43\text{m}$$

$$\alpha = V_d{}^c = \tan^{-1}\left(\frac{\Delta Y}{\Delta X}\right) = 45° \ 0' \ 0''$$

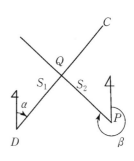

$$\beta = V_P{}^Q = \tan^{-1}\left(\frac{\varDelta Y}{\varDelta X}\right) = V_a{}^b - 90° = 323°\ 7'\ 48.4''$$

$$(a - \beta) = 45°\ 0'\ 0'' - 323°\ 7'\ 48.4'' = 81°\ 52'\ 11.6''$$

$$S_1(\overline{DQ}) = \frac{(19.43 \times \cos 323°\ 7'\ 48.4'') - (-5.43 \times \sin 323°\ 7'\ 48.4'')}{\sin 81°\ 52'\ 11.6''} = 12.41074\text{m}$$

$$S_2(\overline{PQ}) = \frac{(19.43 \times \cos 45°) - (-5.43 \times \sin 45°)}{\sin 81°\ 52'\ 11.6''} = 17.75714\text{m}$$

05 Q점 좌표 계산

① D점에서 계산

$$Q_X = D_X + \overline{DQ} \cdot \cos V_d{}^c$$

$$Q_Y = D_Y + \overline{DQ} \cdot \sin V_d{}^c$$

$$Q_X = 446.26 + (12.41074 \times \cos 45°) = 455.04\text{m}$$

$$Q_Y = 237.48 + (12.41074 \times \sin 45°) = 246.26\text{m}$$

② P점에서 계산

$$Q_X = P_X + \overline{PQ} \cdot \cos V_P{}^Q$$

$$Q_Y = P_Y + \overline{PQ} \cdot \sin V_P{}^Q$$

$$Q_X = 440.83 + (17.75714 \times \cos 323°\ 7'\ 48.4'') = 455.04\text{m}$$

$$Q_Y = 256.91 + (17.75714 \times \sin 323°\ 7'\ 48.4'') = 246.26\text{m}$$

06 □PBCQ의 면적계산

$$F = \frac{1}{2} \sum_{i=1}^{n} \times xi\,(Y_{i+1} - Y_{i-1})$$

$$= \frac{1}{2}\{440.83(271.48 - 246.26) + 451.76(263.69 - 256.91) + 472.47(246.26 - 271.48)$$

$$+ 455.04(256.91 - 263.69)\} = 410.10\text{m}^2$$

8. 경계정정

(1) 정의

지적공부에 잘못 등록된 경계를 정정하는 것 외에 토지의 형태가 그림과 같이 한쪽이 돌출되어 토지의 효용가치가 떨어질 때 면적의 증감없이 형태를 변경하는 방법이다.

(2) 핵심이론

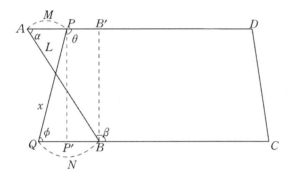

경계정정은 크게 2가지 조건으로 분류할 수 있다.

$AD//BC$인 경우	$AD/\!\!/\!\!\!\!/\, BC$인 경우
(1) $\overline{AD}$상의 점 P를 고정	(1) $\overline{AD}$상의 점 P를 고정
(2) $\angle PQB = \phi$일 때	(2) $\angle PQB = \phi$일 때
(3) $\angle PQB = 90°$일 때	(3) $\angle PQB = 90°$일 때
(4) $PQ//DC$ 조건	(4) $PQ//DC$ 조건

1) $AD//BC$ 조건

① $\overline{AD}$상의 점 P를 고정

$$\triangle ABB' \text{면적} = \frac{1}{2}\, AB' \times BB' \qquad \square PQBB' \text{면적} = \frac{1}{2}\,(QB + PB') \times BB'$$

양변에 2를 곱하고 BB'로 나누면

$$AB' = QB + PB'$$

$$L\cos\alpha = N + (L\cos\alpha - M)$$

$\therefore N = M$, 즉 $N = M$이 되도록 Q점을 계산
($AD /\!/ BC$ 조건에서는 $M = N$이다.)

② $\angle PQB = \phi$일 때

$$M = N이며$$
$$M = \frac{L}{2}(\sin\alpha \ \cot\phi + \cos\alpha),$$
$$x = \sqrt{L^2 + 4M(M - L \cdot \cos\alpha)}$$

으로 P, Q를 구하면 된다.

③ $\phi = 90°$일 때

$\cot 90°$이므로　$M = N = \dfrac{L}{2}\cos\alpha$　으로 P, Q를 계산한다.

④ $PQ /\!/ DC$ 조건

□ABCD의 면적을 F라 하면

$$M = N = \frac{F}{x \cdot \sin\phi}$$ 으로 P, Q를 구한다.

2) $AD \not\!\!/\!/ BC$ 조건

$$M = \frac{(L \cdot \sin\beta - x \cdot \sin\phi)}{\sin(\alpha + \beta)}$$
$$N = \frac{(x \cdot \sin\theta - L \cdot \sin\alpha)}{\sin(\alpha + \beta)}$$
$$x = L\sqrt{\frac{\sin\alpha \cdot \sin\beta}{\sin\theta \cdot \sin\phi}}$$

으로 P, Q를 구한다.

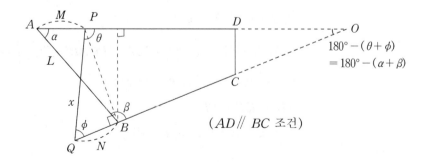

$180° - (\theta + \phi)$
$= 180° - (\alpha + \beta)$

($AD /\!/ BC$ 조건)

(3) 풀이 순서

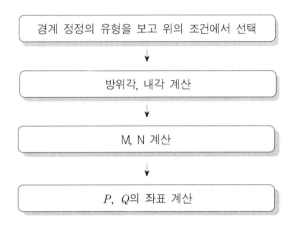

경계 정정의 유형을 보고 위의 조건에서 선택

↓

방위각, 내각 계산

↓

M, N 계산

↓

P, Q의 좌표 계산

실전문제 및 해설

01 약도와 같이 필지(1-8 대)를 경계 정정을 하고자 한다. P, Q점의 좌표를 계산하시오.
(단, 좌표는 m 단위로 소수 2자리까지 계산하시오.)

1) 조건

① 면적의 증감이 없도록 함

② $\overline{BC}$의 연장선상에 Q점이 있게 하고 $\overline{BC}$와 $\overline{PQ}$가 직각이 되도록 함

③ $\overline{AD}$ 선상에 P점이 있어야 함

2) 점의 좌표

점명	종선좌표(m)	횡선좌표(m)
A	810.59	351.99
B	777.34	374.86
C	783.95	424.41
D	806.53	424.85

3) 약도

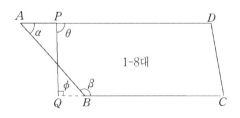

해설

01 방위각 계산

$$V_a{}^b = \tan^{-1}\frac{\Delta y}{\Delta x} = \tan^{-1}\frac{(374.86-351.99)}{(777.34-810.59)} = \tan^{-1}\frac{22.87}{-33.25} = 34° \ 31' \ 15.4''$$

$$= 180° - 34° \ 31' \ 15.4'' = 145° \ 28' \ 44.6''(2상한)$$

$$V_a{}^d = \tan^{-1}\frac{\Delta y}{\Delta x} = \tan^{-1}\frac{(424.85-351.99)}{(806.53-810.59)} = \tan^{-1}\frac{72.86}{-4.06} = 86° \ 48' \ 38.1''$$

$$= 180° - 86° \ 48' \ 38.1'' = 93° \ 11' \ 21.9''(2상한)$$

$$V_b{}^c = \tan^{-1}\frac{\Delta y}{\Delta x} = \tan^{-1}\frac{(424.41-374.86)}{(783.95-777.34)} = \tan^{-1}\frac{49.55}{6.61} = 82° \ 24' \ 05.6''$$

02 내각 계산

$$\alpha = V_a{}^b - V_a{}^d = 145° \ 28' \ 44.6'' - 93° \ 11' \ 21.9'' = 52° \ 17' \ 22.7''$$

$$\beta = V_b{}^c - V_b{}^a = 82° \ 24' \ 05.6'' - 325° \ 28' \ 44.6'' + 360° = 116° \ 55' \ 21''$$

$$\phi = 90°$$

$$\angle AOB = 180° - (\alpha + \beta) = 180° - (52° \ 17' \ 22.7'' + 116° \ 55' \ 21'') = 10° \ 47' \ 16.3''$$

$$\theta = 180° - (\phi + \angle AOB) = 180° - (90° + 10° \ 47' \ 16.3'') = 79° \ 12' \ 43.7''$$

03 거리 계산

$$L = \sqrt{\Delta x^2 + \Delta y^2} = \sqrt{22.87^2 + (-33.25)^2} = 40.36 \ m$$

$$x = L \cdot \sqrt{\frac{\sin\alpha \cdot \sin\beta}{\sin\theta \cdot \sin\phi}} = 40.36 \times \sqrt{\frac{\sin 52° \ 17' \ 22.7'' \times \sin 116° \ 55' \ 21''}{\sin 79° \ 12' \ 43.7'' \times \sin 90°}} = 34.20 m$$

$$M = \frac{(L \cdot \sin\beta - x \cdot \sin\phi)}{\sin(\alpha+\beta)}$$

$$= \frac{40.36 \times \sin 116° \ 55' \ 21'' - 34.20 \times \sin 90°}{\sin(52° \ 17' \ 22.7'' + 116° \ 55' \ 21'')} = 9.54 m$$

$$N = \frac{(x \cdot \sin\theta - L \cdot \sin\alpha)}{\sin(\alpha+\beta)}$$

$$= \frac{34.20 \times \sin 79° \ 12' \ 43.7'' - 40.36 \times \sin 52° \ 17' \ 22.7''}{\sin(52° \ 17' \ 22.7'' + 116° \ 55' \ 21'')} = 8.90 m$$

04 좌표 계산

$$X_P = X_a + M \cdot \cos V_a{}^d = 810.59 + (9.54 \times \cos 93° \ 11' \ 21.9'') = 810.06 m$$

$$Y_P = Y_a + M \cdot \sin V_a{}^d = 351.99 + (9.54 \times \sin 93° \ 11' \ 21.9'') = 361.52 m$$

$$X_Q = X_b + N \cdot \cos V_c{}^b = 777.34 + (8.90 \times \cos 262° \ 24' \ 05.6'') = 776.16 m$$

$$Y_Q = Y_b + N \cdot \sin V_c{}^b = 374.86 + (8.90 \times \sin 262° \ 24' \ 05.6'') = 366.04 m$$

02 그림과 같을 때 면적 증감 없이 AB를 CD에 평행한 PQ로 경계정정하려고 한다. PQ, AP 및 BQ의 거리를 계산하시오. (단, 각도는 0.1초, 거리는 m 단위로 소수 2자리까지 결정하시오.)

점명	종선좌표(m)	횡선좌표(m)
A	265.99	250.81
B	254.47	265.92
C	271.46	288.80
D	282.83	274.05

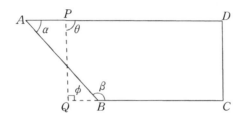

해설

01 방위각 계산

$$V_A{}^B = \tan^{-1}\frac{\Delta y}{\Delta x} = \tan^{-1}\frac{(265.92-250.81)}{(254.47-265.99)}$$

$$= \tan^{-1}\frac{15.11}{11.52} = 52°\ 40'\ 40.0''(2상한)$$

$$= 180° - 52°\ 40'\ 40.0'' = 127°\ 19'\ 20.0''$$

$$V_A{}^D = \tan^{-1}\frac{\Delta y}{\Delta x} = \tan^{-1}\frac{(274.05-250.81)}{(282.83-265.99)} = \tan^{-1}\frac{23.24}{16.84} = 54°\ 04'\ 20.8''$$

$$V_B{}^C = \tan^{-1}\frac{\Delta y}{\Delta x} = \tan^{-1}\frac{(288.80-265.92)}{(271.46-254.47)} = \tan^{-1}\frac{22.88}{16.99} = 53°\ 24'\ 12.7''$$

$$V_C{}^D = \tan^{-1}\frac{\Delta y}{\Delta x} = \tan^{-1}\frac{(274.05-288.80)}{(282.83-271.46)}$$

$$= \tan^{-1}\frac{14.75}{11.37} = 52°\ 22'\ 23.7''(4상한)$$

$$= 360° - 52°\ 22'\ 23.7'' = 307°\ 37'\ 36.3''$$

02 내각 계산

$$\alpha = V_A{}^B - V_A{}^D = 127°\ 19'\ 20.0'' - 54°\ 04'\ 20.8'' = 73°\ 14'\ 59.2''$$

$$\beta = V_B{}^C - V_B{}^A = 53°\ 24'\ 12.7'' - 307°\ 19'\ 20.0'' = 106°\ 04'\ 52.7''$$

$$\theta = V_D{}^C - V_A{}^D = 127°\ 37'\ 36.3'' - 54°\ 04'\ 20.8'' = 73°\ 33'\ 15.5''$$

$$\phi = V_B{}^C - V_C{}^D = 53°\ 24'\ 12.7'' - 307°\ 37'\ 36.3'' = 105°\ 46'\ 36.4''$$

03 거리 계산

$$L(AB) = \sqrt{\varDelta x^2 + \varDelta y^2} = \sqrt{(-11.52)^2 + (15.11)^2} = 19.00\ \text{m}$$

$$X(PQ) = L \times \sqrt{\frac{\sin\alpha \cdot \sin\beta}{\sin\theta \cdot \sin\phi}}$$

$$= 19.00 \times \sqrt{\frac{\sin 73°\ 14'\ 59.2'' \times \sin 106°\ 04'\ 52.7''}{\sin 73°\ 33'\ 15.5'' \times \sin 105°\ 46'\ 36.4''}} = 18.9712 = 18.97\text{m}$$

$$M(AP) = \frac{(L \cdot \sin\beta - x \cdot \sin\phi)}{\sin(\alpha + \beta)}$$

$$= \frac{19.0006 \times \sin 106°\ 04'\ 52.7'' - 18.9712 \times \sin 105°\ 46'\ 36.4''}{\sin 179°\ 19'\ 51.9''} = 0.0494 = 0.05\text{m}$$

$$N(BQ) = \frac{(x \cdot \sin\theta - L \cdot \sin\alpha)}{\sin(\alpha + \beta)}$$

$$= \frac{(18.9712 \times \sin 73°\ 33'\ 15.5'' - 19.0006 \times \sin 73°\ 14'\ 59.2'')}{\sin 179°\ 19'\ 51.9''} = 0.0557 = 0.06\text{m}$$

03 다음 그림에서 $AD /\!/ BC$ 조건, $\phi = 60°$일 때 면적 증감 없이 P, Q의 좌표를 구하시오 (단, 각은 0.1초, 거리는 m 단위로 소수이하 4자리까지)

점명	종선좌표(m)	횡선좌표(m)
A	568.64	247.23
B	544.07	246.95
C	542.02	320.73
D	566.59	321.01

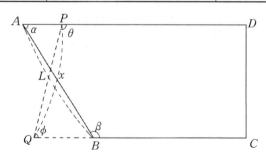

해설

① 방위각 계산

$$V_A{}^B = \tan^{-1}\frac{\Delta y}{\Delta x} = \tan^{-1}\frac{(246.95 - 247.23)}{(544.07 - 568.64)}$$

$$= \tan^{-1}\frac{0.28}{24.57} = 0° \ 39' \ 10.5''(3상한)$$

$$= 180° + 0° \ 39' \ 10.5'' = 180° \ 39' \ 10.5''$$

$$V_A{}^D = \tan^{-1}\frac{\Delta y}{\Delta x} = \tan^{-1}\frac{(321.01 - 247.23)}{(566.59 - 568.64)}$$

$$= \tan^{-1}\frac{73.78}{2.05} = 88° \ 24' \ 30.3''(2상한)$$

$$= 180° - 88° \ 24' \ 30.3'' = 91° \ 35' \ 29.7''$$

$$V_B{}^C = \tan^{-1}\frac{\Delta y}{\Delta x} = \tan^{-1}\frac{(320.73 - 246.95)}{(542.02 - 544.07)}$$

$$= \tan^{-1}\frac{73.78}{2.05} = 88° \ 24' \ 30.3''(2상한)$$

$$= 180° - 88° \ 24' \ 30.3'' = 91° \ 35' \ 29.7''$$

② 내각 계산

$$\alpha = V_A{}^B - V_A{}^D = 180° \ 39' \ 10.5'' - 91° \ 35' \ 29.7'' = 89° \ 03' \ 40.8''$$

$$\phi = 60° \ 00' \ 00.0''$$

③ 거리 계산

$$L(AB) = \sqrt{\Delta x^2 + \Delta y^2} = \sqrt{(-24.57)^2 + (-0.28)^2} = 24.5716 \text{ m}$$

$$M(AP) = \frac{L}{2}(\sin\alpha \cot\phi + \cos\alpha)$$

$$= \frac{L}{2}(\sin 89° \ 03' \ 40.8'' \times \cot 60° \ 00' \ 00.0'' + \cos 89° \ 03' \ 40.8'') = 7.2935\text{m}$$

$$M = N(BQ)$$

$$x(PQ) = \sqrt{L^2 + 4M(M - L \cdot \cos\alpha)}$$

$$= (24.5716)^2 + 4 \times 7.2935(7.2935 - 24.5716 \times \cos 89° \ 03' \ 40.8'') = 28.3690\text{m}$$

④ 좌표 계산

$$X_P = X_A + M \cdot \cos V_A{}^D = 568.64 + (7.2935 \times \cos 91° \ 35' \ 29.7'') = 568.44\text{m}$$

$$Y_P = Y_A + M \cdot \sin V_A{}^D = 247.23 + (7.2935 \times \sin 91° \ 35' \ 29.7'') = 254.52\text{m}$$

$$X_Q = X_B + N \cdot \cos V_C{}^B = 544.07 + (7.2935 \times \cos 271° \ 35' \ 29.7'') = 544.27\text{m}$$

$$Y_Q = Y_B + N \cdot \sin V_C{}^B = 246.95 + (7.2935 \times \sin 271° \ 35' \ 29.7'') = 239.66\text{m}$$

04 CHAPTER

세부측량

1. 개요

어느 정도 높은 정도의 측정된 삼각점 또는 지적도근점을 기준으로 하여 그 주위의 지물, 지형 및 경계점 등을 측정하는 측량을 말하며 특히, 지적산업기사에서 주로 다룬다.

2. 핵심용어

(1) 도곽선 신축량 계산

도곽선은 도면의 크기, 범위 설정과 좌표 및 도면 제작의 기준선으로 도면 용지가 제작당시와 달리 신축되는 경우 이를 계산하여 보정하는 것이다.

(2) 면적보정 계수

$$Z = \frac{X \cdot Y}{\Delta X \cdot \Delta Y}$$

여기서, ΔX : 신축된 도곽선의 종선 길이의 합÷2
ΔY : 신축된 도곽선의 횡선 길이의 합÷2
X : 도곽선 종선길이
Y : 도곽선 횡선길이

(3) 신구면적 허용오차

공부상의 면적과 측정된 면적의 허용오차

$$A = 0.026^2 \times M \times \sqrt{F}$$

여기서, M : 축척분모 F : 원면적

(4) 측정면적

전자면적기에 의해 도상에서 2회 측정하여 평균된 면적

(5) 보정면적

측정면적에 보정계수를 곱하여 나오는 면적

(6) 산출면적

측정면적이나 보정면적이 허용공차에 들어오면 배부하여 산출되는 면적

(7) 일반원점지역

동부원점, 중부원점, 서부원점으로 종선에 50만 횡선에 20만을 더하여 계산된 좌표지역

(8) 구소삼각 지역

기타원점으로 원점의 좌표가 (0, 0)으로 계산되었기 때문에 정(+), 부(−) 부호가 나타날 수 있으며, 길이 단위는 m가 아닌 간(間)이 사용되었다.

3. 세부측량 실시기준

▌세부측량

(1) 교회법
　　○ 측판의 방위표정에 사용한 방향선의 도상길이 : 10cm 이하
　　○ 시오삼각형이 생긴 경우 내접원의 지름 : 1mm 이하

(2) 도선법
　　○ 도선의 측선장은 도상 8cm 이하
　　○ 도선의 폐색오차 $\dfrac{n}{3}$ mm 이하

면적측정 방법

좌표면적 계산법	전자면적측정기
면적측정을 경계점 좌표에 의할 것 산출면적은 1천분의 1제곱미터까지 계산하여 10분의 1제곱미터 단위로 정 할 것	○ 도상에서 2회 측정 ○ 교차가 다음 산식에 의한 허용면적 이하일 때 그 평균치를 측정면적으로 할 것 $A = 0.023^2 M\sqrt{F}$ 여기서, A는 허용면적 　　　　M은 축척분모 　　　　F는 2회 측정한 면적의 합계를 2로 나눈 수 ○ 신구면적허용공차 　$\pm 0.026^2 M\sqrt{F}$ 여기서, M : 축척분모　F : 원면적 ○ 측정면적은 1천분의 1제곱미터까지 계산하여 10분의 1제곱미터 단위로 정할 것

면적 측정하는 경우 도곽선의 길이에 0.5mm 이상 신축이 있을 때

(1) 도곽선의 신축량 계산

$$S = \frac{\Delta X_1 + \Delta X_2 + \Delta Y_1 + \Delta Y_2}{4}$$

S는 신축량

ΔX_1는 왼쪽 종선의 신축된 차

ΔX_2는 오른쪽 종선의 신축된 차

ΔY_1는 위쪽 횡선의 신축된 차

ΔY_2는 아래쪽 횡선의 신축된 차

$$신축된\ 차(mm) = \frac{1000(L - L_0)}{M}$$

L은 신축된 도곽선 지상길이

L_0은 도곽선 지상길이

M은 축척분모

(2) 면적보정계수 계산

$$Z = \frac{X \cdot Y}{\Delta X \cdot \Delta Y}$$

여기서, Z는 보정계수 $\varDelta X$는 신축된 도곽선 종선길이의 합/2
         X는 도곽선 종선길이 $\varDelta Y$는 신축된 도곽선 횡선길이의 합/2
         Y는 도곽선 횡선길이

4. 도곽 구획

(1) 정의

평면직각 좌표를 이용하여 축척별로 1도엽의 종선, 횡선의 지상거리로 나누어 구획한 선으로 보통 도곽 구획을 할 때에는 일반 원점지역과 구소삼각지역 도곽 구획으로 구분할 수 있다. 일반 원점지역이란 동부원점, 중부원점, 서부원점으로 종선에 50만, 횡선 20만을 더하여 계산된 좌표지역이며 기타 원점지역이란 구소삼각지역을 말하며 원점의 종횡선 좌표가 (0, 0)으로 계산되었기 때문에 정(+), 부(−) 부호가 나타날 수 있다.

(2) 핵심 이론

1) 축척별 도곽선 크기

구분	축척	도상길이(mm)	지상길이(m)
지적도	1/500	300 × 400	150 × 200
	1/1000	300 × 400	300 × 400
	1/600	333.33 × 416.67	200 × 250
	1/1200	333.33 × 416.67	400 × 500
	1/2400	333.33 × 416.67	800 × 1000
임야도	1/3000	400 × 500	1200 × 1500
	1/6000	400 × 500	2400 × 3000

가 : 상단 종선좌표
다 : 하단 종선좌표
나 : 우측 횡선좌표
라 : 좌측 횡선좌표

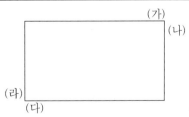

2) 일반 원점지역에 종선좌표 50만, 횡선 20만 가상수치를 부여했을 경우

　① 종선좌표 결정

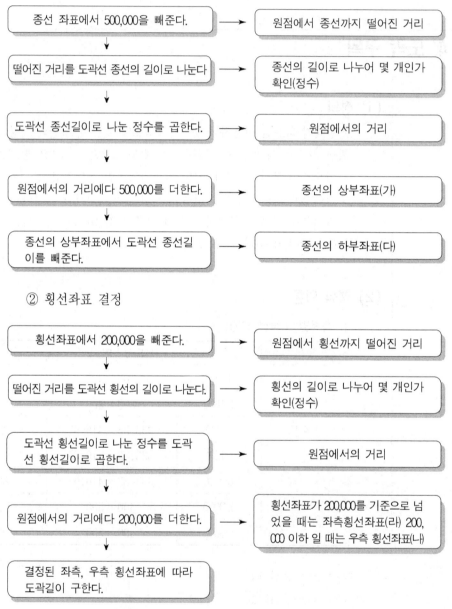

　② 횡선좌표 결정

※ 횡선길이가 200,000을 기준으로 넘을 때에는 좌측횡선좌표가 먼저 나오고
　　200,000보다 적을 때에는 우측횡선좌표가 먼저 나온다는 것에 주의해야 한다.

3) 일반원점지역에 종선, 횡선 가상수치를 하지 않았을 경우

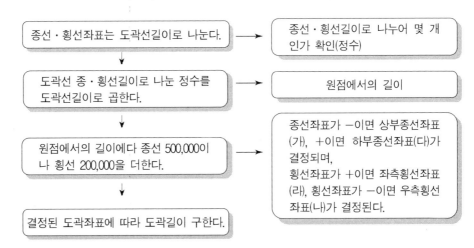

※ 문제에서 종선좌표가 (+)이면 하부종선좌표가 결정되고, (-)이면 상부종선
좌표가 먼저 결정되며, 횡선좌표가 (+)이면 먼저 좌측 횡선좌표가 결정되고
(-)이면 오른쪽 횡선좌표가 먼저 결정된다는 사실에 유의해야 한다.

4) 기타 원점(구소삼각지역) 도곽구획(원점이 $X=0$, $Y=0$ 기준으로 구획)

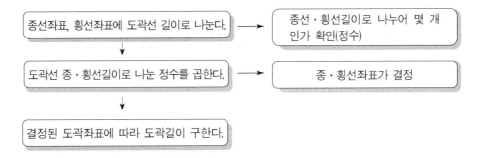

* 문제에서 기타 원점지역은 종선에 500,000이나 횡선에 200,000 가상수치를 부여
하지 않고 $X=0$, $Y=0$을 기준으로 했기 때문에 종선좌표가 (+)이면 하부
종선좌표가 나오고, (-)이면 상부종선좌표가 먼저 결정된다. 마찬가지로 횡선
좌표가 (+)이면 좌측횡선좌표가 결정되고, (-)이면 우측횡선좌표가 먼저 결정
된다는 사실에 유의해야 한다.

(3) 풀이 순서

> 원점에서 종선·횡선까지 떨어진 거리를 구한다.

> 떨어진 거리를 도곽선 종선·횡선 길이로 나눈다.

> 원점에서의 길이를 구한다.

> 결정된 도곽좌표에 따라 도곽길이를 구한다.

실전문제 및 해설

01 일반원점지역에 있는 도근점 좌표가 $X = 445716.48\,\text{m}$이고, $Y = 203242.88\,\text{m}$일 때 이를 포용하는 축척 1200분의 1 지역의 도곽선의 좌표를 계산하시오.

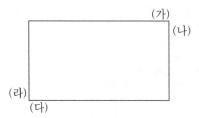

풀이

01 종선좌표 결정

(1) 종선좌표에서 500,000을 빼준다.

$X = 445716.48 - 500000 = -54283.52\text{m}$

(2) 떨어진 거리를 도곽선 종선길이로 나눈다.

$-54283.52 \div 400 = -135.71$

(3) 도곽선 종선길이로 나눈 정수를 곱한다.

$-135 \times 400 = -54000\text{m}$

(4) 원점에서의 거리에다 500,000를 더한다.

$-54000 + 500000 = 446000\text{m} \rightarrow$ 종선의 상부좌표(가)

(5) 종선의 상부좌표에서 도곽선 종선길이를 빼준다.

$446000 - 400 = 445600\text{m} \rightarrow$ 종선의 하부좌표(다)

02 횡선좌표 결정

(1) 횡선좌표에서 200,000를 빼준다.

$203242.88 - 200000 = 3242.88\text{m}$

(2) 떨어진 거리를 도곽선 횡선길이로 나눈다.

$3242.88 \div 500 = 6.489$

(3) 도곽선 횡선길이로 나눈 정수를 곱한다.

$6 \times 500 = 3000\text{m}$

(4) 원점에서의 거리에다 200,000를 더한다.

$3000 + 200000 = 203000\text{m} \rightarrow$ 좌측횡선좌표(라)

※ $Y = 203242.88$이 200000만 넘기 때문에 좌측횡선좌표가 먼저 결정된다.

(5) 우측횡선좌표 결정

$203000 + 500 = 203500\text{m} \rightarrow$ 우측횡선좌표(나)

답 (가) 446,000 (나) 203,500 (다) 445,600 (라) 203,000

---

02 일반원점지역에 도근점 좌표가 $X = 198512.87\text{m}$, $Y = 174782.02\text{m}$ 일 때 이를 포용하는 축척 600분의 1 지역의 지적도 도곽선의 좌표를 구하시오.

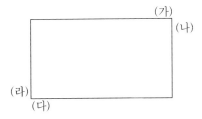

해설

01 종선좌표 결정

(1) 종선좌표에서 500,000을 빼준다.

$X = 198512.87 - 500000 = -301487.13\text{m}$

(2) 떨어진 거리를 도곽선 종선길이로 나눈다.

$-301487.13 \div 200 = -1507.44$

(3) 도곽선 종선길이로 나눈 정수를 곱한다.

$-1507 \times 200 = -301400\text{m}$

(4) 원점에서의 거리에 500,000를 더한다.

$-301400 + 500000 = 198600\text{m} \rightarrow$ 종선의 상부좌표(가)

(5) 종선의 상부좌표에서 도곽선 종선 길이는 빼준다.

$198600 - 200 = 198400\text{m} \rightarrow$ 종선의 하부좌표(다)

02 횡선좌표 결정

(1) 횡선좌표에서 200,000를 빼준다.

$Y = 174782.02 - 200000 = -25217.98\text{m}$

(2) 떨어진 거리를 도곽선 횡선 길이로 나눈다.

$-25217.98 \div 250 = -100.87$

(3) 도곽선 횡선 길이로 나눈 정수를 곱한다.

$-100 \times 250 = -25000\text{m}$

(4) 원점에서의 거리에다 200,000를 더한다.

$-25000 + 200000 = 175000\text{m} \rightarrow$ 우측횡선좌표(나)

* $Y = 174782.02$이 200,000 이하이기 때문에 우측횡선좌표가 먼저 결정된다.

(5) 좌측횡선좌표 결정

$175000 - 250 = 174750\text{m} \rightarrow$ 좌측횡선좌표(라)

답 (가) 198,600m (나) 175,000m (다) 198,400m (라) 174,750m

03 일반원점지역에서의 삼각점 성과표상의 좌표가 $X = -4572.37\text{m}$, $Y = +2145.39\,\text{m}$이다. 이를 지적좌표계로 환산하여 삼각점을 포용하는 축척 1200분의 1 지역의 지적도 도곽선의 좌표를 계산하시오.

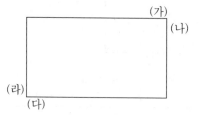

해설

01 종선좌표 결정

(1) 종선좌표를 도곽선 길이로 나눈다.

$X = -4572.37 \div 400 = -11.43$

(2) 도곽선 종선길이로 나눈 정수를 도곽선 길이로 곱한다.

$$-11 \times 400 = -4400\text{m}$$

(3) 원점에서의 길이에 500,000을 더한다.

$$-4400 + 500000 = 495600\text{m} \rightarrow \text{종선의 상부좌표(가)}$$

$X = -4572.37$는 ($-$)가 있기 때문에 종선의 상부좌표가 먼저 결정된다.

(4) 종선의 하부좌표 결정

$$495600 - 400 = 495200\text{m} \rightarrow \text{종선의 하부좌표(다)}$$

02 횡선좌표 결정

(1) 횡선좌표를 도곽선 길이로 나눈다.

$$Y = +2145.39 \div 500 = 4.29$$

(2) 도곽선 횡선길이로 나눈 정수를 도곽선 길이로 곱한다.

$$4 \times 500 = 2000\text{m}$$

(3) 원점에서의 길이에 200,000을 더한다.

$$2000 + 200000 = 202000\text{m} \rightarrow \text{좌측 횡선좌표(라)}$$

$Y = +2145.39$는 (+)가 있기 때문에 좌측횡선좌표가 먼저 결정된다.

(4) 우측 횡선좌표 결정

$$202000 + 500 = 202500\text{m} \rightarrow \text{우측 횡선좌표(나)}$$

답 (가) 495,600m (나) 202,500m (다) 495,200m (라) 202,000m

04 구소삼각원점 지역에서 도근점의 좌표가 $X = -3725.39\,\text{m}$, $Y = -2359.31\,\text{m}$이다. 이를 포용하는 지적도의 도곽선을 축척 1000분의 1로 작성하시오.

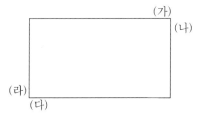

해설

01 종선좌표 결정

(1) 종선좌표에 도곽선 길이로 나눈다.

$$X = -3725.39 \div 300 = -12.42$$

(2) 도곽선 종선길이로 나눈 정수를 곱한다.

$$-12 \times 300 = -3600\text{m} \rightarrow \text{종선의 상부좌표(가)}$$

* $X=-3725.39$이 ($-$)값으로 종선의 상부좌표가 먼저 결정되며 기타 원점좌표이기 때문에 가상수치(50만)를 더하지 않는다.

(3) 종선의 하부좌표 결정

$-3600-300=-3900$m → 종선의 하부좌표(다)

02 횡선좌표 결정

(1) 횡선좌표에 도곽선 길이로 나눈다.

$Y=-2359.31 \div 400 = -5.90$

(2) 도곽선 횡선길이로 나눈 정수를 곱한다.

$-5 \times 400 = -2000$m → 우측횡선좌표(나)

* $Y=-2359.31$에서 ($-$)값으로 우측횡선좌표가 먼저 결정된다.

(3) 좌측횡선좌표 결정

$-2000-400=-2400$m→ 좌측횡선좌표(라)

답 (가) $-3,600$m (나) $-2,000$m (다) $-3,900$m (라) $-2,400$m

5. 면적분할측량

(1) 정의

면적측정에는 좌표면적계산법과 전자면적측정기에 의한 방법으로 나누어지며 면적을 측정하는 경우 도곽선의 길이에 $0.5\,\mathrm{mm}$ 이상의 신축이 있는 때에는 이를 보정해서 면적을 결정한다.

(2) 핵심 이론

1) 측정면적 허용교차 계산

$$A = \pm 0.023^2 M\sqrt{F}$$

여기서, A : 허용면적

M : 축척분모

F : 2회 측정한 면적의 합계를 2로 나눈 수

2) 도곽선의 신축량 계산

$$S = \frac{\Delta X_1 + \Delta X_2 + \Delta Y_1 + \Delta Y_2}{4}$$

여기서, S : 도곽의 신축량

ΔX_1 : 왼쪽 종선의 신 또는 축된 차

ΔX_2 : 오른쪽 종선의 신 또는 축된 차

ΔY_1 : 위쪽 횡선의 신 또는 축된 차

ΔY_2 : 아래쪽 횡선의 신 또는 축된 차

이 경우 신 또는 축된 차(mm) $= \dfrac{1000(L-L_0)}{M}$

여기서, L : 신 또는 축된 도곽선 지상길이

L_0 : 도곽선의 지상길이

M : 축척분모

3) 면적보정계수 계산

$$Z = \frac{X \cdot Y}{\Delta X \cdot \Delta Y}$$

여기서, ΔX : 신·축된 도곽선의 종선길이의 합 ÷ 2

ΔY : 신·축된 도곽선의 횡선길이의 합 ÷ 2

X : 도곽선 종선길이

Y : 도곽선 횡선길이

4) 신구면적 허용오차 계산

$$A = \pm 0.026^2 M \sqrt{F}$$

여기서, M : 축척분모

F : 원면적

※ 다만 축척이 1/3000 지역은 축척분모를 6000으로 하여 허용공차를 구한다.

5) 보정면적의 계산

측정면적×보정계수＝보정면적

6) 산출면적의 계산

$\dfrac{\text{원면적}}{\text{보정(측정)면적의 합계}} \times$ 필지별 보정(측정)면적

산출면적은 축척에 따라 구하고자 하는 자릿수의 10분의 1까지 계산한다.

7) 결정면적의 계산

축척에 따라 등록면적 최소단위가 결정된다.

1/500, 1/600 : 0.1m^2

1/1000, 1/1200, 1/2400, 1/3000, 1/6000 : 1m^2

(3) 풀이 순서

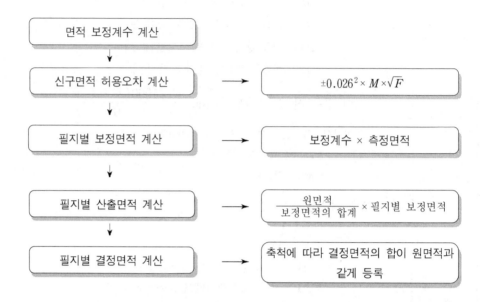

실전문제 및 해설

Q&A

01 축척 1200분의 1 지역에서 원면적이 624m²인 124번지의 토지를 분할하기 위하여 전자면
적계로 면적을 측정하여 124번지는 220.1m², 124-1번지는 385.5m²를 얻었다. 이 도면
의 신축량이 -0.5mm일 때 지적법 규정에 의거하여 다음 사항들을 계산하시오.
가. 면적보정계수(소수 4자리까지 구하시오.)
나. 보정면적
다. 신구면적 허용오차
라. 산출면적
마. 결정면적

해설

01 면적보정계수 계산

$$Z = \frac{X \cdot Y}{\Delta X \cdot \Delta Y}$$

ΔX : 신·축된 도곽선의 종선길이의 합 ÷ 2

ΔY : 신·축된 도곽선의 횡선길이의 합 ÷ 2

X : 도곽선 종선길이

Y : 도곽선 횡선길이

① 도상길이로 계산

$$\frac{333.33 \times 416.67}{(333.33 - 0.5)(416.67 - 0.5)} = 1.0027$$

② 지상길이로 계산

-0.5mm를 지상거리로 환산

축척 $= \dfrac{\text{도상거리}}{\text{실제거리}}$ $\quad \dfrac{1}{1200} = \dfrac{-0.5\text{mm}}{\text{실제거리}}$

실제거리 $= -0.5\text{mm} \times 1200 = 600\text{mm} = 0.6\text{m}$

$$\frac{400 \times 500}{(400 - 0.6)(500 - 0.6)} = 1.0027$$

02 보정면적 계산

측정면적 × 보정계수 = 보정면적

124번지 $= 220.1 \times 1.0027 = 220.7\text{m}^2$

124-1번지 $= 385.5 \times 1.0027 = 386.5\text{m}^2$

합계 $= 220.7 + 386.5 \quad = 607.2\text{m}^2$

03 신구면적 허용오차

$\pm 0.026^2 M \sqrt{F}$

$\pm 0.026^2 \times 1200 \times \sqrt{624} = \pm 20 m^2$

04 산출면적 계산

$$\frac{\text{원면적}}{\text{보정면적의 합계}} \times \text{필지별 보정면적}$$

124번지 $= \dfrac{624}{607.2} \times 220.7 = 226.8\text{m}^2$

124 $-$ 1번지 $= \dfrac{624}{607.2} \times 386.5 = 397.2\text{m}^2$

합계 $= 624\text{m}^2$

* 산출면적의 합계는 반드시 원면적과 같아야 하며 단수처리상 틀린 경우 증감하여 같게 만들어 결정한다.

05 결정면적 계산

124번지 $= 227\text{m}^2$

124 $-$ 1번지 $= 397\text{m}^2$

합계 $= 624\text{m}^2$

02 축척 1/1200 지역에 등록된 지번 37, 면적 770m²인 필지를 2필지로 분할되는 도면에서 전자면적계로 면적을 측정한 결과 측정면적이 37번지가 356.2m², 37-1번지가 419.3m² 이었다. 도곽신축량이 도상에서 -0.7mm일 때 지적측량의 규정에 의하여 다음을 구하시 오. (단, 면적보정계수 소수 4자리까지 계산함)

해설

01 면적보정계수

$$Z = \frac{X \cdot Y}{\varDelta X \cdot \varDelta Y}$$

$\varDelta X$: 신·축된 도곽선의 종선길이의 합 ÷ 2

$\varDelta Y$: 신·축된 도곽선의 횡선길이의 합 ÷ 2

X : 도곽선 종선길이

Y : 도곽선 횡선길이

① 도상길이로 계산방법

$$\frac{333.33 \times 416.67}{(333.33 - 0.7)(416.67 - 0.7)} = 1.0038$$

② 지상길이로 계산방법

$$\frac{400 \times 500}{(400 - 0.84)(500 - 0.84)} = 1.0038$$

−0.7mm를 지상거리로 환산

$$축척 = \frac{도상거리}{실제거리} \qquad \frac{1}{1200} = \frac{-0.7mm}{실제거리}$$

∴ 실제거리 $= -0.7\text{mm} \times 1200 = 840\text{mm} = 0.84\text{m}$

02 신구면적 허용공차

$$A = 0.026^2 M \sqrt{F}$$

M : 축척분모

F : 원면적

$$A = \pm 0.026^2 \times 1200 \times \sqrt{770} = \pm 22\,\text{m}^2$$

* 공차의 소요자리 이하는 버린다.

03 필지별 보정면적 계산방법

측정면적×보정계수 = 보정면적

37번지　　 $= 356.2 \times 1.0038 = 357.6\text{m}^2$

37-1번지 $= 419.3 \times 1.0038 = 420.9\text{m}^2$

합계　　　　　　　　　 $= 778.5\text{m}^2$

04 필지별 산출면적 계산방법

$$\frac{\text{원면적}}{\text{보정면적의 합계}} \times \text{필지별 보정면적}$$

$$37번지 \quad = \frac{770}{778.5} \times 357.6 = 353.7\,\text{m}^2$$

$$37-1번지 = \frac{770}{778.5} \times 420.9 = 416.3\,\text{m}^2$$

합계 $\qquad\qquad\qquad = 770\,\text{m}^2$

* 산출면적의 합계는 반드시 원면적과 같아야 하며 단수처리상 틀린 경우 증감하여 같게 만들어 결정한다.

05 결정면적

37번지 $\quad$: $354\,\text{m}^2$

$37-1$번지 : $416\,\text{m}^2$

합계 : $770\,\text{m}^2$

* 축척이 1/1200 지역이기 때문에 정수만 등록한다. 또한 결정면적이 반드시 원면적(대장면적)과 일치하는가 확인해야 한다.

03 도곽신축량이 -1mm인 축척 1/1200 지적도에 등록된 원면적 1243m²의 토지를 3필지로 분할하여 분할 후 필지별 산출면적 A=754m², B=338m², C=125m²를 구했다. 이때 다음 요구사항을 구하시오. (단, 도곽의 규격은 400m×500m로 하고, 면적보정계수는 소수점이하 6자리까지 계산할 것)

해설

01 면적보정계수 계산

① 도상길이로 계산방법

$$\frac{333.33 \times 416.67}{(333.33-1)(416.67-1)} = 1.005422$$

② 지상길이로 계산방법

$-1\,\text{mm}$를 지상거리로 환산

$$축척 = \frac{도상거리}{실제거리} \qquad \frac{1}{1200} = \frac{-1\text{mm}}{실제거리}$$

실제거리 $= -1\text{mm} \times 1200 = -1200\text{mm} = -1.2\text{m}$

$$\frac{400 \times 500}{(400-1.2)(500-1.2)} = 1.005422$$

02 신구면적 허용공차

$$A = \pm 0.026^2 \times M\sqrt{F}$$

$$A = \pm 0.026^2 \times 1200 \times \sqrt{1243} = \pm 28\,\text{m}^2$$

03 보정면적 계산

측정면적 × 보정계수 = 보정면적

$A = 754 \times 1.005422 = 758.1\,\text{m}^2$

$B = 338 \times 1.005422 = 339.8\,\text{m}^2$

$C = 125 \times 1.005422 = 125.7\,\text{m}^2$

합계 $= 1223.6\,\text{m}^2$

04 산출면적 계산

$$\frac{원면적}{보정면적의\ 합계} \times 필지별\ 보정면적$$

$A = \dfrac{1243}{1223.6} \times 758.1 = 770.1\,\text{m}^2$

$B = \dfrac{1243}{1223.6} \times 339.8 = 345.2\,\text{m}^2$

$C = \dfrac{1243}{1223.6} \times 125.7 = 127.7\,\text{m}^2$

* 산출면적의 합계는 반드시 원면적과 같아야 하며 단수처리상 틀린 경우 증감하여 같게 만들어 결정한다.

05 결정면적

$A \quad = 770\,\text{m}^2$

$B \quad = 345\,\text{m}^2$

$C \quad = 128\,\text{m}^2$

합계 $= 1243\,\text{m}^2$

04 축척 1200분의 1 지역에서 원면적이 2034m²인 17번지의 토지를 분할하기 위하여 전자면적계로 면적을 측정하여 17번지는 1011.2m², 17 - 1번지는 1026.3m²를 얻었다. 이 도면의 도곽선 길이를 측정한 바 $\varDelta X_1 = -1.7\text{m}$, $\varDelta X_2 = -1.1\text{m}$, $\varDelta Y_1 = -1.1\text{m}$, $\varDelta Y_2 = -0.6\text{m}$일 때 지적법 규정에 의하여 다음 사항들을 계산하시오.

1. 17번지 허용교차
2. 도곽신축량
3. 면적보정계수

4. 신구면적 허용공차

5. 산출면적

6. 결정면적

해설

01 17번지 허용교차

$$\pm 0.023^2 \times 1200 \times \sqrt{1011.2} = \pm 20 \, \text{m}^2$$

02 도곽신축량 계산

$$S = \frac{(\Delta X_1 + \Delta X_2 + \Delta Y_1 + \Delta Y_2)}{4} = \frac{(-1.7 - 1.1 - 1.1 - 0.6)}{4} = -1.125 \, \text{m}$$

$$= \frac{(-1.125) \times 1000}{1200} = -0.9 \, \text{mm}$$

* 신 또는 축된 길이계산

$$\Delta X_1 = \frac{1000(-1.7)}{1200} = -1.4 \text{mm}$$

$$\Delta X_2 = \frac{1000(-1.1)}{1200} = -0.9 \text{mm}$$

$$\Delta Y_1 = \frac{1000(-1.1)}{1200} = -0.9 \text{mm}$$

$$\Delta Y_2 = \frac{1000(-0.6)}{1200} = -0.5 \text{mm}$$

$$S = \frac{-1.4 - 0.9 - 0.9 - 0.5}{4} = -0.9 \, \text{mm}$$

03 면적보정계수 계산

① 도상길이로 계산방법

$$\frac{333.33 \times 416.67}{(333.33 - 1.15)(416.67 - 0.7)} = 1.0052$$

② 지상길이로 계산방법

$$\frac{400 \times 500}{(400 - 1.4)(500 - 0.85)} = 1.0052$$

04 신구면적 허용공차

$$\pm 0.026^2 \times 1200 \times \sqrt{2034} = \pm 36 \, \text{m}^2$$

05 보정면적의 계산

보정면적 = 보정계수×측정면적

17번지 $= 1.0052 \times 1011.2 = 1016.5 \text{m}^2$

17-1번지 $= 1.0052 \times 1026.3 = 1031.6 \text{m}^2$

합계 $= 2048.1\text{m}^2$

06 산출면적

$$\frac{\text{원면적}}{\text{보정면적 합계}} \times \text{필지별 보정면적}$$

17번지 $= \dfrac{2034}{2048.1} \times 1016.5 = 1009.5\text{m}^2$

$17-1$번지 $= \dfrac{2034}{2048.1} \times 1031.6 = 1024.5\text{m}^2$

합계 $= 2034\text{m}^2$

07 결정면적 계산

17번지 $= 1010\,\text{m}^2$

$17-1$번지 $= 1024\,\text{m}^2$

합계 $= 2034\,\text{m}^2$

* 1009.5에서 오사오입을 적용하여 홀수이기 때문에 올리고 1024.5에서는 짝수이기 때문에 버린다.

CHAPTER

05

응용측량

1. 개요

지적삼각측량, 지적삼각보조측량, 지적도근측량, 세부측량을 제외한 측량을 응용측량으로 구분하여 기출문제를 풀이하였으며 지적기사와 산업기사에 자주 출제되니 참조하길 바란다.

2. 핵심용어

(1) 좌표면적 계산법

다각형으로 형성된 각 굴곡점의 평면직각 종횡선 좌표로 면적을 계산하는 방법으로 정밀도가 가장 높은 면적 계산방법이다.

(2) 축척계수

투영된 지도에는 거리, 방향, 면적 등에는 비뚤어지는 점이 있는 까닭에 지도의 축척은 1도엽 중에서 일정하지 않아 지도상의 1점이 어떤 방향의 축척과 지도의 축척과의 비를 그 점에 있어서의 그 방향의 축척계수라 한다.

(3) 헤론의 공식

삼각형의 삼변길이 a, b, c를 관측하여 그 면적 A를 구하는 경우에 사용되는 공식이며 삼변법이라고도 한다.

$$A = \sqrt{S(S-a)(S-b)(S-c)}$$

$$S = \frac{a+b+c}{2}$$

3. 응용측량 실시기준

(1) 좌표면적 계산법에 의한 면적측정

① 경위의 측량방법으로 세부측량을 한 지역의 필지별 면적측정은 경계점 좌표에 의할 것

② 산출면적은 1천분의 1 제곱미터까지 계산하여 10분의 1 제곱미터 단위로 결정할 것

기출문제 및 해설

01 다음의 결과에 의하여 요구사항을 구하시오 (단, 거리와 좌표는 cm단위까지 계산하시오.)

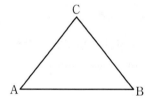

좌표 [A : $X = 9751.84\,\text{m}$ $Y = 731.45\,\text{m}$, B : $X = 7511.49\,\text{m}$ $Y = 5429.32\,\text{m}$]

내각 [$\angle A = 61° 52' 28''$, $\angle B = 63° 44' 51''$, $\angle C = 54° 22' 41''$]

가. AB방위각 ($V_A{}^B$)

나. $\overline{BC}$와 $\overline{AC}$의 거리

다. C점 좌표

해설

01 종선차(ΔX) 횡선차(ΔY)의 계산

$\Delta X = 7511.49 - 9751.84$

$\quad = -2240.35\,\text{m}$

$\Delta Y = 5429.32 - 731.45$

$\quad = 4697.87\,\text{m}$

02 방위(θ)의 계산

$$\tan \theta = \frac{\Delta Y}{\Delta X}$$

$$\theta = \tan^{-1} \frac{\Delta Y}{\Delta X}$$

$$\theta = \tan^{-1} \frac{4697.87}{2240.35}$$

$$\theta = 64° \ 30' \ 15''$$

03 방위각 계산

상한	ΔX	ΔY	방위각 계산
1	+	+	$V = \theta$
2	−	+	$V = 180 - \theta$
3	−	−	$V = 180 + \theta$
4	+	−	$V = 360 - \theta$

V는 (−, +)이므로 2상한에 속한다.

$$V = 180° - 64° \ 30' \ 15''$$

$$= 115° \ 29' \ 45''$$

04 $\overline{BC}$와 $\overline{AC}$의 거리 계산

(1) $\overline{AB}$ 거리 계산

$$\overline{AB}의 \ 거리 = \sqrt{(\Delta X)^2 + (\Delta Y)^2}$$

$$= \sqrt{(-2240.35)^2 + (4697.87)^2}$$

$$= 5204.72 \, \text{m}$$

(2) $\overline{BC}$의 거리 계산

$$\frac{\overline{AB}}{\sin C} = \frac{\overline{BC}}{\sin A}$$

$$\overline{BC} = \frac{\sin A}{\sin C} \times \overline{AB}$$

$$= \frac{\sin 61° \ 52' \ 28''}{\sin 54° \ 22' \ 41''} \times 5204.72$$

$$= 5646.76 \text{m}$$

(3) $\overline{AC}$의 거리 계산

$$\frac{\overline{AB}}{\sin C} = \frac{\overline{AC}}{\sin B}$$

$$\overline{AC} = \frac{\sin B}{\sin C} \times \overline{AB}$$

$$= \frac{\sin 63° \ 44' \ 51''}{\sin 54° \ 22' \ 41''} \times 5204.72$$

$$= 5742.40 \text{m}$$

05 C점 좌표 계산

(1) A점에서 계산

$$X_C = X_A + (\overline{AC} \times \cos V_A{}^C)$$

$$V_A{}^C = V_A{}^B - \angle A$$

$$= 115° \ 29' \ 45'' - 61° \ 52' \ 28''$$

$$= 53° \ 37' \ 17''$$

$$X_C = 9751.84 + (5742.40 \times \cos 53° \ 37' \ 17'')$$

$$= 13157.76\text{m}$$

$$Y_C = 731.45 + (5742.40 \times \sin 53° \ 37' \ 17'')$$

$$= 5354.74\text{m}$$

$\therefore$ C점 좌표 $\quad X = 13157.76\text{m}$

$$Y = 5354.74\text{m}$$

(2) B점에서 계산

$$X_C = X_B + (\overline{BC} \times \cos V_B{}^C)$$

$$Y_C = Y_B + (\overline{BC} \times \sin V_B{}^C)$$

$$V_B{}^C \text{ 방위각} = V_B{}^A + \angle B$$

$$= 295° \ 29' \ 45'' + 63° \ 44' \ 51''$$

$$= 359° \ 14' \ 36''$$

$$X_C = 7511.49 + (5646.76 \times \cos 359° \ 14' \ 36'')$$

$$= 13157.76\text{m}$$

$$Y_C = 5429.32 + (5646.76 \times \sin 359° \ 14' \ 36'')$$

$$= 5354.75\text{m}$$

(3) C점의 평균 좌표

$$X = \frac{(13157.76 + 13157.76)}{2} = 13157.76\text{ m}$$

$$Y = \frac{(5354.74 + 5354.75)}{2} = 5354.74\text{ m}$$

02 축척 1/1200 지역에서 측판측량을 교회법으로 시행하여 시오삼각형이 다음 그림과 같이 생겼다. 도상에서 각 변의 길이가 6.5mm, 7.0mm, 4.5mm일 때 내접원의 도상 반경을 구하시오. (단, mm 단위로 소수 3자리에서 반올림하여 소수 2자리까지 구하시오)

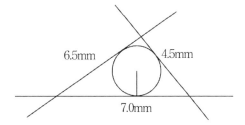

풀이

$$S = \frac{6.5 + 7.0 + 4.5}{2} = 9.0 \, \text{mm}$$

$$R = \sqrt{\frac{(S-a)(S-b)(S-c)}{S}}$$

$$= \sqrt{\frac{(9-6.5)(9-7.0)(9-4.5)}{9}}$$

$$= 1.58 \, \text{mm}$$

03 삼변측량으로 기준점을 설치하기 위해 그림과 같이 세 변의 길이를 측정하였다. 삼각형의 내각을 계산하시오.(단, 각은 초 단위 소수 1자리까지 계산하시오.)

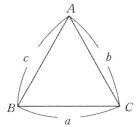

$a = 1586.35 \, \text{m}$

$b = 1865.26 \, \text{m}$

$c = 2001.01 \, \text{m}$

해설

01 내각 $\angle A$, $\angle B$, $\angle C$ 계산

$$\angle A = \cos^{-1}\left(\frac{b^2 + c^2 - a^2}{2bc}\right) = \cos^{-1}\left(\frac{1865.26^2 + 2001.01^2 - 1586.35^2}{2 \times 1865.26 \times 2001.01}\right) = 48° \, 17' \, 26.2''$$

$$\angle B = \cos^{-1}\left(\frac{a^2+c^2-b^2}{2ac}\right) = \cos^{-1}\left(\frac{1586.35^2+2001.01^2-1865.26^2}{2\times1586.35\times2001.01}\right) = 61°\ 22'\ 33.9''$$

$$\angle C = \cos^{-1}\left(\frac{a^2+b^2-c^2}{2ab}\right) = \cos^{-1}\left(\frac{1586.35^2+1865.26^2-2001.01^2}{2\times1586.35\times1865.26}\right) = 70°\ 19'\ 59.9''$$

02 검산

$\angle A + \angle B + \angle C = 180°$

$48°\ 17'\ 26.2'' + 61°\ 22'\ 33.9'' + 70°\ 19'\ 59.9'' = 180°$

04 그림과 같은 삼각형에서 삼변측량을 한 결과 그림과 같을 때 삼각형의 내각을 구하시오. (단, 각도는 반올림하여 0.1″ 단위까지 구하시오.)

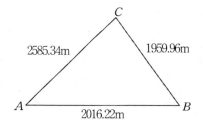

해설

① 내각 $\angle A,\ \angle B,\ \angle C$ 계산

$$\angle A = \cos^{-1}\left(\frac{b^2+c^2-a^2}{2bc}\right) = \cos^{-1}\left(\frac{2585.34^2+2016.22^2-1959.96^2}{2\times2585.34\times2016.22}\right) = 48°\ 30'\ 7.5''$$

$$\angle B = \cos^{-1}\left(\frac{a^2+c^2-b^2}{2ac}\right) = \cos^{-1}\left(\frac{1959.96^2+2016.22^2-2585.34^2}{2\times1959.96\times2016.22}\right) = 81°\ 06'\ 3.6''$$

$$\angle C = \cos^{-1}\left(\frac{a^2+b^2-c^2}{2ab}\right) = \cos^{-1}\left(\frac{1959.96^2+2585.34^2-2016.22^2}{2\times1959.96\times2585.34}\right) = 50°\ 23'\ 48.9''$$

② 검산

$\angle A + \angle B + \angle C = 180°$

$48°\ 30'\ 7.5'' + 81°\ 6'\ 3.6'' + 50°\ 23'\ 48.9'' = 180°$

05 다음 도형에서 AC와 CD의 거리를 구하시오. (단, 거리는 0.01m 단위까지 구하시오.)

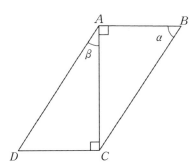

$AB = 2121.21 \, \text{m}$

$\alpha = 65° \ 54' \ 43''$

$\beta = 54° \ 43' \ 32''$

해설

01 $\triangle ABC$에서 $\angle C$, $\triangle ACD$에서 $\angle D$ 계산

$\angle C = 180° - (\angle A + \alpha)$

$= 180° - (90° + 65° \ 54' \ 43'')$

$= 24° \ 05' \ 17''$

$\angle D = 180° - (\angle C + \beta)$

$= 180° - (90° + 54° \ 43' \ 32'')$

$= 35° \ 16' \ 28''$

02 $\overline{AC}$ 거리 계산

$$\frac{\overline{AC}}{\sin 65° \ 54' \ 43''} = \frac{2121.21}{\sin 24° \ 05' \ 17''}$$

$$\overline{AC} = \frac{\sin 65° \ 54' \ 43''}{\sin 24° \ 05' \ 17''} \times 2121.21$$

$$= 4744.68 \text{m}$$

03 $\overline{CD}$ 거리 계산

$$\frac{\overline{CD}}{\sin 54° \ 43' \ 32''} = \frac{\overline{AC}}{\sin 35° \ 16' \ 28''}$$

$$\overline{CD} = \frac{\sin 54° \ 43' \ 32''}{\sin 35° \ 16' \ 28''} \times 4744.68$$

$$= 6707.49 \text{m}$$

06 다음 도형에서 AD=77.36m, BC=68.48m, $\alpha = 55° \ 30' \ 15''$일 때, 사각형 ABDC의 면적을 계산하시오. (단, 면적은 소수 2자리에서 반올림하여 소수1자리까지 구하시오.)

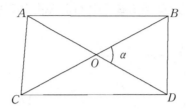

해설

공식

$$A = \frac{1}{2} \times \overline{BC} \times \overline{AD} \times \sin\alpha$$

01 △ABC에서 높이 계산

높이 $= \overline{AO} \times \sin\alpha$

△ABC 면적 계산

$\frac{1}{2} \times \overline{BC} \times \overline{AO} \times \sin\alpha$

02 △BDC에서 높이 계산

높이 $= \overline{DO} \times \sin\alpha$

△BDC 면적 계산

$\frac{1}{2} \times \overline{BC} \times \overline{DO} \times \sin\alpha$

03 두 삼각형의 면적의 합 계산

$$\triangle ABC + \triangle BDC = \frac{1}{2} \times \overline{BC} \times \overline{AD} \times \sin\alpha$$

04 □$ABCD$ 면적 계산

$$A = \frac{1}{2} \times 68.48 \times 77.36 \times \sin 55° \ 30' \ 15''$$

$$= 2183.1\text{m}^2$$

07 기지점 A, B, C를 이용하여 장애물을 사이에 두고 AC선상에 존재하는 PQ를 구하고자 다음과 같이 관측하였다. 다음 물음에 답하시오.(단, 계산은 반올림하여 거리와 좌표는 소수 2자리까지, 각도는 초(″)단위까지 구하시오.)

기지점	종선좌표	횡선좌표
A	4275.69m	2362.72m
B	4242.55m	2722.16m
C	4391.64m	2705.62m

$$V_B{}^P = 297° \ 52'$$
$$V_B{}^Q = 327° \ 52'$$

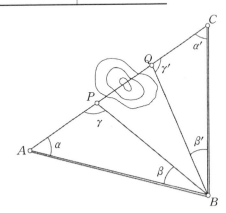

1. $\triangle ABP$의 내각 α, β, γ를 구하시오.

2. $\overline{AP}$의 거리를 구하시오.

3. P점의 XY좌표를 구하시오.

4. $\triangle BCQ$의 내각 α', β', γ'를 구하시오.

5. $\overline{CQ}$의 거리를 구하시오.

6. Q점 XY좌표를 구하시오.

해설

01 $\triangle ABP$의 내각 α, β, γ 계산

α 각계산 $= V_A{}^B - V_A{}^C$

$\qquad = 95° \ 16' \ 04'' - 71° \ 19' \ 02''$

$\qquad = 23° \ 57' \ 02''$

β 각계산 $= V_B{}^P - V_B{}^A$

$\qquad = 297° \ 52' - 275° \ 16' \ 04''$

$\qquad = 22° \ 35' \ 56''$

γ 각계산 $= 180° - (\alpha + \beta)$

$\qquad = 180° - (23° \ 57' \ 02'' + 22° \ 35' \ 56'')$

$\qquad = 133° \ 27' \ 02''$

02 $\overline{AP}$의 거리 계산

$$\frac{\overline{AB}}{\sin\gamma} = \frac{\overline{AP}}{\sin\beta}$$

$$\overline{AP} = \frac{\sin\beta}{\sin\gamma} \times \overline{AB}$$

$$= \frac{\sin 22° \ 35' \ 56''}{\sin 133° \ 27' \ 2''} \times 360.96$$

$$= 191.07\,\mathrm{m}$$

03 P점의 XY좌표 계산

$$P점 \begin{cases} X = X_A + (\overline{AP} \times \cos \ V_A{}^C) \\ Y = Y_A + (\overline{AP} \times \sin \ V_A{}^C) \end{cases}$$

$$X_P = 4275.69 + (191.07 \times \cos 71° \ 19' \ 02'')$$

$$= 4336.90\,\mathrm{m}$$

$$Y_P = 2362.72 + (191.07 \times \sin 71° \ 19' \ 02'')$$

$$= 2543.72\,\mathrm{m}$$

04 $\triangle BCQ$의 내각 α', β', γ' 계산

$$\alpha' = V_C{}^A - V_C{}^B$$

$$= 251° \ 19' \ 02'' - 173° \ 40' \ 10''$$

$$= 77° \ 38' \ 52''$$

$$\beta' = V_B{}^C - V_B{}^Q$$

$$= 353° \ 40' \ 10'' - 327° \ 52'$$

$$= 25° \ 48' \ 10''$$

$$\gamma' = 180° - (\alpha' + \beta')$$

$$= 180° - (77° \ 38' \ 52'' + 25° \ 48' \ 10'')$$

$$= 76° \ 32' \ 58''$$

05 $\overline{CQ}$의 거리 계산

$$\frac{\overline{CQ}}{\sin\beta'} = \frac{\overline{BC}}{\sin\gamma'}$$

$$\overline{CQ} = \frac{\sin\beta'}{\sin\gamma'} \times \overline{BC}$$

$$= \frac{\sin 25° \ 48' \ 10''}{\sin 76° \ 32' \ 58''} \times 150.00$$

$$\fallingdotseq 67.13\,\mathrm{m}$$

06 Q점의 XY좌표 계산

$$X_Q = X_C + (\overline{CQ} \times \cos \ V_C{}^A)$$

$$= 4391.64 + (67.13 \times \cos 251° \ 19' \ 02'')$$

$$= 4370.14 \ m$$

$$Y_Q = Y_C + (\overline{CQ} \times \sin V_C{}^A)$$

$$= 2705.62 + (67.13 \times \sin 251° \ 19' \ 02'')$$

$$= 2642.03 m$$

08 그림과 같은 지형에서 일시적인 장애물로 인하여 부득이 그림과 같이 관측을 하였다. P점의 좌표를 결정하시오 (단, 거리 및 좌표는 소수 3자리에서 반올림하여 소수 2자리까지, 각도는 반올림하여 초단위까지 구하시오.)

점명	종선좌표	횡선좌표
B	4765.12m	1564.72m
C	4658.67m	1077.88m

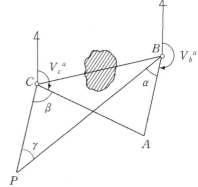

$$V_b{}^a = 191° \ 32' \ 28'' \qquad V_c{}^a = 117° \ 39' \ 58''$$

$$\alpha = 31° \ 47' \ 22'' \qquad \beta = 72° \ 36' \ 22''$$

$$\gamma = 33° \ 03' \ 30''$$

해설

01 BC의 방위각 계산

$$\Delta x = -106.45 \ m \qquad \Delta y = -486.84 \ m$$

$$\theta = \tan^{-1} \frac{\Delta y}{\Delta x} = \tan^{-1} \frac{-486.84}{-106.45} = 77° \ 39' \ 58'' (3상한)$$

$$V_B{}^C = 180° + 77° \ 39' \ 58'' = 257° \ 39' \ 58''$$

02 BC 거리 계산

$$L = \sqrt{\Delta x^2 + \Delta y^2} = \sqrt{(-106.45)^2 + (-486.84)^2} = 498.34 \ m$$

03 방위각 계산

$$V_B{}^P = V_B{}^A + \alpha = 191° \ 32' \ 28'' + 31° \ 47' \ 22'' = 223° \ 19' \ 50''$$

$$V_C{}^P = V_C{}^A + \beta = 117° \ 39' \ 58'' + 72° \ 36' \ 22'' = 190° \ 16' \ 20''$$

04 내각 계산

$$\angle CPB = \gamma = 33° \ 03' \ 30''$$

$$\angle PBC = V_B{}^C - V_B{}^P = 257°\ 39'\ 58'' - 223°\ 19'\ 50'' = 34°\ 20'\ 08''$$

$$\angle BCP = 180° - (\angle CPB + \angle PBC) = 180° - (33°\ 03'\ 30'' + 34°\ 20'\ 08'') = 112°\ 36'\ 22''$$

05 거리계산

$$\overline{CP} = \frac{\overline{BC} \times \sin \angle PBC}{\sin \angle CPB} = \frac{498.34 \times \sin 34°\ 20'\ 08''}{\sin 33°\ 03'\ 30''} = 515.28\text{m}$$

$$\overline{BP} = \frac{\overline{BC} \times \sin \angle BCP}{\sin \angle CPB} = \frac{498.34 \times \sin 112°\ 36'\ 22''}{\sin 33°\ 03'\ 30''} = 843.37\text{m}$$

06 좌표계산

(1) $B \rightarrow P$ 좌표계산

$$X_P = X_B + (\overline{BP} \times \cos\ V_B{}^P) = 4765.12 + (843.37 \times \cos 223°\ 19'\ 50'') = 4151.65\text{m}$$

$$Y_P = Y_B + (\overline{BP} \times \sin\ V_B{}^P) = 1564.72 + (843.37 \times \sin 223°\ 19'\ 50'') = 985.99\text{m}$$

(2) $C \rightarrow P$ 좌표계산

$$X_P = X_C + (\overline{CP} \times \cos\ V_C{}^P) = 4658.67 + (515.28 \times \cos 190°\ 16'\ 20'') = 4151.65\text{m}$$

$$Y_P = Y_C + (\overline{CP} \times \sin\ V_C{}^P) = 1077.88 + (515.28 \times \sin 190°\ 16'\ 20'') = 985.99\text{m}$$

(3) 결정 좌표

$$X_P = 4151.65\,\text{m}, \qquad Y_P = 985.99\,\text{m}$$

09 ABCD의 면적을 구하기 위하여 다음과 같이 측정하였다. ABCD의 정확한 면적은?

(단, $AP = 70\,\text{m}$, $BP = 60\,\text{m}$,
$CP = 65\,\text{m}$, $DP = 64\,\text{m}$,
$\angle APB = 60°$, $\angle BPC = 90°$,
$\angle CPD = 120°$, $\angle DPA = 90°$)

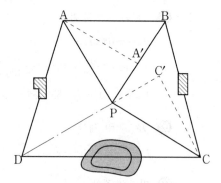

해설

$$A = \left(\frac{1}{2} \times 70 \times 60 \times \sin 60°\right) + \left(\frac{1}{2} \times 60 \times 65 \times \sin 90°\right) + \left(\frac{1}{2} \times 64 \times 65 \times \sin 120°\right)$$

$$+ \left(\frac{1}{2} \times 64 \times 70 \times \sin 90°\right) = 7810\,\text{m}^2$$

10 토지분할측량에 있어서 그림과 같은 삼각형 ABC의 면적 $30\,\text{m}^2$에서 $20\,\text{m}^2$의 면적만 분할하려 할 때, $BC = 45\,\text{m}$이다. BP의 길이는?

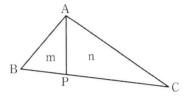

해설

$BC : BP = m + n : m$ 에서

$BP = \dfrac{m}{m+n}\,BC$ 이므로

$BP = \dfrac{20}{30} \times 45 = 30\,\text{m}$

$\therefore\ BP = 30\,\text{m}$

11 그림과 같은 토지의 1변 BC에 평행하게 m : n = 1 : 3의 비율로 분할하고자 한다. AB = 40m일 때 $\overline{AX}$는 얼마인가?

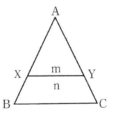

해설

$\dfrac{\triangle AXY}{\triangle ABC} = \dfrac{m}{m+n} = \dfrac{AX^2}{AB^2}$ 에서

$AX = AB\sqrt{\dfrac{m}{m+n}} = 40 \times \sqrt{\dfrac{1}{1+3}} = 20\,\text{m}$

$\therefore\ AX = 20\,\text{m}$

12 그림과 같은 4변형의 토지를 AD를 평행하게 m : n = 2 : 3으로 면적을 분할하고자 한다. AB = 50m, AD = 80m, CD = 80m 일 때 AX는?

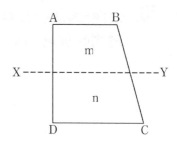

해설

$$XY = \sqrt{\frac{mCD^2 + nAB^2}{m+n}} = \sqrt{\frac{2 \times 80^2 + 3 \times 50^2}{2+3}} = 63.7\,\text{m}$$

$$AX = \frac{AD(XY - AB)}{CD - AB} = \frac{80(63.7 - 50)}{80 - 50} = 36.5\,\text{m}$$

$$\therefore \; AX = 36.5\,\text{m}$$

13 그림과 같이 두 삼각점에서 관측한 경우 $\alpha_A = 2° \ 40'$, $\alpha_B = 2° \ 35'$, $I_A = 1.24\,\text{m}$, $I_B = 1.34\,\text{m}$, $h_A = 2.85\,\text{m}$, $h_B = 2.90\,\text{m}$였다. A점의 표고가 242.14m, D = 1500m 일 때 B점의 표고는 얼마인가?

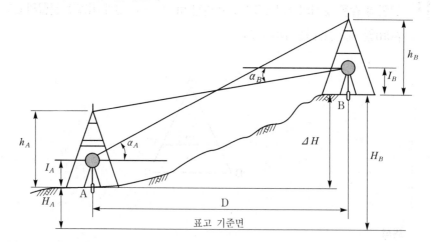

해설

01 A점에서 관측시

$$H_B = H_A + I_A + D \tan \alpha_A - h_B$$

$$= 242.14 + 1.24 + 1,500 \times \tan 2° \ 40' - 2.90$$
$$= 310.34 \, \mathrm{m}$$

02 B점에서 관측시

$$H_B = H_A + h_A + D \ \tan \alpha_B - I_B$$
$$= 242.14 + 2.85 + 1,500 \times \tan 2° 35' - 1.34$$
$$= 311.33 \, \mathrm{m}$$

03 B점의 평균표고

$$H_B = \frac{310.344 + 311.327}{2} = 310.84 \, \mathrm{m}$$

14 다음 그림에 면적을 분할하고, D점의 좌표를 구하시오.

	X	Y
A	50	20
B	20	50
C	70	70

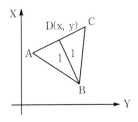

해설

	$X(\mathrm{m})$	$Y(\mathrm{m})$	$X_{n-1}(\mathrm{m})$	$X_{n+1}(\mathrm{m})$	$(X_{n-1} - X_{n+1})Y$
A	50	20	70	20	$(70-20) \times 20 = 1000$
B	20	50	50	70	$(50-70) \times 50 = -1000$
C	70	70	20	50	$(20-50) \times 70 = -2100$

$2A = -2100 \, \mathrm{m}^2$

면적 $(A) = 1050 \, \mathrm{m}^2$

	$X(\mathrm{m})$	$Y(\mathrm{m})$	$X_{n-1}(\mathrm{m})$	$X_{n+1}(\mathrm{m})$	$(X_{n-1} - X_{n+1})Y$
A	50	20	x	20	$(x-20) \times 20 = 20x - 400$
B	20	50	50	x	$(50-x) \times 50 = 2500 - 50x$
D	x	y	20	50	$(20-50) \times y = -30y$

위의 식을 정리하면

$$30x + 30y = 3150 \ \text{---------} \ ①$$

	X(m)	Y(m)	X_{n-1}(m)	X_{n+1}(m)	$(X_{n-1}-X_{n+1})Y$
B	20	50	x	70	$(x-70)\times50=50x-3500$
C	70	70	20	x	$(20-x)\times70=1400-70x$
D	x	y	70	20	$(70-20)\times y=50y$

위의 식을 정리하면

$-20x+50y=1050$ ────── ②

①, ②식을 연립해서 풀면, $x=60$, $y=45$가 된다.

∴ $X_D=60$m, $Y_D=45$m

15 다각측량 결과 A, B, C 점의 좌표는 다음과 같다. △ABC의 면적을 좌표법으로 구하고, 그림에서 △ABM : △BCM = 1 : 2가 되도록 면적을 분할할 경우 M의 좌표(X_M, Y_M)을 구하시오.

측점	X(m)	Y(m)
A	30	10
B	-40	60
C	60	100

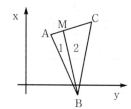

해설

01 △ABC의 면적

측점	X(m)	Y(m)	$(X_{i-1}-X_{i+1})Y$(m^2)
A	30	10	$(60-(-40))\times10=1000$
B	-40	60	$(30-60)\times60\quad=-1800$
C	60	100	$(-40-30)\times100=-7000$

$2A=-7800$

∴ $A=3900$m^2

측점	X(m)	Y(m)	$(X_{i-1}-X_{i+1})Y$(m^2)
A	30	10	$(-40-x)\times10\quad=-400-10x$
M	x	y	$(30-(-40))\times y=70y$
B	-40	60	$(x-30)\times60\quad=60x-1800$

$50x+70y-2200=2600$

$$50x + 70y = 4800 \quad\text{———} \quad ①$$

측점	$X(\text{m})$	$Y(\text{m})$	$(X_{i-1} - X_{i+1})Y(\text{m}^2)$
M	x	y	$(-40-60) \times y = -100y$
C	60	100	$(x+40) \times 100 = 100x + 4,000$
B	-40	60	$(60-x) \times 60 = 3600 - 60x$

$$40x - 100y + 7600 = 5200$$

$$40x - 100y = -2400 \quad\text{———} \quad ②$$

①, ②식을 연립해서 풀면, $x = 40,\ y = 40$

$$\therefore\ X_M = 40\text{m},\ Y_M = 40\text{m}$$

16 다음 그림과 같은 삼각형이 성과가 주어졌을 때 다음 아래 요소를 계산하라. (단, 거리는 소수 넷째 자리에서 반올림하고, 각은 0.01초 단위로 계산하시오.)

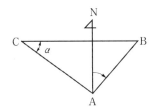

측점	좌표(m)	
	X	Y
A	12350.50	11080.30
B	14370.50	13580.20

$$V_A{}^C : 330°\ 10'\ 20''$$
$$V_B{}^C : 265°\ 32'\ 40''$$

1) 측선 $\overline{AB}$의 거리
2) C점의 각
3) 측선 $\overline{AC}$ 및 $\overline{BC}$ 의 거리
4) C점의 좌표

해설

01 측선 $\overline{AB}$의 거리

$$\overline{AB} = \sqrt{(14370.50 - 12350.50)^2 + (13580.20 - 11080.30)^2}$$
$$= \sqrt{(2020)^2 + (2499.9)^2}$$
$$= 3214.016\,\text{m}$$

02 C점의 각(α)

$$\alpha = V_A{}^C - V_B{}^C$$
$$= 330°\ 10'\ 20'' - 265°\ 32'\ 40''$$
$$= 64°\ 37'\ 40''$$

03 측선 $\overline{AC}$ 및 $\overline{BC}$의 거리

① $V_A{}^B$의 방위각

$$\tan \theta = \frac{Y}{X} = \frac{Y_B - Y_A}{X_B - X_A}$$

$$\theta = \tan^{-1}\frac{2499.9}{2020} = 51° \ 03' \ 38.41''(1상한)$$

$$\therefore \ V_A{}^B = 51° \ 03' \ 38.41''$$

② ∠A

$$\angle A = (360° - V_A{}^C + V_A{}^B)$$

$$= (360° - 330° \ 10' \ 20'') + 51° \ 03' \ 38.41'' = 80° \ 53' \ 18.41''$$

③ ∠B

$$\angle B = V_B{}^C - V_A{}^B - 180°$$

$$= 265° \ 32' \ 40'' - 51° \ 03' \ 38.41'' - 180° = 34° \ 29' \ 01.59''$$

또는

$$180° - (\angle A + \angle C) = 180° - (80° \ 53' \ 18.41'' + 64° \ 37' \ 40'') = 34° \ 29' \ 01.59''$$

④ AC의 거리

$$\overline{AC} = \frac{AB}{\sin C} \times \sin B = \frac{3214.016}{\sin 64° \ 37' \ 40''} \times \sin 34° \ 29' \ 01.59'' = 2013.948\text{m}$$

⑤ BC의 거리

$$\overline{BC} = \frac{AB}{\sin C} \times \sin A = \frac{3214.016}{\sin 64° \ 37' \ 40''} \times \sin 80° \ 53' \ 18.41'' = 3512.241\text{m}$$

04 C점의 좌표

$$X_C = X_A + (\overline{AC} \times \cos V_A{}^C) = 12350.50 + 2013.948 \times \cos 330° \ 10' \ 20'' = 14097.65\text{m}$$

$$Y_C = Y_A + (\overline{AC} \times \sin V_A{}^C) = 11080.30 + 2013.948 \times \sin 330° \ 10' \ 20'' = 10078.57\text{m}$$

또는

$$X_C = X_B + (\overline{BC} \times \cos V_B{}^C) = 14370.50 + 3512.241 \times \cos 265° \ 32' \ 40'' = 14097.65\text{m}$$

$$Y_C = Y_B + (\overline{BC} \times \cos V_B{}^C) = 13580.20 + 3512.241 \times \sin 265° \ 32' \ 40'' = 10078.57\text{m}$$

17 아래 그림과 같은 삼변측량망이 있다. 기선 및 현장측량의 결과가 다음 표와 같을 때 C점의 좌표를 구하시오.(단, 각은 초 단위의 소수 둘째 자리까지, 거리는 소수 둘째 자리까지 구하시오.)

측선	관측거리(m)
$\overline{BC} = a$	1814.05
$\overline{AC} = b$	1463.87

측점	좌표(m)	
	X	Y
A	2500.00	1500.00
B	3379.14	3312.16
C		

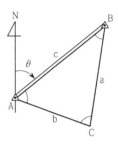

해설

01 $\overline{AB}$의 거리(C)

$AB = \sqrt{(X_B - X_A)^2 + (Y_B - Y_A)^2} = \sqrt{(3379.14 - 2,500)^2 + (3312.6 - 1,500)^2}$
$\qquad = 2014.15\text{m}$

02 $\angle B$

$\angle B = \cos^{-1}\left(\dfrac{a^2 + c^2 - b^2}{2ac}\right) = \cos^{-1}\left(\dfrac{1814.05^2 + 2014.15^2 - 1463.87^2}{2 \times 1814.05 \times 2014.15}\right)$
$\qquad = 44° \ 34' \ 59.49''$

03 $\angle A$

$\angle A = \cos^{-1}\left(\dfrac{b^2 + c^2 - a^2}{2bc}\right) = \cos^{-1}\left(\dfrac{1463.87^2 + 2014.15^2 - 1814.05^2}{2 \times 1463.87 \times 2014.15}\right)$
$\qquad = 60° \ 26' \ 32.49''$

04 $\theta(V_A{}^B)$

$\tan\theta = \dfrac{Y_B - Y_A}{X_B - X_A}$

$\theta = \tan^{-1}\left(\dfrac{3312.16 - 1,500}{3379.14 - 2,500}\right) = 64° \ 07' \ 13.48''(1\text{상한})$

$\therefore \ \theta = 64° \ 07' \ 13.48''$

05 $V_A{}^C$

$V_A{}^C = V_A{}^B + \angle A = 64° \ 07' \ 13.48'' + 60° \ 26' \ 32.49'' = 124° \ 33' \ 45.97''$

06 $V_B{}^C$

$V_B{}^C = V_A{}^B + 180° - \angle B = 64° \ 07' \ 13.48'' + 180° - 44° \ 34' \ 59.49'' = 199° \ 32' \ 13.99''$

07 C점의 좌표

(1) A점 이용

$X_C = X_A + \overline{AC} \cdot \cos V_A{}^C = 2500 + 1,463.87 \times \cos 124° \; 33' \; 45.97'' = 1669.53\text{m}$

$Y_C = Y_A + \overline{AC} \cdot \sin V_A{}^C = 1500 + 1,463.87 \times \sin 124° \; 33' \; 45.97'' = 2705.50\text{m}$

(2) B점 이용

$X_C = X_B + \overline{BC} \cdot \cos V_B{}^C = 3379.14 + 1814.05 \times \cos 199° \; 32' \; 13.99'' = 1669.53\text{m}$

$Y_C = Y_B + \overline{BC} \cdot \sin V_B{}^C = 3312.16 + 1814.05 \times \sin 199° \; 32' \; 13.99'' = 2705.51\text{m}$

∴ C점의 결정좌표

$X_C = 1669.53\,\text{m}$

$Y_C = \dfrac{2705.50 + 2705.51}{2} = 2,705.50\,\text{m}$

18 $\overline{AC}$ (b), $\overline{BC}$ (a)의 길이를 측정한 결과, 354.56m, 468.13m였다. A점과 B점의 좌표가 아래 표와 같을 때 C점의 좌표를 구하시오. (단, 거리는 소수 셋째 자리까지, 각은 초 아래 2자리 단위까지 계산하시오.)

측점	X(m)	Y(m)
A	800.00	650.00
B	1,125.00	1,250.00

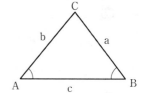

해설

01 $\overline{AB}$의 거리(C)

$AB = \sqrt{(X_B - X_A)^2 + (Y_B - Y_A)^2} = \sqrt{(1,125 - 800)^2 + (1,250 - 650)^2}$

$\quad = 682.367 \,\text{m}$

02 $\angle A$

$\angle A = \cos^{-1}\left(\dfrac{b^2 + c^2 - a^2}{2bc}\right) = \cos^{-1}\left(\dfrac{354.56^2 + 682.367^2 - 468.13^2}{2 \times 354.56 \times 682.367}\right)$

$\quad = 39° \; 43' \; 10.26''$

03 $\angle B$

$\angle B = \cos^{-1}\left(\dfrac{a^2 + c^2 - b^2}{2ac}\right) = \cos^{-1}\left(\dfrac{468.13^2 + 682.367^2 - 354.56^2}{2 \times 468.13 \times 682.367}\right)$

$\quad = 28° \; 56' \; 48.86''$

04 $V_A{}^B$

$$\tan \theta = \frac{Y_B - Y_A}{X_B - X_A}$$

$$\theta = \tan^{-1}\left(\frac{1250 - 650}{1125 - 800}\right) = 61°\ 33'\ 25.46''(1상한)$$

$$\therefore\ V_A{}^B = 61°\ 33'\ 25.46''$$

05 $V_A{}^C$

$$V_A{}^C = V_A{}^B - \angle A = 61°\ 33'\ 25.46'' - 39°\ 43'\ 10.26'' = 21°\ 50'\ 15.2''$$

06 $V_B{}^C$

$$V_B{}^C = V_A{}^B + 180° + \angle B = 61°\ 33'\ 25.46'' + 180° + 28°\ 56'\ 48.86''$$
$$= 270°\ 30'\ 14.12''$$

07 C점의 좌표

(1) A점 이용

$$X_C = X_A + \overline{AC} \cdot \cos V_A{}^C = 800 + (354.56 \times \cos 21°\ 50'\ 15.2'') = 1129.12\text{m}$$

$$Y_C = Y_A + \overline{AC} \cdot \sin V_A{}^C = 650 + (354.56 \times \sin 21°\ 50'\ 15.2'') = 781.89\text{m}$$

(2) B점 이용

$$X_C = X_B + \overline{BC} \cdot \cos V_B{}^C = 1125 + (468.13 \times \cos 270°\ 30'\ 14.32'') = 1129.12\text{m}$$

$$Y_C = Y_B + \overline{BC} \cdot \sin V_B{}^C = 1250 + (468.13 \times \sin 270°\ 30'\ 14.32'') = 781.89\text{m}$$

$$\therefore\ \text{C점의 결정좌표}\ \ X_C = 1129.12\text{m}$$
$$Y_C = 781.89\text{m}$$

19 그림과 같이 트래버스 ABCD로 둘러싸인 면적을 측선 $\overline{AB}$에 나란한 선분 $\overline{EF}$로 분할하고자 한다. $\overline{AE}$의 길이가 150m라고 하면 $\overline{BF}$와 $\overline{EF}$ 길이를 구하라. (계산은 거리 mm 단위까지, 각은 0.01″ 까지)

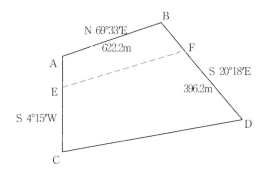

해설

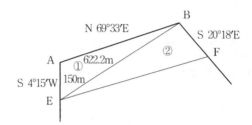

01 $\triangle ABE$

측선	거리(m)	방위각	종선차(m)	횡선차(m)	측점	X(m)	Y(m)
AB	622.2	69° 33′	217.390	582.987	A	0.000	0.000
AE	150	184° 15′	−149.588	−11.116	B	217.390	582.987
					E	−149.588	−11.116

(1) $\overline{BE}$의 거리

$$\overline{BE} = \sqrt{(X_E - X_B)^2 + (Y_E - Y_B)^2}$$
$$= \sqrt{(-149.588 - 217.390)^2 + (-11.116 - 582.987)^2}$$
$$= 698.306 \text{ m}$$

(2) V_B^E

$$\tan\theta = \frac{Y_E - Y_B}{X_E - X_B}$$

$$\theta = \tan^{-1}\frac{-11.116 - 582.987}{-149.588 - 217.390} = 58° \ 17′ \ 46.8″ (3상한)$$

$$\therefore \ V_B^E = 58° \ 17′ \ 46.8″ + 180° = 238° \ 17′ \ 46.8″$$

(3) V_E^B

$$V_E^B = V_B^E + 180° - 360° = 58° \ 17′ \ 46.8″$$

02 $\triangle BEF$

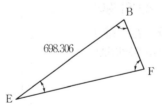

(1) $\angle E$

$$\angle E = V_E^F - V_E^B = 69° \ 33′ - 58° \ 17′ \ 46.8″ = 11° \ 15′ \ 13.2″$$

(2) $\angle B$

$\angle B = V_B{}^E - V_B{}^F = 238° \ 17' \ 46.8'' - 159° \ 42' = 78° \ 35' \ 46.8''$

(3) $\angle F$

$\angle F = 180 - (\angle E + \angle B) = 90° \ 09' \ 00''$

(4) $\overline{BF}$의 거리(sin법칙 적용)

$$\frac{\overline{BF}}{\sin \angle E} = \frac{\overline{BE}}{\sin \angle F}$$

$$\frac{\overline{BF}}{\sin 11° \ 15' \ 13.2''} = \frac{698.306}{\sin 90° \ 09' \ 00''}$$

$\therefore \ \overline{BF} = 136.277\text{m}$

(5) $\overline{EF}$의 거리(sin법칙 적용)

$$\frac{\overline{EF}}{\sin \angle B} = \frac{\overline{BE}}{\sin \angle F}$$

$$\frac{\overline{EF}}{\sin 78° \ 35' \ 46.8''} = \frac{698.306}{\sin 90° \ 09' \ 00''}$$

$\therefore \ \overline{EF}$의 거리 $= 684.523\,\text{m}$

20 토탈스테이션을 측점 A에 세우고 3070.45m 떨어져 있는 측점 B를 관측하였을 때, AB 측선에 대하여 직각방향으로 20.21m의 오차가 발생하였다. 이로 인한 방향오차(θ)와 AB′ 방위각을 구하시오.(단, 각은 초단위, 거리는 cm단위까지 계산한다.)

지적측량기준점 좌표

측점	X(m)	Y(m)
A	1000.0000	1000.0000
B	625.6585	4047.5452

해설

01 방향오차(θ)

$$\tan \theta = \frac{\overline{BB'}}{\overline{AB}}$$

$$\theta = \tan^{-1} \frac{\overline{BB'}}{\overline{AB}} = \tan^{-1} \frac{20.21}{3070.45} = 0° \ 22' \ 38''$$

02 AB′ 방위각

$$AB \ 방위각 = \tan^{-1}\frac{(4047.5452-1000.0000)}{(625.6585-1000.0000)} = 82° \ 59' \ 50'' (2상한)$$

$$= 180° - 82° \ 59' \ 50'' = 97° \ 00' \ 10''$$

$$AB′ \ 방위각 = AB \ 방위각 - \theta$$

$$= 97° \ 00' \ 10'' - 0° \ 22' \ 38''$$

$$= 96° \ 37' \ 32''$$

Part

O2

Engineer Cadastral Surveying
Industrial Engineer Cadastral Surveying

외업작업형

01 CHAPTER

외업시험대비요령

1. 외업시험과목

(1) 지적기사

① 지적삼각보조점측량(15점)

② 지적도근측량(15점)

③ 지적세부측량(15점)

(2) 지적산업기사

① 지적도근측량(21점)

② 지적세부측량(24점)

2. 시험시간

(1) 표준시간-작업별 35분

① 지적기사(1시간 45분)

② 지적산업기사(1시간 10분)

3. 수험자 유의사항

(1) 수험자 인적 사항 및 계산식을 포함한 답안 작성은 검은색 필기구만 사용해야 하며, 그 외 연필류, 빨간색, 파란색 등의 필기구를 사용해 작성한 답항은 0점 처리되오니 불이익을 당하지 않도록 유의해 주시기 바랍니다.

(2) 답안 정정 시에는 정정하고자 하는 단어에 두 줄(=)을 긋고 다시 작성하거나 수정테이프(수정액 제외)를 사용하여 정정하시기 바랍니다.

(3) 지급된 장비의 이상 유무를 확인합니다.

(4) 코스별 부호의 명칭을 확인하여 기재하고 현장을 확인합니다.

(5) 수험 도중 수험자 간에 대화를 해서는 아니 됩니다.

(6) 실기시험 중 설치된 시설물이 파손되지 않도록 주의하여야 합니다.

(7) 장비 사용을 완료한 경우에는 본래대로 조정한 후 원위치에 반환합니다.

(8) 모든 관측부의 서식 정리 및 답안지 작성은 지적 관련 법령 및 서식 등의 관련

규정에 맞도록 기록하고 기재 가능한 모든 사항을 기록합니다.(단, 주어진 조건이 있을 경우에는 조건에 따르시오.)

(9) 요구사항의 측점에 대한 관측값 등이 누락된 과제는 각 과제별 0점 처리합니다.

(10) 각 과제 시험시간을 초과한 과제는 각 과제별 0점 처리합니다.

(11) 시험 중 수험자는 반드시 안전수칙을 준수해야 하며, 작업 복장 상태, 안전사항 등이 채점 대상이 됩니다.(작업에 적합한 복장을 항시 착용하여야 합니다.)

(12) 다음 사항에 대해서는 채점 대상에서 제외하니 특히 유의하시기 바랍니다.

① 기권

수험자 본인이 수험 도중 시험에 대한 포기 의사를 표시하는 경우

② 실격

- 모든 수험과정(작업형, 필답형)을 응시하지 않은 경우
- 시험 중 시설·장비의 조작이 미숙하여 장비의 파손 및 고장을 발생시킨 것으로 시험위험 전원이 합의하여 판단하는 경우

CHAPTER

지적삼각보조점측량 및 지적도근측량

1. 개요

삼각측량은 도근측량, 세부측량 등 지적 측량에서 골격이 되는 기준점 위치를 sin 법칙으로 정밀하게 결정하기 위해 실시되는 측량방법으로 지적기사에서는 삼각망 조정 및 성과계산은 내업에서, 측량기 설치, 수평각관측, 개정계산부 작성과 배각관측 등은 외업에서 실시된다. 또한, 지적산업기사는 지적도근측량에 따른 배각법과 방위각법이 외업에서 실시된다.

2. 요구사항 및 채점기준표

(1) 요구사항

수검장에 설치된 측점에서 트랜싯을 세워 각을 관측한 다음 기선을 이용하여 시험에서 요구하는 거리 및 방위각 등을 계산하여 각각의 정밀도로 차등의 배점이 주어진다.

(2) 채점기준표

① 지적삼각보조점측량(수평각 관측)

• 지적기사

항 목	채 점 방 법			배 점
삼각보조측량 (15점)	중심각 정확도(3측각×3점=9점)			9
	오차(초)	±30 이내	±30 초과	
	배점	3	0	
	0 → B 평균방향각(1측각×3점=3점)			3
	오차(초)	±30 이내	±30 초과	
	배점	3	0	
	서식지 작성			3
	오차	맞으면	틀리면	
	배점	3	0	

② 지적도근측량(배각 관측)

• 지적기사

항 목	채 점 방 법			배 점
도근측량 (15점)	측점 PB, AB 방위각(2측점×3점=6점)			6
	오차(초)	±30 이내	±30 초과	
	배점	3	0	
	측점 PB, BP 거리(2측선×3점=6점)			6
	오차(cm)	±10 이내	±10 초과	
	배점	3	0	
	서식지 작성			3
	오차	맞으면	틀리면	
	배점	3	0	

• 지적산업기사

항 목	채 점 방 법				배 점
도근측량 (21점)	측점 PB, AB 방위각(2측점×5점=10점)				10
	오차(초)	±30 이내	±60 이내	±60 초과	
	배점	5	3	0	
	측점 AP, BP 거리(2측선×5점=10점)				10
	오차(cm)	±10 이내	±20 이내	±20 초과	
	배점	5	3	0	
	서식지 작성				1
	오차	맞으면		틀리면	
	배점	1		0	

③ 지적도근측량(방위각 관측)

• 지적산업기사

항 목	채 점 방 법				배 점
도근측량 (21점)	측점 AB 방위각(1측점×10점=10점)				10
	오차(분)	±1 이내	±2 이내	±2 초과	
	배점	10	5	0	
	측점 DQ 방위각(1측점×10점=10점)				10
	오차(분)	±2 이내	±4 이내	±4 초과	
	배점	10	5	0	
	서식지 작성				1
	오차	맞으면		틀리면	
	배점	1		0	

3. 기계 및 기구

삼각측량 외업 시험에 이용되는 기계는 디지털 트랜싯, 삼각대로 구성되고 기타 시험 준비물로는 계산기, 연필, 지우개 및 볼펜을 준비하여 시험에 응시하여야 한다.

(1) 트랜싯의 구조 및 주요명칭

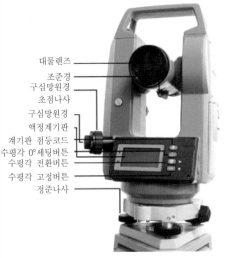

대물렌즈
조준경
구심망원경
초점나사
구심망원경
액정계기판
계기판 점등코드
수평각 0°세팅버튼
수평각 전환버튼
수평각 고정버튼
정준나사

접안렌즈
망원경 초점나사
망원경 고정나사
(상부고정나사)
망원경 미동나사
(상부조정나사)
횡기포관

전원스위치
수평미동나사
(하부미동나사)
수평고정나사
(하부고정나사)
원형기포관
이심나사

[그림 2-1] 트랜싯의 주요명칭(Ⅰ)   [그림 2-2] 트랜싯의 주요명칭(Ⅱ)

Tip] 시험장에는 여러 가지 장비가 있다. 시험장에 따라 장비의 종류(소키아, 톱콘, 라이카 등)와 여건이 다르다는 점을 고려하여 사전에 작동을 연습하고 시험장에 가도록 해야 한다. 시험장에서는 특히 기계의 작동 여부를 먼저 확인한 후 관측해야 한다.

[그림 2-3] 트랜싯의 설치

4. 작업순서

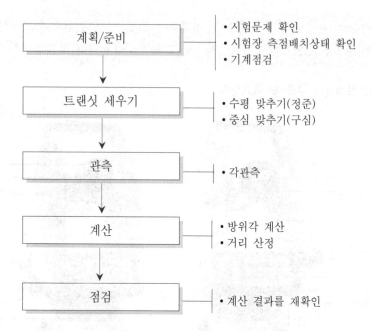

계획/준비	• 시험문제 확인 • 시험장 측점배치상태 확인 • 기계점검
트랜싯 세우기	• 수평 맞추기(정준) • 중심 맞추기(구심)
관측	• 각관측
계산	• 방위각 계산 • 거리 산정
점검	• 계산 결과를 재확인

5. 세부 작업 요령

(1) 계획 및 준비

삼각측량 실기 시험시 대기석에서 시험장 측점 배치상태를 확인하고 시험문제 배부 즉시 트랜싯 배치계획을 수립한 후 삼각대와 정준나사를 작업에 용이하도록 조정한다.

현황 사진	세부 설명
① 삼각측량 시험장 전체 현황  [사진 1]	➡ 시험장 대기석에서 [사진 1]과 같이 관측노선 배치 상태를 확인한다.
② 각관측 계획 수립  [사진 2]	➡ 시험장을 확인하고 기지점, 미지점에 측점 배치 상태를 파악하여 각관측 계획을 수립한다.

현황 사진	세부 설명
 [사진 3]　　　　[사진 4]  [사진 5]  [사진 6]  [사진 7]  [사진 8]	➡ 트랜싯 기계가 지급되면 기계를 점검한다. 점검 방법은 [사진 3, 4]와 같이 삼각대 신축조정나사를 이용하여 트랜싯의 높이를 자신의 눈높이에 맞춰 삼각대를 조정한다. ➡ 삼각대 기반 위에 [사진 5]와 같이 편심이 있는 경우 중앙에 위치시켜야 하며 [사진 6, 7, 8]과 같이 정준나사, 상·하부 고정나사도 중앙에 오도록 조정한다.

(2) 트랜싯 세우기

> 트랜싯 세우기는 삼각측량에서 많은 시간을 요하는 부분이므로 반복 연습하여 시간을 단축하는 것이 전체 공정에 매우 중요한 사항이 된다. 일반적으로 트랜싯 세우는 방법은 삼각대를 견고하게 지지한 후 개략적인 수평맞추기는 삼각대를 이용하고, 세부 수평맞추기는 정준나사를 이용하며, 구심은 광학 장치를 활용한다.

현황 사진	세부 설명
① 중심(구심) 맞추기  [사진 9]　　[사진 10]	➡ 관측계획이 수립되면 첫 관측점으로 이동하여 [사진 9, 10]과 같이 하나의 삼각대는 고정시켜 놓고 두 개의 삼각대와 구심망원경을 이용하여 중심을 맞춘다.
② 수평(정준) 맞추기  [사진 11]  [사진 12]	➡ 중심을 맞춘 후 [사진 11]과 같이 삼각대의 신축을 조절하여 개략적인 수평을 맞춘 후 세부 수평맞추기는 [사진 12]와 같이 정준나사를 이용한다. 트랜싯의 기포조정은 [그림 2-4]와 같이 정준나사 두 개를 동시에 조정하여 1조정을 실시한 후 나머지 정준나사로 2조정을 한다.

현황 사진	세부 설명
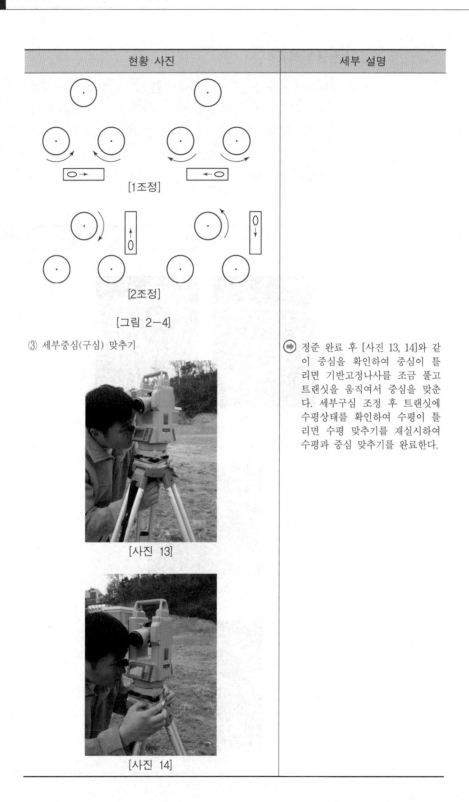 [1조정] [2조정] [그림 2-4] ③ 세부중심(구심) 맞추기 [사진 13] [사진 14]	⬌ 정준 완료 후 [사진 13, 14]와 같이 중심을 확인하여 중심이 틀리면 기반고정나사를 조금 풀고 트랜싯을 움직여서 중심을 맞춘다. 세부구심 조정 후 트랜싯에 수평상태를 확인하여 수평이 틀리면 수평 맞추기를 재실시하여 수평과 중심 맞추기를 완료한다.

(3) 관측

삼각 및 도근 측량은 한 측점에서 여러 시준점의 수평각을 관측하고 개정계
산부를 작성하는 방법과 시험장에 설치된 기지 A, B점에 각을 관측하여 미
지점에 수평각, 변장을 계산하는 방법과 기지변에 방위각을 계산하는 방법
이 있다. 각 관측이 변장 계산과 방위각 계산에 정확도를 좌우하므로 주의하
여 관측을 실시하여야 한다.

현황 사진	세부 설명
① 각관측 계획 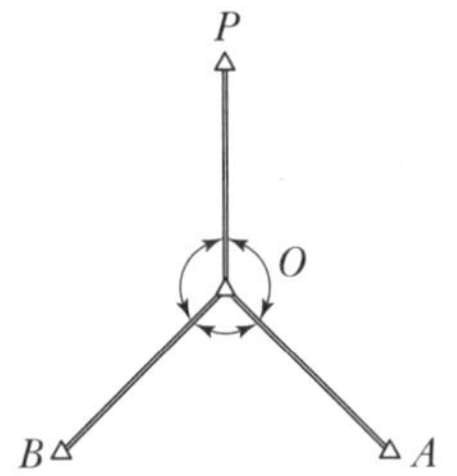 [그림 2-5] 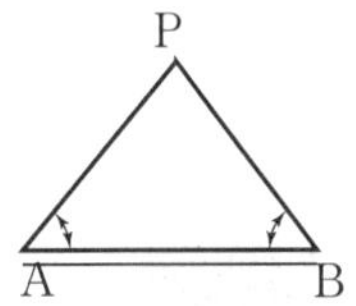 [그림 2-6] 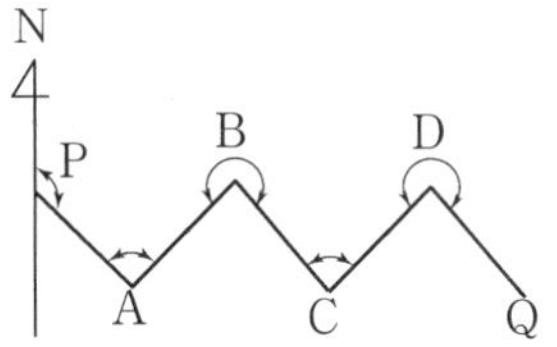 [그림 2-7]	트랜싯 세우기가 완료되면 [그림 2-5]와 같이 관측하여 개정계산부를 계산하는 방법과 [그림 2-6]과 같이 기지점에 기계를 세워 미지각과 미지변을 계산하는 방법과 [그림 2-7]과 같이 기지점에 방위각을 계산하는 문제이다.

현황 사진	세부 설명
② 각관측 준비  [사진 15] 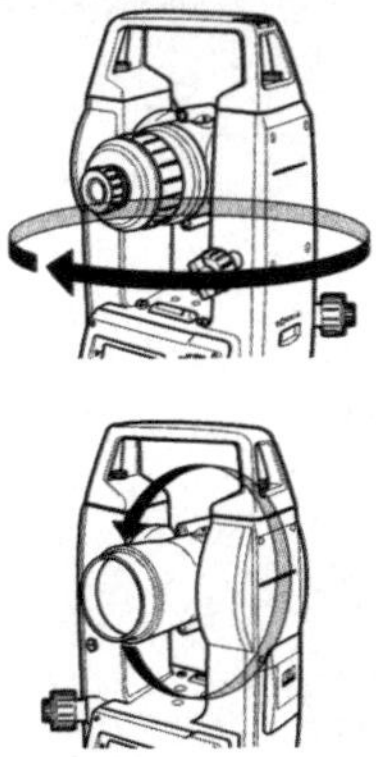 [그림 2-8]	➡ 시험유형이 파악되면 [사진 15]와 같이 트랜싯에 전원을 켜고 [그림 2-8]과 같이 수평·수직 방향으로 회전시켜 각관측 준비 작업을 완료한다.
③ 측점시준방법  [사진 16]  [사진 17]	➡ 기계 초기화 후 [사진 16]과 같이 망원경 위에 조준경을 이용하여 측점을 시준하고 [사진 17]과 같이 하부고정나사를 잠근다. 시험장에 표척은 간격이 좁아 조준경을 이용하지 않으면 측점을 잘못 시준하는 과실이 발생할 수도 있다.

현황 사진	세부 설명
④ 십자선 선명도 조정  [사진 18]	➡ 접안렌즈 조정나사를 이용하여 [사진 18]과 같이 십자선에 선명도를 조정한다
⑤ 렌즈의 초점, 수직방향 조정   [사진 19]　　　[사진 20]	➡ 십자선 조정이 완료되면 [사진 19]과 같이 대물렌즈 초점나사를 이용하여 렌즈에 초점을 맞추고 [사진 20]과 같이 수직방향을 맞춰 상부 고정나사를 잠근다.
⑥ 측점방향 맞추기  [사진 21] 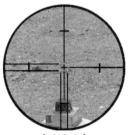 [사진 22]	➡ [사진 21]과 같이 상·하부 미동나사를 조정하여 [사진 22]와 같이 십자선 중앙에 측점을 위치시킨다. Tip] 시험장에 시준하고자 하는 것(못, 피뢰침 등) 중 기울어진 것이 있을 때는 반드시 상단이나 하단 등의 감독관에게 문의하여 지시한 대로 관측을 해야 한다.

현황 사진	세부 설명
⑦ 각관측 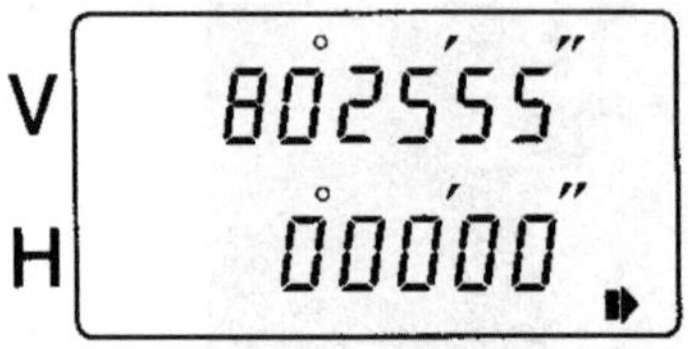 V 80°25′55″ H 00°00′00″ [그림 2-9]	➡ 방향 맞추기가 완료되면 트랜싯 에 SET 버튼을 눌러서 [그림 2-9]와 같이 0°00′00″를 맞춘다.
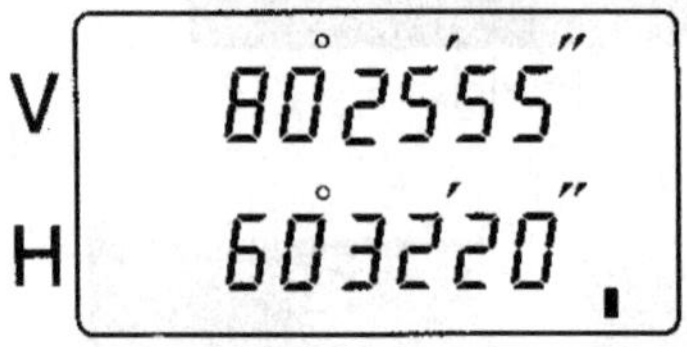 V 80°25′55″ H 60°32′20″ [그림 2-10]	➡ 최초 방향에 0°를 맞춘 후 하부 고정나사를 풀고 다음 측점을 시준하여 [그림 2-10]과 같이 관 측내각을 야장에 기입한다. 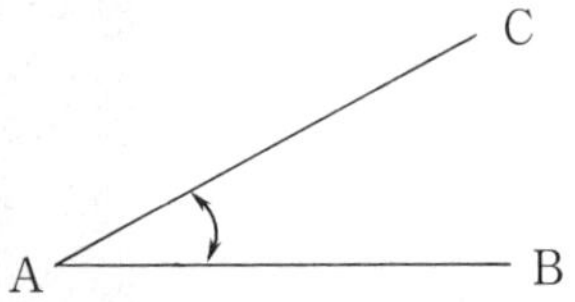 A B C
⑧ 이동  [사진 23]	➡ 첫 측점에서 각관측 완료 후 [사 진 23]과 같이 트랜싯을 들고 다 음 측점으로 이동한다. 이동 시 기계관리에 주의를 요한다. 다음 측점으로 이동하여 트랜싯 세우기 와 각관측 준비작업을 완료한다.
⑨ 각관측 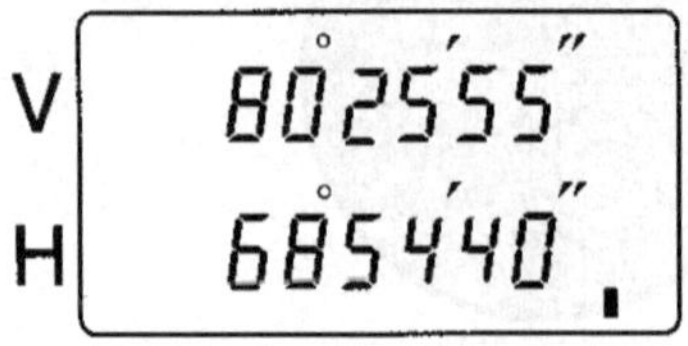 V 80°25′55″ H 68°54′40″ [그림 2-11]	➡ 트랜싯 세우기와 각관측 준비가 완료되면 각관측을 실시하여 [그 림 2-11]과 같이 관측내각을 야 장에 기입한다.

(4) 계산

삼각측량 및 도근측량에서의 계산은

※수평각을 관측, 조정하여 개정계산부를 계산하는 방법과

※배각으로서 삼각형의 두 기지각을 관측하여 미지각을 구하고 미지변의
길이를 구하는 방법, 오각형의 기지각을 관측하여 미지각을 계산하는 방
법이 있으며

※방위각으로는 기지방위각을 기준으로 하여 각 측점간 방위각을 관측하고
도착 방위각을 계산하는 방법 등이 있다.

1) 수평각 관측

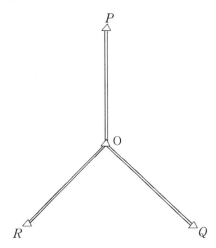

P점을 원방향으로 하여 수평각을 3대회(또는 2대회)의 방향관측법으로 관측하
고 결과각에 의하여 수평각 개정계산부를 작성하시오.

① 관측방법

ㄱ 측점 O에 기계를 세우고,(정준, 구심) 망원경을 정으로 하여 P점을 정확
히 시준 후 0 SET 하여 0° 00′ 00″를 만든다.

ㄴ 수평고정나사를 풀고 시계 방향으로 회전하여 Q점을 시준 후 각도를 독
취한다.

ㄷ 수평고정나사를 풀고 시계 방향으로 회전하여 R점을 시준 후 각도를 독
취한다.

ㄹ 수평고정나사를 풀고 시계 방향으로 회전하여 P점을 시준 후 각도를 독
취한다.

이때 원방향으로 왔기 때문에 360° 00′ 00″가 되어야 하지만 여러 가지 이유로 오차가 발생한다. (폐색차)

이것이 1대회 정관측이다.

㉺ 정으로 P점을 관측 후 망원경을 반전하여 원방향(P점)을 시준한다. 이때도 180°가 이론상 되어야 하지만 여러 가지 이유로 오차가 발생한다. (출발차)

㉂ 수평고정나사를 풀고 반시계 방향으로 회전하여 R점을 시준 후 각도를 독취한다.

㉃ 수평고정나사를 풀고 반시계 방향으로 회전하여 Q점을 시준 후 각도를 독취한다.

㉄ 수평고정나사를 풀고 반시계 방향으로 회전하여 P점을 시준 후 각도를 독취한다.

이때도 원방향으로 왔기 때문에 180° 00′ 00″가 되어야 하지만 여러 가지 이유로 오차가 발생한다. (폐색차)

이것이 1대회 반관측이며 이것으로 1대회 관측이 완료된다.

㉅ 2대회 또는 3대회도 위와 같은 순서로 관측하며 윤곽도만 달리하여 관측하면 된다.

윤곽도	1대회		2대회		3대회	
	정	반	정	반	정	반
2대회	0°	180°	90°	270°		
3대회	0°	180°	60°	240°	120°	300°

② 조정 방법

㉠ 2대회 또는 3대회 관측 후 출발차 또는 폐색차가 생기면 이를 조정하여 결과각을 계산하여야 한다.

㉡ 출발차는 시작시 생기는 오차이므로 모든 시준점에서 동일하게 조정한다.

㉢ 폐색차는 오차가 누적되었다고 보기 때문에 횟수에 비례하여 조정하며 여기서는 관측횟수가 3회이므로 2대회 정에서는

1회 방향각 (순번2) : +5″/3×1=+2″

2회 방향각 (순번3) : +5″/3×2=+3″

3회 방향각 (순번1) : +5″/3×3=+5″ 가 된다.

2대회 반, 3대회 정에서도 위와 같은 방법으로 계산한다.

ⓔ 조정 후 결과각은 원방향을 0°로 한 방향각을 기재하여야 한다.

그러므로 출발차, 폐색차 조정 후 윤곽도만큼 뺀 각을 기재한다.

예를 들어 2대회 반에서는 (윤곽도 240°)

239° 59′ 55″ + 5″ − 240° = 0° 00′ 00″

131° 17′ 33″ + 5″ + 1″ − 240° = 251° 17′ 39″

313° 42′ 21″ + 5″ + 2″ − 240° = 73° 42′ 28″

239° 59′ 52″ + 5″ + 3″ − 240° = 360° 00′ 00″가 된다.

※ 정측 후 관측한 폐색각(원방향각)과 반전 후 관측한 출발각(원방향각)은 360°로 한다.

ⓜ 수평각 개정계산부는 수평각 관측부의 결과에 의하여 순서대로 1대회 정측만 도, 분, 초로 기재하고 나머지는 다음과 같은 순서로 분, 초만 기재한다.

ⓗ 평균란의 도, 분은 대개 같으므로 그대로 적고 초단위만 6개를 더하여 평균하면 평균각이 된다.

ⓢ 중심각은 측점에서 시준점간의 사이각이기 때문에 앞서간 방향각에서 뒤의 방향각을 빼면 된다.

73° 42′ 25.5″ − 0° 00′ 00″ = 73° 42′ 25.5″

251° 17′ 41.3″ − 73° 42′ 25.5″ = 177° 35′ 15.8″

360° 00′ 00.0″ − 251° 17′ 41.3″ = 108° 42′ 18.7″ 가 된다.

수평각관측부

시간	윤곽도	경위	순번	시준점	방향각	조 정 출발차	조 정 폐색차	조 정 결과
								측점명　점
10:30	0°	정	1	P	0° 00 00″	° ′ ″	° ′ ″	0° 00 00″
			2	Q	73 42 25			73 42 25
			3	R	251 17 42			251 17 42
			1	P	360 00 00			360 00 00
	180°	반	1		180 00 03	-3		360 00 00
			3		71 17 47	-3		251 17 44
			2		253 42 25	-3		73 42 22
			1		180 00 03	-3		0 00 00
10:40	60°	정	1		60 00 00			0 00 00
			2		133 42 21		+2	73 42 23
			3		311 17 42		+3	251 17 45
			1		59 59 55		+5	360 00 00
	240°	반	1		239 59 55	+5		360 00 00
			3		131 17 33	+5	+1	251 17 39
			2		313 42 21	+5	+2	73 42 28
			1		239 59 52	+5	+3	0 00 00
10:50	120°	정	1		120 00 00			0 00 00
			2		193 42 32		-2	73 42 30
			3		11 17 42		-4	251 17 38
			1		120 00 06		-6	360 00 00
	300°	반	1		300 00 04	-4		360 00 00
			3		191 17 44	-4		251 17 40
			2		13 42 29	-4		73 42 25
			1		300 00 00	-4		0 00 00

수평각개정계산부

측점명	시준점	방 향 각 0° 정	0° 반	60° 정	60° 반	120° 정	120° 반	평균	중 심 각
	P	0° 00 00″	00′ 00″	00′ 00″	00′ 00″	00′ 00″	00′ 00″	0° 00 00″	° ′ ″
	Q	73 42 25	42 22	42 23	42 28	42 30	42 25	73 42 25.5	73 42 25.5
	R	251 17 42	17 44	17 45	17 39	17 38	17 40	251 17 41.3	177 35 15.8
	P	360 00 00	00 00	00 00	00 00	00 00	00 00	360 00 00.0	108 42 18.7

2) 배각 관측

배각 관측은 측점에서 시준점 사이의 각을 여러 번 관측하는 방법으로 지적측
량에서는 3배각 관측을 주로 사용한다.

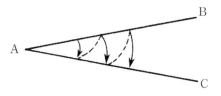

[그림 2-13] 3배각 관측

① 삼각형에서 두 내각(기지각)을 관측하여 나머지 한 각과 미지변 거리를 구
하는 방법

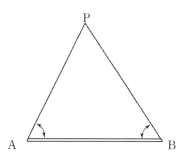

[그림 2-14] 배각 관측

측점	시준점	배 수	관 측 각	평 균 각
A	$\dfrac{P}{B}$	0	0° 00′ 00″	69° 42′ 47″
		1	69 42 44	
		3	209 08 20	
B	$\dfrac{A}{P}$	0	0 00 00	58° 12′ 13″
		1	58 12 15	
		3	174 36 39	

$\angle P = 180° - (\angle A + \angle B)$

$\quad = 180° - (69° \ 42' \ 47'' + 58° \ 12' \ 13'') = 52° \ 05' \ 00''$

※ sin 법칙을 이용하여 변장계산

$$\frac{BP}{\sin A} = \frac{AP}{\sin B} = \frac{AB}{\sin P}$$

$$\therefore AP = \frac{20 \times \sin 58° \ 12' \ 13''}{\sin 52° \ 05' \ 00''} = 21.55\text{m}$$

$$\therefore BP = \frac{20 \times \sin 69° \ 42' \ 47''}{\sin 52° \ 05' \ 00''} = 23.78\text{m가 된다.}$$

② 오각형에서 기지점 (A, B, C, D)의 각을 관측하여 나머지 각(∠P)을 구하는 방법

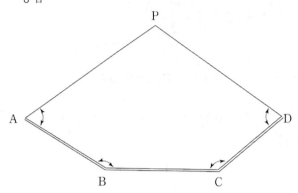

[그림 2-15] 배각 관측

측점	시준점	배수	관 측 각	평 균 각
A	$\dfrac{P}{B}$	0	0° 00′ 00″	65° 21′ 24″
		1	65 21 22	
		3	196 04 12	
B	$\dfrac{A}{C}$	0	0° 00′ 00″	142° 37′ 57″
		1	142 37 59	
		3	427 53 51	
C	$\dfrac{B}{D}$	0	0° 00′ 00″	134° 59′ 15″
		1	134 59 12	
		3	404 57 45	
D	$\dfrac{C}{P}$	0	0° 00′ 00″	71° 02′ 11″
		1	71 02 07	
		3	213 06 32	

다각형 내각의 합 : 180° × (n-2)   여기서 n : 각의 수

그러므로 오각형은 180° × (5-2)=540°가 된다.

$$\therefore \angle P = 540° - (\angle A + \angle B + \angle C + \angle D)$$

$$= 540° - (65° \ 21' \ 24'' + 142° \ 37' \ 57'' + 134° \ 59' \ 15'' + 71° \ 02' \ 11'')$$

$$= 125° \ 59' \ 13''$$

3) 방위각 관측

① 기지 방위각을 기준으로 하여 각 측선의 방위각을 관측하고 도착기지방위
각을 구하는 방법

단 출발기지방위각은 시험시 지정하여 준다.

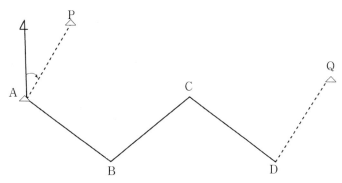

AP 방위각 : 35° 40′ 40″

[그림 2-16] 방위각 관측

※ 관측각은 A란에 기재할 것.

측점	시준점	방 위 각		
		A	B	평균
A	P	35° 40′ 40″		35° 40′ 40″
A	B	147° 19′ 55″		147° 19′ 55″
B	C	48° 29′ 10″		48° 29′ 10″
C	D	150° 38′ 37″		150° 38′ 37″
D	Q	39° 52′ 13″		39° 52′ 13″

② 관측방법

㉠ A점에서 구심과 정준한 후 수평각을 35° 40′ 40″에 맞추고 수평각을 고
정시킨다.(HOLD)

㉡ 수평각 고정 후 P점을 시준하여 고정한다.

㉢ 다시 HOLD(해제)시킨 후 수평고정나사를 풀고 시계방향으로 회전하여
B점을 시준한다. 시준 후 관측각이 AB의 방위각이 되므로 야장에 기재
한다.

㉣ 각을 HOLD(고정)시킨 후 기계를 정비하여 B점을 이동한다.

ⓜ B점에서 구심과 정준한 후 각이 고정된 상태에서 망원경을 반전하여 A점을 시준한다.

ⓗ 망원경을 정으로 하여 각을 HOLD(해제)시킨 후 수평고정나사를 풀고 시계방향으로 회전하여 C점을 시준한다.
시준 후 관측각이 BC의 방위각이 되므로 야장에 기재한다.

ⓢ 각을 HOLD(고정)시킨 후 기계를 정비하여 C점으로 이동한다.

ⓞ C, D 점에서도 B점과 같은 방법으로 관측하면 그 관측각이 CD의 방위각과 DQ의 방위각이 되므로 각각 야장에 기재한다.

ⓩ 결국 A점에서만 반전하지 않고 다음점부터 모두 반전하여 표정(후시)하고 정으로 하여 관측하며 이러한 방법을 반전법이라고도 한다.

CHAPTER

세부측량

1. 개요

지적분야 산업현장에서 활용하고 있는 최신의 기술을 실기시험에 적용하고자 기존 평판측량을 폐지하고, 토털스테이션(T/S)으로 관측한 거리와 방위각을 이용하여 좌표를 구하는 세부측량을 도입하였다. 시험장에서 직접 기지점 좌표와 기지방위각을 이용하여 각을 관측한 후에 좌표를 구하는 형태로 시험을 실시하고 있다.

2. 요구사항 및 채점기준표

(1) 요구사항

시험장에 설치된 측점을 이용한 관측 및 계산을 통해 거리와 좌표를 구한다. 특히 답안지 제출까지 35분이라는 짧은 시간이 주어지기 때문에 시간 배분에 매우 신경 써야 한다. 따라서 A, B, C에서 기계를 세우고 총 6회의 관측과 계산을 작성해서 제출하는 시간을 구체적으로 고려하고, 이론과 실습을 반복하여 연습해야 한다.

(2) 채점기준표 – 세부측량(토털스테이션 관측)

① 지적기사

항 목	채 점 방 법	배 점
세부측량 (토털스테이션 관측)	B점, C점, Q점 좌표(각 3개 좌표 × 2점)	6점
	C점, R점, S점 좌표(각 3개 좌표 × 2점)	6점
	PS 거리	3점
	합계	15점

② 지적산업기사

항 목	채 점 방 법	배 점
세부측량 (토털스테이션 관측)	B점, P점, R점, Q점, S점 좌표(각 5개 좌표 × 4점)	20점
	PS 거리	4점
	합계	24점

3. 기계 및 기구

세부측량 실기시험에 이용되는 기계는 각과 거리를 잴 수 있는 토털스테이션 장비
와 삼각대로 구성된다. 시험장에 준비된 기타 장비로는 측점[경계점 표지(목재)],
프리즘, 프리즘 폴 등이 있고, 개인 준비물로 계산기, 연필, 지우개, 볼펜을 지참하
여 시험에 응시하여야 한다. 관측 전에 기계의 배터리 잔량, 작동 여부(미동나사
밀림현상, 구심) 등을 확인하여 관측에 문제가 되지 않도록 특히 주의해야 한다.

(1) 토털스테이션의 구조 및 주요 명칭

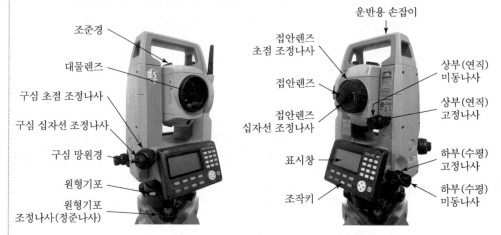

운반용 손잡이

조준경
대물렌즈
구심 초점 조정나사
구심 십자선 조정나사
구심 망원경
원형기포
원형기포
조정나사(정준나사)

접안렌즈
초점 조정나사
접안렌즈
접안렌즈
십자선 조정나사
표시창
조작키

상부(연직)
미동나사
상부(연직)
고정나사
하부(수평)
고정나사
하부(수평)
미동나사

[그림 3-1] 토털스테이션의 주요 명칭

[그림 3-2] 토털스테이션의 설치

(2) 토털스테이션(T/S) 장비의 종류 예시

[그림 3-3] SOKKIA(iM)　　[그림 3-4] SOKKIA(SET2-30R)　　[그림 3-5] TOPCON(ES)

Tip] 시험장 여건에 따라 장비가 다를 수 있지만, 관측과 거리측정 방법은 거의
비슷하기 때문에 너무 긴장하지 말고 차분히 연습한 대로 관측하면 된다.

4. 작업순서

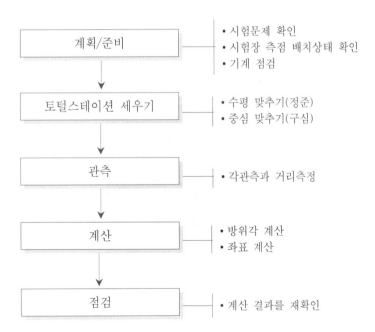

계획/준비	• 시험문제 확인 • 시험장 측점 배치상태 확인 • 기계 점검
토털스테이션 세우기	• 수평 맞추기(정준) • 중심 맞추기(구심)
관측	• 각관측과 거리측정
계산	• 방위각 계산 • 좌표 계산
점검	• 계산 결과를 재확인

5. 세부 작업 요령

(1) 계획 및 준비

세부측량 실기시험 시 대기석에서부터 시험장 측점 배치상태를 확인해야 하며, 시험 문제 배부 즉시 시험장 측점 배치상태를 확인하고 기계를 점검해야 한다. 기계 점검 시에는 원형기포관의 정준나사를 작업에 용이하도록 조정하고, 배터리를 체크하고, 미동나사가 밀리는지 확인해야 한다.

현황 사진	세부 설명
① 시험장 현황 파악  [사진 1]	➡ 시험장 대기석에서 [사진 1]과 같이 관측노선의 배치상태를 확인한다.
② 각관측과 거리관측 계획 수립  [사진 2]	➡ 시험장을 확인하면서 기지점, 기지방위각, 거리 등 시험위원이 지정한 값을 파악하여 관측계획을 수립한다.

현황 사진	세부 설명
③ T/S 장비 확인 및 높이 조절  [사진 3]  [사진 4]	➡ 토털스테이션이 지급되면 장비를 확인하고, [사진 3, 4]와 같이 삼각대 신축조정나사를 이용하여 기계의 높이를 자신의 눈높이에 맞게 삼각대를 조정한다.
④ T/S 장비 점검   [사진 5] [사진 6]   [사진 7] [사진 8]	➡ 삼각대 기반 위에 기계를 [사진 5]와 같이 중앙에 위치시켜야 하며 [사진 6, 7, 8]과 같이 정준나사, 상·하부 고정나사도 중앙에 오도록 조정한다.

(2) 토털스테이션 장비 세우기

T/S 장비 세우기는 시험장에서 많은 시간을 요하므로 반복 연습하여 시간을 단축하는 것이 전체 공정에서 매우 중요하다. 기계를 정확하게 세우는 것이 관측보다 중요하며, 오차를 최소화할 수 있는 방법이다. 삼각대를 견고하게 지지한 후 개략적인 수평 맞추기는 삼각대를 이용하고, 세부 수평 맞추기는 정준나사를 이용하며, 구심은 광학장치를 활용하는 방법으로 장비를 세운다.

현황 사진	세부 설명
① 중심(구심) 맞추기  [사진 9]	➡ 관측계획 수립 후 첫 관측점으로 이동하여 중심을 맞춘다. [사진 9]와 같이 하나의 삼각대는 고정해놓고 두 개의 삼각대와 구심 망원경을 이용하여 중심을 맞춘다. Tip] 지반이 물렁하거나 고정이 잘 되지 않아 기계가 흔들린다면 삼각대의 다리를 밟아 고정한다.
② 수평 맞추기(정준)  [사진 10]  [사진 11]	➡ 중심을 맞춘 후 [사진 10]과 같이 삼각대의 신축을 조절하여 개략적인 수평을 맞춘 후 세부 조정은 [사진 11]과 같이 정준나사를 이용한다. 기포 조정 시 [그림 3-6]과 같이 정준나사 두 개를 동시에 조정하여 1조정을 실시한 후 나머지 정준나사로 2조정을 한다.

현황 사진	세부 설명

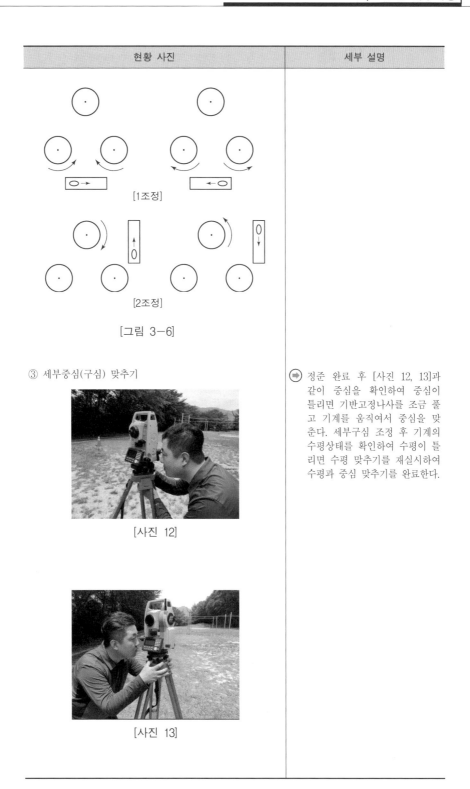

[1조정]

[2조정]

[그림 3-6]

③ 세부중심(구심) 맞추기

[사진 12]

[사진 13]

정준 완료 후 [사진 12, 13]과 같이 중심을 확인하여 중심이 틀리면 기반고정나사를 조금 풀고 기계를 움직여서 중심을 맞춘다. 세부구심 조정 후 기계의 수평상태를 확인하여 수평이 틀리면 수평 맞추기를 재실시하여 수평과 중심 맞추기를 완료한다.

(3) 관측

지적기사는 A점, B점, C점을 이용하여 구하고자 하는 4점의 좌표와 거리를 구하며, 지적산업기사는 A점, B점을 이용하여 구하고자 하는 4점의 좌표와 거리를 구하는 방식으로 관측한다. 지적기사는 6점, 지적산업기사는 5점을 관측해야 하므로 제한된 시간을 고려해야 한다.

현황 사진	세부 설명
① 각관측 계획 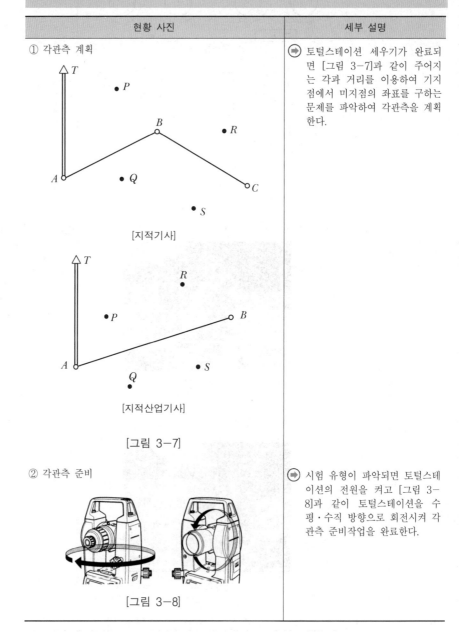 [지적기사] [지적산업기사] [그림 3-7]	➡ 토털스테이션 세우기가 완료되면 [그림 3-7]과 같이 주어지는 각과 거리를 이용하여 기지점에서 미지점의 좌표를 구하는 문제를 파악하여 각관측을 계획한다.
② 각관측 준비 [그림 3-8]	➡ 시험 유형이 파악되면 토털스테이션의 전원을 켜고 [그림 3-8]과 같이 토털스테이션을 수평·수직 방향으로 회전시켜 각관측 준비작업을 완료한다.

현황 사진	세부 설명
③ 측점 시준  [사진 14]  [사진 15]	➡ 관측 준비가 완료되면 [사진 14]와 같이 망원경 위에 있는 조준경을 이용하여 측점을 시준하고 [사진 15]와 같이 하부 고정나사를 잠가 방향을 고정한다. 주의) 시험장의 표척은 간격이 좁아 조준경을 이용하지 않을 경우 측점을 잘못 시준하여 옆 측선을 관측하는 과실이 발생할 수도 있다.
④ 십자선 선명도 조정  [사진 16]	➡ 표척 시준 후 접안렌즈 조정나사를 이용하여 [사진 16]과 같이 십자선의 선명도를 조정한다.

현황 사진	세부 설명
⑤ 렌즈의 초점, 수직방향 조정  [사진 17]  [사진 18]	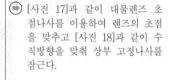 [사진 17]과 같이 대물렌즈 초점나사를 이용하여 렌즈의 초점을 맞추고 [사진 18]과 같이 수직방향을 맞춰 상부 고정나사를 잠근다.
⑥ 측점방향 맞추기  [사진 19] 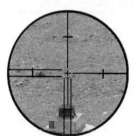 [사진 20]	[사진 19]와 같이 상·하부 미동나사를 조정하여 [사진 20]처럼 십자선 중앙에 측점을 위치시킨다.

현황 사진	세부 설명
⑦ 각관측  [사진 21]	➡ 방향 맞추기가 완료되면 FUNC 버튼을 눌러 '측정−거리·각도−0세팅−좌표' 메뉴가 나오도록 설정하고 F3 버튼을 2번 눌러서 [사진 21]과 같이 0° 00′ 00″를 맞춘다.
 [사진 22]	➡ 최초 방향에서 0°를 맞춘 후 하부 고정나사를 풀고 다음 측점을 시준하여 [사진 22]와 같이 보이는 관측내각을 야장에 기입한다.
⑧ 이동  [사진 23]	➡ 첫 측점에서 각관측 완료 후 [사진 23]과 같이 장비를 들고 다음 측점으로 이동한다. 이동 시 기계관리에 주의를 요한다. 다음 측점으로 이동하여 토털스테이션 세우기와 각관측 준비작업을 완료한다.
⑨ 각관측 및 거리측정  [사진 24]	➡ 토털스테이션 세우기와 각관측 준비가 완료되면 각관측을 실시하여 [사진 24]와 같이 보이는 관측내각을 야장에 기입한다. ➡ 기계점에서 구하고자 하는 점의 프리즘을 시준하고 F1을 눌러 거리를 측정하여 야장에 기입한다.

(4) 계산

T/S 장비를 활용하여 관측한 값을 계산하여 최종적으로 제출한다. 특히 관측을 잘했는데 계산을 잘못하여 점수를 받지 못하는 경우가 많기 때문에 관측값을 활용하여 이론적으로 계산하는 방법을 습득해야 한다.

1) 지적기사

측점 A에서 출발하여 측점 B의 방위각을 관측하고, 측점 B에서 P, Q에 대한 거리와 방위각 및 측점 C의 방위각을 관측한 후 측점 C에서 R, S에 대한 거리와 방위각을 관측하여 주어진 서식에 기록하고 B, C, P, Q, R, S에 대한 좌표 및 $\overline{PS}$ 거리를 구하시오.(단, A점의 좌표는 $X = 150.00$m, $Y = 200.00$m이고, 기지방위각(V_A^T), $\overline{AB}$ 및 $\overline{BC}$ 거리는 시험위원이 지정해 주는 값에 따르며, 반드시 제시한 측점에서 관측하여 각은 초($''$) 단위까지, 거리 및 좌표는 소수 셋째 자리에서 반올림하여 구하시오.)

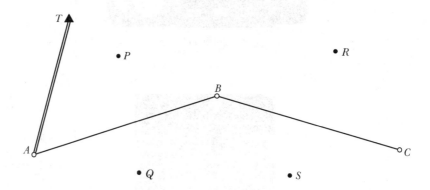

① 관측방법

　㉠ A점에 기계를 설치하고 A점에서 T점 방향을 시준하고 0세팅 한다.

　㉡ A점에서 T점 방향을 보고 B점을 시준한다.

　　[관측]　　　　　　　　　　$\angle A$를 관측한다.

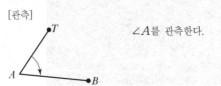

ⓒ B점으로 이동하여 B점에 기계를 설치하고 A점 방향을 시준하고 0세팅 한다.

ⓓ B점에서 A점 방향을 보고 P점을 시준한다.

[관측]

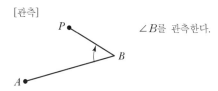

∠B를 관측한다.

ⓜ B점에서 Q점 방향을 시준하고 0세팅 한다.

ⓗ B점에서 Q점 방향을 보고 A점을 시준한다.

[관측]

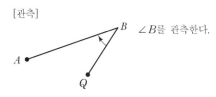

∠B를 관측한다.

ⓢ B점에서 P점 및 Q점 거리를 관측한다.

ⓞ C점으로 이동하여 C점에 기계를 설치하고 B점 방향을 시준하고 0세팅 한다.

ⓩ C점에서 B점 방향을 보고 R점을 관측한다.

[관측]

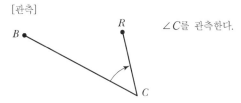

∠C를 관측한다.

ⓒ C점에서 S점 방향을 시준하고 0세팅 한다.

ⓚ C점에서 S점을 보고 B점을 관측한다.

[관측]

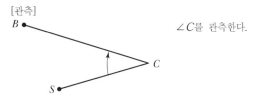

∠C를 관측한다.

ⓔ C점에서 R점 및 S점 거리를 관측한다.

② 계산

㉠ B점 좌표, P점 좌표, Q점 좌표를 계산한다.

㉡ B점 좌표는 A점 좌표($X = 150.00\text{m}$, $Y = 200.00\text{m}$)를 이용하고 주어진 기지방위각(V_A^T)을 이용하여 계산한다.

㉢ $B_X = A_X + (\overline{AB} \times \cos V_A^B)$

$B_Y = A_Y + (\overline{AB} \times \sin V_A^B)$

V_A^B 방위각은 V_A^T(기지방위각) $+ \angle A$

㉣ P점 좌표 계산

$P_X = B_X + (\overline{BP} \times \cos V_B^P)$

$P_Y = B_Y + (\overline{BP} \times \sin V_B^P)$

V_B^P 방위각은 $\underline{V_A^B + 180° + \angle ABP}$

㉤ Q점 좌표 계산

$Q_X = B_X + (\overline{BQ} \times \cos V_B^Q)$

$Q_Y = B_Y + (\overline{BQ} \times \sin V_B^Q)$

V_B^Q 방위각은 $\underline{V_A^B + 180° - \angle QBA}$

※ $\overline{BP}$와 $\overline{BQ}$ 거리는 T/S 기계에서 거리 관측한 값

㉥ C점 좌표 계산

$C_X = B_X + (\overline{BC} \times \cos V_B^C)$

$C_Y = B_Y + (\overline{BC} \times \sin V_B^C)$

㉦ R점 좌표 계산

$R_X = C_X + (\overline{CR} \times \cos V_C^R)$

$R_Y = C_Y + (\overline{CR} \times \sin V_C^R)$

V_C^R 방위각은 $\underline{V_B^C + 180° + \angle BCR}$

㉧ S점 좌표 계산

$S_X = C_X + (\overline{CS} \times \cos V_C^S)$

$S_Y = C_Y + (\overline{CS} \times \sin V_C^S)$

V_C^S 방위각은 $\underline{V_B^C + 180° - \angle SCB}$

※ $\overline{CR}$와 $\overline{CS}$ 거리는 T/S 기계에서 거리 관측한 값

ⓩ $\overline{PS}$ 거리 계산

$$\overline{PS} = \sqrt{(P_X - S_X)^2 + (P_Y - S_Y)^2}$$

※ 좌표 및 거리는 소수 셋째 자리에서 반올림하여 소수 둘째 자리까지 구한다.

　예) $180.194\,\text{m} = 180.19\text{m},\ \ 180.196\,\text{m} = 180.20\text{m}$

※ 각관측은 초($''$) 단위까지 계산한다.

　예) $36° \ 18' \ 14.6'' = 36° \ 18' \ 15''$

2) 지적산업기사

측점 A에서 P, Q에 대한 거리와 방위각을 관측하고, 측점 B에서 R, S에 대한 거리와 방위각을 관측하여 주어진 서식에 기록하고 B, P, Q, R, S에 대한 좌표 및 $\overline{PS}$의 거리를 구하시오.(단, A점의 좌표는 $X = 200.00\text{m}$, $Y = 300.00\text{m}$이고, 기지방위각($V_A{}^T$) 및 측점 간 거리는 시험위원이 지정해 주는 값으로 하며, 반드시 제시한 측점에서 관측하여 각은 초($''$) 단위, 거리 및 좌표는 소수 셋째 자리에서 반올림하여 구하시오.)

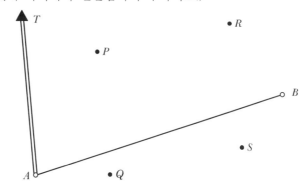

① 관측방법

㉠ A점에 기계를 설치하고 A점에서 T점 방향을 시준하고 0세팅 한다.

㉡ A점에서 T점 방향을 보고 P점을 시준한다.

[관측]　　　　　　　　　　　　　$\angle A$를 관측한다.

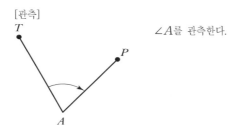

ⓒ A점에서 P점 거리를 관측한다.

ⓔ A점에 기계를 설치하고 A점에서 T점 방향을 시준하고 0세팅 한다.

ⓜ A점에서 T점 방향을 보고 B점을 시준한다.

[관측]

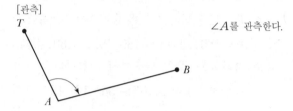

∠A를 관측한다.

ⓗ A점에 기계를 설치하고 A점에서 T점 방향을 시준하고 0세팅 한다.

ⓢ A점에서 T점 방향을 보고 Q점을 시준한다.

[관측]

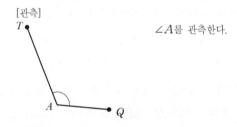

∠A를 관측한다.

ⓞ A점에서 Q점 거리를 관측한다.

ⓩ 기계를 B점으로 이동하여 설치한다.

ⓒ B점에서 A점 방향을 시준하고 0세팅 한다.

ⓚ B점에서 A점을 보고 R점을 관측한다.

[관측]

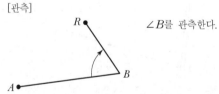

∠B를 관측한다.

ⓣ B점에서 R점 거리를 관측한다.

ⓟ B점에서 S점 방향을 시준하여 0세팅 한다.

ⓗ B점에서 S점을 보고 A점을 관측한다.

[관측]

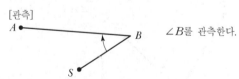

∠B를 관측한다.

㋐ B점에서 S점 거리를 관측한다.

② 계산

　㉠ A점에서 P점 및 Q점의 좌표를 계산한다.

　㉡ A점 좌표($X = 200.00$m, $Y = 300.00$m)를 이용하고 주어진 기지방위

　　각 (V_A^T)을 이용하여 계산한다.

　㉢ $P_X = A_X + (\overline{AP} \times \cos V_A^P)$

　　$P_Y = A_Y + (\overline{AP} \times \sin V_A^P)$

　　V_A^P 방위각은 $V_A^T + \angle TAP$

　㉣ $Q_X = A_X + (\overline{AQ} \times \cos V_A^Q)$

　　$Q_Y = A_Y + (\overline{AQ} \times \sin V_A^Q)$

　　V_A^Q 방위각은 $V_A^T + \angle TAQ$

　㉤ B점 좌표 계산

　　$B_X = A_X + (\overline{AB} \times \cos V_A^B)$

　　$B_Y = A_Y + (\overline{AB} \times \sin V_A^B)$

　　방위각 $V_A^B = V_A^T + \angle TAB$

　㉥ R점 좌표 계산

　　$R_X = B_X + (\overline{BR} \times \cos V_B^R)$

　　$R_Y = B_Y + (\overline{BR} \times \sin V_B^R)$

　　방위각 $V_B^R = V_A^B + 180° + \angle ABR$

　㉦ S점 좌표 계산

　　$S_X = B_X + (\overline{BS} \times \cos V_B^S)$

　　$S_Y = B_Y + (\overline{BS} \times \sin V_B^S)$

　　V_B^S 방위각은 $V_A^B + 180° - \angle SBA$

※ 좌표 및 거리는 소수 셋째 자리에서 반올림하여 소수 둘째 자리까지 구한다.

※ 각관측은 초($''$) 단위까지 계산한다.

O4 CHAPTER

실전문제 및 답안양식

1. 실전문제

국가기술자격검정 실기 외업 문제(기사-1)

자격 종목 및 등급	지적기사	과제명	지적삼각보조점측량, 지적도근점측량, 세부측량

※ 시험시간 : 1시간 45분

- 1과제(지적삼각보조점측량) : 35분
- 2과제(지적도근점측량) : 35분
- 3과제(세부측량) : 35분

1. 요구사항

(1) 지적삼각보조점측량

2대회 방향관측법으로 수평각관측부 및 수평각개정계산부를 작성하시오.

(2) 지적도근측량

$A \rightarrow B$ 방위각, $B \rightarrow C$ 방위각, C점 좌표를 구하시오

(3) 지적세부측량

B, C, P, Q, R, S의 좌표 및 $\overline{PS}$의 거리를 계산하시오.

2. 수험자 유의사항

※ 다음 유의사항을 고려하여 요구사항을 완성하시오.

(1) 수험자 인적 사항 및 계산식을 포함한 답안 작성은 검은색 필기구만 사용해야 하며, 그 외 연필류, 빨간색, 파란색 등의 필기구를 사용해 작성한 답항은 0점 처리되오니 불이익을 당하지 않도록 유의해 주시기 바랍니다.

(2) 답안 정정 시에는 정정하고자 하는 단어에 두 줄(=)을 긋고 다시 작성하거나 수정테이프(수정액 제외)를 사용하여 정정하시기 바랍니다.

(3) 지급된 장비의 이상 유무를 확인합니다.

(4) 코스별 부호의 명칭을 확인하여 기재하고 현장을 확인합니다.

(5) 수험 도중 수험자 간에 대화를 해서는 아니 됩니다.

(6) 실기시험 중 설치된 시설물이 파손되지 않도록 주의하여야 합니다.

(7) 장비 사용을 완료한 경우에는 본래대로 조정한 후 원위치에 반환합니다.

(8) 모든 관측부의 서식 정리 및 답안지 작성은 지적 관련 법령 및 서식 등의 관련 규정에 맞도록 기록하고 기재 가능한 모든 사항을 기록합니다.(단, 주어진 조건이 있을 경우에는 조건에 따르시오.)

(9) 요구사항의 측점에 대한 관측값 등이 누락된 과제는 각 과제별 0점 처리합니다.

(10) 각 과제 시험시간을 초과한 과제는 각 과제별 0점 처리합니다.

(11) 시험 중 수험자는 반드시 안전수칙을 준수해야 하며, 작업 복장 상태, 안전사항 등이 채점 대상이 됩니다.(작업에 적합한 복장을 항시 착용하여야 합니다.)

(12) 다음 사항에 대해서는 채점 대상에서 제외하니 특히 유의하시기 바랍니다.

① 기권

　수험자 본인이 수험 도중 시험에 대한 포기 의사를 표시하는 경우

② 실격

- 모든 수험과정(작업형, 필답형)을 응시하지 않은 경우
- 시험 중 시설·장비의 조작이 미숙하여 장비의 파손 및 고장을 발생시킨 것으로 시험위험 전원이 합의하여 판단하는 경우

국가기술자격검정 실기 외업 문제(삼각보조점측량)

자격 종목 및 등급	지적기사	수검번호 및 성명	

가. 지적삼각보조점측량[1과제]

다음 주어진 측점 O점에 기계를 설치하고 $\overline{OP}$를 출발기준선으로 하여 2대회 방향관측법으로 수평각관측부 및 수평각개정계산부를 작성하시오.(단, P, Q, R점은 시험위원이 지정한 점을 관측하고, 출발기준선의 기지방위각은 0° 00′ 00″로 가정한다.)(15점)

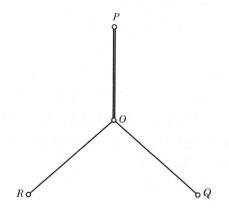

수평각관측부

시간	윤곽도	경위	순번	시준점	방향각				조정						
									출발차		폐색차		결과		
					°	′	″						°	′	″

측점명　점

수평각개정계산부

측점명	시준점	방향각										평균				중심각			
		0°				60°				120°									
		정			반		정		반		정		반						
		°	′	″	′	″	′	″	′	″	′	″	′	″	°	′	″	°	′	″

국가기술자격검정 실기 외업 문제(도근측량)

자격 종목 및 등급	지적기사	수검번호 및 성명	

나. 지적도근점측량[2과제]

다음 그림과 같이 지적도근점측량을 배각법으로 실시하고자 한다. 측점 A, B에 기계를 설치하여 $A \rightarrow B$ 방위각, $B \rightarrow C$ 방위각, C점의 좌표를 구하시오.(단, A점의 좌표는 $X = 100.00\text{m}$, $Y = 100.00\text{m}$이며, 기지방위각(V_A^P), $\overline{AB}$ 및 $\overline{BC}$ 거리는 시험위원이 지정해 주는 값에 따른다.)(15점)

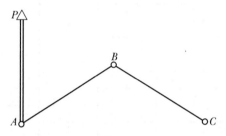

측점	시준점	배수	관측각	관측각 조정		평균각		
				출발차	결과	°	′	″

국가기술자격검정 실기 외업 문제(세부측량)

자격 종목 및 등급	지적기사	수검번호 및 성명	

다. 세부측량[3과제]

측점 A에서 출발하여 측점 B의 방위각을 관측하고, 측점 B에서 P, Q에 대한 거리와 방위각 및 측점 C의 방위각을 관측한 후 측점 C에서 R, S에 대한 거리와 방위각을 관측하여 주어진 서식에 기록하고 B, C, P, Q, R, S에 대한 좌표 및 $\overline{PS}$ 거리를 구하시오.(단, A점의 좌표는 $X = 150.00$m, $Y = 200.00$m이고, 기지방위각($V_A{}^T$), $\overline{AB}$ 및 $\overline{BC}$ 거리는 시험위원이 지정해 주는 값에 따르며, 반드시 제시한 측점에서 관측하여 각은 초(″) 단위까지, 거리 및 좌표는 소수 셋째 자리에서 반올림하여 구하시오.)(15점)

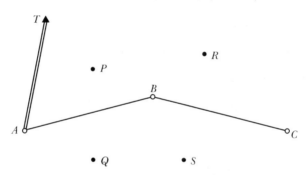

가) B, P, Q점의 좌표			나) C, R, S점의 좌표		
B점 좌표	계산)		C점 좌표	계산)	
	X :	Y :		X :	Y :
P점 좌표	계산)		R점 좌표	계산)	
	X :	Y :		X :	Y :
Q점 좌표	계산)		S점 좌표	계산)	
	X :	Y :		X :	Y :
$\overline{PS}$ 거리					

국가기술자격검정 실기 외업 문제(기사-2)

자격 종목 및 등급	지적기사	과제명	지적삼각보조점측량, 지적도근점측량, 세부측량

※ 시험시간 : 1시간 45분
- 1과제(지적삼각보조점측량) : 35분
- 2과제(지적도근점측량) : 35분
- 3과제(세부측량) : 35분

1. 요구사항

(1) 지적삼각보조점측량
3대회 방향관측법으로 수평각관측부 및 수평각개정계산부를 작성하시오.

(2) 지적도근측량
B점, C점 좌표 및 $\overline{AC}$, $\overline{BC}$ 거리를 계산하시오.

(3) 지적세부측량
B, P, Q, C, R, S점의 좌표 및 $\overline{PS}$ 거리를 계산하시오.

2. 수험자 유의사항

※ 다음 유의사항을 고려하여 요구사항을 완성하시오.

(1) 수험자 인적 사항 및 계산식을 포함한 답안 작성은 검은색 필기구만 사용해야 하며, 그 외 연필류, 빨간색, 파란색 등의 필기구를 사용해 작성한 답항은 0점 처리되오니 불이익을 당하지 않도록 유의해 주시기 바랍니다.

(2) 답안 정정 시에는 정정하고자 하는 단어에 두 줄(=)을 긋고 다시 작성하거나 수정테이프(수정액 제외)를 사용하여 정정하시기 바랍니다.

(3) 지급된 장비의 이상 유무를 확인합니다.

(4) 코스별 부호의 명칭을 확인하여 기재하고 현장을 확인합니다.

(5) 수험 도중 수험자 간에 대화를 해서는 아니 됩니다.

(6) 실기시험 중 설치된 시설물이 파손되지 않도록 주의하여야 합니다.

(7) 장비 사용을 완료한 경우에는 본래대로 조정한 후 원위치에 반환합니다.

(8) 모든 관측부의 서식 정리 및 답안지 작성은 지적 관련 법령 및 서식 등의 관련 규정에 맞도록 기록하고 기재 가능한 모든 사항을 기록합니다.(단, 주어진 조건이 있을 경우에는 조건에 따르시오.)

(9) 요구사항의 측점에 대한 관측값 등이 누락된 과제는 각 과제별 0점 처리합니다.

(10) 각 과제 시험시간을 초과한 과제는 각 과제별 0점 처리합니다.

(11) 시험 중 수험자는 반드시 안전수칙을 준수해야 하며, 작업 복장 상태, 안전사항 등이 채점 대상이 됩니다.(작업에 적합한 복장을 항시 착용하여야 합니다.)

(12) 다음 사항에 대해서는 채점 대상에서 제외하니 특히 유의하시기 바랍니다.

① 기권

수험자 본인이 수험 도중 시험에 대한 포기 의사를 표시하는 경우

② 실격

• 모든 수험과정(작업형, 필답형)을 응시하지 않은 경우

• 시험 중 시설·장비의 조작이 미숙하여 장비의 파손 및 고장을 발생시킨 것으로 시험위험 전원이 합의하여 판단하는 경우

국가기술자격검정 실기 외업 문제(삼각보조점측량)

자격 종목 및 등급	지적기사	수검번호 및 성명	

가. 지적삼각보조점측량[1과제]

시험장에 설치된 측점 O점에 기계를 세워 3대회 방향관측법으로 관측하고 수평각관측부 및 수평각개정계산부를 작성하시오.(15점)

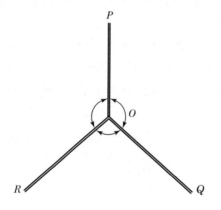

수평각관측부

시간	윤곽도	경위	순번	시준점	방향각 측점명			점 조정			
								출발차	폐색차	결과	
				°	′	″			°	′	″

수평각개정계산부

측점명	시준점	방향각									평균			중심각			
		0°			90°												
		정		반		징		반		정		반					
		°	′	″	′	″	′	″	′	″	′	″	′	″	°	′	″

국가기술자격검정 실기 외업 문제(도근측량)

자격 종목 및 등급	지적기사	수검번호 및 성명	

나. 지적도근점측량[2과제]

시험장에 설치된 측점 A 및 B에 기계를 설치하고 3배각으로 내각을 관측하여 B점, C점의 좌표 및 $\overline{AC}$, $\overline{BC}$ 거리를 계산하시오.(단, $\overline{AB}$ 거리는 20m임)(15점)

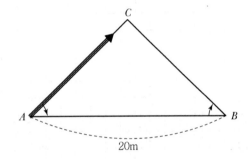

- A점 좌표

  $X = 300\,\mathrm{m}$

  $Y = 400\,\mathrm{m}$
- $\overline{AC}$ 방위각 $= 45°\ 00'\ 00''$

측점	시준점	배수	관측각	평균각	거리
A	$\dfrac{C}{B}$	0			$\overline{AC}$
		1			
		3			
B	$\dfrac{A}{C}$	0			$\overline{BC}$
		1			
		3			

가) B점의 좌표

　(계산)

나) C점의 좌표

　(계산)

국가기술자격검정 실기 외업 문제(세부측량)

자격 종목 및 등급	지적기사	수검번호 및 성명	

다. 세부측량[3과제]

시험장에 설치된 측점 B를 이용하여 P, Q 좌표 및 측점 C를 이용하여 R, S 좌표를 계산하고 $\overline{PS}$ 거리를 구하시오.(단, P, Q 측점의 타깃은 B 측점 방향이며 R, S 측점의 타깃은 C 측점 방향으로 설치하고, $\overline{AB}$ 거리는 20m, $\overline{BC}$ 거리는 25m이며, 각은 초 단위, 거리 및 좌표는 소수 둘째 자리까지 계산하되, 반드시 제시한 측점에서 관측하여 계산할 것)(15점)

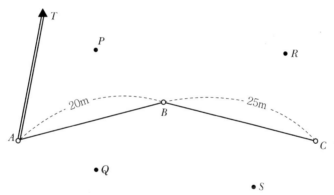

- A점 좌표 : $X = 150\,\mathrm{m}$, $Y = 200\,\mathrm{m}$
- $\overline{AT}$ 방위각 $= 15°\ 20'\ 35''$

가) B, P, Q점의 좌표			나) C, R, S점의 좌표		
B점 좌표	계산)		C점 좌표	계산)	
	X :	Y :		X :	Y :
P점 좌표	계산)		R점 좌표	계산)	
	X :	Y :		X :	Y :
Q점 좌표	계산)		S점 좌표	계산)	
	X :	Y :		X :	Y :
$\overline{PS}$ 거리					

국가기술자격검정 실기 외업 문제(산업기사-1)

자격 종목 및 등급	지적산업기사	과제명	지적도근점측량, 세부측량

※ 시험시간 : 1시간 10분

- 1과제(지적도근점측량) : 35분
- 2과제(세부측량) : 35분

1. 요구사항

(1) 지적도근점측량

V_A^B, V_B^C, V_C^D, V_D^Q 방위각을 구하시오.

(2) 지적세부측량

B, P, Q, R, S에 대한 좌표와 $\overline{PS}$ 거리를 구하시오.

2. 수험자 유의사항

※ 다음 유의사항을 고려하여 요구사항을 완성하시오.

(1) 수험자 인적 사항 및 답안 작성은 검은색 필기구만 사용해야 하며, 그 외 연필류, 빨간색, 파란색 등의 필기구를 사용하여 작성할 경우 0점 처리되오니 불이익을 당하지 않도록 유의해 주시기 바랍니다.

(2) 답안 정정 시에는 정정하고자 하는 단어에 두 줄(=)을 긋고 다시 작성하거나 수정테이프(수정액 제외)를 사용하여 정정하시기 바랍니다.

(3) 지급된 장비의 이상 유무를 확인합니다.

(4) 코스별 부호의 명칭을 확인하여 기재하고 현장을 확인합니다.

(5) 수험 도중 수험자 간에 대화를 해서는 안 됩니다.

(6) 실기시험 중 설치된 시설물이 파손되지 않도록 주의하여야 합니다.

(7) 장비 사용을 완료한 경우에는 본래대로 조정한 후 원위치에 반환합니다.

(8) 모든 관측부의 서식 정리 및 답안지 작성은 지적 관련 법령 및 서식 등의 관련 규정에 맞도록 기록하고 기재 가능한 모든 사항을 기록합니다.(단, 주어진 조건이 있을 경우에는 조건에 따르시오.)

(9) 요구사항의 측점에 대한 관측값 등이 누락된 과제는 각 과제별 0점 처리합니다.

(10) 각 과제 시험시간을 초과한 과제는 각 과제별 0점 처리합니다.

(11) 시험 중 수험자는 반드시 안전수칙을 준수해야 하며, 작업 복장 상태, 안전사항 등이 채점 대상이 됩니다.(작업에 적합한 복장을 항시 착용하여야 합니다.)

(12) 다음 사항에 대해서는 채점 대상에서 제외하니 특히 유의하시기 바랍니다.

① 기권

수험자 본인이 수험 도중 시험에 대한 포기 의사를 표시하는 경우

② 실격

• 모든 수험과정(작업형, 필답형)을 응시하지 않은 경우

• 시험 중 시설·장비의 조작이 미숙하여 장비의 파손 및 고장을 발생시킨 것으로 시험위험 전원이 합의하여 판단하는 경우

국가기술자격검정 실기 외업 문제(도근측량)

자격 종목 및 등급	지적산업기사	수검번호 및 성명	

가. 지적도근점측량[1과제]

다음 그림과 같이 지적도근점측량을 방위각법으로 실시하고자 한다. A점에서 P점을 출발기지로 하여 D점에서 Q점까지 각 측선의 방위각을 구하여 주어진 서식에 기록하시오.(단, 출발기지 방위각은 시험위원이 지정한 값으로 하며, 관측값은 초($''$) 단위까지 구하시오.)(21점)

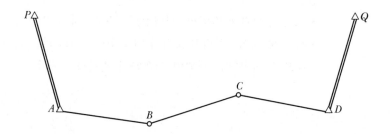

※ 관측각은 A난에 기재할 것

측점	시준점	방위각										
		A			B			평균				
		°	′	″	°	′	″	°	′	″		
		°	′	″	°	′	″	°	′	″		
		°	′	″	°	′	″	°	′	″		
		°	′	″	°	′	″	°	′	″		
		°	′	″	°	′	″	°	′	″		
		°	′	″	°	′	″	°	′	″		

국가기술자격검정 실기 외업 문제(세부측량)

자격 종목 및 등급	지적산업기사	수검번호 및 성명	

나. 세부측량[2과제]

측점 A에서 P, Q에 대한 거리와 방위각을 관측하고, 측점 B에서 R, S에 대한 거리와 방위각을 관측하여 주어진 서식에 기록하고, B, P, Q, R, S에 대한 좌표 및 $\overline{PS}$ 거리를 구하시오.(단, A점의 좌표는 $X = 200.00\,\text{m}$, $Y = 300.00\,\text{m}$이고, 기지방위각(V_A^T) 및 측점 간 거리는 시험위원이 지정해 주는 값으로 하며, 반드시 제시한 측점에서 관측하여 각은 초($''$) 단위까지, 거리 및 좌표는 소수 셋째 자리에서 반올림하여 구하시오.)(24점)

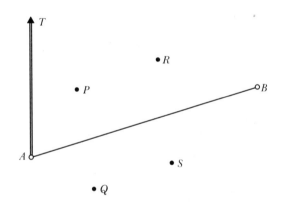

국가기술자격검정 실기 외업 문제(산업기사-2)

자격 종목 및 등급	지적산업기사	과제명	지적도근점측량, 세부측량

※ 시험시간 : 1시간 10분
- 1과제(지적도근점측량) : 35분
- 2과제(세부측량) : 35분

1. 요구사항

(1) 지적도근점측량

B점, C점, Q점 좌표를 구하시오.

(2) 지적세부측량

B점, P점, Q점, R점, S점 및 $\overline{PS}$ 거리를 구하시오.

2. 수험자 유의사항

※ 다음 유의사항을 고려하여 요구사항을 완성하시오.

(1) 수험자 인적 사항 및 답안 작성은 검은색 필기구만 사용해야 하며, 그 외 연필류, 빨간색, 파란색 등의 필기구를 사용하여 작성할 경우 0점 처리되오니 불이익을 당하지 않도록 유의해 주시기 바랍니다.

(2) 답안 정정 시에는 정정하고자 하는 단어에 두 줄(=)을 긋고 다시 작성하거나 수정테이프(수정액 제외)를 사용하여 정정하시기 바랍니다.

(3) 지급된 장비의 이상 유무를 확인합니다.

(4) 코스별 부호의 명칭을 확인하여 기재하고 현장을 확인합니다.

(5) 수험 도중 수험자 간에 대화를 해서는 안 됩니다.

(6) 실기시험 중 설치된 시설물이 파손되지 않도록 주의하여야 합니다.

(7) 장비 사용을 완료한 경우에는 본래대로 조정한 후 원위치에 반환합니다.

(8) 모든 관측부의 서식 정리 및 답안지 작성은 지적 관련 법령 및 서식 등의 관련 규정에 맞도록 기록하고 기재 가능한 모든 사항을 기록합니다.(단, 주어진 조건이 있을 경우에는 조건에 따르시오.)

(9) 요구사항의 측점에 대한 관측값 등이 누락된 과제는 각 과제별 0점 처리합니다.

(10) 각 과제 시험시간을 초과한 과제는 각 과제별 0점 처리합니다.

(11) 시험 중 수험자는 반드시 안전수칙을 준수해야 하며, 작업 복장 상태, 안전사항 등이 채점 대상이 됩니다.(작업에 적합한 복장을 항시 착용하여야 합니다.)

(12) 다음 사항에 대해서는 채점 대상에서 제외하니 특히 유의하시기 바랍니다.

① 기권

수험자 본인이 수험 도중 시험에 대한 포기 의사를 표시하는 경우

② 실격

- 모든 수험과정(작업형, 필답형)을 응시하지 않은 경우
- 시험 중 시설·장비의 조작이 미숙하여 장비의 파손 및 고장을 발생시킨 것으로 시험위험 전원이 합의하여 판단하는 경우

국가기술자격검정 실기 외업 문제(도근측량)

자격 종목 및 등급	지적산업기사	수검번호 및 성명	

가. 지적도근점측량[1과제]

시험장에 설치된 A, B, C점에서 AT 방위각을 기지방위각으로 하여 각 측선 간 방위각과 $\overline{CQ}$에 대한 방위각 및 B, C, Q점의 좌표를 구하시오.(단, $\overline{AB}$ 거리는 20m, $\overline{BC}$ 거리는 15m이며, 각은 초 단위, 거리 및 좌표는 소수 둘째 자리까지 계산하시오.)(21점)

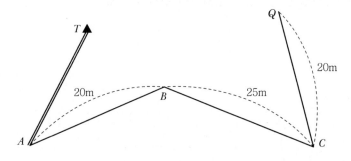

- A점 좌표

  $X = 120.00\,\text{m}$

  $Y = 250.00\,\text{m}$

- $\overline{AT}$ 방위각 $= 25°\ 00'\ 00''$

측점	좌표	
	X	Y
B점 좌표		
C점 좌표		
Q점 좌표		

(좌표계산 과정)

① B점 좌표 계산

② C점 좌표 계산

③ Q점 좌표 계산

국가기술자격검정 실기 외업 문제(세부측량)

자격 종목 및 등급	지적산업기사	수검번호 및 성명	

나. 세부측량[2과제]

시험장에 설치된 측점 A에서 P, Q에 대한 좌표를 계산하고, 측점 B에서 R, S에 대한 좌표를 계산하고, $\overline{PS}$ 두 점 간의 거리를 계산하시오.(단, P, Q 측점의 타깃은 A 측점 방향이며, R, S 측점의 타깃은 B 측점 방향으로 설치하고 $\overline{AB}$ 거리는 20m이며, 각은 초 단위, 거리 및 좌표는 소수 둘째 자리까지 계산하되, 반드시 제시한 측점에서 관측하여 계산할 것)(24점)

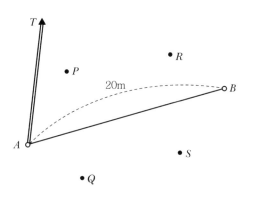

• A점 좌표

$X = 200.00 \text{ m}$

$Y = 300.00 \text{ m}$

• $\overline{AT}$ 방위각 $= 15° 00' 00''$

B점 좌표	계산)			
	$X :$		$Y :$	
P점 좌표	계산)		R점 좌표	계산)
	$X :$	$Y :$		$X :$	$Y :$
Q점 좌표	계산)		S점 좌표	계산)
	$X :$	$Y :$		$X :$	$Y :$
$\overline{PS}$ 거리				

2. 답안양식

<table>
<tr><td colspan="4">국가기술자격검정 실기시험문제 답안지</td><td>감독위원
확인란</td></tr>
<tr><td>자격종목
　　지적기사</td><td>시험시간</td><td>수검번호</td><td>성 명</td><td></td></tr>
</table>

※ 흑색 필기구(연필류 제외)로 작성하지 않은 답항은 채점에서 제외함.

코스	
번호	

수평각관측부

시간	윤곽도	경위	순번	시준점	측점명　　　　점 방향각	조정		
						출발차	폐색차	결과
					° ′ ″	′ ″	′ ″	° ′ ″

수평각개정계산부

측점명	시준점	방향각						평균	중심각
		0°		60°		120°			
		정	반	정	반	정	반		
		° ′ ″	′ ″	′ ″	′ ″	′ ″	′ ″	° ′ ″	° ′ ″

국가기술자격검정 실기시험문제 답안지

감독위원 확인란

자격종목 　　지적기사	시험시간	수검번호	성 명

※ 흑색 필기구(연필류 제외)로 작성하지 않은 답항은 채점에서 제외함.

코스 번호	

배각관측부

측점	시준점	배수	관측각						관측각 조정								평균각			
					°		′		″	출발차				결과						
										′		″			°		′		″	
																		°	′	″	

[계산]

[득점]		심사위원		

국가기술자격검정 실기시험문제 답안지

<table>
<tr><td>감독위원
확인란</td></tr>
<tr><td></td></tr>
</table>

자격종목	시험시간	수검번호	성 명
지적산업기사			

※ 흑색 필기구(연필류 제외)로 작성하지 않은 답항은 채점에서 제외함.

코스 번호	

방위각관측부

※ 관측각은 A란에 기재할 것

측점	시준점	방위각		
		A	B	평균
		°　　′　　″	°　　′　　″	°　　′　　″

연장시간 사용여부		득점
연장시간	감독위원 확인	
(　　)분	(인)	

국가기술자격검정 실기시험문제 답안지

자격종목 　　지적산업기사	시험시간	수검번호	성 명	감독위원 확인란

※ 흑색 필기구(연필류 제외)로 작성하지 않은 답항은 채점에서 제외함.

코스	
번호	

배각관측부

측점	시준점	배수	관측각				관측각 조정				평균각		
							출발차		결과				
			°	′	″		′	″	°	′	″	°	′	″

계산

득점		심사위원	

Part

03

Engineer Cadastral Surveying
Industrial Engineer Cadastral Surveying

출제예상문제

contents

CHAPTER

기사

1회 출제예상문제

Cadastral Surveying

이 문제는 수험자의 기억을 토대로 작성하였으므로 실제 문제와 일부 다를 수도 있습니다. 해설과 해답은 오류가 없도록 최선을 다하였으나 혹 미미한 부분은 계속 수정 보완하겠습니다.

01. 다음 삼각쇄망의 관측결과에 의하여 서식을 완성하고 기양7의 좌표를 구하시오. (단, 각은 초단위 소수 1자리까지 거리와 좌표는 m단위 소수 2자리까지 계산하시오.)(14점)

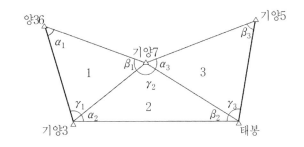

기지점 좌표

점명	X	Y
기양3	481465.61m	182383.79m
양36	482414.39m	180789.65m
태봉	482110.80m	184548.52m
기양5	483901.31m	183969.41m

관측내각

$\alpha_1 = 39° \ 54' \ 54.5''$ $\alpha_2 = 59° \ 25' \ 56.6''$ $\alpha_3 = 61° \ 04' \ 15.0''$

$\beta_1 = 66° \ 52' \ 18.3''$ $\beta_2 = 34° \ 51' \ 02.3''$ $\beta_3 = 65° \ 06' \ 30.6''$

$\gamma_1 = 73° \ 12' \ 36.7''$ $\gamma_2 = 85° \ 42' \ 52.4''$ $\gamma_3 = 53° \ 49' \ 30.0''$

02. 경계선 $\overline{AC}$와 $\overline{BD}$가 교차하는 P점 위치의 좌표를 「교차점 계산부」를 완성하고 결정하시오. (단, 계산은 반올림하여 각도는 0.1″단위까지, ①, ②의 빈칸은 소수 4자리까지, 기타의 거리 및 좌표는 cm단위까지 계산하여 구하시오.)(12점)

(단위 : m)

점명	부호	종선좌표(X)	횡선좌표(Y)
1	D	6584.79	4734.89
2	B	6530.34	4911.60
3	C	6589.13	4897.66
4	A	6533.98	4748.10

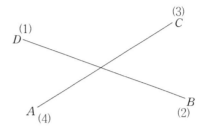

교차점계산부

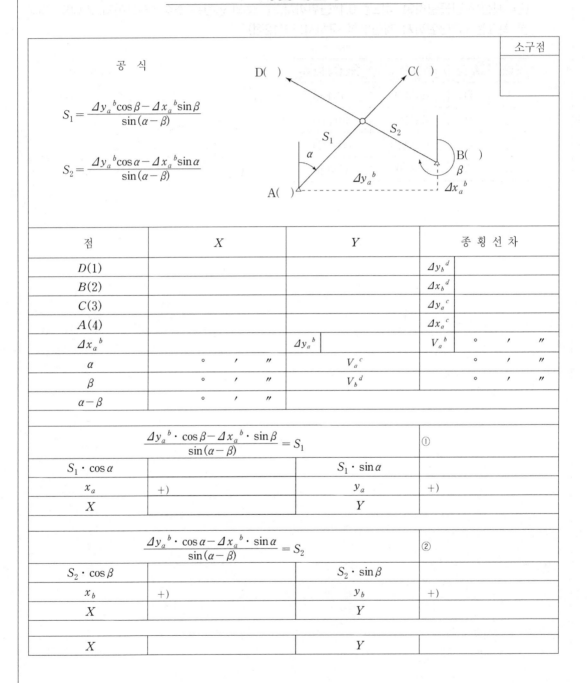

소구점

공 식

$$S_1 = \frac{\Delta y_a{}^b \cos\beta - \Delta x_a{}^b \sin\beta}{\sin(\alpha-\beta)}$$

$$S_2 = \frac{\Delta y_a{}^b \cos\alpha - \Delta x_a{}^b \sin\alpha}{\sin(\alpha-\beta)}$$

점	X	Y	종 횡 선 차	
$D(1)$			$\Delta y_b{}^d$	
$B(2)$			$\Delta x_b{}^d$	
$C(3)$			$\Delta y_a{}^c$	
$A(4)$			$\Delta x_a{}^c$	
$\Delta x_a{}^b$		$\Delta y_a{}^b$	$V_a{}^b$	° ′ ″
α	° ′ ″	$V_a{}^c$	° ′ ″	
β	° ′ ″	$V_b{}^d$	° ′ ″	
$\alpha - \beta$	° ′ ″			

$\dfrac{\Delta y_a{}^b \cdot \cos\beta - \Delta x_a{}^b \cdot \sin\beta}{\sin(\alpha-\beta)} = S_1$			①
$S_1 \cdot \cos\alpha$		$S_1 \cdot \sin\alpha$	
x_a	+)	y_a	+)
X		Y	

$\dfrac{\Delta y_a{}^b \cdot \cos\alpha - \Delta x_a{}^b \cdot \sin\alpha}{\sin(\alpha-\beta)} = S_2$			②
$S_2 \cdot \cos\beta$		$S_2 \cdot \sin\beta$	
x_b	+)	y_b	+)
X		Y	
X		Y	

03. 지적삼각측량을 실시하기 위하여 광파측거기로 측점 "예진"에서 "기용2"까지의 거리를 측정한 결과 2800.010m이었다. 주어진 여건이 다음과 같을 때 서식을 완성하여 평면거리를 계산하시오.(11점)

여건)

$\alpha_1 = +3° \ 15' \ 42''$	$\alpha_2 = -3° \ 15' \ 25''$
$H_1 = 275.43 \, m$	$H_2 = 434.03 \, m$
$i = 1.56 \, m$	$f = 2.50 \, m$
$Y_1 = 23.5 \, km$	$Y_2 = 25.4 \, km$

평면거리계산부

[별지 제38호 서식]

<table>
<tr><td colspan="2">약 도</td><td colspan="3">공 식</td></tr>
<tr>
<td colspan="2">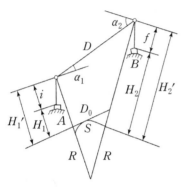</td>
<td colspan="3">

○연직각에 의한 계산

$$S = D \cdot \cos \frac{1}{2}(a_1 + a_2) - \frac{D(H_1' + H_2')}{2R}$$

○표고에 의한 계산

$$S = D - \frac{(H_1' - H_2')^2}{2D} - \frac{D(H_1' + H_2')}{2R}$$

○평면거리 $D_0 = S \times K \left(K = 1 + \frac{(Y_1 + Y_2)^2}{8R^2} \right)$

D : 경사거리 R : 곡률반경(6372199.7m)
S : 기준면거리 i : 기계고
H_1, H_2 : 표고 f : 시준고
a_1, a_2 : 연직각(절대치) K : 축척계수
Y_1, Y_2 : 원점에서 삼각점까지의 횡선거리(km)

</td>
</tr>
</table>

연직각에 의한 계산		표고에 의한 계산		
방 향		점　　　→　　　점		
D		D	
a_1		$2D$	
a_2		H_1'	
$\frac{1}{2}(a_1 + a_2)$		H_2'	
$\cos \frac{1}{2}(a_1 + a_2)$		$(H_1' - H_2')$	
$D \cdot \cos \frac{1}{2}(a_1 + a_2)$		$(H_1' - H_2')^2$	

$H_1' = H_1 + i$		$\dfrac{(H_1' - H_2')^2}{2D}$	
$H_2' = H_2 + f$		$D - \dfrac{(H_1' - H_2')^2}{2D}$	
R	6372199.7m	R	6372199.7m
$2R$	12744399.3m	$2R$	12744399.3m
$\dfrac{D(H_1' + H_2')}{2R}$		$\dfrac{D(H_1' + H_2')}{2R}$	
S		S	
Y_1		Y_1	
Y_2		Y_2	
$(Y_1 + Y_2)^2$		$(Y_1 + Y_2)^2$	
$8R^2$	324839427.7km	$8R^2$	324839427.7km
$K = 1 + \dfrac{(Y_1 + Y_2)^2}{8R^2}$		$K = 1 + \dfrac{(Y_1 + Y_2)^2}{8R^2}$	
$S \times K$		$S \times K$	
평 균 (D_o)		m	
계 산 자		검 사 자	

04. 다음 그림에서 C_1, C_2, C_3 점은 도로의 중심점이다. 주어진 조건으로 P점과 가구전제점 A, B점의 좌표를 구하시오.(단, $\overline{C_1C_2}$와 $\overline{PA}$, $\overline{C_1C_3}$와 $\overline{PB}$는 서로 평행하고, $\overline{PA}$는 $\overline{PB}$의 길이는 같으며, 계산은 반올림하여 각도는 초($''$) 단위, 거리는 소수점 이하 4자리로 계산하여 좌표를 소수점 이하 2자리까지 계산하시오.)(12점)

1) 조건

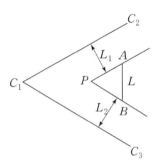

    C_1**좌표** $X = 466501.47\,\text{m}$, $Y = 193753.33\,\text{m}$

    C_3**좌표** $X = 466431.31\,\text{m}$, $Y = 193895.57\,\text{m}$

    방위각 $V_{C_1}{}^{C_2} = 48°\ 36'\ 47''$

    전제장 $(L) = 5\ \text{m}$

    노폭 : $L_1 = 4\ \text{m}$, $L_2 = 3\ \text{m}$

  가. P**점의 좌표**[단위 : m]

  나. A, B점의 좌표[단위 : m]

05. 그림과 같은 삼각형에서 삼변측량을 한 결과 그림과 같을 때 삼각형의 내각을 구하시오. (단, 각도는 반올림하여 $0.1''$단위까지 구하시오.)(6점)

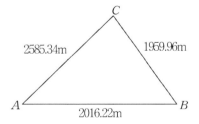

$\angle A =$

$\angle B =$

$\angle C =$

1회 출제예상문제 해설 및 정답

01 solution

삼각쇄조정계산부

02 solution 교차점계산부

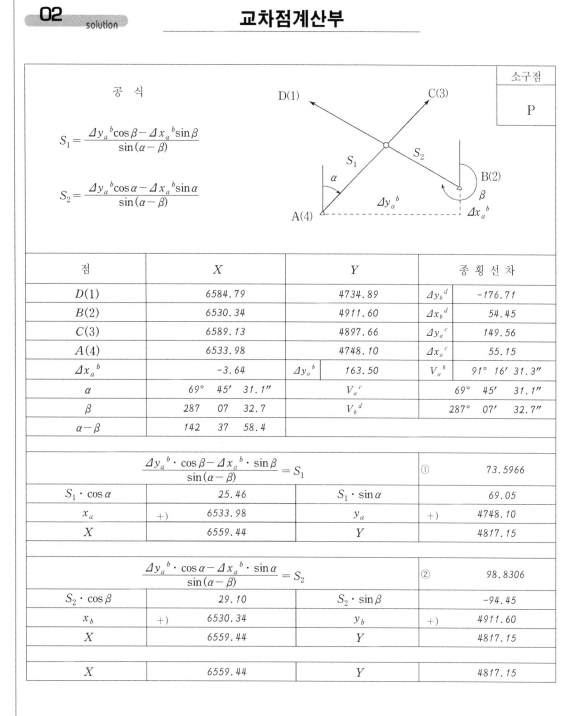

점	X	Y	종 횡 선 차	
$D(1)$	6584.79	4734.89	$\Delta y_b{}^d$	-176.71
$B(2)$	6530.34	4911.60	$\Delta x_b{}^d$	54.45
$C(3)$	6589.13	4897.66	$\Delta y_a{}^c$	149.56
$A(4)$	6533.98	4748.10	$\Delta x_a{}^c$	55.15
$\Delta x_a{}^b$	-3.64	$\Delta y_a{}^b$ 163.50	$V_a{}^b$	91° 16′ 31.3″
α	69° 45′ 31.1″	$V_a{}^c$	69° 45′ 31.1″	
β	287 07 32.7	$V_b{}^d$	287° 07′ 32.7″	
$\alpha-\beta$	142 37 58.4			

$\dfrac{\Delta y_a{}^b \cdot \cos\beta - \Delta x_a{}^b \cdot \sin\beta}{\sin(\alpha-\beta)} = S_1$			①	73.5966
$S_1 \cdot \cos\alpha$	25.46	$S_1 \cdot \sin\alpha$		69.05
x_a	+) 6533.98	y_a	+)	4748.10
X	6559.44	Y		4817.15

$\dfrac{\Delta y_a{}^b \cdot \cos\alpha - \Delta x_a{}^b \cdot \sin\alpha}{\sin(\alpha-\beta)} = S_2$			②	98.8306
$S_2 \cdot \cos\beta$	29.10	$S_2 \cdot \sin\beta$		-94.45
x_b	+) 6530.34	y_b	+)	4911.60
X	6559.44	Y		4817.15

X	6559.44	Y	4817.15

03 solution 평면거리계산부

<table>
<tr><td colspan="2">약 도</td><td colspan="2">공 식</td></tr>
<tr><td colspan="2" rowspan="6">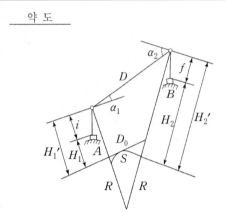</td><td colspan="2">○연직각에 의한 계산
$$S = D \cdot \cos \frac{1}{2}(a_1 + a_2) - \frac{D(H_1' + H_2')}{2R}$$
○표고에 의한 계산
$$S = D - \frac{(H_1' - H_2')^2}{2D} - \frac{D(H_1' + H_2')}{2R}$$
○평면거리 $D_0 = S \times K \left(K = 1 + \frac{(Y_1 + Y_2)^2}{8R^2} \right)$</td></tr>
<tr><td>D : 경사거리</td><td>R : 곡률반경(6372199.7m)</td></tr>
<tr><td>S : 기준면거리</td><td>i : 기계고</td></tr>
<tr><td>H_1, H_2 : 표고</td><td>f : 시준고</td></tr>
<tr><td>a_1, a_2 : 연직각(절대치)</td><td>K : 축척계수</td></tr>
<tr><td colspan="2">Y_1, Y_2 : 원점에서 삼각점까지의 횡선거리(km)</td></tr>
</table>

연직각에 의한 계산		표고에 의한 계산	
방 향	예진 점 →	기용2 점	
D	2800.01m	D	2800.01m
a_1	3° 15′ 42.0″	$2D$	5600.02m
a_2	-3° 15′ 25.0″	H_1'	276.99m
$\frac{1}{2}(a_1 + a_2)$	3° 15′ 33.5″	H_2'	436.53m
$\cos \frac{1}{2}(a_1 + a_2)$	0.998382	$(H_1' - H_2')$	-159.54m
$D \cdot \cos \frac{1}{2}(a_1 + a_2)$	2795.48m	$(H_1' - H_2')^2$	25453.01m

$H_1' = H_1 + i$	276.99m	$\frac{(H_1' - H_2')^2}{2D}$	4.55m
$H_2' = H_2 + f$	436.53m	$D - \frac{(H_1' - H_2')^2}{2D}$	2795.46m
R	6372199.7m	R	6372199.7m
$2R$	12744399.3m	$2R$	12744399.3m
$\frac{D(H_1' + H_2')}{2R}$	0.157m	$\frac{D(H_1' + H_2')}{2R}$	0.157m
S	2795.323m	S	2795.303m
Y_1	23.5km	Y_1	23.5km
Y_2	25.4km	Y_2	25.4km
$(Y_1 + Y_2)^2$	2391.21km	$(Y_1 + Y_2)^2$	2391.21km
$8R^2$	324839427.7km	$8R^2$	324839427.7km
$K = 1 + \frac{(Y_1 + Y_2)^2}{8R^2}$	1.000007	$K = 1 + \frac{(Y_1 + Y_2)^2}{8R^2}$	1.000007
$S \times K$	2795.34m	$S \times K$	2795.32m
평 균 (D_o)		2795.33m	
계 산 자		검 사 자	

04 solution

(1) 교각 (θ) 계산

$$V_{C_1}{}^{C_3} - V_{C_1}{}^{C_2} = 116°\ 15'\ 17'' - 48°\ 36'\ 47'' = 67°\ 38'\ 30''$$

(2) S거리 계산

$\overline{C_1M}$ 계산 $\sin\theta = \dfrac{L_2}{NP}$

$$\overline{NP}\,(\overline{C_1M}) = L_2 \times \dfrac{1}{\sin\theta}$$

$$= 3 \times \dfrac{1}{\sin 67°\ 38'\ 30''}$$

$$= 3.2439\text{m}$$

$$\overline{MM'} = L_1 \times \dfrac{1}{\tan\theta}$$

$$= 4 \times \dfrac{1}{\tan 67°\ 38'\ 30''}$$

$$= 1.6453\text{m}$$

$$\overline{C_1M'} = \overline{C_1M} + \overline{MM'} = 3.2439 + 1.6453$$

$$= 4.8892\text{m}$$

$$S = \sqrt{4.8892^2 + 4^2} = 6.3170\text{m}$$

(3) $V_{C1}{}^{P}$ 방위각 계산

$$V_{C1}{}^{P} = V_{C_1}{}^{C_2} + \angle C_2C_1P$$

$$= 48°\ 36'\ 47'' + \angle C_2C_1P$$

$$\tan\angle C_2C_1P = \dfrac{L_1}{C_1M'}$$

$$\angle C_2C_1P = \tan^{-1}\left(\dfrac{4}{4.8892}\right)$$

$$\angle C_2C_1P = 39°\ 17'\ 15''$$

$$V_{C_1}{}^{P} = 48°\ 36'\ 47'' + 39°\ 17'\ 15''$$

$$= 87°\ 54'\ 2''$$

(4) 가구정점 계산

$$P_X = C_{1X} + S \cdot \cos V_{C_1}{}^{P}$$

$$= 466501.47 + (6.3170 \times \cos 87°\ 54'\ 2'') = 466501.70\text{m}$$

$$P_Y = C_{1Y} + S \cdot \sin V_{C_1}{}^{P}$$

$$= 193753.33 + (6.3170 \times \sin 87°\ 54'\ 2'') = 193759.64\text{m}$$

(5) 가구점 계산

$$A_X = P_X + l \cdot \cos V_{C_1}{}^{C_2}$$

$$A_Y = P_Y + l \cdot \sin V_{C_1}{}^{C_2}$$

$$※ \quad l = \frac{L}{2} \cdot \mathrm{cosec}\, \frac{\theta}{2}$$

$$= \frac{5}{2} \times \mathrm{cosec}\, \frac{67°\ 38'\ 30''}{2}$$

$$= 4.4916 \mathrm{m}$$

$$A_X = 466501.70 + (4.4916 \times \cos 48°\ 36'\ 47'') = 466504.67 \mathrm{m}$$

$$A_Y = 193759.64 + (4.4916 \times \sin 48°\ 36'\ 47'') = 193763.01 \mathrm{m}$$

$$B_X = P_X + l \cdot \cos V_{C_1}{}^{C_3}$$

$$B_Y = P_Y + l \cdot \sin V_{C_1}{}^{C_3}$$

$$B_X = 466501.70 + (4.4916 \times \cos 116°\ 15'\ 17'') = 466499.71 \mathrm{m}$$

$$B_Y = 193759.64 + (4.4916 \times \sin 116°\ 15'\ 17'') = 193763.67 \mathrm{m}$$

05 solution

(1) 내각 ∠A, ∠B, ∠C 계산

$$\angle A = \cos^{-1}\left(\frac{b^2 + c^2 - a^2}{2bc}\right) = \cos^{-1}\left(\frac{2585.34^2 + 2016.22^2 - 1959.96^2}{2 \times 2585.34 \times 2016.22}\right) = 48°\ 30'\ 7.5''$$

$$\angle B = \cos^{-1}\left(\frac{a^2 + c^2 - b^2}{2ac}\right) = \cos^{-1}\left(\frac{1959.96^2 + 2016.22^2 - 2585.34^2}{2 \times 1959.96 \times 2016.22}\right) = 81°\ 06'\ 3.6''$$

$$\angle C = \cos^{-1}\left(\frac{a^2 + b^2 - c^2}{2ab}\right) = \cos^{-1}\left(\frac{1959.96^2 + 2585.34^2 - 2016.22^2}{2 \times 1959.96 \times 2585.34}\right) = 50°\ 23'\ 48.9''$$

(2) 검산

$$\angle A + \angle B + \angle C = 180°$$

$$48°\ 30'\ 7.5'' + 81°\ 6'\ 3.6'' + 50°\ 23'\ 48.9'' = 180°$$

2회 출제예상문제

Cadastral Surveying

이 문제는 수험자의 기억을 토대로 작성하였으므로 실제 문제와 일부 다를 수도 있습니다. 해설과 해답은 오류가 없도록 최선을 다하였으나 혹 미미한 부분은 계속 수정 보완하겠습니다.

01. 원점에서 30km 떨어진 곳에서 기지점 A와 B에서 같은 조건으로 경사거리를 측정하였다. 평면거리 계산부를 사용하여 연직각과 표고에 의하여 평면거리를 구하시오.
(단, 거리는 소수 3자리까지, 각도는 초단위까지 구하시오.)(8점)

AB 두 점간의 측정거리(D)=3516.43m

A에서 연직각(a_1)= +3° 15′ 03″	A에서 기지점 표고(H_1)=315.67m
B에서 연직각(a_2)=-3° 14′ 57″	B에서 기지점 표고(H_2)=507.24m
A에서 기계고(i)=1.35m	원점에서 A까지의 거리(Y_1)=30.0km
B에서 기계고(f)=1.45m	원점에서 B까지의 거리(Y_2)=33.5km

평면거리계산부

[별지 제38호 서식]

약 도	공 식
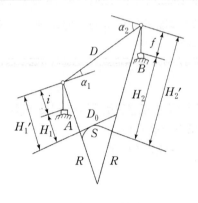	○연직각에 의한 계산 $$S = D \cdot \cos\frac{1}{2}(a_1 + a_2) - \frac{D(H_1' + H_2')}{2R}$$ ○표고에 의한 계산 $$S = D - \frac{(H_1' - H_2')^2}{2D} - \frac{D(H_1' + H_2')}{2R}$$ ○평면거리 $D_0 = S \times K \left(K = 1 + \frac{(Y_1 + Y_2)^2}{8R^2} \right)$ D : 경사거리 　　 R : 곡률반경(6372199.7m) S : 기준면거리 　　 i : 기계고 H_1, H_2 : 표고 　　 f : 시준고 a_1, a_2 : 연직각(절대치) 　　 K : 축척계수 Y_1, Y_2 : 원점에서 삼각점까지의 횡선거리(km)

연직각에 의한 계산		표고에 의한 계산	
방　향		점　　　→　　　점	
D		D	
a_1		$2D$	
a_2		H_1'	
$\frac{1}{2}(a_1 + a_2)$		H_2'	
$\cos\frac{1}{2}(a_1 + a_2)$		$(H_1' - H_2')$	
$D \cdot \cos\frac{1}{2}(a_1 + a_2)$		$(H_1' - H_2')^2$	

$H_1' = H_1 + i$		$\frac{(H_1' - H_2')^2}{2D}$	
$H_2' = H_2 + f$		$D - \frac{(H_1' - H_2')^2}{2D}$	
R	6372199.7m	R	6372199.7m
$2R$	12744399.3m	$2R$	12744399.3m
$\frac{D(H_1' + H_2')}{2R}$		$\frac{D(H_1' + H_2')}{2R}$	
S		S	
Y_1		Y_1	
Y_2		Y_2	
$(Y_1 + Y_2)^2$		$(Y_1 + Y_2)^2$	
$8R^2$	324839427.7km	$8R^2$	324839427.7km
$K = 1 + \frac{(Y_1 + Y_2)^2}{8R^2}$		$K = 1 + \frac{(Y_1 + Y_2)^2}{8R^2}$	
$S \times K$		$S \times K$	
평　균 (D_0)		m	
계 산 자		검 사 자	

02. 그림과 같이 중심점(O)의 좌표가 (741.97, 707.02)이고, 반지름 R=200m인 원과 P 점 (751.83, 705.07)을 지나고 방위각 $V_P{}^A(\alpha_0)=132°\ 26'\ 12''$ 인 직선이 교차하는 경우에 $\overline{OA}$ 방위각 ($V_O{}^A$) 및 교점 A 의 좌표를 서식을 완성하여 구하시오.(단, 서식 계산과정에서 검산과정도 반드시 계산하여야 하며, 각도는 0.1″까지, (1)~(5)의 칸은 소수 5자리까지 구하고, 기타의 항(좌표)은 소수점 이하 2자리(cm 단위)까지 구하시오.)(8점)

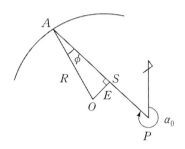

원과 직선의 교점좌표 계산부

원과 직선의 교점좌표 계산부

공 식

$$E = \Delta y_o{}^P \cos \alpha_o - \Delta x_o{}^P \sin \alpha_o$$

$$\sin \phi = E/R$$

검산공식

$$\tan \alpha_0 = \frac{\Delta y_P{}^a}{\Delta x_P{}^a}$$

$$S = \frac{\Delta x_P{}^a}{\cos \alpha_o}$$

$$= \frac{\Delta y_P{}^a}{\sin \alpha_o}$$

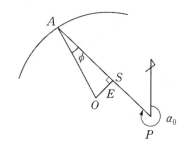

(1~5) : 소수 5자리 각도는 0.1″ 기타항(좌표)=소수점 2자리(m)

점	X		Y	R	
P					
O					
$\Delta x_o{}^P$, $\Delta y_o{}^P$					
$\Delta y_o{}^P \cos \alpha_o$	(1)		α_o		
$\Delta x_o{}^P \sin \alpha_o$	(2)		$\phi = \sin^{-1} \dfrac{E}{R}$		
E	(3)		$V_O{}^A = \alpha_o + \phi$		
$R \cdot \cos V_o{}^A$	(4)		$R \cdot \sin V_o{}^A$	(5)	
x_o			y_o		
x_a			y_a		
검산	x_P		y_P		
	$\Delta x_P{}^a$		$\Delta y_P{}^a$		
	$\dfrac{\Delta x_P{}^a}{\cos \alpha_o}$		$\dfrac{\Delta y_P{}^a}{\sin \alpha_o}$		
	$\tan^{-1} \dfrac{\Delta y_P{}^a}{\Delta x_P{}^a}$				

03. 경계점 좌표가 아래 그림의 □ABCD에서 $\overline{AB}$를 4 : 3으로 내분하는 점 P를 지나고, $\overline{AB}$에 수직이 되는 $\overline{PQ}$로 이 사변형을 분할하려고 한다. P 및 Q점의 좌표와 □PBCQ의 면적을 계산하시오.(단, 각도는 0.1초 단위까지, 거리는 m단위로 소수 5자리까지 계산하여 좌표와 면적을 소수 2자리까지 답할 것)(13점)

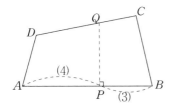

점명	X	Y
A	426.26m	237.48m
B	451.76m	271.48m
C	472.47m	263.69m
D	446.26m	237.48m

가. P점의 좌표를 구하시오.

나. Q점의 좌표를 구하시오.

다. □PBCQ의 면적을 구하시오.

04. 그림과 같은 사각망에서 기지점 좌표와 관측내각이 다음과 같을 경우 별지 서식에 의해 관측내각을 조정하고 소구점(기성7 및 기성8)의 좌표를 계산하시오.(단, 각은 초 단위 소수 1자리까지, 거리 및 좌표는 m단위 소수 2자리까지 계산할 것)(16점)

1) 기지점 좌표

점명	$X(m)$	$Y(m)$
양3	453278.75	192562.46
여8	454263.52	194459.26

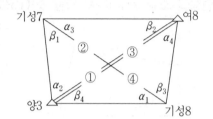

2) 관측내각

$\alpha_1 = 37° \ 08' \ 20.2''$ $\beta_1 = 35° \ 24' \ 36.4''$

$\alpha_2 = 59° \ 53' \ 15.4''$ $\beta_2 = 49° \ 47' \ 59.4''$

$\alpha_3 = 34° \ 53' \ 47.4''$ $\beta_3 = 44° \ 51' \ 35.8''$

$\alpha_4 = 50° \ 26' \ 12.8''$ $\beta_4 = 47° \ 33' \ 50.2''$

05. 다음 그림은 가구(街區)의 일부분이다. 가구점 P의 좌표를 계산하시오.(단, C, D, E는 중심점이고 단위는 m이며, 소수 3자리까지 계산하여 소수 2자리까지 구할 것)(10점)

(1) C점 좌표

X	465715.46m
Y	198811.84m

(2) $V_C{}^E = 5° \ 43' \ 20''$

(3) $V_C{}^D = 91° \ 25' \ 40''$

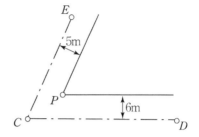

2회 출제예상문제 해설 및 정답

01 solution

평면거리계산부

약 도	공 식
	○연직각에 의한 계산 $S = D \cdot \cos \frac{1}{2}(\alpha_1 + \alpha_2) - \frac{D(H_1' + H_2')}{2R}$ ○표고에 의한 계산 $S = D - \frac{(H_1' - H_2')^2}{2D} - \frac{D(H_1' + H_2')}{2R}$ ○평면거리 $D_0 = S \times K \left(K = 1 + \frac{(Y_1 + Y_2)^2}{8R^2} \right)$ D : 경사거리 R : 곡률반경(6372199.7m) S : 기준면거리 i : 기계고 H_1, H_2 : 표고 f : 시준고 α_1, α_2 : 연직각(절대치) K : 축척계수 Y_1, Y_2 : 원점에서 삼각점까지의 횡선거리(km)

연직각에 의한 계산		표고에 의한 계산	
방 향	A 점 →	B 점	
D	3516.43m	D	3516.43m
α_1	3° 15′ 03″	$2D$	7032.86m
α_2	-3° 14′ 57″	H_1'	317.02m
$\frac{1}{2}(\alpha_1 + \alpha_2)$	3° 15′ 00″	H_2'	508.69m
$\cos \frac{1}{2}(\alpha_1 + \alpha_2)$	0.998392	$(H_1' - H_2')$	-191.67m
$D \cdot \cos \frac{1}{2}(\alpha_1 + \alpha_2)$	3510.78m	$(H_1' - H_2')^2$	36737.39m

$H_1' = H_1 + i$	317.02m	$\frac{(H_1' - H_2')^2}{2D}$	5.22m
$H_2' = H_2 + f$	508.69m	$D - \frac{(H_1' - H_2')^2}{2D}$	3511.21m
R	6372199.7m	R	6372199.7m
$2R$	12744399.3m	$2R$	12744399.3m
$\frac{D(H_1' + H_2')}{2R}$	0.228m	$\frac{D(H_1' + H_2')}{2R}$	0.228m
S	3510.552m	S	3510.982m
Y_1	30.0km	Y_1	30.0km
Y_2	33.5km	Y_2	33.5km
$(Y_1 + Y_2)^2$	4032.25km	$(Y_1 + Y_2)^2$	4032.25km
$8R^2$	324839427.7km	$8R^2$	324839427.7km
$K = 1 + \frac{(Y_1 + Y_2)^2}{8R^2}$	1.000012	$K = 1 + \frac{(Y_1 + Y_2)^2}{8R^2}$	1.000012
$S \times K$	3510.594m	$S \times K$	3511.024m
평 균 (D_o)		3510.809m	
계 산 자		검 사 자	

원과 직선의 교점좌표 계산부

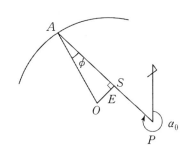

공 식

$$E = \Delta y_o{}^P \cos \alpha_o - \Delta x_o{}^P \sin \alpha_o$$

$$\sin \phi = E/R$$

검산공식

$$\tan \alpha_0 = \frac{\Delta y_P{}^a}{\Delta x_P{}^a}$$

$$S = \frac{\Delta x_P{}^a}{\cos \alpha_o}$$

$$= \frac{\Delta y_P{}^a}{\sin \alpha_o}$$

(1~5) : 소수 5자리 각도는 0.1″ 기타항(좌표)=소수점 2자리(m)

점		X		Y		R	200.00
P		751.83		705.07			
O		741.97		707.02			
$\Delta x_o{}^P, \Delta y_o{}^P$		9.86		-1.95			
$\Delta y_o{}^P \cos \alpha_o$	(1)	1.31581		α_o		132° 26′ 12.0″	
$\Delta x_o{}^P \sin \alpha_o$	(2)	7.27691		$\phi = \sin^{-1} \dfrac{E}{R}$		-1° 42′ 28.7″	
E	(3)	-5.96110		$V_O{}^A = \alpha_o + \phi$		130° 43′ 43.3″	
$R \cdot \cos V_o{}^A$	(4)	-130.49560		$R \cdot \sin V_o{}^A$	(5)	151.56153	
x_o		741.97		y_o		707.02	
x_a		611.47		y_a		858.58	
검 산	x_P	751.83		y_P		705.07	
	$\Delta x_P{}^a$	-140.36		$\Delta y_P{}^a$		153.51	
	$\dfrac{\Delta x_P{}^a}{\cos \alpha_o}$	208.01		$\dfrac{\Delta y_P{}^a}{\sin \alpha_o}$		208.00	
	$\tan^{-1} \dfrac{\Delta y_P{}^a}{\Delta x_P{}^a}$	47° 33′ 43.7″					

03 solution

(1) $V_a{}^b$ 방위각 계산

$$V_a{}^b = \tan^{-1}\left(\frac{\triangle Y}{\triangle X}\right) = \tan^{-1}\left(\frac{34}{25.5}\right) = 53° \ 7' \ 48.4''$$

(2) 거리 계산

$$\overline{AB} = \sqrt{25.5^2 + 34^2} = 42.5\text{m}$$

$$\overline{AB} : \overline{AP} = 7 : 4$$

$$\overline{AP} = 42.5 \times \frac{4}{7} = 24.28571\text{m}$$

(3) P점 좌표 계산

$$P_X = A_X + \overline{AP} \cdot \cos V_a{}^b$$

$$P_Y = A_Y + \overline{AP} \cdot \sin V_a{}^b$$

$$P_X = 426.26 + (24.28571 \times \cos 53° \ 7' \ 48.4'') = 440.83\text{m}$$

$$P_Y = 237.48 + (24.28571 \times \sin 53° \ 7' \ 48.4'') = 256.91\text{m}$$

(4) $\overline{DQ}$, $\overline{PQ}$ 거리 계산(교차점 계산)

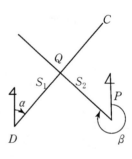

$$S_1 = \frac{\varDelta Y_d{}^b \cdot \cos\beta - \varDelta X_d{}^b \cdot \sin\beta}{\sin(\alpha - \beta)}$$

$$S_2 = \frac{\varDelta Y_d{}^b \cdot \cos\alpha - \varDelta X_d{}^b \cdot \sin\alpha}{\sin(\alpha - \beta)}$$

$$\varDelta X_d{}^b = 440.83 - 446.26 = -5.43\text{m}$$

$$\varDelta Y_d{}^b = 256.91 - 237.48 = 19.43\text{m}$$

$$\alpha = V_d{}^c = \tan^{-1}\left(\frac{\varDelta Y}{\varDelta X}\right) = 45° \ 0' \ 0''$$

$$\beta = V_P{}^Q = \tan^{-1}\left(\frac{\varDelta Y}{\varDelta X}\right) = V_a{}^b - 90° = 323° \ 7' \ 48.4''$$

$$(\alpha - \beta) = 45° \ 0' \ 0'' - 323° \ 7' \ 48.4'' = 81° \ 52' \ 11.6''$$

$$S_1(\overline{DQ}) = \frac{(19.43 \times \cos 323° \ 7' \ 48.4'') - (-5.43 \times \sin 323° \ 7' \ 48.4'')}{\sin 81° \ 52' \ 11.6''} = 12.41074\text{m}$$

$$S_2(\overline{PQ}) = \frac{(19.43 \times \cos 45°) - (-5.43 \times \sin 45°)}{\sin 81° \ 52' \ 11.6''} = 17.75714\text{m}$$

(5) Q점 좌표 계산

① D점에서 계산

$$Q_X = D_X + \overline{DQ} \cdot \cos V_d{}^c$$

$$Q_Y = D_Y + \overline{DQ} \cdot \sin V_d{}^c$$

$$Q_X = 446.26 + (12.41074 \times \cos 45°) = 455.04\text{m}$$

$$Q_Y = 237.48 + (12.41074 \times \sin 45°) = 246.26\text{m}$$

② P점에서 계산

$$Q_X = P_X + \overline{PQ} \cdot \cos V_P{}^Q$$

$$Q_Y = P_Y + \overline{PQ} \cdot \sin V_P{}^Q$$

$$Q_X = 440.83 + (17.75714 \times \cos 323° \ 7' \ 48.4'') = 455.04\text{m}$$

$$Q_Y = 256.91 + (17.75714 \times \sin 323° \ 7' \ 48.4'') = 246.26\text{m}$$

(6) □PBCQ의 면적 계산

$$F = \frac{1}{2} \sum_{i=1}^{n} \times xi\,(Y_{i+1} - Y_{i-1})$$

$$= \frac{1}{2}\{440.83(271.48 - 246.26) + 451.76(263.69 - 256.91) + 472.47(246.26 - 271.48)$$

$$+ 455.04(256.91 - 263.69)\} = 410.10\text{m}^2$$

04 solution

사각망조정계산부

05 solution

(1) 교각 계산

$$V_C{}^D - V_C{}^E = 91° \ 25' \ 40'' - 5° \ 43' \ 20''$$

$$\theta = 85° \ 42' \ 20''$$

(2) 거리 (S) 계산

$\overline{CM}$ 계산 $\sin \theta = \dfrac{6}{NP}$

① $\overline{NP}(\overline{CM}) = 6 \times \dfrac{1}{\sin \theta}$

$$= 6 \times \dfrac{1}{\sin 85° \ 42' \ 20''}$$

$$= 6.017\text{m}$$

② $\overline{MM'} = 5 \times \dfrac{1}{\tan 85° \ 42' \ 20''}$

$$= 0.375\text{m}$$

$\overline{CM'} = 6.017 + 0.375 = 6.392\text{m}$

S계산 $= \sqrt{6.392^2 + 5^2} = 8.115\text{m}$

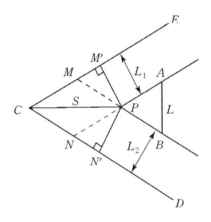

(3) $V_C{}^P$ 방위각 계산

$$V_C{}^P = V_C{}^E + \angle ECP$$

$$\angle ECP = \tan^{-1}\left(\dfrac{5}{6.392}\right)$$

$$= 38° \ 2' \ 0.62''$$

$$V_C{}^P = 5° \ 43' \ 20'' + 38° \ 2' \ 0.62''$$

$$= 43° \ 45' \ 20.62''$$

(4) 가구정점 계산

$$P_X = C_X + S \cdot \cos V_C{}^P$$

$$P_Y = C_Y + S \cdot \sin V_C{}^P$$

$$P_X = 465715.46 + (8.115 \times \cos 43° \ 45' \ 20.62'') = 465721.32\text{m}$$

$$P_Y = 198811.84 + (8.115 \times \sin 43° \ 45' \ 20.62'') = 198817.45\text{m}$$

3회 출제예상문제

Cadastral Surveying

이 문제는 수험자의 기억을 토대로 작성하였으므로 실제 문제와 일부 다를 수도 있습니다. 해설과 해답은 오류가 없도록 최선을 다하였으나 혹 미미한 부분은 계속 수정 보완하겠습니다.

01. 삼변측량으로 기준점을 설치하기 위해 그림과 같이 세 변의 길이를 측정하였다. 삼각형의 내각을 계산하시오.
(단, 각은 초 단위 소수 1자리까지 계산하시오.)(6점)

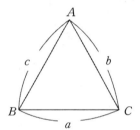

$a = 1586.35\,\text{m}$
$b = 1865.26\,\text{m}$
$c = 2001.01\,\text{m}$

02. 지적삼각측량을 유심다각망으로 구성하고 내각을 관측하여 다음의 결과를 얻었다. 주어진 서식으로 P_2와 P_3의 좌표를 계산하시오.
(단, 좌표는 m단위 소수 2자리까지 계산하시오.)(14점)

1) 기지점
   A점 $X_A = 4981.83\,\text{m}$
        $Y_A = 4264.47\,\text{m}$
   B점 $X_B = 4622.87\,\text{m}$
        $Y_B = 7395.42\,\text{m}$

2) 망도

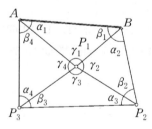

3) 관측내각

점명	각명	관측각	점명	각명	관측각
A	α_1	50° 37′ 57.8″	P_2	α_3	54° 13′ 10.2″
B	β_1	39° 43′ 45.9″	P_3	β_3	36° 08′ 38.9″
P_1	γ_1	89° 38′ 22.0″	P_1	γ_3	89° 38′ 12.9″
B	α_2	37° 28′ 49.8″	P_3	α_4	37° 49′ 11.5″
P_2	β_2	52° 09′ 22.6″	A	β_4	51° 49′ 09.8″
P_1	γ_2	90° 21′ 45.1″	P_1	γ_4	90° 21′ 42.5″

03. 광파측거기에 의하여 두 점간 (공덕1-보덕2) 거리를 측정하여 다음과 같은 결과를 얻었다.
서식을 완성하여 두 점간의 평면거리를 계산하시오.(10점)

측정거리(D) = 1817.34m

연직각(α_1)=-2° 42′ 11″   연직각(α_2) = +2° 41′ 08″

기지점표고(H_1)=94.18m   시준점표고(H_2)=8.69m

기계고(i_1)=1.45m   시준고(f)=1.45m

원점에서의 삼각점까지의 횡선거리 Y_1=42.4km, Y_2=43.1km

평면거리계산부

[별지 제38호 서식]

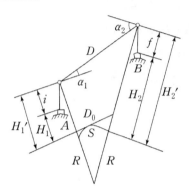

약 도

공 식

○ 연직각에 의한 계산

$$S = D \cdot \cos \frac{1}{2}(a_1 + a_2) - \frac{D(H_1' + H_2')}{2R}$$

○ 표고에 의한 계산

$$S = D - \frac{(H_1' - H_2')^2}{2D} - \frac{D(H_1' + H_2')}{2R}$$

○ 평면거리 $D_0 = S \times K \left(K = 1 + \frac{(Y_1 + Y_2)^2}{8R^2} \right)$

D : 경사거리 R : 곡률반경(6372199.7m)
S : 기준면거리 i : 기계고
H_1, H_2 : 표고 f : 시준고
a_1, a_2 : 연직각(절대치) K : 축척계수
Y_1, Y_2 : 원점에서 삼각점까지의 횡선거리(km)

연직각에 의한 계산		표고에 의한 계산	
방 향		점 → 점	
D		D	
a_1		$2D$	
a_2		H_1'	
$\frac{1}{2}(a_1 + a_2)$		H_2'	
$\cos\frac{1}{2}(a_1 + a_2)$		$(H_1' - H_2')$	
$D \cdot \cos\frac{1}{2}(a_1 + a_2)$		$(H_1' - H_2')^2$	

$H_1' = H_1 + i$		$\frac{(H_1' - H_2')^2}{2D}$	
$H_2' = H_2 + f$		$D - \frac{(H_1' - H_2')^2}{2D}$	
R	6372199.7m	R	6372199.7m
$2R$	12744399.3m	$2R$	12744399.3m
$\frac{D(H_1' + H_2')}{2R}$		$\frac{D(H_1' + H_2')}{2R}$	
S		S	
Y_1		Y_1	
Y_2		Y_2	
$(Y_1 + Y_2)^2$		$(Y_1 + Y_2)^2$	
$8R^2$	324839427.7km	$8R^2$	324839427.7km
$K = 1 + \frac{(Y_1 + Y_2)^2}{8R^2}$		$K = 1 + \frac{(Y_1 + Y_2)^2}{8R^2}$	
$S \times K$		$S \times K$	
평 균 (D_o)		m	
계 산 자		검 사 자	

04. 약도와 같이 필지(1 - 8 대)를 경계 정정을 하고자 한다. P, Q점의 좌표를 계산하시오.
(단, 좌표는 m 단위로 소수 2자리까지 계산하시오.)(12점)

1) 조건

　① 면적의 증감이 없도록 함

　② $\overline{BC}$의 연장선상에 Q점이 있게 하고 $\overline{BC}$와 $\overline{PQ}$가 직각이 되도록 함

　③ $\overline{AD}$선상에 P점이 있어야 함

2) 점의 좌표

점명	종선좌표(m)	횡선좌표(m)
A	810.59	351.99
B	777.34	374.86
C	783.95	424.41
D	806.53	424.85

3) 약도

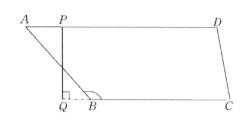

05. 교점다각망 A형의 방위각과 종횡선좌표의 1차 계산 결과를 주어진 서식을 이용하여 상관방정식을 작성하고, 표준방정식의 값을 계산하시오.(13점)

	ΣN	ΣS	방 위 각	종선좌표(m)	횡선좌표(m)
(1)	8	0.64	230° 59′ 07″	1890.36	3773.64
(2)	9	0.84	230° 59′ 16″	1890.14	3773.50
(3)	5	0.44	183° 04′ 55″	2153.66	4114.94
(4)	9	0.88	183° 05′ 03″	2153.67	4115.07
(5)	5	0.35	183° 04′ 45″	2153.85	4114.99

교점다각망계산부(H, A형)

<table>
<tr><td colspan="4" align="center">약 도</td><td colspan="6">1. 방위각</td></tr>
<tr>
<td colspan="2">I ⟨ (1) (3) (5) ⟩ Ⅲ
(2) (4)
Ⅱ</td>
<td colspan="2">I ⟨ (1) (5) ⟩ Ⅲ
(2) (3) (4)
Ⅱ</td>
<td rowspan="2">순서</td><td rowspan="2">도선</td><td rowspan="2">관 측</td><td rowspan="2">보정</td><td rowspan="2">평 균</td></tr>
<tr><td colspan="4"></td></tr>
<tr>
<td rowspan="6">조건식</td><td>I</td><td>(1) - (2) + w_1=0</td><td rowspan="2">경중률</td><td>ΣN</td><td>ΣS</td>
<td rowspan="3">I</td><td>(1)</td><td>° ′ ″</td><td></td><td>° ′ ″</td></tr>
<tr><td rowspan="2">Ⅱ</td><td rowspan="2">(2)+(3)-(4)+ w_2=0</td><td>(1)</td><td></td><td>(2)</td><td></td><td></td></tr>
<tr><td>(2)</td><td></td><td>w_1</td><td></td><td></td></tr>
<tr><td></td><td></td><td></td><td>(3)</td><td></td><td rowspan="3">Ⅱ</td><td>(2)+(3)</td><td></td><td></td></tr>
<tr><td rowspan="2">Ⅲ</td><td rowspan="2">(4) - (5) + w_3=0</td><td></td><td>(4)</td><td></td><td>(4)</td><td></td><td></td></tr>
<tr><td></td><td>(5)</td><td></td><td>w_2</td><td></td><td></td></tr>
<tr><td colspan="6"></td><td rowspan="3">Ⅲ</td><td>(4)</td><td></td><td></td></tr>
<tr><td colspan="6"></td><td>(5)</td><td></td><td></td></tr>
<tr><td colspan="6"></td><td>w_3</td><td></td><td></td></tr>
</table>

2. 종선좌표

순서	도선	관 측	보정	평 균
I	(1)			m
	(2)			
	w_1			
Ⅱ	(2)+(3)			
	(4)			
	w_2			
Ⅲ	(4)			
	(5)			
	w_3			

3. 횡선좌표

순서	도선	관 측	보정	평 균
I	(1)			
	(2)			
	w_1			
Ⅱ	(2)+(3)			
	(4)			
	w_2			
Ⅲ	(4)			
	(5)			
	w_3			

4. 계산

1) 상관방정식

순서	ΣN	ΣS	I	Ⅱ	Ⅲ
(1)					
(2)					
(3)					
(4)					
(5)					

2) 표준방정식(방위각)

I	Ⅱ	Ⅲ	W_a	Σ

3) 표준방정식(종·횡선좌표)

I	Ⅱ	Ⅲ	W_x	Σ	W_y	Σ

3회 출제예상문제 해설 및 정답

01 solution

(1) 내각 $\angle A$, $\angle B$, $\angle C$ 계산

$$\angle A = \cos^{-1}\left(\frac{b^2 + c^2 - a^2}{2bc}\right) = \cos^{-1}\left(\frac{1865.26^2 + 2001.01^2 - 1586.35^2}{2 \times 1865.26 \times 2001.01}\right) = 48°\ 17'\ 26.2''$$

$$\angle B = \cos^{-1}\left(\frac{a^2 + c^2 - b^2}{2ac}\right) = \cos^{-1}\left(\frac{1586.35^2 + 2001.01^2 - 1865.26^2}{2 \times 1586.35 \times 2001.01}\right) = 61°\ 22'\ 33.9''$$

$$\angle C = \cos^{-1}\left(\frac{a^2 + b^2 - c^2}{2ab}\right) = \cos^{-1}\left(\frac{1586.35^2 + 1865.26^2 - 2001.01^2}{2 \times 1586.35 \times 1865.26}\right) = 70°\ 19'\ 59.9''$$

(2) 검산

$\angle A + \angle B + \angle C = 180°$

$48°\ 17'\ 26.2'' + 61°\ 22'\ 33.9'' + 70°\ 19'\ 59.9'' = 180°$

02 solution

유선다각망, 삽입망 조정 계산부

03
solution

(1) 연직각에 의한 계산

① $\frac{1}{2}(\alpha_1 + \alpha_2) = \frac{2° \ 42' \ 11'' + 2° \ 41' \ 08''}{2} = 2° \ 41' \ 40''$

  * $(\alpha_1 + \alpha_2)$의 값은 절대치 값

② 수평거리 환산 → $D \times \cos \frac{1}{2}(\alpha_1 + \alpha_2)$

  $1817.34 \times 0.998894 = 1815.33\text{m}$

③ H_1', H_2'의 계산

  $H_1' = H_1 + i_1$

  $\quad = 94.18 + 1.45$

  $\quad = 95.63\text{m}$

  $H_2' = H_2 + f$

  $\quad = 8.69 + 1.45$

  $\quad = 10.14\text{m}$

④ 기준면상거리 (S) 계산

  $S = D \times \cos \frac{1}{2}(\alpha_1 + \alpha_2) - \frac{D(H_1' + H_2')}{2R}$

  $\quad = 1815.33 - 0.015$

  $\quad = 1815.315\text{m}$

⑤ 축척계수 (K) 계산

  $K = 1 + \frac{(Y_1 + Y_2)^2}{8R^2}$

  $\quad = 1 + \frac{7310.25}{324839427.7}$

  $\quad = 1.000023$

⑥ 연직각에 의한 평면거리 계산 (D_0)

  $D_0 = $ 기준면상거리 (S) $\times$ 축척계수

  $\quad = 1815.315 \times 1.000023$

  $\quad = 1815.36\text{m}$

(2) 표고에 의한 계산

① $(H_1' - H_2') = (95.63 - 10.14) = 85.49\text{m}$

② 수평거리 환산

  $D - \frac{(H_1' - H_2')^2}{2D} = 1817.34 - \left(\frac{7308.54}{3634.68}\right)$

  $\quad\quad\quad\quad\quad = 1815.33\text{m}$

③ 기준면상거리 (S) 계산

$$S = D - \frac{(H_1{}' - H_2{}')^2}{2D} - \frac{D(H_1{}' - H_2{}')}{2R}$$

$$= 1815.33 - 0.015$$

$$= 1815.315\text{m}$$

④ 축척계수 (K) 계산

$$K = 1 + \frac{(Y_1 + Y_2)^2}{8R^2}$$

$$= 1 + \frac{7310.25}{324839427.7}$$

$$= 1.000023$$

⑤ 표고에 의한 평면거리 (D_0) 계산

$$D_0 = 기준면상거리\,(S) \times 축척계수\,(K)$$

$$= 1815.315 \times 1.000023$$

$$= 1815.36\text{m}$$

⑶ 평면거리평균 (D_0)

$$\frac{1815.36 + 1815.36}{2} = 1815.36\,\text{m}$$

평면거리계산부

약 도	공 식

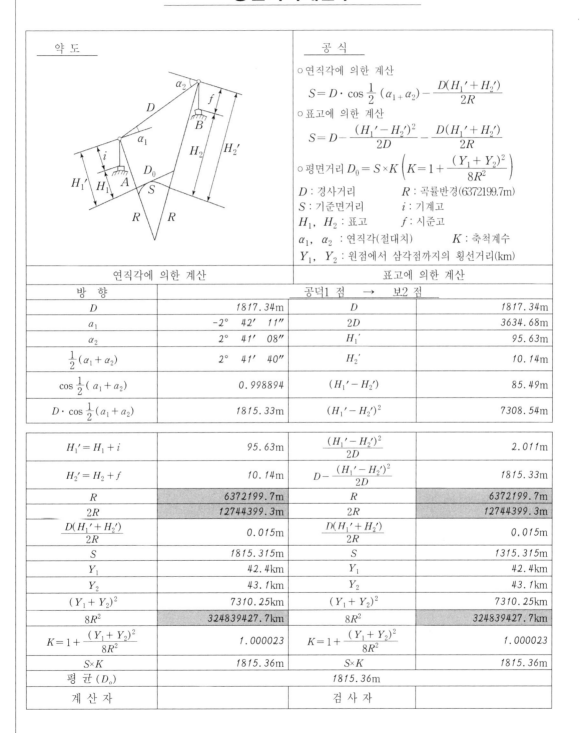

약 도

공 식

○연직각에 의한 계산
$$S = D \cdot \cos \frac{1}{2}(a_1 + a_2) - \frac{D(H_1' + H_2')}{2R}$$
○표고에 의한 계산
$$S = D - \frac{(H_1' - H_2')^2}{2D} - \frac{D(H_1' + H_2')}{2R}$$
○평면거리 $D_0 = S \times K \left(K = 1 + \frac{(Y_1 + Y_2)^2}{8R^2} \right)$

D : 경사거리 R : 곡률반경(6372199.7m)
S : 기준면거리 i : 기계고
H_1, H_2 : 표고 f : 시준고
a_1, a_2 : 연직각(절대치) K : 축척계수
Y_1, Y_2 : 원점에서 삼각점까지의 횡선거리(km)

연직각에 의한 계산		표고에 의한 계산	
방 향		공덕1점 → 보2점	
D	1817.34m	D	1817.34m
a_1	-2° 42′ 11″	$2D$	3634.68m
a_2	2° 41′ 08″	H_1'	95.63m
$\frac{1}{2}(a_1 + a_2)$	2° 41′ 40″	H_2'	10.14m
$\cos \frac{1}{2}(a_1 + a_2)$	0.998894	$(H_1' - H_2')$	85.49m
$D \cdot \cos \frac{1}{2}(a_1 + a_2)$	1815.33m	$(H_1' - H_2')^2$	7308.54m
$H_1' = H_1 + i$	95.63m	$\frac{(H_1' - H_2')^2}{2D}$	2.011m
$H_2' = H_2 + f$	10.14m	$D - \frac{(H_1' - H_2')^2}{2D}$	1815.33m
R	6372199.7m	R	6372199.7m
$2R$	12744399.3m	$2R$	12744399.3m
$\frac{D(H_1' + H_2')}{2R}$	0.015m	$\frac{D(H_1' + H_2')}{2R}$	0.015m
S	1815.315m	S	1315.315m
Y_1	42.4km	Y_1	42.4km
Y_2	43.1km	Y_2	43.1km
$(Y_1 + Y_2)^2$	7310.25km	$(Y_1 + Y_2)^2$	7310.25km
$8R^2$	324839427.7km	$8R^2$	324839427.7km
$K = 1 + \frac{(Y_1 + Y_2)^2}{8R^2}$	1.000023	$K = 1 + \frac{(Y_1 + Y_2)^2}{8R^2}$	1.000023
$S \times K$	1815.36m	$S \times K$	1815.36m
평 균 (D_o)		1815.36m	
계 산 자		검 사 자	

04 solution

(1) 방위각 계산

$$V_a^{\,b} = \tan^{-1}\frac{\Delta y}{\Delta x} = \tan^{-1}\frac{(374.86-351.99)}{(777.34-810.59)} = \tan^{-1}\frac{22.87}{-33.25} = 34°\ 31'\ 15.4''$$

$$= 180° - 34°\ 31'\ 15.4'' = 145°\ 28'\ 44.6''(2상한)$$

$$V_a^{\,d} = \tan^{-1}\frac{\Delta y}{\Delta x} = \tan^{-1}\frac{(424.85-351.99)}{(806.53-810.59)} = \tan^{-1}\frac{72.86}{-4.06} = 86°\ 48'\ 38.1''$$

$$= 180° - 86°\ 48'\ 38.1'' = 93°\ 11'\ 21.9''(2상한)$$

$$V_b^{\,c} = \tan^{-1}\frac{\Delta y}{\Delta x} = \tan^{-1}\frac{(424.41-374.86)}{(783.95-777.34)} = \tan^{-1}\frac{49.55}{6.61} = 82°\ 24'\ 05.6''$$

(2) 내각 계산

$$\alpha = V_a^{\,b} - V_a^{\,d} = 145°\ 28'\ 44.6'' - 93°\ 11'\ 21.9'' = 52°\ 17'\ 22.7''$$

$$\beta = V_b^{\,c} - V_b^{\,a} = 82°\ 24'\ 05.6'' - 325°\ 28'\ 44.6'' + 360° = 116°\ 55'\ 21''$$

$$\phi = 90°$$

$$\angle AOB = 180° - (\alpha + \beta) = 180° - (52°\ 17'\ 22.7'' + 116°\ 55'\ 21'') = 10°\ 47'\ 16.3''$$

$$\theta = 180° - (\phi + \angle AOB) = 180° - (90° + 10°\ 47'\ 16.3'') = 79°\ 12'\ 43.7''$$

(3) 거리 계산

$$L = \sqrt{\Delta x^2 + \Delta y^2} = \sqrt{22.87^2 + (-33.25)^2} = 40.36\ m$$

$$x = L \cdot \sqrt{\frac{\sin\alpha \cdot \sin\beta}{\sin\theta \cdot \sin\phi}} = 40.36 \times \sqrt{\frac{\sin 52°\ 17'\ 22.7'' \times \sin 116°\ 55'\ 21''}{\sin 79°\ 12'\ 43.7'' \times \sin 90°}} = 34.20m$$

$$M = \frac{(L \cdot \sin\beta - x \cdot \sin\phi)}{\sin(\alpha+\beta)}$$

$$= \frac{40.36 \times \sin 116°\ 55'\ 21'' - 34.20 \times \sin 90°}{\sin(52°\ 17'\ 22.7'' + 116°\ 55'\ 21'')} = 9.54m$$

$$N = \frac{(x \cdot \sin\theta - L \cdot \sin\alpha)}{\sin(\alpha+\beta)}$$

$$= \frac{34.20 \times \sin 79°\ 12'\ 43.7'' - 40.36 \times \sin 52°\ 17'\ 22.7''}{\sin(52°\ 17'\ 22.7'' + 116°\ 55'\ 21'')} = 8.90m$$

(4) 좌표 계산

$$X_P = X_a + M \cdot \cos V_a^{\,d} = 810.59 + (9.54 \times \cos 93°\ 11'\ 21.9'') = 810.06m$$

$$Y_P = Y_a + M \cdot \sin V_a^{\,d} = 351.99 + (9.54 \times \sin 93°\ 11'\ 21.9'') = 361.52m$$

$$X_Q = X_b + N \cdot \cos V_c^{\,b} = 777.34 + (8.90 \times \cos 262°\ 24'\ 05.6'') = 776.16m$$

$$Y_Q = Y_b + N \cdot \sin V_c^{\,b} = 374.86 + (8.90 \times \sin 262°\ 24'\ 05.6'') = 366.04m$$

교점다각망계산부(H, A형)

약 도

					ΣN	ΣS
조건식	I	$(1)-(2)+w_1=0$	경중률	(1)	8	0.64
				(2)	9	0.84
	II	$(2)+(3)-(4)+w_2=0$		(3)	5	0.44
				(4)	9	0.88
	III	$(4)-(5)+w_3=0$		(5)	5	0.35

1. 방위각

순서	도선	관 측	보정	평 균
I	(1)	230° 59′ 07″		° ′ ″
	(2)	230 59 16		
	w_1	-9		
II	(2)+(3)	183 04 55		
	(4)	183 05 03		
	w_2	-8		
III	(4)	183 05 03		
	(5)	183 04 45		
	w_3	+18		

2. 종선좌표

순서	도선	관 측	보정	평 균
I	(1)	1890.36		m
	(2)	1890.14		
	w_1	+0.22		
II	(2)+(3)	2153.66		
	(4)	2153.67		
	w_2	-0.01		
III	(4)	2153.67		
	(5)	2153.85		
	w_3	-0.18		

3. 횡선좌표

순서	도선	관 측	보정	평 균
I	(1)	3773.64		m
	(2)	3773.50		
	w_1	+0.14		
II	(2)+(3)	4114.94		
	(4)	4115.07		
	w_2	-0.13		
III	(4)	4115.07		
	(5)	4114.99		
	w_3	+0.08		

4. 계산

1) 상관방정식

순서	ΣN	ΣS	I	II	III
(1)	8	0.64	+1		
(2)	9	0.84	-1	+1	
(3)	5	0.44		+1	
(4)	9	0.88		-1	+1
(5)	5	0.35			-1

2) 표준방정식(방위각)

I	II	III	W_a	Σ
17	-9	0	-9	-1
	23	-9	-8	-3
		14	+18	23

3) 표준방정식(종·횡선좌표)

I	II	III	W_x	Σ	W_y	Σ
1.48	-0.84	0	+0.22	0.86	+0.14	0.78
	2.16	-0.88	-0.01	0.43	-0.13	0.31
		1.23	-0.18	0.17	+0.08	0.43

4회 출제예상문제

Cadastral Surveying

이 문제는 수험자의 기억을 토대로 작성하였으므로 실제 문제와 일부 다를 수도 있습니다. 해설과 해답은 오류가 없도록 최선을 다하였으나 혹 미미한 부분은 계속 수정 보완하겠습니다.

01. 아래와 같이 4점의 좌표를 이용하여 다음 요구사항에 답하시오.
(단, 좌표의 단위는 0.01m, 각도 단위는 초 단위까지 계산하시오.)(12점)

점명	X좌표(m)	Y좌표(m)	도형
1(A)	3841.95	1600.18	
2(D)	3851.51	1621.57	
3(C)	3821.55	1635.41	
4(B)	3812.00	1614.72	

가. 방위각 α, β를 구하시오.

나. 거리 S_1과 S_2를 구하시오.

다. P의 좌표를 구하시오.

02. 광파측거기에 의하여 경기2에서 보1로 두 점간 거리를 측정하여 다음과 같은 결과를 얻었다. 서식에 의거 두 점 간의 평면거리를 계산하시오.(11점)

경사거리(D)=3487.09m

연직각(α_1)=-0° 57′ 55″   연직각(α_2)=+0° 56′ 57″

기지점표고(H_1)=94.18m   시준점표고(H_2)=36.19m

기계고(i)=1.45m   시준고(f)=1.45m

$Y_1 = 42.4$km $Y_2 = 40.5$km

평면거리계산부

약 도	공 식

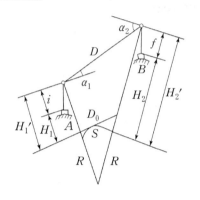

공 식

○ 연직각에 의한 계산

$$S = D \cdot \cos \frac{1}{2}(\alpha_1 + \alpha_2) - \frac{D(H_1' + H_2')}{2R}$$

○ 표고에 의한 계산

$$S = D - \frac{(H_1' - H_2')^2}{2D} - \frac{D(H_1' + H_2')}{2R}$$

○ 평면거리 $D_0 = S \times K \left(K = 1 + \frac{(Y_1 + Y_2)^2}{8R^2} \right)$

D : 경사거리 R : 곡률반경(6372199.7m)
S : 기준면거리 i : 기계고
H_1, H_2 : 표고 f : 시준고
α_1, α_2 : 연직각(절대치) K : 축척계수
Y_1, Y_2 : 원점에서 삼각점까지의 횡선거리(km)

연직각에 의한 계산		표고에 의한 계산	
방 향		점 → 점	
D		D	
α_1		$2D$	
α_2		H_1'	
$\frac{1}{2}(\alpha_1 + \alpha_2)$		H_2'	
$\cos \frac{1}{2}(\alpha_1 + \alpha_2)$		$(H_1' - H_2')$	
$D \cdot \cos \frac{1}{2}(\alpha_1 + \alpha_2)$		$(H_1' - H_2')^2$	

$H_1' = H_1 + i$		$\frac{(H_1' - H_2')^2}{2D}$	
$H_2' = H_2 + f$		$D - \frac{(H_1' - H_2')^2}{2D}$	
R	6372199.7m	R	6372199.7m
$2R$	12744399.3m	$2R$	12744399.3m
$\frac{D(H_1' + H_2')}{2R}$		$\frac{D(H_1' + H_2')}{2R}$	
S		S	
Y_1		Y_1	
Y_2		Y_2	
$(Y_1 + Y_2)^2$		$(Y_1 + Y_2)^2$	
$8R^2$	324839427.7km	$8R^2$	324839427.7km
$K = 1 + \frac{(Y_1 + Y_2)^2}{8R^2}$		$K = 1 + \frac{(Y_1 + Y_2)^2}{8R^2}$	
$S \times K$		$S \times K$	
평 균 (D_o)		m	
계 산 자		검 사 자	

03. 아래 보기와 같이 경기11과 경기2의 지적삼각점을 설치하고자 관측한 성과가 있다. 서식을 이용하여 사각망을 계산하시오.(단, 계산 및 결과는 관련 규정에 의거하여 산출하시오.)(16점)

망도	구분	관측각	구분	관측각
	α_1	42° 19′ 08.5″	β_1	44° 52′ 02.4″
	α_2	69° 04′ 20.6″	β_2	39° 37′ 47.5″
	α_3	26° 25′ 52.3″	β_3	75° 12′ 13.7″
	α_4	38° 44′ 07.0″	β_4	23° 44′ 39.0″
	점명	X(m)		Y(m)
	공덕1	3081.36		7779.45
	공덕2	3738.38		9587.49

04. 그림과 같이 지적도근점 T.P 100에 기계를 설치하여 지적도근점 T.P 200번을 기지점으로 하여 도시개발사업시행지역의 가구점을 측정한 결과이다. 가구점의 X, Y 좌표를 계산하시오. (단, 좌표의 단위는 0.01m까지 계산하시오.)(8점)

측점	시준점	거리(m)	방위각	X좌표(m)	Y(좌표)	도형
T.P 100	T.P 200		37° 43′ 09″	6550.60	3830.10	
〃	1	19.50	86° 40′ 47″			
〃	2	15.00	105° 27′ 15″			
〃	3	14.90	189° 49′ 35″			
〃	4	15.50	208° 41′ 30″			
〃	5	15.30	266° 40′ 47″			
〃	6	14.80	285° 27′ 32″			
〃	7	14.90	9° 49′ 35″			
〃	8	15.10	28° 41′ 31″			

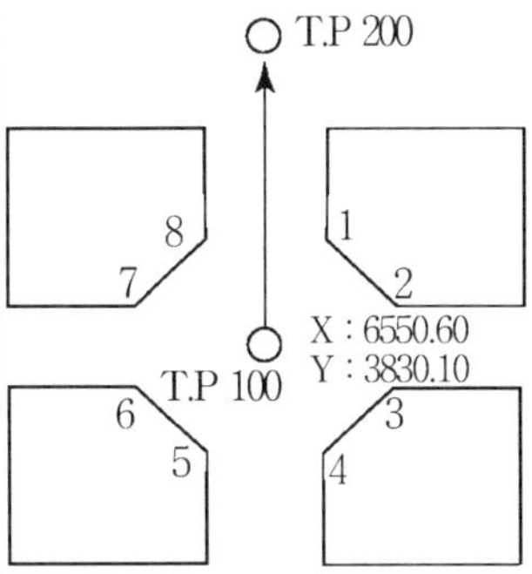

05. 경계점좌표등록부에 등록하는 지역의 어느 1필지가 아래 표와 같다고 가정할 때, A, B, C점의 좌표를 △ABC의 결정면적을 구하시오.(단, 계산 및 결과는 관련규정에 의거하여 산출하시오.)(8점)

점명	X좌표(m)	Y좌표(m)	도형
A	2967.03	3569.43	
B	2954.20	3567.13	
C	2961.81	3560.71	

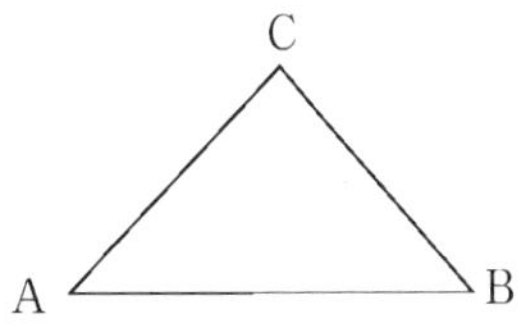

4회 출제예상문제 해설 및 정답

01
solution

(1) $V_a{}^c$ 방위각 계산 (α)

$\Delta X_a{}^c = 3821.55 - 3841.95 = -20.40\text{m}$

$\Delta Y_a{}^c = 1635.41 - 1600.18 = 35.23\text{m}$

$\theta = \tan^{-1}\dfrac{\Delta Y}{\Delta x} = \tan^{-1}\dfrac{35.28}{20.40} = 59° \ 55' \ 37''$

2상한(-,+)이므로 $V_a{}^c = 180° - \theta = 180° - 59° \ 55' \ 37'' = 120° \ 04' \ 23''$

(2) $V_b{}^d$ 방위각 계산 (β)

$\Delta X_b{}^d = 3851.51 - 3812.00 = 39.51\text{m}$

$\Delta Y_b{}^d = 1621.57 - 1614.72 = 6.85\text{m}$

$\theta = \tan^{-1}\dfrac{\Delta Y}{\Delta X} = \tan^{-1}\dfrac{6.85}{39.51} = 9° \ 50' \ 09''$

1상한(+,+)이므로 $V_b{}^d = 9° \ 50' \ 09''$

(3) 거리 계산 ($S_1, \ S_2$)

$S_1 = \dfrac{\Delta y_a^b \cdot \cos\beta - \Delta x_a{}^b \cdot \sin\beta}{\sin(\alpha - \beta)}$

$\quad = \dfrac{(14.54 \times \cos 9° \ 50' \ 09'') - (-29.95 \times \sin 9° \ 50' \ 09'')}{\sin(120° \ 04' \ 23'' - 9° \ 50' \ 09'')}$

$\quad = 20.7217\text{m}$

$S_2 = \dfrac{\Delta y_a^b \cdot \cos\alpha - \Delta x_a{}^b \cdot \sin\alpha}{\sin(\alpha - \beta)}$

$\quad = \dfrac{(14.54 \times \cos 120° \ 04' \ 23'') - (-29.95 \times \sin 120° \ 04' \ 23'')}{\sin(120° \ 04' \ 23'' - 9° \ 50' \ 09'')}$

$\quad = 19.8582\text{m}$

(4) 소구점 P의 계산

① A점에서 P점 계산

$X_b = A_X + (S_1 \times \cos\alpha) = 3841.95 + (20.7217 \times \cos 120° \ 04' \ 23'')$

$\quad = 3831.57\,\text{m}$

$Y_b = A_Y + (S_1 \times \sin\alpha) = 1600.18 + (20.7217 \times \sin 120° \ 04' \ 23'')$

$\quad = 1618.11\,\text{m}$

② B점에서 P점 계산

$$X_p = B_X + (S_2 \times \cos \beta) = 3812.00 + (19.8582 \times \cos 9° \ 50' \ 09'')$$

$$= 3831.57 \, \text{m}$$

$$Y_p = B_Y + (S_2 \times \sin \beta) = 1614.72 + (19.8582 \times \sin 9° \ 50' \ 09'')$$

$$= 1618.11 \, \text{m}$$

(5) P점 좌표 결정(평균)

$$X_p = (3831.57 + 3831.57) \div 2 = 3831.57 \, \text{m}$$

$$Y_p = (1618.11 + 1618.11) \div 2 = 1618.11 \, \text{m}$$

02 solution

(1) 연직각에 의한 계산

① 수평거리 $= D \times \cos \dfrac{(\alpha_1 + \alpha_2)}{2}$

$$= 3487.09 \times 0.999860 = 3486.602 \, \text{m}$$

② H_1', H_2' 계산

$H_1' =$ 기지점 표고 $(H_1) +$ 기계고 (i)

$$= 94.18 + 1.45 = 95.63 \text{m}$$

$H_2' =$ 시준점 표고 $(H_2) +$ 시준고 (f)

$$= 36.19 + 1.45 = 37.64 \text{m}$$

③ 기준면상 거리 (S) 계산

$$S = D \times \cos \frac{1}{2} (\alpha_1 + \alpha_2) - \frac{D(H_1' + H_2')}{2R}$$

$$= 3486.602 \times 0.036$$

$$= 3486.566 \text{m}$$

④ 축척계수 (K) 계산

$$K = 1 + \frac{(Y_1 + Y_2)^2}{8R^2}$$

$$= 1 + \frac{6872.41}{324839427.7}$$

$$= 1.000021$$

⑤ 연직각에 의한 평면거리 (D_0) 계산

$$D_0 = S \times K$$

$$= 3486.566 \times 1.000021$$

$$= 3486.64 \, \text{m}$$

(2) 표고에 의한 계산

$$H_1' - H_2' = 95.63 - 37.64 = 57.99 \, \text{m}$$

① 수평거리 $= D - \dfrac{(H_1' - H_2')^2}{2D}$

$\qquad = 3487.09 - \dfrac{3362.84}{6974.18}$

$\qquad = 3486.608\text{m}$

② 기준면상 거리 (S) 계산

$\qquad S = D - \dfrac{(H_1' - H_2')^2}{2D} - \dfrac{D(H_1' + H_2')}{2R}$

$\qquad = 3486.608 - 0.036$

$\qquad = 3486.57\,\text{m}$

③ 표고에 의한 평면거리 (D_0) 계산

$\qquad D_0 = S \times K$

$\qquad = 3486.572 \times 1.000021$

$\qquad = 3486.64\,\text{m}$

④ 평균 평면거리 (D_0)

$\qquad \dfrac{3486.64 \times 3486.64}{2} = 3486.64\,\text{m}$

평면거리계산부

약 도	공 식
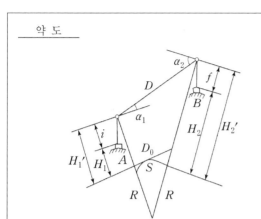	○ 연직각에 의한 계산 $$S = D \cdot \cos \frac{1}{2}(\alpha_1 + \alpha_2) - \frac{D(H_1' + H_2')}{2R}$$ ○ 표고에 의한 계산 $$S = D - \frac{(H_1' - H_2')^2}{2D} - \frac{D(H_1' + H_2')}{2R}$$ ○ 평면거리 $D_0 = S \times K \left(K = 1 + \frac{(Y_1 + Y_2)^2}{8R^2} \right)$ D : 경사거리 R : 곡률반경(6372199.7m) S : 기준면거리 i : 기계고 H_1, H_2 : 표고 f : 시준고 α_1, α_2 : 연직각(절대치) K : 축척계수 Y_1, Y_2 : 원점에서 삼각점까지의 횡선거리(km)

연직각에 의한 계산		표고에 의한 계산	
방 향	예진 점	→ 기용2 점	
D	3487.09m	D	3487.09m
α_1	-0° 57′ 55″	$2D$	6974.18m
α_2	0° 56′ 57″	H_1'	95.63m
$\frac{1}{2}(\alpha_1 + \alpha_2)$	0° 57′ 26″	H_2'	37.64m
$\cos \frac{1}{2}(\alpha_1 + \alpha_2)$	0.999860	$(H_1' - H_2')$	57.99m
$D \cdot \cos \frac{1}{2}(\alpha_1 + \alpha_2)$	3486.602m	$(H_1' - H_2')^2$	3362.84m

$H_1' = H_1 + i$	95.63m	$\frac{(H_1' - H_2')^2}{2D}$	0.482m
$H_2' = H_2 + f$	37.64m	$D - \frac{(H_1' - H_2')^2}{2D}$	3486.608m
R	6372199.7m	R	6372199.7m
$2R$	12744399.3m	$2R$	12744399.3m
$\frac{D(H_1' + H_2')}{2R}$	0.036m	$\frac{D(H_1' + H_2')}{2R}$	0.036m
S	3486.566m	S	3486.572m
Y_1	42.4km	Y_1	42.4km
Y_2	40.5km	Y_2	40.5km
$(Y_1 + Y_2)^2$	6872.41km	$(Y_1 + Y_2)^2$	6872.41km
$8R^2$	324839427.7km	$8R^2$	324839427.7km
$K = 1 + \frac{(Y_1 + Y_2)^2}{8R^2}$	1.000021	$K = 1 + \frac{(Y_1 + Y_2)^2}{8R^2}$	1.000021
$S \times K$	3486.64m	$S \times K$	3486.64m
평 균 (D_o)		3486.64 m	
계 산 자		검 사 자	

03
solution

(1) 각규약 조정

① $(\Sigma\alpha + \Sigma\beta) - 360° = \varepsilon$

$360° \ 00' \ 11.0'' - 360° = +11.0''$

$\dfrac{\varepsilon}{8} = +1.4''$ 이므로 $-1.4''$씩 배부한다.

※ 각 조종후 단수처리로 인하여 조정량의 합계와 차이가 생길 수 있다.
이때에는 90°에 가까운 각에 ±0.1″를 추가 배부한다.

② $(\alpha_1 + \beta_4) - (\alpha_3 - \beta_2) = e_1$

$66° \ 03' \ 47.5'' - 66° \ 03' \ 39.8'' = +7.7''$

$\dfrac{e_1}{4} = +1.9''$ 이므로 α_1, $\beta_4 = -1.9''$, α_3, $\beta_2 = +1.9''$씩 배부한다.

$(\alpha_2 + \beta_1) - (\alpha_4 + \beta_3) = e_2$

$113° \ 56' \ 23.0'' - 113° \ 56' \ 20.7'' = +2.3''$

$\dfrac{e_2}{4} = +0.6''$ 이므로 α_2, $\beta_1 = -0.6''$, α_4, $\beta_3 = +0.6''$씩 배부한다.

(2) 변규약 조정

① E_1계산

$E_1 = \dfrac{\pi\sin\alpha}{\pi\sin\beta} - 1 = \dfrac{0.175144}{0.175164} - 1 = -114(-0.000114)$

② $\varDelta\alpha$, $\varDelta\beta = \sin 10'' \times \cos\alpha, \beta$

$\qquad\qquad = 48.4814 \times \cos\alpha, \beta$

$\varDelta\alpha_1 = 48.4814 \times \cos 42° \ 19' \ 05.2'' = 36$

$\varDelta\beta_1 = 48.4814 \times \cos 44° \ 52' \ 00.4'' = 34$

나머지도 위와 같은 방법으로 정수까지 계산한다.

또한 부호는 $\pi\sin\alpha < \pi\sin\beta$ 이면 E_1값이 $(-)$이므로 $\sin\alpha$에는 $+\varDelta\alpha$, $\sin\beta$에는 $-\varDelta\beta$로 조정하여 $\sin\alpha'$, $\sin\beta'$를 구한다.

③ E_2계산

$E_2 = \dfrac{\pi\sin\alpha'}{\pi\sin\beta'} - 1 = \dfrac{0.175184}{0.175125} - 1 = 337(0.000337)$

$|E_1 - E_2| = 451$

④ 경정수 $(x_1'', \ x_2'')$ 계산

$x_1'' = \dfrac{10''E_1}{|E_1 - E_2|} = \dfrac{10'' \times (-144)}{451} = 2.5''$

$x_2'' = \dfrac{10''E_2}{|E_1 - E_2|} = \dfrac{10'' \times 337}{451} = +7.5''$

검산 : $|x_1'' - x_2''| = 10''$

배부는 계산부의 식처럼 $\alpha - x_1''$, $\beta + x_1''$로 배부하면 된다.

(3) 변장계산

① 기지변 변장계산

<공덕1 → 공덕2>

$\Delta x = 657.02 \text{ m}$　$\Delta y = 1808.04 \text{ m}$

$\overline{AB} = \sqrt{(657.02^2 + 1,808.04^2)} = 1,923.72 \text{ m}$

② 변장계산

(A=공덕1, B=공덕2, C=경기11, D=경2)

$$BC = \frac{AB \times \sin \gamma_1}{\sin \beta_1} = \frac{1923.72 \times \sin 92° \ 48' \ 54.4''}{\sin 44° \ 51' \ 57.9''} = 2723.64\text{m}$$

$$AC = \frac{AB \times \sin \alpha_1}{\sin \beta_1} = \frac{1923.72 \times \sin 42° \ 19' \ 07.7''}{\sin 44° \ 51' \ 57.9''} = 1835.92\text{m}$$

나머지도 위와 같이 계산한다.

(4) 방위각 계산

① 기지변 방위각 계산

$$\theta = \tan^{-1} \frac{\Delta y}{\Delta x} = \tan^{-1} \frac{1808.04}{657.02} = 70° \ 01' \ 46.1''$$

$V_A^B = 70° \ 01' \ 46.1''$

② 방위각 계산

$V_B{}^C = V_A{}^B \pm 180° + \alpha_1 = 70° \ 01' \ 46.1'' + 180° + 42° \ 19' \ 07.7''$

　　$= 292° \ 20' \ 53.8''$

$V_A{}^C = V_A{}^B - \gamma_1 = 70° \ 01' \ 46.1'' - 92° \ 48' \ 54.4''$

　　$= 337° \ 12' \ 51.7''$

$V_A{}^D = V_A{}^C + \alpha_2 = 337° \ 12' \ 51.7'' + 69° \ 04' \ 21.2''$

　　$= 46° \ 17' \ 12.9''$

$V_C{}^D = V_A{}^C \pm 180° - \gamma_2 = 337° \ 12' \ 51.7'' - 180° \ - 71° 17' \ 53.3''$

　　$= 85° \ 54' \ 58.4''$

나머지도 위와 같이 계산한다.

(5) 종 · 횡선 좌표 계산

> 종선좌표 X=기지점 종선좌표+ $(\cos V \times l)$
>
> 횡선조표 Y=기지점 횡선좌표+ $(\cos V \times l)$
>
> 여기서 V : 방위각, l : 변장

(1) ① 삼각형에서 경기11의 종횡선 좌표 계산

<공덕2→경기11>

$X_1 = 3738.38 + (\cos 292° \ 20' \ 53.8'' \times 2723.64) = 4774.00$m

$Y_1 = 9587.49 + (\sin 292° \ 20' \ 53.8'' \times 2723.64) = 7068.42$m

<공덕1→경기11>

$X_2 = 3081.36 + (\cos 337° \ 12' \ 51,7'' \times 1835.92) = 4774.01$m

$Y_2 = 7779.45 + (\sin 337° \ 12' \ 51.7'' \times 1835.92) = 7068.43$m

평균하면

$X = (4774.00 + 4774.01) \div 2 = 4774.00$

$Y = (7068.42 + 7068.43) \div 2 = 7068.42$가 된다.

이때 단수처리는 오사오입을 적용하며 나머지도 위와 같이 계산한다.

04 solution

측점	시준점	거리(m)	방위각	X좌표(m)	Y(좌표)	도형
T.P 100	T.P 200		37° 43′ 09″	6550.60	3830.10	
〃	1	19.50	86° 40′ 47″	6551.73	3849.57	
〃	2	15.00	105° 27′ 15″	6546.60	3844.56	
〃	3	14.90	189° 49′ 35″	6535.92	3827.56	
〃	4	15.50	208° 41′ 30″	6537.00	3822.66	
〃	5	15.30	266° 40′ 47″	6549.71	3814.83	
〃	6	14.80	285° 27′ 32″	6554.54	3815.84	
〃	7	14.90	9° 49′ 35″	6565.28	3832.64	
〃	8	15.10	28° 41′ 31″	6563.85	3837.35	

$X_n = X_{100} + (\cos V \times l)$

$Y_n = Y_{100} + (\sin V \times l)$

예) $X_1 = 6550.60 + (\cos 86° \ 40' \ 47'' \times 19.50) = 6551.73\text{m}$

$Y_1 = 3830.10 + (\sin 86° \ 40' \ 47'' \times 19.50) = 3849.57\text{m}$

05 solution

$F = \dfrac{1}{2} \sum_{i=1}^{n} x_i (y_{i+1} - y_{i-1})$ 또는 $F = \dfrac{1}{2} \sum_{i=1}^{n} y_i (x_{i+1} - x_{i-1})$

$2967.03 \times (3567.13 - 3560.71) = 19048.333\text{m}^2$

$2954.20 \times (3560.71 - 3569.43) = -25760.624\text{m}^2$

$2961.81 \times (3569.43 - 3567.13) = 6812.163\text{m}^2$

$2F = 19048.333 + (-25760.624) + 6812.163 = 99.872\,\text{m}^2$

$F = 99.872 \div 2 = 49.9\,\text{m}^2$

5회 출제예상문제

Cadastral Surveying

이 문제는 수험자의 기억을 토대로 작성하였으므로 실제 문제와 일부 다를 수도 있습니다. 해설과 해답은 오류가 없도록 최선을 다하였으나 혹 미미한 부분은 계속 수정 보완하겠습니다.

01. 지적 삼각측량을 실시한 결과 아래와 같이 성과를 측정하였다. 이를 삽입망 조정계산 서식을 완성하여 보1, 보2의 좌표를 계산하시오.(단, 거리는 cm 단위, 각은 0.1″ 단위까지 계산)

점명	X좌표	Y좌표
공덕 51	42 8196.66	17 4320.73
공덕 52	42 9668.21	17 7316.04
공덕 53	43 1027.21	17 8268.20

각명	관측각	각명	관측각	각명	관측각
α_1	45° 02′ 24.2″	α_2	64° 32′ 37.5″	α_3	42° 56′ 34.2″
β_1	96° 36′ 27.3″	β_2	69° 59′ 55.3″	β_3	69° 41′ 10.7″
γ_1	38° 21′ 09.7″	γ_2	45° 27′ 25.2″	γ_3	67° 22′ 14.8″

02. 그림과 같이 중심점(O)의 좌표가 (741.97m, 707.02m)이고, 반지름 R = 200m인 원과 P점 (751.83m, 705.07m)를 지나고 방위각 $V_P^A(\alpha_o) = 132° \, 26' \, 12''$인 직선이 교차하는 경우에 $\overline{OA}$의 방위각(V_O^A) 및 교점 A의 좌표를 서식을 완성하여 구하시오.(단, 서식 계산과정에서 검산과정도 반드시 계산하여야 하며, 각도는 0.1″까지, (1)~(5)의 칸은 소수 5자리까지 구하고, 기타의 항(좌표)은 소수점 이하 2자리(cm 단위)까지 구하시오.)

원과 직선의 교점좌표 계산부

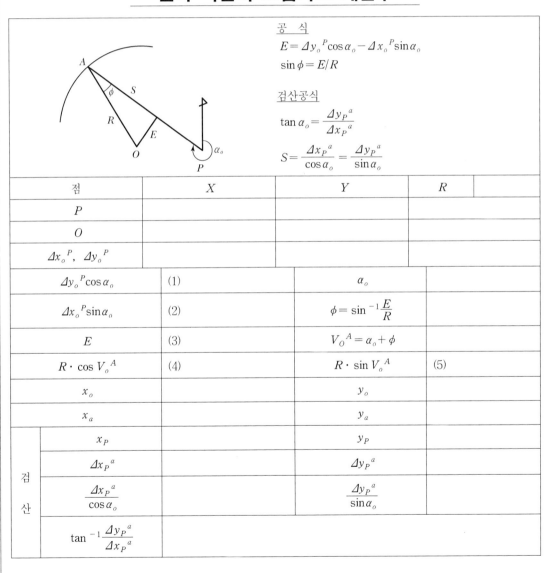

공 식

$$E = \Delta y_o^P \cos \alpha_o - \Delta x_o^P \sin \alpha_o$$

$$\sin \phi = E/R$$

검산공식

$$\tan \alpha_o = \frac{\Delta y_P^a}{\Delta x_P^a}$$

$$S = \frac{\Delta x_P^a}{\cos \alpha_o} = \frac{\Delta y_P^a}{\sin \alpha_o}$$

점		X		Y		R	
P							
O							
$\Delta x_o^P, \ \Delta y_o^P$							
$\Delta y_o^P \cos \alpha_o$		(1)		α_o			
$\Delta x_o^P \sin \alpha_o$		(2)		$\phi = \sin^{-1}\dfrac{E}{R}$			
E		(3)		$V_O^A = \alpha_o + \phi$			
$R \cdot \cos V_O^A$		(4)		$R \cdot \sin V_O^A$		(5)	
x_o				y_o			
x_a				y_a			
검 산	x_P			y_P			
	Δx_P^a			Δy_P^a			
	$\dfrac{\Delta x_P^a}{\cos \alpha_o}$			$\dfrac{\Delta y_P^a}{\sin \alpha_o}$			
	$\tan^{-1}\dfrac{\Delta y_P^a}{\Delta x_P^a}$						

03. 그림과 같이 수평각을 편심관측한 관측성과가 아래와 같을 경우 귀심각 γ_1, γ_2, γ_3와 측점 O에서 P_1 및 P_2에 대한 수평각 $\alpha(\angle P_1 O P_2)$를 구하시오.(단, 각은 반올림하여 0.1″ 단위까지 구하시오.)

관측성과

	$\overline{OP_1}$	3456.78m
시준거리	$\overline{OP_2}$	2345.67m
	$\overline{O'P_2}$	2343.25m
편심거리	K_1	3.25m
	K_2	2.18m
관측방향각	a'	72° 31′ 24.3″
	θ	302° 36′ 45.5″

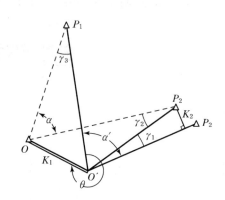

가. γ_1을 구하시오.
　계산과정)

　　　　　　　　　　　　　　　　　　　　γ_1 : _____

나. γ_2를 구하시오.
　계산과정)

　　　　　　　　　　　　　　　　　　　　γ_2 : _____

다. γ_3를 구하시오.
　계산과정)

　　　　　　　　　　　　　　　　　　　　γ_3 : _____

라. α를 구하시오.
　계산과정)

　　　　　　　　　　　　　　　　　　　　α : _____

04. 아래 보기와 같이 일필지를 분할하고자 P, Q점의 관측좌표를 이용하여 5, 6번 점의 좌표를 결정하시오.(단, 각도는 1″ 단위, 거리는 0.0001m 단위까지, 좌표는 0.01m 단위로 결정하시오.)

점명	X좌표(m)	Y좌표(m)	도형
1	460328.24	180471.27	
2	460284.04	180517.58	
3	460269.57	180503.77	
4	460313.77	180457.46	
P	460311.15	180497.76	
Q	460290.02	180477.12	

가. P-5의 거리, 1-5의 거리 및 5번 좌표를 구하시오.
　　계산과정)

　　　　　　　　　　　答 : P-5의 거리=＿＿＿＿＿＿ , 1-5의 거리=＿＿＿＿＿＿
　　　　　　　　　　　　　X_5=＿＿＿＿＿＿ , Y_5=＿＿＿＿＿＿

나. P-6의 거리, 4-6의 거리 및 6번 좌표를 구하시오.
　　계산과정)

　　　　　　　　　　　答 : P-6의 거리=＿＿＿＿＿＿ , 4-6의 거리=＿＿＿＿＿＿
　　　　　　　　　　　　　X_6=＿＿＿＿＿＿ , Y_6=＿＿＿＿＿＿

05. 그림과 같이 지적도근점 T.P 30에서 각각의 경계점을 복원하고자 한다. 각 경계점의 X, Y좌표를 이용하여 거리 및 방위각을 계산하여 표를 완성하시오.(단 T.P 30의 X = 2960.01m, Y = 3567.13m이며 거리단위는 cm, 방위각의 단위는 0.1″ 단위까지 구하시오.)

측점	시준점	X좌표	Y좌표	거리	방위각	도형
T.P 30	1	2967.03	3569.43			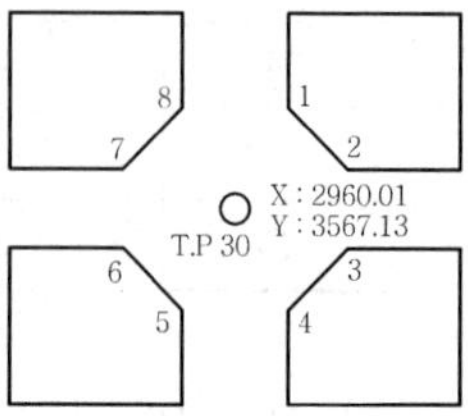
″	2	2966.21	3573.55			
″	3	2957.32	3574.45			
″	4	2954.20	3567.13			
″	5	2955.41	3565.38			
″	6	2960.01	3561.50			
″	7	2961.81	3560.71			
″	8	2965.93	3563.53			

5회 출제예상문제 해설 및 정답

01 solution

삽입망 조정 계산부

02 solution

원과 직선의 교점좌표 계산부

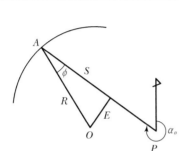

공 식

$$E = \Delta y_o{}^P \cos \alpha_o - \Delta x_o{}^P \sin \alpha_o$$
$$\sin \phi = E/R$$

검산공식

$$\tan \alpha_o = \frac{\Delta y_P{}^a}{\Delta x_P{}^a}$$

$$S = \frac{\Delta x_P{}^a}{\cos \alpha_o} = \frac{\Delta y_P{}^a}{\sin \alpha_o}$$

점		X		Y		R	200
P		751.83		705.07			
O		741.97		707.02			
$\Delta x_o{}^P, \Delta y_o{}^P$		9.86		-1.95			
$\Delta y_o{}^P \cos \alpha_o$	(1)	1.31581		α_o		132° 26′ 12″	
$\Delta x_o{}^P \sin \alpha_o$	(2)	7.27691		$\phi = \sin^{-1} \dfrac{E}{R}$		$-1°$ 42′ 28.7″	
E	(3)	-5.9611		$V_O{}^A = \alpha_o + \phi$		130° 43′ 43.3″	
$R \cdot \cos V_o{}^A$	(4)	-130.49560		$R \cdot \sin V_o{}^A$	(5)	151.56153	
x_o		741.97		y_o		707.02	
x_a		611.47		y_a		858.58	
검 산	x_P	751.83		y_P		705.07	
	$\Delta x_P{}^a$	-140.36		$\Delta y_P{}^a$		$+153.51$	
	$\dfrac{\Delta x_P{}^a}{\cos \alpha_o}$	208.01		$\dfrac{\Delta y_P{}^a}{\sin \alpha_o}$		208.00	
	$\tan^{-1} \dfrac{\Delta y_P{}^a}{\Delta x_P{}^a}$	47° 33′ 43.7″					

03
solution

가. γ_1계산

$$\sin \gamma_1 = \frac{K_2 \times \sin 90}{O'P_2}$$

$$\gamma_1 = \sin^{-1}\left(\frac{2.18 \times \sin 90}{2343.25}\right) = 0° \ 3' \ 11.9''$$

나. γ_2계산

$$\frac{OP_2}{\sin \angle OO'P_2} = \frac{K_1}{\sin \gamma_2}$$

$$\angle OO'P_2 = (360 - \theta) + \alpha' - \gamma_1 = 129° \ 51' \ 26.9''$$

$$\gamma_2 = \sin^{-1}\left(\frac{K_1 \times \sin \angle OO'P_2}{OP_2}\right) = \sin^{-1}\left(\frac{3.25 \times \sin 129° \ 51' \ 26.9''}{2345.67}\right) = 0° \ 3' \ 39.4''$$

다. γ_3계산

$$\frac{OP_1}{\sin(360 - \theta)} = \frac{K_1}{\sin \gamma_3}$$

$$\gamma_3 = \sin^{-1}\left(\frac{K_1 \times \sin(360 - \theta)}{OP_1}\right) = \sin^{-1}\left(\frac{3.25 \times \sin 57° \ 23' \ 14.5''}{3456.78}\right) = 0° \ 2' \ 43.4''$$

라. α계산

$$\alpha + \gamma_3 = (\alpha' - \gamma_1) + \gamma_2$$

$$\alpha = (\alpha' - \gamma_1) + \gamma_2 - \gamma_3 = 72° \ 28' \ 12.4'' + 0° \ 3' \ 39.4'' - 0° \ 2' \ 43.4'' = 72° \ 29' \ 08.4''$$

04
solution

가. P-5의 거리, 1-5의 거리 계산, 5번 좌표 계산

도형에서 4점 직선 교차점 계산방식으로 계산하면 된다. 그림으로 그려보면,

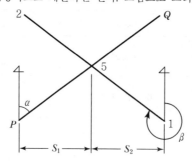

$\alpha = V_P{}^Q$, $\beta = V_1{}^2$ 방위각이며 P-5거리는 S_1, 1-5거리는 S_2로 표현된다.

$$S_1 = \frac{\Delta Y_P{}^1 \times \cos\beta - \Delta X_P{}^1 \times \sin\beta}{\sin(\alpha - \beta)}$$

$$S_2 = \frac{\Delta Y_P{}^1 \times \cos\alpha - \Delta X_1{}^P \times \sin\alpha}{\sin(\alpha - \beta)} \text{ 이다.}$$

(1) $\Delta X_P{}^1 = 460328.24 - 460311.15 = 17.09\text{m}$

$\Delta Y_P{}^1 = 180471.27 - 180497.76 = -26.49\text{m}$

(2) $\alpha = V_P{}^Q$ 이며 $\theta = \tan^{-1}\left(\frac{20.64}{21.13}\right) = 44° \ 19' \ 40.4''$

$V_P{}^Q = 180 + \theta = 224° \ 19' \ 40.4''$

(3) $\beta = V_1{}^2$ 이며 $\theta = \tan^{-1}\left(\frac{46.31}{44.20}\right) = 46° \ 20' \ 7.6''$

$V_1{}^2 = 180 - \theta = 133° \ 39' \ 52.4''$

(4) S_1계산(P−5 거리)

$$S_1(P-5) = \frac{(-26.49 \times \cos 133° \ 39' \ 52.4'') - (17.09 \times \sin 133° \ 39' \ 52.4'')}{\sin 90° \ 39' \ 48''} = 5.9272 \text{ m}$$

(5) S_2계산(1−5 거리)

$$S_2(1-5) = \frac{(-26.49 \times \cos 224° \ 19' \ 40.4'') - (17.09 \times \sin 224° \ 19' \ 40.4'')}{\sin 90° \ 39' \ 48''} = 30.8936 \text{ m}$$

(6) 5번 좌표 계산

• P점에서 계산

$X_5 = X_P + S_1 \times \cos\alpha$

$\quad = 460311.15 + (5.9272 \times \cos 224° \ 19' \ 40.4'')$

$\quad = 460306.91\text{m}$

$Y_5 = Y_P + S_1 \times \sin\alpha$

$\quad = 180497.76 + (5.9272 \times \sin 224° \ 19' \ 40.4'')$

$\quad = 180493.62\text{m}$

• 1점에서 계산

$X_5 = X_1 + S_2 \times \cos\beta$

$\quad = 460328.24 + (30.8936 \times \cos 133° \ 39' \ 52.4'')$

$\quad = 460306.91\text{m}$

$Y_5 = Y_1 + S_2 \times \sin\beta$

$\quad = 180471 + (30.8936 \times \sin 133° \ 39' \ 52.4'')$

$\quad = 180493.62\text{m}$

$\therefore X_5 = 460306.91 \text{ m}$

$\quad Y_5 = 180493.62 \text{ m}$

나. P−6 거리, 4−6 거리 계산, 6번 좌표 계산

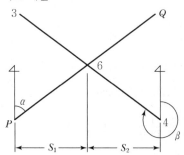

$\alpha = V_P^Q$, $\beta = V_4^3$ 방위각이며 P−6 거리는 S_1, 4−6 거리는 S_2로 표현된다.

$$S_1 = \frac{\Delta Y_4^P \times \cos\beta - \Delta X_4^P \times \sin\beta}{\sin(\alpha - \beta)}$$

$$S_2 = \frac{\Delta Y_4^P \times \cos\alpha - \Delta X_4^P \times \sin\alpha}{\sin(\alpha - \beta)} \ 이다.$$

(1) $\Delta X_4^P = 460311.15 - 460313.77 = -2.62m$

$\Delta Y_4^P = 180497.76 - 180457.46 = 40.30m$

(2) α, β 계산

$\alpha = V_P^Q = 224° \ 19' \ 40.4''$

$\beta = V_4^3 = 133° \ 39' \ 52.4''$

(3) S_1(P−6) 거리 계산

$$S_1 = \frac{(40.3 \times \cos 133° \ 39' \ 52.4'') - (-2.62 \times \sin 133° \ 39' \ 52.4'')}{\sin 90° \ 39' \ 48''} = 25.9310\,m$$

(4) S_2(4−6) 거리 계산

$$S_2 = \frac{(40.3 \times \cos 224° \ 19' \ 40.4'') - (-2.62 \times \sin 224° \ 19' \ 40.4'')}{\sin 90° \ 39' \ 48''} = 30.6615\,m$$

(5) 6번 좌표 계산

• P점에서 계산

$X_6 = X_P + S_1 \times \cos\alpha = 460311.15 + (25.9310 \times \cos 224° \ 19' \ 40.4'') = 460292.60m$

$Y_6 = Y_P + S_1 \times \sin\alpha = 180497.76 + (25.9310 \times \sin 224° \ 19' \ 40.4'') = 180479.64m$

• 4점에서 계산

$X_6 = X_4 + S_2 \times \cos\beta = 460313.77 + (30.6615 \times \cos 133° \ 39' \ 52.4'') = 460292.60m$

$Y_6 = Y_4 + S_2 \times \sin\beta = 180457.46 + (30.6615 \times \sin 133° \ 39' \ 52.4'') = 180479.64m$

∴ $X_6 = 460292.60\,m$, $Y_6 = 180479.64\,m$

05
solution

(1) T.P 30 → 1

$\Delta X = 2967.03 - 2960.01 = 7.02m$

$\Delta Y = 3569.43 - 3567.13 = 2.3m$

$\therefore S = \sqrt{7.02^2 + 2.3^2} = 7.39m$

$\theta = \tan^{-1} \dfrac{2.3}{7.02} = 18°\ 8'\ 26.2''$

$\therefore V_{30}{}^1 = 18°\ 8'\ 26.2''$

(2) T.P 30 → 2

$\Delta X = 2966.22 - 2960.01 = 6.2m$

$\Delta Y = 3573.55 - 3567.13 = 6.42m$

$\therefore S = \sqrt{6.2^2 + 6.42^2} = 8.93m$

$\theta = \tan^{-1} \dfrac{6.42}{6.2} = 45°\ 59'\ 55.4''$

$\therefore V_{30}{}^2 = 45°\ 59'\ 55.4''$

(3) T.P 30 → 3

$\Delta X = 2957.32 - 2960.01 = -2.69m$

$\Delta Y = 3574.45 - 3567.13 = 7.32m$

$\therefore S = \sqrt{2.69^2 + 7.32^2} = 7.80m$

$\theta = \tan^{-1} \dfrac{7.32}{2.69} = 69°\ 49'\ 20.3''$

$\therefore V_{30}{}^3 = 180 - \theta = 110°\ 10'\ 39.7''$

(4) T.P 30 → 4

$\Delta X = 2954.20 - 2960.01 = -5.81m$

$\Delta Y = 3567.13 - 3567.13 = 0m$

$\therefore S = \sqrt{5.81^2 + 0^2} = 5.81m$

$\theta = 180°$

Y축의 기울기는 없고 X축에서 −이므로 방위각은 180°이다.

$\therefore V_{30}{}^4 = 180°$

(5) T.P 30 → 5

$\Delta X = 2955.41 - 2960.01 = -4.6m$

$\Delta Y = 3565.38 - 3567.13 = -1.75m$

$\therefore S = \sqrt{4.6^2 + 1.75^2} = 4.92m$

$$\theta = \tan^{-1}\frac{1.75}{4.6} = 20° \ 49' \ 42.8''$$

$$\therefore \ V_{30}{}^5 = 180 + \theta = 200° \ 49' \ 42.8''$$

(6) T.P 30 → 6

$$\Delta X = 2960.01 - 2960.01 = 0m$$

$$\Delta Y = 3561.50 - 3567.13 = -5.63m$$

$$\therefore \ S = \sqrt{0^2 + 5.63^2} = 5.63m$$

$$\theta = 270°$$

X축의 기울기는 없고 Y축에서 −이므로 방위각은 270°이다.

$$\therefore \ V_{30}{}^6 = 270°$$

(7) T.P 30 → 7

$$\Delta X = 2961.81 - 2960.01 = 1.80m$$

$$\Delta Y = 3560.71 - 3567.13 = -6.42m$$

$$\therefore \ S = \sqrt{1.8^2 + 6.42^2} = 6.67m$$

$$\theta = \tan^{-1}\frac{6.42}{1.8} = 74° \ 20' \ 16.4''$$

$$\therefore \ V_{30}{}^7 = 360° - \theta = 285° \ 39' \ 43.6''$$

(8) T.P 30 → 8

$$\Delta X = 2965.93 - 2960.01 = 5.92m$$

$$\Delta Y = 3563.53 - 3567.13 = -3.6m$$

$$\therefore \ S = \sqrt{5.92^2 + 3.6^2} = 6.93m$$

$$\theta = \tan^{-1}\frac{3.6}{5.92} = 31° \ 18' \ 14.8''$$

$$\therefore \ V_{30}{}^8 = 360° - \theta = 328° \ 41' \ 45.2''$$

6회 출제예상문제

Cadastral Surveying

이 문제는 수험자의 기억을 토대로 작성하였으므로 실제 문제와 일부 다를 수도 있습니다. 해설과 해답은 오류가 없도록 최선을 다하였으나 혹 미미한 부분은 계속 수정 보완하겠습니다.

01. 그림과 같은 직선도로의 교차부에서 도로중심선의 방위각이 $V_o{}^m = 42° \, 32' \, 43''$, $V_o{}^n = 131° \, 48' \, 25''$ 이고 도로의 폭이 $W_1 = W_2 = 15\,\mathrm{m}$ 이며 우절장 : 10m일 때 가구점의 A의 좌표 $(X_a, \, Y_a)$를 다음의 순서에 따라 소수 3자리까지 구하시오.(단, 도로중심선 교점의 좌표는 $X = 4067.704\mathrm{m}$, $Y = 7199.966\mathrm{m}$ 이고, $\overline{AP}(=\overline{BP})$ 및 $\overline{OA}$ 거리는 반올림하여 소수 3자리, 각도는 1초 단위까지 구하시오.)

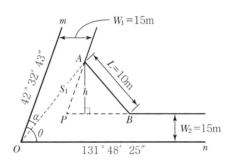

가. $\overline{AP}(=\overline{BP})$의 거리
계산과정)

답 : _____

나. $\overline{OA}$의 방위각 ($V_o{}^a$)
계산과정)

답 : _____

다. $\overline{OA}$의 거리 (S_1)
계산과정)

답 : _____

라. A점의 좌표 $(X_a, \, Y_a)$
계산과정)

답 : _____

02. 그림과 같은 사각망에서 기지점 좌표와 관측내각이 다음과 같을 경우, 서식에 의하여 관측내각을 조정하고 소구점(기성7 및 기성8)의 좌표를 계산하시오.(배점 18점)
(단, 각도는 초 단위로 소수 1자리까지, 거리 및 좌표는 소수 2자리까지 구하시오.)

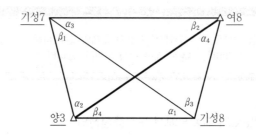

⟨기지점 좌표⟩

점명	X	Y
양3	453278.75m	192562.46m
여8	454263.52m	194459.26m

⟨관측내각⟩

$\alpha_1 = 37° \ 08' \ 20.2''$ $\beta_1 = 35° \ 24' \ 36.4''$

$\alpha_2 = 59° \ 53' \ 15.4''$ $\beta_2 = 49° \ 47' \ 59.4''$

$\alpha_3 = 34° \ 53' \ 47.4''$ $\beta_3 = 44° \ 51' \ 35.8''$

$\alpha_4 = 50° \ 26' \ 12.8''$ $\beta_4 = 47° \ 33' \ 50.2''$

03. 그림과 같은 토지경계점 중 장애물로 인하여 B점을 결정할 수 없어 경계점 ABCD가 잘 보이는 P점에서 다음과 같이 측정하였다. B점의 좌표를 결정하시오.(배점 11점)
(단, 단위는 m이며, 거리는 소수 2자리까지, 각은 초 단위까지 구하시오.)

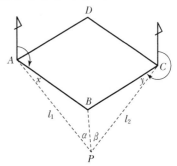

구분		X	Y
좌	A	428745.16	196321.74
표	C	429145.16	197521.74
거리		$AP(l_1) = 919.24\,\text{m}$, $CP(l_2) = 827.65\,\text{m}$	
내각		$\alpha = 49°\ 11'\ 06''$ $x = 8°\ 20'\ 38''$	
		$\beta = 43°\ 27'\ 07''$ $y = 8°\ 40'\ 23''$	
방위각		$V_a{}^b = 104°\ 02'\ 10''$ $V_c{}^b = 213°\ 41'\ 24''$	

가. AB의 거리를 구하시오.
계산과정)

답 : AB의 거리 =

나. CB의 거리를 구하시오.
계산과정)

답 : CB의 거리 =

다. PB의 거리를 구하시오.
계산과정)

답 : PB의 거리 =

라. B점 좌표를 구하시오.
계산과정)

답 : B점 좌표(,   )

04. 그림과 같은 토지에서 $\overline{AE}=20\,\mathrm{m}$, $\overline{ED}=15\,\mathrm{m}$ $\overline{AD}=25\,\mathrm{m}$이고, $\angle BAE=116°\ 52'\ 11.6''$일 때 $\angle BAD$를 계산하고, $\overline{AB}$상의 점 P와 점 D를 연결하는 $\overline{PD}$로 이 토지를 분할하여 □$APDE$의 면적이 400m² 가 되게 하기 위한 $\overline{AP}$의 거리를 0.01m 단위까지 구하시오.(배점 10점)(단, $\angle AED=90°$이고, 계산은 반올림하여 거리는 0.01m 단위, 각은 0.01″ 단위까지 구하시오.)

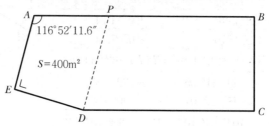

가. $\angle BAD$를 구하시오.
계산과정)

답 : $\angle BAD =$ _____

나. $\overline{AP}$를 구하시오.
계산과정)

답 : $\overline{AP} =$ _____

05. 지적삼각형 A에서 B의 표고를 구하기 위해 그림과 같이 고도각 a_1과 a_2를 관측하여 다음의 결과를 얻었다. 고저차(h)를 구하여 B점의 표고(H_B)를 계산하시오.(배점 6점)

(단, L = 1000m, A점의 표고는 370.20m이며, 계산은 0.001m 단위까지 계산하시오.)

보기	
$a_1 = -2°\ 25'$	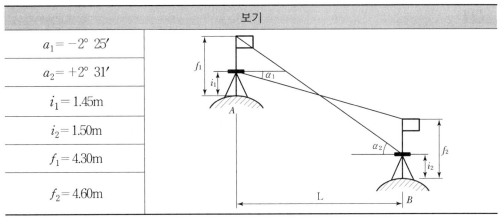
$a_2 = +2°\ 31'$	
$i_1 = 1.45$m	
$i_2 = 1.50$m	
$f_1 = 4.30$m	
$f_2 = 4.60$m	

계산과정)

답 : h = _____ , H_B = _____

6회 출제예상문제 해설 및 정답

01
solution

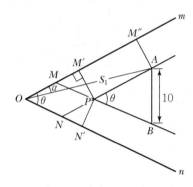

(1) θ계산

$\theta = V_o{}^n - V_o{}^m = 89° \ 15' \ 42''$

(2) $\overline{OM}$계산

$\overline{OM} = \dfrac{15}{\sin\theta} = \dfrac{15}{\sin 89° \ 15' \ 42''} = 15.001\text{m}$

(3) $\overline{MM'}$계산

$\overline{MM'} = \dfrac{15}{\tan\theta} = \dfrac{15}{\tan 89° \ 15' \ 42''} = 0.193\text{m}$

(4) $\overline{AP}$의 거리 계산

$\sin\dfrac{\theta}{2} = \dfrac{5}{AP}$

$AP = \dfrac{5}{\sin\dfrac{\theta}{2}} = \dfrac{5}{\sin 44° \ 37' \ 51''} = 7.117\,\text{m}$

(5) $\overline{OA}(S_1)$계산

$\overline{OA} = \sqrt{(OM' + AP)^2 + W_1{}^2} = \sqrt{(15.194 + 7.117)^2 + 15^2} = 26.885\,\text{m}$

(6) $\overline{OA}$방위각 $(V_O{}^A)$계산

$\sin\alpha = \dfrac{W_1}{OA} = \dfrac{15}{26.885}$

$\alpha = \sin^{-1}\left(\dfrac{15}{26.885}\right) = 33° \ 54' \ 46''$

$$V_O{}^A = V_O{}^m + \alpha$$

$$= 42° \ 32' \ 43'' \ + 33° \ 54' \ 46'' = 76° \ 27' \ 29''$$

(7) A점 좌표계산

$$A_x = O_x + (S_1 \times \cos V_O{}^A)$$

$$= 4067.704 + (26.885 \times \cos 76° \ 27' \ 29'')$$

$$= 4073.999 \text{m}$$

$$A_y = O_y + (S_1 \times \sin V_O{}^A)$$

$$= 7199.966 + (26.885 \times \sin 76° \ 27' \ 29'')$$

$$= 7226.104 \text{m}$$

03 solution

가. AB거리 계산

$$\frac{AB}{\sin \alpha} = \frac{l_1}{\sin(180° - (x + \alpha))}$$

$$AB = \frac{l_1 \times \sin \alpha}{\sin(180° - (x + \alpha))} = \frac{919.24 \times \sin 49° \ 11' \ 06''}{\sin 122° \ 28' \ 16''} = 824.62 \, \text{m}$$

나. CB거리 계산

$$\frac{CB}{\sin \beta} = \frac{l_2}{\sin(180° - (y + \beta))}$$

$$CB = \frac{l_2 \times \sin \beta}{\sin(180° - (y + \beta))} = \frac{827.65 \times \sin 43° \ 27' \ 07''}{\sin 127° \ 52' \ 30''} = 721.11 \, \text{m}$$

다. PB거리 계산

$$\frac{PB}{\sin x} = \frac{AB}{\sin \alpha}$$

$$PB = \frac{\sin x \times AB}{\sin \alpha} = \frac{\sin 8° \ 20' \ 38'' \times 824.62}{\sin 49° \ 11' \ 06''} = 158.11 \, \text{m}$$

라. B점 좌표 계산

$$B_x = A_x + (AB \times \cos V_A{}^B)$$
$$= 428745.16 + (824.62 \times \cos 104° \ 02' \ 10'') = 428545.16 \text{m}$$

$$B_y = A_y + (AB \times \sin V_A{}^B)$$
$$= 196321.74 + (824.62 \times \sin 104° \ 02' \ 10'') = 197121.74 \text{m}$$

04 solution

가. ∠BAD의 계산

(1) ∠DAE 계산

$$\angle DAE = \cos^{-1}\left(\frac{20^2+25^2-15^2}{2\times20\times25}\right) = 36°\ 52'\ 11.63''$$

(2) ∠BAD 계산

$$\angle BAD = \angle BAE - \angle DAE$$
$$= 116°\ 52'\ 11.6'' - 36°\ 52'\ 11.63''$$
$$= 79°\ 59'\ 59.97''$$

나. $\overline{AP}$의 계산

$$\square APDE = 400\,\text{m}^2$$

$$\square APDE = \triangle ADE + \triangle APD$$

(1) $\triangle ADE$ 계산

$$\triangle ADE = \frac{1}{2}\times20\times25\times\sin36°\ 52'\ 11.63'' = 150\,\text{m}^2$$

$$\triangle APD = \square APDE - \triangle APE = 400 - 150 = 250\,\text{m}^2$$

(2) $\overline{AP}$ 계산

$$250\,\text{m}^2 = \frac{1}{2}\times AP\times25\times\sin79°\ 59'\ 59.97''$$

$$\overline{AP} = \frac{250\times2}{\sin79°\ 59'\ 59.97''\times25}$$

$$= 20.31\,\text{m}$$

05 solution

(1) h 계산

$$h = L\times\tan\left(\frac{\alpha_1-\alpha_2}{2}\right) + \frac{1}{2}(i_1-i_2+f_1-f_2)$$

$$= 1000\times\tan\left(\frac{-2°\ 25'-2°\ 31'}{2}\right) + \left(\frac{1.45-1.50+4.30-4.60}{2}\right)$$

$$= -43.078 - 0.175$$

$$= -43.253\,\text{m}$$

(2) H_B 계산

$$H_B = H_A + h$$

$$H_B = 370.20 - 43.253$$

$$= 326.947\,\text{m}$$

7회 출제예상문제

Cadastral Surveying

이 문제는 수험자의 기억을 토대로 작성하였으므로 실제 문제와 일부 다를 수도 있습니다. 해설과 해답은 오류가 없도록 최선을 다하였으나 혹 미미한 부분은 계속 수정 보완하겠습니다.

01. 다음 주어진 그림에서 S의 길이와 O, P의 좌표를 구하시오.(단, 각은 초 단위까지, 거리는 m 단위 소수 4자리까지, 좌표는 m 단위 소수 2자리까지 구하시오.)

1. A점의 좌표(m) x = 294952.21
$\qquad$ y = 139531.76
2. AB방위각($V_a{}^b$) = 46° 48′ 43″
3. AC방위각($V_a{}^c$) = 114° 33′ 23″
4. 노폭 L_1 = 20m, L_2 = 30m
5. PQ의 길이 = 15m
6. OP = OQ

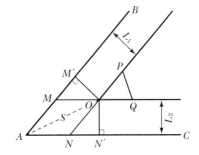

가. S의 길이를 구하시오.
계산과정)

S의 길이 : _____ m

나. O의 좌표를 구하시오.
계산과정)

O의 X좌표 : _____ m, O의 Y좌표 : _____ m

다. P의 좌표를 구하시오.
계산과정)

P의 X좌표 : _____ m, P의 Y좌표 : _____ m

02. 광파측거기에 의하여 두 점간(공덕1 – 보2) 거리를 측정하여 다음과 같은 결과를 얻었다. 서식을 완성하여 두 점간의 평면거리를 계산하시오.

측정거리(D) $= 1817.34\,\text{m}$

연직각(a_1) $= -2° \ 42' \ 11''$

연직각(a_2) $= +2° \ 41' \ 08''$

기지점 표고(H_1) $= 94.18\,\text{m}$

시준점 표고(H_2) $= 8.69\,\text{m}$

기계고(i_1) $= 1.45\,\text{m}$

시준고(f) $= 1.45\,\text{m}$

원점에서 삼각점까지의 횡선거리 $Y_1 = 42.4\,\text{km}$ $\quad Y_2 = 43.1\,\text{km}$

평면거리계산부

약 도	공 식
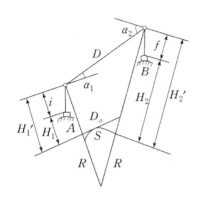	○ 연직각에 의한 계산 $S = D \cdot \cos \frac{1}{2}(a_1 + a_2) - \frac{D(H_1' + H_2')}{2R}$ ○ 표고에 의한 계산 $S = D - \frac{(H_1' - H_2')^2}{2D} - \frac{D(H_1' + H_2')}{2R}$ ○ 평면거리 $D_o = S \times K \left(K = 1 + \frac{(Y_1 + Y_2)^2}{8R^2} \right)$ D : 경사거리 R : 곡률반경(6372199.7m) S : 기준면거리 i : 기계고 H_1, H_2 : 표고 f : 시준고 a_1, a_2 : 연직각(절대치) K : 축척계수 Y_1, Y_2 : 원점에서 삼각점까지의 횡선거리(km)

연직각에 의한 계산		표고에 의한 계산	
방 향		점 → 점	
D		D	
a_1		$2D$	
a_2		H_1'	
$\frac{1}{2}(a_1 + a_2)$		H_2'	
$\cos \frac{1}{2}(a_1 + a_2)$		$(H_1' - H_2')$	
$D \cdot \cos \frac{1}{2}(a_1 + a_2)$		$(H_1' - H_2')^2$	

$H_1' = H_1 + i$		$\frac{(H_1' - H_2')^2}{2D}$	
$H_2' = H_2 + f$		$D - \frac{(H_1' - H_2')^2}{2D}$	
R	6372199.7m	R	6372199.7m
$2R$	12744399.3m	$2R$	12744399.3m
$\frac{D(H_1' + H_2')}{2R}$		$\frac{D(H_1' + H_2')}{2R}$	
S		S	
Y_1		Y_1	
Y_2		Y_2	
$(Y_1 + Y_2)^2$		$(Y_1 + Y_2)^2$	
$8R^2$	324839427.7km	$8R^2$	324839427.7km
$K = 1 + \frac{(Y_1 + Y_2)^2}{8R^2}$		$K = 1 + \frac{(Y_1 + Y_2)^2}{8R^2}$	
$S \times K$		$S \times K$	
평 균 (D_o)		m	
계 산 자		검 사 자	

03. 지적삼각측량을 삽입망으로 구성하여 내각을 관측하고 다음의 결과를 얻었다. 주어진 서식으로 P_1과 P_2의 좌표를 계산하시오.

(1) 기지점

점명	종선좌표(m)	횡선좌표(m)
A	4591.97	4428.53
B	7819.63	4755.27
C	11216.59	4692.90

(2) 관측내각

점명	각명	관측각	점명	각명	관측각	점명	각명	관측각
A	α_1	60° 12′ 29.2″	P_1	α_2	64° 42′ 21.3″	P_2	α_3	60° 30′ 28.2″
P_1	β_1	65° 18′ 45.8″	P_2	β_2	55° 21′ 58.0″	C	β_3	60° 43′ 41.6″
B	γ_1	54° 28′ 37.9″	B	γ_2	59° 55′ 44.1″	B	γ_3	58° 45′ 45.7″

(3) 망도

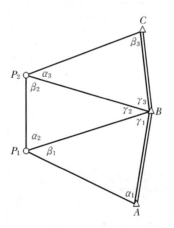

04. 지적도근측량 교회망 A, B, C의 좌표와 내각관측결과에 의하여 다음 주어진 내용을 계산하시오.
(단, 좌표의 단위는 m이고, 각은 1초 단위까지 구하시오.)

〈기지점〉

점명	X	Y
A	459880.94	194809.01
B	459899.01	194929.24
C	459862.56	194878.66

〈약도〉

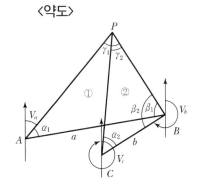

〈관측내각〉

각명	내각
β_1	65° 28′ 58″
γ_1	68° 24′ 06″
γ_2	32° 39′ 10″

가. AB의 방위각
계산과정)

답 : _____

나. BC의 방위각
계산과정)

답 : _____

다. $AP(V_a)$의 방위각
계산과정)

답 : _____

라. $BP(V_b)$의 방위각
계산과정)

답 : _____

마. $CP(V_c)$의 방위각
계산과정)

답 : _____

05. 그림과 같이 삼각형 O의 편심점 O'에서 수평각(a, θ) 및 편심거리(K)를 관측한 성과와 삼각점 간의 거리(D)가 아래와 같을 때 귀심경정수 γ 및 γ'과 수평각 $\beta(\angle AOB)$를 각각 초 단위까지 구하시오.

가. 수평각(a, θ) 및 편심거리(K) 관측성과

- $a = 87° 35' 04''$
- $\theta = 308° 43' 20''$
- $K - 3.45\,\text{m}$

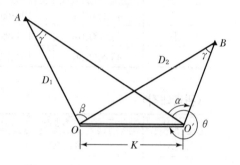

나. 삼각점 간 거리(D_1, D_2)

- $D_1 = 3245.75\,\text{m}$
- $D_2 = 2973.24\,\text{m}$

계산과정)

$\gamma = $ _____ , $\gamma' = $ _____ , $\beta = $ _____

7회 출제예상문제 해설 및 정답

01 solution

가. S의 길이

   (1) 교각(θ) 계산

$$V_a{}^c - V_a{}^b = 114° \ 33' \ 23'' - 46° \ 48' \ 43'' = 67° \ 44' \ 40''$$

   (2) S거리 계산

    $\overline{AM}$ 계산

$$\sin\theta = \frac{L_2}{\overline{NO}}$$

$$\overline{NO}(\overline{AM}) = L_2 \times \frac{1}{\sin\theta}$$

$$= 30 \times \frac{1}{\sin 67° \ 44' \ 40''} = 32.4148\,\mathrm{m}$$

$$\overline{MM'} = L_1 \times \frac{1}{\tan\theta}$$

$$= 20 \times \frac{1}{\tan 67° \ 44' \ 40''} = 8.1845\,\mathrm{m}$$

$$\overline{AM'} = \overline{AM} + \overline{MM'} = 32.4148 + 8.1845 = 40.5993\,\mathrm{m}$$

$$S = \sqrt{\overline{AM'}^2 + L_1{}^2} = \sqrt{40.5993^2 + 20^2} = 45.2582\,\mathrm{m}$$

나. O의 좌표

   (1) $V_A{}^O$ 방위각 계산

$$V_A{}^O = V_A{}^B + \angle BAO = 46° \ 48' \ 43'' + \angle BAO$$

$$\tan\angle BAO = \frac{L_1}{\overline{AM'}}$$

$$\angle BAO = \tan^{-1}\left(\frac{20}{40.5993}\right) = 26° \ 13' \ 33''$$

$$V_A{}^O = V_A{}^B + \angle BAO = 46° \ 48' \ 43'' + 26° \ 13' \ 33'' = 73° \ 02' \ 16''$$

   (2) O의 좌표 계산

$$O_x = A_x + S \cdot \cos V_A{}^O = 294952.21 + (45.2582 \times \cos 73° \ 02' \ 16'') = 294965.41\,\mathrm{m}$$

$$O_y = A_y + S \cdot \cos V_A{}^O = 139531.76 + (45.2582 \times \sin 73° \ 02' \ 16'') = 139575.05\,\mathrm{m}$$

다. P의 좌표

(1) OP 거리 계산

$$\overline{OP}=\frac{\overline{PQ}}{2}\times\text{cosec}\,\frac{\theta}{2}=\frac{15}{2}\times\text{cosec}\,\frac{67°\;44'\;44''}{2}=\frac{\dfrac{15}{2}}{\sin\dfrac{67°\;44'\;40''}{2}}=13.4567\,\text{m}$$

(2) P의 좌표 계산

$P_x=O_x+\overline{OP}\cos V_a{}^b=294965.41+(13.4567\times\cos 46°\;48'\;43'')=294974.62\,\text{m}$

$P_y=O_y+\overline{OP}\sin V_a{}^b=139575.05+(13.4567\times\sin 46°\;48'\;43'')=139584.86\,\text{m}$

02 solution

(1) 연직각에 의한 계산

1) $\dfrac{1}{2}(\alpha_1+\alpha_2)=\dfrac{2°\;42'\;11''+2°\;41'\;08''}{2}=2°\;41'\;39.5''$

　※ $(\alpha_1+\alpha_2)$의 값은 절대치 값

2) 수평거리 환산 $\rightarrow D\times\cos\dfrac{\alpha_1+\alpha_2}{2}$

　$1817.34\times(\cos 2°\;41'\;39.5'')=1815.33\,\text{m}$

3) $H_1{}'$, $H_2{}'$의 계산

　$H_1{}'=표고+기계고=94.18+1.45=95.63\,\text{m}$

　$H_2{}'=표고+시준고=8.69+1.45=10.14\,\text{m}$

4) 기준면상 거리(S) 계산

$$S=D\times\cos\frac{1}{2}(\alpha_1+\alpha_2)-\frac{D(H_1{}'+H_2{}')}{2R}$$

$$=1815.33-\frac{1817.34(95.63+10.14)}{2\times6372199.7}=1815.315\,\text{m}$$

5) 축척계수(K) 계산

$$K=1+\frac{(Y_1+Y_2)^2}{8R^2}=1+\frac{(42400+43100)^2}{8\times6372199.7^2}$$

$$=1.000023$$

6) 연직각에 의한 평면거리 계산 (D_o)

　$D_o=기준면상\ 거리(S)\times축척계수(K)$

　　$=1815.315\times1.000023$

　　$=1815.357\,\text{m}$

(2) 표고에 의한 계산

1) $(H_1' - H_2') = (95.63 - 10.14) = 85.49\,\text{m}$

2) 수평거리 환산

$$D - \frac{(H_1' - H_2')^2}{2D} = 1817.34 - \frac{85.49^2}{2 \times 1817.34} = 1815.33\,\text{m}$$

3) 기준면상 거리(S) 계산

$$S = D - \frac{(H_1' - H_2')^2}{2D} - \frac{D(H_1' + H_2')}{2R} = 1815.33 - \frac{1817.34 \times 105.77}{2 \times 6372199.7} = 1815.315\,\text{m}$$

4) 축척계수(K) 계산

$$K = 1 + \frac{(Y_1 + Y_2)^2}{8R^2} = 1 + \frac{(42400 + 43100)^2}{8 \times 6372199.7^2} = 1.000023$$

5) 표고에 의한 평면거리 평균(D_o) 계산

$$D_0 = 기준면상\ 거리(S) \times 축척계수(K) = 1815.315 \times 1.000023 = 1815.357$$

(3) 평면거리 평균(D_o)

$$\frac{1815.357 + 1815.357}{2} = 1815.357\,\text{m}$$

평면거리계산부

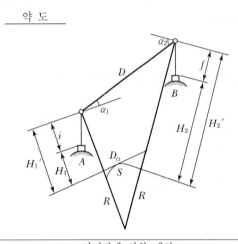

약 도

공 식

○ 연직각에 의한 계산

$$S = D \cdot \cos \frac{1}{2}(a_1 + a_2) - \frac{D(H_1' + H_2')}{2R}$$

○ 표고에 의한 계산

$$S = D - \frac{(H_1' - H_2')^2}{2D} - \frac{D(H_1' + H_2')}{2R}$$

○ 평면거리 $D_o = S \times K \left(K = 1 + \frac{(Y_1 + Y_2)^2}{8R^2} \right)$

D : 경사거리　　　　　R : 곡률반경(6372199.7m)

S : 기준면거리　　　　i : 기계고

H_1, H_2 : 표고　　　　f : 시준고

a_1, a_2 : 연직각(절대치)　　　K : 축척계수

Y_1, Y_2 : 원점에서 삼각점까지의 횡선거리(km)

연직각에 의한 계산		표고에 의한 계산	
방 향	공덕1 점 →	보2 점	
D	1817.34m	D	1817.34m
a_1	$-2° 42' 11.0''$	$2D$	3634.68m
a_2	$+2° 41' 08.0''$	H_1'	95.63m
$\frac{1}{2}(a_1 + a_2)$	$2° 41' 39.5''$	H_2'	10.14m
$\cos \frac{1}{2}(a_1 + a_2)$	0.998895	$(H_1' - H_2')$	85.49m
$D \cdot \cos \frac{1}{2}(a_1 + a_2)$	1815.33m	$(H_1' - H_2')^2$	7308.54m

$H_1' = H_1 + i$	95.63m	$\frac{(H_1' - H_2')^2}{2D}$	2.01m
$H_2' = H_2 + f$	10.14m	$D - \frac{(H_1' - H_2')^2}{2D}$	1815.33m
R	6372199.7m	R	6372199.7m
$2R$	12744399.3m	$2R$	12744399.3m
$\frac{D(H_1' + H_2')}{2R}$	0.015m	$\frac{D(H_1' + H_2')}{2R}$	0.015m
S	1815.315m	S	1815.315m
Y_1	42.4km	Y_1	42.4km
Y_2	43.1km	Y_2	43.1km
$(Y_1 + Y_2)^2$	7310.25km	$(Y_1 + Y_2)^2$	7310.25km
$8R^2$	324839427.7km	$8R^2$	324839427.7km
$K = 1 + \frac{(Y_1 + Y_2)^2}{8R^2}$	1.000023	$K = 1 + \frac{(Y_1 + Y_2)^2}{8R^2}$	1.000023
$S \times K$	1815.357m	$S \times K$	1815.357m
평 균 (D_o)		1815.36m	
계 산 자		검 사 자	

03
solution

(1) $B \rightarrow A$ 방위각

$\Delta x = -3227.66\,\mathrm{m}$
$\Delta y = -326.74\,\mathrm{m}$ ⎤ 3상한

$V_B^A = 180° + \tan^{-1}\left(\dfrac{326.74}{3227.66}\right) = 185°\ 46'\ 49.6''$

$l_1 = \sqrt{(-3227.66)^2 + (-326.74)^2} = 3244.16\,\mathrm{m}$

(2) $B \rightarrow C$ 방위각

$\Delta x = 3396.96\,\mathrm{m}$
$\Delta y = -62.37\,\mathrm{m}$ ⎤ 4상한

$V_B^C = 360° - \tan^{-1}\left(\dfrac{62.37}{3396.96}\right) = 358°\ 56'\ 53.3''$

$l_1 = \sqrt{(3396.96)^2 + (-62.37)^2} = 3397.53\,\mathrm{m}$

(3) 기지내각 : $\gamma_1 + \gamma_2 + \gamma_3 = V_B^C - V_B^A$

$= 358°\ 56'\ 53.3'' - 185°\ 46'\ 49.6''$

$= 173°\ 10'\ 03.7''$

04 solution

가. AB의 방위각

$$\Delta X_A{}^B = 459899.01 - 459880.94 = 18.07\,\mathrm{m}$$

$$\Delta Y_A{}^B = 194929.24 - 194809.01 = 120.23\,\mathrm{m}$$

$$\theta = \tan^{-1}\frac{\Delta Y}{\Delta X} = \tan^{-1}\frac{120.23}{18.07} = 81°\ 27'\ 10''$$

1상한 $(+,\ +)$이므로 $\quad V_a{}^b = 81°\ 27'\ 10''$

나. BC의 방위각

$$\Delta X_B{}^C = 459862.56 - 459899.01 = -36.45\,\mathrm{m}$$

$$\Delta Y_B{}^C = 194878.66 - 194929.24 = -50.58\,\mathrm{m}$$

$$\theta = \tan^{-1}\frac{\Delta Y}{\Delta X} = \tan^{-1}\frac{50.58}{36.45} = 54°\ 13'\ 19''$$

3상한 $(-,\ -)$이므로 $\quad V_b{}^c = 180 + 54°\ 13'\ 19'' = 234°\ 13'\ 19''$

다. $AP(V_a)$의 방위각

$$V_A{}^B - (180° - (\beta_1 + \gamma_1)) = 81°\ 27'\ 10'' - (180° - (65°\ 28'\ 58'' + 68°\ 24'\ 06''))$$

$$V_a = 35°\ 20'\ 14''$$

라. $BP(V_b)$의 방위각

$$V_B{}^A + \beta_1 = V_A{}^B + 180° + \beta_1 = 81°\ 27'\ 10'' + 180° + 65°\ 28'\ 58''$$

$$V_b = 326°\ 56'\ 08''$$

마. $CP(V_c)$의 방위각

$$V_C{}^B - \alpha_2 = (V_B{}^C + 180°) - (180° - (\gamma_2 + V_B{}^P - V_B{}^C))$$

$$= 234°\ 13'\ 19'' - (180° - (32°\ 39'\ 10'' + 326°\ 56'\ 08'' - 234°\ 13'\ 19''))$$

$$= 359°\ 35'\ 18''$$

05
solution

(1) γ 계산

$$\frac{k}{\sin\gamma} = \frac{D_2}{\sin(360°-\theta+\alpha)}$$

$$\gamma = \sin^{-1}\left(\frac{k\cdot\sin(360°-\theta+\alpha)}{D_2}\right)$$

$$= \sin^{-1}\left(\frac{3.45\times\sin(360°-308°\ 43'\ 20''+87°\ 35'\ 04'')}{2973.24}\right)$$

$$= 0°\ 2'\ 37''$$

(2) γ' 계산

$$\frac{k}{\sin\gamma'} = \frac{D_1}{\sin(360-\theta)}$$

$$\gamma' = \sin^{-1}\left(\frac{k\cdot\sin(360-\theta)}{D_1}\right)$$

$$= \sin^{-1}\left(\frac{3.45\times\sin(360°-308°\ 43'\ 20'')}{3245.75}\right)$$

$$= 0°\ 2'\ 51''$$

(3) β 계산

$$\beta+\gamma'=\alpha+\gamma$$

$$\beta=\alpha+\gamma-\gamma'$$

$$=87°\ 35'\ 04''+0°\ 2'\ 37''-0°\ 2'\ 51''$$

$$=87°\ 34'\ 50''$$

8회 출제예상문제

Cadastral Surveying

이 문제는 수험자의 기억을 토대로 작성하였으므로 실제 문제와 일부 다를 수도 있습니다. 해설과 해답은 오류가 없도록 최선을 다하였으나 혹 미미한 부분은 계속 수정 보완하겠습니다.

01. 다음 원과 직선의 교차점 Q의 좌표를 구하기 위한 다음 요구사항에 답하시오.
(단, 좌표계산은 소수 3자리까지, 각은 초 단위까지 구하시오.)

기지점	종선좌표(m)	횡선좌표(m)
P	571.583	792.404
O	447.203	773.103

$R = 200\,\text{m}$
$a_o = 313° \; 10' \; 54.0''$

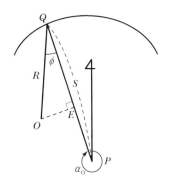

가. OE의 거리
계산과정)

답 : _____ m

나. Q의 좌표(X, Y)
계산과정)

답 : $(X, \; Y) = ($ _____ , _____ $)$

02. X형의 다각망도선법에 의해 다음과 같은 결과를 얻었다. 주어진 서식에 따라 다각망 조정계산을 하시오.(단, 서식의 계산란을 이용하여 계산과정을 명시하고 계산부를 완성하시오.)

도선별	경중률(N)	경중률(S)	관측방위각	종선좌표
(1)	20	21.47	155° 21′ 34″	342070.74 m
(2)	16	11.44	155° 20′ 33″	342070.79 m
(3)	19	11.18	155° 19′ 55″	342070.62 m
(4)	20	15.33	155° 19′ 49″	342070.90 m

교점다각망계산부(X, Y형)

약 도		1. 방위각				

조건식	I	(1)-(2)+w_1=0	조건식	I	(1)-(2)+w_1=0
	II	(2)-(3)+w_2=0		II	(2)-(3)+w_2=0
	III	(3)-(4)+w_3=0			

경중률		ΣN	ΣS	경중률		ΣN	ΣS
	(1)				(1)		
	(2)				(2)		
	(3)				(3)		
	(4)						

1. 방위각

순서	도선	관 측	보정	평 균
I	(1)			
	(2)			
	w_1			
II	(2)			
	(3)			
	w_2			
III	(3)			
	(4)			
	w_3			

2. 종선좌표

순서	도선	관 측(m)	보정	평 균(m)
I	(1)			
	(2)			
	w_1			
II	(2)			
	(3)			
	w_2			
III	(3)			
	(4)			
	w_3			

3. 횡선좌표

순서	도선	관 측(m)	보정	평 균(m)
I	(1)			
	(2)			
	w_1			
II	(2)			
	(3)			
	w_2			
III	(3)			
	(4)			
	w_3			

4. 계산

1) 방위각 = $\dfrac{\left[\dfrac{\Sigma a}{\Sigma N}\right]}{\left[\dfrac{1}{\Sigma N}\right]}$ = ——————————— =

2) 종선좌표 = $\dfrac{\left[\dfrac{\Sigma X}{\Sigma S}\right]}{\left[\dfrac{1}{\Sigma S}\right]}$ = ——————————— =

3) 횡선좌표 = $\dfrac{\left[\dfrac{\Sigma Y}{\Sigma S}\right]}{\left[\dfrac{1}{\Sigma S}\right]}$ = ——————————— =

W=오차, N=도선별 점수, S=측점간 거리, a=관측방위각

03. 다음 삼각쇄망의 관측결과에 의하여 서식을 완성하고, 기양 7의 좌표를 구하시오.
(단, 각은 초 단위 소수 1자리까지, 거리와 좌표는 m 단위 소수 2자리까지 계산하시오.)

가. 기지점 좌표

점명	종선좌표(m)	횡선좌표(m)
기양 3	481465.61	182383.79
양 36	482414.39	180789.65
태봉	482110.80	184548.52
기양 5	483901.31	183969.41

(단, 약도는 주어진 양식을 참조하시오.)

나. 관측내각

$\alpha_1=39° 54' 54.5''$, $\alpha_2=59° 25' 56.6''$, $\alpha_3=61° 04' 15.0''$

$\beta_1=66° 52' 18.3''$, $\beta_2=34° 51' 02.3''$, $\beta_3=65° 06' 30.6''$

$\gamma_1=73° 12' 36.7''$, $\gamma_2=85° 42' 52.4''$, $\gamma_3=53° 49' 30.0''$

04. 다음 교회망에서 요구사항에 답하시오.(단, 각은 1초 단위까지 구하시오.)

〈기지좌표 및 관측방위각〉

점명	X좌표	Y좌표	관측방위각
경기1(A)	465364.04 m	226974.08 m	($A \rightarrow P$) 355° 24′ 38″
경기2(B)	466420.38 m	229303.62 m	($B \rightarrow P$) 297° 21′ 22″
경기3(C)	468830.06 m	229165.42 m	($C \rightarrow P$) 237° 02′ 20″

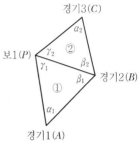

가. $A \rightarrow B$의 방위각

계산과정)

답 : _____

나. $B \rightarrow C$의 방위각

계산과정)

답 : _____

다. ① 삼각형의 내각

계산과정)

구분	α_1	β_1	γ_1
내각			

라. ② 삼각형의 내각

계산과정)

구분	α_2	β_2	γ_2
내각			

05. 중부원점지역에 있는 지적도근점의 좌표가 $X = 435752.86m$, $Y = 197536.45m$이고 이 지역의 지적도 축척은 1000분의 1일 때 다음의 물음에 답하시오.

가. 1000분의 1 지적도 가로 세로 도곽선의 도상길이(cm)와 지상길이(m)를 쓰시오.
　　　도상길이 : $X=$　　　　　　　　$Y=$
　　　지상길이 : $X=$　　　　　　　　$Y=$

나. 지적도근점을 포용할 수 있는 도곽선의 좌표를 계산하시오.

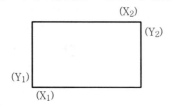

　　계산과정)

답 : $X_1=$＿＿＿＿＿＿＿ ,　$X_2=$＿＿＿＿＿＿＿ ,　$Y_1=$＿＿＿＿＿＿＿ ,　$Y_2=$＿＿＿＿＿＿＿

8회 출제예상문제 해설 및 정답

01 solution

가. OE의 거리

(1) O점, P점의 종선차($\Delta X_o{}^P$), 횡선차($\Delta Y_o{}^P$) 계산

$\Delta X_o{}^P = 571.583 - 447.203 = 124.38 \text{ m}$

$\Delta Y_o{}^P = 792.404 - 773.103 = 19.301 \text{ m}$

(2) OE의 거리

$OE = \Delta Y_o{}^P \cdot \cos a_o - \Delta X_o{}^P \cdot \sin a_o$

$= (19.301 \times \cos 313° \ 10' \ 54.0'') - (124.38 \times \sin 313° \ 10' \ 54.0'')$

$= 13.208 - (-90.696)$

$= 103.904 \text{ m}$

나. Q의 좌표$(X, \ Y)$

(1) ϕ의 계산

$\phi = \sin^{-1} \dfrac{E}{R}$

$\phi = \sin^{-1} \dfrac{103.904}{200}$

$= 31° \ 18' \ 00''$

(2) $V_o{}^Q$ 방위각 계산

$V_o{}^Q = V_P{}^Q + \phi$

$= 313° \ 10' \ 54.0'' + 31° \ 18' \ 00''$

$= 344° \ 28' \ 54''$

(3) Q점 좌표 계산

$Q_x = O_x + R \cdot \cos V_o{}^Q$

$= 447.203 + (200 \times \cos 344° \ 28' \ 54'') = 639.912 \text{ m}$

$Q_y = O_y + R \cdot \sin V_o{}^Q$

$= 773.103 + (200 \times \sin 344° \ 28' \ 54'') = 719.594 \text{ m}$

[검산]

$$Q_x = P_x + (S \cdot \cos a_o)$$

$$Q_y = P_y + (S \cdot \sin a_o)$$

$$S = \frac{\Delta X_P{}^Q}{\cos a_o} = \frac{639.912 - 571.583}{\sin 313°\ 10'\ 54''} = 99.850$$

$$= \frac{\Delta Y_P{}^Q}{\sin a_o} = \frac{719.594 - 792.404}{\sin 313°\ 10'\ 54''} = 99.851\,\text{m}$$

$$Q_x = 571.583 + (99.850 \times \cos 313°\ 10'\ 54'') = 639.912\,\text{m}$$

$$Q_y = 792.404 + (99.850 \times \sin 313°\ 10'\ 54'') = 719.595\,\text{m}$$

02 solution

(1) 방위각 계산

$$\text{방위각} = \frac{\left[\dfrac{\Sigma a}{\Sigma N}\right]}{\left[\dfrac{1}{\Sigma N}\right]} = \frac{\dfrac{154}{20} + \dfrac{93}{16} + \dfrac{55}{19} + \dfrac{49}{20}}{\dfrac{1}{20} + \dfrac{1}{16} + \dfrac{1}{19} + \dfrac{1}{20}} = 88'' = 1'\ 28''$$

계산 시 도·분 단위의 공통수(155° 19′)는 생략하였으므로 평균방위각은 155° 20′ 28″이다.

(2) 평균 종선좌표 계산

$$\text{종선좌표} = \frac{\left[\dfrac{\Sigma x}{\Sigma S}\right]}{\left[\dfrac{1}{\Sigma S}\right]} = \frac{\dfrac{0.74}{21.47} + \dfrac{0.79}{11.44} + \dfrac{0.62}{11.18} + \dfrac{0.90}{15.33}}{\dfrac{1}{21.47} + \dfrac{1}{11.44} + \dfrac{1}{11.18} + \dfrac{1}{15.33}} = 0.75\,\text{m}$$

계산 시 m 단위의 공통수(342070.00)는 생략하였으므로 교점의 평균 종선좌표는 342070.75 m이다.

교점다각망계산부(X, Y형)

약 도	

조건식	I	(1)−(2)+ w_1=0	조건식	I	(1)−(2)+ w_1=0
	II	(2)−(3)+ w_2=0		II	(2)−(3)+ w_2=0
	III	(3)−(4)+ w_3=0			

경중률		ΣN	ΣS	경중률		ΣN	ΣS
	(1)	20	21.47		(1)		
	(2)	16	11.44		(2)		
	(3)	19	11.18		(3)		
	(4)	20	15.33				

1. 방위각

순서	도선	관 측	보정	평 균
I	(1)	155°21′34″	−66	155°20′28″
	(2)	155°20′33″	−5	155°20′28″
	w_1	+61		
II	(2)	155°20′33″	−5	155°20′28″
	(3)	155°19′55″	+33	155°20′28″
	w_2	+38		
III	(3)	155°19′55″	+33	155°20′28″
	(4)	155°19′49″	+39	155°20′28″
	w_3	+6		

2. 종선좌표

순서	도선	관 측(m)	보정	평 균(m)
I	(1)	342070.74	+1	342070.75
	(2)	342070.79	−4	342070.75
	w_1	−0.05		
II	(2)	342070.79	−4	342070.75
	(3)	342070.62	+13	342070.75
	w_2	+0.17		
III	(3)	342070.62	+13	342070.75
	(4)	342070.90	−15	342070.75
	w_3	−0.28		

3. 횡선좌표

순서	도선	관 측(m)	보정	평 균(m)
I	(1)			
	(2)			
	w_1			
II	(2)			
	(3)			
	w_2			
III	(3)			
	(4)			
	w_3			

4. 계산

1) 방 위 각 $= \dfrac{\left[\dfrac{\Sigma a}{\Sigma N}\right]}{\left[\dfrac{1}{\Sigma N}\right]} = \dfrac{\dfrac{154}{20} + \dfrac{93}{16} + \dfrac{55}{19} + \dfrac{49}{20}}{\dfrac{1}{20} + \dfrac{1}{16} + \dfrac{1}{19} + \dfrac{1}{20}} = 88″ = 1′\ 28″$

2) 종선좌표 $= \dfrac{\left[\dfrac{\Sigma a}{\Sigma S}\right]}{\left[\dfrac{1}{\Sigma S}\right]} = \dfrac{\dfrac{0.74}{21.47} + \dfrac{0.79}{11.44} + \dfrac{0.62}{11.18} + \dfrac{0.90}{15.33}}{\dfrac{1}{21.47} + \dfrac{1}{11.44} + \dfrac{1}{11.18} + \dfrac{1}{15.33}} = 0.75\,\mathrm{m}$

3) 횡선좌표 $= \dfrac{\left[\dfrac{\Sigma Y}{\Sigma S}\right]}{\left[\dfrac{1}{\Sigma S}\right]} = \rule{3cm}{0.4pt} =$

W=오차, N=도선별 점수, S=측점 간 거리, a=관측방위각

03 solution

(1) 기지점 간 거리 및 방위각 계산

〈기양3 → 양36〉

$$l_1 = \sqrt{\Delta x^2 + \Delta y^2} = \sqrt{948.78^2 + (-1594.14)^2} = 1855.12\,\text{m}$$

$$\theta = \tan^{-1}\frac{\Delta y}{\Delta x} = \tan^{-1}\frac{1594.14}{948.78} = 59°\ 14'\ 25.0''(4상한)$$

$$V = 360° - 59°\ 14'\ 25.0'' = 300°\ 45'\ 35.0''$$

〈태봉 → 기양5〉

$$l_1 = \sqrt{\Delta x^2 + \Delta y^2} = \sqrt{1790.51^2 + 579.11^2} = 1881.83\,\text{m}$$

$$\theta = \tan^{-1}\frac{\Delta y}{\Delta x} = \tan^{-1}\frac{579.11}{1790.51} = 17°\ 55'\ 22.5''(4상한)$$

$$V = 360° - 17°\ 55'\ 22.5'' = 342°\ 04'\ 37.5''$$

(2) 각규약 조정

  1) 각 삼각형 내각의 합과 180°와의 차(ε) 계산

    ① 삼각형

$$\varepsilon_1 = -10.5''\quad \frac{\varepsilon_1}{3} = -3.5''$$

    ② 삼각형

$$\varepsilon_2 = -8.7''\quad \frac{\varepsilon_2}{3} = -2.9''$$

    ③ 삼각형

$$\varepsilon_3 = +15.6''\quad \frac{\varepsilon_3}{3} = +5.2''가 되며 이 값으로 1차 조정한다.$$

  2) 방위각 오차(q) 계산

    출발점에서 시작하여 도착점에 폐색시켜 기지방위각과의 차를 계산한다.

$$산출방위각 = 기지출발방위각 + \gamma_1 - 180° - \gamma_2 + 180° + \gamma_3$$
$$= 300°\ 45'\ 35.0'' + 73°\ 12'\ 40.2'' - 180° - 85°\ 42'\ 55.3''$$
$$+ 180° + 53°\ 49'\ 24.8'' = 342°\ 04'\ 44.7''$$
$$q = 342°\ 04'\ 44.7'' - 342°\ 04'\ 37.5'' = +7.2''$$

3) 기지각 오차(각규약 경정수) 계산

γ각이 좌측에 있을 때	γ각이 우측에 있을 때
$\alpha = -\dfrac{q}{2n} = -1.2''$	$\alpha = +\dfrac{q}{2n} = +1.2''$
$\beta = -\dfrac{q}{2n} = -1.2''$	$\beta = +\dfrac{q}{2n} = +1.2''$
$\gamma = +\dfrac{q}{n} = +2.4''$	$\gamma = -\dfrac{q}{n} = -2.4''$

약도처럼 ①, ③ 삼각형은 γ각이 우측에, ② 삼각형은 γ각이 좌측에 있으므로 계산부처럼 조정한다.

(3) 변규약 규정

1) E_1 계산

$$E_1 = \frac{\pi \sin \alpha \cdot l_1}{\pi \sin \beta \cdot l_2} - 1 = \frac{0.641670 \times 0.861034 \times 0.875209 \times 1855.12}{0.919637 \times 0.571446 \times 0.907098 \times 1881.83} - 1$$

$$= \frac{897.048282}{897.069788} - 1 = -24(-0.000024)$$

2) $\Delta\alpha$, $\Delta\beta$ 계산

$\Delta\alpha$, $\Delta\beta = \sin 10'' \times \cos \alpha, \beta = 48.4814 \times \cos \alpha, \beta$

※ 48.4814는 소수점 이하 6자리까지 계산하기 위하여 $\sin 10'' \times 10^6$한 것임

$\Delta\alpha_1 = 48.4814 \times \cos 39° \ 54' \ 59.2'' = 37$

$\Delta\beta_1 = 48.4814 \times \cos 66° \ 52' \ 23.0'' = 19$

나머지도 위와 같이 구하며

$\pi \sin \alpha \cdot l_1 < \pi \sin \beta \cdot l_2$이면 E_1값이 $(-)$이므로 $\sin\alpha$에는 $+\Delta\alpha$, $\sin\beta$에는 $-\Delta\beta$로 조정하여 $\sin\alpha'$, $\sin\beta'$를 구한다.

3) E_2 계산

$$E_2 = \frac{\pi \sin \alpha' \cdot l_1}{\pi \sin \beta' \cdot l_2} - 1 = \frac{0.641707 \times 0.861059 \times 0.875232 \times 1855.12}{0.919618 \times 0.571406 \times 0.907078 \times 1881.83} - 1$$

$$= \frac{897.149631}{896.968685} - 1 = +202(+0.000202)$$

$|E_1 - E_2| = |-24 - (+202)| = 226$

4) 경정수(x_1'', x_2'') 계산 및 검산

$$x_1'' = \frac{10'' \times E_1}{|E_1 - E_2|} = \frac{10'' \times (-24)}{226} = -1.1''$$

$$x_2'' = \frac{10'' \times E_2}{|E_1 - E_2|} = \frac{10'' \times 202}{226} = +8.9''$$

[검산]

$|x_1''-x_2''|=|-1.1-(+8.9)|=10''$가 된다.

(4) 변장 계산

〈양36 → 기양7〉

$$l=\frac{1885.12\times\sin 73°\ 12'\ 37.8''}{\sin 66°\ 52'\ 21.9''}=1931.25\,\mathrm{m}$$

〈기양9 → 기양7〉

$$l=\frac{1855.12\times\sin 39°\ 55'\ 00.3''}{\sin 66°\ 52'\ 21.9''}=1294.41\,\mathrm{m}$$

나머지도 위와 같이 계산한다.

(5) 방위각 계산

〈양36 → 기양7〉

$V=300°\ 45'\ 35.0''-180°-39°\ 55'\ 00.3''=80°\ 50'\ 34.7''$

〈기양3 → 기양7〉

$V=300°\ 45'\ 35.0''+73°\ 12'\ 37.8''=13°\ 58'\ 12.8''$

나머지도 위와 같이 계산한다.

(6) 종횡선좌표 계산

〈양36 → 기양7〉

$X_1=482414.39+(1931.25\times\cos 80°\ 50'\ 34.7'')=482721.73\,\mathrm{m}$

$Y_1=180789.65+(1931.25\times\sin 80°\ 50'\ 34.7'')=182696.29\,\mathrm{m}$

〈기양3 → 기양7〉

$X_2=481465.61+(1294.41\times\cos 13°\ 58'\ 12.8'')=482721.73\,\mathrm{m}$

$Y_2=182383.79+(1294.41\times\sin 13°\ 58'\ 12.8'')=182696.28\,\mathrm{m}$

두 값을 평균하며 단수처리는 오사오입에 의한다.

나머지도 위와 같이 계산한다.

04
solution

가. $A \rightarrow B$ 방위각

$\Delta X_A{}^B = 466420.38 - 465364.04 = 1056.34 \, \text{m}$

$\Delta Y_A{}^B = 229303.62 - 226974.08 = 2329.54 \, \text{m}$

$\theta = \tan^{-1} \dfrac{\Delta Y}{\Delta X} = \tan^{-1} \dfrac{2329.54}{1056.34} = 65° \, 36' \, 28''$

1상한 $(+, +)$이므로 $V_A{}^B = 65° \, 36' \, 28''$

나. $B \rightarrow C$ 방위각

$\Delta X_B{}^C = 468830.06 - 466420.38 = 2409.68 \, \text{m}$

$\Delta Y_B{}^C = 229165.42 - 229303.62 = -138.2 \, \text{m}$

$\theta = \tan^{-1} \dfrac{\Delta Y}{\Delta X} = \tan^{-1} \dfrac{138.2}{2409.68} = 3° \, 16' \, 57''$

4상한 $(+, -)$이므로 $V_B{}^C = 360° - 3° \, 16' \, 57'' = 356° \, 43' \, 03''$

다. ① 삼각형의 내각

$\alpha_1 = V_A{}^B - V_A{}^P = V_A{}^B + 360° - V_A{}^P = 65° \, 36' \, 28'' + 360° - 355° \, 24' \, 38'' = 70° \, 11' \, 50''$

$\beta_1 = V_B{}^P - V_B{}^A = V_B{}^P - (V_A{}^B + 180°) = 297° \, 21' \, 22'' - (65° \, 36' \, 28'' + 180°) = 51° \, 44' \, 54''$

$\gamma_1 = V_P{}^A - V_P{}^B = (V_A{}^P - 180°) - (V_B{}^P - 180°)$

$\quad = (355° \, 24' \, 38'' - 180°) - (297° \, 21' \, 22'' - 180°) = 58° \, 03' \, 16''$

[검산]

$\alpha_1 + \beta_1 + \gamma_1 = 180°$

$= 70° \, 11' \, 50'' + 51° \, 44' \, 54'' + 58° \, 3' \, 16'' = 180°$

라. ② 삼각형의 내각

$\alpha_2 = V_C{}^P - V_C{}^B = V_C{}^P - (V_B{}^C - 180°) = 237° \, 02' \, 20'' - (356° \, 43' \, 03'' - 180°) = 60° \, 19' \, 17''$

$\beta_2 = V_B{}^C - V_B{}^P = 356° \, 43' \, 03'' - 297° \, 21' \, 22'' = 59° \, 21' \, 41''$

$\gamma_2 = V_P{}^B - V_P{}^C$

$\quad = (V_B{}^P - 180°) - (V_C{}^P - 180°) = (297° \, 21' \, 22'' - 180°) - (237° \, 02' \, 20'' - 180°) = 60° \, 19' \, 02''$

[검산]

$\alpha_2 + \beta_2 + \gamma_2 = 180°$

$= 60° \, 19' \, 17'' + 59° \, 21' \, 41'' + 60° \, 19' \, 02'' = 180°$

05
solution

가. 도상길이 : $X=30$cm, $Y=40$cm

  지상길이 : $X=300$m, $Y=400$m

나. 도곽선 좌표계산

  (1) 종선좌표계산

    1) 종선좌표에서 500000을 빼준다.

      $X=435752.86-500000=-64247.14$ m

    2) 떨어진 거리를 도곽선 종선길이로 나눈다.

      $-64247.14 \div 300=-214.16$

    3) 도곽선 종선길이로 나눈 정수를 곱한다.

      $-214 \times 300=-64200$ m

    4) 원점에서의 거리에다 500000을 더한다.

      $-64200+500000=435800$m→종선의 상부좌표(X_2)

    5) 종선의 상부좌표에서 도곽선 종선길이를 빼준다.

      $435800-300=435500$m→종선의 하부좌표(X_1)

  (2) 횡선좌표계산

    1) 횡선좌표에서 200000을 빼준다.

      $Y=197536.45-200000=-2463.55$ m

    2) 떨어진 거리를 도곽선 횡선길이로 나눈다.

      $-2463.55 \div 400=-6.16$

    3) 도곽선 횡선길이로 나눈 정수를 곱한다.

      $-6 \times 400=-2400$ m

    4) 원점에서의 거리에다 200000을 더한다.

      $-2400+200000=197600$ m→우측횡선좌표(Y_2)

      ※ $Y=197536.45$가 200000 이하이기 때문에 우측횡선좌표가 먼저 결정된다.

    5) 좌측횡선좌표 결정

      $197600-400=197200$ m→좌측횡선좌표(Y_1)

      ∴ $X_1=435500$ m, $X_2=435800$ m, $Y_1=197200$ m, $Y_2=197600$

9회 출제예상문제

Cadastral Surveying

이 문제는 수험자의 기억을 토대로 작성하였으므로 실제 문제와 일부 다를 수도 있습니다. 해설과 해답은 오류가 없도록 최선을 다하였으나 혹 미미한 부분은 계속 수정 보완하겠습니다.

01. 다음의 기지좌표와 수평각 개정 계산부의 결과를 참고하여 다음 요구사항을 구하시오.
(단, 방위각은 0.1초, 거리와 좌표는 cm 단위까지 구하시오.)

〈기지좌표 및 약도〉

점명	X좌표	Y좌표
A	483023.82 m	191115.58 m
B	480045.87 m	191873.21 m

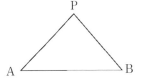

〈수평각 개정 계산결과〉

측점명	시준점	방향각 0° 정		반		방향각 90° 정		반		평균 0°	00′	00″	중심각		
A	P	0°	00′ 00″	00′	00″	00′	00″	00′	00″	0°	00′	00″	108°	43′	36.5″
	B	108	43 38	43	35	43	39	43	34	108	43	36.5	251	16	23.5
	P	360	00 00	00	00	00	00	00	00	360	00	00.0			
B	A	0	00 00	00	00	00	00	00	00	0	00	00.0	38	26	04.8
	P	38	26 02	26	06	26	05	26	06	38	26	04.8	321	33	55.2
	좌1	360	00 00	00	00	00	00	00	00	360	00	00.0			
P	B	0	00 00	00	00	00	00	00	00	0	00	00.0	32	50	18.7
	A	32	50 20	50	21	50	15	50	19	32	50	18.7	327	09	41.3
	B	360	00 00	00	00	00	00	00	00	360	00	00.0			

가. 삼각형의 내각

$\angle A =$ $\angle B =$ $\angle P =$

나. $A \rightarrow B$의 방위각 및 거리

답 : $V_A^B =$ _____ , AB거리= _____)

다. P점의 좌표

답 : $P_x =$ _____ , $P_y =$ _____)

02. 광파측량기에 의하여 두점간(전7-태4)의 거리를 측정하여 다음과 같은 결과를 얻었다. 서식에 의하여 두 점간의 평면거리를 계산하시오.

측정거리(D) = 1730.14m

연직각(α_1)=1° 37′ 06″   연직각(α_2) = -1° 48′ 11″

기지점표고(H_1)=139.60m   시준점표고(H_2)=188.66m

기지점기계고(i_1)=1.45m   기지점기계고(i_2)=1.84m

원점에서의 거리(Y_1)=60.0km,   원점에서의 거리(Y_2)=61.5km

평면거리계산부

약 도	공 식
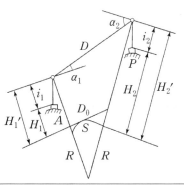	○ 연직각에 의한 계산 $S = D \cdot \cos \dfrac{1}{2}(a_1 + a_2) - \dfrac{D(H_1' + H_2')}{2R}$ ○ 표고에 의한 계산 $S = D - \dfrac{(H_1' - H_2')^2}{2D} - \dfrac{D(H_1' + H_2')}{2R}$ ○ 평면거리 $D_0 = S \times K \left(K = 1 + \dfrac{(Y_1 + Y_2)^2}{8R^2} \right)$ D : 경사거리 　　R : 곡률반경(6372199.7m) S : 기준면거리 　i_1 : 기계고 H_1, H_2 : 표고 　　i_2 : 기계고 a_1, a_2 : 연직각(절대치) 　　K : 축척계수 Y_1, Y_2 : 원점에서 삼각점까지의 횡선거리(km)

연직각에 의한 계산													표고에 의한 계산												
방 향													점 →　　　점												
D									m .					D									m .			
a_1						°	'	''						$2D$									.			
a_2														H_1'									.			
$\frac{1}{2}(a_1 + a_2)$														H_2'									.			
$\cos \frac{1}{2}(a_1 + a_2)$							.							$(H_1' - H_2')$									.			
$D \cdot \cos \frac{1}{2}(a_1 + a_2)$							m .							$(H_1' - H_2')^2$									.			
$H_1' = H_1 + i_1$							.							$\dfrac{(H_1' - H_2')^2}{2D}$									.			
$H_2' = H_2 + i_2$							.							$D - \dfrac{(H_1' - H_2')^2}{2D}$									.			
R	6	3	7	2	1	9	9	.7						R	6	3	7	2	1	9	9	.7			
$2R$	1	2	7	4	4	3	9	9	.3					$2R$	1	2	7	4	4	3	9	9	.3		
$\dfrac{D(H_1' + H_2')}{2R}$														$\dfrac{D(H_1' + H_2')}{2R}$											
S							.							S									.			
Y_1							km .							Y_1									km .			
Y_2							.							Y_2									.			
$(Y_1 + Y_2)^2$														$(Y_1 + Y_2)^2$											
$8R^2$	3	2	4	8	3	9	4	2	7	km .7				$8R^2$	3	2	4	8	3	9	4	2	7	km .7	
$K = 1 + \dfrac{(Y_1 + Y_2)^2}{8R^2}$														$K = 1 + \dfrac{(Y_1 + Y_2)^2}{8R^2}$											
$S \times K$							m .							$S \times K$									m .			
평 균 (D_o)										m .															
계산자														검사자											

03. 축척 600분의 1 지역에서 보정면적을 계산한 결과가 다음과 같을 때 관련 규정에 의하여 각 필지의 결정면적을 산출하시오.

원면적 : 902.4m²
보정면적 : 10-1 : 195.21m²
          10-2 : 298.61m²
          10-3 : 403.53m²

지번	10-1	10-2	10-3
결정면적(m²)			

04. 그림과 같은 사각망에서 기지점 좌표에 관측내각이 다음과 같을 경우 서식에 의해 관측내각을 조정하고 소구점(기성7 및 기성8)의 좌표를 계산하시오.(단, 각은 초 단위 소수 1자리까지, 거리 및 좌표는 m 단위이며, 소수 2자리까지 계산할 것)

1) 기지점 좌표

점명	X(m)	Y(m)
양 3	453278.75 m	192562.46 m
여 8	454263.52 m	194459.26 m

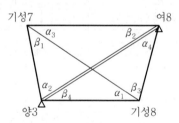

2) 관측내각

$a_1 = 37°08'20.2''$ $\beta_1 = 35°24'36.4''$
$a_2 = 59°53'15.4''$ $\beta_2 = 49°47'59.4''$
$a_3 = 34°53'47.4''$ $\beta_3 = 44°51'35.8''$
$a_4 = 50°26'12.8''$ $\beta_4 = 47°33'50.2''$

05. 경계점의 좌표가 A(724.42, 312.26), B(708.12, 312.74), C(709.35, 337.71), D(724.42, 338.23)인 그림과 같은 토지를 $\overline{BP} : \overline{PC}$ = 3 : 2가 되는 점 P를 $\overline{CD}$에 평행한 $\overline{PQ}$로 분할하려 한다. P와 Q점의 좌표를 구하시오.(단, 좌표의 단위는 m이면 소수2자리까지, P 및 Q점의 좌표는 각각 소수 2자리까지 구하시오.

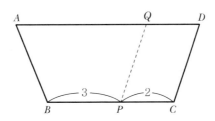

- P점의 좌표(X , Y)=(　　　　　, 　　　　　)
- Q점의 좌표(X , Y)=(　　　　　, 　　　　　)

9회 출제예상문제 해설 및 정답

01 solution

가. 삼각형의 내각

수평각 개정 계산부의 중심각이 내각이므로

$$\angle A = 108°43'36.5'', \quad \angle B = 38°26'04.8'', \quad \angle P = 32°50'18.7''$$

나. $A \rightarrow B$의 방위각 및 거리

$$\Delta x = -2977.95m \quad \Delta y = 757.63m$$

$$\theta = \tan^{-1}\frac{\Delta y}{\Delta x} = \tan^{-1}\frac{757.63}{2977.95} = 14°16'26.3''$$

2상한(+, -)이므로

$$V_A{}^B = 180° - 14°16'26.3'' = 165°43'33.7''$$

$$\overline{AB} = \sqrt{(-2977.95)^2 + 757.63^2} = 3072.81m$$

다. P점의 좌표

sin 법칙에 의하여 $\dfrac{\overline{AP}}{\sin B} = \dfrac{\overline{AB}}{\sin P}$

$$\overline{AP} = \frac{\sin B \times \overline{AB}}{\sin P} = \frac{\sin 38°26'04.8'' \times 3072.81}{\sin 32°50'18.7''} = 3522.44m$$

$$V_A{}^P = V_A{}^B - \angle A$$

$$= 165°43'33.7'' - 108°43'36.5''$$

$$= 56°59'57.2''$$

$$P_x = A_x + (\cos V_A{}^P \times \overline{AP})$$

$$= 483023.32 + (\cos 56°59'57.1'' \times 3522.44)$$

$$= 484942.32m$$

$$P_y = A_y + (\sin V_A{}^P \times \overline{AP})$$

$$= 191115.58 + (\sin 56°59'57.1'' \times 3522.44)$$

$$= 194069.72m$$

평면거리계산부

02 solution

약 도	공 식
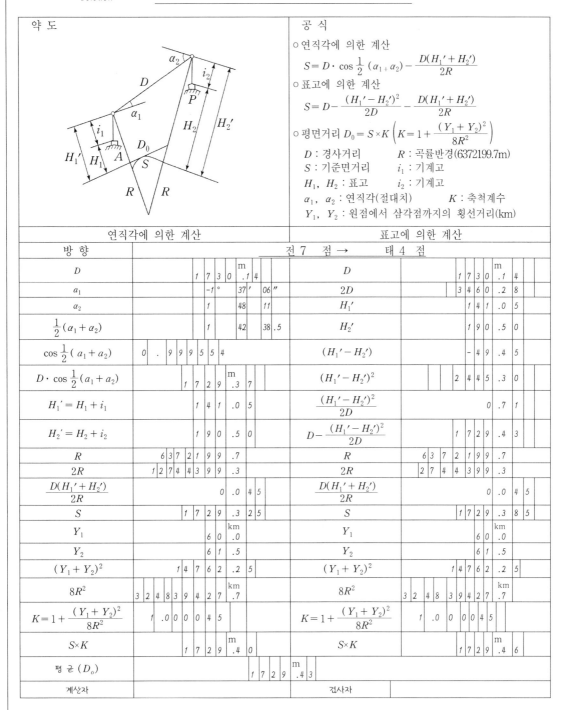	○연직각에 의한 계산 $S = D \cdot \cos \frac{1}{2}(a_1 + a_2) - \frac{D(H_1' + H_2')}{2R}$ ○표고에 의한 계산 $S = D - \frac{(H_1' - H_2')^2}{2D} - \frac{D(H_1' + H_2')}{2R}$ ○평면거리 $D_0 = S \times K \left(K = 1 + \frac{(Y_1 + Y_2)^2}{8R^2} \right)$ D : 경사거리　　R : 곡률반경(6372199.7m) S : 기준면거리　i_1 : 기계고 H_1, H_2 : 표고　i_2 : 기계고 a_1, a_2 : 연직각(절대치)　K : 축척계수 Y_1, Y_2 : 원점에서 삼각점까지의 횡선거리(km)

연직각에 의한 계산		표고에 의한 계산	
방 향	전 7 점 → 태 4 점		
D	1730.14 m	D	1730.14 m
a_1	-1° 37′ 06″	$2D$	3460.28
a_2	1 48 11	H_1'	141.05
$\frac{1}{2}(a_1 + a_2)$	1 42 38.5	H_2'	190.50
$\cos \frac{1}{2}(a_1 + a_2)$	0.999554	$(H_1' - H_2')$	-49.45
$D \cdot \cos \frac{1}{2}(a_1 + a_2)$	1729.37 m	$(H_1' - H_2')^2$	2445.30
$H_1' = H_1 + i_1$	141.05	$\frac{(H_1' - H_2')^2}{2D}$	0.71
$H_2' = H_2 + i_2$	190.50	$D - \frac{(H_1' - H_2')^2}{2D}$	1729.43
R	6372199.7	R	6372199.7
$2R$	12744399.3	$2R$	12744399.3
$\frac{D(H_1' + H_2')}{2R}$	0.045	$\frac{D(H_1' + H_2')}{2R}$	0.045
S	1729.325	S	1729.385
Y_1	60.0 km	Y_1	60.0 km
Y_2	61.5	Y_2	61.5
$(Y_1 + Y_2)^2$	14762.25	$(Y_1 + Y_2)^2$	14762.25
$8R^2$	324839427.7 km	$8R^2$	324839427.7 km
$K = 1 + \frac{(Y_1 + Y_2)^2}{8R^2}$	1.000045	$K = 1 + \frac{(Y_1 + Y_2)^2}{8R^2}$	1.000045
$S \times K$	1729.40 m	$S \times K$	1729.46 m
평 균 (D_o)	1729.43 m		
계산자		검사자	

03 solution

$$산출면적 = \frac{보정면적}{보정면적 \ 합계} \times 원면적 \quad 보정면적 \ 합계 = 897.35m^2$$

산출면적 10-1 : $\dfrac{195.21}{897.35} \times 902.4 = 196.3m^2$

10-2 : $\dfrac{298.61}{897.35} \times 902.4 = 300.3m^2$

10-3 : $\dfrac{403.53}{897.35} \times 902.4 = 405.8m^2$

600분의 1 지역의 결정면적은 소수점 첫째자리이므로

답 결정면적 10-1 : 196.3m²   10-2 : 300.3m²   10-3 : 405.8m²

04 solution

사각망조정계산부

05 solution

B.C 점에 대한 $\varDelta x = 1.23\text{m}$, $\varDelta y = 24.97\text{m}$이므로

$\overline{BC} = \sqrt{1.23^2 + 24.97^2} = 25.00\text{m}$

$\overline{BP} : \overline{PC} = 3 : 2$이므로 $\overline{BP} = 15.00\text{m}$, $\overline{PC} = 10.00\text{m}$이다.

$\theta = \tan^{-1}\dfrac{\varDelta y}{\varDelta x} = \tan^{-1}\dfrac{24.97}{1.23} = 87°\ 10'\ 47.8''$ (1상한)

$V_B^C = 87°\ 10'\ 47.8''$

$X_P = X_B + (\cos\ V_B^C \times \overline{BP}) = 708.12 + (\cos\ 87°\ 10'\ 47.8'' \times 15.00) = 708.86\text{m}$

$Y_P = Y_B + (\sin\ V_B^C \times \overline{BP}) = 312.74 + (\sin\ 87°\ 10'\ 47.8'' \times 15.00) = 327.72\text{m}$

$\therefore$ P점의 좌표 $(X,\ Y) = (708.86\text{m}, 327.72\text{m})$

$\overline{PQ}$, $\overline{DQ}$ 거리계산(교차점 계산)

$\alpha = V_P^Q = V_C^D$이므로

$\theta = \tan^{-1}\dfrac{0.52}{15.07} = 1°\ 58'\ 34.5''$

1상한이므로 $V_C^D = 1°\ 58'\ 34.5''$

$\beta = V_D^A$인데 A점과 D점의 x값이 같고 D점의 x좌표가

A점의 x좌표보다 우측에 있으므로 $V_D^A = 270°$가 된다.

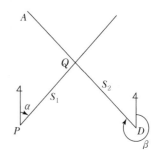

$\varDelta X_p^d = 724.42 - 708.86 = 15.56\text{m}$

$\varDelta Y_p^d = 338.23 - 327.72 = 10.51\text{m}$

$\alpha - \beta = 1°\ 58'\ 34.5'' - 270° = -268°\ 01'\ 25.5''$

음수이므로 $-268°\ 01'\ 25.5'' + 360° = 91°\ 58'\ 34.5''$

$S_1 = \dfrac{\varDelta Y_p^d \cdot \cos\beta - \varDelta X_p^d \cdot \sin\beta}{\sin(\alpha - \beta)} = \dfrac{(10.51 \times \cos 270°) - (15.56 \times \sin 270°)}{\sin 91°\ 58'\ 34.5''} = 15.57\text{m}$

$S_2 = \dfrac{\varDelta Y_p^d \cdot \cos\alpha - \varDelta X_p^d \cdot \sin\alpha}{\sin(\alpha - \beta)} = \dfrac{(10.51 \times \cos 1°\ 58'\ 34.5'') - (15.56 \times \sin 1°\ 58'\ 34.5'')}{\sin 91°\ 58'\ 34.5''} = 9.97\text{m}$

P점에서 Q점 좌표계산

$Q_X = P_X + (\cos V_P^Q \times \overline{PQ}) = 708.86 + (\cos 1°\ 58'\ 34.5'' \times 15.57) = 724.42\text{m}$

$Q_Y = P_Y + (\sin V_P^Q \times \overline{PQ}) = 327.72 + (\sin 1°\ 58'\ 34.5'' \times 15.57) = 328.26\text{m}$

D점에서 Q점 좌표계산

$Q_X = D_X + (\cos V_D^Q \times \overline{DQ}) = 724.42 + (\cos 270° \times 9.97) = 724.42\text{m}$

$Q_Y = D_Y + (\sin V_D^Q \times \overline{DQ}) = 338.23 + (\sin 270° \times 9.97) = 328.26\text{m}$

Q점의 좌표 $(X,\ Y) = (724.42\text{m},\ 328.26\text{m})$

10회 출제예상문제

Cadastral Surveying

이 문제는 수험자의 기억을 토대로 작성하였으므로 실제 문제와 일부 다를 수도 있습니다. 해설과 해답은 오류가 없도록 최선을 다하였으나 혹 미미한 부분은 계속 수정 보완하겠습니다.

01. 아래 그림의 □ABCD에서 경계점 좌표가 $\overline{AB}$를 4 : 3으로 내분 ($\overline{AP} : \overline{PB} = 4 : 3$)하는 점 P를 지나고, $\overline{AB}$에 수직이 되는 $\overline{PQ}$로 이 사변형을 분할하려고 한다. P와 Q점의 좌표 및 □PBCQ의 면적을 계산하시오.(단, 각도는 0.1초 단위까지, 거리는 m 단위로 각 수치는 소수 다섯째자리까지 계산하여 좌표와 면적을 소수 둘째자리까지 답할 것)

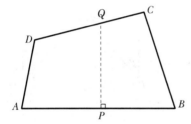

점명	X	Y
A	426.26m	237.48m
B	451.76m	271.48m
C	472.47m	263.69m
D	446.26	237.48

가. P점의 좌표를 구하시오.
계산과정)

답 : $P(X,\ Y) = ($,   )

나. Q점의 좌표를 구하시오.
계산과정)

답 : $Q(X,\ Y) = ($,   )

다. □PBCQ의 면적을 구하시오.
계산과정)

답 : □PBCQ = (,   )

02. 원점에서 30km 떨어진 곳에서 기지점 A와 B에서 같은 조건으로 경사거리를 측정하였다. 평면거리 계산부를 사용하여 연직각과 표고에 의하여 평면거리를 구하시오. (단, 거리는 소수 3자리까지, 각도는 초단위까지 구하시오.)

AB 두 점간의 측정거리(D)=3516.43m

A에서 연직각(α_1)= +3° 15′ 03″ A에서 기지점 표고(H_1)=315.67m

B에서 연직각(α_2)=-3° 14′ 57″ B에서 기지점 표고(H_2)=507.24m

A에서 기계고(i)=1.35m   원점에서 A까지의 거리(Y_1)=30.0km

B에서 기계고(f)=1.45m   원점에서 B까지의 거리(Y_2)=33.5km

---

03. 지적삼각측량을 사각망으로 구성하여 다음과 같이 내각을 관측하였다. 주어진 서식으로 소구점의 좌표를 계산하시오.(단, 각 규약의 조정각 및 계산되는 각은 초 단위 소수1자리까지, 거리는 m단위 소수 2자리까지 계산함)

〈약도〉

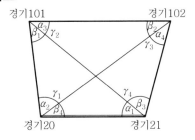

1) 기지점

점명	종선좌표(m)	횡선좌표(m)
경기20	454837.92	197553.66
경기21	456994.95	199361.68

2) 관측내각

점명	각명	관측각
경기21	α_1	50° 37′ 58.0″
경기101	β_1	52° 09′ 22.5″
경기20	α_2	37° 28′ 50.0″
경기102	β_2	36° 08′ 39.0″
경기101	a_3	54° 13′ 10.0″
경기21	β_3	51° 49′ 09.5″
경기102	a_4	37° 49′ 11.5″
경기20	β_4	39° 43′ 42.7″

04. 지적도근측량 교회망 A, B, C의 좌표와 내각을 관측한 결과가 다음과 같을 때, 아래 물음에
답하시오.(단, 좌표의 단위는 m이고, 각은 1초 단위까지 구하시오.)

〈기지점〉

점명	X	Y
A	459880.94	194809.01
B	459899.01	194929.24
C	459862.56	194878.66

〈약도〉

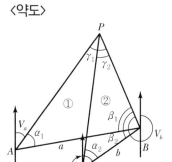

〈관측내각〉

각명	내각
β_1	65° 28′ 58″
γ_1	68° 24′ 06″
γ_2	32° 39′ 10″

가. AB의 방위각
계산과정)

답 : _____

나. BC의 방위각
계산과정)

답 : _____

다. $AP(V_a)$의 방위각
계산과정)

답 : _____

라. $BP(V_b)$의 방위각
계산과정)

답 : _____

05. 지적삼각보조측량 다각망도선법 *Y*형의 다각점좌표계산부 중간계산결과에 의하여 계산 종·횡선좌표와 평균 종·횡선좌표를 계산하시오.(단, 계산단위는 지적법의 규정에 의하시오.)

(1) 도선 다각점좌표계산부

측점	시준점	평면거리(m)	종선좌표(m)	횡선좌표(m)
서울15	서울16		471495.18	256913.45
서울15	1	636.21	$-437.65\ (\Delta x)$	$+754.33\ (\Delta y)$
1	2	982.67	$+374.90\ (\Delta x)$	$+933.01\ (\Delta y)$
2	교3	617.79	$+130.85\ (\Delta x)$	$+498.66\ (\Delta y)$
교3	Q	(2236.67)	$\Sigma \Delta x = +68.1$	$\Sigma \Delta y = +2186.00$

(2) 도선 다각점좌표계산부

측점	시준점	평면거리(m)	종선좌표(m)	횡선좌표(m)
서울16	서울17		472480.89	258703.20
서울16	1	990.98	$-973.55\ (\Delta x)$	$-125.07\ (\Delta y)$
2	교3	553.75	$+56.03\ (\Delta x)$	$+521.23\ (\Delta y)$
교3	Q	(1544.73)	$\Sigma \Delta x = -917.52$	$\Sigma \Delta y = +396.16$

(3) 도선 다각점좌표계산부

측점	시준점	평면거리(m)	종선좌표(m)	횡선좌표(m)
서울17	서울18		472981.69	260048.36
서울17	1	856.27	$-737.65\ (\Delta x)$	$-354.33\ (\Delta y)$
2	교3	563.25	$-680.85\ (\Delta x)$	$-594.55\ (\Delta y)$
교3	Q	(1419.52)	$\Sigma \Delta x = -1418.50$	$\Sigma \Delta y = -948.88$

가. 종선의 계산좌표

구분	계산과정	좌표(m)
(1)도선의 종선계산좌표		
(2)도선의 종선계산좌표		
(3)도선의 종선계산좌표		

나. 횡선의 계산좌표

구분	계산과정	좌표(m)
(1)도선의 횡선계산좌표		
(2)도선의 횡선계산좌표		
(3)도선의 횡선계산좌표		

다. 종선의 평균좌표(m)
계산과정)

답 : _____

라. 횡선의 평균좌표(m)
계산과정)

답 : _____

10회 출제예상문제 해설 및 정답

01 solution

(1) $V_a{}^b$ 방위각 계산

$$V_a{}^b = \tan^{-1}\left(\frac{\Delta Y}{\Delta X}\right) = \tan^{-1}\left(\frac{34}{25.5}\right) = 53°\ 7'\ 48.4''$$

(2) 거리 계산

$$\overline{AB} = \sqrt{25.5^2 + 34^2} = 42.5\text{m}$$

$$\overline{AB} : \overline{AP} = 7 : 4$$

$$\overline{AP} = 42.5 \times \frac{4}{7} = 24.28571\text{m}$$

(3) P점 좌표 계산

$$P_X = A_X + \overline{AP} \cdot \cos V_a{}^b$$

$$P_Y = A_Y + \overline{AP} \cdot \sin V_a{}^b$$

$$P_X = 426.26 + (24.28571 \times \cos 53°\ 7'\ 48.4'') = 440.83\text{m}$$

$$P_Y = 237.48 + (24.28571 \times \sin 53°\ 7'\ 48.4'') = 256.91\text{m}$$

(4) $\overline{DQ},\ \overline{PQ}$ 거리 계산(교차점 계산)

$$S_1 = \frac{\Delta Y_d{}^b \cdot \cos\beta - \Delta X_d{}^b \cdot \sin\beta}{\sin(\alpha - \beta)}$$

$$S_2 = \frac{\Delta Y_d{}^b \cdot \cos\alpha - \Delta X_d{}^b \cdot \sin\alpha}{\sin(\alpha - \beta)}$$

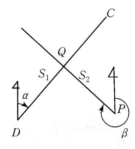

$$\Delta X_d{}^b = 440.83 - 446.26 = -5.43\text{m}$$

$$\Delta Y_d{}^b = 256.91 - 237.48 = 19.43\text{m}$$

$$\alpha = V_d{}^c = \tan^{-1}\left(\frac{\Delta Y}{\Delta X}\right) = 45°\ 0'\ 0''$$

$$\beta = V_P{}^Q = \tan^{-1}\left(\frac{\Delta Y}{\Delta X}\right) = V_a{}^b - 90° = 323°\ 7'\ 48.4''$$

$$(\alpha - \beta) = 45°\ 0'\ 0'' - 323°\ 7'\ 48.4'' = 81°\ 52'\ 11.6''$$

$$S_1(\overline{DQ}) = \frac{(19.43 \times \cos 323°\ 7'\ 48.4'') - (-5.43 \times \sin 323°\ 7'\ 48.4'')}{\sin 81°\ 52'\ 11.6''} = 12.41074\text{m}$$

$$S_2(\overline{PQ}) = \frac{(19.43 \times \cos 45°) - (-5.43 \times \sin 45°)}{\sin 81°\ 52'\ 11.6''} = 17.75714\text{m}$$

(5) Q점 좌표 계산

① D점에서 계산

$$Q_X = D_X + \overline{DQ} \cdot \cos V_d{}^c$$

$$Q_Y = D_Y + \overline{DQ} \cdot \sin V_d{}^c$$

$$Q_X = 446.26 + (12.41074 \times \cos 45°) = 455.04\text{m}$$

$$Q_Y = 237.48 + (12.41074 \times \sin 45°) = 246.26\text{m}$$

② P점에서 계산

$$Q_X = P_X + \overline{PQ} \cdot \cos V_P{}^Q$$

$$Q_Y = P_Y + \overline{PQ} \cdot \sin V_P{}^Q$$

$$Q_X = 440.83 + (17.75714 \times \cos 323° \ 7' \ 48.4'') = 455.04\text{m}$$

$$Q_Y = 256.91 + (17.75714 \times \sin 323° \ 7' \ 48.4'') = 246.26\text{m}$$

(6) □PBCQ의 면적계산

$$F = \frac{1}{2} \sum_{i=1}^{n} \times xi \, (Y_{i+1} - Y_{i-1})$$

$$= \frac{1}{2} \{440.83(271.48 - 246.26) + 451.76(263.69 - 256.91) + 472.47(246.26 - 271.48)$$

$$+ 455.04(256.91 - 263.69)\} = 410.10\text{m}^2$$

02 solution
평면거리계산부

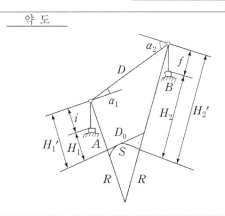

약 도

공 식

○ 연직각에 의한 계산

$$S = D \cdot \cos \frac{1}{2}(a_1 + a_2) - \frac{D(H_1' + H_2')}{2R}$$

○ 표고에 의한 계산

$$S = D - \frac{(H_1' - H_2')^2}{2D} - \frac{D(H_1' + H_2')}{2R}$$

○ 평면거리 $D_0 = S \times K \left(K = 1 + \frac{(Y_1 + Y_2)^2}{8R^2} \right)$

D : 경사거리 R : 곡률반경(6372199.7m)
S : 기준면거리 i : 기계고
$H_1,\ H_2$: 표고 f : 시준고
$a_1,\ a_2$: 연직각(절대치) K : 축척계수
$Y_1,\ Y_2$: 원점에서 삼각점까지의 횡선거리(km)

연직각에 의한 계산		표고에 의한 계산	
방 향	A 점	→	B 점
D	3516.43m	D	3516.43m
a_1	3° 15′ 03″	$2D$	7032.86m
a_2	-3° 14′ 57″	H_1'	317.02m
$\frac{1}{2}(a_1 + a_2)$	3° 15′ 00″	H_2'	508.69m
$\cos \frac{1}{2}(a_1 + a_2)$	0.998392	$(H_1' - H_2')$	-191.67m
$D \cdot \cos \frac{1}{2}(a_1 + a_2)$	3510.78m	$(H_1' - H_2')^2$	36737.39m

$H_1' = H_1 + i$	317.02m	$\frac{(H_1' - H_2')^2}{2D}$	5.22m
$H_2' = H_2 + f$	508.69m	$D - \frac{(H_1' - H_2')^2}{2D}$	3511.21m
R	6372199.7m	R	6372199.7m
$2R$	12744399.3m	$2R$	12744399.3m
$\frac{D(H_1' + H_2')}{2R}$	0.228m	$\frac{D(H_1' + H_2')}{2R}$	0.228m
S	3510.552m	S	3510.982m
Y_1	30.0km	Y_1	30.0km
Y_2	33.5km	Y_2	33.5km
$(Y_1 + Y_2)^2$	4032.25km	$(Y_1 + Y_2)^2$	4032.25km
$8R^2$	324839427.7km	$8R^2$	324839427.7km
$K = 1 + \frac{(Y_1 + Y_2)^2}{8R^2}$	1.000012	$K = 1 + \frac{(Y_1 + Y_2)^2}{8R^2}$	1.000012
$S \times K$	3510.594m	$S \times K$	3511.024m
평 균 (D_o)		3510.809m	
계 산 자		검 사 자	

03 solution

사각망조정계산부

04
solution

가. AB의 방위각

$\Delta X_A{}^B = 459899.01 - 459880.94 = 18.07\,\text{m}$

$\Delta Y_A{}^B = 194929.24 - 194809.01 = 120.23\,\text{m}$

$\theta = \tan^{-1}\dfrac{\Delta Y}{\Delta X} = \tan^{-1}\dfrac{120.23}{18.07} = 81°\ 27'\ 10''$

1상한 $(+,\ +)$이므로　$V_a{}^b = 81°\ 27'\ 10''$

나. BC의 방위각

$\Delta X_B{}^C = 459862.56 - 459899.01 = -36.45\,\text{m}$

$\Delta Y_B{}^C = 194878.66 - 194929.24 = -50.58\,\text{m}$

$\theta = \tan^{-1}\dfrac{\Delta Y}{\Delta X} = \tan^{-1}\dfrac{50.58}{36.45} = 54°\ 13'\ 19''$

3상한 $(-,\ -)$이므로　$V_b{}^c = 180 + 54°\ 13'\ 19'' = 234°\ 13'\ 19''$

다. $AP(V_a)$의 방위각

$V_A{}^B - (180° - (\beta_1 + \gamma_1)) = 81°\ 27'\ 10'' - (180° - (65°\ 28'\ 58'' + 68°\ 24'\ 06''))$

$V_a = 35°\ 20'\ 14''$

라. $BP(V_b)$의 방위각

$V_B{}^A + \beta_1 = V_A{}^B + 180° + \beta_1 = 81°\ 27'\ 10'' + 180° + 65°\ 28'\ 58''$

$V_b = 326°\ 56'\ 08''$

05
solution

가. 종선의 계산좌표

(1) 1도선의 종선계산좌표

서울15$(x) + \Sigma \Delta x = 471495.18 + 68.10 = 471563.28\text{m}$

(2) 2도선의 종선계산좌표

서울16$(x) + \Sigma \Delta x = 472480.89 - 917.52 = 471563.37\text{m}$

(3) 3도선의 종선계산좌표

$$서울17(x) + \Sigma\varDelta x = 472981.69 - 1418.50 = 471563.19m$$

나. 횡선의 계산좌표

(1) 1도선의 횡선계산좌표

$$서울15(y) + \Sigma\varDelta y = 256913.45 + 2186.00 = 259099.45m$$

(2) 2도선의 횡선계산좌표

$$서울16(y) + \Sigma\varDelta y = 258703.20 + 396.16 = 259099.36m$$

(3) 3도선의 횡선계산좌표

$$서울17(y) + \Sigma\varDelta y = 260048.36 - 948.88 = 259099.48m$$

다. 종선의 평균좌표

경중률 ΣS계산

1도선의 평면거리의 합이 2236.67m 이므로 $\Sigma S(1) = 2.237$

2도선의 평면거리의 합이 1544.73m 이므로 $\Sigma S(2) = 1.545$

3도선의 평면거리의 합이 1419.52m 이므로 $\Sigma S(3) = 1.420$이다.

종선의 평균좌표 $= \dfrac{\left[\dfrac{\Sigma x}{\Sigma S}\right]}{\left[\dfrac{1}{\Sigma S}\right]}$ 이므로

$$= \dfrac{\dfrac{0.28}{2.237} + \dfrac{0.37}{1.545} + \dfrac{0.19}{1.420}}{\dfrac{1}{2.237} + \dfrac{1}{1.545} + \dfrac{1}{1.420}} = 0.28m$$

계산 시 m 단위의 공통수(471563.00)는 생략하였으므로 종선의 평균좌표는 471563.28m이다.

라. 횡선의 평균좌표

횡선의 평균좌표 $= \dfrac{\left[\dfrac{\Sigma y}{\Sigma S}\right]}{\left[\dfrac{1}{\Sigma S}\right]}$ 이므로

$$= \dfrac{\dfrac{0.45}{2.237} + \dfrac{0.36}{1.545} + \dfrac{0.48}{1.420}}{\dfrac{1}{2.237} + \dfrac{1}{1.545} + \dfrac{1}{1.420}} = 0.43m$$

계산 시 m 단위의 공통수(259099.00)는 생략하였으므로 횡선의 평균좌표는 259099.43m이다.

11회 출제예상문제

이 문제는 수험자의 기억을 토대로 작성하였으므로 실제 문제와 일부 다를 수도 있습니다. 해설과 해답은 오류가 없도록 최선을 다하였으나 혹 미미한 부분은 계속 수정 보완하겠습니다.

01. 다음 교회망에서 요구사항에 답하시오.(단, 각은 1초 단위까지 구하시오.)

〈기지좌표 및 관측방위각〉

점명	X좌표	Y좌표	관측방위각
경기1(A)	465364.04 m	226974.08 m	($A{\to}P$) 355° 24′ 38″
경기2(B)	466420.38 m	229303.62 m	($B{\to}P$) 297° 21′ 22″
경기3(C)	468830.06 m	229165.42 m	($C{\to}P$) 237° 02′ 20″

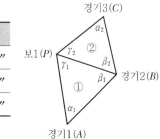

가. $A{\to}B$의 방위각
계산과정)

답 : _____

나. $B{\to}C$의 방위각
계산과정)

답 : _____

다. ① 삼각형의 내각
계산과정)

구분	α_1	β_1	γ_1
내각			

라. ② 삼각형의 내각
계산과정)

구분	α_2	β_2	γ_2
내각			

02. 다음 그림에서 $\overline{AC}$와 $\overline{BD}$가 교차하는 P의 좌표를 서식에 의하여 계산하시오.(각은 초단위, S1 S2 거리는 소수 3자리까지, 좌표는 cm단위까지 계산하시오.)

(단위 : m)

점명	부호	종선좌표(X)	횡선좌표(Y)
1	D	2882.39	3957.93
2	B	3776.51	3508.43
3	C	3210.01	4219.09
4	A	3448.89	3247.27

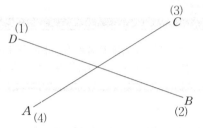

교차점계산부

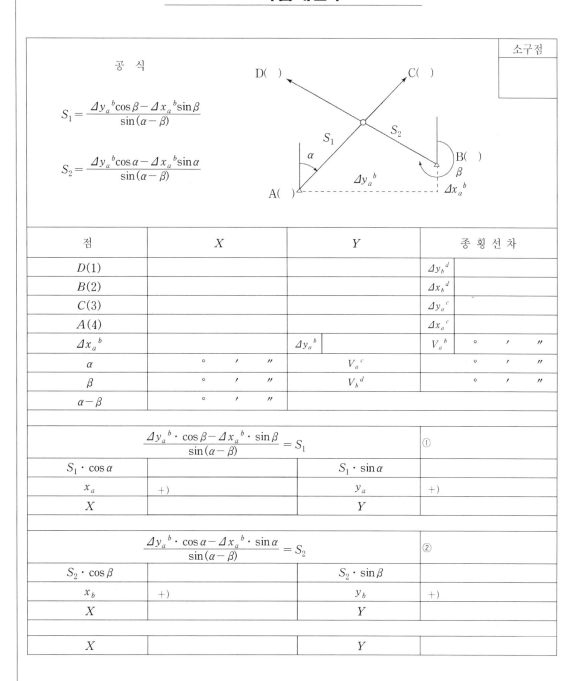

03. 지적삼각측량 유심다각망을 구성하고 내각을 관측하여 다음과 같이 결과를 얻었다. 주어진 서식으로 소구점의 좌표를 계산하시오.(단, 각은 초단위 소수 1자리까지, 거리 및 좌표는 m 단위, 소수 2자리까지 계산할 것.)

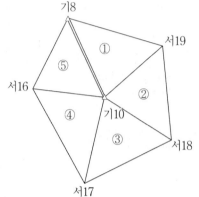

기지점 좌표

기8 $X = 467607.88\,m$
       $Y = 194719.60\,m$

기10 $X = 464357.92\,m$
       $Y = 197280.74\,m$

관측값

α_1 39° 59′ 14.1″	α_3 59° 08′ 45.8″	α_5 66° 14′ 34.9″
β_1 55° 20′ 42.2″	β_3 54° 10′ 56.6″	β_5 55° 45′ 48.4″
γ_1 84° 40′ 17.6″	γ_3 66° 40′ 09.2″	γ_5 57° 59′ 29.9″

α_2 60° 29′ 03.2″	α_4 47° 29′ 29.5″
β_2 44° 38′ 03.3″	β_4 56° 43′ 19.5″
γ_2 74° 52′ 43.3″	γ_4 75° 47′ 20.0″

04. 다음의 결과에 의하여 요구사항을 구하시오.

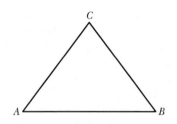

A점좌표 $X = 9751.84m$, $Y = 731.45m$,
B점좌표 $X = 7511.49m$, $Y = 5429.32m$
$\overline{AC}$거리 $= 5742.40m$
$\overline{BC}$거리 $= 5646.76m$

가. $\angle A$, $\angle B$, $\angle C$을 구하시오.
나. C점의 좌표를 구하시오.

05. 다음 그림은 가구의 일부분이다. 전체장 l 와 전제면적을 구하시오.(단, 우절장(L)은 8m이며 교각(θ)는 93° 30′ 30″이다.)

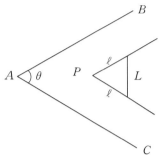

11회 출제예상문제 해설 및 정답

01 solution

가. $A \to B$ 방위각

$$\Delta X_A{}^B = 466420.38 - 465364.04 = 1056.34\,\text{m}$$

$$\Delta Y_A{}^B = 229303.62 - 226974.08 = 2329.54\,\text{m}$$

$$\theta = \tan^{-1}\frac{\Delta Y}{\Delta X} = \tan^{-1}\frac{2329.54}{1056.34} = 65°\ 36'\ 28''$$

1상한 $(+, +)$이므로 $V_A{}^B = 65°\ 36'\ 28''$

나. $B \to C$ 방위각

$$\Delta X_B{}^C = 468830.06 - 466420.38 = 2409.68\,\text{m}$$

$$\Delta Y_B{}^C = 229165.42 - 229303.62 = -138.2\,\text{m}$$

$$\theta = \tan^{-1}\frac{\Delta Y}{\Delta X} = \tan^{-1}\frac{138.2}{2409.68} = 3°\ 16'\ 57''$$

4상한 $(+, -)$이므로 $V_B{}^C = 360° - 3°\ 16'\ 57'' = 356°\ 43'\ 03''$

다. ① 삼각형의 내각

$$\alpha_1 = V_A{}^B - V_A{}^P = V_A{}^B + 360° - V_A{}^P = 65°\ 36'\ 28'' + 360° - 355°\ 24'\ 38'' = 70°\ 11'\ 50''$$

$$\beta_1 = V_B{}^P - V_B{}^A = V_B{}^P - (V_A{}^B + 180°) = 297°\ 21'\ 22'' - (65°\ 36'\ 28'' + 180°) = 51°\ 44'\ 54''$$

$$\gamma_1 = V_P{}^A - V_P{}^B = (V_A{}^P - 180°) - (V_B{}^P - 180°)$$
$$= (355°\ 24'\ 38'' - 180°) - (297°\ 21'\ 22'' - 180°) = 58°\ 03'\ 16''$$

[검산]

$$\alpha_1 + \beta_1 + \gamma_1 = 180°$$
$$= 70°\ 11'\ 50'' + 51°\ 44'\ 54'' + 58°\ 3'\ 16'' = 180°$$

라. ② 삼각형의 내각

$$\alpha_2 = V_C{}^P - V_C{}^B = V_C{}^P - (V_B{}^C - 180°) = 237°\ 02'\ 20'' - (356°\ 43'\ 03'' - 180°) = 60°\ 19'\ 17''$$

$$\beta_2 = V_B{}^C - V_B{}^P = 356°\ 43'\ 03'' - 297°\ 21'\ 22'' = 59°\ 21'\ 41''$$

$$\gamma_2 = V_P{}^B - V_P{}^C$$
$$- (V_B{}^P - 180°) - (V_C{}^P - 180°) - (297°\ 21'\ 22'' - 180°) - (237°\ 02'\ 20'' - 180°) - 60°\ 19'\ 02''$$

[검산]

$\alpha_2 + \beta_2 + \gamma_2 = 180°$

$= 60° \ 19' \ 17'' + 59° \ 21' \ 41'' + 60° \ 19' \ 02'' = 180°$

02 solution 교차점계산부

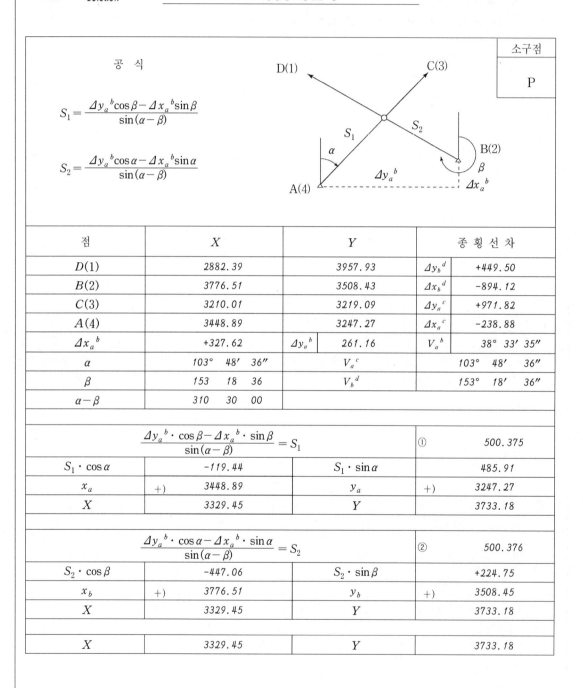

점	X		Y		종 횡 선 차		
$D(1)$	2882.39		3957.93		Δy_b^d	+449.50	
$B(2)$	3776.51		3508.43		Δx_b^d	-894.12	
$C(3)$	3210.01		3219.09		Δy_a^c	+971.82	
$A(4)$	3448.89		3247.27		Δx_a^c	-238.88	
Δx_a^b	+327.62	Δy_a^b	261.16		V_a^b	38° 33′ 35″	
α	103° 48′ 36″	V_a^c			103° 48′ 36″		
β	153 18 36	V_b^d			153° 18′ 36″		
$\alpha-\beta$	310 30 00						

$\dfrac{\Delta y_a^b \cdot \cos\beta - \Delta x_a^b \cdot \sin\beta}{\sin(\alpha-\beta)} = S_1$				①	500.375
$S_1 \cdot \cos\alpha$	-119.44		$S_1 \cdot \sin\alpha$		485.91
x_a	+) 3448.89		y_a	+)	3247.27
X	3329.45		Y		3733.18

$\dfrac{\Delta y_a^b \cdot \cos\alpha - \Delta x_a^b \cdot \sin\alpha}{\sin(\alpha-\beta)} = S_2$				②	500.376
$S_2 \cdot \cos\beta$	-447.06		$S_2 \cdot \sin\beta$		+224.75
x_b	+) 3776.51		y_b	+)	3508.45
X	3329.45		Y		3733.18

X	3329.45		Y		3733.18

03
solution

가. 기지점간 거리 및 방위각 계산

<기10 → 기8>

$$L = \sqrt{\Delta x^2 + \Delta y^2} = \sqrt{3249.96^2 + (-2561.14)^2} = 4137.83\text{m}$$

$$\theta = \tan^{-1} \frac{\Delta y}{\Delta x} = \tan^{-1} \frac{-2561.14}{3249.96} = -38° \ 14' \ 23.9'' \ (4상한)$$

$$V = 360° - \theta = 360° - 38° \ 14' \ 23.9'' = 321° \ 45' \ 36.1''$$

나. 각규약 조정

(1) 각 삼각형 내각의 합과 180°와의 차(ε) 계산

$$\varepsilon_1 = +13.9'' \qquad \varepsilon_2 = -10.2'' \qquad \varepsilon_3 = -8.4''$$

$$\varepsilon_4 = +9.0'' \qquad \varepsilon_5 = -6.8''$$

(2) 중심각의 합계(Σr)와 360°와의 차(e) 계산

$$e = 360° \ 00' \ 00.0'' - 360° = 0''$$

(3) $\Sigma \varepsilon = +13.9'' + (-10.2'') + (-8.4'') + 9.0'' + (-6.8'') = -2.5''$

$$망규약(\text{II}) = \frac{\Sigma \varepsilon - 3e}{2n} = \frac{(-2.5) - (3 \times 0)}{2 \times 5} = -0.2'' \qquad n : 삼각형수$$

$$삼각규약(\text{I}) = \frac{-\varepsilon - (\text{II})}{3} \ 이므로$$

① 삼각형(I) $= \dfrac{-13.9 - (-0.2)}{3} = \quad -4.57 = -4.6''$

② 삼각형(I) $= \dfrac{-(-10.2) - (-0.2)}{3} = 3.47 = \quad 3.5''$

③ 삼각형(I) $= \dfrac{-(-8.4) - (-0.2)}{3} = \quad 2.87 = \quad 2.9''$

④ 삼각형(I) $= \dfrac{-9.0 - (-0.2)}{3} = \quad -2.93 = -2.9''$

⑤ 삼각형(I) $= \dfrac{-(-6.8) - (-0.2)}{3} = \quad 2.33 = \quad 2.3''$

다. 변규약 조정

(1) E_1 계산

$$E_1 = \frac{\pi \sin \alpha}{\pi \sin \beta} - 1 = \frac{0.323907}{0.323905} - 1 = 6 \ (0.000006)$$

(2) $\Delta \alpha$, $\Delta \beta$ 계산

$\Delta \alpha$, $\Delta \beta = \sin 10'' \times \cos \alpha, \beta$

여기서, 소수점 이하 6자리까지 구하기 위해 10^6을 곱하면

$\Delta \alpha$, $\Delta \beta = 48.4814 \times \cos \alpha, \beta$가 된다.

$\Delta \alpha_1 = 48.4814 \times \cos 39° \ 59' \ 09.5'' = 37$

$$\Delta\beta_1 = 48.4814 \times \cos 55° \ 20' \ 37.6'' = 28$$

나머지도 위와 같이 계산하며

$\pi\sin\alpha > \pi\sin\beta$이면 E_1값이 (+)이므로 $\sin\alpha$에는 $-\Delta\alpha$, $\sin\beta$에는 $+\Delta\beta$로 조정하여 $\sin\alpha'$, $\sin\beta'$를 구한다.

(3) E_2 계산

$$E_2 = \frac{\pi\sin\alpha'}{\pi\sin\beta'} - 1 = \frac{0.323849}{0.323964} - 1 = -355 \ (-0.000355)$$

$$|E_1 - E_2| = |6 - (-355)| = 361$$

(4) 경정수(x_1'', x_2'') 계산

$$x_1'' = \frac{10'' \times E_1}{|E_1 - E_2|} = \frac{10'' \times 6}{361} = +0.2''$$

$$x_2'' = \frac{10'' \times E_2}{|E_1 - E_2|} = \frac{10'' \times (-355)}{361} = -9.8''$$

[검산] $|x_1'' - x_2''| = 10''$가 된다.

라. 변장 계산

<기8 → 서19> $\quad L = \dfrac{4137.83 \times \sin 84° \ 40' \ 12.9''}{\sin 55° \ 20' \ 37.8''} = 5008.56\text{m}$

<기10 → 서19> $\quad L = \dfrac{4137.83 \times \sin 39° \ 59' \ 09.3''}{\sin 55° \ 20' \ 37.8''} = 3232.47\text{m}$

나머지도 다음과 같이 계산한다.

마. 방위각 계산

<기8 → 서19>

$V = 321° \ 45' \ 36.1'' - 180° - 39° \ 59' \ 09.3'' = 101° \ 46' \ 26.8''$

<기10 → 서19>

$V = 321° \ 45' \ 36.1'' + 84° \ 40' \ 12.9'' = 46° \ 25' \ 49.0''$

나머지도 위와 같이 계산한다.

바. 종횡선좌표 계산

<기8 → 서19>

$X_1 = 467607.88 + (\cos 101° \ 46' \ 26.8'' \times 5008.56) = 466585.86\text{m}$

$Y_1 = 194719.60 + (\sin 101° \ 46' \ 26.8'' \times 5008.56) = 199622.78\text{m}$

<기10 → 서19>

$X_2 = 464357.92 + (\cos 46° \ 25' \ 49.0'' \times 3232.47) = 466585.86\text{m}$

$Y_2 = 197280.74 + (\sin 46° \ 25' \ 49.0'' \times 3232.47) = 199622.78\text{m}$

두 값을 평균하며 이때 오사오입을 적용하여 단수처리한다.

나머지도 위와 같이 계산한다.

04
solution

$$\overline{AB} = \sqrt{(2240.35)^2 + (4697.87)^2} = 5204.72m$$

가. cos 제2법칙을 이용하여 각 내각을 구한다.

$$\angle A = \cos^{-1} \frac{b^2 + c^2 - a^2}{2bc}$$

$$\angle B = \cos^{-1} \frac{a^2 + c^2 - b^2}{2ac}$$

$$\angle C = \cos^{-1} \frac{a^2 + b^2 - c^2}{2ab}$$

$$\angle A = \cos^{-1} \frac{5742.40^2 + 5204.72^2 - 5646.76^2}{2 \times 5742.40 \times 5204.72} = 61° \, 52' \, 28''$$

$$\angle B = \cos^{-1} \frac{5646.76^2 + 5204.72^2 - 5742.40^2}{2 \times 5646.76 \times 5204.72} = 63° \, 44' \, 51''$$

$$\angle C = \cos^{-1} \frac{5646.76^2 + 5742.40^2 - 5204.72^2}{2 \times 5646.76 \times 5742.40} = 54° \, 22' \, 41''$$

나. C점의 좌표

① A점에서 계산

$$X_C = X_A + (\overline{AC} \times \cos V_A^C)$$

$$V_A^C \text{ 방위각} = V_A^B - \angle A$$

$$= 115° \, 29' \, 45'' - 61° \, 52' \, 28''$$

$$= 53° \, 37' \, 17''$$

$$X_C = 9751.84 + (5742.40 \times \cos 53° \, 37' \, 17'')$$

$$= 13157.76$$

$$Y_C = 731.45 + (5742.40 \times \sin 53° \, 37' \, 17'')$$

$$= 5354.74$$

C점좌표 $X = 13157.76$

$\qquad\qquad Y = 5354.74$

② B점에서 계산

$$X_C = X_B + (\overline{BC} \times \cos V_b^c)$$

$$Y_C = Y_B + (\overline{BC} \times \sin V_b^c)$$

$$V_b^c \text{ 방위각} = V_b^a + \angle A$$

$$= 295° \, 29' \, 45'' + 63° \, 44' \, 51''$$

$$= 359° \, 14' \, 36''$$

$$X_C = 7511.49 + (5646.76 \times \cos 359° \, 14' \, 36'')$$

$$= 13157.76m$$

$$Y_C = 5429.32 + (5646.76 \times \sin 359° \, 14' \, 36'')$$

$$= 5354.75\text{m}$$

③ C점의 평균좌표

$$X = \frac{(13157.76 + 13157.76)}{2} = 13157.76\text{m}$$

$$Y = \frac{(5354.74 + 5354.75)}{2} = 5354.74\text{m}$$

05 solution

전제장 (l)는 피타고라스 정의에 의하여 $\sin\dfrac{\theta}{2} = \dfrac{\dfrac{L}{2}}{l}$ 이 된다.

$$l = \frac{L}{2} \cdot \frac{1}{\sin\dfrac{\theta}{2}}$$

$$l = \frac{L}{2} \cdot \text{cosec}\,\frac{\theta}{2}$$

$$l = \frac{8}{2} \cdot \text{cosec}\left(\frac{93° \, 30' \, 30''}{2}\right)$$

$$l = 5.49\text{m}$$

전체 면적은 $A = \left(\dfrac{L}{2}\right)^2 \cdot \cot\dfrac{\theta}{2}$

$$A = \left(\frac{8}{2}\right)^2 \times \cot\left(\frac{93° \, 30' \, 30''}{2}\right)$$

$$= 15.05\text{m}^2$$

12회 출제예상문제

Cadastral Surveying

이 문제는 수험자의 기억을 토대로 작성하였으므로 실제 문제와 일부 다를 수도 있습니다. 해설과 해답은 오류가 없도록 최선을 다하였으나 혹 미미한 부분은 계속 수정 보완하겠습니다.

01. 필계점 1, 2, 3, 4, 5로 이루어진 청주시 내덕동 36번지의 면적 및 경계점 간 거리를 주어진 서식을 이용하여 계산하시오.(단, 계산방법과 서식의 작성은 지적관련법규 및 규정에 따른다.)

필계점	종선좌표(m)	횡선좌표(m)
1	2984.50	9508.52
2	2985.74	9534.09
3	2979.21	9534.15
4	2970.18	9532.93
5	2971.07	9508.60

02. 지적삼각측량을 사각망으로 구성하여 내각을 관측한 결과가 다음과 같을 때 주어진 서식을 완성하시오.(단, 계산 및 서식의 작성방법은 지적관련법규 및 규정에 따른다.)

1) 기지좌표

점명	X(m)	Y(m)
문3	453278.45	192562.46
경8	454263.52	194459.26

2) 약도

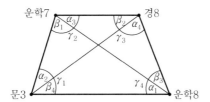

3) 관측내각

점명	각명	관측각
운학8	α_1	37° 08′ 20.2″
운학7	β_1	35° 24′ 36.4″
문3	α_2	59° 53′ 15.4″
경8	β_2	49° 47′ 59.4″
운학7	a_3	34° 53′ 47.4″
운학8	β_3	44° 51′ 35.8″
경8	a_4	50° 26′ 12.8″
문3	β_4	47° 33′ 50.2″

03. 그림에서 $\overline{OQ}$의 방위각과 원과 직선의 교차점 Q의 좌표를 구하시오.(단, 5사5입하여 거리는 cm단위, 각은 초단위까지 구하시오.)

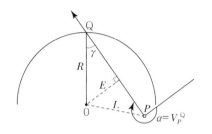

〈좌표〉

점명	종선좌표(m)	횡선좌표(m)
O	4567.89	3456.78
P	4588.69	3499.84

$V_P{}^Q(\alpha) = 288° \ 43' \ 56''$

$R = 80.77\text{m}$

가. $\overline{OQ}$의 방위각 $V_O{}^Q$을 구하시오.

나. Q점의 좌표를 구하시오.

04. 다음 그림에서 BP의 방위각과 P점의 좌표를 구하시오.

$V_a^b : 115° \ 25' \ 20''$	$V_b^c : 187° \ 03' \ 43''$
$\alpha : 65° \ 15' \ 10''$	$\alpha_1 : 86° \ 14' \ 54''$
$\gamma : 57° \ 20' \ 18''$	$\gamma_1 : 42° \ 48' \ 01''$
BP 거리 : 200m	

가. BP의 방위각을 구하시오.

나. P점의 좌표를 구하시오.(단 0.01m단위까지 구할 것)

05. 지적도근측량을 X망으로 구성하여 다음과 같은 측량성과를 얻었을 때 아래 물음에 답하시오.(단, 방위각은 초단위, 좌표는 cm단위까지 계산하시오.)

도선	측점수 (ΣN)	측정거리 (ΣS)	방위각(V)	종선좌표(m)	횡선좌표(m)
(1)	9	1.080	123° 50′ 10″	3258.55	6593.74
(2)	13	1.522	123° 50′ 05″	3258.63	6593.68
(3)	7	0.920	123° 49′ 50″	3258.57	6593.71
(4)	10	1.150	123° 49′ 48″	3258.61	6593.69

가. 평균방위각을 계산하시오.

나. 평균 종·횡선좌표를 계산하시오.

12회 출제예상문제 해설 및 정답

01 solution

좌표면적 및 경계점간 거리계산부

X_{n+1}	$-$	X_{n-1}		$(X_{n+1}-X_{n-1})$		Y_n		$Y_n(X_{n+1}-X_{n-1})$
2985.74	$-$	2971.07	$=$	14.67	$\times$	9508.52	$=$	139489.9884
2979.21	$-$	2984.50	$=$	-5.29	$\times$	9534.09	$=$	-50435.3361
2970.18	$-$	2985.74	$=$	-15.56	$\times$	9534.15	$=$	-148351.374
2971.07	$-$	2979.21	$=$	-8.14	$\times$	9532.93	$=$	-77598.0502
2984.50	$-$	2970.18	$=$	14.32	$\times$	9508.60	$=$	136163.152

-731.6199

Y_{n+1}	$-$	Y_{n-1}		$(Y_{n+1}-Y_{n-1})$		X_n		$X_n(Y_{n+1}-Y_{n-1})$
9534.09	$-$	9508.60	$=$	25.49	$\times$	2984.50	$=$	76074.905
9534.15	$-$	9508.52	$=$	25.63	$\times$	2985.74	$=$	76524.5162
9532.93	$-$	9534.09	$=$	-1.16	$\times$	2979.21	$=$	-3455.8836
9508.60	$-$	9834.15	$=$	-25.55	$\times$	2970.18	$=$	-75888.099
9508.52	$-$	9532.93	$=$	-24.41	$\times$	2971.07	$=$	-72523.8187

$+731.6199$

02 solution

사각망조정계산부

03 solution

가. $V_O{}^Q$ 방위각을 구하시오.

1. 수선장(E) $= \Delta y \cdot \cos \alpha - \Delta x \cdot \sin \alpha$

$\Delta x = 20.8$

$\Delta y = 43.06$

$E = 33.53\text{m}$

2. γ계산

$$\sin \gamma = \frac{E}{R}$$

$\gamma = 24° \ 31' \ 39''$

3. $V_O{}^Q$계산

$V_O{}^Q = V_P{}^Q \pm \gamma = 288° \ 43' \ 56'' + 24° \ 31' \ 39''$

$= 313° \ 15' \ 35''$

나. Q점의 좌표

$Q_x = O_x + (R \times \cos V_O{}^Q)$

$= 4567.89 + (80.77 \times \cos 313° \ 15' \ 35'')$

$= 4623.24\text{m}$

$Q_y = O_y + (R \times \sin V_O{}^Q)$

$= 3456.78 + (80.77 \times \sin 313° \ 15' \ 35'')$

$= 3397.96\text{m}$

04 solution

가. BP의 방위각

$V_B{}^P = V_B{}^C + \beta_1$

$V_B{}^P = 187° \ 03' \ 43'' + 50° \ 57' \ 5''$

$= 238° \ 0' \ 48''$

나. P점의 좌표

$$P_x = B_x + (\overline{BP} \times \cos V_B{}^P)$$
$$= 0 + (200 \times \cos 238° \ 0' \ 48'')$$
$$= -105.94$$

$$P_y = B_y + (\overline{BP} \times \sin V_B{}^P)$$
$$= 0 + (200 \times \sin 238° \ 0' \ 48'')$$
$$= -169.63$$

05 solution

가. 평균 방위각 계산

$$\frac{\left[\dfrac{\Sigma a}{\Sigma N}\right]}{\left[\dfrac{1}{\Sigma N}\right]} = \frac{\dfrac{70}{9} + \dfrac{65}{13} + \dfrac{50}{7} + \dfrac{48}{10}}{\dfrac{1}{9} + \dfrac{1}{13} + \dfrac{1}{7} + \dfrac{1}{10}} = 57.37$$

평균방위각 = 123° 49′ 57″

나. 평균 종선·횡선좌표 계산

종선좌표

$$\frac{\left[\dfrac{\Sigma x}{\Sigma S}\right]}{\left[\dfrac{1}{\Sigma S}\right]} = \frac{\dfrac{0.55}{1.080} + \dfrac{0.63}{1.522} + \dfrac{0.57}{0.920} + \dfrac{0.61}{1.150}}{\dfrac{1}{1.080} + \dfrac{1}{1.522} + \dfrac{1}{0.920} + \dfrac{1}{1.150}} = 0.5857$$
$$= 3258.59\text{m}$$

횡선좌표

$$\frac{\left[\dfrac{\Sigma y}{\Sigma S}\right]}{\left[\dfrac{1}{\Sigma S}\right]} = \frac{\dfrac{0.74}{1.080} + \dfrac{0.68}{1.522} + \dfrac{0.71}{0.920} + \dfrac{0.69}{1.150}}{\dfrac{1}{1.080} + \dfrac{1}{1.522} + \dfrac{1}{0.920} + \dfrac{1}{1.150}} = 0.71$$
$$= 6593.71\text{m}$$

13회 출제예상문제

Cadastral Surveying

이 문제는 수험자의 기억을 토대로 작성하였으므로 실제 문제와 일부 다를 수도 있습니다. 해설과 해답은 오류가 없도록 최선을 다하였으나 혹 미미한 부분은 계속 수정 보완하겠습니다.

01. 경계점 좌표가 아래와 같은 □ABCD에서 $\overline{AB}$를 3 : 2로 내분하는 점 P를 지나고, $\overline{AB}$에 수직이 되는 $\overline{PQ}$로 사변형을 분할하려고 한다. 아래 물음에 답하시오(단, 각은 초 아래 첫째자리, 거리는 소수점 이하 5자리까지 계산하여 좌표는 0.01m 단위, 면적은 0.01m² 단위로 결정한다.)

〈경계점 좌표〉

점명	X좌표(m)	Y좌표(m)
A	526.26	137.48
B	551.76	171.48
C	572.47	163.69
D	546.26	137.48

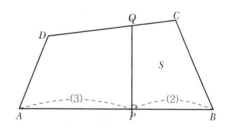

가. P점의 좌표를 구하시오.
계산과정)

답 : X = _____ , Y = _____

나. Q점의 좌표를 구하시오.
계산과정)

답 : X = _____ , Y = _____

다. □PBCQ의 면적을 구하시오.
계산과정)

답 : _____

02. 그림과 같이 수평각을 편심관측한 관측성과가 아래와 같을 때 다음 물음에 답하시오.(단, 각은 반올림하여 0.1초 단위까지 구하시오.)

시준거리	$\overline{OP_1}$	3456.78m
	$\overline{OP_2}$	2345.67m
	$\overline{O'P_2}$	2343.25m
편심거리	K_1	3.25m
	K_2	2.18m
관측방향각	α'	72° 31′ 24.3″
	θ	302° 36′ 45.5″

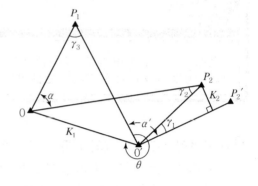

가. 귀심각 γ_1을 구하시오.

계산과정)

답 : _____

나. 귀심각 γ_2을 구하시오.

계산과정)

답 : _____

다. 귀심각 γ_3을 구하시오.

계산과정)

답 : _____

라. 측점 O에서 P_1 및 P_2에 대한 수평각 $\alpha(\angle P_1OP_2)$를 구하시오.

계산과정)

답 : _____

03. 지적삼각측량 삽입망으로 구성하여 내각을 관측한 결과가 다음과 같을 때, 주어진 서식을 이용하여 P_1과 P_2의 좌표를 계산하시오.(단, 계산방법과 서식의 작성은 지적관련법규 및 규정에 따른다.)

1) 기지점

점명	종선좌표(m)	횡선좌표(m)
A	4591.97	4428.53
B	7819.63	4755.27
C	11216.59	4692.90

2) 망도

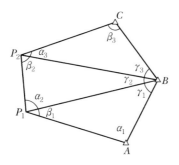

3) 관측내각

점명	각명	관측각	점명	각명	관측각	점명	각명	관측각
A	α_1	60° 12′ 29.2″	P_1	α_2	64° 42′ 21.3″	P_2	α_3	60° 30′ 28.2″
P_1	β_1	65° 18′ 45.8″	P_2	β_2	55° 21′ 58.0″	C	β_3	60° 43′ 41.6″
B	γ_1	54° 28′ 37.9″	B	γ_2	59° 55′ 44.1″	B	γ_3	58° 45′ 45.7″

※ 서식은 다음 페이지에 계속됩니다.

04. 다음 그림과 같은 사각형 ABCD의 면적을 계산하시오.(단, $\overline{AD}=52\text{m}$, $\overline{BD}=84\text{m}$, $\overline{CD}=95\text{m}$ 이며, 결정면적은 0.1m^2 단위까지 계산하시오.)

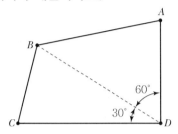

계산과정)

답 : ＿＿＿＿＿＿＿

05. 기지점 기2와 기3에서 기평3의 표고를 관측한 결과가 아래와 같을 때, 주어진 서식을 이용하여 기평3의 표고를 계산하시오.(단, 계산방법과 서식의 작성은 지적관련법규에 따른다.)

〈관측성과〉

	기2 → 기평3	기3 → 기평3
L	4035.26m	3911.46m
a_1	+3° 07′ 54″	−2° 59′ 50″
a_2	−3° 08′ 16″	+3° 00′ 12″
i_1	1.57m	1.59m
i_2	1.63m	1.61m
f_1	2.48m	3.06m
f_2	3.02m	3.12m
H_1	143.81m	569.47m

표고계산부

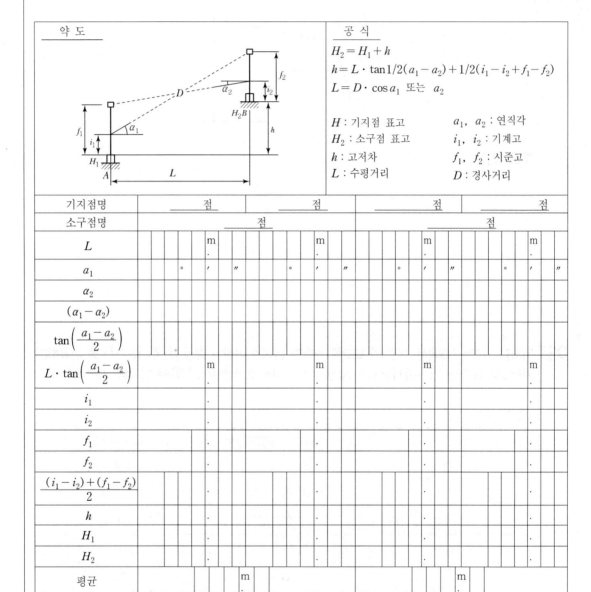

13회 출제예상문제 해설 및 정답

01 solution

가. P점 좌표

(1) 방위각 계산

$$V_a{}^b = \tan^{-1}\left(\frac{34}{25.5}\right) = 53°\ 7'\ 48''$$

(2) 거리계산

$$\overline{AB} = \sqrt{(551.76 - 526.26)^2 + (171.48 - 137.48)^2} = 42.5\text{m}$$

$$\overline{AP} = \frac{3 \times 42.5}{5} = 25.5 \qquad \overline{AB}:\overline{AP} = 5:3$$

(3) P점 좌표계산

$$P_x = A_x + \overline{AP} \cdot \cos V_a{}^b = 526.26 + (25.5 \times \cos 53°\ 7'\ 48'') = 541.56$$

$$P_y = A_y + \overline{AP} \cdot \sin V_a{}^b = 137.48 + (25.5 \times \sin 53°\ 7'\ 48'') = 157.88$$

※ $V_a{}^b$ 방위각은 $V_a{}^P$ 방위각과 같다.

나. Q점의 좌표

(1) $\overline{DQ}$거리 계산(교차점 계산)

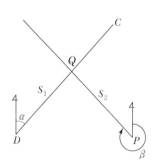

$$S_1 = \frac{\Delta Y_D{}^P \cdot \cos \beta - \Delta X_D{}^P \cdot \sin \beta}{\sin(\alpha - \beta)}$$

$$\Delta X_D{}^P = 541.56 - 546.26 = -4.7\text{m}$$

$$\Delta Y_D{}^P = 157.88 - 137.48 = 20.4\text{m}$$

$$\alpha = V_D{}^C = 45°\ 0'\ 0''$$

$$\beta = V_P{}^Q = V_a{}^b - 90° = 323°\ 7'\ 48.4''$$

$$S_1(\overline{DQ}) = \frac{20.4 \times \cos 323°\ 7'\ 48.4'' - (-4.7 \times \sin 323°\ 7'\ 48.4'')}{\sin 81°\ 52'\ 11.6''} = 13.63706\text{m}$$

$$S_2(\overline{PQ}) = \frac{20.4 \times \cos 45° - (-4.7 \times \sin 45°)}{\sin 81°\ 52'\ 11.6''} = 17.92857\text{m}$$

(2) Q점 좌표계산

① D점에서 계산

$$Q_x = D_x + \overline{DQ} \cdot \cos V_D{}^C = 555.90\text{m}$$

$$Q_y = D_y + \overline{DQ} \cdot \sin V_D{}^C = 147.12\text{m}$$

② P점에서 계산

$$Q_x = P_x + \overline{PQ} \cdot \cos V_P{}^Q = 555.90\text{m}$$

$$Q_y = P_y + \overline{PQ} \cdot \sin V_P{}^Q = 147.12\text{m}$$

다. □PBCQ의 면적을 구하시오.

$$F = \frac{1}{2} \sum_{i=1}^{n} \times x_i (Y_{i+1} - Y_{i-1})$$

$$= \frac{1}{2} \{541.56 \times (171.48 - 147.12) + (551.76 \times (163.69 - 157.88) +$$

$$572.47 \times (147.12 - 171.48) + 555.90 \times (157.88 - 163.69)\}$$

$$= 388.51\text{m}^2$$

02 solution

가. 귀심각 γ_1

$$\frac{K_2}{\sin \gamma_1} = \frac{2343.25}{\sin 90}$$

$$\sin \gamma_1 = \frac{\sin 90 \times 2.18}{2343.25}$$

$$\gamma_1 = \sin^{-1}\left(\frac{2.18}{2343.25}\right)$$

$$\gamma_1 = 0° \ 3' \ 11.9''$$

나. 귀심각 γ_2

$$\frac{K}{\sin \gamma_2} = \frac{2345.67}{\sin\{(360 - \theta) + \alpha' - \gamma_1\}}$$

$$\gamma_2 = \sin^{-1}\left(\frac{3.25 \times \sin 129° \ 51' \ 26.9''}{2345.67}\right)$$

$$\gamma_2 = 0° \ 3' \ 39.4''$$

다. 귀심각 γ_3

$$\frac{3.25}{\sin \gamma_3} = \frac{3456.78}{\sin(360 - \theta)}$$

$$\gamma_3 = \sin^{-1}\left(\frac{3.25 \times \sin 57° \ 23' \ 14.5''}{3456.78}\right)$$

$$\gamma_3 = 0° \ 2' \ 43.4''$$

라. 수평각 α

$$\alpha + \gamma_3 = (\alpha' - \gamma_1) + \gamma_2$$

$$\alpha = (\alpha' - \gamma_1) + \gamma_2 - \gamma_3$$

$$= (72°\ 31'\ 24.3'' - 0°\ 3'\ 11.9'') + 0°\ 3'\ 39.4'' - 0°\ 2'\ 43.4''$$

$$= 72°\ 29'\ 8.4''$$

03 solution

유심다각망, 삽입망 조정 계산부

04
solution

사각형 ABCD의 면적 계산

$$\triangle ABD = \frac{1}{2} \times BD \times AD \times \sin 60 = 1891.40$$

$$\triangle BCD = \frac{1}{2} \times BD \times CD \times \sin 30 = 1995.00$$

$$\triangle ABD + \triangle BCD = 3886.4 \text{m}^2$$

05 solution 표고계산부

약 도

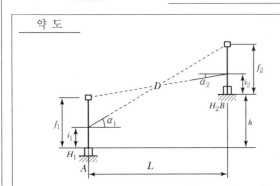

공 식

$$H_2 = H_1 + h$$
$$h = L \cdot \tan(a_1 - a_2)/2 + (i_1 - i_2 + f_1 - f_2)/2$$
$$L = D \cdot \cos a_1 \text{ 또는 } a_2$$

H_1 : 기지점 표고 a_1, a_2 : 연직각
H_2 : 소구점 표고 i_1, i_2 : 기계고
h : 고저차 f_1, f_2 : 시준고
L : 수평거리 D : 경사거리

기지점명	기 2 점	기 3 점	점	점
소구점명	기평 3 점		점	
L	4035.26 m	3911.46 m	m.	m.
a_1	3° 07′ 54″	−2° 59′ 50″	° ′ ″	° ′ ″
a_2	−3 08 16	3 00 12		
$(a_1 - a_2)$	6 16 10	−6 00 02		
$\tan\left(\dfrac{a_1 - a_2}{2}\right)$	0.054766	−0.052413		
$L \cdot \tan\left(\dfrac{a_1 - a_2}{2}\right)$	221.00 m	−205.01 m	m.	m.
i_1	1.57	1.59		
i_2	1.63	1.61		
f_1	2.48	3.06		
f_2	3.02	3.12		
$\dfrac{(i_1 - i_2) + (f_1 - f_2)}{2}$	−0.30	−0.04		
h	220.70	−205.05		
H_1	143.81	569.47		
H_2	364.51	364.42		
평균	364.46 m		m.	
교차	0.09 m		m.	
공차	±0.44 m		m.	
평균		검 사 자		

14회 출제예상문제

Cadastral Surveying

이 문제는 수험자의 기억을 토대로 작성하였으므로 실제 문제와 일부 다를 수도 있습니다. 해설과 해답은 오류가 없도록 최선을 다하였으나 혹 미미한 부분은 계속 수정 보완하겠습니다.

01. 지적삼각점측량을 삽입망으로 구성하여 내각을 관측한 결과가 아래와 같을 때, 주어진 서식을 완성하시오.(단, 계산방법과 서식의 작성은 지적 관련 법규 및 규정에 따른다.)

1) 기지좌표

점명	X좌표(m)	Y좌표(m)
A	424245.57	241105.81
B	424428.60	243208.68
C	425137.78	241485.26

3) 약도

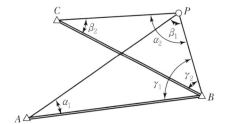

2) 관측내각

점명	각명	관측각	점명	각명	관측각
A	α_1	33° 04′ 31.8″	P	α_2	92° 15′ 11.7″
P	β_1	72° 15′ 53.5″	C	β_2	40° 25′ 32.5″
B	γ_1	74° 39′ 23.5″	B	γ_2	47° 19′ 08.8″

02. 아래 그림과 같은 토지에서 $\overline{AB}$ 상의 점 P와 점 D를 연결하는 $\overline{PD}$로 이 토지를 분할하여 □APDE의 면적이 400m²가 되게 하고자 할 때 아래 물음에 답하시오.(단, $\overline{AE}$ = 20m, $\overline{ED}$ = 15m, $\overline{AD}$ = 25m, ∠BAE = 116° 52′ 11.6″, ∠AED = 90°이고, 계산은 반올림하여 거리는 0.01m 단위, 각은 0.1″ 단위까지 구하시오.)

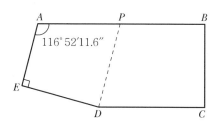

가. ∠BAD의 크기를 구하시오.

나. $\overline{AP}$의 길이를 구하시오.

03. 관측하여 아래와 같은 각 조건식과 변 조건식을 구하였다. 이 삼각망의 수평각 정밀조정계산에 필요한 상관방정식과 표준방정식을 완성하시오.

1) 각 조건식

I $\alpha_1 + \beta_1 + \gamma_1 + 4.8 = 0$

II $\alpha_2 + \beta_2 + \gamma_2 - 6.1 = 0$

III $\alpha_1 - \beta_3 - 1.6 = 0$

IV $\alpha_2 - \beta_1 + 2.8 = 0$

V $\alpha_3 + \beta_2 + 1.3 = 0$

2) 변 조건식

VI $\quad 1.05\alpha_1 - 1.66\beta_1 + 2.02\alpha_2 - 1.15\beta_2 + 2.50\alpha_3 - 1.02\beta_3 + 1.28 = 0$

가. 상관방정식

순서 각명	Ⅰ	Ⅱ	Ⅲ	Ⅳ	Ⅴ	Ⅵ
α_1						
β_1						
γ_1						
α_2						
β_2						
γ_2						
α_3						
β_3						
γ_3						

나. 표준방정식

	Ⅰ	Ⅱ	Ⅲ	Ⅳ	Ⅴ	Ⅵ	Wn	$\sum n$
1								
2								
3								
4								
5								
6								

3) 삼각망

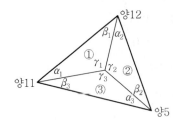

04. 측점 A에서 P의 방위각($V_A{}^P$)이 120° 30′ 45″일 때 D에서 Q의 방위각($V_D{}^Q$)을 계산하시오.(단, 방위각은 1초 단위까지 구한다.)

1) 약도

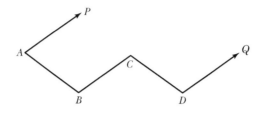

2) 관측내각

∠PAB = 45° 10′ 15″
∠ABC = 96° 34′ 55″
∠BCD = 261° 23′ 20″
∠CDQ = 93° 12′ 15″

05. 좌표와 방위각이 아래와 같을 때, 서식을 이용하여 교차점(P)의 좌표를 계산하시오.(단, 계산방법과 서식의 작성은 지적 관련 법규 및 규정에 따른다.)

점명	좌표		방위각	
	X(m)	Y(m)		
A	45 2037.53	18 2326.79	α	54° 18′ 36″
B	45 2776.51	18 2508.43	β	153° 18′ 36″

교차점계산부

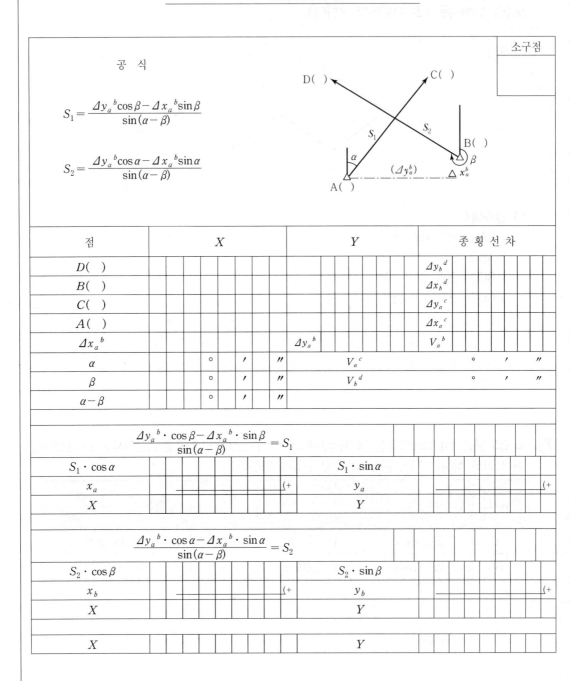

점	X				Y				종 횡 선 차			
$D(\ )$									$\Delta y_b{}^d$			
$B(\ )$									$\Delta x_b{}^d$			
$C(\ )$									$\Delta y_a{}^c$			
$A(\ )$									$\Delta x_a{}^c$			
$\Delta x_a{}^b$			$\Delta y_a{}^b$						$V_a{}^b$			
α	°	′	″		$V_a{}^c$				°	′	″	
β	°	′	″		$V_b{}^d$				°	′	″	
$\alpha-\beta$	°	′	″									

$\dfrac{\Delta y_a{}^b \cdot \cos\beta - \Delta x_a{}^b \cdot \sin\beta}{\sin(\alpha-\beta)} = S_1$											
$S_1 \cdot \cos\alpha$					$S_1 \cdot \sin\alpha$						
x_a			(+		y_a					(+	
X					Y						

$\dfrac{\Delta y_a{}^b \cdot \cos\alpha - \Delta x_a{}^b \cdot \sin\alpha}{\sin(\alpha-\beta)} = S_2$											
$S_2 \cdot \cos\beta$					$S_2 \cdot \sin\beta$						
x_b			(+		y_b					(+	
X					Y						
X					Y						

14회 출제예상문제 해설 및 정답

01 solution

삽입망 조정 계산부

02 solution

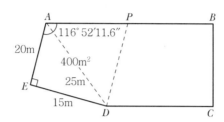

(계산은 반올림하여 거리는 0.01m 단위, 각은 0.1″)

가. ∠BAD의 크기 계산

$$\angle DAE = \cos^{-1}\left(\frac{b^2 + c^2 - a^2}{2bc}\right)$$

$$= \cos^{-1}\left(\frac{20^2 + 25^2 - 15^2}{2 \times 20 \times 25}\right)$$

$$= 36°52'11.6''$$

∴ ∠BAD = ∠BAE − ∠DAE

$$= 80°\ 00'\ 00''$$

나. $\overline{AP}$의 길이 계산

$$\triangle AED \ 면적 = \frac{1}{2} \times 20 \times 15 \times \sin 90°$$

$$= 150\text{m}^2$$

△DPA 면적 = □APDE − △AED

$$= 250\text{m}^2$$

$$\triangle DPA \ 면적 = \frac{1}{2} \times \overline{AD} \times \overline{AP} \times \angle BAD$$

$$= 250\text{m}^2 = \frac{1}{2} \times 25 \times \overline{AP} \times \sin 80°$$

∴ $\overline{AP} = 20.31\text{m}$

03 solution

가. 상관방정식

순서 / 각명	I	II	III	IV	V	VI
α_1	+1		+1			1.05
β_1	+1			−1		−1.66
γ_1	+1					
α_2		+1		+1		2.02
β_2		+1			+1	−1.15
γ_2		+1				
α_3					+1	+2.50
β_3			−1			−1.02
γ_3						

나. 표준방정식

	I	II	III	IV	V	VI	Wn	$\sum n$
1	3	0	1	1	0	−0.61	−4.8	−0.41
2		3	0	1	1	0.87	+6.1	11.97
3			2	0	0	2.07	+1.6	5.67
4				2	0	0.36	−2.8	−0.44
5					2	1.35	−1.3	2.05
6						−1.28		−1.28

04
solution

$$V_A{}^B = V_A{}^P + \angle A$$
$$= 120°30'45'' + 45°10'15''$$
$$= 165°41'0''$$

$$V_B{}^C = V_A{}^B + 180° + \angle B$$
$$= 82°15'55''$$

$$V_C{}^D = V_B{}^C + 180° + \angle C$$
$$= 163°39'15''$$

$$V_P{}^Q = V_C{}^D + 180° + \angle D$$
$$= 76°51'30''$$

05 solution   교차점계산부

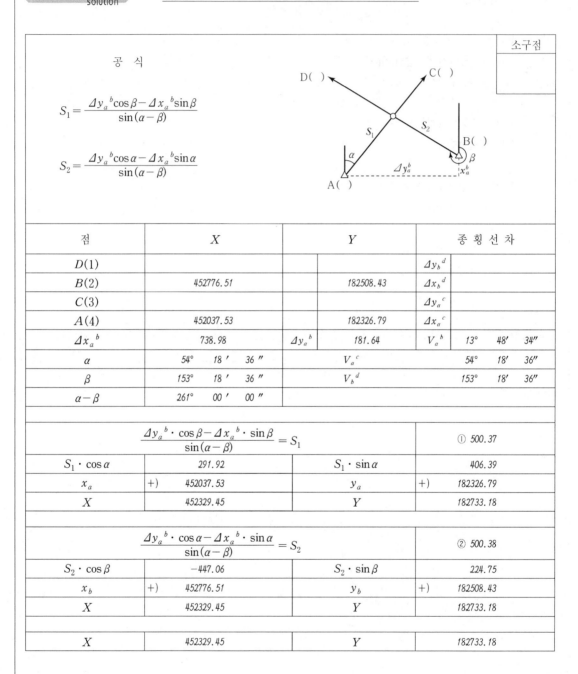

공 식

$$S_1 = \frac{\Delta y_a{}^b \cos\beta - \Delta x_a{}^b \sin\beta}{\sin(\alpha-\beta)}$$

$$S_2 = \frac{\Delta y_a{}^b \cos\alpha - \Delta x_a{}^b \sin\alpha}{\sin(\alpha-\beta)}$$

소구점

점	X	Y	종 횡 선 차		
$D(1)$			$\Delta y_b{}^d$		
$B(2)$	452776.51	182508.43	$\Delta x_b{}^d$		
$C(3)$			$\Delta y_a{}^c$		
$A(4)$	452037.53	182326.79	$\Delta x_a{}^c$		
$\Delta x_a{}^b$	738.98	$\Delta y_a{}^b$ 181.64	$V_a{}^b$	13° 48′ 34″	
α	54° 18′ 36″	$V_a{}^c$		54° 18′ 36″	
β	153° 18′ 36″	$V_b{}^d$		153° 18′ 36″	
$\alpha-\beta$	261° 00′ 00″				

$\dfrac{\Delta y_a{}^b \cdot \cos\beta - \Delta x_a{}^b \cdot \sin\beta}{\sin(\alpha-\beta)} = S_1$			① 500.37	
$S_1 \cdot \cos\alpha$	291.92	$S_1 \cdot \sin\alpha$	406.39	
x_a	+) 452037.53	y_a	+) 182326.79	
X	452329.45	Y	182733.18	

$\dfrac{\Delta y_a{}^b \cdot \cos\alpha - \Delta x_a{}^b \cdot \sin\alpha}{\sin(\alpha-\beta)} = S_2$			② 500.38	
$S_2 \cdot \cos\beta$	−447.06	$S_2 \cdot \sin\beta$	224.75	
x_b	+) 452776.51	y_b	+) 182508.43	
X	452329.45	Y	182733.18	

X	452329.45	Y	182733.18

15회 출제예상문제

Cadastral Surveying

이 문제는 수험자의 기억을 토대로 작성하였으므로 실제 문제와 일부 다를 수도 있습니다. 해설과 해답은 오류가 없도록 최선을 다하였으나 혹 미미한 부분은 계속 수정 보완하겠습니다.

01. 지적삼각보조점을 설치하기 위해 측량을 실시한 결과가 아래와 같을 때, 주어진 서식을 완성하고 보1의 좌표를 구하시오.(단, 거리는 cm 단위, 각은 0.1″ 단위까지 계산하며 기타 계산 및 서식 작성 방법은 지적 관련 법규 및 규정에 따른다.

[좌표]

점명	X좌표(m)	Y좌표(m)
지적 1	45 0159.88	20 0044.42
지적 2	42 3166.70	19 9274.72
지적 3	42 2760.52	19 6919.01

[약도]

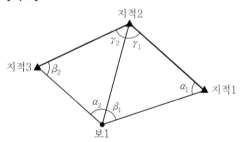

[관측각]

각명	관측각	각명	관측각
α_1	60° 37′ 18.0″	α_2	54° 59′ 09.3″
β_1	79° 10′ 50.9″	β_2	70° 37′ 50.3″
γ_1	40° 11′ 48.0″	γ_2	54° 22′ 56.0″

02. 아래 그림의 □ABCD에서 경계점 좌표가 $\overline{AB}$를 4 : 3으로 내분($\overline{AP} \cdot \overline{PB} = 4 : 3$)하는 점 P를 지나고, $\overline{AB}$에 수직이 되는 $\overline{PQ}$로 이 사변형을 분할하고자 할 때 아래 물음에 답하시오.(단, 각도는 0.1초, 거리는 소수 둘째자리까지 구하여 답하고, 기타의 계산 방법은 지적 관련 법규 및 규정에 따른다.)

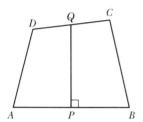

점명	X좌표(m)	Y좌표(m)
A	426.26	237.48
B	451.76	271.48
C	472.47	263.69
D	446.26	237.48

가. P점의 좌표를 구하시오.

나. Q점의 좌표를 구하시오.

다. □PBCQ의 면적을 구하시오.

03. 지적도근점측량을 X형의 교점다각망으로 구성하여 산출한 관측 방위각과 교점에 대한 계산좌표가 아래와 같을 때, 평균방위각과 평균 종·횡선좌표를 구하시오.

	경중률		관측방위각	계산좌표	
	ΣN	ΣS		X좌표(m)	Y좌표(m)
(1)	18	1.488	116° 50′ 10″	4138.55	7593.69
(2)	7	0.950	116° 49′ 48″	4138.61	7593.74
(3)	20	1.522	116° 50′ 05″	4138.57	7593.68
(4)	13	1.080	116° 49′ 50″	4138.63	7593.71

가. 평균방위각

나. 평균종선좌표

다. 평균횡선좌표

04. 다음 물음에 답하시오.(단, 거리는 cm 단위, 방위각 오차는 초 단위까지 구한다.)

가. 경사거리(D)가 456.78m이고, 연직각(α)이 −2° 10′ 26″일 때, 수평거리(L)를 구하시오.

나. 지적삼각점의 좌표가 X = 485678.90m, Y = 196543.21m일 때 원점으로부터 지적삼각점까지의 횡선거리를 구하시오.

다. 지적삼각점측량의 삼각쇄망 계산에서 기지방위각이 145° 53′ 24″이고 산출방위각이 145° 53′ 36″일 때 방위각오차(q)를 구하시오.

05. 아래의 조건을 바탕으로 다음 물음에 답하시오.(단, O는 원의 중심, R은 원의 반지름으로 50.40m 이고, $a = V_A{}^B = 215°\ 30′\ 30″$ 이다.)

[기지점좌표]

점명	X좌표(m)	Y좌표(m)
O	450.31	350.51
A	430.21	310.31

[약도]

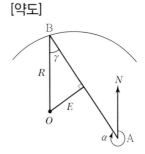

가. E의 길이(단위 cm)를 구하시오.

나. OB의 방위각($V_O{}^B$, 0.1초 단위)을 구하시오.

다. 원과 직선의 교차점인 점 B의 좌표(cm 단위)를 구하시오.

15회 출제예상문제 해설 및 정답

01 solution

조정계산부(진수)

02 solution

가. P점의 좌표

$$P_x = A_x + (\overline{AP} \times \cos V_A^{\ B})$$

$$= 426.26 + (24.29 \times \cos 53°07'48.4'')$$

$$= 440.83\text{m}$$

$$P_y = A_y + (\overline{AP} \times \sin V_A^{\ B})$$

$$= 237.48 + (24.29 \times \sin 53°07'48.4'')$$

$$= 256.91\text{m}$$

나. Q점의 좌표

$$Q_X = D_x + (\overline{DQ} \times \cos V_D^{\ Q})$$

$$= 446.26 + (12.41 \times \cos 45°)$$

$$= 455.04$$

$$Q_y = D_y + (\overline{DQ} \times \sin V_D^{\ Q})$$

$$= 237.48 + (12.41 \times \sin 45°)$$

$$= 246.26$$

$$\therefore \ S_1(\overline{DQ}) = \frac{(19.43 \times \cos 323°07'48.4'') - (-5.43 \times \sin 323°07'48.4'')}{\sin(45° - 323°07'48.4'')}$$

$$\overline{DQ} = 12.41\text{m}$$

다. □PBCQ의 면적

$$F = \frac{1}{2} \sum_{i=1}^{n} \times X_i(Y_{i+1} - Y_{i-1})$$

$$= \frac{1}{2} \times [440.83(271.48 - 246.26) + 451.76(263.69 - 256.91) + 472.47(246.26 - 271.48)$$

$$+ 455.04(256.91 - 263.69)]$$

$$= 410.10\text{m}^2$$

03 solution

가. 평균방위각

$$\frac{\dfrac{70}{18}+\dfrac{48}{7}+\dfrac{65}{20}+\dfrac{50}{13}}{\dfrac{1}{18}+\dfrac{1}{7}+\dfrac{1}{20}+\dfrac{1}{13}}=55''$$

$$\therefore 116°49'55''$$

나. 평균종선좌표

$$\frac{\dfrac{0.55}{1.488}+\dfrac{0.61}{0.950}+\dfrac{0.57}{1.522}+\dfrac{0.63}{1.080}}{\dfrac{1}{1.488}+\dfrac{1}{0.950}+\dfrac{1}{1.522}+\dfrac{1}{1.080}}=0.60\text{m}$$

$$\therefore 4138.60\text{m}$$

다. 평균횡선좌표

$$\frac{\dfrac{0.69}{1.488}+\dfrac{0.74}{0.950}+\dfrac{0.68}{1.522}+\dfrac{0.71}{1.080}}{\dfrac{1}{1.488}+\dfrac{1}{0.950}+\dfrac{1}{1.522}+\dfrac{1}{1.080}}=0.71\text{m}$$

$$\therefore 7593.71\text{m}$$

04 solution

가. 수평거리

$$L=D\times\cos\alpha$$
$$=456.78\times\cos-2°10'26''$$
$$=456.45\text{m}$$

나. 횡선거리

$$\text{황선거리}=200000-196543.21$$
$$=3456.79\text{m}$$

다. 방위각오차

$$q=\text{산출방위각}-\text{기지방위각}$$
$$=145°53'36''-145°53'24''$$
$$=0°0'12''$$

05 solution

가. E의 길이

$$\triangle Y \cdot \cos \alpha - \triangle X \cdot \sin \alpha$$

$$\triangle X = -20.1$$

$$\triangle Y = -40.2$$

$$E = -40.2 \times \cos 215°30'30'' + 20.1 \times \sin 215°30'30''$$

$$= 21.05m$$

나. OB의 방위각

$$V_O{}^B = \alpha \pm \gamma$$

$$= 215°30'30'' + 24°41'12.7''$$

$$= 240°11'42.7''$$

다. B의 좌표

$$B_x = O_x + (\overline{OB} \cos V_O{}^B)$$

$$= 450.31 + (50.40 \times \cos 240°11'42.7'')$$

$$= 425.26m$$

$$B_y = O_y + (\overline{OB} \times \sin V_O{}^B)$$

$$= 350.51 + (50.40 \times \sin 240°11'42.7'')$$

$$= 306.78m$$

16회 출제예상문제

Cadastral Surveying

이 문제는 수험자의 기억을 토대로 작성하였으므로 실제 문제와 일부 다를 수도 있습니다. 해설과 해답은 오류가 없도록 최선을 다하였으나 혹 미미한 부분은 계속 수정 보완하겠습니다.

01. 아래 그림에서 □APQB의 면적은 4,500m², ∠PQB=90°가 되도록 □ABCD를 $\overline{PQ}$로 분할하고자 할 때 P점과 Q점의 좌표를 구하시오.(단, $\overline{AD}//\overline{BC}$이고, 각은 0.1초 단위까지, 거리 및 좌표는 cm 단위까지 구한다.)

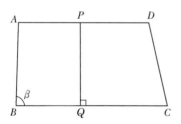

점명	부호	X좌표(m)	Y좌표(m)
1	A	838.99	461.57
2	B	792.05	445.14
3	C	797.65	645.06
4	D	844.03	641.50

02. 다음 교점다각망 A형의 최소조건식수를 계산하고, 화살표로 표시된 도선의 관측방향을 기준으로 조건식을 작성하시오.

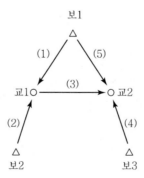

03. 다음의 그림과 아래 조건을 바탕으로 가구점 O, P, Q점의 좌표를 구하시오.(단, 5사5입하여 거리는 cm 단위, 각은 초 단위까지 구하시오.)

1) $A_X = 455715.83$m, $A_Y = 194632.65$m

2) AB방위각(V_a^b)=114° 43′ 20″

3) AC방위각(V_a^c)=46° 58′ 40″

4) $L_1 = 30$m, $L_2 = 20$m

5) $\overline{PQ} = 15$m

6) $\overline{OP} = \overline{OQ}$

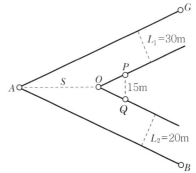

04. 두 점의 평면직교좌표가 아래와 같을 때 다음 요구사항을 구하시오.(단, 각은 0.1초, 거리는 cm 단위까지 계산한다.)

점명	X좌표(m)	Y좌표(m)
A	−300.23	200.18
B	700.15	−100.01

가. 두 점 사이의 거리를 구하시오.

나. 방위각(V_a^b)을 구하시오.

05. 지적삼각점 경기11과 경기2를 설치하고자 관측한 아래 성과를 바탕으로 주어진 서식을 완성하고 경기11과 경기2의 좌표를 결정하시오.(단, 계산방법 및 서식의 작성은 지적 관련 법규 및 규정에 따른다.)

• 좌표

점명	X좌표(m)	Y좌표(m)
공덕1	3081.36	7779.45
공덕2	3738.38	9587.49

• 내각 관측 성과

구분	관측각	구분	관측각
α_1	42° 19′ 08.5″	β_1	44° 52′ 02.4″
α_2	69° 04′ 20.6″	β_2	39° 37′ 47.5″
α_3	29° 25′ 52.3″	β_3	75° 12′ 13.7″
α_4	38° 44′ 07.0″	β_4	23° 44′ 39.0″

• 망도

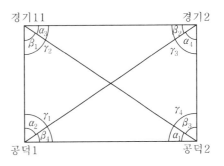

16회 출제예상문제 해설 및 정답

01 solution

① $L(\overline{AB})$ 길이 $\overline{AB} = \sqrt{\Delta X^2 + \Delta Y^2} = 49.73\text{m}$

$L = 49.73\text{m}$

② $\alpha = V_a^b - V_a^d = 199° \ 17' \ 28.1'' - 88° \ 23' \ 43.8'' = 110° \ 53' \ 44.3''$

$\beta = V_b^c - V_b^a = 88° \ 23' \ 43.8'' - 19° \ 17' \ 28.1'' = 69° \ 06' \ 15.7''$

③ $M = \dfrac{F}{L \cdot \sin\beta} - \dfrac{L \cdot \cos\beta}{2} = \dfrac{4,500}{49.73 \times \sin 69° \ 06' \ 15.7''} - \dfrac{49.73 \times \sin 69° \ 06' \ 15.7''}{2}$

$= 87.99\text{m}$

$N = \dfrac{F}{L \cdot \sin\beta} - \dfrac{L \cdot \cos\beta}{2} = \dfrac{4,500}{49.73 \times \sin 69° \ 06' \ 15.7''} + \dfrac{49.73 \times \sin 69° \ 06' \ 15.7''}{2}$

$= 105.73\text{m}$

④ P의 좌표

$P_x = A_x + (M \times \cos V_A^D)$

$= 839.99 + (87.99 \times \cos 88° \ 23' \ 43.9'')$

$= 841.45\text{m}$

$P_y = A_y + (M \times \sin V_A^D)$

$= 461.57 + (87.99 \times \sin 88° \ 23' \ 43.9'')$

$= 549.53\text{m}$

⑤ Q의 좌표

$Q_x = B_x + (M \times \cos V_B^C)$

$= 792.05 + (105.73 \times \cos 88° \ 23' \ 43.8'')$

$= 795.01\text{m}$

$Q_y = B_y + (N \times \sin V_B^C)$

$= 445.14 + (105.73 \times \sin 88° \ 23' \ 43.8'')$

$= 550.83\text{m}$

02 solution

① 최소조건식 수＝도선수－교점수

$$= 5 - 2$$
$$= 3$$

② 조건식

Ⅰ : $(1) - (2) + w_1 = 0$

Ⅱ : $(2) + (3) - (4) + w_2 = 0$

Ⅲ : $(4) - (5) + w_3 = 0$

03 solution

① $\theta = 114° \ 43' \ 20'' - 46° \ 58' \ 40'' = 67° \ 44' \ 40''$

② $AM' = AM + MM'$

$$AM(ON) = \frac{20}{\sin 67° \ 44' \ 40''} = 21.61 m$$

$$MM' = \frac{30}{\tan 67° \ 44' \ 40''} = 12.28 m$$

$$AM' = 21.61 + 12.28 = 33.89 m$$

③ S의 길이

$$S = \sqrt{AM'^2 + L_1^2} = 45.26 m$$

④ V_A^o의 방위각

$$V_A^o = V_A^c + \angle CAO = 46° \ 58' \ 40'' + 41° \ 30' \ 57'' = 88° \ 29' \ 37''$$

⑤ O점의 좌표

$$O_x = A_x + (\overline{AO} \times \cos V_A^o) = 455715.83 + (45.26 \times \cos 88° \ 29' \ 37'') = 455717.02 m$$

$$O_y = A_y + (\overline{AO} \times \sin V_A^o) = 194632.65 + (45.26 \times \sin 88° \ 29' \ 37'') = 194677.89 m$$

⑥ $\overline{OP}$와 $\overline{OQ}$의 거리

$$\sin \frac{\theta}{2} = \frac{7.5}{OP} \qquad \overline{OP}(\overline{OQ}) = \frac{7.5}{\sin \dfrac{67° \ 44' \ 40''}{2}} = 13.46 m$$

⑦ P의 좌표

$$P_x = O_x + (\overline{OP} \times \cos V_A^c) = 455717.02 + (13.46 \times \cos 46° \ 58' \ 40'') = 455726.20m$$

$$P_y = O_y + (\overline{OP} \times \sin V_A^c) = 194677.89 + (13.46 \times \sin 46° \ 58' \ 40'') = 194687.73m$$

⑧ Q의 좌표

$$Q_x = O_x + (\overline{OQ} \times \cos V_A^B) = 455717.02 + (13.46 \times \cos 114° \ 43' \ 20'') = 455711.39m$$

$$Q_y = O_y + (\overline{OQ} \times \sin V_A^B) = 494677.89 + (13.46 \times \sin 114° \ 43' \ 20'') = 194690.12m$$

04 solution

① $\overline{AB}$의 거리

$$\overline{AB} = \sqrt{\Delta X^2 + \Delta Y^2}$$
$$= \sqrt{700.38^2 + 300.19^2}$$
$$= 762.00m$$

② 방위각

$$\theta = \tan^{-1}\left(\frac{\Delta Y}{\Delta X}\right) = \tan^{-1}\left(\frac{300.19}{700.38}\right) = 23° \ 12' \ 1.7''$$

$$V_A^B = 360 - \theta = 336° \ 47' \ 58.3''$$

17회 출제예상문제

Cadastral Surveying

이 문제는 수험자의 기억을 토대로 작성하였으므로 실제 문제와 일부 다를 수도 있습니다. 해설과 해답은 오류가 없도록 최선을 다하였으나 혹 미미한 부분은 계속 수정 보완하겠습니다.

01. 다음 그림과 같이 점 A, B, C, D, E로 된 폐합다각형의 면적을 계산하시오.(단, 좌표값은 아래와 같으며, 축척은 1/1,200이다.)

점명	좌표	
	종선좌표(m)	횡선좌표(m)
A	5319.00	540.00
B	5377.00	558.00
C	5454.00	530.00
D	5435.00	5208.00
E	5415.00	5198.00

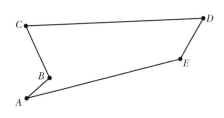

02. 지적삼각점측량을 삽입망으로 구성하여 나각을 관측한 결과가 아래와 같을 때, 주어진 서식을 완성하시오.(단, 계산방법과 서식의 작성은 지적 관련 법규 및 규정에 따른다.)

1) 기지좌표

점명	종선좌표(m)	횡선좌표(m)
A	424245.57	241105.81
B	424428.60	243208.68
C	425137.78	241485.26

3) 약도

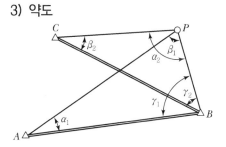

2) 관측내각

점명	각명	관측각	점명	각명	관측각
A	α_1	33° 04′ 31.8″	P	α_2	92° 15′ 11.7″
B	β_1	72° 15′ 53.5″	C	β_2	40° 25′ 32.5″
C	γ_1	74° 39′ 23.5″	B	γ_2	47° 19′ 08.8″

03. 경계점좌표등록부 시행지역에서 아래의 조건에 따라 면적지정분할을 하고자 한다. 다음 물음에 답하시오.(단, 각은 0.1초, 거리는 0.1mm, 좌표는 1cm 단위까지 구하시오.)

• 조건 : $\overline{AD}//\overline{BC}$, $\overline{AB}//\overline{PQ}$, 지정면적(F) = 500m²

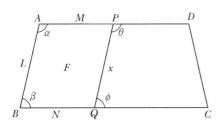

점명	종선좌표(m)	횡선좌표(m)
A	4267.64	2950.08
B	4226.36	2975.03
C	4264.97	3047.47
D	4306.25	3022.52

가. AB의 방위각(V_A^B)과 거리(L)을 구하시오.

나. BC의 방위각(V_B^C)을 구하시오.

다. $\angle \beta$와 $\overline{AP}$의 거리(M)를 구하시오.

라. P점의 좌표를 구하시오.

마. Q점의 좌표를 구하시오.

04. 다음과 같은 평면직각좌표에서 두 점 사이의 거리와 방위각(V_a^b)을 계산하시오.(단, 각은 0.1초, 거리는 0.01m 단위까지 구한다.)

점명	종선좌표(m)	횡선좌표(m)
A	−300.23	200.18
B	400.15	−100.01

가. 점 A, B 사이의 거리를 구하시오.

나. 방위각(V_a^b)을 구하시오.

05. 그림과 같이 수평각을 편심관측한 관측 성과가 아래와 같을 때 다음 물음에 답하시오.(단, 각은 반올림하여 0.1초 단위까지 구하시오.)

• 관측성과

시준거리	$\overline{OP_1}$	3456.78m
	$\overline{OP_2}$	2345.67m
	$\overline{O'P_2}$	2343.25m
편심거리	K_1	3.25m
	K_2	2.18m
관측방향각	α'	78° 31′ 24.3″
	θ	302° 36′ 45.5″

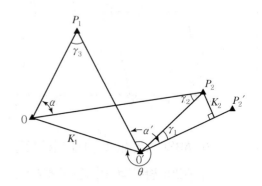

가. 귀심각 γ_1을 구하시오.

나. 귀심각 γ_2을 구하시오.

다. 귀심각 γ_3을 구하시오.

라. 측점 O에서 P_1 및 P_2에 대한 수평각 $\alpha(\angle P_1\,OP_2)$를 구하시오.

17회 출제예상문제 해설 및 정답

01 solution

공식 : $\frac{1}{2} \sum_{i=1}^{n} X_i (Y_{i+1} - Y_{i-1})$ or $\frac{1}{2} \sum_{i=1}^{n} Y_i (X_{i+1} - X_{i-1})$

$F = \frac{1}{2}\{5,319(558-5,198)+5,377(530-540)+5,454(5,208-558)$

$\qquad +5,435(5,198-530)+5,415(540-5,208)\}$

$\qquad = \frac{1}{2}(720,530) = 360,265$

$F = 360,265.0\text{m}^2$

02
solution

삽입망 조정 계산부

03 solution

공식 : $M = N = \dfrac{F}{L \times \sin \beta}$

가. AB의 방위각(V_A^B) 및 거리(L) 계산

$V_a^b = \tan^{-1}\left(\dfrac{\Delta Y}{\Delta X}\right) = 148° \ 51' \ 3.1''$

거리(L) $= \sqrt{(\Delta X^2) + (\Delta Y^2)} = 48.2342\mathrm{m}$

나. BC의 방위각(V_B^C)

$V_b^c = \tan^{-1}\left(\dfrac{\Delta y}{\Delta x}\right) = 61° \ 56' \ 33.7''$

다. $\angle \beta$와 $\overline{\mathrm{AP}}$의 거리(M)

$\beta = V_b^c - V_b^a = 93° \ 5' \ 30.6''$

$M = \dfrac{500}{48.2342 \times \sin 93° 5' 30.6''} = 10.3812\mathrm{m}$

라. P점의 좌표계산

$P_x = A_x + M \cdot \cos V_a^d = 4,267.64 + 10.3812 \times \cos 61° 56' 33.7'' = 4,272.52\mathrm{m}$

$P_y = A_y + M \cdot \cos V_a^d = 2,950.08 + 10.3812 \times \sin 61° 56' 33.7'' = 2,959.24\mathrm{m}$

마. Q점의 좌표계산

$Q_x = B_x + M \cdot \cos V_b^c = 4,226.36 + 10.3812 \times \cos 61° 56' 33.7'' = 4,231.24\mathrm{m}$

$Q_y = B_y + M \cdot \cos V_b^c = 2,975.06 + 10.3812 \times \sin 61° 56' 33.7'' = 2,984.19\mathrm{m}$

∴ 검산 : $F = M \times L \times \sin \beta$

$= 10.3812 \times 48.2342 \times \sin 93° 5' 30.6'' = 500\mathrm{m}^2$

04 solution

가. $\overline{AB}$거리

$$\overline{AB}\sqrt{(\varDelta x^2)+(\varDelta y^2)}=762.00\mathrm{m}$$

나. 방위각(V_a^b)

$$\theta=\tan^{-1}\left(\frac{\varDelta y}{\varDelta x}\right)=23°\ 12'\ 1.7''(4상한)$$

$$V_a^b=260-\theta=336°\ 47'\ 58.3''$$

05 solution

가. 귀심각 γ_1 계산

$$\sin\gamma_1=\frac{\mathrm{K}_2}{\overline{\mathrm{O'P}_2}}$$

$$\gamma_1=\sin^{-1}\left(\frac{\mathrm{K}_2}{\overline{\mathrm{O'P}_2}}\right)=0°\ 3'\ 11.9''$$

나. $\dfrac{\mathrm{K}_1}{\sin\gamma_2}=\dfrac{\overline{\mathrm{OP}_2}}{\sin\angle\mathrm{OO'P}_2}$ $\therefore$ $\angle\mathrm{OO'P}_2=135°\ 51'\ 26.9''$

$$\gamma_2=0°\ 3'\ 19.0''$$

다. $\dfrac{\mathrm{K}_1}{\sin\gamma_3}=\dfrac{\overline{\mathrm{OP}_1}}{\sin\angle\mathrm{OO'P}_1}$ $\therefore$ $\angle\mathrm{OO'P}_1=57°\ 23'\ 14.5''$

$$\gamma_3=0°\ 2'\ 43.4''$$

라. $\alpha=\angle\mathrm{P}_1\mathrm{OO'}-\angle\mathrm{P}_2\mathrm{OO'}$

$$\angle\mathrm{P}_1\mathrm{OO'}=180°-\gamma_3-(360°-\theta)=122°\ 34'\ 2.1''$$

$$\angle\mathrm{P}_2\mathrm{OO'}=180°-\gamma_2-135°\ 51'\ 26.9''=44°\ 5'\ 14.1''$$

$$\alpha=78°\ 28'\ 48.0''$$

18회 출제예상문제

Cadastral Surveying

이 문제는 수험자의 기억을 토대로 작성하였으므로 실제 문제와 일부 다를 수도 있습니다. 해설과 해답은 오류가 없도록 최선을 다하였으나 혹 미미한 부분은 계속 수정 보완하겠습니다.

01. 아래의 그림과 같이 분할선 $\overline{PQ}$와 $\overline{BC}$의 내각 $\phi = 85° \ 30'$이 되고 분할 후 $\square ABQP$의 면적(F)이 900m²가 되도록 아래의 물음에 답하시오.(단, 거리는 cm, 초는 0.1″까지 계산한다.)

• 좌표

점명	X	Y
A	817.58	350.92
B	787.01	350.64
C	784.96	424.42
D	809.00	425.12

• 약도

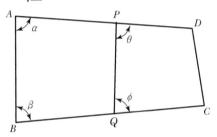

가. $\overline{PQ}$의 거리를 구하시오.
계산과정)

답 : _____ mm

나. P점의 좌표를 구하시오.
계산과정)

답 P_x : _____ mm P_y : _____ mm

다. Q점의 좌표를 구하시오.
계산과정)

답 Q_x : _____ mm Q_y : _____ mm

02. 두 점의 좌표와 방위각의 크기가 아래와 같을 때 주어진 서식을 완성하고 교차점 P의 좌표를 구하시오.(단, 계산방법과 서식의 작성은 지적 관련 법규 및 규정에 따른다.)

점명	종선좌표(m)	횡선좌표(m)	방위각	
A	452448.89	182247.27	α	103° 48′ 36″
B	452776.51	182508.43	β	153° 18′ 36″

교차점계산부

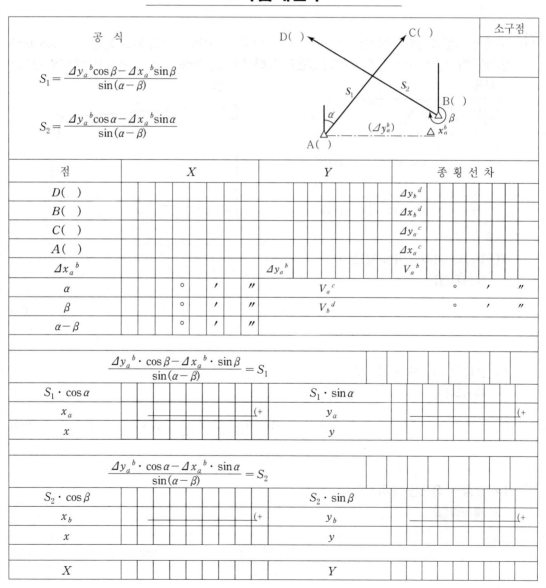

공 식

$$S_1 = \frac{\Delta y_a{}^b \cos\beta - \Delta x_a{}^b \sin\beta}{\sin(\alpha-\beta)}$$

$$S_2 = \frac{\Delta y_a{}^b \cos\alpha - \Delta x_a{}^b \sin\alpha}{\sin(\alpha-\beta)}$$

점	X			Y			종 횡 선 차			
D( )							$\Delta y_b{}^d$			
B( )							$\Delta x_b{}^d$			
C( )							$\Delta y_a{}^c$			
A( )							$\Delta x_a{}^c$			
$\Delta x_a{}^b$				$\Delta y_a{}^b$			$V_a{}^b$			
α	°	′	″	$V_a{}^c$			°	′	″	
β	°	′	″	$V_b{}^d$			°	′	″	
$\alpha-\beta$	°	′	″							

$\dfrac{\Delta y_a{}^b \cdot \cos\beta - \Delta x_a{}^b \cdot \sin\beta}{\sin(\alpha-\beta)} = S_1$										
$S_1 \cdot \cos\alpha$					$S_1 \cdot \sin\alpha$					
x_a			(+		y_a				(+	
x					y					

$\dfrac{\Delta y_a{}^b \cdot \cos\alpha - \Delta x_a{}^b \cdot \sin\alpha}{\sin(\alpha-\beta)} = S_2$										
$S_2 \cdot \cos\beta$					$S_2 \cdot \sin\beta$					
x_b			(+		y_b				(+	
x					y					
X					Y					

소구점

03. 중부원점지역에 있는 지적도근점의 좌표가 X = 435752.86m, Y = 197536.45m이고 이 지역 지적도의 축척은 1000분의 1일 때 다음의 물음에 답하시오.

가. 축척이 1000분의 1인 지적도의 가로·세로 도곽선의 도상길이(cm)와 지상길이(m) 규격을 쓰시오.

도상길이 : X =   Y =

지상길이 : X =   Y =

나. 지적도근점을 포용할 수 있는 도곽선의 좌표를 계산하시오.

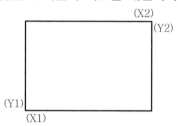

계산과정)

답 X₁ : _____ X₂ : _____ Y₁ : _____ Y₂ : _____

04. 지적삼각점측량을 사각망으로 구성하여 내각을 관측한 결과가 다음과 같을 때 주어진 서식을 완성하시오.

• 기지좌표

점명	종선좌표(m)	횡선좌표(m)
문3	453278.45	192562.46
경8	454263.52	194459.26

• 약도

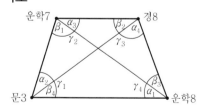

• 관측내각

점명	각명	관측각	점명	각명	관측각
운학8	α_1	37° 08′ 20.2″	운학7	β_1	35° 24′ 36.4″
문3	α_2	59° 53′ 15.4″	경8	β_2	49° 47′ 59.4″
운학7	α_3	34° 53′ 47.4″	운학8	β_3	44° 51′ 35.8″
경8	α_4	50° 26′ 12.8″	문3	β_4	47° 33′ 50.2″

05. 다음 교회망의 기지좌표와 관측방위각이 아래와 같을 때 물음에 답하시오(단, 각은 1초 단위까지 구한다.)

• 기지좌표

점명	종선좌표(m)	횡선좌표(m)
경기1(A)	465364.04	226974.08
경기2(B)	466420.38	229303.62
경기3(C)	468830.06	229165.42

• 약도

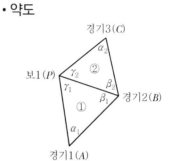

• 관측방위각
(A → P) 355° 24′ 38″
(B → P) 297° 21′ 22″
(C → P) 237° 02′ 20″

가. A → B의 방위각을 구하시오.
계산과정)

답 : _____

나. B → C의 방위각을 구하시오.
계산과정)

답 : _____

다. 삼각형 ①의 각 내각의 크기를 구하시오.

구분	계산과정	내각
α_1		
β_1		
γ_1		

라. 삼각형 ②의 각 내각의 크기를 구하시오.

구분	계산과정	내각
α_2		
β_2		
γ_2		

18회 출제예상문제 해설 및 정답

01 solution

방위각 계산

$$V_a{}^b = \tan^{-1}\left(\frac{\Delta y}{\Delta x}\right) = 180°\ 31'\ 29.2''$$

$$V_b{}^c = \tan^{-1}\left(\frac{\Delta y}{\Delta x}\right) = 91°\ 35'\ 29.7''$$

$$V_a{}^d = \tan^{-1}\left(\frac{\Delta y}{\Delta x}\right) = 96°\ 35'\ 45.6''$$

$$V_b{}^a = \tan^{-1}\left(\frac{\Delta y}{\Delta x}\right) = 0°\ 31'\ 29.2''$$

$$\overline{AB}(L) = \sqrt{\Delta x^2 + \Delta y^2} = 30.57m$$

내각계산

$$\alpha = V_a^b - V_a^d = 83°\ 55'\ 43.6''$$

$$\beta = V_b^c - V_b^a = 91°\ 04'\ 0.5''$$

$$\theta = \alpha + \beta - \phi = 89°\ 29'\ 44.1''$$

가. $\overline{PQ}$거리

$$\overline{PQ}(x) = \sqrt{\left(\frac{30.57^2}{\cot 83°\ 55'\ 43.6'' + \cot 91°\ 04'\ 0.5''} - 2\times900\right)\times(\cot 89°\ 29'\ 44.1'' + \cot 85°\ 30')}$$
$$= 27.83m$$

나. P점의 좌표
$$\overline{AP}(M) = (30.57\times\sin 91°\ 4'\ 0.5'' - 27.83\times\sin 85°\ 30')\times\mathrm{cosec}(83°\ 55'\ 43.6'' + 91°\ 4'\ 0.5'')$$
$$= 32.33$$

$$P_x = A_x + M \cdot \cos V_a^d$$
$$= 817.58 + (32.33 \times \cos 96° \; 35' \; 45.6'')$$
$$= 813.87m$$

$$P_y = A_y + N \cdot \cos V_a^d$$
$$= 350.92 + 32.33 \times \cos 96° \; 35' \; 45.6''$$
$$= 347.21m$$

다. Q점의 좌표

$$\overline{BQ} = N = (30.57 \times \sin 83° \; 55' \; 43.6'' - 27.83 \times \sin 89° \; 29'44.1'') \times \csc(83° \; 55' \; 43.6'' + 91° \; 4' \; 0.5'')$$
$$= 29.46$$

$$Q_x = B_x + N \cdot \cos V_b^c$$
$$= 786.19m$$

$$Q_y = B_y + N \cdot \cos V_b^c$$
$$= 349.82m$$

02 solution 교차점계산부

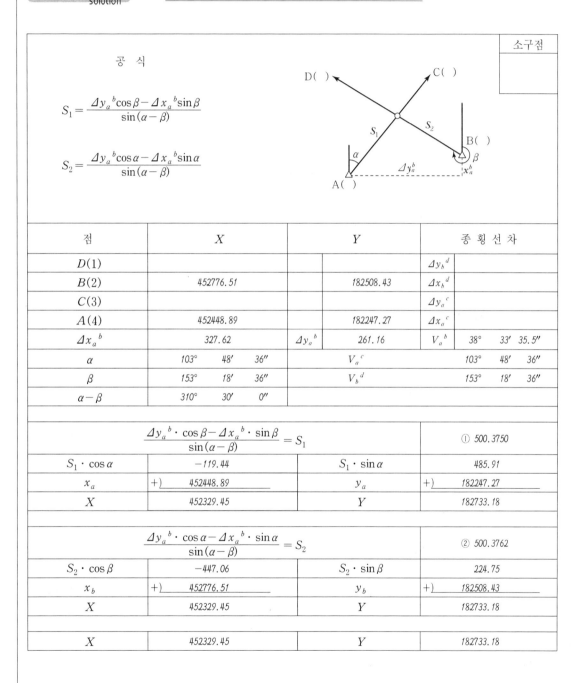

소구점

공 식

$$S_1 = \frac{\Delta y_a^{\ b}\cos\beta - \Delta x_a^{\ b}\sin\beta}{\sin(\alpha-\beta)}$$

$$S_2 = \frac{\Delta y_a^{\ b}\cos\alpha - \Delta x_a^{\ b}\sin\alpha}{\sin(\alpha-\beta)}$$

점	X			Y			종 횡 선 차			
$D(1)$							$\Delta y_b^{\ d}$			
$B(2)$	452776.51			182508.43			$\Delta x_b^{\ d}$			
$C(3)$							$\Delta y_a^{\ c}$			
$A(4)$	452448.89			182247.27			$\Delta x_a^{\ c}$			
$\Delta x_a^{\ b}$	327.62			$\Delta y_a^{\ b}$	261.16		$V_a^{\ b}$	38°	33′	35.5″
α	103°	48′	36″	$V_a^{\ c}$				103°	48′	36″
β	153°	18′	36″	$V_b^{\ d}$				153°	18′	36″
$\alpha-\beta$	310°	30′	0″							

$\dfrac{\Delta y_a^{\ b}\cdot\cos\beta - \Delta x_a^{\ b}\cdot\sin\beta}{\sin(\alpha-\beta)} = S_1$		① 500.3750
$S_1\cdot\cos\alpha$	−119.44	$S_1\cdot\sin\alpha$	485.91
x_a	+) 452448.89	y_a	+) 182247.27
X	452329.45	Y	182733.18

$\dfrac{\Delta y_a^{\ b}\cdot\cos\alpha - \Delta x_a^{\ b}\cdot\sin\alpha}{\sin(\alpha-\beta)} = S_2$		② 500.3762
$S_2\cdot\cos\beta$	−447.06	$S_2\cdot\sin\beta$	224.75
x_b	+) 452776.51	y_b	+) 182508.43
X	452329.45	Y	182733.18

X	452329.45	Y	182733.18

03 solution

가. 도상길이 : X=30cm,　　　Y=40cm
　　 지상길이 : X=300cm,　　　Y=400cm

나. 도곽선 좌표계산
　　 (1) 종선좌표계산
　　　　 ① 종선좌표에서 500000을 빼준다.
　　　　　　 X=435752.86−500000=−64247.14m
　　　　 ② 떨어진 거리를 도곽선 종선길이로 나눈다.
　　　　　　 −64247.14÷300=−214.6
　　　　 ③ 도곽선 종선길이로 나눈 정수를 곱한다.
　　　　　　 −214×300=−64200m
　　　　 ④ 원점에서의 거리에다 500000을 더한다.
　　　　　　 −64200+500000=435800m(종선의 상부좌표 x_2)
　　　　 ⑤ 종선의 상부좌표에서 도곽선 종선길이를 빼준다.
　　　　　　 435800−300=435500m(종선의 해부좌표 X_1)
　　 (2) 횡선좌표계산
　　　　 ① 횡선좌표에서 200000을 빼준다.
　　　　　　 y=197536.45−200000=−2463.55m
　　　　 ② 떨어진 거리를 도곽선 횡선길이로 나눈다.
　　　　　　 −2463.55÷400=−6.16
　　　　 ③ 도곽선 횡선길이로 나눈 정수를 곱한다.
　　　　　　 −6×400=−2400m
　　　　 ④ 원점에서의 거리에다 200000을 더한다.
　　　　　　 −2400+200000=197600m(우측횡선좌표 y_2)
　　　　 ※ y=197536.45가 200000 이하이기 때문에 우측횡선좌표 먼저 결정
　　　　 ⑤ 좌측횡선좌표 결정
　　　　　　 197600−400=197200m(좌측횡선좌표 y_1)

답 X₁ : <u>435500m</u>　　X₂ : <u>435800m</u>　　Y₁ : <u>197200m</u>　　Y₂ : <u>197600m</u>

04 solution

사각망조정계산부

05
solution

가. A → B 방위각

$$\Delta X_A^B = 466420.38 - 465364.04 = 1056.34\text{m}$$

$$\Delta Y_A^B = 229303.62 - 226974.08 = 2329.54\text{m}$$

$$\theta = \tan^{-1}\frac{\Delta y}{\Delta x} = 65°\ 36'\ 28''(1상한)$$

$$V_A^B = 65°\ 36'\ 28''$$

나. B → C 방위각

$$\Delta X_B^C = 468830.06 - 466420.38 = 2409.68\text{m}$$

$$\Delta Y_B^C = 229165.42 - 229303.62 = -138.2\text{m}$$

$$\theta = \tan^{-1}\frac{\Delta y}{\Delta x} = 3°\ 16'\ 57''(4상한)$$

$$V_B^C = 356°\ 43'\ 03''$$

다. ① 삼각형의 내각

$$\alpha_1 = V_A^B - V_A^P = V_A^B + 360° - V_A^P = 70°\ 11'\ 50''$$

$$\beta_1 = V_B^P - V_B^A = V_B^P - (V_A^B + 180°) = 51°\ 44'\ 54''$$

$$\gamma_1 = V_P^A - V_P^B = (V_A^P - 180°) - (V_B^P - 180°) = 58°\ 03'\ 16''$$

라. ② 삼각형의 내각

$$\alpha_2 = V_C^P - V_C^B = V_C^P - (V_B^C - 180°) = 60°\ 19'\ 17''$$

$$\beta_2 = V_B^C - V_B^P = 59°\ 21'\ 41''$$

$$\gamma_2 = V_P^B - V_P^C = (V_B^P - 180°) - (V_C^P - 180°) = 60°\ 19'\ 2''$$

19회 출제예상문제

Cadastral Surveying

이 문제는 수험자의 기억을 토대로 작성하였으므로 실제 문제와 일부 다를 수도 있습니다. 해설과 해답은 오류가 없도록 최선을 다하였으나 혹 미미한 부분은 계속 수정 보완하겠습니다.

★ 다음 물음에 대한 답을 해당 답란에 답하시오.

01. 기지점 금천2와 금천4로부터 소구점 기양9에 대한 표고를 구하기 위하여 관측한 아래 결과를 바탕으로, 주어진 서식을 완성하고 표고를 구하시오.(단, 계산방법 및 서식의 작성은 지적 관련 법규 및 규정에 따른다.)(9점)

	금천2 → 기양9	금천4 → 기양9
수평거리(L)	1535.15m	1050.45m
연직각(α_1)	1°37′06″	−2°24′38″
연직각(α_2)	−1°48′11″	2°30′54″
기계고(i_1)	1.70m	1.45m
기계고(i_2)	1.65m	1.50m
시준고(f_1)	2.50m	2.31m
시준고(f_2)	2.74m	2.06m
기지점 표고(H_1)	184.37m	275.32m

표고계산부

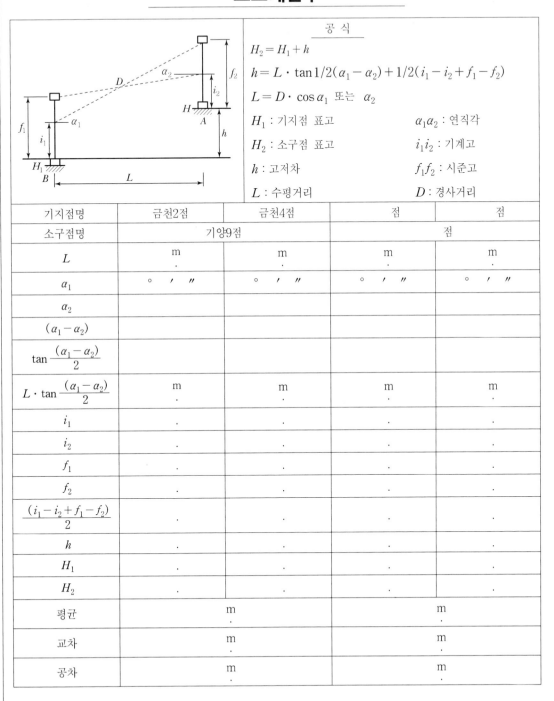

공 식

$$H_2 = H_1 + h$$

$$h = L \cdot \tan 1/2(\alpha_1 - \alpha_2) + 1/2(i_1 - i_2 + f_1 - f_2)$$

$$L = D \cdot \cos \alpha_1 \text{ 또는 } \alpha_2$$

H_1 : 기지점 표고 $\alpha_1 \alpha_2$: 연직각

H_2 : 소구점 표고 $i_1 i_2$: 기계고

h : 고저차 $f_1 f_2$: 시준고

L : 수평거리 D : 경사거리

기지점명	금천2점	금천4점	점	점
소구점명	기양9점		점	
L	m .	m .	m .	m .
α_1	° ′ ″	° ′ ″	° ′ ″	° ′ ″
α_2				
$(\alpha_1 - \alpha_2)$				
$\tan \dfrac{(\alpha_1 - \alpha_2)}{2}$				
$L \cdot \tan \dfrac{(\alpha_1 - \alpha_2)}{2}$	m .	m .	m .	m .
i_1	.	.	.	.
i_2	.	.	.	.
f_1	.	.	.	.
f_2	.	.	.	.
$\dfrac{(i_1 - i_2 + f_1 - f_2)}{2}$	.	.	.	.
h	.	.	.	.
H_1				
H_2	.	.	.	.
평균	m .		m .	
교차	m .		m .	
공차	m .		m .	

02. 지적도근점 1230에서 지적도근점 124를 기지로 하여 도선법에 의해 필계점의 내각을 3배각으로 관측한 결과가 다음과 같을 때, 방위각 및 좌표를 구하여 빈 칸을 완성하시오.(단, 계산방법은 지적 관련 법규 및 규정에 따른다.)(12점)

[기지점좌표]

점명	종선좌표(m)	횡선좌표(m)
123	1061.33	2010.27
124	1184.78	2553.48

[관측결과]

측점	시준점	거리(m)	내각
123	124		0° 00′ 00″
123	1	53.72	21° 28′ 27″
1	2	94.35	157° 52′ 07″
2	3	70.62	282° 10′ 22″
3	4	62.40	312° 20′ 09″

[방위각 및 좌표]

측점	시준점	거리(m)	방위각	종선좌표(m)	횡선좌표(m)
123	124				
123	1	53.72			
1	2	94.35			
2	3	70.62			
3	4	62.40			

03. 그림과 같이 $\overline{AD}//\overline{BC}$인 사변형 ABCD에서 필지 면적의 증감이 없이 경계선 $\overline{AB}$를 $\overline{CD}$에 평행한 직선 $\overline{PQ}$로 정정하고자 할 때 H와 $\overline{AP}$의 거리를 계산하시오.(단, 거리는 cm 단위로 결정한다.)(8점)

굴곡점	종선좌표(m)	횡선좌표(m)
A	823.00	464.00
B	769.10	437.63
C	690.10	493.00
D	723.00	534.00

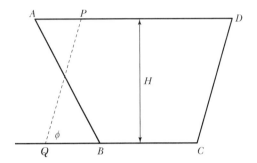

04. 지적삼각점측량을 실시한 결과 아래와 같이 성과를 측정하였다. 주어진 서식을 완성하여 보1, 보2의 좌표를 계산하시오.(단, 서식의 작성 및 계산 방법은 지적 관련 법규 및 규정에 따른다.)(18점)

점명	종선좌표(m)	횡선좌표(m)
공덕 51	42 8196.66	17 4320.73
공덕 52	42 9668.21	17 7316.04
공덕 53	43 1027.21	17 8268.20

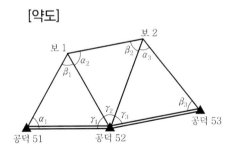

[약도]

각명	관측각
α_1	45° 02′ 24.2″
β_1	96° 36′ 27.3″
γ_1	38° 21′ 09.7″
α_2	64° 32′ 37.5″
β_2	69° 59′ 55.3″
γ_2	45° 27′ 25.2″
α_3	42° 56′ 34.2″
β_3	69° 41′ 10.7″
γ_3	67° 22′ 14.8″

05. 아래 도형에서 P점의 좌표를 구하시오.(단, $\alpha = 346° \ 31' \ 54''$, R = 100m, O(4681.33m, 6379.56m) Q(4635.10m, 6427.85m)이며, 좌표는 cm 단위, 각은 초단위까지 구한다.)(8점)

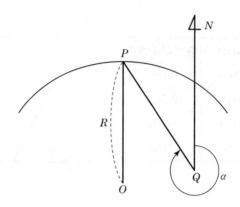

19회 출제예상문제 해설 및 정답

01
solution

표고계산부

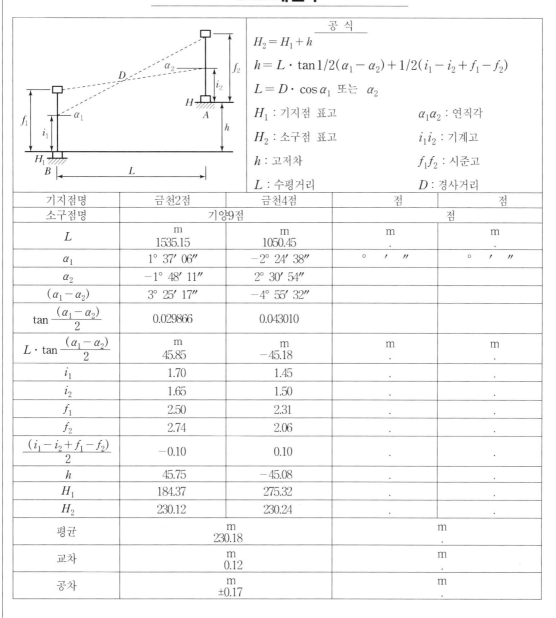

공 식

$$H_2 = H_1 + h$$

$$h = L \cdot \tan 1/2(\alpha_1 - \alpha_2) + 1/2(i_1 - i_2 + f_1 - f_2)$$

$$L = D \cdot \cos \alpha_1 \ 또는 \ \alpha_2$$

H_1 : 기지점 표고 $\alpha_1 \alpha_2$: 연직각

H_2 : 소구점 표고 $i_1 i_2$: 기계고

h : 고저차 $f_1 f_2$: 시준고

L : 수평거리 D : 경사거리

기지점명	금천2점	금천4점	점	점
소구점명	기양9점		점	
L	m 1535.15	m 1050.45	m .	m .
α_1	1° 37′ 06″	−2° 24′ 38″	° ′ ″	° ′ ″
α_2	−1° 48′ 11″	2° 30′ 54″		
$(\alpha_1 - \alpha_2)$	3° 25′ 17″	−4° 55′ 32″		
$\tan \dfrac{(\alpha_1 - \alpha_2)}{2}$	0.029866	0.043010		
$L \cdot \tan \dfrac{(\alpha_1 - \alpha_2)}{2}$	m 45.85	m −45.18	m .	m .
i_1	1.70	1.45	.	.
i_2	1.65	1.50	.	.
f_1	2.50	2.31	.	.
f_2	2.74	2.06	.	.
$\dfrac{(i_1 - i_2 + f_1 - f_2)}{2}$	−0.10	0.10	.	.
h	45.75	−45.08	.	.
H_1	184.37	275.32	.	.
H_2	230.12	230.24	.	.
평균	m 230.18		m .	
교차	m 0.12		m .	
공차	m ±0.17		m .	

02 solution

[방위각 및 좌표]

측점	시준점	거리(m)	방위각	종선좌표(m)	횡선좌표(m)
123	124		77° 11′ 47″	1061.33	2010.27
123	1	53.72	98° 40′ 14″	1053.23	2063.38
1	2	94.35	76° 32′ 21″	1075.19	2155.14
2	3	70.62	178° 42′ 43″	1004.59	2156.73
3	4	62.40	311° 2′ 52″	1045.57	2109.67

03 solution

1) ϕ계산

$$\phi = V_B{}^C - V_C{}^D \qquad V_B{}^C = 145°0′29″ \qquad V_C{}^D = 51°10′13″$$

$$\phi = 145°0′29″ - 51°10′13″ = 93°50′16″$$

2) H계산

$$\sin\phi = \frac{H}{PQ}$$

$$H = \overline{PQ} \times \sin\phi$$

$$\therefore \ \overline{PQ} = \overline{CD} \text{이므로} \ \ \overline{CD} = \sqrt{33^2 + 41^2} = 52.63$$

$$H = 52.63 \times \sin 93°50′16″ = 52.51$$

3) AP계산

$$\overline{AP} = \overline{AD} - \overline{PD}$$

평행사다리꼴 면적계산 밑변×높이이므로

$$F = \overline{PD} \times H \qquad \overline{PD} = \frac{F}{H}$$

면적(F) = □ADCB = □PDCQ와 같으므로

$$F = \frac{1}{2} \times (\overline{BC} + \overline{AD}) \times H = \frac{1}{2} \times (96.55 + 122.07) \times 52.51 = 5739.87 \, \text{m}^2$$

$$\overline{PD} = \frac{5739.87}{52.51} = 109.31$$

$$\overline{AP} = 122.07 - 109.31 = 12.76 \, \text{m}$$

답 H : <u>52.51m</u>　　$\overline{AP}$: <u>12.76</u>

04 solution

삽입망조정계산부

05 solution

$$P_x = O_x + (R \times \cos V_o{}^R)$$

$$P_y = O_y + (R \times \sin V_o{}^R)$$

$$E = \Delta y \cdot \cos \alpha - \Delta x \cdot \sin \alpha$$

$$\Delta y = 6427.85 - 6379.56 = 48.29$$

$$\Delta x = 4635.10 - 4681.33 = -46.23$$

$$E = 48.29 \times \cos 346°31'54'' - (-46.23) \times \sin 346°31'54''$$
$$\quad = 36.19\,\mathrm{m}$$

$$\theta = \sin^{-1}\frac{E}{R} = \sin^{-1}\frac{36.19}{100} = 21°13'1''$$

$$V_O{}^R = \alpha + \theta = 346°31'54'' + 21°13'1'' = 7°44'55''$$

$$P_x = 4681.33 + (100 \times \cos 7°44'55'')$$
$$\quad = 4780.42\,\mathrm{m}$$

$$P_y = 6370.56 + (100 \times \sin 7°44'55'')$$
$$\quad = 6393.04\,\mathrm{m}$$

답 P_X : __4780.42m__ P_Y : __6393.04m__

산업기사

1회 출제예상문제

이 문제는 수험자의 기억을 토대로 작성하였으므로 실제 문제와 일부 다를 수도 있습니다. 해설과 해답은 오류가 없도록 최선을 다하였으나 혹 미미한 부분은 계속 수정 보완하겠습니다.

01. 다음 도형에서 AC와 CD의 거리를 구하시오.(단, 거리는 0.01m 단위까지 구하시오.)(6점)

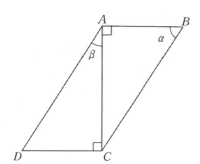

$$AB = 2121.21\,\text{m}$$
$$\alpha = 65°\ 54'\ 43''$$
$$\beta = 54°\ 43'\ 32''$$

02. 다각망 도선법에 의한 Y망의 관측 결과가 다음과 같다. 주어진 서식을 완성하고, 평균방위각과 평균종횡선좌표를 계산하시오.(12점)

도선	경중률		관측방위각	종선좌표(m)	횡선좌표(m)
	$\sum N$	$\sum S$			
(1)	18	10.41	24° 42′ 38″	402174.93	196283.57
(2)	10	5.69	24° 42′ 15″	402175.08	196283.48
(3)	8	5.14	24° 42′ 21″	402175.01	196283.50

교점다각망계산부(X, Y형)

약 도				1. 방위각				

조건식	I	$(1)-(2)+w_1=0$	조건식	I	$(1)-(2)+w_1=0$
	II	$(2)-(3)+w_2=0$		II	$(2)-(3)+w_2=0$
	III	$(3)-(4)+w_3=0$			

경중률		ΣN	ΣS	경중률		ΣN	ΣS
	(1)				(1)		
	(2)				(2)		
	(3)				(3)		
	(4)						

1. 방위각

순서	도선	관 측	보정	평 균
I	(1)			
	(2)			
	w_1			
II	(2)			
	(3)			
	w_2			
III	(3)			
	(4)			
	w_3			

2. 종선좌표

순서	도선	관 측(m)	보정	평 균(m)
I	(1)			
	(2)			
	w_1			
II	(2)			
	(3)			
	w_2			
III	(3)			
	(4)			
	w_3			

3. 횡선좌표

순서	도선	관 측(m)	보정	평 균(m)
I	(1)			
	(2)			
	w_1			
II	(2)			
	(3)			
	w_2			
III	(3)			
	(4)			
	w_3			

4. 계산

1) 방 위 각 $= \dfrac{\left[\dfrac{\Sigma a}{\Sigma N}\right]}{\left[\dfrac{1}{\Sigma N}\right]} = \underline{\hspace{4cm}} = $

2) 종선좌표 $= \dfrac{\left[\dfrac{\Sigma X}{\Sigma S}\right]}{\left[\dfrac{1}{\Sigma S}\right]} = \underline{\hspace{4cm}} = $

3) 횡선좌표 $= \dfrac{\left[\dfrac{\Sigma Y}{\Sigma S}\right]}{\left[\dfrac{1}{\Sigma S}\right]} = \underline{\hspace{4cm}} = $

W=오차, N=도선별 점수, S=측점간 거리, a=관측방위각

03. 다음은 교회법을 실시하여 얻은 조건들이다. 주어진 서식을 완성하여 P점의 좌표를 구하시오.(12점)

1) 기지점

점명	X(m)	Y(m)
경의1(A)	468958.10	221727.82
경의3(B)	468493.27	219612.45
경의5(C)	465673.24	219779.37

2) 관측여건

$V_a = 179° \ 28' \ 15''$

$V_b = 130° \ 56' \ 08''$

$V_c = \ 63° \ 51' \ 51''$

교회점계산부

[별지 제35호 서식]

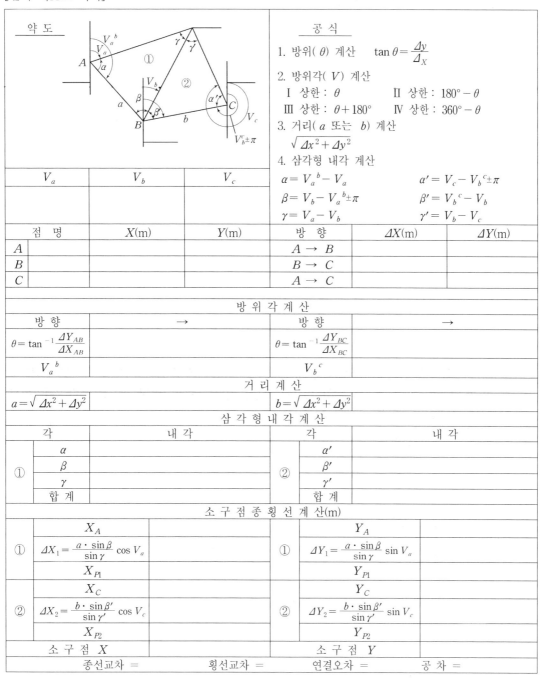

약 도	공 식

1. 방위(θ) 계산 $\tan\theta = \dfrac{\Delta y}{\Delta X}$

2. 방위각(V) 계산

 I 상한 : θ 　　　　　　　　 II 상한 : $180° - \theta$

 III 상한 : $\theta + 180°$ 　　　　 IV 상한 : $360° - \theta$

3. 거리(a 또는 b) 계산

 $\sqrt{\Delta x^2 + \Delta y^2}$

4. 삼각형 내각 계산

 $\alpha = V_a{}^b - V_a$ 　　　　　 $\alpha' = V_c - V_b{}^c \pm \pi$

 $\beta = V_b - V_a{}^b \pm \pi$ 　　　 $\beta' = V_b{}^c - V_b$

 $\gamma = V_a - V_b$ 　　　　　 $\gamma' = V_b - V_c$

V_a	V_b	V_c

점 명	X(m)	Y(m)	방 향	ΔX(m)	ΔY(m)
A			$A \rightarrow B$		
B			$B \rightarrow C$		
C			$A \rightarrow C$		

방 위 각 계 산			
방 향	$\rightarrow$	방 향	$\rightarrow$
$\theta = \tan^{-1}\dfrac{\Delta Y_{AB}}{\Delta X_{AB}}$		$\theta = \tan^{-1}\dfrac{\Delta Y_{BC}}{\Delta X_{BC}}$	
$V_a{}^b$		$V_b{}^c$	

거 리 계 산	
$a = \sqrt{\Delta x^2 + \Delta y^2}$	$b = \sqrt{\Delta x^2 + \Delta y^2}$

삼 각 형 내 각 계 산				
각		내 각	각	내 각
①	α		②	α'	
	β			β'	
	γ			γ'	
	합 계			합 계	

소 구 점 종 횡 선 계 산(m)

①	X_A		①	Y_A	
	$\Delta X_1 = \dfrac{a \cdot \sin\beta}{\sin\gamma}\cos V_a$			$\Delta Y_1 = \dfrac{a \cdot \sin\beta}{\sin\gamma}\sin V_a$	
	X_{P1}			Y_{P1}	
②	X_C		②	Y_C	
	$\Delta X_2 = \dfrac{b \cdot \sin\beta'}{\sin\gamma'}\cos V_c$			$\Delta Y_2 = \dfrac{b \cdot \sin\beta'}{\sin\gamma'}\sin V_c$	
	X_{P2}			Y_{P2}	
소 구 점 X			소 구 점 Y		

종선교차 =	횡선교차 =	연결오차 =	공 차 =

04. 축척 1/1200 지역에서 측판측량을 교회법으로 시행하여 시오삼각형이 다음 그림과 같이 생겼다. 도상에서 각 변의 길이가 6.5mm, 7.0mm, 4.5mm일 때 내접원의 도상 반경을 구하시오. (단, mm 단위를 소수 3자리에서 반올림하여 소수 2자리까지 구하시오.)(5점)

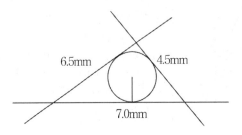

6.5mm   4.5mm

7.0mm

05. 기지점 A, B, C를 이용하여 장애물을 사이에 두고 AC선상에 존재하는 PQ를 구하고자 다음과 같이 관측하였다. 다음 물음에 답하시오(단, 계산은 반올림하여 거리와 좌표는 소수 2자리까지, 각도는 초(″) 단위까지 구하시오.)(10점)

기지점	종선좌표	횡선좌표
A	4275.69m	2362.72m
B	4242.55m	2722.16m
C	4391.64m	2705.62m

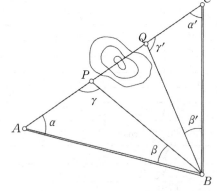

BP의 방위각 297° 52′
BQ의 방위각 327° 52′

가. △ABP의 내각 α, β, γ를 구하시오.
계산식)

$\alpha =$ $\beta =$ $\gamma =$

나. $\overline{AP}$의 거리를 구하시오.

다. P의 X, Y 좌표를 구하시오.

라. △ACQ의 내각 α', β', γ'를 구하시오.

$\alpha' =$ $\beta' =$ $\gamma' =$

마. $\overline{CQ}$의 거리를 구하시오.

바. Q의 X, Y 좌표를 구하시오.

06. 축척 1/1200 지역에 등록된 지번 37, 면적 770m²인 필지를 2필지로 분할되는 도면에서 전자면적계로 면적을 측정한 결과 측정면적이 37번지가 356.2m², 37-1번지가 419.3m²이었다. 도곽신축량이 도상에서 -0.7mm일 때 지적측량의 규정에 의하여 다음을 구하시오. (단, 면적보정계수는 소수 4자리까지 계산함)(10점)

가. 면적보정계수 : Z=

나. 신구면적 허용오차

다. 필지별 보정면적   37 =   37-1 =

라. 필지별 산출면적   37 =   37-1 =

마. 필지별 결정면적   37 =   37-1 =

1회 출제예상문제 해설 및 정답

01 solution

(1) $\triangle ABC$에서 $\angle C$, $\triangle ACD$에서 $\angle D$ 계산

$$\angle C = 180° - (\angle A + \alpha)$$
$$= 180° - (90° + 65°\ 54'\ 43'')$$
$$= 24°\ 5'\ 17''$$

$$\angle D = 180° - (\angle C + \beta)$$
$$= 180° - (90° + 54°\ 43'\ 32'')$$
$$= 35°\ 16'\ 28''$$

(2) $\overline{AC}$ 거리 계산

$$\frac{\overline{AC}}{\sin 65°\ 54'\ 43''} = \frac{2121.21}{\sin 24°\ 5'\ 17''}$$

$$\overline{AC} = \frac{\sin 65°\ 54'\ 43''}{\sin 24°\ 5'\ 17''} \times 2121.21$$

$$= 4744.68\text{m}$$

(3) $\overline{CD}$ 거리 계산

$$\frac{\overline{CD}}{\sin 54°\ 43'\ 32''} = \frac{\overline{AC}}{\sin 35°\ 16'\ 28''}$$

$$\overline{CD} = \frac{\sin 54°\ 43'\ 32''}{\sin 35°\ 16'\ 28''} \times 4744.68$$

$$= 6707.49\text{m}$$

02 solution · 교점다각망계산부(X, Y형)

약 도

조건식				조건식		
	Ⅰ	$(1)-(2)+w_1=0$			Ⅰ	$(1)-(2)+w_1=0$
	Ⅱ	$(2)-(3)+w_2=0$			Ⅱ	$(2)-(3)+w_2=0$
	Ⅲ	$(3)-(4)+w_3=0$				

경중률		ΣN	ΣS	경중률		ΣN	ΣS
	(1)				(1)	18	10.41
	(2)				(2)	10	5.69
	(3)				(3)	8	5.14
	(4)						

1. 방위각

순서	도선	관 측	보정	평 균
Ⅰ	(1)	24° 42′ 38″	−16	24° 42′ 22″
	(2)	24 42 15	+7	24 42 22
	w_1	+23		
Ⅱ	(2)	24 42 15	+7	24 42 22
	(3)	24 42 21	+1	24 42 22
	w_2	−6		
Ⅲ	(3)			
	(4)			
	w_3			

2. 종선좌표

순서	도선	관 측(m)	보정	평 균(m)
Ⅰ	(1)	2174.93	+9	2175.02
	(2)	2175.08	−6	2175.02
	w_1	−0.15		
Ⅱ	(2)	2175.08	−6	2175.02
	(3)	2175.01	+1	2175.02
	w_2	+0.07		
Ⅲ	(3)			
	(4)			
	w_3			

3. 횡선좌표

순서	도선	관 측(m)	보정	평 균(m)
Ⅰ	(1)	6283.57	−6	6283.51
	(2)	6283.48	+3	6283.51
	w_1	+0.09		
Ⅱ	(2)	6283.48	+3	6283.51
	(3)	6283.50	+1	6283.51
	w_2	−0.02		
Ⅲ	(3)			
	(4)			
	w_3			

4. 계산

1) 방 위 각 = $\dfrac{\left[\frac{\Sigma a}{\Sigma N}\right]}{\left[\frac{1}{\Sigma N}\right]} = \dfrac{\frac{38}{18}+\frac{15}{10}+\frac{21}{8}}{\frac{1}{18}+\frac{1}{10}+\frac{1}{8}} = 22″$

2) 종선좌표 = $\dfrac{\left[\frac{\Sigma X}{\Sigma S}\right]}{\left[\frac{1}{\Sigma S}\right]} = \dfrac{\frac{0.93}{10.41}+\frac{1.08}{5.69}+\frac{1.01}{5.14}}{\frac{1}{10.41}+\frac{1}{5.69}+\frac{1}{5.14}} = 1.02\,\mathrm{m}$

3) 횡선좌표 = $\dfrac{\left[\frac{\Sigma Y}{\Sigma S}\right]}{\left[\frac{1}{\Sigma S}\right]} = \dfrac{\frac{0.57}{10.41}+\frac{0.48}{5.69}+\frac{0.50}{5.14}}{\frac{1}{10.41}+\frac{1}{5.69}+\frac{1}{5.14}} = 0.51\,\mathrm{m}$

W=오차, N=도선별 점수, S=측점간 거리, a=관측방위각

03
solution

① 종선차 (ΔX), 횡선차 (ΔY) 계산

A-B 방향

$\Delta X = 468493.27 - 468958.10 = -464.83\text{m}$

$\Delta Y = 219612.45 - 221727.82 = -2115.37\text{m}$

B-C 방향

$\Delta X = 465673.24 - 468493.27 = -2820.03\text{m}$

$\Delta Y = 219779.37 - 219612.45 = 166.92\text{m}$

A-C 방향

$\Delta X = 465673.24 - 468958.10 = -3284.86\text{m}$

$\Delta Y = 219779.37 - 221727.82 = -1948.45\text{m}$

② 방위 및 방위각 계산

A→B 방위계산 : $\theta = \tan^{-1}\left(\dfrac{\Delta Y}{\Delta X}\right)$

$\qquad\qquad = 77° \ 36' \ 25''$

방위각 계산 : 3상한(-,-)이므로 $180° + \theta$

$V_a{}^b = 180° + 77° \ 36' \ 25'' = 257° \ 36' \ 25''$

B→C 방위계산 : $\theta = \tan^{-1}\left(\dfrac{\Delta Y}{\Delta X}\right)$

$\qquad\qquad = 3° \ 23' \ 15''$

방위각 계산 : 2상한($-,+$)이므로 $180° - \theta$

$V_b{}^c = 180° - 3° \ 23' \ 15'' = 176° \ 36' \ 45''$

③ 거리 계산

$a = \sqrt{464.83^2 + 2,115.37^2} = 2,165.84\text{m}$

$b = \sqrt{2820.03^2 + 166.92^2} = 2,824.97\text{m}$

④ 삼각형 내각 계산

$\alpha = V_a{}^b - V_a = 78° \ 8' \ 10''$ $\qquad\qquad$ $\alpha' = V_c - (V_b{}^c \pm 180°) = 67° \ 15' \ 6''$

$\beta = V_b - (V_a{}^b \pm 180°) = 53° \ 19' \ 43''$ $\qquad$ $\beta' = V_b{}^c - V_b = 45° \ 40' \ 37''$

$\gamma = V_a - V_b = 48° \ 32' \ 07''$ $\qquad\qquad$ $\gamma' = V_b - V_c = 67° \ 4' \ 17''$

⑤ 소구점 종횡선좌표 계산

$X_{P1} = X_A + \left(\dfrac{a \times \sin\beta}{\sin r} \times \cos V_a\right)$

$\qquad = 468958.10 + (-2318.09) = 466640.01$

$$Y_{P1} = Y_A + \left(\frac{a \times \sin \beta}{\sin r} \times \sin V_a \right)$$

$$= 221727.82 + 21.41 = 221749.23\text{m}$$

$$X_{P2} = X_C + \left(\frac{b \times \sin \beta'}{\sin r} \times \cos V_c \right)$$

$$= 465673.24 + 966.63 = 466639.87\text{m}$$

$$Y_{P2} = Y_C + \left(\frac{b \times \sin \beta'}{\sin r} \times \sin V_c \right)$$

$$= 219779.37 + 1970.02 = 221749.39\text{m}$$

⑥ 종선교차 및 횡선교차 계산

종선교차 $= 466640.01 - 466639.87 = 0.14\text{m}$

횡선교차 $= 221749.23 - 221749.39 = 0.16\text{m}$

⑦ 연결교차 계산

$$\sqrt{0.14^2 + 0.16^2} = 0.21\text{m}$$

교회점계산부

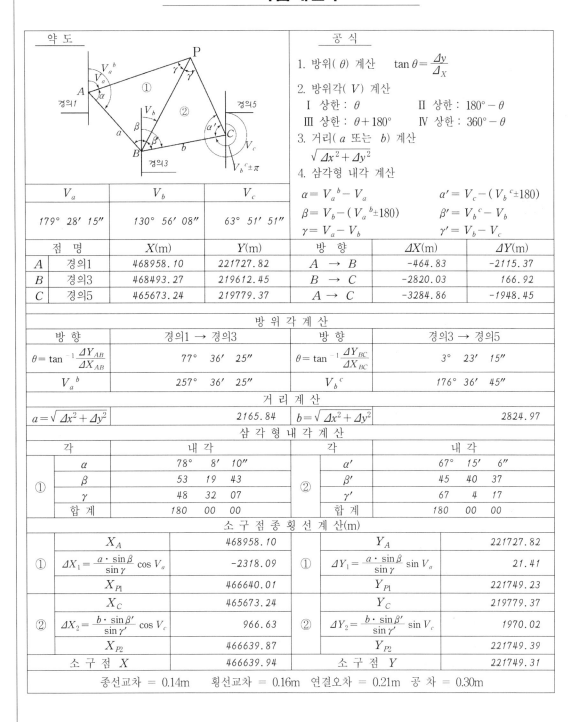

약 도		공 식

1. 방위(θ) 계산 $\tan\theta = \dfrac{\varDelta y}{\varDelta_X}$

2. 방위각(V) 계산
  I 상한 : θ II 상한 : $180° - \theta$
  III 상한 : $\theta + 180°$ IV 상한 : $360° - \theta$

3. 거리(a 또는 b) 계산
  $\sqrt{\varDelta x^2 + \varDelta y^2}$

4. 삼각형 내각 계산
  $\alpha = V_a{}^b - V_a$ $\alpha' = V_c - (V_b{}^c \pm 180)$
  $\beta = V_b - (V_a{}^b \pm 180)$ $\beta' = V_b{}^c - V_b$
  $\gamma = V_a - V_b$ $\gamma' = V_b - V_c$

V_a	V_b	V_c
179° 28′ 15″	130° 56′ 08″	63° 51′ 51″

	점 명	X(m)	Y(m)	방 향	$\varDelta X$(m)	$\varDelta Y$(m)
A	경의1	468958.10	221727.82	$A \rightarrow B$	-464.83	-2115.37
B	경의3	468493.27	219612.45	$B \rightarrow C$	-2820.03	166.92
C	경의5	465673.24	219779.37	$A \rightarrow C$	-3284.86	-1948.45

방 위 각 계 산				
방 향	경의1 → 경의3		방 향	경의3 → 경의5
$\theta = \tan^{-1}\dfrac{\varDelta Y_{AB}}{\varDelta X_{AB}}$	77° 36′ 25″		$\theta = \tan^{-1}\dfrac{\varDelta Y_{BC}}{\varDelta X_{BC}}$	3° 23′ 15″
$V_a{}^b$	257° 36′ 25″		$V_b{}^c$	176° 36′ 45″

거 리 계 산			
$a = \sqrt{\varDelta x^2 + \varDelta y^2}$	2165.84	$b = \sqrt{\varDelta x^2 + \varDelta y^2}$	2824.97

삼 각 형 내 각 계 산					
	각	내 각		각	내 각
①	α	78° 8′ 10″	②	α'	67° 15′ 6″
	β	53 19 43		β'	45 40 37
	γ	48 32 07		γ'	67 4 17
	합 계	180 00 00		합 계	180 00 00

소 구 점 종 횡 선 계 산 (m)					
①	X_A	468958.10	①	Y_A	221727.82
	$\varDelta X_1 = \dfrac{a \cdot \sin\beta}{\sin\gamma}\cos V_a$	-2318.09		$\varDelta Y_1 = \dfrac{a \cdot \sin\beta}{\sin\gamma}\sin V_a$	21.41
	X_{P1}	466640.01		Y_{P1}	221749.23
②	X_C	465673.24	②	Y_C	219779.37
	$\varDelta X_2 = \dfrac{b \cdot \sin\beta'}{\sin\gamma'}\cos V_c$	966.63		$\varDelta Y_2 = \dfrac{b \cdot \sin\beta'}{\sin\gamma'}\sin V_c$	1970.02
	X_{P2}	466639.87		Y_{P2}	221749.39
소 구 점 X		466639.94	소 구 점 Y		221749.31

종선교차 = 0.14m   횡선교차 = 0.16m   연결오차 = 0.21m   공 차 = 0.30m

04 solution

$$S = \frac{6.5 + 7.0 + 4.5}{2} = 9.0 \, \text{mm}$$

$$R = \sqrt{\frac{(S-a)(S-b)(S-c)}{S}}$$

$$= \sqrt{\frac{(9-6.5)(9-7.0)(9-4.5)}{9}}$$

$$= 1.58 \, \text{mm}$$

05 solution

(1) △ABP의 내각 α, β, γ 계산

α 각 계산 $= V_A{}^B - V_A{}^C$

$\qquad = 95° \ 16' \ 04'' - 71° \ 19' \ 02''$

$\qquad = 23° \ 57' \ 02''$

β 각 계산 $= V_B{}^P - V_B{}^A$

$\qquad = 297° \ 52' - 275° \ 16' \ 04''$

$\qquad = 22° \ 35' \ 56''$

γ 각 계산 $= 180° - (\alpha + \beta)$

$\qquad = 180° - (23° \ 57' \ 02'' + 22° \ 35' \ 56'')$

$\qquad = 133° \ 27' \ 02''$

(2) $\overline{AP}$거리 계산

$$\frac{\overline{AB}}{\sin\gamma} = \frac{\overline{AP}}{\sin\beta}$$

$$\overline{AP} = \frac{\sin\beta}{\sin\gamma} \times \overline{AB}$$

$$= \frac{\sin 22° \ 35' \ 56''}{\sin 133° \ 27' \ 2''} \times 360.96$$

$$= 191.07 \, \text{m}$$

(3) P점의 XY 좌표 계산

P점 $\begin{cases} X = X_A + (\overline{AP} \times \cos V_A{}^C) \\ Y = Y_A + (\overline{AP} \times \sin V_A{}^C) \end{cases}$

$X_P = 4275.69 + (191.07 \times \cos 71° \ 19' \ 02'')$

$\qquad = 4336.90 \, \text{m}$

$$Y_P = 2362.72 + (191.07 \times \sin 71° \ 19' \ 02'')$$

$$= 2543.72 \ \text{m}$$

(4) $\triangle BCQ$의 내각 α', β', γ' 계산

$$\alpha' = V_C{}^A - V_C{}^B$$

$$= 251° \ 19' \ 02'' - 173° \ 40' \ 10''$$

$$= 77° \ 38' \ 52''$$

$$\beta' = V_B{}^C - V_B{}^Q$$

$$= 353° \ 40' \ 10'' - 327° \ 52'$$

$$= 25° \ 48' \ 10''$$

$$\gamma' = 180° - (\alpha' + \beta')$$

$$= 180° - (77° \ 38' \ 52'' + 25° \ 48' \ 10'')$$

$$= 76° \ 32' \ 58''$$

(5) $\overline{CQ}$의 거리 계산

$$\frac{\overline{CQ}}{\sin \beta'} = \frac{\overline{BC}}{\sin \gamma'}$$

$$\overline{CQ} = \frac{\sin \beta'}{\sin \gamma'} \times \overline{BC}$$

$$= \frac{\sin 25° \ 48' \ 10''}{\sin 76° \ 32' \ 58''} \times 150.00$$

$$= 67.13 \ \text{m}$$

(6) Q점 XY 좌표 계산

$$X_Q = X_C + (\overline{CQ} \times \cos \ V_C{}^A)$$

$$= 4391.64 + (67.13 \times \cos 251° \ 19' \ 02'')$$

$$= 4370.14 \ \text{m}$$

$$Y_Q = Y_C + (\overline{CQ} \times \sin V_C{}^A)$$

$$= 2705.62 + (67.13 \times \sin 251° \ 19' \ 02'')$$

$$= 2642.03 \text{m}$$

06 solution

(1) 면적보정계수

$$Z = \frac{X \cdot Y}{\varDelta X \cdot \varDelta Y}$$

$\varDelta X$: 신·축된 도곽선의 종선길이의 합 ÷ 2

$\varDelta Y$: 신·축된 도곽선의 횡선길이의 합 ÷ 2

X : 도곽선 종선길이

Y : 도곽선 횡선길이

① 도상길이로 계산방법

$$\frac{333.33 \times 416.67}{(333.33 - 0.7)(416.67 - 0.7)} = 1.0038$$

② 지상길이로 계산방법

$$\frac{400 \times 500}{(400 - 0.84)(500 - 0.84)} = 1.0038$$

$-0.7\,\mathrm{mm}$를 지상거리로 환산

$$축척 = \frac{도상거리}{실제거리} \qquad \frac{1}{1200} = \frac{-0.7\mathrm{mm}}{실제거리}$$

$$\therefore \ 실제거리 = -0.7\mathrm{mm} \times 1200 = 840\mathrm{mm} = 0.84\mathrm{m}$$

(2) 신구면적 허용공차

$$A = 0.026^2 M \sqrt{F}$$

M : 축척분모

F : 원면적

$$A = \pm 0.026^2 \times 1200 \times \sqrt{770} = \pm 22\,\mathrm{m}^2$$

* 공차의 소요자리 이하는 버린다.

(3) 필지별 보정면적

측정면적×보정계수 = 보정면적

37번지　 $= 356.2 \times 1.0038 = 357.6\mathrm{m}^2$

37-1번지 $= 419.3 \times 1.0038 = 420.9\mathrm{m}^2$

합계　　 $= 778.5\mathrm{m}^2$

⑷ 필지별 산출면적

$$\frac{원면적}{보정면적의\ 합계} \times 필지별\ 보정면적$$

$$37번지 \quad = \frac{770}{778.5} \times 357.6 = 353.7\mathrm{m}^2$$

$$37-1번지 = \frac{770}{778.5} \times 420.9 = 416.3\mathrm{m}^2$$

$$합계 \qquad = 770\mathrm{m}^2$$

* 산출면적의 합계는 반드시 원면적과 같아야 하며 단수처리상 틀린 경우 증감하여 같게 만들어 결정한다.

⑸ 필지별 결정면적

37번지 : $354\mathrm{m}^2$

$37-1$번지 : $416\mathrm{m}^2$

합계 : $770\mathrm{m}^2$

* 축척이 1/1200 지역이기 때문에 정수만 등록한다. 또한 결정면적이 반드시 원면적(대장면적)과 일치하는가 확인해야 한다.

2회 출제예상문제

Cadastral Surveying

이 문제는 수험자의 기억을 토대로 작성하였으므로 실제 문제와 일부 다를 수도 있습니다. 해설과 해답은 오류가 없도록 최선을 다하였으나 혹 미미한 부분은 계속 수정 보완하겠습니다.

01. 다음 배각법에 의한 지적도근측량의 관측성과에 의하여 주어진 서식으로 각 점의 좌표를 계산하시오.(단, 도선명은 "가"이고, 축척은 600분의 1임)(12점)

측점	시준점	관측각	수평거리(m)	방위각	X좌표(m)	Y좌표(m)
강11	강12			10° 30′ 14″	5227.66	6846.71
강11	1	273° 06′ 08″	46.50			
1	2	276° 18′ 05″	131.96			
2	3	263° 59′ 07″	33.44			
3	4	274° 41′ 19″	40.50			
4	5	86° 04′ 34″	114.99			
5	6	269° 06′ 42″	40.55			
6	7	180° 40′ 16″	50.65			
7	강11	270° 29′ 46″	112.01		5227.66	6846.71
강11	강12	265° 33′ 36″		10° 30′ 14″		

도근측량계산부(배각법)

측 점	시준점	보정치 관 측 각	반수 수평거리	방위각	종선차(ΔX) 보정치 종선좌표(X)	횡선차(ΔY) 보정치 횡선좌표(Y)
		° ′ ″	m	° ′ ″	m	m

02. 일반원점지역에서의 삼각점 성과표상의 좌표가 $X=-4574.37\,\mathrm{m},\ Y=+2145.39\,\mathrm{m}$이다. 이를 지적좌표계로 환산하여 삼각점을 포용하는 축척 1200분의 1지역의 지적도 도곽선의 좌표를 계산하시오.(8점)

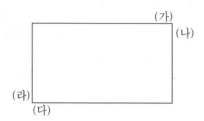

03. 다음 교회점의 관측결과에 의하여 주어진 서식을 완성하여 소구점(보1)의 좌표를 계산하시오.(12점)

1) 기지점

점명	종선좌표(m)	횡선좌표(m)
중부3	441789.67	227072.14
중부5	443024.23	227072.14
중부7	443024.23	228074.50

2) 소구방위각

$$V_a=\ 54°\ 04'\ 50''$$

$$V_b=145°\ 12'\ 56''$$

$$V_c=207°\ 44'\ 23''$$

3) 약도

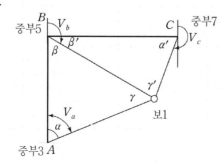

교회점계산부

[별지 제35호 서식]

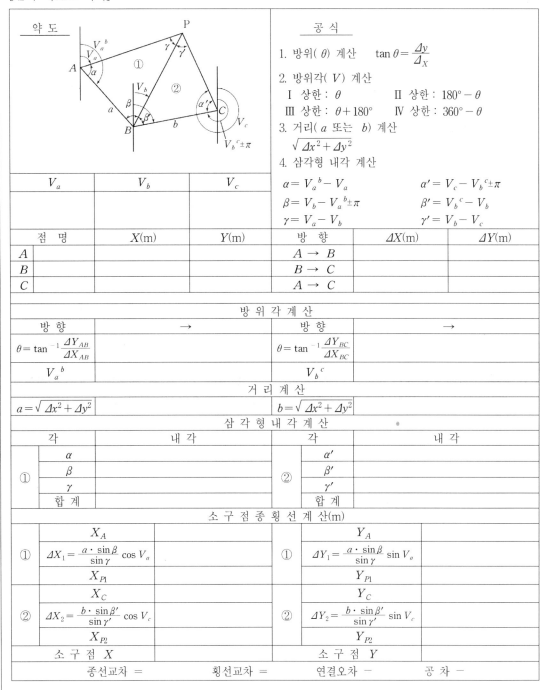

약 도

공 식

1. 방위(θ) 계산 $\tan\theta = \dfrac{\varDelta y}{\varDelta_X}$

2. 방위각(V) 계산

Ⅰ 상한 : θ Ⅱ 상한 : $180° - \theta$

Ⅲ 상한 : $\theta + 180°$ Ⅳ 상한 : $360° - \theta$

3. 거리(a 또는 b) 계산

$\sqrt{\varDelta x^2 + \varDelta y^2}$

4. 삼각형 내각 계산

$a = V_a{}^b - V_a$	$\alpha' = V_c - V_b{}^c \pm \pi$
$\beta = V_b - V_a{}^b \pm \pi$	$\beta' = V_b{}^c - V_b$
$\gamma = V_a - V_b$	$\gamma' = V_b - V_c$

V_a	V_b	V_c

점 명	X(m)	Y(m)	방 향	$\varDelta X$(m)	$\varDelta Y$(m)
A			$A \to B$		
B			$B \to C$		
C			$A \to C$		

방 위 각 계 산			
방 향	$\to$	방 향	$\to$
$\theta = \tan^{-1}\dfrac{\varDelta Y_{AB}}{\varDelta X_{AB}}$		$\theta = \tan^{-1}\dfrac{\varDelta Y_{BC}}{\varDelta X_{BC}}$	
$V_a{}^b$		$V_b{}^c$	

거 리 계 산		
$a = \sqrt{\varDelta x^2 + \varDelta y^2}$		$b = \sqrt{\varDelta x^2 + \varDelta y^2}$

삼 각 형 내 각 계 산				
각	내 각	각	내 각	
①	α		②	α'	
	β			β'	
	γ			γ'	
	합 계			합 계	

소 구 점 종 횡 선 계 산(m)				
①	X_A		①	Y_A	
	$\varDelta X_1 = \dfrac{a \cdot \sin\beta}{\sin\gamma}\cos V_a$			$\varDelta Y_1 = \dfrac{a \cdot \sin\beta}{\sin\gamma}\sin V_a$	
	X_{P1}			Y_{P1}	
②	X_C		②	Y_C	
	$\varDelta X_2 = \dfrac{b \cdot \sin\beta'}{\sin\gamma'}\cos V_c$			$\varDelta Y_2 = \dfrac{b \cdot \sin\beta'}{\sin\gamma'}\sin V_c$	
	X_{P2}			Y_{P2}	
소 구 점 X		소 구 점 Y	
종선교차 =	횡선교차 =	연결오차 —	공 차 —

04. 그림과 같은 지형에서 일시적인 장애물로 인하여 부득이 그림과 같이 관측을 하였다. P점의 좌표를 결정하시오. (단, 거리 및 좌표는 소수 3자리에서 반올림하여 소수 2자리까지, 각도는 반올림하여 초단위까지 구하시오.)(6점)

점명	종선좌표	횡선좌표
B	4765.12m	1564.72m
C	4658.67m	1077.88m

$V_b^a = 191° \ 32' \ 28''$　　$V_c^a = 117° \ 39' \ 58''$

$\alpha = 31° \ 47' \ 22''$　　　$\beta = 72° \ 36' \ 22''$

$\gamma = 33° \ 03' \ 30''$

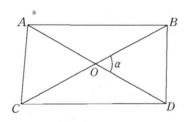

05. 다음 도형에서 AD=77.36m, BC=68.48m, $\alpha = 55° \ 30' \ 15''$일 때, 사각형 ABDC의 면적을 계산하시오. (단, 면적은 소수 2자리에서 반올림하여 소수 1자리까지 구하시오.)(5점)

06. 도곽신축량이 -1mm인 축척 1/1200 지적도에 등록된 원면적 1243m²의 토지를 3필지로 분할하여 분할 후 필지별 산출면적 A=754m², B=338m², C=125m²를 구했다. 이때 다음 요구사항을 구하시오. (단, 도곽의 규격은 400m×500m로 하고, 면적보정계수는 소수점 이하 6자리까지 계산할 것)(12점)

가. 면적보정계수

나. 신구면적 허용공차

다. 보정면적

라. 결정면적

2회 출제예상문제 해설 및 정답

01 solution 도근측량계산부(배각법)

[별지 제36호 서식]

측 점	시준점	보정치 관 측 각	반수 수평거리	방위각	종선차(ΔX) 보정치 종선좌표(X)	횡선차(ΔY) 보정치 횡선좌표(Y)
강11	강12	° ′ ″	m	10 30 14	m 5227.66	m 6846.71
강11	1	+4 273 06 08	21.5 46.50	283 36 26	10.94 0.00 5238.60	-45.19 -0.1 6801.51
1	2	+1 276 18 05	7.6 131.96	19 54 32	124.07 +0.03 5362.70	44.94 0.00 6846.45
2	3	+5 263 59 07	29.9 33.44	103 53 44	-8.03 0.00 5354.67	32.46 0.00 6878.91
3	4	+5 274 41 19	24.7 40.50	198 35 08	-38.39 +0.01 5316.29	-12.91 0.00 6866.00
4	5	2 86 04 34	8.7 114.99	104 39 44	-29.11 +0.01 5287.19	111.25 -0.01 6977.24
5	6	4 269 06 42	24.7 40.55	193 46 30	-39.38 +0.01 5247.82	-9.66 0.00 6967.58
6	7	4 180 40 16	19.7 50.65	194 26 50	-49.05 +0.01 5198.78	-12.64 0.00 6954.94
7	강11	2 270 29 46	8.9 112.01	284 56 38	28.88 0.00 5227.66	-108.22 -0.01 6846.71
강11	강12	265 33 36	145.7 570.6	10 30 14		

$\Sigma\alpha=$	2159° 59′ 33″		
$+T=$	10° 30′ 14″		
$-180(n+3)=$	2160° 00′ 00″	$\Sigma\|\Delta X\|=$ 327.85	$\Sigma\|\Delta Y\|=$ 377.27
$T_2'=$	10° 29′ 47″	$\Sigma\Delta X=$ -0.07	$\Sigma\Delta Y=$ +0.03
$T_2=$	10° 30′ 14″	기지 = 0.00	기지 = 0.00
		$f(x)=$ -0.07	$f(y)=$ +0.03
오차=-27″		연결오차=0.08	
공차=±60″		공 차=±0.14	

02 solution

(1) 종선좌표 결정

　① 종선좌표를 도곽선 길이로 나눈다.

　　$X = -4572.37 \div 400 = -11.43$

　② 도곽선 종선길이로 나눈 정수를 도곽선 길이로 곱한다.

　　$-11 \times 400 = -4400\mathrm{m}$

　③ 원점에서의 길이에 500000을 더한다.

　　$-4400 + 500000 = 495600\mathrm{m} \to$ 종선의 상부좌표(가)

　　$X = -4572.37$는 $(-)$가 있기 때문에 종선의 상부좌표가 먼저 결정된다.

　④ 종선의 하부좌표 결정

　　$495600 - 400 = 495200\mathrm{m} \to$ 종선의 하부좌표(다)

(2) 횡선좌표 결정

　① 횡선좌표를 도곽선 길이로 나눈다.

　　$Y = +2145.39 \div 500 = 4.29$

　② 도곽선 횡선길이로 나눈 정수를 도곽선 길이로 곱한다.

　　$4 \times 500 = 2000\mathrm{m}$

　③ 원점에서의 길이에 200000을 더한다.

　　$2000 + 200000 = 202000\mathrm{m} \to$ 좌측횡선좌표(라)

　　$Y = +2145.39$는 $(+)$가 있기 때문에 좌측횡선좌표가 먼저 결정된다.

　④ 우측횡선좌표 결정

　　$202000 + 500 = 202500\mathrm{m} \to$ 우측횡선좌표(나)

　∴ (가) 495600m　(나) 202500m　(다) 495200m　(라) 202000m

03 solution 교회점계산부

약 도

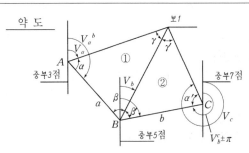

공 식

1. 방위(θ) 계산 $\tan\theta = \dfrac{\Delta y}{\Delta X}$

2. 방위각(V) 계산
   Ⅰ 상한 : θ 　　　　Ⅱ 상한 : $180° - \theta$
   Ⅲ 상한 : $\theta + 180°$ 　　Ⅳ 상한 : $360° - \theta$

3. 거리(a 또는 b) 계산
   $\sqrt{\Delta x^2 + \Delta y^2}$

4. 삼각형 내각 계산
   $a = V_a{}^b - V_a$ 　　　$\alpha' = V_c - V_b{}^c \pm \pi$
   $\beta = V_b - V_a{}^b \pm \pi$ 　$\beta' = V_b{}^c - V_b$
   $\gamma = V_a - V_b$ 　　　$\gamma' = V_b - V_c$

V_a	V_b	V_c
54° 04′ 50″	145° 12′ 56″	207° 44′ 23″

	점 명	X(m)	Y(m)	방 향	ΔX(m)	ΔY(m)
A	중부3	441789.67	227072.14	$A \to B$	1234.56	0.00
B	중부5	443024.23	227072.14	$B \to C$	0.00	1002.36
C	중부7	443024.23	228074.50	$A \to C$	1234.56	1002.36

방 위 각 계 산

방 향	중부3 → 중부5	방 향	중부5 → 중부7
$\theta = \tan^{-1}\dfrac{\Delta Y_{AB}}{\Delta X_{AB}}$	0° 00′ 00″	$\theta = \tan^{-1}\dfrac{\Delta Y_{BC}}{\Delta X_{BC}}$	90° 00′ 00″
$V_a{}^b$	0 00 00	$V_b{}^c$	90 00 00

거 리 계 산

$a = \sqrt{\Delta x^2 + \Delta y^2}$	1234.56	$b = \sqrt{\Delta x^2 + \Delta y^2}$	1002.36

삼 각 형 내 각 계 산

각		내 각	각		내 각
①	α	54° 04′ 50″	②	α'	62° 15′ 37″
	β	34 47 04		β'	55 12 56
	γ	91 08 06		γ'	62 31 27
	합 계	180 00 00		합 계	180 00 00

소 구 점 종 횡 선 계 산(m)

①	X_A	441789.67	①	Y_A		227072.14
	$\Delta X_1 = \dfrac{a \cdot \sin\beta}{\sin\gamma} \cos V_a$	413.26		$\Delta Y_1 = \dfrac{a \cdot \sin\beta}{\sin\gamma} \sin V_a$		570.49
	X_{P1}	442202.93		Y_{P1}		227642.63
②	X_C	443024.23	②	Y_C		228074.50
	$\Delta X_2 = \dfrac{b \cdot \sin\beta'}{\sin\gamma'} \cos V_c$	-821.26		$\Delta Y_2 = \dfrac{b \cdot \sin\beta'}{\sin\gamma'} \sin V_c$		-431.90
	X_{P2}	442202.97		Y_{P2}		227642.60
소 구 점 X		442202.95	소 구 점 Y			227642.62

종선교차=0.04m 　　횡선교차=0.03m 　　연결오차=0.05m 　　공차=0.30m

04 solution

(1) BC의 방위각 계산

$$\Delta x = -106.45\,\text{m} \qquad \Delta y = -486.84\,\text{m}$$

$$\theta = \tan^{-1}\frac{\Delta y}{\Delta x} = \tan^{-1}\frac{-486.84}{-106.45} = 77° \ 39' \ 58''(3상한)$$

$$V_b{}^C = 180° + 77° \ 39' \ 58'' = 257° \ 39' \ 58''$$

(2) BC 거리 계산

$$L = \sqrt{\Delta x^2 + \Delta y^2} = \sqrt{(-106.45)^2 + (-486.84)^2} = 498.34\text{ m}$$

(3) 방위각 계산

$$V_b{}^P = V_b{}^a + \alpha = 191° \ 32' \ 28'' + 31° \ 47' \ 22'' = 223° \ 19' \ 50''$$

$$V_c{}^P = V_c{}^a + \beta = 117° \ 39' \ 58'' + 72° \ 36' \ 22'' = 190° \ 16' \ 20''$$

(4) 내각 계산

$$\angle CPB = \gamma = 33° \ 03' \ 30''$$

$$\angle PBC = V_B{}^C - V_B{}^P = 257° \ 39' \ 58'' - 223° \ 19' \ 50'' = 34° \ 20' \ 08''$$

$$\angle BCP = 180° - (\angle CPB + \angle PBC) = 180° - (33° \ 03' \ 30'' + 34° \ 20' \ 08'') = 112° \ 36' \ 22''$$

(5) 거리 계산

$$\overline{CP} = \frac{\overline{BC} \times \sin\angle PBC}{\sin\angle CPB} = \frac{498.34 \times \sin 34° \ 20' \ 08''}{\sin 33° \ 03' \ 30''} = 515.28\text{m}$$

$$\overline{BP} = \frac{\overline{BC} \times \sin\angle BCP}{\sin\angle CPB} = \frac{498.34 \times \sin 112° \ 36' \ 22''}{\sin 33° \ 03' \ 30''} = 843.37\text{m}$$

(6) 좌표 계산

① $B \to P$ 좌표 계산

$$X_P = X_B + (\overline{BP} \times \cos V_B{}^P) = 4765.12 + (843.37 \times \cos 223° \ 19' \ 50'') = 4151.65\text{m}$$

$$Y_P = Y_B + (\overline{BP} \times \sin V_B{}^P) = 1564.72 + (843.37 \times \sin 223° \ 19' \ 50'') = 985.99\text{m}$$

② $C \to P$ 좌표 계산

$$X_P = X_C + (\overline{CP} \times \cos V_C{}^P) = 4658.67 + (515.28 \times \cos 190° \ 16' \ 20'') = 4151.65\text{m}$$

$$Y_P = Y_C + (\overline{CP} \times \sin V_C{}^P) = 1077.88 + (515.28 \times \sin 190° \ 16' \ 20'') = 985.99\text{m}$$

③ 결정 좌표

$$X_P = 4151.65\,\text{m}, \quad Y_P = 985.99\text{ m}$$

05 solution

(1) △*ABC*에서 높이 계산

$$높이 = \overline{AO} \times \sin\alpha$$

△*ABC* 면적 계산

$$\frac{1}{2} \times \overline{BC} \times \overline{AO} \times \sin\alpha$$

(2) △*BDC*에서 높이 계산

$$높이 = \overline{DO} \times \sin\alpha$$

△*BDC* 면적 계산

$$\frac{1}{2} \times \overline{BC} \times \overline{DO} \times \sin\alpha$$

(3) 두 삼각형의 면적의 합 계산

$$\triangle ABC + \triangle BDC = \frac{1}{2} \times \overline{BC} \times \overline{AD} \times \sin\alpha$$

(4) □*ABCD* 면적 계산

$$A = \frac{1}{2} \times 68.48 \times 77.36 \times \sin 55° \ 30' \ 15''$$

$$= 2183.1 \text{m}^2$$

06 solution

(1) 면적보정계수 계산

① 도상길이로 계산방법

$$\frac{333.33 \times 416.67}{(333.33 - 1)(416.67 - 1)} = 1.005422$$

② 지상길이로 계산방법

−1mm를 지상거리로 환산

$$축척 = \frac{도상거리}{실제거리} \qquad \frac{1}{1200} = \frac{-1\text{mm}}{실제거리}$$

$$실제거리 = -1\text{mm} \times 1200 = -1200\text{mm} = -1.2\text{m}$$

$$\frac{400 \times 500}{(400 - 1.2)(500 - 1.2)} = 1.005422$$

(2) 신구면적 허용공차

$$A = \pm 0.026^2 \times M\sqrt{F}$$

$$A = \pm 0.026^2 \times 1200 \times \sqrt{1243} = \pm 28 \text{ m}^2$$

(3) 보정면적 계산

측정면적 × 보정계수 = 보정면적

$A = 754 \times 1.005422 = 758.1 \text{m}^2$

$B = 338 \times 1.005422 = 339.8 \text{m}^2$

$C = 125 \times 1.005422 = 125.7 \text{m}^2$

합계 $= 1223.6 \text{m}^2$

(4) 산출면적 계산

$\dfrac{\text{원면적}}{\text{보정면적의 합계}} \times \text{필지별 보정면적}$

$A = \dfrac{1243}{1223.6} \times 758.1 = 770.1 \text{m}^2$

$B = \dfrac{1243}{1223.6} \times 339.8 = 345.2 \text{m}^2$

$C = \dfrac{1243}{1223.6} \times 125.7 = 127.7 \text{m}^2$

(5) 결정면적

$A = 770 \text{ m}^2$

$B = 345 \text{ m}^2$

$C = 128 \text{ m}^2$

합계 $= 1243 \text{ m}^2$

3회 출제예상문제

Cadastral Surveying

이 문제는 수험자의 기억을 토대로 작성하였으므로 실제 문제와 일부 다를 수도 있습니다. 해설과 해답은 오류가 없도록 최선을 다하였으나 혹 미미한 부분은 계속 수정 보완하겠습니다.

01. 구소삼각원점 지역에서 도근점의 좌표가 $X = -3725.39\,\text{m}$, $Y = -2359.31\,\text{m}$이다. 이를 포용하는 지적도의 도곽선을 축척 1000분의 1로 작성하시오.(8점)

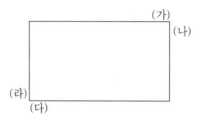

02. 다음 주어진 관측조건과 배각법 서식을 이용하여 각 도근점의 좌표를 계산하시오. (단, 축척은 1/1200, 1등도선이다.)(12점)

측점	시준점	관측각	수평거리	기지방위각	기지좌표 X	기지좌표 Y
보2	보3	0° 00′ 00″		245° 34′ 29″	459746.70	198765.33
보2	1	262° 47′ 11″	87.41			
1	2	188° 24′ 30″	71.36			
2	3	172° 53′ 11″	83.82			
3	4	346° 00′ 30″	39.97			
4	5	288° 29′ 20″	41.36			
5	6	328° 34′ 38″	55.01			
6	보4	148° 12′ 15″	59.08		459475.71	198860.32
보4	보5	105° 16′ 30″		106° 12′ 05″		

도근측량계산부(배각법)

측 점	시준점	보정치 관 측 각	반수 수평거리	방위각	종선차(ΔX) 보정치 종선좌표(X)	횡선차(ΔY) 보정치 횡선좌표(Y)
		° ′ ″	___ m	° ′ ″	___ m	___ m

03. 축척 1200분의 1지역에서 원면적이 $624m^2$인 124번지의 토지를 분할하기 위하여 전자면적계로 면적을 측정하여 124번지는 $220.1m^2$, 124-1번지는 $385.5m^2$를 얻었다. 이 도면의 신축량이 $-0.5mm$일 때 지적법 규정에 의거하여 다음 사항들을 계산하시오.(10점)

가. 면적보정계수(소수 4자리까지 구하시오.)

나. 보정면적

다. 신구면적 허용오차

라. 산출면적

마. 결정면적

04. 그림의 교회망에서 기지여건과 관측내각이 다음과 같을 경우 소구점(보16)의 좌표를 서식을 완성하여 구하시오.(단, 각은 초단위, 거리와 좌표는 소수 둘째자리(0.01m)까지 구하시오.(15점)

기지점 좌표

점명	각점	X	Y
역6	A	455010.64m	192643.32m
역7	B	455010.64m	195382.80m
양3	C	454006.06m	194056.41m

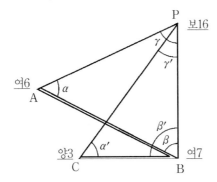

관측내각 α=34° 53′ 47″,　γ=100° 14′ 25″,　γ'=50° 26′ 22″

교회점계산부

[별지 제35호 서식]

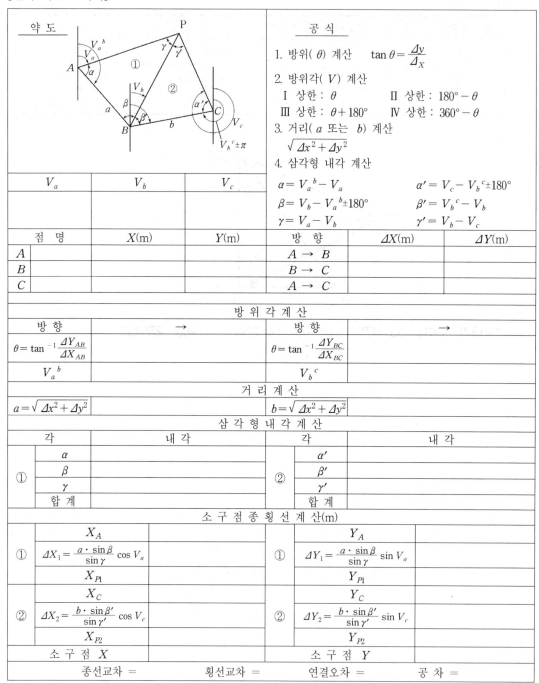

점 명	X(m)	Y(m)	방 향	ΔX(m)	ΔY(m)
A			$A \to B$		
B			$B \to C$		
C			$A \to C$		

방 위 각 계 산				
방 향	$\to$		방 향	$\to$
$\theta = \tan^{-1} \dfrac{\Delta Y_{AB}}{\Delta X_{AB}}$			$\theta = \tan^{-1} \dfrac{\Delta Y_{BC}}{\Delta X_{BC}}$	
$V_a{}^b$			$V_b{}^c$	

거 리 계 산			
$a = \sqrt{\Delta x^2 + \Delta y^2}$		$b = \sqrt{\Delta x^2 + \Delta y^2}$	

삼 각 형 내 각 계 산					
각		내 각	각		내 각
①	α		②	α'	
	β			β'	
	γ			γ'	
	합 계			합 계	

소 구 점 종 횡 선 계 산(m)					
①	X_A		①	Y_A	
	$\Delta X_1 = \dfrac{a \cdot \sin \beta}{\sin \gamma} \cos V_a$			$\Delta Y_1 = \dfrac{a \cdot \sin \beta}{\sin \gamma} \sin V_a$	
	X_{P1}			Y_{P1}	
②	X_C		②	Y_C	
	$\Delta X_2 = \dfrac{b \cdot \sin \beta'}{\sin \gamma'} \cos V_c$			$\Delta Y_2 = \dfrac{b \cdot \sin \beta'}{\sin \gamma'} \sin V_c$	
	X_{P2}			Y_{P2}	
소 구 점 X			소 구 점 Y		

종선교차 =	횡선교차 =	연결오차 =	공 차 =

05. 다음의 결과에 의하여 요구사항을 구하시오. (단, 거리와 좌표는 cm단위까지 계산하시오.)(10점)

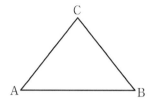

좌표 $[A : X = 9751.84\,\mathrm{m}\ \ Y = 731.45\,\mathrm{m},\ \ B : X = 7511.49\,\mathrm{m}\ \ Y = 5429.32\,\mathrm{m}]$

내각 $[\angle A = 61° \ 52' \ 28'',\ \ \angle B = 63° \ 44' \ 51'',\ \ \angle C = 54° \ 22' \ 41'']$

가. AB방위각 (V_A^B)

나. $\overline{BC}$와 $\overline{AC}$의 거리

다. C점 좌표

3회 출제예상문제 해설 및 정답

01 solution

01 종선좌표 결정

(1) 종선좌표에 도곽선 길이로 나눈다.

$X = -3725.39 \div 300 = -12.42$

(2) 도곽선 종선길이로 나눈 정수를 곱한다.

$-12 \times 300 = -3600m \rightarrow$ 종선의 상부좌표(가)

* $X = -3725.39$이 $(-)$값으로 종선의 상부좌표가 먼저 결정되며 기타 원점좌표이기 때문에 가상수치(50만)를 더하지 않는다.

(3) 종선의 하부좌표 결정

$-3600 - 300 = -3900m \rightarrow$ 종선의 하부좌표(다)

02 횡선좌표 결정

(1) 횡선좌표에 도곽선 길이로 나눈다.

$Y = -2359.31 \div 400 = -5.90$

(2) 도곽선 횡선길이로 나눈 정수를 곱한다.

$-5 \times 400 = -2000m \rightarrow$ 우측횡선좌표(나)

* $Y = -2359.31$에서 $(-)$값으로 우측횡선좌표가 먼저 결정된다.

(3) 좌측횡선좌표 결정

$-2000 - 400 = -2400m \rightarrow$ 좌측횡선좌표(라)

답 (가) $-3,600m$ (나) $-2,000m$ (다) $-3,900m$ (라) $-2,400m$

02 solution 도근측량계산부(배각법)

측 점	시준점	보정치 관 측 각		반수 수평거리	방위각	종선차(ΔX) 보정치 종선좌표(X)	횡선차(ΔY) 보정치 횡선좌표(Y)
보2	보3	° ′ ″		——— m	245 34 29	459746.70	198765.33
보2	1	262 47 11	− 3	11.44 87.41	148 21 37	− 74.42 0.01 459672.29	45.85 0.01 198811.19
1	2	188 24 30	− 3	14.01 71.36	156 46 04	− 65.57 0.01 459606.73	28.15 0.01 198839.35
2	3	172 53 11	− 3	11.93 83.82	149 39 12	− 72.34 0.01 459534.40	42.35 0.01 198881.71
3	4	346 00 30	− 6	25.02 39.97	315 39 36	28.59 0.01 459563.00	− 27.94 0.01 198853.78
4	5	288 29 20	− 6	24.18 41.36	64 08 50	18.04 0.00 459581.04	37.22 0.01 198891.01
5	6	328 34 38	− 4	18.18 55.01	212 43 24	− 46.28 0.01 459534.77	− 29.74 0.01 198861.27
6	보4	148 12 15	− 4	16.93 59.08	180 55 35	− 59.07 0.01 459475.71	− 0.96 0.00 198860.32
보4	보5	105 16 30		(121.69) (438.01)	106 12 05		
		$\Sigma a =$ 1840° 38′ 05″ $+ T=$ 245° 34′ 29″ $-180(n+3)=$1980° 00′ 00″ $T_2' =$ 106° 12′ 34″ $T_2 =$ 106° 12′ 05″				$\Sigma|\Delta X| =$ 364.31 $\Sigma\Delta X=$ −271.05 기지 = −270.99 $f(x) =$ −0.06	$\Sigma|\Delta Y| =$ 212.21 $\Sigma\Delta Y=$ 94.93 기지 = 94.99 $f(y) =$ −0.06
		오차=29″ 공차=±56″				연결오차=0.08 공 차=±0.25	

03 solution

(1) 면적보정계수 계산

$$Z = \frac{X \cdot Y}{\Delta X \cdot \Delta Y}$$

ΔX : 신·축된 도곽선의 종선길이의 합 ÷ 2

ΔY : 신·축된 도곽선의 횡선길이의 합 ÷ 2

X : 도곽선 종선길이

Y : 도곽선 횡선길이

① 도상길이로 계산

$$\frac{333.33 \times 416.67}{(333.33 - 0.5)(416.67 - 0.5)} = 1.0027$$

② 지상길이로 계산

-0.5mm를 지상거리로 환산

$$\text{축척} = \frac{\text{도상거리}}{\text{실제거리}} \qquad \frac{1}{1200} = \frac{-0.5\text{mm}}{\text{실제거리}}$$

$$\text{실제거리} = -0.5\text{mm} \times 1200 = 600\text{mm} = 0.6\text{m}$$

$$\frac{400 \times 500}{(400 - 0.6)(500 - 0.6)} = 1.0027$$

(2) 보정면적 계산

측정면적 × 보정계수 = 보정면적

124번지 $= 220.1 \times 1.0027 = 220.7\text{m}^2$

124-1번지 $= 385.5 \times 1.0027 = 386.5\text{m}^2$

합계 $= 220.7 + 386.5 \qquad = 607.2\text{m}^2$

(3) 신구면적 허용오차 계산

$$\pm 0.026^2 M \sqrt{F}$$

$$\pm 0.026^2 \times 1200 \times \sqrt{624} = \pm 20 m^2$$

(4) 산출면적 계산

$$\frac{\text{원면적}}{\text{보정면적의 합계}} \times \text{필지별 보정면적}$$

124번지 $= \dfrac{624}{607.2} \times 220.7 = 226.8\text{m}^2$

124-1번지 $= \dfrac{624}{607.2} \times 386.5 = 397.2\text{m}^2$

합계 $= 624\text{m}^2$

＊ 산출면적의 합계는 반드시 원면적과 같아야 하며 단수처리상 틀린 경우 증감하여 같게 만들어 결정한다.

(5) 결정면적 계산

124번지 $= 227\text{m}^2$

124 − 1번지 $= 397\text{m}^2$

합계 $= 624\text{m}^2$

04 solution

(1) 종선차 ($\varDelta X$), 횡선차 ($\varDelta Y$) 계산

A-B 방향

$\varDelta X = 455010.64 - 455010.64 = 0\text{m}$

$\varDelta Y = 195382.80 - 192643.32 = 2739.48\text{m}$

B-C 방향

$\varDelta X = 454006.06 - 455010.64 = -1004.58\text{m}$

$\varDelta Y = 194056.41 - 195352.80 = -1326.39\text{m}$

A-C 방향

$\varDelta X = 454006.06 - 455010.64 = -1004.58\text{m}$

$\varDelta Y = 194056.41 - 192643.32 = 1413.09\text{m}$

(2) 방위 및 방위각 계산

A→B 방위계산 : $\theta = \tan^{-1}\left(\dfrac{\varDelta Y}{\varDelta X}\right) = \tan^{-1}\left(\dfrac{2,739.48}{0}\right)$

       $\theta = 90°$ 즉 x축은 그대로이며 y축만 오른쪽으로 이동하기 때문에 90°가 된다.

    방위각 : 90°

B→C 방위계산 : $\theta = \tan^{-1}\left(\dfrac{\varDelta Y}{\varDelta X}\right) = \tan^{-1}\left(\dfrac{1326.39}{1004.58}\right) = 52°\ 51'\ 38''$

    방위각 계산 : 3상한$(-,-)$이므로 $180° + \theta$

    $180° + 52°\ 51'\ 38'' = 232°\ 51'\ 38''$

(3) 거리계산

$a = \sqrt{(0^2 - 2739.48^2)} = 2739.48\,\text{m}$

$b = \sqrt{(1004.58^2 + 1326.39^2)} = 1663.88\,\text{m}$

(4) V_a, V_b, V_c 소구방위각 계산

기존 V_a, V_b, V_c 방위각을 이용하여 내각을 구하는 방법이 아니고 이미 알고 있는 내각 (a, r, r')과

기지방위각 $(V_a{}^b, V_b{}^c)$을 참고하여 소구방위각을 구한다.

$V_a = V_a{}^b - a = 90° - 34°\ 53'\ 47'' = 55°\ 6'\ 13''$

$V_b = V_a - r = 55°\ 6'\ 13'' - 100°\ 14'\ 25'' = 314°\ 51'\ 48''$

$V_c = V_b + r' = 314°\ 51'\ 48'' + 50°\ 26'\ 10'' = 5°\ 18'\ 10''$

(5) 삼각형의 내각 계산

$\alpha = 34° \ 53' \ 47''$

$\beta = V_b - (V_a{}^b + 180) = 314° \ 51' \ 48'' - (90° + 180°) = 44° \ 51' \ 48''$

$\gamma = 100° \ 14' \ 25''$

$\alpha' = V_c{}^b - V_c = 52° \ 51' \ 38'' - 5° \ 18' \ 10'' = 47° \ 33' \ 28''$

$\beta' = V_b - V_b{}^c = 314° \ 51' \ 48'' - 232° \ 51' \ 38'' = 82° \ 0' \ 10''$

$\gamma' = 50° \ 26' \ 22''$

(6) 소구점 종횡선 좌표 계산

$X_{P1} = X_A + \left(\dfrac{a \times \sin \beta}{\sin \gamma} \times \cos V_a \right)$

$\qquad = 455010.64 + 1123.46$

$\qquad = 456134.10 \text{m}$

$Y_{P1} = Y_A + \left(\dfrac{a \times \sin \beta}{\sin \gamma} \times \sin V_a \right)$

$\qquad = 192643.32 + 1610.65$

$\qquad = 194253.97 \text{m}$

$X_{P2} = X_c + \left(\dfrac{b \times \sin \beta'}{\sin \gamma'} \times \cos V_c \right)$

$\qquad = 454006.06 + 2128.08$

$\qquad = 456134.14 \text{m}$

$Y_{P2} = Y_c + \left(\dfrac{b \times \sin \beta'}{\sin \gamma'} \times \sin V_c \right)$

$\qquad = 194056.41 + 197.52$

$\qquad = 194253.93 \text{m}$

(7) 평균좌표 $\quad X = \dfrac{(456134.10 + 456134.14)}{2} = 456134.12 \text{m}$

$\qquad\qquad\quad Y = \dfrac{(194253.97 + 194253.93)}{2} = 194253.95 \text{m}$

(8) 종선교차 및 횡선교차 계산

종선교차 $= 456134.10 - 456134.14 = 0.04 \text{m}$

횡선교차 $= 194253.97 - 194253.93 = 0.04 \text{m}$

(9) 연결교차 계산

$\sqrt{0.04^2 + 0.04^2} = 0.06 \text{m}$

교회점계산부

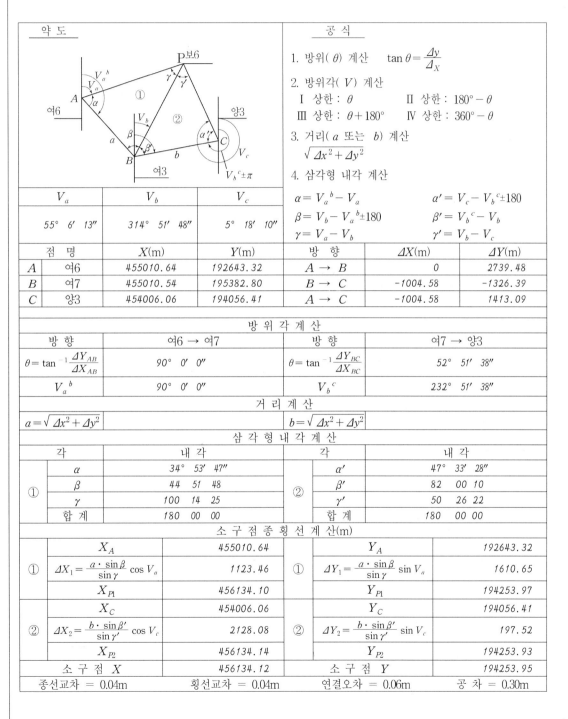

약 도	공 식

공 식

1. 방위(θ) 계산 $\tan\theta = \dfrac{\Delta y}{\Delta X}$

2. 방위각(V) 계산
 I 상한 : θ II 상한 : $180° - \theta$
 III 상한 : $\theta + 180°$ IV 상한 : $360° - \theta$

3. 거리(a 또는 b) 계산
 $\sqrt{\Delta x^2 + \Delta y^2}$

4. 삼각형 내각 계산

$a = V_a{}^b - V_a$ $a' = V_c - V_b{}^c \pm 180$
$\beta = V_b - V_a{}^b \pm 180$ $\beta' = V_b{}^c - V_b$
$\gamma = V_a - V_b$ $\gamma' = V_b - V_c$

V_a	V_b	V_c
55° 6′ 13″	314° 51′ 48″	5° 18′ 10″

	점 명	X(m)	Y(m)	방 향	ΔX(m)	ΔY(m)
A	여6	455010.64	192643.32	$A \rightarrow B$	0	2739.48
B	여7	455010.54	195382.80	$B \rightarrow C$	-1004.58	-1326.39
C	양3	454006.06	194056.41	$A \rightarrow C$	-1004.58	1413.09

방 위 각 계 산				
방 향	여6 → 여7		방 향	여7 → 양3
$\theta = \tan^{-1}\dfrac{\Delta Y_{AB}}{\Delta X_{AB}}$	90° 0′ 0″		$\theta = \tan^{-1}\dfrac{\Delta Y_{BC}}{\Delta X_{BC}}$	52° 51′ 38″
$V_a{}^b$	90° 0′ 0″		$V_b{}^c$	232° 51′ 38″

거 리 계 산	
$a = \sqrt{\Delta x^2 + \Delta y^2}$	$b = \sqrt{\Delta x^2 + \Delta y^2}$

삼 각 형 내 각 계 산					
	각	내 각		각	내 각
①	α	34° 53′ 47″	②	α'	47° 33′ 28″
	β	44 51 48		β'	82 00 10
	γ	100 14 25		γ'	50 26 22
	합 계	180 00 00		합 계	180 00 00

소 구 점 종 횡 선 계 산(m)					
①	X_A	455010.64	①	Y_A	192643.32
	$\Delta X_1 = \dfrac{a \cdot \sin\beta}{\sin\gamma}\cos V_a$	1123.46		$\Delta Y_1 = \dfrac{a \cdot \sin\beta}{\sin\gamma}\sin V_a$	1610.65
	X_{P1}	456134.10		Y_{P1}	194253.97
②	X_C	454006.06	②	Y_C	194056.41
	$\Delta X_2 = \dfrac{b \cdot \sin\beta'}{\sin\gamma'}\cos V_c$	2128.08		$\Delta Y_2 = \dfrac{b \cdot \sin\beta'}{\sin\gamma'}\sin V_c$	197.52
	X_{P2}	456134.14		Y_{P2}	194253.93
소 구 점 X		456134.12	소 구 점 Y		194253.95

종선교차 = 0.04m	횡선교차 = 0.04m	연결오차 = 0.06m	공 차 = 0.30m

05 solution

(1) 종선차(ΔX) 횡선차 (ΔY)의 계산

$\Delta X = 7511.49 - 9751.84$

$\qquad = -2240.35\text{m}$

$\Delta Y = 5429.32 - 731.45$

$\qquad = 4697.87\text{m}$

(2) 방위 (θ)의 계산

$\tan \theta = \dfrac{\Delta Y}{\Delta X}$

$\theta = \tan^{-1} \dfrac{\Delta Y}{\Delta X}$

$\theta = \tan^{-1} \dfrac{4697.87}{2240.35}$

$\theta = 64° \ 30' \ 15''$

(3) 방위각 계산

상한	ΔX	ΔY	방위각 계산
1	+	+	$V = \theta$
2	−	+	$V = 180 - \theta$
3	−	−	$V = 180 + \theta$
4	+	−	$V = 360 - \theta$

V는 $(-,+)$이므로 2상한에 속한다.

$V = 180° - 64° \ 30' \ 15''$

$\quad = 115° \ 29' \ 45''$

(4) $\overline{BC}$와 $\overline{AC}$의 거리 계산

① $\overline{AB}$의 거리 계산

$\overline{AB}$의 거리 $= \sqrt{(\Delta X)^2 + (\Delta Y)^2}$

$\qquad\qquad = \sqrt{(-2240.35)^2 + (4697.87)^2}$

$\qquad\qquad = 5204.72\,\text{m}$

② $\overline{BC}$의 거리 계산

$\dfrac{\overline{AB}}{\sin C} = \dfrac{\overline{BC}}{\sin A}$

$\overline{BC} = \dfrac{\sin A}{\sin C} \times \overline{AB}$

$\qquad = \dfrac{\sin 61° \ 52' \ 28''}{\sin 54° \ 22' \ 41''} \times 5204.72$

$\qquad = 5646.76\text{m}$

③ $\overline{AC}$의 거리 계산

$$\frac{\overline{AB}}{\sin C} = \frac{\overline{AC}}{\sin B}$$

$$\overline{AC} = \frac{\sin B}{\sin C} \times \overline{AB}$$

$$= \frac{\sin 63° \ 44' \ 51''}{\sin 54° \ 22' \ 41''} \times 5204.72$$

$$= 5742.40\text{m}$$

(5) C점 좌표 계산

① A점에서 계산

$$X_C = X_A + (\overline{AC} \times \cos V_A{}^C)$$

$$V_A{}^C = V_A{}^B - \angle A$$

$$= 115° \ 29' \ 45'' - 61° \ 52' \ 28''$$

$$= 53° \ 37' \ 17''$$

$$X_C = 9751.84 + (5742.40 \times \cos 53° \ 37' \ 17'')$$

$$= 13157.76\text{m}$$

$$Y_C = 731.45 + (5742.40 \times \sin 53° \ 37' \ 17'')$$

$$= 5354.74\text{m}$$

∴ C점 좌표 $X = 13157.76\text{m}$

$$Y = 5354.74\text{m}$$

② B점에서 계산

$$X_C = X_B + (\overline{BC} \times \cos V_B{}^C)$$

$$Y_C = Y_B + (\overline{BC} \times \sin V_B{}^C)$$

$V_B{}^C$ 방위각 $= V_B{}^A + \angle B$

$$= 295° \ 29' \ 45'' + 63° \ 44' \ 51''$$

$$= 359° \ 14' \ 36''$$

$$X_C = 7511.49 + (5646.76 \times \cos 359° \ 14' \ 36'')$$

$$= 13157.76\text{m}$$

$$Y_C = 5429.32 + (5646.76 \times \sin 359° \ 14' \ 36'')$$

$$= 5354.75\text{m}$$

③ C점의 평균 좌표

$$X = \frac{(13157.76 + 13157.76)}{2} = 13157.76\,\text{m}$$

$$Y = \frac{(5354.74 + 5354.75)}{2} = 5354.74\,\text{m}$$

4회 출제예상문제

이 문제는 수험자의 기억을 토대로 작성하였으므로 실제 문제와 일부 다를 수도 있습니다. 해설과 해답은 오류가 없도록 최선을 다하였으나 혹 미미한 부분은 계속 수정 보완하겠습니다.

01. 종선좌표 X_P=387217.46m, 횡선좌표 Y_P=165321.83m인 지적도근점 P가 위치하는 축척 1/600 지적도의 도곽선 좌측하단 모서리(A)의 좌표와 우측상단 모서리(B)의 좌표를 결정하고 두 점 AP의 거리를 구하시오.(8점)

   가. A점의 좌표(종선, 횡선)
      B점의 좌표(종선, 횡선)

   나. AP의 거리

02. 다음 그림에서 $\overline{AD}$의 거리를 구하시오.

   (단, $\overline{BC}$=100m, $\angle ABC = 80°$, $\angle DBC = 40°$, $\angle BCD = 80°$, $\angle BCA = 30°$이고 거리의 단위는 m 이며 계산은 반올림하여 소수 2자리까지 구하시오.)(5점)

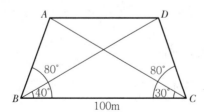

03. 다음 배각법에 의한 지적도근측량의 관측성과에 의하여 주어진 서식으로 각 점의 좌표를 계산하시오.(단, 도선명은 "나"이고, 축척은 1/1000임)(12점)

측점	시준점	관측각	수평거리(m)	방위각	X좌표(m)	Y좌표(m)
원10	원13			43° 28′ 34″	461575.50	213624.17
원10	1	105° 43′ 45″	219.79			
1	2	197° 11′ 52″	79.76			
2	3	261° 04′ 36″	89.45			
3	4	132° 38′ 54″	72.19			
4	5	82° 29′ 51″	61.32			
5	원15	237° 09′ 15″	95.46		461104.24	213740.77
원15	원17	77° 03′ 05″		56° 49′ 37″		

도근측량계산부(배각법)

측 점	시준점	보정치 관 측 각	반수 수평거리	방위각	종선차(*ΔX*) 보정치 종선좌표(*X*)	횡선차(*ΔY*) 보정치 횡선좌표(*Y*)
		° ′ ″	m	° ′ ″	____ m	____ m

04. 다각망 도선법에 의한 Y망의 관측 결과가 다음과 같다. 주어진 서식을 완성하고, 평균방위각과 평균 종횡선좌표를 계산하시오.(12점)

도선	경중률		관측방위각	종선좌표(m)	횡선좌표(m)
	ΣN	ΣS			
(1)	18	10.41	24° 42′ 38″	402174.93	196283.57
(2)	10	5.69	24° 42′ 15″	402175.08	196283.48
(3)	8	5.14	24° 42′ 21″	402175.01	196283.50

교점다각망계산부(X, Y형)

<table>
<tr><td colspan="4" align="center">약 도</td><td colspan="5">1. 방위각</td></tr>
<tr><td colspan="2">Ⅰ (1) (4) Ⅲ
(2) (3)
Ⅱ</td><td colspan="2">(1) (3)
Ⅰ Ⅱ
(2)</td><td>순
서</td><td>도
선</td><td>관 측</td><td>보정</td><td>평 균</td></tr>
<tr><td rowspan="3">조
건
식</td><td>Ⅰ</td><td colspan="2">(1)-(2)+w_1=0</td><td rowspan="3">조
건
식</td><td>Ⅰ</td><td colspan="2">(1)-(2)+w_1=0</td><td rowspan="3">Ⅰ</td><td>(1)</td><td></td><td></td></tr>
<tr><td>Ⅱ</td><td colspan="2">(2)-(3)+w_2=0</td><td>Ⅱ</td><td colspan="2">(2)-(3)+w_2=0</td><td>(2)</td><td></td><td></td></tr>
<tr><td>Ⅲ</td><td colspan="2">(3)-(4)+w_3=0</td><td></td><td colspan="2"></td><td>w_1</td><td></td><td></td></tr>
<tr><td rowspan="4">경
중
률</td><td></td><td>ΣN</td><td>ΣS</td><td rowspan="4">경
중
률</td><td></td><td>ΣN</td><td>ΣS</td><td rowspan="3">Ⅱ</td><td>(2)</td><td></td><td></td></tr>
<tr><td>(1)</td><td></td><td></td><td>(1)</td><td></td><td></td><td>(3)</td><td></td><td></td></tr>
<tr><td>(2)</td><td></td><td></td><td>(2)</td><td></td><td></td><td>w_2</td><td></td><td></td></tr>
<tr><td>(3)</td><td></td><td></td><td>(3)</td><td></td><td></td><td rowspan="3">Ⅲ</td><td>(3)</td><td></td><td></td></tr>
<tr><td>(4)</td><td></td><td></td><td></td><td></td><td></td><td>(4)</td><td></td><td></td></tr>
</table>

순서	도선	관 측	보정	평 균
Ⅲ	(4)			
	w_3			

2. 종선좌표

순 서	도 선	관 측(m)	보정	평 균(m)
Ⅰ	(1)			
	(2)			
	w_1			
Ⅱ	(2)			
	(3)			
	w_2			
Ⅲ	(3)			
	(4)			
	w_3			

3. 횡선좌표

순 서	도 선	관 측(m)	보정	평 균(m)
Ⅰ	(1)			
	(2)			
	w_1			
Ⅱ	(2)			
	(3)			
	w_2			
Ⅲ	(3)			
	(4)			
	w_3			

4. 계산

$$1)\ 방위각 = \frac{\left[\dfrac{\Sigma a}{\Sigma N}\right]}{\left[\dfrac{1}{\Sigma N}\right]} = \underline{\hspace{5cm}} = $$

$$2)\ 종선좌표 = \frac{\left[\dfrac{\Sigma X}{\Sigma S}\right]}{\left[\dfrac{1}{\Sigma S}\right]} = \underline{\hspace{5cm}} = $$

$$3)\ 횡선좌표 = \frac{\left[\dfrac{\Sigma Y}{\Sigma S}\right]}{\left[\dfrac{1}{\Sigma S}\right]} = \underline{\hspace{5cm}} = $$

W=오차, N=도선별 점수, S=측점간 거리, a=관측방위각

05. 축척 1/1200 지적도 시행지역에서 지번이 100인 토지를 분할하여 분할 후 지번을 100, 100-1 로 하였을 때 산출면적이 100번지는 245m², 100-1번지는 380m² 이었다. 이때 해당 도면의 도곽신축량이 -3.4mm일 경우 도곽신축에 따른 다음 요구사항을 구하시오.(단, 지번 100의 원면적은 638m²이고, 면적보정계수는 소수4자리까지 구하시오.)(12점)

가. 면적보정계수

나. 보정면적

다. 신구면적오차

라. 결정면적

06. 다음 AB의 거리와 도형의 면적을 구하시오.(단, 계산은 반올림하여 거리는 0.01m 단위까지, 면적은 0.1m² 단위까지 답하시오.)(6점)

(1) 점A, B의 좌표

점명	종선좌표	횡선좌표
A	4758.66m	6031.45m
B	4791.28m	7165.70m

(2) 변장

구분	거리
A-P	1524.62m
B-P	2000.84m

가. AB의 거리

나. △ABP의 면적

4회 출제예상문제 해설 및 정답

01
solution

축척 1/600의 도곽크기=200×250

(1) 도곽 종선좌표 결정

① 도근점 종선좌표에서 500,000을 빼준다.

$$387217.46 - 500,000 = -112782.54 \, m$$

② 도곽의 종선길이로 나눈다.

$$-112782.54 \div 200 = -563.91$$

③ 나눈 정수에 다시 도곽의 종선길이를 곱한다.

$$-563 \times 200 = -112600 \, m$$

④ 원점에서의 거리에 500,000을 다시 더한다.

$$-112600 + 500000 = 387400 \, m(종선의 상단좌표)$$

⑤ 종선의 상단좌표에서 도곽의 종선길이를 빼준다.

$$387400 - 200 = 387200 \, m(종선의 하단좌표)$$

(2) 도곽 횡선좌표 결정

① 도근점 종선좌표에서 200,000을 빼준다.

$$165321.83 - 200000 = -34678.17 \, m$$

② 도곽의 횡선길이로 나눈다.

$$-34,678.17 \div 250 = -138.71$$

③ 나뉜 정수에 다시 도곽의 횡선길이를 곱한다.

$$-138 \times 250 = -34500 \, m$$

④ 원점에서의 거리에 200,000을 다시 더한다.

$$-34500 + 2000000 = 165500 \, m(횡선의 상단 좌표)$$

⑤ 종선의 상단좌표에서 도곽의 횡선길이를 빼준다.

$$165500 - 250 = 165250 m(횡선의 하단좌표)$$

A점의 좌표= 387200, 165250

B점의 좌표= 387400, 165500

(3) AP의 거리 계산

$$\varDelta x = 387217.46 - 387200$$
$$= 17.46\,\text{m}$$
$$\varDelta y = 165321.83 - 165250$$
$$= 71.83\,\text{m}$$
$$\overline{AP} = \sqrt{\varDelta x^2 + \varDelta y^2} = \sqrt{17.46^2 + 71.83^2}$$
$$= 73.92\,\text{m}$$

02 solution

(1) 내각 계산

삼각형 내각은 $180°$ 이므로

$$\angle BAC = 70°, \quad \angle BDC = 60°$$

(2) $\overline{AB}, \overline{BD}$ 거리 계산

① $\overline{AB}$ 거리 계산

$$\frac{100}{\sin 70°} = \frac{\overline{AB}}{\sin 30°}$$

$$\overline{AB} = \frac{100 \times \sin 30°}{\sin 70°} = 53.21\,\text{m}$$

② $\overline{BD}$ 거리 계산

$$\frac{100}{\sin 60°} = \frac{\overline{BD}}{\sin 80°}$$

$$\overline{BD} = \frac{100 \times \sin 80°}{\sin 60°} = 113.72\,\text{m}$$

(3) $\overline{AD}$ 거리 계산

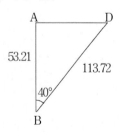

코사인 제2법칙에 의하여

$$\overline{AD}^2 = \overline{AB}^2 + \overline{BD}^2 - (2 \times \overline{AB} \times \overline{BD} \times \cos B)$$
$$\overline{AD} = \sqrt{53,21^2 + 113.72^2 - (2 \times 53.21 \times 113.72 \times \cos 40°)}$$
$$= 80.58\,\text{m}$$

03

solution

(1) 측점 및 관측점 기재

(2) 산출 방위각 (T_2') 계산

$$T_2' = \Sigma a + T_1 - 180(n-1)$$
$$= 1093° \ 21' \ 18'' + 43° \ 28' \ 34'' - 180(7-1)$$
$$= 56° \ 49' \ 52''$$

(3) 각오차 계산

각오차 = 산출 방위각 (T_2') - 도착기지 방위각 (T_2)
$$= 56° \ 49' \ 52'' - 56° \ 49' \ 37''$$
$$= +15''$$

(4) 각공차 계산

1등 도선 $= \pm20\sqrt{n}$초
$$= \pm20\sqrt{7} = \pm52''$$

(5) 각 측선의 반수계산

반수 $= \dfrac{1,000}{L}$ (L : 수평거리)

1측선 : $\dfrac{1,000}{219.79} = 4.5$

2측선 : $\dfrac{1,000}{79.76} = 12.5$

3측선 : $\dfrac{1,000}{89.45} = 11.2$

4측선 : $\dfrac{1,000}{72.19} = 13.9$

5측선 : $\dfrac{1,000}{61.32} = 16.3$

6측선 : $\dfrac{1,000}{95.46} = 10.5$

반수의 합계 : 68.9

(6) 측각오차 배부

보정치 $= \dfrac{-\text{각오차}}{\text{반수의 합계}} \times$ 각 측선의 반수

1측선 $= \dfrac{-15}{68.9} \times 4.5 = -1''$

2측선 $= \dfrac{-15}{68.9} \times 12.5 = -3''$

$$3측선 = \frac{-15}{68.9} \times 11.2 = -2''$$

$$4측선 = \frac{-15}{68.9} \times 13.9 = -3''$$

$$5측선 = \frac{-15}{68.9} \times 16.3 = -4''$$

$$6측선 = \frac{-15}{68.9} \times 10.5 = -2''$$

$$합계 = -15''$$

(7) 각 측선의 방위각 계산

$$V_1 = T_1 + \alpha_1$$
$$V_2 = V_1 \pm 180° + \alpha_2$$
$$V_3 = V_2 \pm 180° + \alpha_3$$
$$\vdots$$
$$V_n = V_{n-1} \pm 180° + \alpha_n$$

여기서 V : 방위각
α : 관측각
T_1 : 출발기지 방위각

1측선 : $43° \ 28' \ 34'' + 105° \ 43' \ 45'' - 1'' = 149° \ 12' \ 18''$

2측선 : $149° \ 12' \ 18'' - 180° + 197° \ 11' \ 52'' - 3'' = 166° \ 24' \ 07''$

3측선 : $166° \ 24' \ 07'' - 180° + 261° \ 04' \ 36'' - 2'' = 247° \ 28' \ 41''$

4측선 : $247° \ 28' \ 41'' - 180° + 132° \ 38' \ 54'' - 3'' = 200° \ 07' \ 32''$

5측선 : $200° \ 07' \ 32'' - 180° + 82° \ 29' \ 51'' - 4'' = 102° \ 37' \ 19''$

6측선 : $102° \ 37' \ 19'' - 180° + 237° \ 09' \ 15'' - 2'' = 159° \ 46' \ 32''$

도착기지 확인 : $159° \ 46' \ 32'' - 180° + 77° \ 03' \ 05'' = 56° \ 49' \ 37''$

(8) 종선차 (Δx), 횡선차 (Δy)

종선차 $(\Delta x) = S \times \cos V$
횡선차 $(\Delta y) = S \times \sin V$

여기서, S = 거리
V = 방위각

1측선 $\Delta x = 219.79 \times \cos 149° \ 12' \ 18'' = -188.80$

$\Delta y = 219.79 \times \sin 149° \ 12' \ 18'' = -112.53$

2측선 $\Delta x = 79.76 \times \cos 166° \ 24' \ 07'' = -77.52$

$\Delta y = 79.76 \times \sin 166° \ 24' \ 07'' = 18.75$

3측선 $\Delta x = 89.45 \times \cos 247° \ 28' \ 41'' = -34.26$

$\Delta y = 89.45 \times \sin 247° \ 28' \ 41'' = -82.63$

4측선 $\Delta x = 72.19 \times \cos 200° \ 07' \ 32'' = -67.78$

$\Delta y - 72.19 \times \sin 200° \ 07' \ 32'' = -24.84$

5측선 $\Delta x = 61.32 \times \cos 102° \ 37' \ 32'' = -13.40$

$$\Delta y = 61.32 \times \sin 102° \ 37' \ 19'' = 59.84$$

$$6측선 \ \Delta x = 95.46 \times \cos 159° \ 46' \ 32'' = -89.57$$

$$\Delta y = 95.46 \times \sin 159° \ 46' \ 32'' = 33.00$$

(9) 종·횡선오차 계산

> 종선오차 (fx)=종선차의 합 $(\Sigma\Delta x)$ − 기지 종선차
>
> 횡선오차 (fy)=횡선차의 합 $(\Sigma\Delta y)$ − 기지 횡선차

종선차의 합 $(\Sigma\Delta x) = -188.80 - 77.52 - 34.26 - 67.78 - 13.40 - 89.57 = -471.33$m

기지종선차 $= 461,104.24 - 461,575.50 = -471.26$m

종선오차 $(fx) = (-471.33) - (-471.26) = -0.07$m

횡선차의 합 $(\Sigma\Delta y) = 112.53 + 18.75 - 82.63 - 24.84 + 59.84 + 33.00 = 116.65$m

기지횡선차 $= 213,740.77 - 213,624.17 = 116.60$m

횡선오차 $(fy) = 116.65 - 116.60 = 0.05$m

(10) 연결오차 및 공차

> 연결오차 $= \sqrt{(fx)^2 + (fy)^2}$
>
> 공차 1등 도선 $= M \times \dfrac{1}{100} \times \sqrt{n} \ \text{cm}$
>
> 2등 도선 $= M \times \dfrac{1.5}{100} \times \sqrt{n} \ \text{cm}$
>
> 여기서, M : 축척분모
>
> n : 수평거리 합계를 100으로 나눈 수

연결오차 $= \sqrt{(-0.07)^2 + (0.05)^2} = 0.09 \ \text{m}$

공차 $= 1,000 \times \dfrac{1}{100} \times \sqrt{6.1797} = 24.9 \ \text{cm} = 0.24 \ \text{m}$

(11) 종선오차 및 횡선오차의 배부

종선오차보정치 $= - \dfrac{종선오차(fx)}{종선차의 절대치 합계} \times$ 각측선의 종선차

횡선오차보정치 $= - \dfrac{횡선오차(fy)}{횡선차의 절대치 합계} \times$ 각측선의 횡선차

(12) 종선좌표 및 횡선좌표 결정

종선좌표 $X_1 =$ 출발기지 종선좌표+종선차 (Δx)+보정치

$X_2 = X_1 + \Delta x_2 +$ 보정치

$$\vdots$$

$X_n = X_{n-1} + \Delta x_n +$ 보정치

횡선좌표 $Y_1 =$ 출발기지 횡선좌표+횡선차 (Δy)+보정치

$Y_2 = Y_1 + \Delta y_2 +$ 보정치

$$\vdots$$

$Y_n = Y_{n-1} + \Delta y_n +$ 보정치

도근측량계산부(배각법)

측 점	시준점	보정치 / 관 측 각	반수 / 수평거리	방위각	종선차(ΔX) 보정치 종선좌표(X)	횡선차(ΔY) 보정치 횡선좌표(Y)
원10	원13	° ′ ″	m	43 28 34 (° ′ ″)	m 461575.50	m 213624.17
원10	1	-1 / 105 43 45	4.5 / 219.79	149 12 18	-188.80 / 3 / 461386.73	112.53 / -2 / 213736.68
1	2	-3 / 197 11 52	12.5 / 79.76	166 24 07	-77.52 / 1 / 461309.22	18.75 / 0 / 213755.43
2	3	-2 / 261 04 36	11.2 / 89.45	247 28 41	-34.26 / 1 / 461274.97	-82.63 / -1 / 213672.79
3	4	-3 / 132 38 54	13.9 / 72.19	200 07 32	-67.78 / 1 / 461207.20	-24.84 / 0 / 213647.95
4	5	-4 / 82 29 51	16.3 / 61.32	102 37 19	-13.40 / 0 / 461193.81	59.84 / -1 / 213707.78
5	원15	-2 / 237 09 15	10.5 / 95.46	159 46 32	-89.57 / 1 / 461104.24	33.00 / -1 / 213740.77
원15	원17	77 03 05	68.9 / 617.97	56 49 37		

$\Sigma a = 1093°\ 21'\ 18''$
$+ T = 43°\ 28'\ 34''$
$- 180(n-1) = 1080°\ 00'\ 00''$
$T_2' = 56°\ 49'\ 52''$
$T_2 = 56°\ 49'\ 37''$

$\Sigma |\Delta X| = 471.33$　$\Sigma |\Delta Y| = 331.59$
$\Sigma \Delta X = -471.33$　$\Sigma \Delta Y = 116.65$
기지 $= -471.26$　기지 $= 116.60$
$f(x) = -0.07$　$f(y) = +0.05$

오차 = 15″
공차 = ±52″

연결오차 = 0.09
공　차 = ±0.24

교점다각망계산부(X, Y형)

solution

약 도

조건식	I	$(1)-(2)+w_1=0$
	II	$(2)-(3)+w_2=0$
	III	$(3)-(4)+w_3=0$

조건식	I	$(1)-(2)+w_1=0$
	II	$(2)-(3)+w_2=0$

경중률		ΣN	ΣS
	(1)		
	(2)		
	(3)		
	(4)		

경중률		ΣN	ΣS
	(1)	18	10.41
	(2)	10	5.69
	(3)	8	5.14

1. 방위각

순서	도선	관 측	보정	평 균
I	(1)	24° 42′ 38″	−16	24° 42′ 22″
	(2)	24 42 15	+7	24 42 22
	w_1	+23		
II	(2)	24 42 15	+7	24 42 22
	(3)	24 42 21	+1	24 42 22
	w_2	−6		
III	(3)			
	(4)			
	w_3			

2. 종선좌표

순서	도선	관 측(m)	보정	평 균(m)
I	(1)	402174.93	+9	402175.02
	(2)	402175.08	−6	402175.02
	w_1	−0.15		
II	(2)	402175.08	−6	402175.02
	(3)	402175.01	+1	402175.02
	w_2	+0.07		
III	(3)			
	(4)			
	w_3			

3. 횡선좌표

순서	도선	관 측(m)	보정	평 균(m)
I	(1)	196283.57	−6	196283.51
	(2)	196283.48	+3	196283.51
	w_1	+0.09		
II	(2)	196283.48	+3	196283.51
	(3)	196283.50	+1	196283.51
	w_2	−0.02		
III	(3)			
	(4)			
	w_3			

4. 계산

1) 방 위 각 $= \dfrac{\left[\dfrac{\Sigma a}{\Sigma N}\right]}{\left[\dfrac{1}{\Sigma N}\right]} = \dfrac{\dfrac{38}{18}+\dfrac{15}{10}+\dfrac{21}{8}}{\dfrac{1}{18}+\dfrac{1}{10}+\dfrac{1}{8}} = 22''$

2) 종선좌표 $= \dfrac{\left[\dfrac{\Sigma X}{\Sigma S}\right]}{\left[\dfrac{1}{\Sigma S}\right]} = \dfrac{\dfrac{0.93}{10.41}+\dfrac{1.08}{5.69}+\dfrac{1.01}{5.14}}{\dfrac{1}{10.41}+\dfrac{1}{5.69}+\dfrac{1}{5.14}} = 1.02\,\mathrm{m}$

3) 횡선좌표 $= \dfrac{\left[\dfrac{\Sigma Y}{\Sigma S}\right]}{\left[\dfrac{1}{\Sigma S}\right]} = \dfrac{\dfrac{0.57}{10.41}+\dfrac{0.48}{5.69}+\dfrac{0.50}{5.14}}{\dfrac{1}{10.41}+\dfrac{1}{5.69}+\dfrac{1}{5.14}} = 0.51\,\mathrm{m}$

$W=$오차, $N=$도선별 점수, $S=$측점간 거리, $a=$관측방위각

(1) 평균 방위각 계산

$$방위각 = \frac{\left[\frac{\Sigma a}{\Sigma N}\right]}{\left[\frac{1}{\Sigma N}\right]} = \frac{\frac{38}{18} + \frac{15}{10} + \frac{21}{8}}{\frac{1}{18} + \frac{1}{10} + \frac{1}{8}} = 22''$$

계산시 도, 분 단위의 공통수 (24° 42′)는 생략하였으므로 평균방위각은 24° 42′ 22″이다.

(2) 평균 종·횡선 좌표 계산

$$종선좌표 = \frac{\left[\frac{\Sigma X}{\Sigma S}\right]}{\left[\frac{1}{\Sigma S}\right]} = \frac{\frac{0.93}{10.41} + \frac{1.08}{5.69} + \frac{1.01}{5.14}}{\frac{1}{10.41} + \frac{1}{5.69} + \frac{1}{5.14}} = 1.02 \, m$$

계산시 m 단위의 공통수(2174.00)는 생략하였으므로 교점의 평균 종선좌표는 2175.02m이다.

$$횡선좌표 = \frac{\left[\frac{\Sigma Y}{\Sigma S}\right]}{\left[\frac{1}{\Sigma S}\right]} = \frac{\frac{0.57}{10.41} + \frac{0.48}{5.69} + \frac{0.50}{5.14}}{\frac{1}{10.41} + \frac{1}{5.69} + \frac{1}{5.14}} = 0.51 \, m$$

계산시 m 단위의 공통수(6283.00)는 생략하였으므로 교점의 평균 횡선좌표는 6283.51m이다.

05 solution

(1) 면적 보정계수 계산

$$면적\ 보정계수 = \frac{333.33 \times 416.67}{(333.33 - 3.4)(416.67 - 3.4)} = 1.0186$$

(2) 보정면적 계산

100번지 보정면적 = 측정면적 × 보정계수 = 245 × 1.0186 = 249.6 m²

100-1번지 보정면적 = 측정면적 × 보정계수 = 380 × 1.0186 = 387.1 m²

(3) 신구면적 오차 계산

신구면적오차 = (249.6 + 387.1) − 638 = − 1.3 m²

(4) 허용오차 계산

$$허용오차 = \pm 0.026^2 \times M \cdot \sqrt{F}$$
$$= 0.026^2 \times 1,200 \times \sqrt{638} = \pm 20 \, m^2$$

(5) 결정면적 계산

$$100번지\ 결정면적 = \frac{638}{636.7} \times 249.6 = 250.1 = 250 \, m^2$$

$$100-1번지\ 결정면적 = \frac{638}{636.7} \times 387.1 = 387.9 = 388 \, m^2$$

06
solution

(1) $\overline{AB}$ 거리 계산

$$\overline{AB} = \sqrt{\Delta x^2 + \Delta y^2}$$
$$= \sqrt{(4791.28 - 4758.66)^2 + (7165.70 - 6031.45)^2}$$
$$= 1134.72\,\mathrm{m}$$

(2) △ABP의 면적계산

면적 $= \sqrt{S(S-a)(S-b)(S-c)}$ 에서 $\quad S = \dfrac{a+b+c}{2}$

$$S = \frac{1524.62 + 2000.84 + 1134.82}{2} = 2330.09\,\mathrm{m}$$

면적 $= \sqrt{2330.09(2330.09 - 1524.62)(2330.09 - 2000.84)(2330.09 - 1134.72)}$
$\qquad = 859458.9\,\mathrm{m}^2$

5회 출제예상문제

이 문제는 수험자의 기억을 토대로 작성하였으므로 실제 문제와 일부 다를 수도 있습니다. 해설과 해답은 오류가 없도록 최선을 다하였으나 혹 미미한 부분은 계속 수정 보완하겠습니다.

01. 지적도근측량을 Y형의 교점다각망으로 구성하여 다음과 같이 관측방위각과 계산종횡선좌표를 산출하였다. 주어진 서식을 완성하고 평균방위각과 평균종횡선좌표를 구하시오.

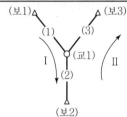

1. 관측방위각
   (1) 135° 09′ 14″
   (2) 135° 09′ 39″
   (3) 135° 09′ 47″

2. 계산종선좌표
   (1) 3153.87m
   (2) 3153.81m
   (3) 3153.79m

3. 계산횡선좌표
   (1) 4114.98m
   (2) 4115.07m
   (3) 4115.02m

조건식	Ⅰ	$(1)-(2)+W_1=0$	
	Ⅱ	$(2)-(3)+W_2=0$	
	Ⅲ		
		ΣN	ΣS
경중률	(1)	7	11.97
	(2)	8	13.63
	(3)	5	7.66

교점다각망계산부(X, Y형)

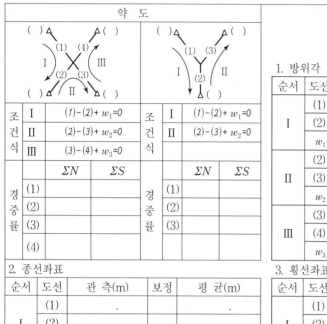

조건식	I	$(1)-(2)+w_1=0$
	II	$(2)-(3)+w_2=0$
	III	$(3)-(4)+w_3=0$

경중률		ΣN	ΣS
	(1)		
	(2)		
	(3)		
	(4)		

조건식	I	$(1)-(2)+w_1=0$
	II	$(2)-(3)+w_2=0$

경중률		ΣN	ΣS
	(1)		
	(2)		
	(3)		

1. 방위각

순서	도선	관 측	보정	평 균
I	(1)	° ′ ″		° ′ ″
	(2)			
	w_1			
II	(2)			
	(3)			
	w_2			
III	(3)			
	(4)			
	w_3			

2. 종선좌표

순서	도선	관 측(m)	보정	평 균(m)
I	(1)	.		.
	(2)	.		.
	w_1	.		.
II	(2)	.		.
	(3)	.		.
	w_2	.		.
III	(3)	.		.
	(4)	.		.
	w_3	.		.

3. 횡선좌표

순서	도선	관 측(m)	보정	평 균(m)
I	(1)	.		.
	(2)	.		.
	w_1	.		.
II	(2)	.		.
	(3)	.		.
	w_2	.		.
III	(3)	.		.
	(4)	.		.
	w_3	.		.

4. 계산

1) 방 위 각 $=\dfrac{\left[\dfrac{\Sigma a}{\Sigma N}\right]}{\left[\dfrac{1}{\Sigma N}\right]}=$

2) 종선좌표 $=\dfrac{\left[\dfrac{\Sigma X}{\Sigma S}\right]}{\left[\dfrac{1}{\Sigma S}\right]}=$

3) 횡선좌표 $=\dfrac{\left[\dfrac{\Sigma Y}{\Sigma S}\right]}{\left[\dfrac{1}{\Sigma S}\right]}=$

$W=$오차, $N=$도선별 점수, $S=$측점간 거리, $a=$관측방위각

02. 축척 1/1200 지역에 등록된 지번 37, 면적 770m²인 필지를 2필지로 분할하는 도면에서 전자면적계로 면적을 측정한 결과 측정면적이 37번지가 356.2m², 37 - 1번지가 419.3m²이었다. 도곽신축량이 도상에서 - 0.7mm일 때 지적측량의 규정에 의하여 다음을 구하시오.(단, 면적보정계수는 소수 4자리까지 계산함)

　가. 면적조정계수 : $Z=$_____
　　　계산과정)

　나. 신구면적 허용오차 : _____
　　　계산과정)

　다. 필지별 보정면적 : 37=_____, 　37 - 1=_____
　　　계산과정)

　라. 필지별 산출면적 : 37=_____, 　37 - 1=_____
　　　계산과정)

　마. 필지별 결정면적 : 37 =_____, 　37 - 1=_____
　　　계산과정)

03. 다음 구소삼각원점 지역의 교회점 관측결과에 의하여 주어진 서식을 완성하고 소구점(P)의 좌표를 구하시오.

1) 기지점

점명	종선좌표	횡선좌표
305(A)	762.70m	−6645.26m
303(B)	1234.56m	−6543.21m
301(C)	1140.31m	−7019.48m

2) 소구방위각

$V_a = 336° \ 40' \ 20''$, $V_b = 222° \ 54' \ 26''$, $V_c = 115° \ 57' \ 48''$

교회점계산부

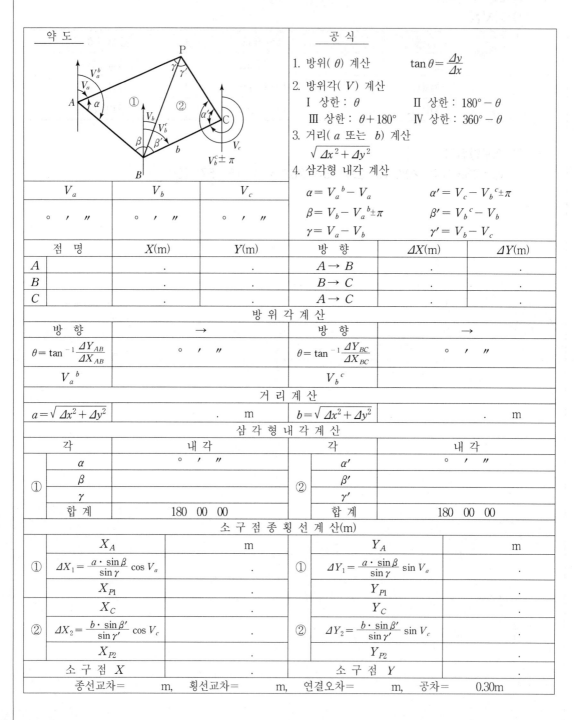

약 도

공 식

1. 방위(θ) 계산 　　$\tan\theta = \dfrac{\Delta y}{\Delta x}$
2. 방위각(V) 계산
 　Ⅰ 상한 : θ 　　　　　　　Ⅱ 상한 : $180° - \theta$
 　Ⅲ 상한 : $\theta + 180°$ 　　　Ⅳ 상한 : $360° - \theta$
3. 거리(a 또는 b) 계산
 　$\sqrt{\Delta x^2 + \Delta y^2}$
4. 삼각형 내각 계산

V_a	V_b	V_c
° ′ ″	° ′ ″	° ′ ″

$\alpha = V_a{}^b - V_a$ 　　　　$\alpha' = V_c - V_b{}^c \pm \pi$
$\beta = V_b - V_a{}^b \pm \pi$ 　　$\beta' = V_b{}^c - V_b$
$\gamma = V_a - V_b$ 　　　　　$\gamma' = V_b - V_c$

점 명	X(m)	Y(m)	방 향	ΔX(m)	ΔY(m)
A	.	.	$A \to B$	.	.
B	.	.	$B \to C$	.	.
C	.	.	$A \to C$	.	.

방 위 각 계 산

방 향	→	방 향	→
$\theta = \tan^{-1}\dfrac{\Delta Y_{AB}}{\Delta X_{AB}}$	° ′ ″	$\theta = \tan^{-1}\dfrac{\Delta Y_{BC}}{\Delta X_{BC}}$	° ′ ″
$V_a{}^b$		$V_b{}^c$	

거 리 계 산

$a = \sqrt{\Delta x^2 + \Delta y^2}$	. m	$b = \sqrt{\Delta x^2 + \Delta y^2}$	. m

삼 각 형 내 각 계 산

각		내 각	각		내 각
①	α	° ′ ″	②	α'	° ′ ″
	β			β'	
	γ			γ'	
	합 계	180 00 00		합 계	180 00 00

소 구 점 종 횡 선 계 산(m)

	X_A	m		Y_A	m
①	$\Delta X_1 = \dfrac{a \cdot \sin\beta}{\sin\gamma}\cos V_a$	.	①	$\Delta Y_1 = \dfrac{a \cdot \sin\beta}{\sin\gamma}\sin V_a$	.
	X_{P1}	.		Y_{P1}	.
	X_C	.		Y_C	.
②	$\Delta X_2 = \dfrac{b \cdot \sin\beta'}{\sin\gamma'}\cos V_c$	.	②	$\Delta Y_2 = \dfrac{b \cdot \sin\beta'}{\sin\gamma'}\sin V_c$	.
	X_{P2}	.		Y_{P2}	.
소 구 점 X		.	소 구 점 Y		.
종선교차= 　m, 　횡선교차= 　m, 　연결오차= 　m, 　공차= 　0.30m					

04. 도선표에 의한 지적도근측량을 배각법으로 실시하여 다음과 같은 결과를 얻었다. 주어진 서식을 완성하고 지적도근점의 좌표를 계산하시오.(단, 도선명은 "가"이고, 축척은 1/1000 지역이며, 각은 초 단위로 하며, 거리는 0.01m 단위까지 계산할 것)

측점	시준점	관측각	수평거리	측점	시준점	관측각	수평거리
보7	보8	0° 00′ 00″		4	5	176° 54′ 11″	94.27m
보7	1	212° 58′ 13″	85.46m	5	6	155° 27′ 46″	48.50m
1	2	53° 35′ 27″	160.31m	6	7	182° 39′ 25″	45.43m
2	3	171° 15′ 36″	61.59m	7	보9	272° 33′ 54″	78.64m
3	4	181° 49′ 54″	126.50m	보9	보10	244° 16′ 23″	

가. 기지점

점명	종선좌표	횡선좌표
보7	575.75m	243.89m
보9	75.16m	328.59m

나. 기지 방위각

출발기지 방위각 = 78° 45′ 16″(보7 → 보8)

도착기지 방위각 = 290° 15′ 19″(보9 → 보10)

지적도근측량계산부(배각법)

측점	시준점	보정치 관측각	반수 수평거리	방위각	종선차(ΔX) 보정치 종선좌표(X)	횡선차(ΔY) 보정치 횡선좌표(Y)
		° ′ ″	. m	° ′ ″	m .	m .
			.			
			.			
			.			
			.			
			.			
			.			
			.			
			.			
			.			
			.			
			.			
			.			

05. 세 변의 길이가 다음과 같을 때 삼각의 면적(S)과 ∠A, ∠B, ∠C를 계산하시오.
(단, 면적은 0.1m², 각은 1초 단위까지 구하시오.)

a = 534.67m, b = 723.95m, c = 623.58m

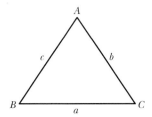

계산과정)

답 : S = ＿＿＿＿＿＿＿＿＿
　　∠A = ＿＿＿＿＿＿＿＿ , ∠B = ＿＿＿＿＿＿＿＿ , ∠C = ＿＿＿＿＿＿＿＿

5회 출제예상문제 해설 및 정답

01 solution   교점다각망계산부(X, Y형)

<table>
<tr><td colspan="3" align="center">약 도</td></tr>
</table>

조건식	I	(1)-(2)+ w_1=0
	II	(2)-(3)+ w_2=0
	III	(3)-(4)+ w_3=0

경중률		ΣN	ΣS
	(1)		
	(2)		
	(3)		
	(4)		

조건식	I	(1)-(2)+ w_1=0
	II	(2)-(3)+ w_2=0

경중률		ΣN	ΣS
	(1)	7	11.97
	(2)	8	13.63
	(3)	5	7.66

1. 방위각

순서	도선	관 측	보정	평 균
I	(1)	135° 09′ 14″	+21	135° 09′ 35″
	(2)	135° 09′ 39″	−4	135° 09′ 35″
	w_1	−25″		
II	(2)	135° 09′ 39″	−4	135° 09′ 35″
	(3)	135° 09′ 47″	−12	135° 09′ 35″
	w_2	−8″		
III	(3)			
	(4)			
	w_3			

2. 종선좌표

순서	도선	관 측(m)	보정	평 균(m)
I	(1)	3153.87	−5	3153.82
	(2)	3153.81	+1	3153.82
	w_1	+0.06		
II	(2)	3153.81	+1	3153.82
	(3)	3153.79	+3	3153.82
	w_2	+0.02		
III	(3)			
	(4)			
	w_3			

3. 횡선좌표

순서	도선	관 측(m)	보정	평 균(m)
I	(1)	4114.98	+4	4115.02
	(2)	4115.07	−5	4115.02
	w_1	−0.09		
II	(2)	4115.07	−5	4115.02
	(3)	4115.02	0	4115.02
	w_2	+0.05		
III	(3)			
	(4)			
	w_3			

4. 계산

1) 방 위 각 $= \dfrac{\left[\dfrac{\Sigma a}{\Sigma N}\right]}{\left[\dfrac{1}{\Sigma N}\right]} = \dfrac{\dfrac{14}{7}+\dfrac{39}{8}+\dfrac{47}{5}}{\dfrac{1}{7}+\dfrac{1}{8}+\dfrac{1}{5}} = 35''$

2) 종선좌표 $= \dfrac{\left[\dfrac{\Sigma X}{\Sigma S}\right]}{\left[\dfrac{1}{\Sigma S}\right]} = \dfrac{\dfrac{0.87}{11.97}+\dfrac{0.81}{13.63}+\dfrac{0.79}{7.66}}{\dfrac{1}{11.97}+\dfrac{1}{13.63}+\dfrac{1}{7.66}} = 0.82\,\mathrm{m}$

3) 횡선좌표 $= \dfrac{\left[\dfrac{\Sigma Y}{\Sigma S}\right]}{\left[\dfrac{1}{\Sigma S}\right]} = \dfrac{\dfrac{0.98}{11.97}+\dfrac{1.07}{13.63}+\dfrac{1.02}{7.66}}{\dfrac{1}{11.97}+\dfrac{1}{13.63}+\dfrac{1}{7.66}} = 1.02\,\mathrm{m}$

$W=$오차, $N-$도선별 점수, $S-$측점간 거리, $a=$관측방위각

02 solution

가. 면적보정계수 : $\underline{Z=1.0038}$

$$Z=\frac{333.33\times416.67}{(333.33-0.7)(416.67-0.7)}=1.0038$$

나. 신구면적 허용오차 : $\underline{\pm22㎡}$

$$0.026^2\times1200\times\sqrt{770}=22.5\,㎡$$

다. 필지별 보정면적 : $\underline{37=357.6㎡,\ 37-1=420.9㎡}$

37 $\quad$: $356.2\times1.0038=357.6\,㎡$

$37-1$: $419.3\times1.0038=420.9\,㎡$

라. 필지별 산출면적 : $\underline{37=353.7㎡,\ 37-1=416.3㎡}$

37 $\quad$: $770\times\dfrac{357.6}{778.5}=353.7\,㎡$

$37-1$: $770\times\dfrac{420.9}{778.5}=416.3\,㎡$

마. 필지별 결정면적 : $\underline{37=354㎡,\ 37-1=416㎡}$

축척이 1/1200이므로

37 $\quad$: $353.7\,㎡=354\,㎡$

$37-1$: $416.3\,㎡=416\,㎡$

03 solution 교회점계산부

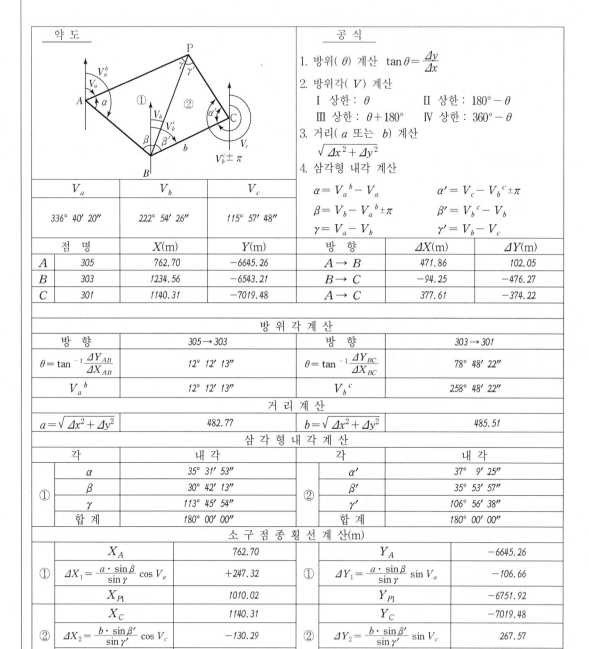

약 도		공 식

	약 도	

공 식

1. 방위(θ) 계산 $\tan\theta = \dfrac{\Delta y}{\Delta x}$
2. 방위각(V) 계산
   Ⅰ 상한 : θ Ⅱ 상한 : $180° - \theta$
   Ⅲ 상한 : $\theta + 180°$ Ⅳ 상한 : $360° - \theta$
3. 거리(a 또는 b) 계산
   $\sqrt{\Delta x^2 + \Delta y^2}$
4. 삼각형 내각 계산

V_a	V_b	V_c
336° 40′ 20″	222° 54′ 26″	115° 57′ 48″

$\alpha = V_a^{\ b} - V_a$ $\alpha' = V_c - V_b^{\ c} \pm \pi$
$\beta = V_b - V_a^{\ b} \pm \pi$ $\beta' = V_b^{\ c} - V_b$
$\gamma = V_a - V_b$ $\gamma' = V_b - V_c$

점 명		X(m)	Y(m)	방 향	ΔX(m)	ΔY(m)
A	305	762.70	−6645.26	$A \to B$	471.86	102.05
B	303	1234.56	−6543.21	$B \to C$	−94.25	−476.27
C	301	1140.31	−7019.48	$A \to C$	377.61	−374.22

방 위 각 계 산				
방 향	305→303		방 향	303→301
$\theta = \tan^{-1}\dfrac{\Delta Y_{AB}}{\Delta X_{AB}}$	12° 12′ 13″		$\theta = \tan^{-1}\dfrac{\Delta Y_{BC}}{\Delta X_{BC}}$	78° 48′ 22″
$V_a^{\ b}$	12° 12′ 13″		$V_b^{\ c}$	258° 48′ 22″

거 리 계 산			
$a = \sqrt{\Delta x^2 + \Delta y^2}$	482.77	$b = \sqrt{\Delta x^2 + \Delta y^2}$	485.51

삼 각 형 내 각 계 산					
	각	내 각		각	내 각
①	α	35° 31′ 53″	②	α'	37° 9′ 25″
	β	30° 42′ 13″		β'	35° 53′ 57″
	γ	113° 45′ 54″		γ'	106° 56′ 38″
	합 계	180° 00′ 00″		합 계	180° 00′ 00″

소 구 점 종 횡 선 계 산(m)					
①	X_A	762.70	①	Y_A	−6645.26
	$\Delta X_1 = \dfrac{a \cdot \sin\beta}{\sin\gamma}\cos V_a$	+247.32		$\Delta Y_1 = \dfrac{a \cdot \sin\beta}{\sin\gamma}\sin V_a$	−106.66
	X_{P1}	1010.02		Y_{P1}	−6751.92
②	X_C	1140.31	②	Y_C	−7019.48
	$\Delta X_2 = \dfrac{b \cdot \sin\beta'}{\sin\gamma'}\cos V_c$	−130.29		$\Delta Y_2 = \dfrac{b \cdot \sin\beta'}{\sin\gamma'}\sin V_c$	267.57
	X_{P2}	1010.02		Y_{P2}	−6751.91
소 구 점 X		1010.02	소 구 점 Y		−6751.92
종선교차=0.00, 횡선교차=0.01, 연결오차=0.01, 공차=0.30					

04 solution · 지적도근측량계산부(배각법)

측점	시준점	보정치 관측각	반수 수평거리	방위각	종선차(ΔX) 보정치 종선좌표(X)	횡선차(ΔY) 보정치 횡선좌표(Y)
보7	보8	° ′ ″	<u>．</u> m	78° 45′ 16″	m 575.75	m 243.89
보7	1	<u>−5</u> 212° 58′ 13″	11.7 85.46	291° 43′ 24″	31.63 +0.01 607.39	−79.39 −0.04 164.46
1	2	<u>−3</u> 53° 35′ 27″	6.2 160.31	165° 18′ 48″	−155.07 +0.05 452.37	40.64 −0.02 205.08
2	3	<u>−7</u> 171° 15′ 36″	16.2 61.59	156° 34′ 17″	−56.51 +0.02 395.88	24.49 −0.01 229.56
3	4	<u>−3</u> 181° 49′ 54″	7.9 126.50	158° 24′ 08″	−117.62 +0.04 278.30	46.56 −0.02 276.10
4	5	<u>−5</u> 176° 54′ 11″	10.6 94.27	155° 18′ 14″	−85.65 +0.02 192.67	39.39 −0.02 315.47
5	6	<u>−9</u> 155° 27′ 46″	20.6 48.50	130° 45′ 51″	−31.67 +0.01 601.01	36.73 −0.02 352.18
6	7	<u>−9</u> 182° 39′ 25″	22.0 45.43	133° 25′ 07″	−31.23 +0.01 129.79	33.00 −0.01 385.17
7	보9	<u>−5</u> 272° 33′ 54″	12.7 78.64	225° 58′ 56″	−54.65 +0.02 75.16	−56.55 −0.03 328.59
보9	보10	244° 16′ 23″	107.9 700.70	290° 15′ 19″	． ．	． ．
	$\Sigma a=$	1651° 30′ 49″			$\Sigma|\Delta x| = 564.03$	$\Sigma|\Delta y| = 356.75$
	$+ T_1=$	78° 45′ 16″			$\Sigma\Delta x = -500.77$	$\Sigma\Delta y = 84.87$
	$-180(n-1)=$	1440° 00′ 00″			기지 $= -500.59$	기지 $= 84.70$
	$T_2''=$	290° 16′ 05″	．		$f(x) = -0.18$	$f(y) = +0.17$
	$- T_2=$	290° 15′ 19″	．			
	오차=	46″	．		연결오차=0.25	
	공차=	±60″	．		공차=±0.26	

05 solution

$$\angle A = \cos^{-1}\frac{b^2+c^2-a^2}{2bc} = 46°\ 00'\ 35''$$

$$\angle B = \cos^{-1}\frac{a^2+c^2-b^2}{2ac} = 76°\ 56'\ 44''$$

$$\angle C = \cos^{-1}\frac{a^2+b^2-c^2}{2ab} = 57°\ 02'\ 41''$$

합계 $=180°\ 00'\ 00''$

면적(s)계산

$$s=\frac{a+b+c}{2}=941.1$$

$$면적(s) = \sqrt{s(s-a)(s-b)(s-c)}$$
$$= \sqrt{941.1(941.1-534.67)(941.1-723.95)(941.1-623.58)}$$
$$= 162396.3\,\mathrm{m}^2$$

6회 출제예상문제

Cadastral Surveying

이 문제는 수험자의 기억을 토대로 작성하였으므로 실제 문제와 일부 다를 수도 있습니다. 해설과 해답은 오류가 없도록 최선을 다하였으나 혹 미미한 부분은 계속 수정 보완하겠습니다.

01. 일반 원점지역에 있는 지적도근점의 좌표가 아래와 같을 때, 이를 포용하는 축척 1/500 지역의 도곽선 좌표를 계산하시오.(배점 6점)

지적도근점좌표 $X = 468925.67m$
$Y = 196038.59m$

(가) (라) (다) (나)

계산과정)

답 : (가)_____, (나)_____, (다)_____, (라)_____

02. 다음 배각법에 의한 지적도근측량의 관측성과에 의하여 주어진 서식으로 각 점의 좌표를 계산하시오.(배점 15점)(단, 도선명은 "나"이고, 축척은 1/1000)

측점	시준점	관측각	수평거리(m)	방위각	X좌표(m)	Y좌표(m)
원10	원13			43° 28′ 34″	461575.50	213624.17
원10	1	105° 43′ 45″	219.79			
1	2	197° 11′ 52″	79.76			
2	3	261° 04′ 36″	89.45			
3	4	132° 38′ 54″	72.19			
4	5	82° 29′ 51″	61.32			
5	원15	237° 09′ 15″	95.46		461104.24	213740.77
원15	원17	77° 03′ 05″		56° 49′ 37″		

지적도근측량계산부(배각법)

측 점	시준점	보정치 관측각	반수 수평거리	방위각	종선차(ΔX) 보정치 종선좌표(X)	횡선차(ΔY) 보정치 횡선좌표(Y)
		° ′ ″	m	° ′ ″	m	m

03. 지적도근측량을 X형의 교점다각망으로 구성하여 다음과 같이 관측방위각과 계산종횡선좌표를 산출하였다. 주어진 서식을 작성하고 평균방위각과 평균종횡선좌표를 구하시오.(배점 12점)

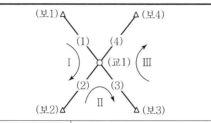

1. 관측방위각
   (1) 271° 45′ 55″
   (2) 271° 46′ 16″
   (3) 271° 46′ 25″
   (4) 271° 46′ 04″

2. 계산종선좌표
   (1) 7542.76m
   (2) 7542.89m
   (3) 7542.82m
   (4) 7542.90m

3. 계산횡선좌표
   (1) 1919.89m
   (2) 1920.05m
   (3) 1919.94m
   (4) 1920.12m

조건식	I	$(1)-(2)+W_1=0$	
	II	$(2)-(3)+W_2=0$	
	III	$(3)-(4)+W_3=0$	
경중률		ΣN	ΣS
	(1)	12	7.85
	(2)	8	6.94
	(3)	10	9.01
	(4)	5	8.44

교점다각망계산부(X, Y형)

약 도					1. 방위각				

조건식	Ⅰ	(1)-(2)+ w_1=0		조건식	Ⅰ	(1)-(2)+ w_1=0
	Ⅱ	(2)-(3)+ w_2=0			Ⅱ	(2)-(3)+ w_2=0
	Ⅲ	(3)-(4)+ w_3=0				

1. 방위각

순서	도선	관 측	보정	평 균
Ⅰ	(1)			
	(2)			
	w_1			
Ⅱ	(2)			
	(3)			
	w_2			
Ⅲ	(3)			
	(4)			
	w_3			

경중률		ΣN	ΣS	경중률		ΣN	ΣS
	(1)				(1)		
	(2)				(2)		
	(3)				(3)		
	(4)						

2. 종선좌표

순서	도선	관 측(m)	보정	평 균(m)
Ⅰ	(1)			
	(2)			
	w_1			
Ⅱ	(2)			
	(3)			
	w_2			
Ⅲ	(3)			
	(4)			
	w_3			

3. 횡선좌표

순서	도선	관 측(m)	보정	평 균(m)
Ⅰ	(1)			
	(2)			
	w_1			
Ⅱ	(2)			
	(3)			
	w_2			
Ⅲ	(3)			
	(4)			
	w_3			

4. 계산

1) 방위각 $= \dfrac{\left[\dfrac{\Sigma a}{\Sigma N} \right]}{\left[\dfrac{1}{\Sigma N} \right]} =$ $=$

2) 종선좌표 $= \dfrac{\left[\dfrac{\Sigma X}{\Sigma S} \right]}{\left[\dfrac{1}{\Sigma S} \right]} =$ $=$

3) 횡선좌표 $= \dfrac{\left[\dfrac{\Sigma Y}{\Sigma S} \right]}{\left[\dfrac{1}{\Sigma S} \right]} =$ $=$

W=오차, N=도선별 점수, S=측점간 거리, a=관측방위각

04. 토탈스테이션을 측점 A에 세우고 3070.45m 떨어져 있는 측점 B를 관측하였을 때, AB 측선에 대하여 직각방향으로 20.21m의 오차가 발생하였다. 이로 인한 방향 오차(θ)와 AB'방 위각을 구하시오.(배점 6점)
(단, 각은 초 단위, 거리는 cm 단위까지 계산함)

지적측량기준점 좌표
A점　$X = 1000.0000$　$Y = 1000.0000$
B점　$X = \ 625.6585$　$Y = 4047.5452$

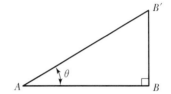

가. 방향오차(θ)
　　계산과정)

　　　　　　　　　　　　　　　　　　　　　답 :＿＿＿＿＿＿＿

나. AB' 방위각
　　계산과정)

　　　　　　　　　　　　　　　　　　　　　답 :＿＿＿＿＿＿＿

05. 다음 도형에서 AC와 CD의 거리를 구하시오.(단, 거리는 cm 단위까지 구하시오.)(배점 6점)

$AB = 2121.21\text{m}$
$\alpha = 65° \ 54' \ 43''$
$\beta = 54° \ 43' \ 32''$

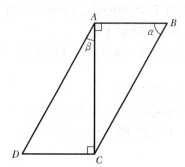

계산과정)

$AC = $ _____, $CD = $ _____

06. 축척 1000분의 1지역에서 원면적이 2001m² 인 100번지의 토지를 분할하기 위하여 전자면적계로 면적을 측정하여 100번지는 1236.2m² , 100 - 1번지는 784.4m² 를 얻었다. 이 도면의 신축량이 - 0.6mm일 때 지적법의 규정에 의거 다음 사항들을 계산하시오.(배점 10점)

가. 면적보정계수(소수 4위)
  계산과정)

답 : _____

나. 보정면적
  계산과정)

답 : 100번지 = _____ , 100 - 1번지 = _____

다. 신구면적 허용오차
  계산과정)

답 : _____

라. 산출면적
  계산과정)

답 : 100번지 = _____ , 100 - 1번지 = _____

마. 결정면적
  계산과정)

답 : 100번지 = _____ , 100 - 1번지 = _____

6회 출제예상문제 해설 및 정답

01
solution

(1) 종선좌표 결정

　① 도근점 종선좌표에서 500000를 빼준다.

　　$468925.67 - 500000 = -31074.33\text{m}$

　② 도곽의 종선길이로 나눈다.

　　$-31074.33 \div 150 = -207.16\text{m}$

　③ 나눈 정수에 다시 도곽의 종선길이를 곱한다.

　　$-207 \times 150 = -31050\text{m}$

　④ 원점에서의 거리에 500000을 다시 더한다.

　　$-31050 + 500000 = 468950\text{m}$(가)

　⑤ 종선의 상단좌표에서 도곽의 종선길이는 빼준다.

　　$468950 - 150 = 468800\text{m}$(나)

(2) 도곽횡선좌표 결정

　① 도근점 횡선좌표에서 200000를 빼준다.

　　$196038.59 - 200000 = -3961.41\text{m}$

　② 도곽의 횡선길이로 나눈다.

　　$-3961.41 \div 200 = -19.81\text{m}$

　③ 나눈 정수에 다시 도곽의 횡선길이를 곱한다.

　　$-19 \times 200 = -3800\text{m}$

　④ 원점에서의 거리에 200000을 다시 더한다.

　　$-3800 + 200000 = 196200\text{m}$(라)

　⑤ 오른쪽 횡선좌표에서 도곽의 횡선길이는 빼준다.

　　$196200 - 200 = 196000\text{m}$(다)

　답 (가) 468950m,　(나) 468800m
　　　(다) 196000m,　(라) 196200m

02 solution

(1) 측점 및 관측점 기재

(2) 산출방위각 (T_2') 계산

$$T_2' = \Sigma a + T_1 - 180(n-1)$$
$$= 1093° \ 21' \ 18'' + 43° \ 28' \ 34'' - 180(7-1)$$
$$= 56° \ 49' \ 52''$$

(3) 각오차 계산

각오차 = 산출 방위각 (T_2') - 도착기지 방위각 (T_2)
$$= 56° \ 49' \ 52'' - 56° \ 49' \ 37''$$
$$= +15''$$

(4) 각공차 계산

1등 도선 $= \pm 20\sqrt{n}$초
$$= \pm 20\sqrt{7} = \pm 52''$$

(5) 각 측선의 반수계산

반수 $= \dfrac{1000}{L}$ (L : 수평거리)

1측선 : $\dfrac{1000}{219.79} = 4.5$

2측선 : $\dfrac{1000}{79.76} = 12.5$

3측선 : $\dfrac{1000}{89.45} = 11.2$

4측선 : $\dfrac{1000}{72.19} = 13.9$

5측선 : $\dfrac{1000}{61.32} = 16.3$

6측선 : $\dfrac{1000}{95.46} = 10.5$

반수의 합계 : 68.9

(6) 측각오차 배부

보정치 $= \dfrac{-각오차}{반수의 \ 합계} \times$ 각 측선의 반수

1측선 $= \dfrac{-15}{68.9} \times 4.5 = -1''$

2측선 $= \dfrac{-15}{68.9} \times 12.5 = -3''$

$$3측선 = \frac{-15}{68.9} \times 11.2 = -2''$$

$$4측선 = \frac{-15}{68.9} \times 13.9 = -3''$$

$$5측선 = \frac{-15}{68.9} \times 16.3 = -4''$$

$$6측선 = \frac{-15}{68.9} \times 10.5 = -2''$$

$$합계 = -15''$$

(7) 각 측선의 방위각 계산

$$V_1 = T_1 + \alpha_1$$

$$V_2 = V_1 \pm 180° + \alpha_2$$

$$V_3 = V_2 \pm 180° + \alpha_3$$

$$\vdots$$

$$V_n = V_{n-1} \pm 180° + \alpha_n$$

여기서 V : 방위각

α : 관측각

T_1 : 출발기지 방위각

1측선 : $43° \ 28' \ 34'' + 105° \ 43' \ 45'' - 1'' = 149° \ 12' \ 18''$

2측선 : $149° \ 12' \ 18'' - 180° + 197° \ 11' \ 52'' - 3'' = 166° \ 24' \ 07''$

3측선 : $166° \ 24' \ 07'' - 180° + 261° \ 04' \ 36'' - 2'' = 247° \ 28' \ 41''$

4측선 : $247° \ 28' \ 41'' - 180° + 132° \ 38' \ 54'' - 3'' = 200° \ 07' \ 32''$

5측선 : $200° \ 07' \ 32'' - 180° + \ 82° \ 29' \ 51'' - 4'' = 102° \ 37' \ 19''$

6측선 : $102° \ 37' \ 19'' - 180° + 237° \ 09' \ 15'' - 2'' = 159° \ 46' \ 32''$

도착기지 확인 : $159° \ 46' \ 32'' - 180° + 77° \ 03' \ 05'' = 56° \ 49' \ 37''$

(8) 종선차 (Δx), 횡선차 (Δy)

$$종선차 \ (\Delta x) = S \times \cos V$$

$$횡선차 \ (\Delta y) = S \times \sin V$$

여기서, S = 거리

V = 방위각

1측선 $\Delta x = 219.79 \times \cos 149° \ 12' \ 18'' = -188.80$

$\Delta y = 219.79 \times \sin 149° \ 12' \ 18'' = -112.53$

2측선 $\Delta x = \ 79.76 \times \cos 166° \ 24' \ 07'' = -77.52$

$\Delta y = \ 79.76 \times \sin 166° \ 24' \ 07'' = \ 18.75$

3측선 $\Delta x = \ 89.45 \times \cos 247° \ 28' \ 41'' = -34.26$

$\Delta y = \ 89.45 \times \sin 247° \ 28' \ 41'' = -82.63$

4측선 $\Delta x = \ 72.19 \times \cos 200° \ 07' \ 32'' = -67.78$

$\Delta y = \ 72.19 \times \sin 200° \ 07' \ 32'' = -24.84$

5측선 $\Delta x = \ 61.32 \times \cos 102° \ 37' \ 32'' = -13.40$

$$\Delta y = 61.32 \times \sin 102°\ 37'\ 19'' = 59.84$$
$$6측선\ \Delta x = 95.46 \times \cos 159°\ 46'\ 32'' = -89.57$$
$$\Delta y = 95.46 \times \sin 159°\ 46'\ 32'' = 33.00$$

(9) 종·횡선오차 계산

> 종선오차 (fx)=종선차의 합 ($\Sigma \Delta x$)−기지 종선차
> 횡선오차 (fy)=횡선차의 합 ($\Sigma \Delta y$)−기지 횡선차

종선차의 합 ($\Sigma \Delta x$) $= -188.80 - 77.52 - 34.26 - 67.78 - 13.40 - 89.57 = -471.33$m

기지종선차 $= 461104.24 - 461575.50 = -471.26$m

종선오차 (fx) $= (-471.33) - (-471.26) = -0.07$m

횡선차의 합 ($\Sigma \Delta y$) $= 112.53 + 18.75 - 82.63 - 24.84 + 59.84 + 33.00 = 116.65$m

기지횡선차 $= 213740.77 - 213624.17 = 116.60$m

횡선오차 (fy) $= 116.65 - 116.60 = 0.05$m

(10) 연결오차 및 공차

> 연결오차 $= \sqrt{(fx)^2 + (fy)^2}$
>
> 공차 1등 도선 $= M \times \dfrac{1}{100} \times \sqrt{n}$ cm
>
> 2등 도선 $= M \times \dfrac{1.5}{100} \times \sqrt{n}$ cm
>
> 여기서, M : 축척분모
> n : 수평거리 합계를 100
> 으로 나눈 수

연결오차 $= \sqrt{(-0.07)^2 + (0.05)^2} = 0.09$ m

공차 $= 1000 \times \dfrac{1}{100} \times \sqrt{6.1797} = 24.9$ cm $= 0.24$ m

(11) 종선오차 및 횡선오차의 배부

종선오차 보정치 $= -\dfrac{종선오차(fx)}{종선차의\ 절대치\ 합계} \times$ 각 측선의 종선차

횡선오차 보정치 $= -\dfrac{횡선오차(fy)}{횡선차의\ 절대치\ 합계} \times$ 각 측선의 횡선차

(12) 종선좌표 및 횡선좌표 결정

종선좌표 $X_1 =$ 출발기지 종선좌표+종선차 (Δx)+보정치

$X_2 = X_1 + \Delta x_2 +$ 보정치

$$\vdots$$

$X_n = X_{n-1} + \Delta x_n +$ 보정치

횡선좌표 $Y_1 =$ 출발기지 횡선좌표+횡선차 (Δy)+보정치

$Y_2 = Y_1 + \Delta y_2 +$ 보정치

$$\vdots$$

$Y_n = Y_{n-1} + \Delta y_n +$ 보정치

도근측량계산부(배각법)

측점	시준점	보정치 관측각	반수 수평거리	방위각	종선차(ΔX) 보정치 종선좌표(X)	횡선차(ΔY) 보정치 횡선좌표(Y)
원10	원13	° ′ ″	m	° ′ ″ 43 28 34	m 461575.50	m 213624.17
원10	1	−1 105 43 45	4.5 219.79	149 12 18	−188.80 3 461386.13	112.53 −2 213736.68
1	2	−3 197 11 52	12.5 79.76	166 24 07	−77.52 1 461309.22	18.75 0 213755.43
2	3	−2 261 04 36	11.2 89.45	247 28 41	−34.26 1 461274.97	−82.63 −1 213672.79
3	4	−3 132 38 54	13.9 72.19	200 07 32	−67.78 1 461207.20	−24.84 0 213647.95
4	5	−4 82 29 51	16.3 61.32	102 37 19	−13.40 0 461193.80	59.84 −1 213707.78
5	원15	−2 237 09 51	10.5 95.46	159 46 32	−89.57 1 461104.24	33.00 −1 213740.77
원15	원17	 77 03 05	68.9 617.97	56 49 37		
	$\Sigma a =$ 1093° 21′ 18″ $+ T =$ 43° 28′ 34″ $- 180(n-1) =$ 1080° 00′ 00″ $T_2' =$ 56° 49′ 52″ $T_2 =$ 56° 49′ 37″				$\Sigma|\Delta X| =$ 471.33 $\Sigma \Delta X =$ −471.33 기지 = −471.26 $f(x) =$ −0.07	$\Sigma|\Delta Y| =$ 331.59 $\Sigma \Delta Y =$ 116.65 기지 = 116.60 $f(y) =$ +0.05
		오차= 15″ 공차=±52″			연결오차=0.09 공 차=±0.24	

03 solution 교점다각망계산부(X, Y형)

<table>
<tr><td colspan="6" align="center">약 도</td><td colspan="5"></td></tr>
</table>

약 도						

조건식	I	(1)-(2)+ w_1=0
	II	(2)-(3)+ w_2=0
	III	(3)-(4)+ w_3=0

조건식	I	(1)-(2)+ w_1=0
	II	(2)-(3)+ w_2=0

경중률		ΣN	ΣS
	(1)	12	7.85
	(2)	8	6.94
	(3)	10	9.01
	(4)	5	8.44

경중률		ΣN	ΣS
	(1)		
	(2)		
	(3)		

1. 방위각

순서	도선	관 측	보정	평 균
I	(1)	271° 45′ 55″	+15	271° 46′ 10″
	(2)	271° 46′ 16″	−6	271° 46′ 10″
	w_1	−21″		
II	(2)	271° 46′ 16″	−6	271° 46′ 10″
	(3)	271° 46′ 25″	−15	271° 46′ 10″
	w_2	-9″		
III	(3)	271° 46′ 25″	−15	271° 46′ 10″
	(4)	271° 46′ 04″	+6	271° 46′ 10″
	w_3	+21″		

2. 종선좌표

순서	도선	관 측(m)	보정	평 균(m)
I	(1)	7542.76	+0.08	7542.84
	(2)	7542.89	−0.05	7542.84
	w_1	−0.13		
II	(2)	7542.89	−0.05	7542.84
	(3)	7542.82	+0.02	7542.84
	w_2	+0.07		
III	(3)	7542.82	+0.02	7542.84
	(4)	7542.90	−0.06	7542.84
	w_3	−0.08		

3. 횡선좌표

순서	도선	관 측(m)	보정	평 균(m)
I	(1)	1919.89	+0.11	1920.00
	(2)	1920.05	−0.05	1920.00
	w_1	−0.16		
II	(2)	1920.05	−0.05	1920.00
	(3)	1919.94	+0.06	1920.00
	w_2	+0.11		
III	(3)	1919.94	+0.05	1920.00
	(4)	1920.12	−0.12	1920.00
	w_3	−0.18		

4. 계산

1) 방위각 $= \dfrac{\left[\frac{\Sigma a}{\Sigma N}\right]}{\left[\frac{1}{\Sigma N}\right]} = \dfrac{\frac{55}{12}+\frac{76}{8}+\frac{85}{10}+\frac{64}{5}}{\frac{1}{12}+\frac{1}{8}+\frac{1}{10}+\frac{1}{5}} = 70''$

2) 종선좌표 $= \dfrac{\left[\frac{\Sigma X}{\Sigma S}\right]}{\left[\frac{1}{\Sigma S}\right]} = \dfrac{\frac{0.76}{7.85}+\frac{0.89}{6.94}+\frac{0.82}{9.01}+\frac{0.90}{8.44}}{\frac{1}{7.85}+\frac{1}{6.94}+\frac{1}{9.01}\ \frac{1}{8.44}} = 0.84\,\mathrm{m}$

3) 횡선좌표 $= \dfrac{\left[\frac{\Sigma Y}{\Sigma S}\right]}{\left[\frac{1}{\Sigma S}\right]} = \dfrac{\frac{0.89}{7.85}+\frac{1.05}{6.94}+\frac{0.94}{9.01}+\frac{1.12}{8.44}}{\frac{1}{7.85}+\frac{1}{6.94}+\frac{1}{9.01}+\frac{1}{8.44}} = 1.00\,\mathrm{m}$

$W=$ 오차, $N=$ 도선별 점수, $S=$ 측점간 거리, $a=$ 관측방위각

04 solution

가. 방향오차(θ) 계산

(1) $\tan\theta = \dfrac{BB'}{AB}$

$\theta = \tan^{-1}\dfrac{20.21}{3070.45}$

$= 0°\ 22'\ 38''$

(2) 다른 방법으로 계산

$3070.45 : 20.21 = \rho'' : \theta$

$\theta = \dfrac{206265'' \times 20.21}{3070.45} = 0°\ 22'\ 38''$

답 $0°\ 22'\ 38''$

나. AB'방위각 계산

(1) $V_a{}^b$방위각 계산

$\theta = \tan^{-1}\dfrac{3047.5452}{374.3415} = 82°\ 59'\ 50''$

$V_a{}^b = 180 - 82°\ 59'\ 50'' = 97°\ 0'\ 10''$

(2) $V_a{}^{b'} = V_a{}^b - \theta$

$= 97°\ 0'\ 10'' - 0°\ 22'\ 38'' = 96°\ 37'\ 32''$

답 : $96°\ 37'\ 32''$

05 solution

(1) $\overline{AC}$거리 계산

$\triangle ABC$에서 $\dfrac{\overline{AC}}{\sin\alpha} = \dfrac{2121.21}{\sin r}$

$\overline{AC} = \dfrac{\sin 65°\ 54'\ 43''}{\sin 24°\ 05'\ 17''} \times 2121.21 = 4744.68\,\mathrm{m}$

(2) $\overline{CD}$거리 계산

$\triangle ACD$에서 $\dfrac{\overline{AC}}{\sin\alpha} = \dfrac{\overline{CD}}{\sin\beta}$

$\overline{CD} = \dfrac{\sin 54°\ 43'\ 32''}{\sin 35°\ 16'\ 28''} \times 4744.68 = 6707.49\,\mathrm{m}$

답 $AC = 4744.68\,\mathrm{m}$ $CD = 6707.49\,\mathrm{m}$

06 solution

가. 면적보정계수(소수 4위) 계산

$$\frac{300 \times 400}{(300 - 0.6)(400 - 0.6)} = 1.0035$$

나. 보정면적 계산

100번지　　　$1236.2 \times 1.0035 = 1240.5\text{m}^2$

100-1번지　　$784.4 \times 1.0035 = 787.1\text{m}^2$

합계　　　　　　　　　　　$= 2027.6\,\text{m}^2$

답 <u>100번지　　　: 1240.5m^2</u>

　　<u>100-1번지 :　787.1m^2</u>

다. 신구면적 허용오차 계산

공차 $= \pm 0.026^2 \times 1000 \times \sqrt{2001} = \pm 30\text{m}^2$

라. 산출면적 계산

100번지　　　$= \dfrac{2001}{2027.6} \times 1240.5 = 1224.2\text{m}^2$

100-1번지 $= \dfrac{2001}{2027.6} \times 787.1 = 776.8\text{m}^2$

합계　　　　　　　　　　　$= 2001.0\,\text{m}^2$

답 <u>100번지　　　: 1224.2m^2</u>

　　<u>100-1번지 :　776.8m^2</u>

마. 결정면적 계산

1/1000 지역에서는 $1\,\text{m}^2$ 단위로 결정한다.

답 <u>100번지　　　: 1224m^2</u>

　　<u>100-1번지 :　777m^2</u>

7회 출제예상문제

Cadastral Surveying

이 문제는 수험자의 기억을 토대로 작성하였으므로 실제 문제와 일부 다를 수도 있습니다. 해설과 해답은 오류가 없도록 최선을 다하였으나 혹 미미한 부분은 계속 수정 보완하겠습니다.

01. 그림과 같은 교회망의 기지점 좌표와 관측내각이 아래와 같을 경우 소구점(보 31)의 좌표를 주어진 서식에 의하여 각은 초 단위까지, 거리와 좌표는 소수 2자리까지 계산하시오.

〈관측내각〉

점명	내각
α_1	78° 55′ 39″
γ_1	45° 47′ 51″
γ_2	43° 15′ 54″

〈기지점 좌표〉

점명	X(m)	Y(m)
양 17	465243.28	183707.19
보 10	465243.28	181553.20
양 24	463539.45	179849.37

〈망도〉

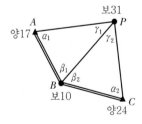

교회점계산부

[별지 제35호 서식]

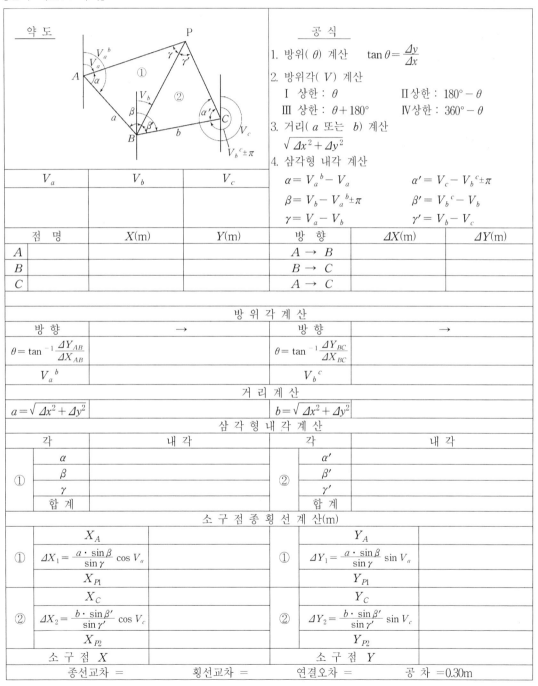

02. 구소삼각원점지역에서 지적도근점을 설치하고 이를 전개할 도곽선을 축척 500분의 1로 구획하려고 한다. 지적도근점의 좌표가 다음과 같을 때 이를 포용하는 지적도의 도곽선의 좌표를 계산하시오.

종선(X)좌표 = 4213.46m
횡선(Y)좌표 = -1329.72m

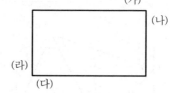

계산과정)

답 : 가 = _____, 나 = _____, 다 = _____, 라 = _____

03. 축척 1/600 지적도 시행지역에서 배각법으로 관측한 지적도근측량 성과가 다음과 같을 경우 각 지적도근점의 좌표를 서식에 의하여 구하시오.
(단, 거리의 단위는 m이며 소수 2자리까지, 각은 초 단위까지 계산하시오.)

측점	시준점	관측각	수평거리	방위각	종선좌표(X)	횡선좌표(Y)
가		° ′ ″	m	° ′ ″	m	m
보7	보10			182° 40′ 23″	453389.93	192567.66
보7	1	36° 08′ 40″	30.61			
1	2	132° 25′ 00″	40.14			
2	3	204° 25′ 07″	54.61			
3	4	147° 53′ 40″	33.19			
4	5	112° 22′ 47″	29.57			
5	6	184° 23′ 53″	36.44			
6	보4	158° 12′ 00″	48.79		453242.06	192662.39
보4	보3	113° 36′ 33″		12° 07′ 24″		

도근측량계산부(배각법)

측 점	시준점	보정치 관측각	반수 수평거리	방위각	종선차(ΔX) 보정치 종선좌표(X)	횡선차(ΔY) 보정치 횡선좌표(Y)
					m	m
		° ′ ″	m	° ′ ″		

04. 1/1200 지적도에서 1필지(773)를 3필지(773, 773-1, 773-2)로 분할하고자 한다. 주어진 조건에서 토지대장에 등록하기 위한 면적보정계수, 필지별 보정면적, 신구허용오차, 필지별 산출면적, 필지별 결정면적을 구하시오.
(단, 계산은 관련규정에 의하고 면적보정계수는 소수 4자리까지 구하시오.)

구분	분할 전	분할 후		
지번	773	773	773-1	773-2
면적	1080m²	398m²	341m²	323m²

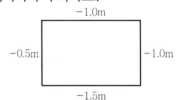

[도곽신축량]

※도곽신축량을 축척에 따라 환산한 수치

가. 면적보정계수
계산과정)

답 : _____

나. 신구허용오차
계산과정)

답 : _____

다. 필지별 보정면적, 산출면적, 결정면적

구분 \ 필지	773	773-1	773-2	합계
필지별 보정면적(m²)				
필지별 산출면적(m²)				
필지별 결정면적(m²)				

05. 그림과 같은 지형에서 일시적인 장애물로 인하여 부득이 그림과 같이 관측을 하였다. P점의 좌표를 결정하시오.

(단, 거리 및 좌표는 소수 3자리에서 반올림하여 소수 2자리까지 구하시오.)

점명	종선좌표	횡선좌표
B	4765.12 m	1564.72 m
C	4658.67 m	1077.88 m

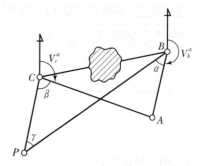

$V_b{}^a = 191° 32' 28''$, $V_c{}^a = 117° 39' 58''$

$\alpha = 31° 47' 22''$, $\beta = 72° 36' 22''$, $\gamma = 33° 03' 30''$

계산과정)

답 : P의 X좌표 = _____ , P의 Y좌표 = _____

7회 출제예상문제 해설 및 정답

01 solution 교회점계산부

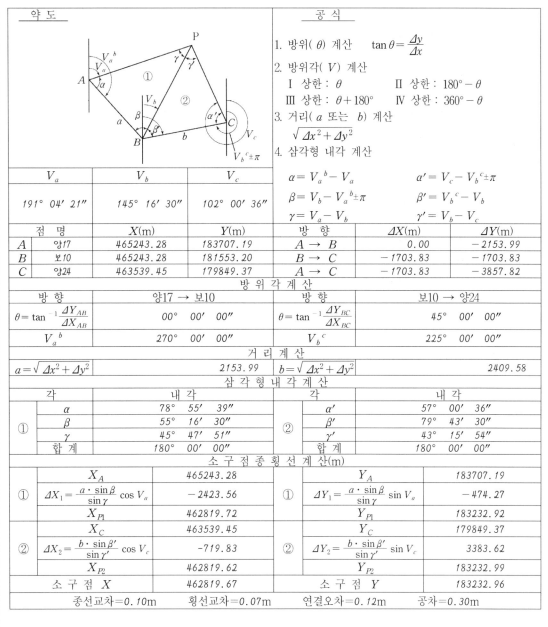

약 도	공 식

공 식

1. 방위(θ) 계산 $\tan\theta = \dfrac{\Delta y}{\Delta x}$

2. 방위각(V) 계산
   I 상한 : θ II 상한 : $180° - \theta$
   III 상한 : $\theta + 180°$ IV 상한 : $360° - \theta$

3. 거리(a 또는 b) 계산
   $\sqrt{\Delta x^2 + \Delta y^2}$

4. 삼각형 내각 계산
   $\alpha = V_a^b - V_a$ $\alpha' = V_c - V_b^c \pm \pi$
   $\beta = V_b - V_a^b \pm \pi$ $\beta' = V_b^c - V_b$
   $\gamma = V_a - V_b$ $\gamma' = V_b - V_c$

V_a	V_b	V_c
191° 04′ 21″	145° 16′ 30″	102° 00′ 36″

	점 명	X(m)	Y(m)	방 향	ΔX(m)	ΔY(m)
A	양17	465243.28	183707.19	$A \rightarrow B$	0.00	− 2153.99
B	보10	465243.28	181553.20	$B \rightarrow C$	− 1703.83	− 1703.83
C	양24	463539.45	179849.37	$A \rightarrow C$	− 1703.83	− 3857.82

방 위 각 계 산

방 향	양17 → 보10	방 향	보10 → 양24
$\theta = \tan^{-1}\dfrac{\Delta Y_{AB}}{\Delta X_{AB}}$	00° 00′ 00″	$\theta = \tan^{-1}\dfrac{\Delta Y_{BC}}{\Delta X_{BC}}$	45° 00′ 00″
V_a^b	270° 00′ 00″	V_b^c	225° 00′ 00″

거 리 계 산

$a = \sqrt{\Delta x^2 + \Delta y^2}$	2153.99	$b = \sqrt{\Delta x^2 + \Delta y^2}$	2409.58

삼 각 형 내 각 계 산

	각	내 각		각	내 각
①	α	78° 55′ 39″	②	α'	57° 00′ 36″
	β	55° 16′ 30″		β'	79° 43′ 30″
	γ	45° 47′ 51″		γ'	43° 15′ 54″
	합 계	180° 00′ 00″		합 계	180° 00′ 00″

소 구 점 종 횡 선 계 산(m)

①	X_A	465243.28	①	Y_A	183707.19
	$\Delta X_1 = \dfrac{a \cdot \sin\beta}{\sin\gamma}\cos V_a$	− 2423.56		$\Delta Y_1 = \dfrac{a \cdot \sin\beta}{\sin\gamma}\sin V_a$	− 474.27
	X_{P1}	462819.72		Y_{P1}	183232.92
②	X_C	463539.45	②	Y_C	179849.37
	$\Delta X_2 = \dfrac{b \cdot \sin\beta'}{\sin\gamma'}\cos V_c$	−719.83		$\Delta Y_2 = \dfrac{b \cdot \sin\beta'}{\sin\gamma'}\sin V_c$	3383.62
	X_{P2}	462819.62		Y_{P2}	183232.99
소 구 점 X		462819.67	소 구 점 Y		183232.96

종선교차=0.10m	횡선교차=0.07m	연결오차=0.12m	공차=0.30m

02
solution

(1) 종선좌표 결정

    ① 종선좌표를 도곽선 길이로 나눈다.

      $X = 4213.46 \div 150 = 28.09$

    ② 도곽선 종선길이로 나눈 정수는 도곽선 길이로 곱한다.

      $28 \times 150 = 4200\text{m} \rightarrow$ 종선하부좌표

      ＊ $X = 4213.46\text{m}$는 구소삼각지역에서 (0, 0)보다 크기 때문에 하부좌표가 먼저 결정된다.

    ③ 종선의 상부좌표 결정

      $4200 + 150 = 4350\text{m} \rightarrow$ 종선상부좌표

      ＊ 종선하부좌표에서 축척이 500분의 1 지역의 지적도 도곽 종선길이가 150m이므로 150을 더한다.

      ＊ 구소삼각지역에서는 원점이 (0, 0)이므로 가상수치인 50만을 안 더한다.

(2) 횡선좌표 결정

    ① 횡선좌표를 도곽선 길이로 나눈다.

      $Y = -1329.72 \div 200 = -6.65$

    ② 도곽선 횡선길이로 나눈 정수를 도곽선 길이로 곱한다.

      $-6 \times 200 = -1200\text{m} \rightarrow$ 우측횡선좌표

    ③ 횡선의 좌측좌표 결정

      $-1200 - 200 = -1400\text{m} \rightarrow$ 좌측횡선좌표

      ＊ $Y = -1329.72$는 구소삼각지역에서 (−)가 있기 때문에 우측횡선좌표가 먼저 결정된다.

      ＊ 횡선우측좌표에서 축척이 500분의 1 지역의 지적도 도곽 횡선길이가 200m이므로 200을 빼준다.

답 가 : 4350m   나 : −1200m   다 : 4200m   라 : −1400m

03 solution 　　도근측량계산부(배각법)

측 점	시준점	보정치 관측각			반수 수평거리	방위각			종선차(ΔX) 보정치 종선좌표(X)	횡선차(ΔY) 보정치 횡선좌표(Y)
가		°	′	″	m	°	′	″	m	m
보7	보10	36	08	40		182	40	23	453389.93	192567.66
보7	1	132	25	00	32.7 30.61	218	48	56	−23.85 −0.01 453366.07	−19.19 +0.01 192548.48
1	2	204	25	07	24.9 40.14	171	13	51	−39.67 −0.02 453326.38	6.12 0.00 192554.60
2	3	147	53	40	18.3 54.61	195	38	54	−52.59 −0.02 453273.77	−14.73 +0.01 192539.88
3	4	112	22	47	30.1 33.19	163	32	28	−31.83 −0.01 453241.93	9.40 0.00 192549.28
4	5	112	22	47	33.8 29.57	95	55	08	−3.05 −0.00 453238.88	29.41 0.01 192578.70
5	6	184	23	53	27.4 36.44	100	18	55	−6.53 0.00 453232.35	35.85 +0.01 192814.56
6	보4	158	12	00	20.5 48.79	78	30	51	9.72 −0.01 453242.06	47.81 +0.02 192662.39
보4	보3	113	36	33	(187.7) (273.35)	12	07	24		

$\Sigma\alpha =$ 1089° 27′ 40″		$\Sigma\lvert\Delta X\rvert =$ 167.27	$\Sigma\lvert\Delta Y\rvert =$ 162.51
$+\,T=$ 182° 40′ 23″		$\Sigma X =$ 147.80	$\Sigma\Delta Y =$ 94.67
$-180(n-1)=$ 1280° 00′ 00″		기지 = 147.87	기지 = 94.73
$T_2' =$ 12° 08′ 03″		$f(x) =$ +0.07	$f(y) =$ −0.06
$T_2 =$ 12° 07′ 24″		연결오차=0.09m	
오차=39″		공　차=±0.09m	
공차=±56″			

04 solution

가. 면적보정계수

(1) $\dfrac{333.33 \times 416.67}{(333.33-0.62)(416.67-1.04)} = 1.0044$ (도상거리 계산)

(2) $\dfrac{400 \times 500}{(400-0.75)(500-1.25)} = 1.0044$ (지상거리 계산)

답 1.0044

나. 신구허용오차

$\pm 0.026^2 \times 1200 \times \sqrt{1080} = \pm 26\,\mathrm{m}^2$

답 $\pm 26\mathrm{m}^2$

다. 필지별 보정면적, 산출면적, 결정면적

구분＼필지	773	773-1	773-2	합계
필지별 보정면적(m²)	398×1.0044 $= 399.8$	341×1.0044 $= 342.5$	323×1.0044 $= 324.4$	$1066.7\,\mathrm{m}^2$
필지별 산출면적(m²)	$\dfrac{399.8}{1066.7} \times 1080$ $= 404.8$	$\dfrac{342.5}{1066.7} \times 1080$ $= 346.8$	$\dfrac{324.4}{1066.7} \times 1080$ $= 328.4$	$1080\,\mathrm{m}^2$
필지별 결정면적(m²)	$405\,\mathrm{m}^2$	$347\,\mathrm{m}^2$	$328\,\mathrm{m}^2$	$1080\,\mathrm{m}^2$

05 solution

(1) $V_B{}^C = \dfrac{Y_c - Y_b}{X_c - X_b} = \dfrac{1077.88 - 1564.72}{4658.67 - 4765.12} = \dfrac{-486.84}{-106.45}$

$\theta = \tan^{-1}\dfrac{486.84}{106.45} = 77° \ 39' \ 58''$ (3상한)

$\therefore V_B{}^C = 180° + 77° \ 39' \ 58'' = 257° \ 39' \ 58''$

(2) $\overline{BC} = \sqrt{486.84^2 + 106.45^2} = 493.34\,\mathrm{m}$

(3) $V_b{}^P = V_b{}^a + a = 191° \ 32' \ 28'' + 31° \ 47' \ 22'' = 223° \ 19' \ 50''$

$V_C{}^P = V_c{}^a + \beta = 117° \ 39' \ 58'' + 72° \ 36' \ 22'' = 190° \ 16' \ 20''$

(4) α', β' 구하기

$\alpha' = V_b{}^c - V_b{}^P = 257° \ 39' \ 58'' - 223° \ 19' \ 50'' = 34° \ 20' \ 08''$

$\beta' = V_c{}^P - V_c{}^b = 190° \ 16' \ 20'' - 257° \ 39' \ 58'' + 180° = 112° \ 36' \ 22''$

(5) $\overline{CP}$, $\overline{BP}$ 구하기

$\overline{CP} = \dfrac{498.34 \times \sin \alpha'}{\sin \gamma} = \dfrac{498.34 \times \sin 34° \ 20' \ 08''}{\sin 33° \ 03' \ 30''} = 515.28 \text{m}$

$\overline{BP} = \dfrac{498.34 \times \sin \beta'}{\sin \gamma} = \dfrac{498.34 \times \sin 112° \ 36' \ 22''}{\sin 33° \ 03' \ 30''} = 843.37 \text{m}$

(6) $X_{P1} = 4765.12 + \Delta X_1$

$= 4765.12 + (843.37 \times \cos V_b{}^P)$

$= 4765.12 + (843.37 \times \cos 223° \ 19' \ 50'')$

$= 4151.65 \text{m}$

$Y_{P1} = 4658.67 + \Delta Y_1$

$= 4658.67 + (\overline{BP} \times \cos V_b{}^P)$

$= 4658.67 + (843.37 \times \sin 223° \ 19' \ 50'')$

$= 985.99 \text{m}$

답 P의 X좌표$=4151.65$m, P의 Y좌표$=985.99$m

8회 출제예상문제

Cadastral Surveying

이 문제는 수험자의 기억을 토대로 작성하였으므로 실제 문제와 일부 다를 수도 있습니다. 해설과 해답은 오류가 없도록 최선을 다하였으나 혹 미미한 부분은 계속 수정 보완하겠습니다.

01. 그림과 같이 Y형 교점다각망을 구성하고 교점에서 방향표(P)에 대한 도선별 관측방위각과 교점의 도선별 계산좌표를 아래와 같이 구하였다. 이때 교점에서의 평균 방위각과 평균 종선좌표 및 평균 횡선좌표를 구하시오.(단, 계산은 반올림하여 좌표는 소수 2자리(cm 단위)까지, 각은 초 단위까지 구하시오.)

〈관측방위각 및 계산좌표〉

도선별	측점수	거리(km)	관측방위각	계산좌표	
				X(m)	Y(m)
(1)	7	0.575	216° 42′ 48″	3276.45	2823.89
(2)	15	1.028	216° 43′ 05″	3276.26	2824.07
(3)	20	0.623	216° 43′ 10″	3276.21	2824.04

가. 평균 방위각
   계산과정)

   답 : _____

나. 평균 종선좌표
   계산과정)

   답 : _____

다. 평균 횡선좌표
   계산과정)

   답 : _____

02. 다음 배각법에 의한 지적도근측량의 관측성과에 의하여 주어진 서식으로 각 점의 좌표를 계산하시오.(단, 도선명은 "가"이고, 축척은 600분의 1임)

측점	시준점	관측각	수평거리(m)	방위각	X좌표(m)	Y좌표(m)
가11	가12	° ′ ″		10° 30′ 14″	5227.66	6846.71
가11	1	273° 06′ 08″	46.50			
1	2	276° 18′ 05″	131.96			
2	3	263° 59′ 07″	33.44			
3	4	274° 41′ 19″	40.50			
4	5	86° 04′ 34″	114.99			
5	6	269° 06′ 42″	40.55			
6	7	180° 40′ 16″	50.65			
7	가11	270° 29′ 46″	112.01		5227.66	6846.71
가11	가12	265° 33′ 36″		10° 30′ 14″		

도근측량계산부(배각법)

측 점	시준점	보정치 관측각	반수 수평거리	방위각	종선차(ΔX) 보정치 종선좌표(X)	횡선차(ΔY) 보정치 횡선좌표(Y)
		° ′ ″	m	° ′ ″	m	m

03. 지적삼각보조측량을 교회법으로 실시하여 다음과 같은 방위각을 관측하였다. 주어진 서식에 의하여 보5(P)의 좌표를 구하시오.

[기지점]		
점명	종선좌표(X)	횡선좌표(Y)
경기15(A)	479751.82 m	206731.47 m
경기17(B)	477511.48 m	206731.47 m
경기19(C)	478073.21 m	207584.21 m

[소구방위각]	
V_a	148° 17′ 26″
V_b	93° 54′ 44″
V_c	138° 06′ 34″

교회점계산부

[별지 제35호 서식]

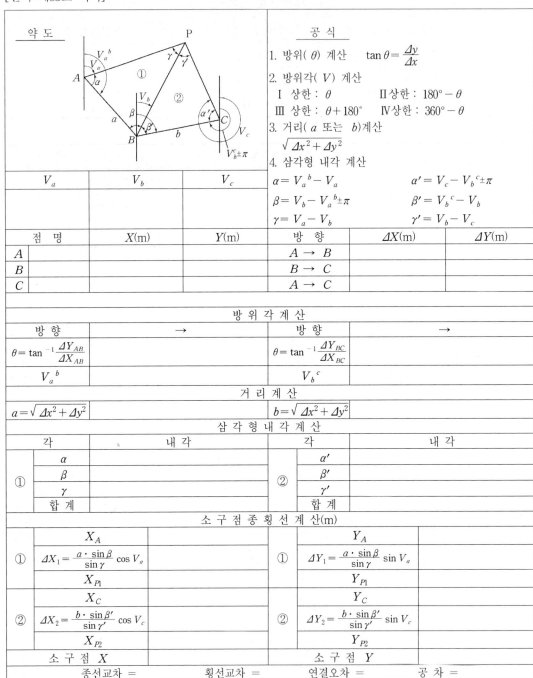

04. 도곽신축량이 −3.2mm인 축척 1/1200 지적도에 등록된 원면적 900m²의 토지를 3필지로 분할하여, 분할 후 필지별 산출면적 $A = 646m^2$, $B = 88m^2$, $C = 134m^2$를 각각 구하였다. 분할 후 각 필지의 면적 결정에 필요한 다음의 사항들을 계산하시오.(단, 면적보정계수는 소수 4자리까지, 기타 요구사항은 관련 규정에 맞도록 계산하시오.)

가. 도곽 신축에 따른 면적보정계수
계산과정)

답 : _____

나. 분할 후 각 필지의 신축량 보정면적
계산과정)

	A	B	C
보정면적(m²)			

다. 신구면적 허용오차
계산과정)

답 : _____

라. 분할 후 각 필지의 결정면적
계산과정)

	A	B	C
결정면적(m²)			

05. 직각 종횡선 좌표로 구획된 우리나라 지적도상에 다음 지적도근점 *P* 가 존재해야 할 도곽선을 구획하고 도곽선 좌표를 구하시오.(단, 축척은 1/1000 지역임)

지적도근점 *P*의 좌표 $X = 466299.28 \, \mathrm{m}$, $Y = 193777.39 \, \mathrm{m}$

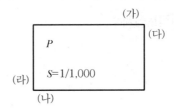

계산과정)

답 : 가 = _____, 나 = _____, 나 = _____, 라 = _____

8회 출제예상문제 해설 및 정답

01 solution

가. 평균 방위각

$$방위각 = \frac{\left[\frac{\Sigma a}{\Sigma N}\right]}{\left[\frac{1}{\Sigma N}\right]}$$

$W =$ 오차

$N =$ 도선별 점수

$S =$ 측점간 거리

$a =$ 관측방위각

$$방위각 = \frac{\dfrac{48}{7} + \dfrac{65}{15} + \dfrac{70}{20}}{\dfrac{1}{7} + \dfrac{1}{15} + \dfrac{1}{20}} = 56.60 ≒ 57''$$

답 216° 42′ 57″

나. 평균 종선좌표

$$종선좌표 = \frac{\left[\frac{\Sigma X}{\Sigma S}\right]}{\left[\frac{1}{\Sigma S}\right]}$$

$W =$ 오차

$N =$ 도선별 점수

$S =$ 측점간 거리

$a =$ 관측방위각

$$종선좌표 = \frac{\dfrac{0.45}{0.575} + \dfrac{0.26}{1.028} + \dfrac{0.21}{0.623}}{\dfrac{1}{0.575} + \dfrac{1}{1.028} + \dfrac{1}{0.623}} = 0.318 ≒ 0.32$$

답 3276.32 m

다. 평균 횡선좌표

$$횡선좌표 = \frac{\left[\dfrac{\Sigma Y}{\Sigma S}\right]}{\left[\dfrac{1}{\Sigma S}\right]}$$

W = 오차

N = 도선별 점수

S = 측점간 거리

a = 관측방위각

$$횡선좌표 = \frac{\dfrac{0.89}{0.575} + \dfrac{1.07}{1.028} + \dfrac{1.04}{0.623}}{\dfrac{1}{0.575} + \dfrac{1}{1.028} + \dfrac{1}{0.623}} = 0.99$$

답 2823.99 m

02 solution — 도근측량계산부(배각법)

[별지 제36호 서식]

측 점	시준점	보정치 / 관측각 (° ′ ″)	반수 / 수평거리 (m)	방위각 (° ′ ″)	종선차(ΔX) 보정치 종선좌표(X) (m)	횡선차(ΔY) 보정치 횡선좌표(Y) (m)
강11	강12	° ′ ″	m	10 30 14	5227.66	6846.71
강11	1	+4 / 273 06 08	21.5 / 46.50	283 36 26	10.94 / 0.00 / 5238.60	−45.19 / −0.1 / 6801.51
1	2	+1 / 276 18 05	7.6 / 131.96	19 54 32	124.07 / +0.03 / 5362.70	44.94 / 0.00 / 6846.45
2	3	+5 / 263 59 07	29.9 / 33.44	103 53 44	−8.03 / 0.00 / 5354.67	32.46 / 0.00 / 6878.91
3	4	+5 / 274 41 19	24.7 / 40.50	198 35 08	−38.39 / +0.01 / 5316.29	−12.91 / 0.00 / 6866.00
4	5	2 / 86 04 34	8.7 / 114.99	104 39 44	−29.11 / +0.01 / 5287.19	111.25 / −0.01 / 6977.24
5	6	4 / 269 06 42	24.7 / 40.55	193 46 30	−39.38 / +0.01 / 5247.82	−9.66 / 0.00 / 6967.58
6	7	4 / 180 40 16	19.7 / 50.65	194 26 50	−49.05 / +0.01 / 5198.78	−12.64 / 0.00 / 6954.94
7	강11	2 / 270 29 46	8.9 / 112.01	284 56 38	28.88 / 0.00 / 5227.66	−108.22 / −0.01 / 6846.71
강11	강12	265 33 36	145.7 / 570.6	10 30 14	—	—

$\Sigma\alpha = 2159° \ 59′ \ 33″$
$+ T = 10° \ 30′ \ 14″$
$- 180(n+3) = 2160° \ 00′ \ 00″$
$T_2' = 10° \ 29′ \ 47″$
$T_2 = 10° \ 30′ \ 14″$

오차 = −27″
공차 = ±60″

$\Sigma|\Delta X| = 327.85$ $\Sigma|\Delta Y| = 377.27$
$\Sigma\Delta X = -0.07$ $\Sigma\Delta Y = +0.03$
기지 = 0.00 기지 = 0.00
$f(x) = -0.07$ $f(y) = +0.03$

연결오차 = 0.08
공 차 = ±0.14

03 solution 교회점계산부(진수)

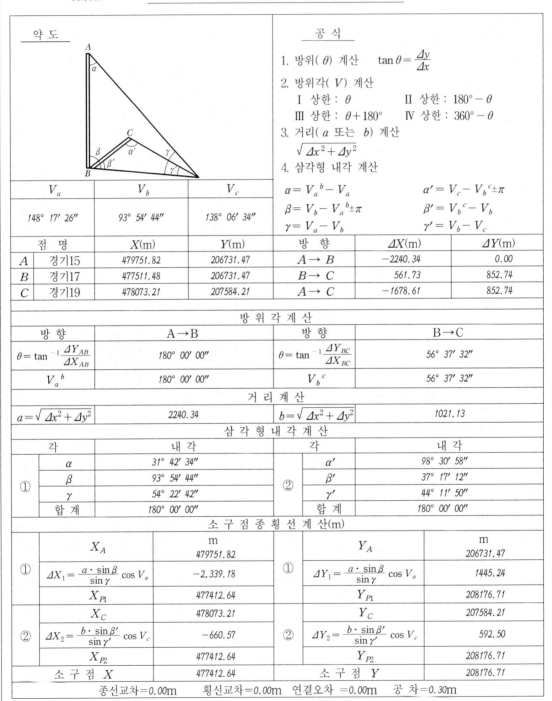

약 도			공 식

약 도

공 식

1. 방위(θ) 계산 $\tan\theta = \dfrac{\Delta y}{\Delta x}$
2. 방위각(V) 계산
   Ⅰ 상한 : θ　　　　Ⅱ 상한 : $180° - \theta$
   Ⅲ 상한 : $\theta + 180°$　　Ⅳ 상한 : $360° - \theta$
3. 거리(a 또는 b) 계산
   $\sqrt{\Delta x^2 + \Delta y^2}$
4. 삼각형 내각 계산

$\alpha = V_a{}^b - V_a$　　　　　$\alpha' = V_c - V_b{}^c \pm \pi$
$\beta = V_b - V_a{}^b \pm \pi$　　　$\beta' = V_b{}^c - V_b$
$\gamma = V_a - V_b$　　　　　　$\gamma' = V_b - V_c$

V_a	V_b	V_c
148° 17′ 26″	93° 54′ 44″	138° 06′ 34″

	점 명	X(m)	Y(m)	방 향	ΔX(m)	ΔY(m)
A	경기15	479751.82	206731.47	$A \to B$	−2240.34	0.00
B	경기17	477511.48	206731.47	$B \to C$	561.73	852.74
C	경기19	478073.21	207584.21	$A \to C$	−1678.61	852.74

방 위 각 계 산			
방 향	$A \to B$	방 향	$B \to C$
$\theta = \tan^{-1}\dfrac{\Delta Y_{AB}}{\Delta X_{AB}}$	180° 00′ 00″	$\theta = \tan^{-1}\dfrac{\Delta Y_{BC}}{\Delta X_{BC}}$	56° 37′ 32″
$V_a{}^b$	180° 00′ 00″	$V_b{}^c$	56° 37′ 32″

거 리 계 산			
$a = \sqrt{\Delta x^2 + \Delta y^2}$	2240.34	$b = \sqrt{\Delta x^2 + \Delta y^2}$	1021.13

삼 각 형 내 각 계 산					
	각	내 각		각	내 각
①	α	31° 42′ 34″	②	α'	98° 30′ 58″
	β	93° 54′ 44″		β'	37° 17′ 12″
	γ	54° 22′ 42″		γ'	44° 11′ 50″
	합 계	180° 00′ 00″		합 계	180° 00′ 00″

소 구 점 종 횡 선 계 산(m)					
	X_A	m 479751.82		Y_A	m 206731.47
①	$\Delta X_1 = \dfrac{a \cdot \sin\beta}{\sin\gamma}\cos V_a$	−2,339.18	①	$\Delta Y_1 = \dfrac{a \cdot \sin\beta}{\sin\gamma}\cos V_a$	1445.24
	X_{P1}	477412.64		Y_{P1}	208176.71
	X_C	478073.21		Y_C	207584.21
②	$\Delta X_2 = \dfrac{b \cdot \sin\beta'}{\sin\gamma'}\cos V_c$	−660.57	②	$\Delta Y_2 = \dfrac{b \cdot \sin\beta'}{\sin\gamma'}\cos V_c$	592.50
	X_{P2}	477412.64		Y_{P2}	208176.71
소 구 점 X		477412.64	소 구 점 Y		208176.71

종선교차=0.00m　횡신교차=0.00m　연결오차 =0.00m　공 차=0.30m

04 solution

가. 도곽신축에 따른 면적 보정계수

$$\frac{333.33 \times 416.67}{(333.33 - 3.2) \times (416.67 - 3.2)} = 1.0175$$

답 1.0175

나. 분할 후 각 필지의 신축량 보정면적

$A : 646 \times 1.0175 = 657.3 \text{m}^2$

$B : \ \ 88 \times 1.0175 = \ \ 89.5 \text{m}^2$

$C : 134 \times 1.0175 = 136.3 \text{m}^2$

계 : $\qquad = 883.1 \text{m}^2$

	A	B	C
보정면적(m²)	657.3	89.5	136.3

다. 신구면적 허용오차

$\pm 0.026^2 \times M \times \sqrt{F}$

$= 0.026^2 \times 1,200 \times \sqrt{900} = \pm 24 \text{m}^2$

답 $\pm 24 \, \text{m}^2$

라. 분할 후 각 필지의 결정면적

산출면적 $A : \dfrac{657.3}{883.1} \times 900 = 669.9 \text{m}^2$

$\qquad\quad B : \dfrac{89.5}{883.1} \times 900 = 91.2 \text{m}^2$

$\qquad\quad C : \dfrac{136.3}{883.1} \times 900 = 138.9 \text{m}^2$

	A	B	C
결정면적(m²)	670	91	139

05 solution

(1) 종선좌표결정

    ① 도근점 종선좌표에서 500000을 빼준다.

       $466299.28 - 500000 = -33700.72m$

    ② 도곽의 종선길이로 나눈다.

       $-33700.72 \div 300 = -112.34$

    ③ 나눈 정수에 다시 도곽의 종선길이를 곱한다.

       $-112 \times 300 = -33600m$

    ④ 원점에서의 거리에 500000을 다시 더한다.

       $-33600 + 500000 = 466400m$ ················· (가)

    ⑤ 종선상단좌표에서 도곽의 종선길이는 빼준다.

       $466400 - 300 = 466100m$ ················· (나)

(2) 도곽 횡선좌표 결정

    ① 도근점 좌표 횡선좌표에서 200000을 빼준다.

       $193777.39 - 200000 = -6222.61m$

    ② 도곽의 횡선길이로 나눈다.

       $-6222.61 \div 400 = -15.56$

    ③ 나눈 정수에 다시 도곽의 횡선길이를 곱한다.

       $-15 \times 400 = -6000m$

    ④ 원점에서의 거리에 200000을 다시 더한다.

       $-6000 + 200000 = 194000m$ ················· (다)

    ⑤ 오른쪽 횡선좌표에서 도곽의 횡선길이는 빼준다.

       $194000 - 400 = 193600m$ ················· (라)

답 가 : $466400\,m$ 나 : $466100\,m$ 다 : $194000\,m$ 라 : $193600\,m$

9회 출제예상문제

이 문제는 수험자의 기억을 토대로 작성하였으므로 실제 문제와 일부 다를 수도 있습니다. 해설과 해답은 오류가 없도록 최선을 다하였으나 혹 미미한 부분은 계속 수정 보완하겠습니다.

01. 측점 O에서 점 A, 점 B를 측정하여 다음 결과를 얻었다. 이 때 점 A, B 좌표를 구하고 $\overline{AB}$의 거리를 계산하시오.(단, 계산시 좌표 및 거리는 cm 단위까지 구하시오.)

점 O의 좌표 : 종선 $= 4655.27$m, 횡선 $= 6492.31$m

방위각 : $V_O{}^A = 147°51'40''$, $V_O{}^B = 196°44'10''$

거리 : $\overline{OA} = 200.46$m, $\overline{OB} = 315.22$m

가. A점의 좌표 : (종선, 횡선) = (　　　,　　　)

나. B점의 좌표 : (종선, 횡선) = (　　　,　　　)

다. AB의 거리 :

02. 다음 교회점의 관측결과에 의하여 주어진 서식으로 소구점(P)의 좌표를 계산하시오.

1) 기지점

점명	X(m)	Y(m)
111(A)	523675.71 m	259150.95 m
112(B)	524544.90 m	258899.49 m
113(C)	524877.24 m	258480.66 m

2) 관측내각

$\beta = 67°37'15''$

$\gamma = 71°33'23''$

$\gamma' = 46°00'34''$

교회점계산부

[별지 제35호 서식]

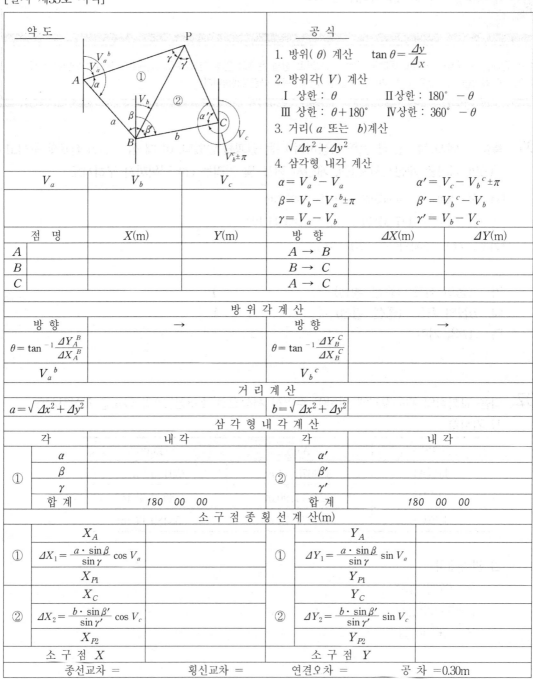

03. 축척 11/600 지역에서 배각법에 의한 지적도근측량을 실시하여 다음과 같은 측량성과를 얻었다. 지적도근측량 배각법에 의한 계산부를 완성하여 각 지적도근점의 좌표를 결정하시오.(단, 도선명은 "가"이고, 거리는 cm, 각은 초단위까지 구하시오.)

측점	시준점	관측각	수평거리	방위각
서강1	공덕3			169° 50′ 36″
서강1	11	301° 42′ 22″	42.78 m	
11	12	132° 24′ 36″	52.65 m	
12	13	257° 13′ 42″	37.21 m	
13	14	191° 27′ 11″	40.15 m	
14	15	88° 34′ 51″	50.04 m	
15	16	266° 23′ 37″	62.78 m	
16	서강2	250° 15′ 08″	48.22 m	
서강2	공덕3	222° 24′ 20″		260° 16′ 51″

점명	종선좌표	횡선좌표
서강1	417321.67 m	184217.43 m
서강2	417197.34 m	184394.23 m

지적도근측량계산부(배각법)

측점	시준점	보정치 관측각	반수 수평거리	방위각	종선차(ΔX) 보정치 종선좌표(X)	횡선차(ΔY) 보정치 횡선좌표(Y)
		° ′ ″	· ___ m	° ′ ″	m___ ·	m___ ·
		___	· ___		___ ·	___ ·
		___	· ___		___ ·	___ ·
		___	· ___		___ ·	___ ·
		___	· ___		___ ·	___ ·
		___	· ___		___ ·	___ ·
		___	· ___		___ ·	___ ·
		___	· ___		___ ·	___ ·
		___	· ___		___ ·	___ ·
		___	· ___		___ ·	___ ·
		___	· ___		___ ·	___ ·
		___	· ___		___ ·	___ ·
		___	· ___		___ ·	___ ·

04. 도곽신축량이 −1.5mm인 축척 1/1200 지적도에 등록된 원면적 1450m²의 121−1번지를 3필지로 분할하여, 필지별 면적을 측정한 결과 121−1은 96m², 121−2는 483m², 121−3은 846m²였다. 다음 요구사항을 관련규정에 따라 구하시오.(단, 보정계수는 소수 5자리에서 반올림하여 4자리까지 구하시오.

가. 도곽신축 보정계수

답 : _____

나. 필지별 보정면적

답 : 121−1= _____ , 121−2= _____ , 121−3= _____

다. 신구면적 허용오차

답 : _____

라. 결정면적
  계산과정)

답 : 121−1= _____ , 121−2= _____ , 121−3= _____

05. 일반원점지역의 지적도근점 좌표가 $X=445416.86\,\text{m}$, $Y=203247.93\,\text{m}$일 때 이를 포용하는 지적도의 도곽을 축척 1000분의 1로 작성하시오.

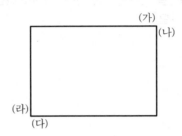

답 : 가=_____, 나=_____, 다=_____, 라=_____

9회 출제예상문제 해설 및 정답

01 solution

가. A점의 좌표

$$X_A = 4655.27 + (\cos\ 147°51'40'' \times 200.46) = 4485.53\text{m}$$

$$X_B = 6492.31 + (\sin\ 147°51'40'' \times 200.46) = 6598.95\text{m}$$

나. B점의 좌표

$$X_B = 4655.27 + (\cos\ 196°44'10'' \times 315.22) = 4353.40\text{m}$$

$$Y_B = 4655.27 + (\sin\ 196°44'10'' \times 315.22) = 6401.54\text{m}$$

다. AB의 거리

$$\overline{AB} = \sqrt{(\Delta x^2 + \Delta y^2)}$$

$$\Delta x = 4353.40 - 4485.53 = -132.13\text{m}$$

$$\Delta y = 6401.54 - 6598.95 = -197.41\text{m}$$

$$\overline{AB} = \sqrt{((-132.13)^2 + (-197.41)^2)} = 237.55\text{m}$$

02 solution 교회점계산부

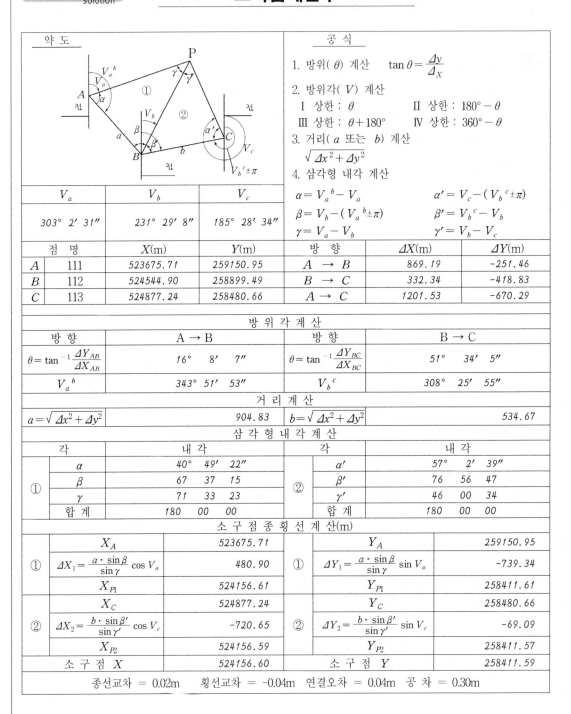

약 도	공 식

공 식

1. 방위(θ) 계산 $\tan\theta = \dfrac{\Delta y}{\Delta x}$

2. 방위각(V) 계산

   Ⅰ 상한 : θ Ⅱ 상한 : $180° - \theta$

   Ⅲ 상한 : $\theta + 180°$ Ⅳ 상한 : $360° - \theta$

3. 거리(a 또는 b) 계산

   $\sqrt{\Delta x^2 + \Delta y^2}$

4. 삼각형 내각 계산

V_a	V_b	V_c	
303° 2′ 31″	231° 29′ 8″	185° 28′ 34″	$a = V_a{}^b - V_a$ $\alpha' = V_c - (V_b{}^c \pm \pi)$ $\beta = V_b - (V_a{}^b \pm \pi)$ $\beta' = V_b{}^c - V_b$ $\gamma = V_a - V_b$ $\gamma' = V_b - V_c$

	점 명	X(m)	Y(m)	방 향	ΔX(m)	ΔY(m)
A	111	523675.71	259150.95	$A \rightarrow B$	869.19	-251.46
B	112	524544.90	258899.49	$B \rightarrow C$	332.34	-418.83
C	113	524877.24	258480.66	$A \rightarrow C$	1201.53	-670.29

방 위 각 계 산

방 향	$A \rightarrow B$	방 향	$B \rightarrow C$
$\theta = \tan^{-1}\dfrac{\Delta Y_{AB}}{\Delta X_{AB}}$	16° 8′ 7″	$\theta = \tan^{-1}\dfrac{\Delta Y_{BC}}{\Delta X_{BC}}$	51° 34′ 5″
$V_a{}^b$	343° 51′ 53″	$V_b{}^c$	308° 25′ 55″

거 리 계 산

$a = \sqrt{\Delta x^2 + \Delta y^2}$	904.83	$b = \sqrt{\Delta x^2 + \Delta y^2}$	534.67

삼 각 형 내 각 계 산

	각	내 각		각	내 각
①	α	40° 49′ 22″	②	α'	57° 2′ 39″
	β	67 37 15		β'	76 56 47
	γ	71 33 23		γ'	46 00 34
	합 계	180 00 00		합 계	180 00 00

소 구 점 종 횡 선 계 산(m)

	X_A	523675.71		Y_A	259150.95
①	$\Delta X_1 = \dfrac{a \cdot \sin\beta}{\sin\gamma}\cos V_a$	480.90	①	$\Delta Y_1 = \dfrac{a \cdot \sin\beta}{\sin\gamma}\sin V_a$	-739.34
	X_{P1}	524156.61		Y_{P1}	258411.61
	X_C	524877.24		Y_C	258480.66
②	$\Delta X_2 = \dfrac{b \cdot \sin\beta'}{\sin\gamma'}\cos V_c$	-720.65	②	$\Delta Y_2 = \dfrac{b \cdot \sin\beta'}{\sin\gamma'}\sin V_c$	-69.09
	X_{P2}	524156.59		Y_{P2}	258411.57
소 구 점 X		524156.60	소 구 점 Y		258411.59

종선교차 = 0.02m 횡선교차 = -0.04m 연결오차 = 0.04m 공 차 = 0.30m

O3 solution 지적도근측량계산부(배각법)

측점	시준점	보정치 관측각	반수 수평거리	방위각	종선차(ΔX) 보정치 종선좌표(X)	횡선차(ΔY) 보정치 횡선좌표(Y)
서강1	공덕3	° ′ ″		169° 50′ 36″	m 417321.67	m 184217.43
서강1	11	4 301° 42′ 22″	23.4 m 42.78	111° 33′ 02″	−15.71 −5 417305.91	39.79 +1 184257.23
11	12	4 132° 24′ 36″	19.0 52.65	63° 57′ 42″	23.11 0 417329.02	47.31 +1 184304.55
12	13	5 257° 13′ 42″	26.9 37.21	141° 11′ 29″	−29.0 −1 417300.01	23.32 0 184327.87
13	14	4 191° 27′ 11″	24.9 40.15	152° 38′ 44″	−35.66 0 417264.35	18.45 0 184346.32
14	15	4 88° 34′ 51″	20.0 50.04	61° 13′ 39″	24.09 0 417288.44	43.86 +1 184390.19
15	16	3 266° 23′ 37″	15.9 62.78	147° 37′ 19″	−53.02 −1 417235.41	33.62 +1 184423.82
16	서강2	4 250° 15′ 08″	20.7 48.22	217° 52′ 31″	−38.06 −1 417197.34	−29.60 +1 184394.23
서강2	공덕3	222° 24′ 20″	150.6 333.83	260° 16′ 51″	———	———
	$\Sigma a =$ 1710° 25′ 47″ $+ T_1 =$ 169° 50′ 36″ $-180(n-1) =$ 1260° 0′ 0″		·		$\Sigma|\Delta x| = 218.65$ $\Sigma \Delta x = -124.25$ 기지 $= -124.33$	$\Sigma|\Delta y| = 231.95$ $\Sigma \Delta y = 176.75$ 기지 $= 176.80$
	$T_2' =$ 260° 16′ 23″ $- T_2 =$ 260° 16′ 51″		·		$f(x) = +0.08$	$f(y) = -0.05$
	오차 = −28″ 공차 = ±56″		·		연결오차 = +0.09 공차 = ±0.10	

04
solution

가. 도곽신축 보정계수

$$Z = \frac{X \cdot Y}{\varDelta X \cdot \varDelta Y}$$

축척 1200분의 1 지역의 도곽선 도상크기는 $X = 333.33$mm, $Y = 416.67$mm이므로

$$Z = \frac{333.33 \times 416.67}{(333.33 - 1.5) \times (416.67 - 1.5)} = 1.0081$$

나. 필지별 보정면적

보정면적 = 측정면적 × 보정계수이므로

$$121 - 1 : 96 \times 1.0081 = 96.8 \text{m}^2$$

$$121 - 2 : 483 \times 1.0081 = 486.9 \text{m}^2$$

$$121 - 3 : 846 \times 1.0081 = 852.9 \text{m}^2$$

다. 신구면적의 허용오차

$$= \pm 0.026^2 \times M \times \sqrt{F}$$

$$= \pm 0.026^2 \times 1200 \times \sqrt{1450}$$

$$= \pm 30.9 = \pm 30 \text{m}^2 \text{(허용오차의 경우 무조건 내린다.)}$$

라. 필지별 결정면적

$$\text{산출면적} = \frac{\text{보정면적}}{\text{보정면적합계}} \times \text{원면적}$$

$$121 - 1 \ \text{산출면적} = \frac{96.8}{1436.6} \times 1450 = 97.7 \text{m}^2$$

$$121 - 2 \ \text{산출면적} = \frac{486.9}{1436.6} \times 1450 = 491.4 \text{m}^2$$

$$121 - 3 \ \text{산출면적} = \frac{852.9}{1436.6} \times 1450 = 860.9 \text{m}^2$$

1/1200 지역의 결정면적은 소수점 첫째자리이므로

답 <u>121-1 : 98m^2　　　121-2 : 491m^2　　　121-3 : 861m^2</u>

05
solution

(1) 종선좌표결정

① 일반원점지역에 가상수치 $X=50$만m, $Y=20$만m를 부여했으므로

$445416.86-500000=-54583.14$m

② 1000분의 1 지역의 도곽선 종선길이(지상)=300m이므로

$-54583.14\div300=-181.94$

③ 다시 도곽선종선길이로 나눈 점수를 곱하면.

$300\times(-181)=-54300$m

④ 다시 가상수치를 더하면

$-54300+500000=445700$m(상부종선좌표)

⑤ 이 값이 도곽선 상부좌표이므로

$445700-300=445400$m(하부종선좌표)

(2) 횡선좌표 결정

$203247.93-200000=3247.93$m

$3247.93\div400=8.12$

$400\times8=3200$m

$3200+200000=203200$m(좌측횡선좌표)

① 좌측횡선좌표이므로

$203200+400=203600$m(우측횡선좌표)

※ 횡선좌표가 200000을 기준으로 넘을 때는 좌측횡선좌표가 먼저 나오고 200000보다 적을 때에는 우측횡선좌표가 먼저 나옴을 주의해야 한다.

10회 출제예상문제

Cadastral Surveying

이 문제는 수험자의 기억을 토대로 작성하였으므로 실제 문제와 일부 다를 수도 있습니다. 해설과 해답은 오류가 없도록 최선을 다하였으나 혹 미미한 부분은 계속 수정 보완하겠습니다.

01. 일반 원점지역에서의 지적도근점 좌표($X = 442244.31\text{m}, Y = 208833.45\text{m}$)를 전개하고자 할 때, 1/500 지역의 지적도 도곽선의 종횡선 좌표를 구하시오.(8점)

(가)=
(나)=
(다)=
(라)=

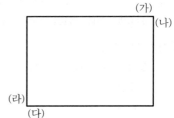

02. 축척 1200분의 1지역에서 원면적이 624m^2인 124번지의 토지를 분할하기 위하여 전자면적계로 면적을 측정하여 124번지는 220.1m^2, 124 - 1번지는 385.5m^2를 얻었다. 이 도면의 신축량이 -0.5mm일 때 관련규정에 의거하여 다음 요구사항을 계산하시오.(8점)

가. 면적보정계수(소수 4위) :
    계산과정)

나. 신구면적 허용오차
    계산과정)

다. 결정면적
　계산과정)

답 : 124 = _____, 124-1 = _____

03. 지적도근측량을 X형의 교점다각망으로 구성하여 다음과 같이 교점에서 방향표에 대한 관측방위각과 교점에 대한 계산 종횡선좌표를 산출하였다. 주어진 서식에 의하여 평균방위각과 평균종횡선좌표를 구하시오.(8점)

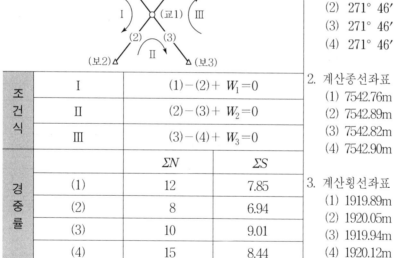

1. 관측방위각
(1)　271° 45′ 55″
(2)　271° 46′ 16″
(3)　271° 46′ 25″
(4)　271° 46′ 04″

2. 계산종선좌표
　(1) 7542.76m
　(2) 7542.89m
　(3) 7542.82m
　(4) 7542.90m

3. 계산횡선좌표
　(1) 1919.89m
　(2) 1920.05m
　(3) 1919.94m
　(4) 1920.12m

조건식	Ⅰ	$(1)-(2)+W_1=0$	
	Ⅱ	$(2)-(3)+W_2=0$	
	Ⅲ	$(3)-(4)+W_3=0$	
경중률		ΣN	ΣS
	(1)	12	7.85
	(2)	8	6.94
	(3)	10	9.01
	(4)	15	8.44

교점다각망계산부(X, Y형)

약 도							

조건식	Ⅰ	$(1) - (2) + w_1 = 0$	조건식	Ⅰ	$(1) - (2) + w_1 = 0$
	Ⅱ	$(2) - (3) + w_2 = 0$		Ⅱ	$(2) - (3) + w_2 = 0$
	Ⅲ	$(3) - (4) + w_3 = 0$			

경중률		ΣN	ΣS	경중률		ΣN	ΣS
	(1)				(1)		
	(2)				(2)		
	(3)				(3)		
	(4)						

1. 방위각

순서	도선	관 측	보정	평 균
Ⅰ	(1)			
	(2)			
	w_1			
Ⅱ	(2)			
	(3)			
	w_2			
Ⅲ	(3)			
	(4)			
	w_3			

2. 종선좌표

순서	도선	관 측(m)	보정	평 균(m)
Ⅰ	(1)			
	(2)			
	w_1			
Ⅱ	(2)			
	(3)			
	w_2			
Ⅲ	(3)			
	(4)			
	w_3			

3. 횡선좌표

순서	도선	관 측(m)	보정	평 균(m)
Ⅰ	(1)			
	(2)			
	w_1			
Ⅱ	(2)			
	(3)			
	w_2			
Ⅲ	(3)			
	(4)			
	w_3			

4. 계산

1) 방 위 각 $= \dfrac{\left[\dfrac{\Sigma a}{\Sigma N}\right]}{\left[\dfrac{1}{\Sigma N}\right]} = \qquad =$

2) 종선좌표 $= \dfrac{\left[\dfrac{\Sigma X}{\Sigma S}\right]}{\left[\dfrac{1}{\Sigma S}\right]} = \qquad =$

3) 횡선좌표 $= \dfrac{\left[\dfrac{\Sigma Y}{\Sigma S}\right]}{\left[\dfrac{1}{\Sigma S}\right]} = \qquad =$

W= 오차, N= 도선별 점수, S= 측점간 거리, a= 관측방위각

04. 1/1200 지역에서 배각법에 의하여 1등도선으로 지적도근측량을 실시하여 다음과 같은 관측치를 얻었다. 주어진 서식을 완성하시오.(단, 계산은 관련규정 및 서식 작성방법에 따르시오.)(15점)

구분	종선좌표(m)	횡선좌표(m)
보13	485536.46 m	214354.75 m
보11	485212.97 m	214510.81 m
출발방위각	315° 42′ 50″	
도착방위각	42° 00′ 30″	

측점	시준점	관측각	거리(m)
보13	보15		
보13	1	222° 47′ 05″	45.20 m
1	2	167° 37′ 10″	51.80 m
2	3	181° 55′ 50″	50.90 m
3	4	139° 41′ 15″	68.50 m
4	5	195° 26′ 55″	56.15 m
5	6	189° 54′ 50″	49.20 m
6	7	232° 06′ 45″	39.70 m
7	8	162° 34′ 35″	34.50 m
8	보11	54° 29′ 45″	48.95 m
보11	보4	159° 43′ 40″	

지적도근측량계산부(배각법)

측점	시준점	보정치 관측각	반수 수평거리	방위각	종선차(ΔX) 보정치 종선좌표(X)	횡선차(ΔY) 보정치 횡선좌표(Y)
		° ′ ″	· ___ m	° ′ ″	m ___ ·	m ___ ·
		___	· ___ ·		___ ·	___ ·
		___	· ___ ·		___ ·	___ ·
		___	· ___ ·		___ ·	___ ·
		___	· ___ ·		___ ·	___ ·
		___	· ___ ·		___ ·	___ ·
		___	· ___ ·		___ ·	___ ·
		___	· ___ ·		___ ·	___ ·
		___	· ___ ·		___ ·	___ ·
		___	· ___ ·		___ ·	___ ·
		___	· ___ ·		___ ·	___ ·
		___	· ___ ·		___ ·	___ ·
		___	· ___ m ·		___ ·	___ ·

05. 다음은 교회법을 실시하여 얻은 조건들이다. 주어진 서식을 완성하여 P점의 좌표를 구하시오.(단, 계산 및 서식 작성은 관련규정에 따르시오.)(12점)

1) 기지점

점명		X(m)	Y(m)
A	도봉1	452232.49	200336.96
B	도봉2	453769.82	198971.04
C	도봉3	452449.63	201460.28

2) 관측여건

$V_a = 7° 40' 25''$

$V_b = 48° 56' 19''$

$V_c = 346° 10' 40''$

교회점계산부

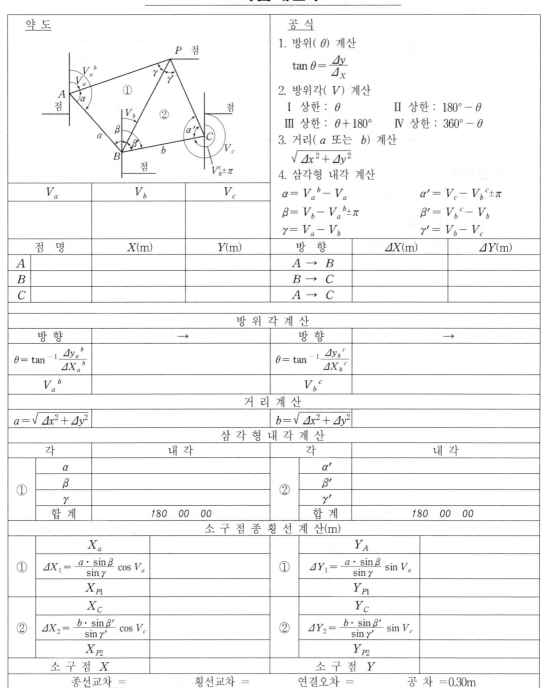

약 도	공 식

공 식
1. 방위(θ) 계산

$$\tan\theta = \frac{\Delta y}{\Delta x}$$

2. 방위각(V) 계산

Ⅰ 상한 : θ Ⅱ 상한 : $180° - \theta$
Ⅲ 상한 : $\theta + 180°$ Ⅳ 상한 : $360° - \theta$

3. 거리(a 또는 b) 계산

$$\sqrt{\Delta x^2 + \Delta y^2}$$

4. 삼각형 내각 계산

V_a	V_b	V_c

$\alpha = V_a{}^b - V_a$ $\alpha' = V_c - V_b{}^c \pm \pi$
$\beta = V_b - V_a{}^b \pm \pi$ $\beta' = V_b{}^c - V_b$
$\gamma = V_a - V_b$ $\gamma' = V_b - V_c$

점 명	X(m)	Y(m)	방 향	ΔX(m)	ΔY(m)
A			$A \rightarrow B$		
B			$B \rightarrow C$		
C			$A \rightarrow C$		

방 위 각 계 산				
방 향	$\rightarrow$		방 향	$\rightarrow$
$\theta = \tan^{-1}\dfrac{\Delta y_a{}^b}{\Delta X_a{}^b}$			$\theta = \tan^{-1}\dfrac{\Delta y_b{}^c}{\Delta X_b{}^c}$	
$V_a{}^b$			$V_b{}^c$	

거 리 계 산			
$a = \sqrt{\Delta x^2 + \Delta y^2}$		$b = \sqrt{\Delta x^2 + \Delta y^2}$	

삼 각 형 내 각 계 산					
	각	내 각		각	내 각
①	α		②	α'	
	β			β'	
	γ			γ'	
	합 계	180 00 00		합 계	180 00 00

소 구 점 종 횡 선 계 산(m)					
①	X_a		①	Y_A	
	$\Delta X_1 = \dfrac{a \cdot \sin\beta}{\sin\gamma}\cos V_a$			$\Delta Y_1 = \dfrac{a \cdot \sin\beta}{\sin\gamma}\sin V_a$	
	X_{P1}			Y_{P1}	
②	X_C		②	Y_C	
	$\Delta X_2 = \dfrac{b \cdot \sin\beta'}{\sin\gamma'}\cos V_c$			$\Delta Y_2 = \dfrac{b \cdot \sin\beta'}{\sin\gamma'}\sin V_c$	
	X_{P2}			Y_{P2}	
소 구 점 X			소 구 점 Y		
종선교차 =	횡선교차 =		연결오차 =	공 차 =0.30m	

06. 다음 그림에서 $\overline{AD}$의 거리를 구하시오.

(단, $\overline{BC}$=100m, $\angle ABC = 80°$, $\angle DBC = 40°$, $\angle BCD = 80°$, $\angle BCA = 30°$이고 계산은 반올림하여 소수 2자리까지 구하시오.)(4점)

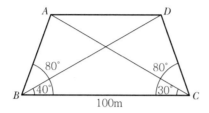

계산과정)

답 : $\overline{AD}$ = _____

10회 출제예상문제 해설 및 정답

01 solution

(1) 종선좌표에서 가상수치 500000을 빼준다.

$442244.31 - 500000 = -57755.69 \text{m}$

(2) 떨어진 거리를 도곽선 종선길이로 나눈다.

$-57755.69 \div 150 = -385.04 \text{m}$

(3) 도곽선 종선길이에 나눈 정수를 곱한다.

$-385 \times 150 = -57750 \text{m}$

(4) 원점에서의 거리에다 500000을 더한다.

$-57750 + 500000 = 442250 \text{m} \rightarrow$ 종선의 상부좌표 (가)

(5) 종선의 상부좌표에서 도곽선 종선길이를 빼준다.

$442250 - 150 = 442100 \text{m} \rightarrow$ 종선의 하부좌표 (다)

(6) 횡선좌표에서 가상수치 200000을 빼준다.

$208833.45 - 200000 = 8833.45 \text{m}$

(7) 떨어진 거리를 도곽선 횡선길이로 나눈다.

$8833.45 \div 200 = 44.17 \text{m}$

(8) 도곽선 횡선길이에 나눈 정수를 곱한다.

$44 \times 200 = 8800 \text{m}$

(9) 원점에서의 거리에다 200000을 더한다.

$8800 + 200000 = 208800 \text{m} \rightarrow$ 좌측 횡선좌표 (라)

※ $Y = 203242.88 \text{m}$로 200000이 넘기 때문에 좌측 횡선좌표가 먼저 결정된다.

(10) 좌측 횡선좌표에서 도곽선 횡선길이를 더한다.

$208800 + 200 = 209000 \text{m} \rightarrow$ 우측 횡선좌표 (나)

답 (가) = $\underline{442250 \text{ m}}$ (나) = $\underline{209000 \text{ m}}$ (다) = $\underline{442100 \text{ m}}$ (라) = $\underline{208800 \text{ m}}$

02 solution

(1) 면적보정계수 계산

$$Z = \frac{X \cdot Y}{\varDelta X \cdot \varDelta Y}$$

$\varDelta X$: 신·축된 도곽선의 종선길이의 합 ÷ 2

$\varDelta Y$: 신·축된 도곽선의 횡선길이의 합 ÷ 2

X : 도곽선 종선길이

Y : 도곽선 횡선길이

① 도상길이로 계산

$$\frac{333.33 \times 416.67}{(333.33 - 0.5)(416.67 - 0.5)} = 1.0027$$

② 지상길이로 계산

-0.5mm를 지상거리로 환산

$$축척 = \frac{도상거리}{실제거리} \qquad \frac{1}{1200} = \frac{-0.5mm}{실제거리}$$

$$실제거리 = -0.5mm \times 1200 = 600mm = 0.6m$$

$$\frac{400 \times 500}{(400 - 0.6)(500 - 0.6)} = 1.0027$$

(2) 신구면적 허용오차 계산

$$\pm 0.026^2 M \sqrt{F}$$

$$\pm 0.026^2 \times 1200 \times \sqrt{624} = \pm 20 m^2$$

(3) 결정면적 계산

$$124번지 \quad = 227m^2$$

$$124 - 1번지 = 397m^2$$

$$합계 \qquad = 624m^2$$

03 solution 교점다각망계산부(X, Y형)

약 도	

조건식				조건식		
Ⅰ	(1)-(2)+ w_1=0			Ⅰ	(1)-(2)+ w_1=0	
Ⅱ	(2)-(3)+ w_2=0			Ⅱ	(2)-(3)+ w_2=0	
Ⅲ	(3)-(4)+ w_3=0					

경중률		ΣN	ΣS	경중률		ΣN	ΣS
	(1)	12	7.85		(1)		
	(2)	8	6.94		(2)		
	(3)	10	9.01		(3)		
	(4)	5	8.44				

1. 방위각

순서	도선	관 측	보정	평 균
Ⅰ	(1)	271° 45′ 55″	+15	271° 46′ 10″
	(2)	271° 46′ 16″	−6	271° 46′ 10″
	w_1	−21″		
Ⅱ	(2)	271° 46′ 16″	−6	271° 46′ 10″
	(3)	271° 46′ 25″	−15	271° 46′ 10″
	w_2	−9″		
Ⅲ	(3)	271° 46′ 25″	−15	271° 46′ 10″
	(4)	271° 46′ 04″	+6	271° 46′ 10″
	w_3	+21″		

2. 종선좌표

순서	도선	관 측(m)	보정	평 균(m)
Ⅰ	(1)	7542.76	+0.08	7542.84
	(2)	7542.89	−0.05	7542.84
	w_1	−0.13		
Ⅱ	(2)	7542.89	−0.05	7542.84
	(3)	7542.82	+0.02	7542.84
	w_2	+0.07		
Ⅲ	(3)	7542.82	+0.02	7542.84
	(4)	7542.90	−0.06	7542.84
	w_3	−0.08		

3. 횡선좌표

순서	도선	관 측(m)	보정	평 균(m)
Ⅰ	(1)	1919.89	+0.11	1920.00
	(2)	1920.05	−0.05	1920.00
	w_1	−0.16		
Ⅱ	(2)	1920.05	−0.05	1920.00
	(3)	1919.94	+0.06	1920.00
	w_2	+0.11		
Ⅲ	(3)	1919.94	+0.05	1920.00
	(4)	1920.12	−0.12	1920.00
	w_3	−0.18		

4. 계산

1) 방 위 각 $= \dfrac{\left[\dfrac{\Sigma a}{\Sigma N}\right]}{\left[\dfrac{1}{\Sigma N}\right]} = \dfrac{\dfrac{55}{12}+\dfrac{76}{8}+\dfrac{85}{10}+\dfrac{64}{5}}{\dfrac{1}{12}+\dfrac{1}{8}+\dfrac{1}{10}+\dfrac{1}{5}} = 70''$

2) 종선좌표 $= \dfrac{\left[\dfrac{\Sigma X}{\Sigma S}\right]}{\left[\dfrac{1}{\Sigma S}\right]} = \dfrac{\dfrac{0.76}{7.85}+\dfrac{0.89}{6.94}+\dfrac{0.82}{9.01}+\dfrac{0.90}{8.44}}{\dfrac{1}{7.85}+\dfrac{1}{6.94}+\dfrac{1}{9.01}+\dfrac{1}{8.44}} = 0.84\,\text{m}$

3) 횡선좌표 $= \dfrac{\left[\dfrac{\Sigma Y}{\Sigma S}\right]}{\left[\dfrac{1}{\Sigma S}\right]} = \dfrac{\dfrac{0.89}{7.85}+\dfrac{1.05}{6.94}+\dfrac{0.94}{9.01}+\dfrac{1.12}{8.44}}{\dfrac{1}{7.85}+\dfrac{1}{6.94}+\dfrac{1}{9.01}+\dfrac{1}{8.44}} = 1.00\,\text{m}$

$W=$오차, $N=$도선별 점수, $S=$측점간 거리, $a=$관측방위각

04 solution 지적도근측량계산부(배각법)

측점	시준점	보정치 관측각	반수 수평거리	방위각	종선차(ΔX) 보정치 종선좌표(X)	횡선차(ΔY) 보정치 횡선좌표(Y)
보13	보15	° ′ ″	—— m	315° 42′ 50″	m 485536.46	m 214354.75
보13	1	−1 222° 47′ 05″	22.1 45.20	178° 29′ 54″	−45.18 −0.02 485491.26	1.18 0.00 214355.93
1	2	−1 167° 37′ 10″	19.3 51.80	166° 07′ 03″	−50.29 −0.02 485440.95	12.43 0.01 214368.37
2	3	−1 181° 55′ 50″	19.6 50.90	168° 02′ 52″	−49.80 −0.02 485391.13	10.54 0.00 214378.91
3	4	−1 139° 41′ 15″	14.6 68.50	127° 44′ 06″	−41.92 −0.01 485349.20	54.17 0.02 214433.10
4	5	−1 195° 26′ 55″	17.8 56.15	143° 11′ 00″	−44.95 −0.02 485304.23	33.65 0.01 214466.76
5	6	−1 189° 54′ 50″	20.3 49.20	153° 05′ 49″	−43.88 −0.02 485260.33	22.26 0.01 214489.03
6	7	−1 232° 06′ 45″	25.2 39.70	205° 12′ 33″	−35.92 −0.01 485224.40	−16.91 0.01 214472.13
7	8	−2 162° 34′ 35″	29.0 34.50	187° 47′ 06″	−34.18 −0.01 485190.21	−4.67 0.00 214467.46
8	보11	−1 54° 29′ 45″	20.4 48.95	62° 16′ 50″	22.77 −0.01 485212.97	43.33 0.02 214510.81
보11	보4	159° 43′ 40″	(188.3) (444.90)	42° 00′ 30″		
	$\Sigma a =$	1706° 17′ 50″			$\Sigma|\Delta x| = 368.89$	$\Sigma|\Delta y| = 199.14$
	$+ T_1 =$	315° 42′ 50″			$\Sigma \Delta x = -323.35$	$\Sigma \Delta y = 155.98$
	$-180(n+1) =$	1980° 00′ 00″			기지 = −323.49	기지 = 156.06
	$T_2″ =$	42° 00′ 40″			$f(x) = 0.14$	$f(y) = -0.08$
	$- T_2 =$	42° 00′ 30″				
	오차 =	10″			연결오차 = 0.16m	
	공차 =	±63″			공차 = ±0.25m	

05 solution 교회점계산부

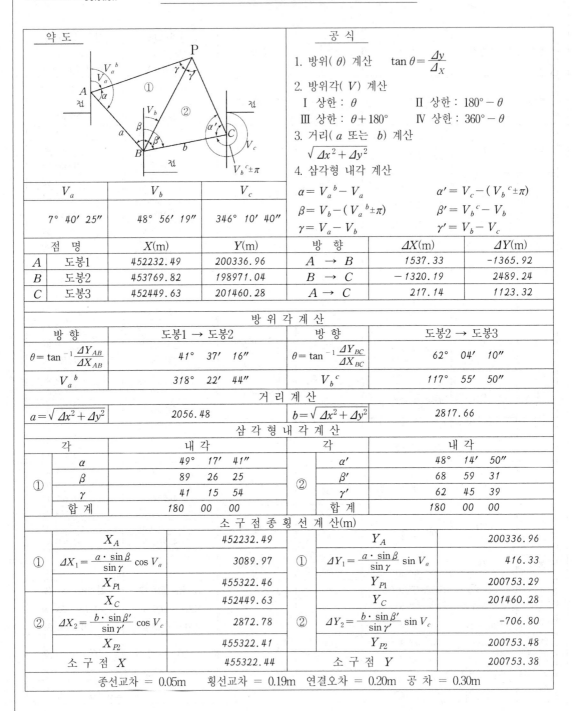

약 도	공 식

약 도

공 식

1. 방위(θ) 계산 $\quad \tan\theta = \dfrac{\Delta y}{\Delta X}$

2. 방위각(V) 계산
 Ⅰ 상한 : θ Ⅱ 상한 : $180° - \theta$
 Ⅲ 상한 : $\theta + 180°$ Ⅳ 상한 : $360° - \theta$

3. 거리(a 또는 b) 계산
 $\sqrt{\Delta x^2 + \Delta y^2}$

4. 삼각형 내각 계산

V_a	V_b	V_c
7° 40′ 25″	48° 56′ 19″	346° 10′ 40″

$a = V_a{}^b - V_a$ $\qquad \alpha' = V_c - (V_b{}^c \pm \pi)$
$\beta = V_b - (V_a{}^b \pm \pi)$ $\qquad \beta' = V_b{}^c - V_b$
$\gamma = V_a - V_b$ $\qquad \gamma' = V_b - V_c$

점 명		X(m)	Y(m)	방 향	ΔX(m)	ΔY(m)
A	도봉1	452232.49	200336.96	$A \rightarrow B$	1537.33	−1365.92
B	도봉2	453769.82	198971.04	$B \rightarrow C$	−1320.19	2489.24
C	도봉3	452449.63	201460.28	$A \rightarrow C$	217.14	1123.32

방 위 각 계 산				
방 향	도봉1 → 도봉2		방 향	도봉2 → 도봉3
$\theta = \tan^{-1}\dfrac{\Delta Y_{AB}}{\Delta X_{AB}}$	41° 37′ 16″		$\theta = \tan^{-1}\dfrac{\Delta Y_{BC}}{\Delta X_{BC}}$	62° 04′ 10″
$V_a{}^b$	318° 22′ 44″		$V_b{}^c$	117° 55′ 50″

거 리 계 산			
$a = \sqrt{\Delta x^2 + \Delta y^2}$	2056.48	$b = \sqrt{\Delta x^2 + \Delta y^2}$	2817.66

삼 각 형 내 각 계 산				
각		내 각	각	내 각
①	α	49° 17′ 41″	② α'	48° 14′ 50″
	β	89 26 25	β'	68 59 31
	γ	41 15 54	γ'	62 45 39
	합 계	180 00 00	합 계	180 00 00

소 구 점 종 횡 선 계 산(m)				
①	X_A	452232.49	① Y_A	200336.96
	$\Delta X_1 = \dfrac{a \cdot \sin\beta}{\sin\gamma}\cos V_a$	3089.97	$\Delta Y_1 = \dfrac{a \cdot \sin\beta}{\sin\gamma}\sin V_a$	416.33
	X_{P1}	455322.46	Y_{P1}	200753.29
②	X_C	452449.63	② Y_C	201460.28
	$\Delta X_2 = \dfrac{b \cdot \sin\beta'}{\sin\gamma'}\cos V_c$	2872.78	$\Delta Y_2 = \dfrac{b \cdot \sin\beta'}{\sin\gamma'}\sin V_c$	−706.80
	X_{P2}	455322.41	Y_{P2}	200753.48
소 구 점 X		455322.44	소 구 점 Y	200753.38

종선교차 = 0.05m 횡선교차 = 0.19m 연결오차 = 0.20m 공 차 = 0.30m

06
solution

(1) 내각 계산

삼각형 내각은 $180°$이므로

$\angle BAC = 70°$, $\angle BDC = 60°$

(2) $\overline{AB}, \overline{BD}$ 거리 계산

① $\overline{AB}$ 거리 계산

$$\frac{100}{\sin 70°} = \frac{\overline{AB}}{\sin 30°}$$

$$\overline{AB} = \frac{100 \times \sin 30°}{\sin 70°} = 53.21\,\text{m}$$

② $\overline{BD}$ 거리 계산

$$\frac{100}{\sin 60°} = \frac{\overline{BD}}{\sin 80°}$$

$$\overline{BD} = \frac{100 \times \sin 80°}{\sin 60°} = 113.72\,\text{m}$$

(3) $\overline{AD}$ 거리 계산

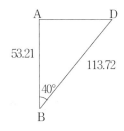

코사인 제2법칙에 의하여

$$\overline{AD}^2 = \overline{AB}^2 + \overline{BD}^2 - (2 \times \overline{AB} \times \overline{BD} \times \cos B)$$

$$\overline{AD} = \sqrt{53,21^2 + 113.72^2 - (2 \times 53.21 \times 113.72 \times \cos 40°)}$$

$$= 80.58\,\text{m}$$

11회 출제예상문제

Cadastral Surveying

이 문제는 수험자의 기억을 토대로 작성하였으므로 실제 문제와 일부 다를 수도 있습니다. 해설과 해답은 오류가 없도록 최선을 다하였으나 혹 미미한 부분은 계속 수정 보완하겠습니다.

01. 다음의 결과에 의하여 요구사항을 구하시오.(단, 거리와 좌표는 cm 단위까지 계산하시오.)

좌표 [A : $X = 9751.84$m, $Y = 731.45$m,
  B : $X = 7511.49$m, $Y = 5429.32$m]
내각 [$\angle A = 61° 52' 28''$,
  $\angle B = 63° 44' 51''$, $\angle C = 54° 22' 41''$]

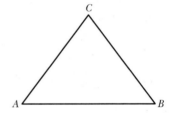

가. AB의 방위각 (V_A^B)

  계산과정)
나. C점의 좌표

02. 지적삼각보조측량을 교회법으로 실시하여 다음과 같은 방위각을 관측하였다. 주어진 서식에 의하여 보5의 좌표를 구하시오.

[기지점]			
	점명	종선좌표(X)	횡선좌표(Y)
A	경기5	474847.20 m	203583.95 m
B	경기7	476129.48 m	202436.73 m
C	경기9	476129.48 m	204584.20 m

[소구방위각]	
V_a	11° 11′ 15″
V_b	46° 29′ 31″
V_c	345° 30′ 40″

교회점계산부

[별지 제35호 서식]

약 도	공 식

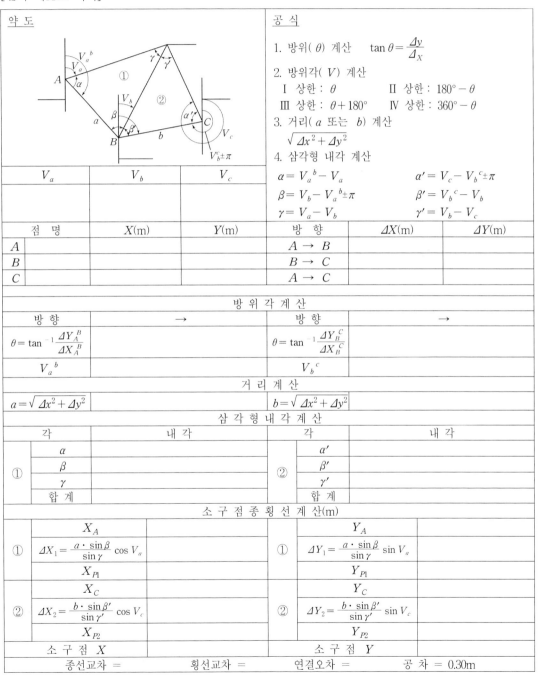

공 식

1. 방위(θ) 계산 $\tan\theta = \dfrac{\varDelta y}{\varDelta X}$

2. 방위각(V) 계산

 Ⅰ 상한 : θ Ⅱ 상한 : $180° - \theta$

 Ⅲ 상한 : $\theta + 180°$ Ⅳ 상한 : $360° - \theta$

3. 거리(a 또는 b) 계산

  $\sqrt{\varDelta x^2 + \varDelta y^2}$

4. 삼각형 내각 계산

$\alpha = V_a{}^b - V_a$ $\alpha' = V_c - V_b{}^c \pm \pi$

$\beta = V_b - V_a{}^b \pm \pi$ $\beta' = V_b{}^c - V_b$

$\gamma = V_a - V_b$ $\gamma' = V_b - V_c$

V_a	V_b	V_c

점 명	X(m)	Y(m)	방 향	$\varDelta X$(m)	$\varDelta Y$(m)
A			$A \to B$		
B			$B \to C$		
C			$A \to C$		

방 위 각 계 산				
방 향	$\to$		방 향	$\to$
$\theta = \tan^{-1}\dfrac{\varDelta Y_A^B}{\varDelta X_A^B}$			$\theta = \tan^{-1}\dfrac{\varDelta Y_B^C}{\varDelta X_B^C}$	
$V_a{}^b$			$V_b{}^c$	

거 리 계 산	
$a = \sqrt{\varDelta x^2 + \varDelta y^2}$	$b = \sqrt{\varDelta x^2 + \varDelta y^2}$

삼 각 형 내 각 계 산			
각	내 각	각	내 각
① α		② α'	
β		β'	
γ		γ'	
합 계		합 계	

소 구 점 종 횡 선 계 산(m)			
① X_A		① Y_A	
$\varDelta X_1 = \dfrac{a \cdot \sin\beta}{\sin\gamma}\cos V_a$		$\varDelta Y_1 = \dfrac{a \cdot \sin\beta}{\sin\gamma}\sin V_a$	
X_{P1}		Y_{P1}	
② X_C		② Y_C	
$\varDelta X_2 = \dfrac{b \cdot \sin\beta'}{\sin\gamma'}\cos V_c$		$\varDelta Y_2 = \dfrac{b \cdot \sin\beta'}{\sin\gamma'}\sin V_c$	
X_{P2}		Y_{P2}	
소 구 점 X		소 구 점 Y	

종선교차 =   횡선교차 =   연결오차 =   공 차 = 0.30m

03. 다음 주어진 관측조건과 방위각법 서식을 사용하여 각 도근점의 좌표를 계산하시오. (단, 축척은 1/1200, 1등도선이다.)

측점	시준점	관측방위각	수평거리	기지방위각	기지좌표 X	기지좌표 Y
보8	보9	289° 56′		289° 56′	454972.46	196065.39
보8	1	132° 04′	158.74			
1	2	55° 48′	121.51			
2	3	143° 36′	156.57			
3	4	223° 20′	169.73			
4	5	297° 04′	120.81			
5	6	193° 23′	143.60			
6	보1	161° 08′	126.01		454480.90	196160.03
보1	보3	143° 28′		143° 30′		

도근측량계산부(방위각법)

측 점	시준점	보정치 방 위 각	수평거리	개정방위각	종선차(ΔX) 보정치 종선좌표(X)	횡선차(ΔY) 보정치 횡선좌표(Y)
		° ′ ″	m	° ′ ″	m	m

04. 지적도근측량을 Y형의 교점다각망으로 구성하여 다음과 같이 관측방위각과 교점에 대한 계산종횡선좌표를 산출하였다. 주어진 서식을 완성하고 평균방위각과 평균종횡선좌표를 구하시오.(단, 계산은 관련 규정 및 서식에 따르시오.)

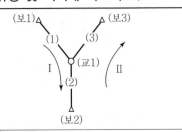

1. 관측 방위각
   (1) 135° 09′ 14″
   (2) 135° 09′ 39″
   (3) 135° 09′ 47″

2. 관측 종선좌표
   (1) 3153.87m
   (2) 3153.81m
   (3) 3153.79m

3. 관측 횡선좌표
   (1) 4114.98m
   (2) 4115.07m
   (3) 4115.02m

조건식	Ⅰ	$(1) - (2) + W_1 = 0$	
	Ⅱ	$(2) - (3) + W_2 = 0$	
	Ⅲ		
경중률		ΣN	ΣS
	(1)	7	11.97
	(2)	8	13.63
	(3)	5	7.66

교점다각망계산부(X, Y형)

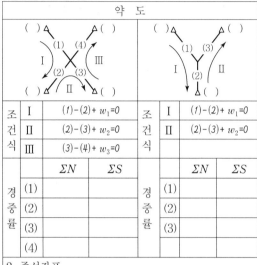

조건식	I	$(1)-(2)+w_1=0$	
	II	$(2)-(3)+w_2=0$	
	III	$(3)-(4)+w_3=0$	

		ΣN	ΣS
경중률	(1)		
	(2)		
	(3)		
	(4)		

조건식	I	$(1)-(2)+w_1=0$	
	II	$(2)-(3)+w_2=0$	

		ΣN	ΣS
경중률	(1)		
	(2)		
	(3)		

1. 방위각

순서	도선	관 측	보정	평 균
I	(1)	° ′ ″		° ′ ″
	(2)			
	w_1			
II	(2)			
	(3)			
	w_2			
III	(3)			
	(4)			
	w_3			

2. 종선좌표

순서	도선	관 측(m)	보정	평 균(m)
I	(1)	.		.
	(2)	.		.
	w_1	.		.
II	(2)	.		.
	(3)	.		.
	w_2	.		.
III	(3)	.		.
	(4)	.		.
	w_3	.		.

3. 횡선좌표

순서	도선	관 측(m)	보정	평 균(m)
I	(1)	.		.
	(2)	.		.
	w_1	.		.
II	(2)	.		.
	(3)	.		.
	w_2	.		.
III	(3)	.		.
	(4)	.		.
	w_3	.		.

4. 계산

1) 방 위 각 $= \dfrac{\left[\dfrac{\Sigma a}{\Sigma N}\right]}{\left[\dfrac{1}{\Sigma N}\right]} =$

2) 종선좌표 $= \dfrac{\left[\dfrac{\Sigma X}{\Sigma S}\right]}{\left[\dfrac{1}{\Sigma S}\right]} =$

3) 횡선좌표 $= \dfrac{\left[\dfrac{\Sigma Y}{\Sigma S}\right]}{\left[\dfrac{1}{\Sigma S}\right]} =$

$W=$오차, $N=$도선별 점수, $S=$측점간 거리, $a=$관측방위각

05. 축척 1/600 지역에서 지적도 도곽선이 4mm 수축된 상태에서 지번 800-1 토지의 원면적이 886.5m²인 토지를 분할하여 지번 800-1, 800-2, 800-3의 측정면적이 각각 208.8m², 363.4m², 304.4m²이었다. 신구면적허용오차와 면적보정계수를 구하고 주어진 표를 완성하시오.(단, 면적보정계수는 소수이하 4자리까지 구하고 면적보정은 지적법에 따른다.)

가. 신구면적 하용오차 :
　　계산과정)

　　　　　　　　　　　　　　　　　　　　　　답 : ＿＿＿＿＿＿＿＿＿

나. 아래의 표를 완성하시오.

지번	측정면적(m²)	보정계수	보정면적(m²)	원면적(m²)	산출면적(m²)	결정 면적(m²)
800-1	208.8			−		
800-2	363.4			−		
800-3	304.4			−		
계		−			−	

11회 출제예상문제 해설 및 정답

01

solution

(1) 종선차($\varDelta X$) 횡선차($\varDelta Y$)의 계산

$\varDelta X = 7511.49 - 9751.84$

$= -2240.35\text{m}$

$\varDelta Y = 5429.32 - 731.45$

$= 4697.87\text{m}$

(2) 방위(θ)의 계산

$\tan\theta = \dfrac{\varDelta Y}{\varDelta X}$

$\theta = \tan^{-1}\dfrac{\varDelta Y}{\varDelta X}$

$\theta = \tan^{-1}\dfrac{4697.87}{2240.35}$

$\theta = 64° \ 30' \ 15''$

(3) 방위각 계산

상한	$\varDelta X$	$\varDelta Y$	방위각 계산
1	+	+	$V = \theta$
2	−	+	$V = 180 - \theta$
3	−	−	$V = 180 + \theta$
4	+	−	$V = 360 - \theta$

V는 ($-$, $+$)이므로 2상한에 속한다.

$V = 180° - 64° \ 30' \ 15''$

$= 115° \ 29' \ 45''$

(4) $\overline{BC}$와 $\overline{AC}$의 거리 계산

① $\overline{AB}$ 거리 계산

$\overline{AB}$의 거리 $= \sqrt{(\varDelta X)^2 + (\varDelta Y)^2}$

$= \sqrt{(-2240.35)^2 + (4697.87)^2}$

$= 5204.72\,\text{m}$

② $\overline{BC}$의 거리 계산

$\dfrac{\overline{AB}}{\sin C} = \dfrac{\overline{BC}}{\sin A}$

$$\overline{BC} = \frac{\sin A}{\sin C} \times \overline{AB}$$

$$= \frac{\sin 61° 52' 28''}{\sin 54° 22' 41''} \times 5204.72 = 5646.76m$$

③ $\overline{AC}$의 거리 계산

$$\frac{\overline{AB}}{\sin C} = \frac{\overline{AC}}{\sin B}$$

$$\overline{AC} = \frac{\sin B}{\sin C} \times \overline{AB}$$

$$= \frac{\sin 63° 44' 51''}{\sin 54° 22' 41''} \times 5204.72 = 5742.40m$$

(5) C점 좌표 계산

① A점에서 계산

$$X_C = X_A + (\overline{AC} \times \cos V_A{}^C)$$

$$V_A{}^C = V_A{}^B - \angle A$$

$$= 115° 29' 45'' - 61° 52' 28''$$

$$= 53° 37' 17''$$

$$X_C = 9751.84 + (5742.40 \times \cos 53° 37' 17'')$$

$$= 13157.76m$$

$$Y_C = 731.45 + (5742.40 \times \sin 53° 37' 17'')$$

$$= 5354.74m$$

∴ C점 좌표 $X = 13157.76m$

$\quad\quad\quad\quad\quad Y = 5354.74m$

② B점에서 계산

$$X_C = X_B + (\overline{BC} \times \cos V_B{}^C)$$

$$Y_C = Y_B + (\overline{BC} \times \sin V_B{}^C)$$

$$V_B{}^C \text{ 방위각} = V_B{}^A + \angle B$$

$$= 295° 29' 45'' + 63° 44' 51''$$

$$= 359° 14' 36''$$

$$X_C = 7511.49 + (5646.76 \times \cos 359° 14' 36'')$$

$$= 13157.76m$$

$$Y_C = 5429.32 + (5646.76 \times \sin 359° 14' 36'')$$

$$= 5354.75m$$

③ C점의 평균 좌표

$$X = \frac{(13157.76 + 13157.76)}{2} = 13157.76m$$

$$Y = \frac{(5354.74 + 5354.75)}{2} = 5354.74m$$

02 solution 교회점계산부

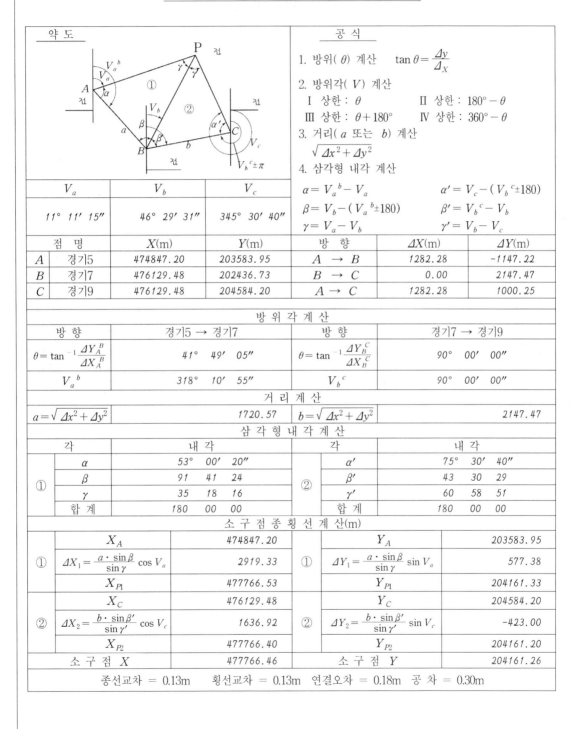

V_a	V_b	V_c
11° 11′ 15″	46° 29′ 31″	345° 30′ 40″

공 식

1. 방위(θ) 계산 $\tan\theta = \dfrac{\Delta y}{\Delta_X}$

2. 방위각(V) 계산
   Ⅰ 상한 : θ　　　　　　Ⅱ 상한 : $180° - \theta$
   Ⅲ 상한 : $\theta + 180°$　　Ⅳ 상한 : $360° - \theta$

3. 거리(a 또는 b) 계산
   $\sqrt{\Delta x^2 + \Delta y^2}$

4. 삼각형 내각 계산

$a = V_a^b - V_a$　　　　　$\alpha' = V_c - (V_b^c \pm 180)$
$\beta = V_b - (V_a^b \pm 180)$　　$\beta' = V_b^c - V_b$
$\gamma = V_a - V_b$　　　　　$\gamma' = V_b - V_c$

점 명		X(m)	Y(m)	방 향	ΔX(m)	ΔY(m)
A	경기5	474847.20	203583.95	$A \rightarrow B$	1282.28	-1147.22
B	경기7	476129.48	202436.73	$B \rightarrow C$	0.00	2147.47
C	경기9	476129.48	204584.20	$A \rightarrow C$	1282.28	1000.25

방 위 각 계 산

방 향	경기5 → 경기7	방 향	경기7 → 경기9
$\theta = \tan^{-1}\dfrac{\Delta Y_A^B}{\Delta X_A^B}$	41° 49′ 05″	$\theta = \tan^{-1}\dfrac{\Delta Y_B^C}{\Delta X_B^C}$	90° 00′ 00″
V_a^b	318° 10′ 55″	V_b^c	90° 00′ 00″

거 리 계 산

$a = \sqrt{\Delta x^2 + \Delta y^2}$	1720.57	$b = \sqrt{\Delta x^2 + \Delta y^2}$	2147.47

삼 각 형 내 각 계 산

각		내 각	각		내 각
①	α	53° 00′ 20″	②	α'	75° 30′ 40″
	β	91 41 24		β'	43 30 29
	γ	35 18 16		γ'	60 58 51
	합 계	180 00 00		합 계	180 00 00

소 구 점 종 횡 선 계 산(m)

①	X_A	474847.20	①	Y_A	203583.95
	$\Delta X_1 = \dfrac{a \cdot \sin\beta}{\sin\gamma}\cos V_a$	2919.33		$\Delta Y_1 = \dfrac{a \cdot \sin\beta}{\sin\gamma}\sin V_a$	577.38
	X_{P1}	477766.53		Y_{P1}	204161.33
②	X_C	476129.48	②	Y_C	204584.20
	$\Delta X_2 = \dfrac{b \cdot \sin\beta'}{\sin\gamma'}\cos V_c$	1636.92		$\Delta Y_2 = \dfrac{b \cdot \sin\beta'}{\sin\gamma'}\sin V_c$	-423.00
	X_{P2}	477766.40		Y_{P2}	204161.20
소 구 점 X		477766.46	소 구 점 Y		204161.26

종선교차 = 0.13m　횡선교차 = 0.13m　연결오차 = 0.18m　공 차 = 0.30m

03 solution

도근측량계산부(방위각법)

측 점	시준점	보정치 방위각	수평거리	개정방위각	종선차(ΔX) 보정치 종선좌표(X)	횡선차(ΔY) 보정치 횡선좌표(Y)
보8	보9	°　　′　　″　　m	m	°　　′ 289　56	m 454972.46	m 196065.39
보8	1	0 132　04	158.74	132　04	-106.35 -0.02 454866.09	117.84 0.02 196183.25
1	2	0 55　48	121.51	55　48	68.30 -0.01 454934.38	100.50 0.02 196283.77
2	3	1 143　36	156.57	143　37	-126.05 -0.02 454808.31	92.87 0.02 196376.66
3	4	1 223　20	169.73	223　21	-123.42 -0.02 454684.87	-116.51 0.02 196260.17
4	5	1 297　04	120.81	297　05	55.00 -0.01 454739.86	-107.56 0.02 196152.63
5	6	2 193　23	143.60	193　25	-139.68 -0.01 454600.17	-33.32 0.02 196119.33
6	보1	2 161　08	126.01	161　10	-119.26 -0.01 454480.90	40.68 0.02 196160.03
보1	보3	2 143　28	(996.97)	143　30		
					$\Sigma\Delta X=$　-491.46 기지 =　-491.56 $f(x)=$　+0.10	$\Sigma\Delta Y=$　94.50 기지 =　94.64 $f(y)=$　-0.14
		오차=2′ 공차=±2.8′			연결오차=0.17 공　차=±0.37	

교점다각망계산부(X, Y형)

04 solution

약 도

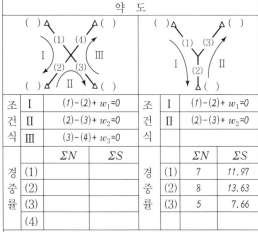

조건식	I	(1)-(2)+w_1=0		조건식	I	(1)-(2)+w_1=0
	II	(2)-(3)+w_2=0			II	(2)-(3)+w_2=0
	III	(3)-(4)+w_3=0				

경중률		ΣN	ΣS	경중률		ΣN	ΣS
	(1)				(1)	7	11.97
	(2)				(2)	8	13.63
	(3)				(3)	5	7.66
	(4)						

1. 방위각

순서	도선	관 측	보정	평 균
I	(1)	135° 09′ 14″	+11	135° 09′ 35″
	(2)	135° 09′ 39″	-4	135° 09′ 35″
	w_1	-25″		
II	(2)	135° 09′ 39″	-4	135° 09′ 35″
	(3)	135° 09′ 47″	-12	135° 09′ 35″
	w_2	-8″		
III	(3)			
	(4)			
	w_3			

2. 종선좌표

순서	도선	관 측(m)	보정	평 균(m)
I	(1)	3153.87	-5	3153.82
	(2)	3153.81	+1	3153.82
	w_1	+0.06		
II	(2)	3153.81	+1	3153.82
	(3)	3153.79	+3	3153.82
	w_2	+0.02		
III	(3)			
	(4)			
	w_3			

3. 횡선좌표

순서	도선	관 측(m)	보정	평 균(m)
I	(1)	4114.98	+4	4115.02
	(2)	4115.07	-5	4115.02
	w_1	-0.09		
II	(2)	4115.07	-5	4115.02
	(3)	4115.02	0	4115.02
	w_2	+0.05		
III	(3)			
	(4)			
	w_3			

4. 계산

1) 방 위 각 $= \dfrac{\left[\dfrac{\Sigma a}{\Sigma N}\right]}{\left[\dfrac{1}{\Sigma N}\right]} = \dfrac{\dfrac{14}{7}+\dfrac{39}{8}+\dfrac{47}{5}}{\dfrac{1}{7}+\dfrac{1}{8}+\dfrac{1}{5}} = 35″$

2) 종선좌표 $= \dfrac{\left[\dfrac{\Sigma X}{\Sigma S}\right]}{\left[\dfrac{1}{\Sigma S}\right]} = \dfrac{\dfrac{0.87}{11.97}+\dfrac{0.81}{13.63}+\dfrac{0.79}{7.66}}{\dfrac{1}{11.97}+\dfrac{1}{13.63}+\dfrac{1}{7.66}} = 0.82\,\text{m}$

3) 횡선좌표 $= \dfrac{\left[\dfrac{\Sigma Y}{\Sigma S}\right]}{\left[\dfrac{1}{\Sigma S}\right]} = \dfrac{\dfrac{0.98}{11.97}+\dfrac{1.07}{13.63}+\dfrac{1.02}{7.66}}{\dfrac{1}{11.97}+\dfrac{1}{13.63}+\dfrac{1}{7.66}} = 1.02\,\text{m}$

W= 오차, N=도선별 점수, S=측점간 거리, a=관측방위각

05
solution

가. 신구면적허용오차

$$0.026^2 \times m \times \sqrt{F} = 0.026^2 \times 600 \times \sqrt{886.5} = \pm 12$$

나. 아래의 표를 완성하시오.

$$보정계수 = \frac{X \cdot Y}{\varDelta X \cdot \varDelta Y} = \frac{333.33 \times 416.67}{(333.33 - 4.0)(416.67 - 4.0)} = 1.0220$$

보정면적 = 측정면적×보정계수

800-1 보정면지 = 208.8×1.0220 = 213.4 m²

800-2 보정면적 = 363.4×1.0220 = 371.4 m²

800-3 보정면적 = 304.4×1.0220 = 311.1 m²

$$산출면적 = \frac{보정면적}{보정면적합계} \times 원면적$$

$$800-1\ 산출면적 = \frac{213.4}{895.9} \times 886.5 = 211.2\,m^2$$

$$800-2\ 산출면적 = \frac{371.4}{895.9} \times 886.5 = 367.5\,m^2$$

$$800-3\ 산출면적 = \frac{311.1}{895.9} \times 886.5 = 307.8\,m^2$$

600분의 1 지역의 결정면적은 소수이하 1자리 이므로

결정면적 800-1 : 211.2m²   800-2 : 367.5m²   800-3 : 307.8m²

12회 출제예상문제

이 문제는 수험자의 기억을 토대로 작성하였으므로 실제 문제와 일부 다를 수도 있습니다. 해설과 해답은 오류가 없도록 최선을 다하였으나 혹 미미한 부분은 계속 수정 보완하겠습니다.

01. 축척 1/1,200 지역에서 측판측량을 교회법으로 시행하여 시오삼각형이 다음 그림과 같이 생겼다. 도상에서 각 변의 길이가 6.5mm, 7.0mm, 4.5mm일 때 내접원의 도상 반경(r)을 구하시오.(단, mm 단위를 소수 3자리에서 반올림하여 소수 2자리까지 구하시오.)

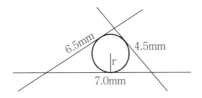

02. 다음은 축척 1/600 지역에서 배각법에 의한 지적도근측량을 한 성과이다. 서식을 이용하여 각 도근점의 좌표를 결정하시오(단, 1등 도선이며 계산 및 서식의 작성방법은 지적 관련 규정에 따른다.)

측점	시준점	관측각	거리	방위각	좌표 X좌표(m)	좌표 Y좌표(m)
보1	보2			76°34′51″	16 6043.22	19 2339.46
보1	1	337°20′56″	310.67			
1	2	229°55′09″	116.37			
2	3	152°41′31″	140.57			
3	4	221°01′09″	148.74			
4	보3	154°19′24″	179.54		16 6156.22	19 3151.60
보3	보4	359°59′54″		271°53′16″		

지적도근측량계산부(배각법)

측점	시준점	보정치 관측각	반수 수평거리	방위각	종선차(ΔX) 보정치 종선좌표(X)	횡선차(ΔY) 보정치 횡선좌표(Y)
		___°___′___″	___ · ___ m	___°___′___″	___ m ___	___ m ___
		___	___ · ___		___	___
		___	___ · ___		___	___
		___	___ · ___		___	___
		___	___ · ___		___	___
		___	___ · ___		___	___
		___	___ · ___		___	___
		___	___ · ___		___	___
		___	___ · ___		___	___
		___	___ · ___		___	___
		___	___ · ___ · ___		___	___
		___	___ · ___		___	___
		___	___ · ___ · ___		___	___

03. 다음 교회점의 관측결과를 바탕으로 주어진 서식에 의하여 소구점(P)의 좌표를 계산하시오.(단, 서식작성 및 계산방법은 지적관련법규 및 규정을 따른다.)

1) 기지점

점명	종선좌표(m)	횡선좌표(m)
보1(A)	4829.71	5656.58
보2(B)	7645.72	4418.95
보3(C)	5579.28	2163.87

2) 소구방위각

$$V_a = 260°17'55''$$

$$V_b = 193°51'27''$$

$$V_c = 126°34'11''$$

3) 약도

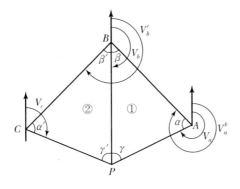

교회점계산부

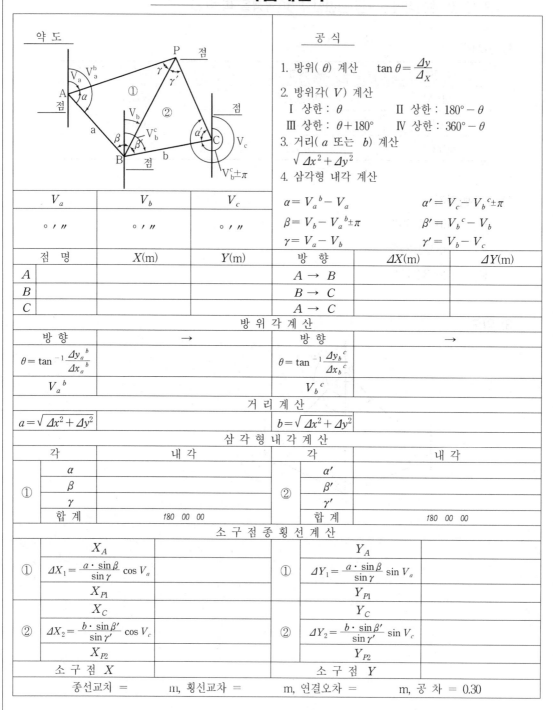

공 식

1. 방위(θ) 계산 $\tan\theta = \dfrac{\Delta y}{\Delta X}$

2. 방위각(V) 계산
Ⅰ 상한 : θ Ⅱ 상한 : $180° - \theta$
Ⅲ 상한 : $\theta + 180°$ Ⅳ 상한 : $360° - \theta$

3. 거리(a 또는 b) 계산
$\sqrt{\Delta x^2 + \Delta y^2}$

4. 삼각형 내각 계산

$a = V_a^{\,b} - V_a$	$\alpha' = V_c - V_b^{\,c} \pm \pi$
$\beta = V_b - V_a^{\,b} \pm \pi$	$\beta' = V_b^{\,c} - V_b$
$\gamma = V_a - V_b$	$\gamma' = V_b - V_c$

V_a	V_b	V_c
° ′ ″	° ′ ″	° ′ ″

점 명	X(m)	Y(m)	방 향	ΔX(m)	ΔY(m)
A			$A \rightarrow B$		
B			$B \rightarrow C$		
C			$A \rightarrow C$		

방 위 각 계 산				
방 향	$\rightarrow$		방 향	$\rightarrow$
$\theta = \tan^{-1}\dfrac{\Delta y_a^{\,b}}{\Delta x_a^{\,b}}$			$\theta = \tan^{-1}\dfrac{\Delta y_b^{\,c}}{\Delta x_b^{\,c}}$	
$V_a^{\,b}$			$V_b^{\,c}$	

거 리 계 산		
$a = \sqrt{\Delta x^2 + \Delta y^2}$		$b = \sqrt{\Delta x^2 + \Delta y^2}$

삼 각 형 내 각 계 산					
각	내각		각	내각	
①	α		②	α'	
	β			β'	
	γ			γ'	
	합 계	180 00 00		합 계	180 00 00

소 구 점 종 횡 선 계 산					
①	X_A		①	Y_A	
	$\Delta X_1 = \dfrac{a \cdot \sin\beta}{\sin\gamma}\cos V_a$			$\Delta Y_1 = \dfrac{a \cdot \sin\beta}{\sin\gamma}\sin V_a$	
	X_{P1}			Y_{P1}	
②	X_C		②	Y_C	
	$\Delta X_2 = \dfrac{b \cdot \sin\beta'}{\sin\gamma'}\cos V_c$			$\Delta Y_2 = \dfrac{b \cdot \sin\beta'}{\sin\gamma'}\sin V_c$	
	X_{P2}			Y_{P2}	
소 구 점 X			소 구 점 Y		
종선교차 = m, 횡선교차 = m, 연결오차 = m, 공 차 = 0.30					

04. 그림과 같이 $\overline{AB}$ = 5m, $\overline{BC}$ = 21m, $\overline{AC}$ = 24m이고, $\overline{AE}$와 $\overline{CD}$의 간격이 22m인 △ABCDE의 토지를 $\overline{AE}$ 및 $\overline{CD}$에 수직이 되는 선분 $\overline{PQ}$로 분할하여 △ABCQP의 면적이 300m² 가 되도록 하고자 할 때 아래 물음에 답하시오.(단, $\overline{AE}$와 $\overline{CD}$는 평행이며 계산은 반올림하여 소수 3자리까지 나타내시오.)

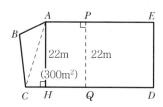

가. △ABC의 면적

나. △ACH의 면적

다. $\overline{AP}$ 및 $\overline{CQ}$의 길이

05. 1/600 지적도 시행 지역에서 1필지(123)를 3필지(123, 123-1, 123-2)로 분할하기 위하여 전자면적계로 면적을 측정한 결과가 아래와 같을 때 물음에 답하시오.(단, 면적보정계수는 소수 넷째 자리까지 구하고, 기타의 계산은 지적관련법규 및 규정에 따른다.)

구분	분할 전	분할 후		
지번	123	123	123-1	123-2
면적	980.8m²	399.1m²	342.5m²	221.4m²

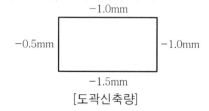

[도곽신축량]

가. 면적보정계수

나. 신구면적허용오차

다. 필지별 보정면적

지번	계산과정	보정면적
123		
123-1		
123-2		
합계		

라. 필지별 결정면적(단, 산출면적은 계산과정을 포함하여 작성하시오.)

지번	산출면적	결정면적
123		
123-1		
123-2		

12회 출제예상문제 해설 및 정답

01 solution

$$S = \frac{6.5 + 7.0 + 4.5}{2} = 9.0$$

$$반경(r) = \sqrt{\frac{(S-a)(S-b)(S-c)}{S}}$$

$$= \sqrt{\frac{(9.0 - 6.5)(9.0 - 7.0)(9.0 - 4.5)}{9.0}}$$

$$= 1.58\text{mm}$$

답 1.58mm

02 solution 도근측량계산부(배각법)

측점	시준점	보정치 관측각	반수 수평거리	방위각	종선차(△X) 보정치 종선좌표(X)	횡선차(△Y) 보정치 횡선좌표(Y)
보1	보2	° ′ ″	. m .	76° 34′ 51″	m 166043.22	m 192339.46
보2	1	+2 337° 20′ 56″	3.22 310.67	53° 55′ 45″	182.92 −0.01 166226.13	251.11 0.01 192590.58
1	2	+6 229° 55′ 09″	8.59 116.37	103° 51′ 00″	−27.86 0.00 166198.27	112.99 0.00 192703.57
2	3	+5 152° 41′ 31″	7.11 140.57	76° 32′ 36″	32.71 0.00 166270.98	136.71 0.01 192840.29
3	4	+5 221° 01′ 09″	6.72 148.74	117° 33′ 50″	−68.83 0.00 166162.15	131.86 0.00 192972.15
4	보3	+4 154° 19′ 24″	5.57 179.54	91° 53′ 18″	−5.92 0.00 166156.22	179.44 0.01 193151.60
보3	보4	359° 59′ 54″	(31.21) (895.89)	271° 53′ 16″		
	Σα= + T= −(180−1)	1455° 18′ 03″ 76° 34′ 51″ 900° 00′ 00″	. .		|Σ△X| = 316.23 △X = 113.01	|Σ△Y| = 812.11 △Y = 812.11
	T₂′= T₂=	271° 52′ 54″ 271° 53′ 16″	. .		기지차=113.00 f(x)=0.01	기지차=812.14 f(y)=−0.03
	오차= 공차=	−22 ±48	. .		연결오차=0.03 공차=±0.17	

03 solution

교회점계산부(진수)

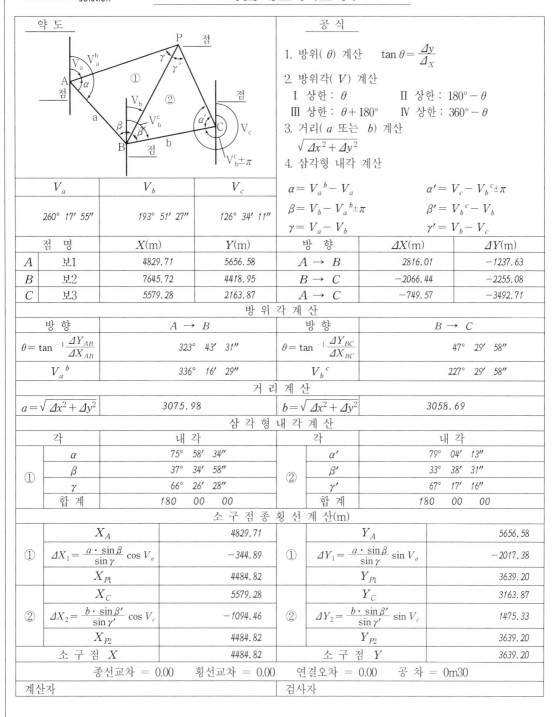

약 도	공 식

공 식

1. 방위(θ) 계산 $\tan\theta = \dfrac{\varDelta y}{\varDelta X}$

2. 방위각(V) 계산
   I 상한 : θ II 상한 : $180° - \theta$
   III 상한 : $\theta + 180°$ IV 상한 : $360° - \theta$

3. 거리(a 또는 b) 계산
     $\sqrt{\varDelta x^2 + \varDelta y^2}$

4. 삼각형 내각 계산

V_a	V_b	V_c	$\alpha = V_a{}^b - V_a$	$\alpha' = V_c - V_b{}^c \pm \pi$
$260°\ 17'\ 55''$	$193°\ 51'\ 27''$	$126°\ 34'\ 11''$	$\beta = V_b - V_a{}^b \pm \pi$	$\beta' = V_b{}^c - V_b$
			$\gamma = V_a - V_b$	$\gamma' = V_b - V_c$

	점 명	X(m)	Y(m)	방 향	$\varDelta X$(m)	$\varDelta Y$(m)
A	보1	4829.71	5656.58	$A \rightarrow B$	2816.01	-1237.63
B	보2	7645.72	4418.95	$B \rightarrow C$	-2066.44	-2255.08
C	보3	5579.28	2163.87	$A \rightarrow C$	-749.57	-3492.71

방 위 각 계 산

방 향	$A \rightarrow B$	방 향	$B \rightarrow C$
$\theta = \tan^{-1} \dfrac{\varDelta Y_{AB}}{\varDelta X_{AB}}$	$323°\ 43'\ 31''$	$\theta = \tan^{-1} \dfrac{\varDelta Y_{BC}}{\varDelta X_{BC}}$	$47°\ 29'\ 58''$
$V_a{}^b$	$336°\ 16'\ 29''$	$V_b{}^c$	$227°\ 29'\ 58''$

거 리 계 산

$a = \sqrt{\varDelta x^2 + \varDelta y^2}$	3075.98	$b = \sqrt{\varDelta x^2 + \varDelta y^2}$	3058.69

삼 각 형 내 각 계 산

	각	내 각		각	내 각
①	α	$75°\ 58'\ 34''$	②	α'	$79°\ 04'\ 13''$
	β	$37°\ 34'\ 58''$		β'	$33°\ 38'\ 31''$
	γ	$66°\ 26'\ 28''$		γ'	$67°\ 17'\ 16''$
	합 계	$180\ \ 00\ \ 00$		합 계	$180\ \ 00\ \ 00$

소 구 점 종 횡 선 계 산(m)

①	X_A	4829.71	①	Y_A	5656.58
	$\varDelta X_1 = \dfrac{a \cdot \sin\beta}{\sin\gamma}\cos V_a$	-344.89		$\varDelta Y_1 = \dfrac{a \cdot \sin\beta}{\sin\gamma}\sin V_a$	-2017.38
	X_{P1}	4484.82		Y_{P1}	3639.20
②	X_C	5579.28	②	Y_C	3163.87
	$\varDelta X_2 = \dfrac{b \cdot \sin\beta'}{\sin\gamma'}\cos V_c$	-1094.46		$\varDelta Y_2 = \dfrac{b \cdot \sin\beta'}{\sin\gamma'}\sin V_c$	1475.33
	X_{P2}	4484.82		Y_{P2}	3639.20
소 구 점 X		4484.82	소 구 점 Y		3639.20

종선교차 = 0.00 횡선교차 = 0.00 연결오차 = 0.00 공 차 = 0m30	
계산자	검사자

04
solution

가. △ABC의 면적

$$S = \frac{1}{2} \times (5 + 21 + 24) = 25$$

$$A = \sqrt{25(25-5)(25-24)(25-21)}$$

$$= 44.721\text{m}^2$$

나. △ACH의 면적

$$\frac{24}{\sin 90} = \frac{22}{\sin x}$$

$$x = \sin^{-1} \frac{22}{24}$$

$$x = 66° \ 26' \ 36.73''$$

$$\angle CAH = 23° \ 33' \ 23.3''$$

$$A = \frac{1}{2} \times (24 \times 22 \times \sin 23° \ 33' \ 23.3'')$$

$$= 105.508\text{m}^2$$

다. $\overline{AP}$ 및 $\overline{CQ}$의 길이

$$\square APQH = 300 - (44.721 + 105.508)$$

$$= 149.771\text{m}^2$$

$$149.771 = \overline{AP} \times 22$$

$$\overline{AP} = 6.808\text{m}^2$$

$$\overline{CQ} = \overline{CH} + \overline{HQ}$$

$$105.508 = \frac{1}{2} \times \overline{CH} \times 22$$

$$\overline{CH} = 9.592$$

$$\overline{CQ} = 9.592 + 6.808 = 16.400\text{m}$$

05 solution

가. 면적보정계수

$$Z = \frac{X \cdot Y}{\Delta X \cdot \Delta Y}$$

　　ΔX : 신축된 도곽선의 종선길이의 합 ÷ 2

　　ΔY : 신축된 도곽선의 횡선길이의 합 ÷ 2

　① 도상길이로 계산

$$\frac{333.33 \times 416.67}{(333.33 - 0.75) \times (416.67 - 1.25)} = 1.0053$$

나. 신구면적 허용오차

　　$\pm 0.026^2 M \sqrt{F}$

　　$\pm 0.026^2 \times 600 \times \sqrt{980.8} = \pm 12 \text{m}^2$

다. 필지별 보정면적

지번	계산과정	보정면적
123	399.1×1.0053	401.23
123−1	342.5×1.0053	344.32
123−2	221.4×1.0053	222.57
합계		968.11

라. 필지별 결정면적

지번	산출면적	결정면적
123	(401.22×980.8)÷968.11＝406.48	406.5
123−1	(344.32×980.8)÷968.11＝348.83	348.8
123−2	(222.57×980.8)÷968.11＝225.49	225.5

13회 출제예상문제

Cadastral Surveying

이 문제는 수험자의 기억을 토대로 작성하였으므로 실제 문제와 일부 다를 수도 있습니다. 해설과 해답은 오류가 없도록 최선을 다하였으나 혹 미미한 부분은 계속 수정 보완하겠습니다.

01. 지적도근측량을 Y형의 교점다각망으로 구성하여 다음과 같이 관측방위각과 계산 종·횡선좌표를 산출하였다. 주어진 서식을 완성하고 평균방위각과 평균 종·횡선좌표를 구하시오.(단, 계산방법과 서식의 작성은 지적관련법규 및 규정에 따른다.)

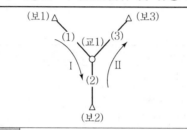

1. 관측방위각
   (1) 135° 09′ 14″
   (2) 135° 09′ 39″
   (3) 135° 09′ 47″

2. 계산종선좌표
   (1) 3153.87m
   (2) 3153.81m
   (3) 3153.79m

3. 계산횡선좌표
   (1) 4114.98m
   (2) 4115.07m
   (3) 4115.02m

조건식		
	I	$(1)-(2)+W_1=0$
	II	$(2)-(3)+W_2=0$
	III	

경중률		ΣN	ΣS
	(1)	7	11.97
	(2)	8	13.63
	(3)	5	7.66

※ 서식은 다음 페이지에 계속됩니다.

교점다각망계산부(X, Y형)

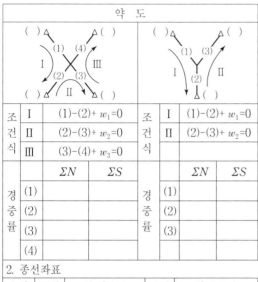

약 도	

조건식 (좌)

조건식	I	(1)-(2)+ w_1=0
	II	(2)-(3)+ w_2=0
	III	(3)-(4)+ w_3=0

조건식 (우)

조건식	I	(1)-(2)+ w_1=0
	II	(2)-(3)+ w_2=0

경중률 (좌)

경중률		ΣN	ΣS
	(1)		
	(2)		
	(3)		
	(4)		

경중률 (우)

경중률		ΣN	ΣS
	(1)		
	(2)		
	(3)		

1. 방위각

순서	도선	관 측	보정	평 균
I	(1)	° ′ ″		° ′ ″
	(2)			
	w_1			
II	(2)			
	(3)			
	w_2			
III	(3)			
	(4)			
	w_3			

2. 종선좌표

순서	도선	관 측(m)	보정	평 균(m)
I	(1)	.		.
	(2)	.		.
	w_1	.		.
II	(2)	.		.
	(3)	.		.
	w_2	.		.
III	(3)	.		.
	(4)	.		.
	w_3	.		.

3. 횡선좌표

순서	도선	관 측(m)	보정	평 균(m)
I	(1)	.		.
	(2)	.		.
	w_1	.		.
II	(2)	.		.
	(3)	.		.
	w_2	.		.
III	(3)	.		.
	(4)	.		.
	w_3	.		.

4. 계산

1) 방 위 각 = $\dfrac{\left[\dfrac{\Sigma a}{\Sigma N}\right]}{\left[\dfrac{1}{\Sigma N}\right]}$ =

2) 종선좌표 = $\dfrac{\left[\dfrac{\Sigma X}{\Sigma S}\right]}{\left[\dfrac{1}{\Sigma S}\right]}$ =

3) 횡선좌표 = $\dfrac{\left[\dfrac{\Sigma Y}{\Sigma S}\right]}{\left[\dfrac{1}{\Sigma S}\right]}$ =

W=오차, N=도선별 점수, S=측점 간 거리, a=관측방위각

02. 일반원점지역에서 삼각점 성과표상의 좌표가 $X = -4572.37\,\text{m}$, $Y = +2145.39\,\text{m}$이다. 이를 지적좌표계로 환산하여 삼각점을 포용하는 축척 1200분의 1지역의 지적도 도곽선의 좌표를 계산하시오.(단, (가) : 상단종선좌표, (나) : 우측횡선좌표, (다) : 하단종선좌표, (라) : 좌측횡선좌표)

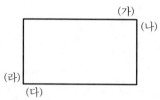

계산과정)

답 : (가) = _____ (나) = _____ (다) = _____ (라) = _____

03. 측점 기양3과 기양8의 두 점간 거리를 광파측거기로 측정한 결과가 아래와 같을 때, 주어진 서식을 이용하여 평면거리를 계산하시오.(단, 계산방법 및 서식의 작성은 지적관련법규 및 규정에 따른다.)

- 두 점간 거리(D) = 2988.55m
- 연직각(α_1) = + 3° 54′ 30″
- 기양3 표고 = 277.23m
- 기계고(i_1) = 1.49m
- 원점에서 기양3의 거리 = 12.5km

- 연직각(α_2) = − 3° 55′ 16″
- 기양8 표고 = 481.26m
- 기계고(i_2) = 2.53m
- 원점에서 기양8의 거리 = 15.2km

평면거리계산부

약 도	공 식

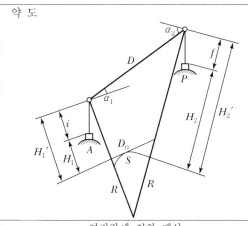

○ 연직각에 의한 계산

$$S = D \cdot \cos \frac{1}{2}(a_1 + a_2) - \frac{D(H_1' + H_2')}{2R}$$

○ 표고에 의한 계산

$$S = D - \frac{(H_1' - H_2')^2}{2D} - \frac{D(H_1' + H_2')}{2R}$$

○ 평면거리 $D_0 = S \times K \left(K = 1 + \frac{(Y_1 + Y_2)^2}{8R^2} \right)$

D : 경사거리　　　　R : 곡률반경(6372199.7m)
S : 기준면거리　　　i : 기계고
H_1, H_2 : 표고　　　f : 시준고
a_1, a_2 : 연직각(절대치)　　K : 축척계수
Y_1, Y_2 : 원점에서 삼각점까지의 횡선거리(km)

연직각에 의한 계산										표고에 의한 계산									
방 향										점 → 　　　 점									
D								m		D								m	
a_1					°		′		″		$2D$									
a_2											H_1'									
$\frac{1}{2}(a_1 + a_2)$											H_2'									
$\cos \frac{1}{2}(a_1 + a_2)$				.							$(H_1' - H_2')$					.				
$D \cdot \cos \frac{1}{2}(a_1 + a_2)$					m						$(H_1' - H_2')^2$									.
$H_1' = H_1 + i$				.							$\frac{(H_1' - H_2')}{2D}$					.				
$H_2' = H_2 + f$				.							$D - \frac{(H_1' - H_2')^2}{2D}$									
R	6	3	7	2	1	9	9	.7			R	6	3	7	2	1	9	9	.7	
$2R$	1	2	7	4	4	3	9	9	.3		$2R$	1	2	7	4	4	3	9	9	.3
$\frac{D(H_1' + H_2')}{2R}$				.							$\frac{D(H_1' + H_2')}{2R}$					.				
S				.							S					.				
Y_1				km							Y_1					km				
Y_2				.							Y_2					.				
$(Y_1 + Y_2)^2$				.							$(Y_1 + Y_2)^2$					.				
$8R^2$	3	2	4	8	3	9	4	2	7	km .7	$8R^2$	3	2	4	8	3	9	4	2	7 km .7
$K = 1 + \frac{(Y_1 + Y_2)^2}{8R^2}$											$K = 1 + \frac{(Y_1 + Y_2)^2}{8R^2}$									
$S \times K$					m						$S \times K$						m				
평 균 (D_o)							m													

04. 도곽신축량이 $\Delta X_1 = -2.6mm$, $\Delta X_2 = -2.4mm$, $\Delta Y_1 = -2.7mm$, $\Delta Y_2 = -2.3mm$이고 축척이 600분의 1인 지적도에 등록된 원면적이 1243.5m²인 토지를 3필지로 분할하여 각 필지의 면적을 측정한 결과 A = 642.12m², B = 432.21m², C = 141.35m²이었을 때 아래 물음에 답하시오.(단, 면적보정계수는 소수 5자리까지 계산하여 소수 4자리까지 결정하고 기타 사항은 지적관련법규에 따른다.)

가. 도곽신축에 따른 면적보정계수
   계산과정)

   답 : _____

나. 필지별 보정면적
   계산과정)

   답 : A=_____, B=_____, C=_____

다. 신구면적교차 및 허용오차
   계산과정)

   답 : 면적교차 = _____, 허용오차=_____

라. 필지별 결정면적
   계산과정)

   답 : A=_____, B=_____, C=_____

05. 아래와 같은 지형에서 일시적인 장애물로 인하여 부득이 그림과 같이 관측한 결과가 다음과 같을 때, P점의 좌표를 결정하시오.(단, 거리의 단위는 m이며 소수 둘째 자리까지, 각은 초 단위까지 계산하시오.)

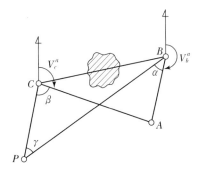

점명	종선좌표	횡선좌표
B	4765.12m	1564.72m
C	4658.67m	1077.88m

$$V_b^a = 191° \ 32' \ 28''$$
$$V_c^a = 117° \ 39' \ 58''$$
$$\alpha = 31° \ 47' \ 22''$$
$$\beta = 72° \ 36' \ 22''$$
$$\gamma = 33° \ 03' \ 30''$$

계산과정)

답 : P점 좌표(,   )

13회 출제예상문제 해설 및 정답

01 solution

(1) 평균 방위각 계산

$$방위각 = \frac{\left(\frac{\Sigma a}{\Sigma N}\right)}{\left(\frac{1}{\Sigma N}\right)} = \frac{\frac{14}{7} + \frac{39}{8} + \frac{47}{5}}{\frac{1}{7} + \frac{1}{8} + \frac{1}{5}} = 35''$$

∴ 평균 방위각=135° 09′ 35″

(2) 평균 종횡선 좌표 계산

① 종선좌표

$$\frac{\left(\frac{\Sigma X}{\Sigma S}\right)}{\left(\frac{1}{\Sigma S}\right)} = \frac{\frac{0.87}{11.97} + \frac{0.81}{13.63} + \frac{0.79}{7.66}}{\frac{1}{11.97} + \frac{1}{13.63} + \frac{1}{7.66}} = 0.82m$$

∴ 평균 종선좌표=3153.82m

② 횡선좌표

$$\frac{\left(\frac{\Sigma Y}{\Sigma S}\right)}{\left(\frac{1}{\Sigma S}\right)} = \frac{\frac{0.98}{11.97} + \frac{1.07}{13.63} + \frac{1.02}{7.66}}{\frac{1}{11.97} + \frac{1}{13.63} + \frac{1}{7.66}} = 1.02m$$

∴ 평균 횡선좌표=4115.02m

02 solution

(1) 종선좌표 결정

① 종선좌표를 도곽선 길이로 나눈다.

$X=-4572.37÷400=-11.43$

② 도곽선 종선길이로 나눈 정수를 도곽선 길이로 곱한다.

$-11×400=-4400m$

③ 원점에서의 길이에 500,000을 더한다.

$-4400+500000=495600$　　　→ 종선의 상부좌표

($X=-4572.37$이 $(-)$이므로 종선의 상부좌표가 먼저 결정)

④ 종선의 하부좌표 결정

$495600-400=495200m$　　　→ 종선의 하부좌표

⑵ 횡선좌표 결정

① 횡선좌표를 도곽선 길이로 나눈다.

$Y = +2145.39 \div 500 = 4.29$

② 도곽선 횡선길이로 나눈 정수는 도곽선 길이로 곱한다.

$4 \times 500 = 2000\text{m}$

③ 원점에서의 길이에 200000을 더한다.

$2000 + 200000 = 202000$ → 좌측 횡선좌표

($Y = +2145.39$가 (+)이므로 좌측 횡선좌표가 먼저 결정된다.)

④ 우측 횡선좌표 결정

$202000 + 500 = 202500$ → 우측 횡선좌표

답 (가) : 495600 (나) : 202500 (다) : 495200 (라) : 202000

03 solution   평면거리계산부

약 도	공 식
	○연직각에 의한 계산 $$S = D \cdot \cos \frac{1}{2}(\alpha_1 + \alpha_2) - \frac{D(H_1' + H_2')}{2R}$$ ○표고에 의한 계산 $$S = D - \frac{(H_1' - H_2')^2}{2D} - \frac{D(H_1' + H_2')}{2R}$$ ○평면거리 $D_0 = S \times K \left(K = 1 + \frac{(Y_1 + Y_2)^2}{8R^2}\right)$ D : 경사거리 R : 곡률반경(6372199.7m) S : 기준면거리 i_1 : 기계고 H_1, H_2 : 표고 i_2 : 기계고 α_1, α_2 : 연직각(절대치) K : 축척계수 Y_1, Y_2 : 원점에서 삼각점까지의 횡선거리(km)

연직각에 의한 계산		표고에 의한 계산	
방 향		기양 3 점 → 기양 8 점	
D	2 9 8 8 . 5 5 m	D	2 9 8 8 . 5 5 m
α_1	+ 3° 54' 30"	$2D$	5 9 7 7 . 1
α_2	− 3 55 16	H_1'	2 7 8 . 7 2
$\frac{1}{2}(\alpha_1 + \alpha_2)$	3 54 53	H_2'	4 8 3 . 7 9
$\cos \frac{1}{2}(\alpha_1 + \alpha_2)$	0 . 9 9 7 6 6 7	$(H_1' - H_2')$	− 2 0 5 . 0 7
$D \cdot \cos \frac{1}{2}(\alpha_1 + \alpha_2)$	2 9 8 1 . 5 8 m	$(H_1' - H_2')^2$	4 2 0 5 3 . 7 0
$H_1' = H_1 + i_1$	2 7 8 . 7 2	$\frac{(H_1' - H_2')^2}{2D}$	7 . 0 3 6
$H_2' = H_2 + i_2$	4 8 3 . 7 9	$D - \frac{(H_1' - H_2')^2}{2D}$	2 9 8 1 . 5 1 4
R	6 3 7 2 1 9 9 . 7	R	6 3 7 2 1 9 9 . 7
$2R$	1 2 7 4 4 3 9 9 . 3	$2R$	1 2 7 4 4 3 9 9 . 3
$\frac{D(H_1' + H_2')}{2R}$	0 . 1 7 9	$\frac{D(H_1' + H_2')}{2R}$	0 . 1 7 9
S	2 7 8 1 . 4 0 1	S	2 9 8 1 . 3 3 5
Y_1	1 2 . 5 km	Y_1	1 2 . 5 km
Y_2	1 5 . 2	Y_2	1 5 . 2
$(Y_1 + Y_2)^2$	7 6 7 . 2 9	$(Y_1 + Y_2)^2$	7 6 7 . 2 9
$8R^2$	3 2 4 8 3 9 4 2 7 . 7 km	$8R^2$	3 2 4 8 3 9 4 2 7 . 7 km
$K = 1 + \frac{(Y_1 + Y_2)^2}{8R^2}$	1 . 0 0 0 0 0 2 4	$K = 1 + \frac{(Y_1 + Y_2)^2}{8R^2}$	1 . 0 0 0 0 0 2 4
$S \times K$	2 9 8 1 . 4 0 8 m	$S \times K$	2 9 8 1 . 3 4 2 m
평 균 (D_o)	2 9 8 1 . 3 8 m		
계산자		검사자	

04
solution

(1) 도곽신축에 따른 면적보정계수

$$Z = \frac{X \cdot Y}{\Delta X \cdot \Delta Y}$$

도상길이로 계산 $\Rightarrow$ $Z = \dfrac{333.33 \times 416.67}{(333.33 - 2.5)(416.67 - 2.5)} = 1.0136$

지상길이로 계산 $\Rightarrow$ $Z = \dfrac{200 \times 250}{(200 - 1.5)(250 - 1.5)} = 1.0136$

(2) 필지별 보정면적

측정면적 × 면적보정계수 = 보정면적

A	642.12	×	1.0136	= 650.85
B	431.21	×	1.0136	= 438.09
C	141.35	×	1.0136	= 143.27
				1232.21

(3) 신구면적교차 및 허용오차

① 신구면적교차 $1243.5 - 1232.21 = 12.29 \text{m}^2$

② 신구허용공차 $\pm 0.026^2 \times 600 \times \sqrt{1243.5} = \pm 14 \text{m}^2$

(4) 산출면적 계산

$A = \dfrac{1243.5}{1232.21} \times 650.85 = 656.81$

$B = \dfrac{1243.5}{1232.21} \times 438.09 = 442.11$

$C = \dfrac{1243.5}{1232.21} \times 143.27 = 144.58$

(5) 결정면적

$A = 656.8 \text{m}^2$

$B = 442.1 \text{m}^2$

$C = 144.6 \text{m}^2$

14회 출제예상문제

Cadastral Surveying

이 문제는 수험자의 기억을 토대로 작성하였으므로 실제 문제와 일부 다를 수도 있습니다. 해설과 해답은 오류가 없도록 최선을 다하였으나 혹 미미한 부분은 계속 수정 보완하겠습니다.

01. 축척이 1/1,200인 지적도 시행지역에서 평판측량방법에 따른 세부측량을 도선법으로 하여 도상 폐색오차가 1.2mm 발생하였을 때, 아래 물음에 답하시오.(단, 도선변의 수는 16이고, 결과값은 소수 셋째자리에서 반올림하여 소수 둘째자리까지 구하시오.)

가. 도선의 폐색오차는 도상길이의 얼마 이하이어야 하는지 구하시오.
계산과정)

답 : ＿＿＿＿＿ mm

나. 제10측점에서 배분할 도상길이를 구하시오.
계산과정)

답 : ＿＿＿＿＿ mm

02. 그림의 교회망에서 기지여건과 관측내각이 다음과 같을 경우 소구점(보16)의 좌표를 서식을 완성하여 구하시오.(단, 각은 초단위, 거리와 좌표는 소수 둘째자리(0.01m)까지 구하시오.(15점)
기지점 좌표

점명	각점	X	Y
여6	A	455010.64m	192643.32m
여7	B	455010.64m	195382.80m
양3	C	454006.06m	194056.41m

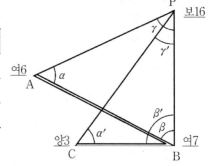

관측내각 $\alpha=34°\ 53'\ 47''$, $\gamma=100°\ 14'\ 25''$, $\gamma'=50°\ 26'\ 22''$

교회점계산부

[별지 제35호 서식]

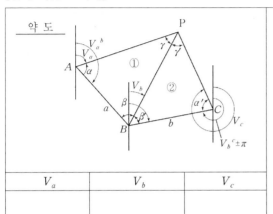

약 도

공 식

1. 방위(θ) 계산 $\quad \tan\theta = \dfrac{\Delta y}{\Delta X}$

2. 방위각(V) 계산
  I 상한 : θ $\qquad\qquad$ II 상한 : $180° - \theta$
  III 상한 : $\theta + 180°$ $\qquad$ IV 상한 : $360° - \theta$

3. 거리(a 또는 b) 계산
  $\sqrt{\Delta x^2 + \Delta y^2}$

4. 삼각형 내각 계산

$a = V_a{}^b - V_a$ $\qquad\qquad$ $\alpha' = V_c - V_b{}^c \pm 180°$

$\beta = V_b - V_a{}^b \pm 180°$ $\qquad$ $\beta' = V_b{}^c - V_b$

$\gamma = V_a - V_b$ $\qquad\qquad$ $\gamma' = V_b - V_c$

V_a	V_b	V_c

점 명	X(m)	Y(m)	방 향	ΔX(m)	ΔY(m)
A			$A \rightarrow B$		
B			$B \rightarrow C$		
C			$A \rightarrow C$		

방 위 각 계 산			
방 향	$\rightarrow$	방 향	$\rightarrow$
$\theta = \tan^{-1}\dfrac{\Delta Y_{AB}}{\Delta X_{AB}}$		$\theta = \tan^{-1}\dfrac{\Delta Y_{BC}}{\Delta X_{BC}}$	
$V_a{}^b$		$V_b{}^c$	

거 리 계 산			
$a = \sqrt{\Delta x^2 + \Delta y^2}$		$b = \sqrt{\Delta x^2 + \Delta y^2}$	

삼 각 형 내 각 계 산					
	각	내 각		각	내 각
①	α		②	α'	
	β			β'	
	γ			γ'	
	합 계			합 계	

소 구 점 종 횡 선 계 산(m)					
①	X_A		①	Y_A	
	$\Delta X_1 = \dfrac{a \cdot \sin\beta}{\sin\gamma}\cos V_a$			$\Delta Y_1 = \dfrac{a \cdot \sin\beta}{\sin\gamma}\sin V_a$	
	X_{P1}			Y_{P1}	
②	X_C		②	Y_C	
	$\Delta X_2 = \dfrac{b \cdot \sin\beta'}{\sin\gamma'}\cos V_c$			$\Delta Y_2 = \dfrac{b \cdot \sin\beta'}{\sin\gamma'}\sin V_c$	
	X_{P2}			Y_{P2}	
소 구 점 X			소 구 점 Y		

종선교차 = $\qquad$ 횡선교차 = $\qquad$ 연결오차 = $\qquad$ 공 차 =

03. 다음 배각법에 의한 지적도근점측량의 관측성과에 따라 각 점의 좌표를 주어진 서식에 의하여 계산하시오.(단, 도선명은 '가'이고, 축척은 1/600이며 계산과 서식의 작성은 지적 관련 법규 및 규정에 따른다.)

측점	시준범	관측각	수평거리(m)	방위각	X좌표(m)	Y좌표(m)
보1	보2			358° 19′ 37″	413111.15	192369.38
보1	1	46° 54′ 08″	52.50			
1	2	228° 31′ 35″	71.50			
2	3	152° 54′ 55″	66.63			
3	4	203° 30′ 30″	70.50			
4	5	135° 00′ 23″	45.60			
5	6	205° 04′ 40″	55.55			
6	보10	126° 10′ 39″	83.75		413300.85	192717.94
보10	보11	173° 39′ 40″		10° 05′ 34″		

지적도근측량계산부(배각법)

측점	시준점	보정치 관측각	반수 수평거리	방위각	종선차(ΔX) 보정치 종선좌표(X)	횡선차(ΔY) 보정치 횡선좌표(Y)
		° ′ ″	____ m ・	° ′ ″	m ____ ・	m ____ ・
		_____	・ ・		_____ ・	_____ ・
		_____	・ ・		_____ ・	_____ ・
		_____	・ ・		_____ ・	_____ ・
		_____	・ ・		_____ ・	_____ ・
		_____	・ ・		_____ ・	_____ ・
		_____	・ ・		_____ ・	_____ ・
		_____	・ ・		_____ ・	_____ ・
		_____	・ ・		_____ ・	_____ ・
		_____	_____ ・		_____ ・	_____ ・
		_____	_____ ・		_____ ・	_____ ・
		_____	・ ・		_____ ・	_____ ・

04. 축척 1/1,200 지역의 세부측량시 앨리데이드(Alidade)에 의하여 경사분획과 경사거리를 측정 하였을 때의 수평 거리를 구하시오.(단, 경사거리는 94m, 경사분획이 24이며, 소수 셋째자리까지 계산한다.)

05. 토탈스테이션을 측점 A에 세우고 3070.45m 떨어져 있는 측점 B를 관측하였다. AB측선에 대하여 직각방향으로 20.21m의 오차가 발생하였을 때 아래 물음에 답하시오.(단, 각은 초 단위, 거리는 cm 단위까지 계산한다.

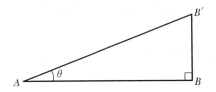

점명	X좌표(m)	Y좌표(m)
A	1000.0000	1000.0000
B	625.6585	4047.5452

가. 방향오차(θ)를 구하시오.

나. AB방위각($V_A{}^B$)을 구하시오.

06. 축척 1/1,000인 지역에서 원면적이 2,001m² 인 100번지의 토지를 분할하기 위하여 전자면적 계로 면적을 측정하여 100번지는 1236.2m², 100-1번지는 784.4m²를 얻었을 때 아래 물음에 답하시오.(단, 도면의 신축량은 $\Delta x = -0.6mm$, $\Delta y = -0.6mm$이며 계산방법은 지적 관련 법규 및 규정에 따른다.)

가. 면적보정계수

나. 신구면적허용오차

다. 면적계산(단, 계산과정을 포함하여 각각의 면적을 계산·결정한다.)

	보정면적	산출면적	결정면적
100번지			
100−1번지			
합계			

14회 출제예상문제 해설 및 정답

01 solution

가. 폐색오차는 도상길이의 얼마 이하

$$\text{폐색오차} = \frac{\sqrt{n}}{3}$$
$$= \frac{\sqrt{16}}{3}$$
$$= 1.33\text{mm}$$

나. 제10측점에 배분할 도상거리

$$M_n = \frac{e}{N} \times n$$
$$= \frac{1.2}{16} \times 10$$
$$= 0.75\text{mm}$$

02
solution

(1) 종선차 (ΔX), 횡선차 (ΔY) 계산

A-B 방향

$\Delta X = 455010.64 - 455010.64 = 0$m

$\Delta Y = 195382.80 - 192643.32 = 2739.48$m

B-C 방향

$\Delta X = 454006.06 - 455010.64 = -1004.58$m

$\Delta Y = 194056.41 - 195352.80 = -1326.39$m

A-C 방향

$\Delta X = 454006.06 - 455010.64 = -1004.58$m

$\Delta Y = 194056.41 - 192643.32 = 1413.09$m

(2) 방위 및 방위각 계산

A→B   방위계산 : $\theta = \tan^{-1}\left(\dfrac{\Delta Y}{\Delta X}\right) = \tan^{-1}\left(\dfrac{2,739.48}{0}\right)$

$\theta = 90°$ 즉 x축은 그대로이며 y축만 오른쪽으로 이동하기 때문에 90°가 된다.

방위각 : 90°

B→C   방위계산 : $\theta = \tan^{-1}\left(\dfrac{\Delta Y}{\Delta X}\right) = \tan^{-1}\left(\dfrac{1326.39}{1004.58}\right) = 52° \ 51' \ 38''$

방위각 계산 : 3상한($-,-$)이므로 $180° + \theta$

$180° + 52° \ 51' \ 38'' = 232° \ 51' \ 38''$

(3) 거리계산

$a = \sqrt{(0^2 - 2739.48^2)} = 2739.48$ m

$b = \sqrt{(1004.58^2 + 1326.39^2)} = 1663.88$ m

(4) V_a, V_b, V_c 소구방위각 계산

기존 V_a, V_b, V_c 방위각을 이용하여 내각을 구하는 방법이 아니고 이미 알고 있는 내각 (a, r, r')과

기지방위각 ($V_a{}^b$, $V_b{}^c$)을 참고하여 소구방위각을 구한다.

$V_a = V_a{}^b - a = 90° - 34° \ 53' \ 47'' = 55° \ 6' \ 13''$

$V_b = V_a - r = 55° \ 6' \ 13'' - 100° \ 14' \ 25'' = 314° \ 51' \ 48''$

$V_c = V_b + r' = 314° \ 51' \ 48'' + 50° \ 26' \ 10'' = 5° \ 18' \ 10''$

(5) 삼각형의 내각 계산

$$\alpha = 34° \ 53' \ 47''$$

$$\beta = V_b - (V_a{}^b + 180) = 314° \ 51' \ 48'' - (90° + 180°) = 44° \ 51' \ 48''$$

$$r = 100° \ 14' \ 25''$$

$$\alpha' = V_c{}^b - V_c = 52° \ 51' \ 38'' - 5° \ 18' \ 10'' = 47° \ 33' \ 28''$$

$$\beta' = V_b - V_b{}^c = 314° \ 51' \ 48'' - 232° \ 51' \ 38'' = 82° \ 0' \ 10''$$

$$r' = 50° \ 26' \ 22''$$

(6) 소구점 종횡선 좌표 계산

$$X_{P1} = X_A + \left(\frac{a \times \sin\beta}{\sin r} \times \cos V_a \right)$$

$$= 455010.64 + 1123.46$$

$$= 456134.10\text{m}$$

$$Y_{P1} = Y_A + \left(\frac{a \times \sin\beta}{\sin r} \times \sin V_a \right)$$

$$= 192643.32 + 1610.65$$

$$= 194253.97\text{m}$$

$$X_{P2} = X_c + \left(\frac{b \times \sin\beta'}{\sin r'} \times \cos V_c \right)$$

$$= 454006.06 + 2128.08$$

$$= 456134.14\text{m}$$

$$Y_{P2} = Y_c + \left(\frac{b \times \sin\beta'}{\sin r'} \times \sin V_c \right)$$

$$= 194056.41 + 197.52$$

$$= 194253.93\text{m}$$

(7) 평균좌표 $X = \dfrac{(456134.10 + 456134.14)}{2} = 456134.12\text{m}$

$\qquad\qquad Y = \dfrac{(194253.97 + 194253.93)}{2} = 194253.95\text{m}$

(8) 종선교차 및 횡선교차 계산

종선교차 $= 456134.10 - 456134.14 = 0.04\text{m}$

횡선교차 $= 194253.97 - 194253.93 = 0.04\text{m}$

(9) 연결교차 계산

$$\sqrt{0.04^2 + 0.04^2} = 0.06\text{m}$$

교회점계산부

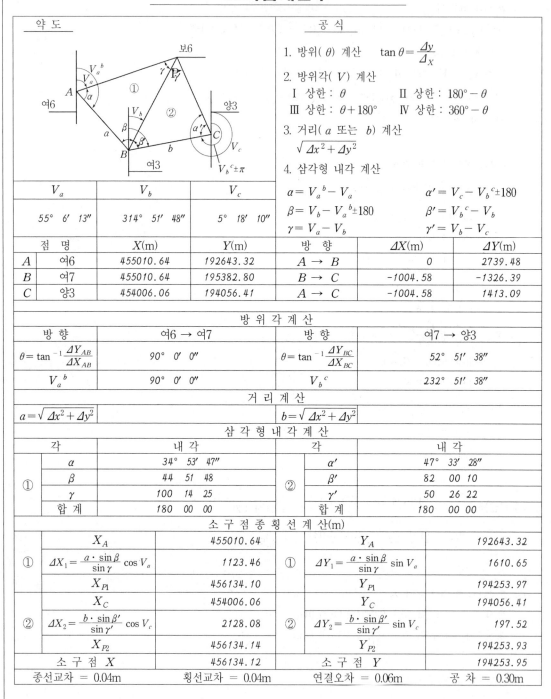

약 도	공 식

공 식

1. 방위(θ) 계산 $\quad \tan\theta = \dfrac{\Delta y}{\Delta x}$

2. 방위각(V) 계산

  Ⅰ 상한 : θ Ⅱ 상한 : $180° - \theta$

  Ⅲ 상한 : $\theta + 180°$ Ⅳ 상한 : $360° - \theta$

3. 거리(a 또는 b) 계산

  $\sqrt{\Delta x^2 + \Delta y^2}$

4. 삼각형 내각 계산

V_a	V_b	V_c
55° 6′ 13″	314° 51′ 48″	5° 18′ 10″

$a = V_a{}^b - V_a$ $\alpha' = V_c - V_b{}^c \pm 180$

$\beta = V_b - V_a{}^b \pm 180$ $\beta' = V_b{}^c - V_b$

$\gamma = V_a - V_b$ $\gamma' = V_b - V_c$

	점 명	X(m)	Y(m)	방 향	ΔX(m)	ΔY(m)
A	여6	455010.64	192643.32	$A \rightarrow B$	0	2739.48
B	여7	455010.64	195382.80	$B \rightarrow C$	-1004.58	-1326.39
C	양3	454006.06	194056.41	$A \rightarrow C$	-1004.58	1413.09

방 위 각 계 산				
방 향	여6 → 여7		방 향	여7 → 양3
$\theta = \tan^{-1}\dfrac{\Delta Y_{AB}}{\Delta X_{AB}}$	90° 0′ 0″		$\theta = \tan^{-1}\dfrac{\Delta Y_{BC}}{\Delta X_{BC}}$	52° 51′ 38″
$V_a{}^b$	90° 0′ 0″		$V_b{}^c$	232° 51′ 38″

거 리 계 산	
$a = \sqrt{\Delta x^2 + \Delta y^2}$	$b = \sqrt{\Delta x^2 + \Delta y^2}$

삼 각 형 내 각 계 산				
각	내 각		각	내 각
① α	34° 53′ 47″	② α'		47° 33′ 28″
β	44 51 48	β'		82 00 10
γ	100 14 25	γ'		50 26 22
합 계	180 00 00	합 계		180 00 00

소 구 점 종 횡 선 계 산 (m)				
① X_A	455010.64	Y_A		192643.32
$\Delta X_1 = \dfrac{a \cdot \sin\beta}{\sin\gamma}\cos V_a$	1123.46	① $\Delta Y_1 = \dfrac{a \cdot \sin\beta}{\sin\gamma}\sin V_a$		1610.65
X_{P1}	456134.10	Y_{P1}		194253.97
② X_C	454006.06	Y_C		194056.41
$\Delta X_2 = \dfrac{b \cdot \sin\beta'}{\sin\gamma'}\cos V_c$	2128.08	② $\Delta Y_2 = \dfrac{b \cdot \sin\beta'}{\sin\gamma'}\sin V_c$		197.52
X_{P2}	456134.14	Y_{P2}		194253.93
소 구 점 X	456134.12	소 구 점 Y		194253.95
종선교차 = 0.04m	횡선교차 = 0.04m	연결오차 = 0.06m		공 차 = 0.30m

03 solution

도근측량계산부(배각법)

측점	시준점	보정치 관측각	반수 수평거리	방위각	종선차(ΔX) 보정치 종선좌표(X)	횡선차(ΔY) 보정치 횡선좌표(Y)
보1	보2	° ′ ″	$\frac{\cdot}{m}$ $\frac{\cdot}{}$	358° 19′ 37″	m 413111.15	m 192369.38
보1	1	−6 46° 54′ 08″	19.05 m 52.50	45° 13′ 39″	36.98 0.01 413148.12	37.27 −0.01 192406.64
1	2	−4 228° 31′ 35″	13.99 m 71.50	93° 45′ 10″	−4.68 0.00 413143.44	71.35 −0.01 192477.98
2	3	−4 152° 54′ 55″	15.01 m 66.63	66° 40′ 01″	26.39 0.00 413169.88	61.18 −0.01 192539.15
3	4	−4 203° 30′ 30″	14.18 m 70.50	90° 10′ 27″	−0.21 0.00 413169.62	70.50 −0.01 192509.64
4	5	−6 135° 00′ 23″	21.93 m 45.60	45° 10′ 44″	32.14 0.00 413201.76	32.34 0.00 192641.98
5	6	−5 205° 04′ 40″	18.00 m 55.55	70° 15′ 19″	18.77 0.00 413220.53	52.28 −0.01 192694.25
6	보10	−4 126° 10′ 39″	11.94 m 83.75	16° 25′ 54″	80.33 −0.01 413300.85	23.69 0.00 192717.94
보10	보11	173° 39′ 40″	114.10 m 446.03	10° 05′ 34″	$\|\Sigma\Delta X\|=199.5$ $\Delta X=189.72$ 기지 $=189.70$	$\|\Sigma\Delta Y\|=348.61$ $\Delta Y=348.61$ 기지 $=348.56$
	$\Sigma a=$ $+T=$ $-180(n+1)=$	1271° 46′ 30″ 358° 19′ 37″ 1620° 00′ 00″			$f(x)=0.02$ 연결오차$=0.05$ 공차$=0.12m$	$f(y)=0.05$
	$T_2'=$ $T_2=$	10° 06′ 07″ 10° 05′ 34″				

04 solution

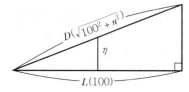

$$D : \sqrt{100^2 + n^2} = L : 100$$

$$L = \frac{100 \times D}{\sqrt{100^2 + n^2}}$$

$$= \frac{100 \times 94}{\sqrt{100^2 + 24^2}}$$

$$= 91.404\text{m}$$

05 solution

가. 방향오차(θ)

$$\theta = \tan^{-1} \frac{BB'}{AB}$$

$$= \tan^{-1}\left(\frac{20.21}{3070.45} \right)$$

$$= 0°\,22'28''$$

나. AB′ 방위각($V_A{}^{B'}$)

$$V_A{}^{B'} = V_A{}^{B} - \theta$$

$$= 97°0'10'' - 0°22'38''$$

$$= 96°\,37'32''$$

06 solution

가. 면적보정계수

$$\frac{300 \times 400}{(300 - 0.6)(400 - 0.6)} = 1.0035$$

나. 신구면적 허용오차

$$\pm 0.026^2 \times M \times \sqrt{F}$$

$$= 0.026^2 \times 1000 \times \sqrt{2001}$$

$$= \pm 30\text{m}^2$$

다. 면적계산

	보정면적	산출면적	결정면적
100번지	$1236.2 \times 1.0035 = 1240.5\text{m}^2$	$\dfrac{2001}{2027.6} \times 1240.5 = 1224.2\text{m}^2$	1224m^2
100−1번지	$784.4 \times 1.0035 = 781.1\text{m}^2$	$\dfrac{2001}{2027.6} \times 787.1 = 776.8\text{m}^2$	777m^2
합계	2027.6m^2	2001m^2	2001m^2

15회 출제예상문제

이 문제는 수험자의 기억을 토대로 작성하였으므로 실제 문제와 일부 다를 수도 있습니다. 해설과 해답은 오류가 없도록 최선을 다하였으나 혹 미미한 부분은 계속 수정 보완하겠습니다.

01. 축척이 1/1,000인 지역에서 원면적이 1,357m²인 마평동 50번지의 토지를 3필지로 분할하기 위하여 전자면적계로 면적을 측정한 결과가 다음과 같을 때, 아래 물음에 답하시오.(단, 도관신축량은 $\Delta x = +0.5mm$, $\Delta y + 0.5mm$이며 계산방법은 지적 관련 법규 및 규정에 따른다.)

지번	1회 측정값(m²)	2회 측정값(m²)
50	321.5	324.7
50-1	616.8	613.3
50-2	404.5	407.8

가. 면적보정계수를 구하시오.(단, 소수 넷째자리까지 구한다.)

나. 분할 후의 각 필지의 면적의 합계와 분할 전 면적과의 오차의 허용범위를 구하시오.

다. 아래의 표를 완성하시오.(단, 보정면적과 산출면적은 계산과정을 제시하여야 한다.)

지번	보정면적(m²)	산출면적(m²)	결정면적(m²)
50			
50-1			
50-2			
합계			

02. 다음은 축척 1/600인 지역에서 2등 도선으로 배각법에 의한 지적도근점측량을 시행한 성과다. 주어진 서식을 이용하여 각 지적도근점의 좌표를 결정하시오.(단, 계산방법 및 서식 작성은 지적 관련 범규 및 규정에 따른다.)

측점	시준점	관측각	수평거리(m)	방위각	계산좌표	
					X좌표(m)	Y좌표(m)
51	52			98° 35′ 18″	16 6156.22	19 3151.60
51	1	142° 16′ 42″	40.10			
1	2	60° 34′ 57″	49.00			
2	3	167° 41′ 15″	25.71			
3	53	70° 56′ 37″	48.80		16 6151.52	19 3182.72
53	54	98° 30′ 30″		278° 35′ 18″		

지적도근측량계산부(배각법)

측점	시준점	보정치 관측각	반수 수평거리	방위각	종선차(ΔX) 보정치 종선좌표(X)	횡선차(ΔY) 보정치 횡선좌표(Y)
		° ′ ″	m	° ′ ″	m	m

03. 평판측량방법에 따른 세부측량을 도선법으로 하여 0.5mm의 폐색오차가 발생하였을 때 아래 물음에 답하시오.

　가. 변의 수가 5개일 때, 도선의 폐색오차가 도상길이의 얼마 이하이어야 하는지 구하시오.(단 폐색오차는 소수 셋째자리까지 구한다.)

　나. 제3측점에 배분하여야 하는 도상길이를 구하시오.

04. 그림과 같은 지적 삼각보조점의 교회망을 관측한 성과가 아래와 같은 경우, 점 P(보 36)의 좌표를 주어진 서식에 의하여 결정하시오.(단, 계산 및 서식의 작성 방법은 지적 관련 법규 및 규정에 따른다.)

1) 기지점좌표

3) 약도

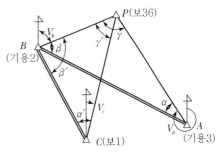

점명	X좌표	Y좌표
A(기용3)	426572.48	183424.75
B(기용2)	427578.89	182709.71
C(보1)	426602.00	182855.08

2) 관측성과

$$V_a = 356° \; 44' \; 27''$$
$$V_b = 90° \; 41' \; 57''$$
$$V_c = 27° \; 53' \; 26''$$

교회점계산부

약 도	공 식

공 식

1. 방위(θ) 계산　　$\tan\theta = \dfrac{\varDelta y}{\varDelta x}$

2. 방위각(V) 계산
　Ⅰ상한 : θ　　　　　Ⅱ상한 : $180° - \theta$
　Ⅲ상한 : $\theta + 180°$　　Ⅳ상한 : $360° - \theta$

3. 거리(a 또는 b)계산
　$\sqrt{\varDelta x^2 + \varDelta y^2}$

4. 삼각형 내각 계산

$\alpha = V_a{}^b - V_a$　　　　$\alpha' = V_c - V_b{}^c \pm \pi$

$\beta = V_b - V_a{}^b \pm \pi$　　　$\beta' = V_b{}^c - V_b$

$\gamma = V_a - V_b$　　　　　$\gamma' = V_b - V_c$

V_a	V_b	V_c

점 명	X(m)	Y(m)	방 향	$\varDelta X$(m)	$\varDelta Y$(m)
A			$A \to B$		
B			$B \to C$		
C			$A \to C$		

방 위 각 계 산

방 향	$\to$	방 향	$\to$
$\theta = \tan^{-1}\dfrac{\varDelta y_a{}^b}{\varDelta x_a{}^b}$		$\theta = \tan^{-1}\dfrac{\varDelta y_b{}^c}{\varDelta x_b{}^c}$	
$V_a{}^b$		$V_b{}^c$	

거 리 계 산

$a = \sqrt{\varDelta x^2 + \varDelta y^2}$		$b = \sqrt{\varDelta x^2 + \varDelta y^2}$	

삼 각 형 내 각 계 산

각	내 각	각	내 각
① α		② α'	
β		β'	
γ		γ'	
합 계		합 계	

소 구 점 종 횡 선 계 산(m)

①	X_a		①	Y_a	
	$\varDelta X_1 = \dfrac{a \cdot \sin\beta}{\sin\gamma}\cos V_a$			$\varDelta Y_1 = \dfrac{a \cdot \sin\beta}{\sin\gamma}\sin V_a$	
	X_{P1}			Y_{P1}	
②	X_C		②	Y_C	
	$\varDelta X_2 = \dfrac{b \cdot \sin\beta'}{\sin\gamma'}\cos V_c$			$\varDelta Y_2 = \dfrac{b \cdot \sin\beta'}{\sin\gamma'}\sin V_c$	
	X_{P2}			Y_{P2}	
소 구 점 X			소 구 점 Y		

종선교차=	횡선교차=	연결오차=	공 차 = 0.30m

05. 아래 도형에서 $\overline{AB}$ = 2,176.65m, ∠A = 67° 48′ 12″, ∠B = 34° 30′ 51″일 때 아래 물음에 답하시오.(단, 각은 초 단위, 길이는 cm 단위까지 계산한다.)

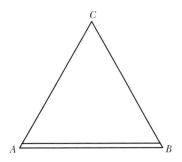

가. ∠BCA의 크기를 구하시오.

나. $\overline{AC}$의 길이를 구하시오.

15회 출제예상문제 해설 및 정답

01 solution

가. 면적보정계수

$$Z = \frac{300 \times 400}{(300 + 0.5)(400 + 0.5)} = 0.9971$$

나. 신·구 허용공차

$$A = \pm 0.026^2 \times M \times \sqrt{F}$$
$$= \pm 0.026^2 \times 1,000 \times \sqrt{1,357}$$
$$= \pm 24 \text{m}^2$$

다. 보정면적, 산출면적, 결정면적

지번	보정면적(m²)	산출면적(m²)	결정면적(m²)
50	322.2	326.2	326
50-1	613.3	620.8	621
50-2	405.0	410.0	410
합계	1340.5	1357.0	1357

02 solution 도근측량계산부(배각법)

측 점	시준점	보정치 관 측 각			반수 수평거리	방위각			종선차(ΔX) 보정치 종선좌표(X)	횡선차(ΔY) 보정치 횡선좌표(Y)
51	52	°	′	″		98	° 35	′ 18 ″	166156.22	193151.60
51	1	142	0 16	42	24.9 40.10	240	52	00	−19.52 0 166136.7	−35.03 0 193116.57
1	2	60	0 34	57	20.4 49.00	121	26	57	−25.57 0 166111.13	41.80 0 193158.37
2	3	167	−1 41	15	38.9 25.71	109	08	11	−8.43 0 166102.70	24.29 0 193182.66
3	53	70	0 56	37	20.5 48.81	0	4	18	48.81 1 166151.52	0.06 0 193182.72
53	54	98	0 30	30	(104.7) 163.62	278	35	18		

	$\Sigma\alpha =$ 540° 0′ −01″							$\Sigma|\Delta X| =$ 102.33	$\Sigma|\Delta Y| =$ 101.18	
	$T_1 =$ 98° 35′ 18″							$\Sigma\Delta X = -4.71$	$\Delta Y =$ 31.12	
	$-180(5-1)=720°$							기지차 = −4.70	기지차 = 31.12	
	$T_2' =$ 278° 35′ 19″							$f(x) = -0.01$	$f(y) = 0.00$	
	$T_2 =$ 278° 35′ 18″									
	오차=+1″ 공차=±67″							연결오차=0.01 공 차=±0.11		

03
solution

가. 폐색공차

$$\frac{\sqrt{N}}{3} = \frac{\sqrt{5}}{3} = 0.745\text{mm}$$

나. 제3측점 배분하여야 할 도상길이

$$e = \frac{\text{오차}}{\text{변의 수}} \times \text{변순서} = \frac{0.05}{5} \times 3 = 0.3\text{mm}$$

04 solution

교회점계산부

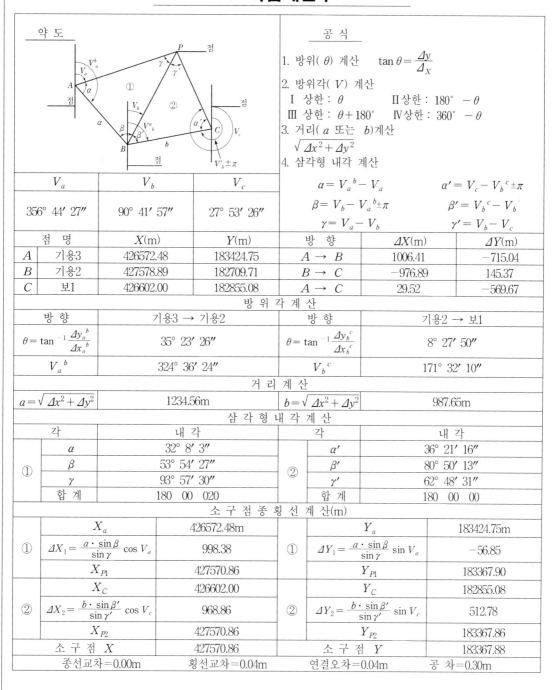

약 도			공 식		
			1. 방위(θ) 계산 $\quad \tan\theta = \dfrac{\Delta y}{\Delta_X}$		
			2. 방위각(V) 계산		
			I 상한 : θ $\qquad$ II상한 : $180° - \theta$		
			III 상한 : $\theta + 180°$ $\quad$ IV상한 : $360° - \theta$		
			3. 거리(a 또는 b)계산		
			$\sqrt{\Delta x^2 + \Delta y^2}$		
			4. 삼각형 내각 계산		

V_a	V_b	V_c	$\alpha = V_a{}^b - V_a$	$\alpha' = V_c - V_b{}^c \pm \pi$
356° 44′ 27″	90° 41′ 57″	27° 53′ 26″	$\beta = V_b - V_a{}^b \pm \pi$	$\beta' = V_b{}^c - V_b$
			$\gamma = V_a - V_b$	$\gamma' = V_b - V_c$

점 명		X(m)	Y(m)	방 향	ΔX(m)	ΔY(m)
A	기용-3	426572.48	183424.75	$A \to B$	1006.41	-715.04
B	기용-2	427578.89	182709.71	$B \to C$	-976.89	145.37
C	보1	426602.00	182855.08	$A \to C$	29.52	-569.67

방 위 각 계 산

방 향	기용3 → 기용2	방 향	기용2 → 보1
$\theta = \tan^{-1}\dfrac{\Delta y_a{}^b}{\Delta x_a{}^b}$	35° 23′ 26″	$\theta = \tan^{-1}\dfrac{\Delta y_b{}^c}{\Delta x_b{}^c}$	8° 27′ 50″
$V_a{}^b$	324° 36′ 24″	$V_b{}^c$	171° 32′ 10″

거 리 계 산

$a = \sqrt{\Delta x^2 + \Delta y^2}$	1234.56m	$b = \sqrt{\Delta x^2 + \Delta y^2}$	987.65m

삼 각 형 내 각 계 산

각		내 각	각		내 각
①	α	32° 8′ 3″	②	α'	36° 21′ 16″
	β	53° 54′ 27″		β'	80° 50′ 13″
	γ	93° 57′ 30″		γ'	62° 48′ 31″
	합 계	180 00 020		합 계	180 00 00

소 구 점 종 횡 선 계 산(m)

①	X_a	426572.48m	①	Y_a	183424.75m	
	$\Delta X_1 = \dfrac{a \cdot \sin\beta}{\sin\gamma}\cos V_a$	998.38		$\Delta Y_1 = \dfrac{a \cdot \sin\beta}{\sin\gamma}\sin V_a$	-56.85	
	X_{P1}	427570.86		Y_{P1}	183367.90	
②	X_C	426602.00	②	Y_C	182855.08	
	$\Delta X_2 = \dfrac{b \cdot \sin\beta'}{\sin\gamma'}\cos V_c$	968.86		$\Delta Y_2 = \dfrac{b \cdot \sin\beta'}{\sin\gamma'}\sin V_c$	512.78	
	X_{P2}	427570.86		Y_{P2}	183367.86	
	소 구 점 X	427570.86		소 구 점 Y	183367.88	

종선교차=0.00m	횡선교차=0.04m	연결오차=0.04m	공 차=0.30m

05
solution

가. ∠BCA

$\angle C = 180 - (67° \ 48' \ 12'' + 34° \ 30' \ 51'')$

$= 77° \ 40' \ 57''$

나. $\overline{AC}$의 길이를 구하세요.

$$\frac{\overline{AB}}{\sin C} = \frac{\overline{AC}}{\sin B}$$

$$\overline{AC} = \frac{\sin B}{\sin C} \times \overline{AB}$$

$$= \frac{\sin \ 34° \ 30' \ 51''}{\sin \ 77° \ 40' \ 57''} \times 2176.65$$

$$= 1262.37 \text{m}$$

16회 출제예상문제

Cadastral Surveying

이 문제는 수험자의 기억을 토대로 작성하였으므로 실제 문제와 일부 다를 수도 있습니다. 해설과 해답은 오류가 없도록 최선을 다하였으나 혹 미미한 부분은 계속 수정 보완하겠습니다.

01. 아래의 도형에서 $\overline{AD}$ = 67.36m, $\overline{BC}$ = 58.48m, α = 65° 32′ 30″일 때, □ABCD의 면적을 구하시오. (단, 면적은 소수 둘째 자리까지 구하시오.)

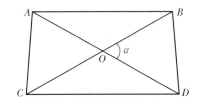

02. 축척 1/600 지역에서 배각법에 의한 1등 도선으로 지적도근점측량을 실시한 결과가 아래와 같을 때 주어진 서식을 완성하시오.(단, 서식의 작성 및 계산 방법은 지적 관련 법규 및 규정에 따른다.)

구분	X좌표(m)	Y좌표(m)
보3	45 7745.25	19 4023.59
보10	45 7937.52	19 3442.92
출발기지방위각	181° 19′ 50″	
도착기지방위각	1° 23′ 30″	

측점	시준점	관측값	거리(m)
보3	보1		
보3	1	91° 41′ 30″	51.40
1	2	258° 45′ 15″	62.65
2	3	135° 20′ 35″	48.96
3	4	210° 24′ 50″	157.85
4	5	113° 38′ 15″	47.59
5	6	187° 22′ 00″	72.10
6	7	167° 45′ 35″	83.65
7	8	96° 54′ 10″	52.20
8	보10	266° 16′ 10″	215.85
보10	보5	271° 55′ 35″	

지적도근측량계산부(배각법)

측점	시준점	보정치 관측각	반수 수평거리	방위각	종선차(ΔX) 보정치 종선좌표(X)	횡선차(ΔY) 보정치 횡선좌표(Y)
		° ′ ″	· ___ m	° ′ ″	m ___ ___ ·	m ___ ___ ·
		___	· ___		___ ___	___ ___
		___	· ___		___ ___	___ ___
		___	· ___		___ ___ ·	___ ___ ·
		___	· ___		___ ___	___ ___
		___	· ___		___ ___ ·	___ ___ ·
		___	· ___		___ ___	___ ___
		___	· ___		___ ___	___ ___ ·
		___	· ___		___ ___	___ ___
		___	· ___		___ ___	___ ___
		___	· ___		___ ___	___ ___
		___	· ___		___ ___	___ ___
		___	· ___ ·		___ ___	___ ___ ·

03. 그림과 같은 교회망에서 기지점의 좌표와 관측방위각이 아래와 같을 때, 주어진 서식을 이용하여 P점의 좌표를 결정하시오.(단, 각은 초 단위까지, 거리는 0.01m까지 계산하며 서식의 작성 및 기타 계산 방법은 지적 관련 법규 및 규정에 따른다.)

1) 기지점 좌표

점명	X좌표(m)	Y좌표(m)
A	482181.32	192947.79
B	481026.21	193858.23
C	480695.81	192264.03

2) 관측방위각

$$V_A = 78°16'34''$$

$$V_b = 11°58'47''$$

$$V_c = 47°27'52''$$

[약도]

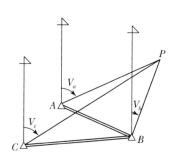

교회점계산부

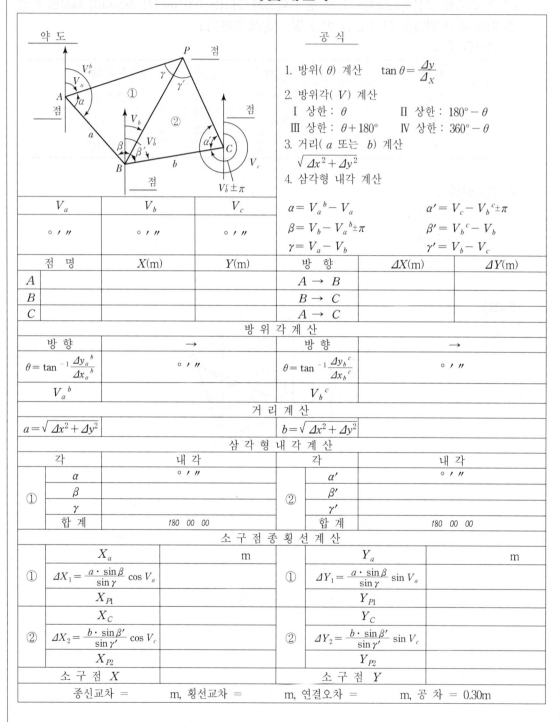

04. 아래의 측량 결과를 이용하여 각 측선의 방위각과 방위를 계산하시오.

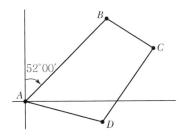

측선	거리(m)	내각	방위각	방위
AB	10.63	∠BAD= 67° 00′	52° 00′	
BC	4.10	∠CBA= 81° 45′		
CD	7.69	∠DCB=118° 30′		
DA	7.13	∠ADC= 92° 45′		

05. 1200분의 1지역에서 원면적이 3500m²인 호원동 100번지의 토지를 3필지로 분할하기 위하여 전자면적 측정기로 면적을 측정한 결과가 아래와 같을 때, 물음에 답하시오.(단, 도곽신축량은 △X = +0.5mm, △y = +0.5mm이며 계산 방법은 지적 관련 법규 및 규정에 따른다.)

지번	측정면적(m²)	
	1회	2회
100	1234.6	1235.8
100−1	965.9	965.2
100−2	1299.5	1299.3

가. 면적보정계수를 구하시오.

나. 분할 후의 각 필지의 면적의 합계와 분할 전 면적과의 오차의 허용범위를 구하시오.

다. 각 필지별 결정면적을 구하시오.

지번	결정면적(m²)
100	
100−1	
100−2	
합계	

16회 출제예상문제 해설 및 정답

01 solution

$$\square \mathrm{ABCD} \; 면적 = \frac{1}{2} \times \overline{AD} \times \overline{BC} \times \sin\alpha$$

$$= \frac{1}{2} \times 67.36 \times 58.48 \times \sin 65°32'30''$$

$$= 1792.86\mathrm{m}^2$$

02 solution 지적도근측량계산부(배각법)

측점	시준점	보정치 관측각	반수 수평거리	방위각	종선차(ΔX) 보정치 종선좌표(X)	횡선차(ΔY) 보정치 횡선좌표(Y)
보3	보1	° ′ ″	$\dfrac{\cdot}{m}$ $\dfrac{}{\cdot}$	181° 19′ 50″	m 457745.25	m 194023.59
보3	1	−2 91° 41′ 30″	19.5 51.40	273° 01′ 18″	2.71 0 457747.96	−51.33 0.01 3972.27
1	2	−2 258° 45′ 15″	16.0 62.65	351° 46′ 31″	62.01 0 457809.97	−8.96 0 193963.31
2	3	−2 135° 20′ 35″	20.4 48.96	307° 07′ 04″	29.55 0 457839.52	−39.04 0.01 193924.28
3	4	−1 210° 24′ 50″	6.3 157.85	337° 31′ 53″	145.87 0 457985.39	−60.33 0.01 193863.96
4	5	−2 113° 38′ 15″	21.0 47.59	271° 10′ 06″	0.97 0 457986.36	−47.58 0.01 193816.39
5	6	−2 187° 22′ 00″	13.9 72.10	278° 32′ 04″	10.70 0 457997.06	−71.30 0.01 193745.10
6	7	−1 167° 45′ 35″	12.0 83.65	266° 17′ 38″	−5.41 0 457991.65	−83.48 0.01 193661.63
7	8	−2 96° 54′ 10″	19.2 52.20	183° 11′ 46″	−52.12 0 457939.53	−2.91 0 193658.72
8	보10	−1 266° 16′ 10″	4.6 215.85	269° 27′ 55″	−2.01 0 457937.52	−215.84 0.04 193442.92
보10	보5	271° 55′ 35″	(132.9) (792.25)	1° 23′ 30″		
	$\Sigma a=$ 1800° 3′ 55″ $+ T_1 =$ 181° 19′ 50″ $-180(n-1)=$ 1° 23′ 45″ $T_2'=$ 1° 23′ 45″ $T_2 =$ 1° 23′ 30″ 오차= 15″ 공차= ±63″		· · · · ·		$\Sigma\|\Delta x\| = 311.35$ $\Sigma\Delta x = 192.27$ 기지 $= 192.27$ $f(x) = 0$ 연결오차 $= -0.1m$	$\Sigma\|\Delta y\| = 580.77$ $\Sigma\Delta y = -580.77$ 기지 $= -580.67$ $f(y) = -0.1$ 공차 $= \pm0.16m$

03 교회점계산부
solution

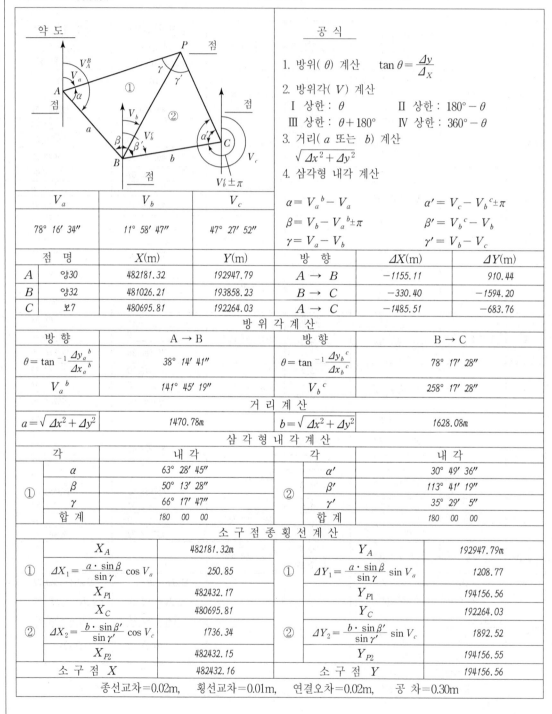

약 도	공 식

약 도

공 식

1. 방위(θ) 계산 $\tan\theta = \dfrac{\varDelta y}{\varDelta X}$

2. 방위각(V) 계산
  Ⅰ 상한 : θ Ⅱ 상한 : $180° - \theta$
  Ⅲ 상한 : $\theta + 180°$ Ⅳ 상한 : $360° - \theta$

3. 거리(a 또는 b) 계산
  $\sqrt{\varDelta x^2 + \varDelta y^2}$

4. 삼각형 내각 계산

$a = V_a{}^b - V_a$ $\alpha' = V_c - V_b{}^c \pm \pi$

$\beta = V_b - V_a{}^b \pm \pi$ $\beta' = V_b{}^c - V_b$

$\gamma = V_a - V_b$ $\gamma' = V_b - V_c$

V_a	V_b	V_c
78° 16′ 34″	11° 58′ 47″	47° 27′ 52″

점 명		X(m)	Y(m)	방 향	$\varDelta X$(m)	$\varDelta Y$(m)
A	양30	482181.32	192947.79	$A \to B$	−1155.11	910.44
B	양32	481026.21	193858.23	$B \to C$	−330.40	−1594.20
C	보7	480695.81	192264.03	$A \to C$	−1485.51	−683.76

방 위 각 계 산				
방 향	$A \to B$		방 향	$B \to C$
$\theta = \tan^{-1}\dfrac{\varDelta y_a{}^b}{\varDelta x_a{}^b}$	38° 14′ 41″		$\theta = \tan^{-1}\dfrac{\varDelta y_b{}^c}{\varDelta x_b{}^c}$	78° 17′ 28″
$V_a{}^b$	141° 45′ 19″		$V_b{}^c$	258° 17′ 28″

거 리 계 산			
$a = \sqrt{\varDelta x^2 + \varDelta y^2}$	1470.78m	$b = \sqrt{\varDelta x^2 + \varDelta y^2}$	1628.08m

삼 각 형 내 각 계 산					
각		내 각	각		내 각
①	α	63° 28′ 45″	②	α'	30° 49′ 36″
	β	50° 13′ 28″		β'	113° 41′ 19″
	γ	66° 17′ 47″		γ'	35° 29′ 5″
	합 계	180 00 00		합 계	180 00 00

소 구 점 종 횡 선 계 산					
①	X_A	482181.32m	①	Y_A	192947.79m
	$\varDelta X_1 = \dfrac{a \cdot \sin\beta}{\sin\gamma}\cos V_a$	250.85		$\varDelta Y_1 = \dfrac{a \cdot \sin\beta}{\sin\gamma}\sin V_a$	1208.77
	X_{P1}	482432.17		Y_{P1}	194156.56
②	X_C	480695.81	②	Y_C	192264.03
	$\varDelta X_2 = \dfrac{b \cdot \sin\beta'}{\sin\gamma'}\cos V_c$	1736.34		$\varDelta Y_2 = \dfrac{b \cdot \sin\beta'}{\sin\gamma'}\sin V_c$	1892.52
	X_{P2}	482432.15		Y_{P2}	194156.55
소 구 점 X		482432.16	소 구 점 Y		194156.56

종선교차=0.02m,   횡선교차=0.01m,   연결오차=0.02m,   공 차=0.30m

04 solution

측선	거리(m)	내각	방위각	방위
AB	10.63	∠BAD=67° 00′	52° 00′	N52°E
BC	4.10	∠CBA=81° 45′	150° 15′	S29°45′E
CD	7.69	∠DCB=118° 30′	211° 45′	S31°45′W
DA	7.13	∠ADC=92° 45′	299°	N61°W

05 solution

가. 면적보정계수

$$\frac{333.33 \times 416.67}{(333.33+0.5)(416.67+0.5)} = 0.9973$$

나. 오차의 허용범위

$$\pm 0.026^2 \times 1200 \times \sqrt{3500} = \pm 47 \text{m}^2$$

다. 결정면적

지번	결정면적(m²)
100	1235
100−1	966
100−2	1299
합계	3500

17회 출제예상문제

Cadastral Surveying

이 문제는 수험자의 기억을 토대로 작성하였으므로 실제 문제와 일부 다를 수도 있습니다. 해설과 해답은 오류가 없도록 최선을 다하였으나 혹 미미한 부분은 계속 수정 보완하겠습니다.

* 다음 물음에 대한 답을 해당 답란에 답하시오.

01. 축척 1/1200 지역에서 평판측량을 교회법으로 시행하여 시오삼각형이 아래 그림과 같이 생겼다. 도상에서 각 변의 길이가 6.5mm, 7.0mm, 4.5mm일 때 내접원의 도상 반경(r)을 구하시오(단, mm단위로 소수 셋째자리에서 반올림하여 소수 둘째자리까지 구하시오.)

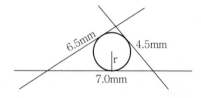

계산과정)

답 : _____

02. 다음 교회점의 관측결과를 바탕으로 주어진 서식에 의하여 소구점(P)의 좌표를 계산하시오.(단, 서식의 작성 및 계산방법은 지적 관련 법규 및 규정을 따른다.)

• 기지점

점명	종선좌표(m)	횡선좌표(m)
보1(A)	4829.71	5656.58
보2(B)	7645.72	4418.95
보3(C)	5579.28	2163.87

• 소구방위각

$V_a = 260° 17' 55''$

$V_b = 193° 51' 27''$

$V_c = 126° 34' 11''$

• 약도

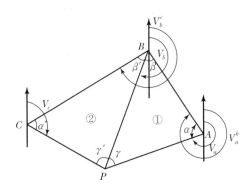

교회점계산부

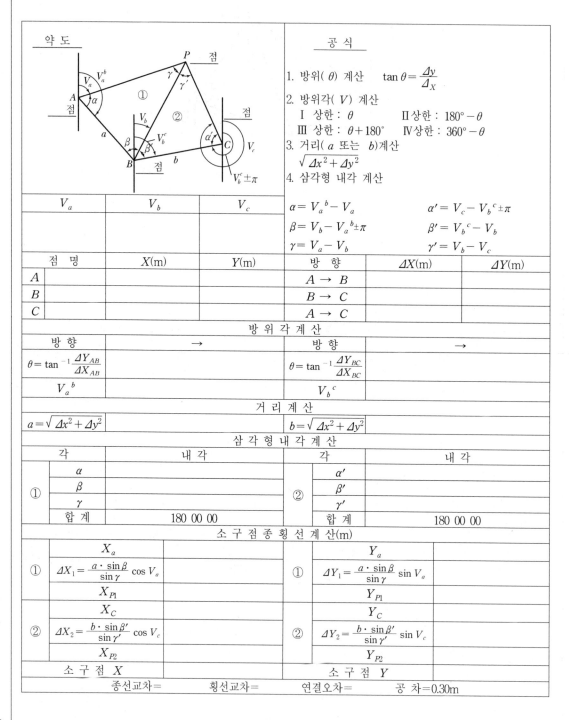

03. 삼각형 ABC에서 AB의 방위각이 50° 30′ 20″인 경우, BC 및 CA의 방위각을 구하시오.(단, ∠A = 80° 12′ 10″, ∠B = 67° 37′ 10″, ∠C = 32° 10′ 40″이다.)

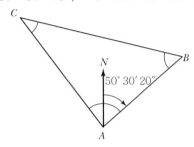

계산과정)

답 BC의 방위각 : _____   CA의 방위각 : _____

04. 배각법에 의한 지적도근점측량의 관측 성과가 아래와 같을 때, 주어진 서식을 이용하여 각 점의 좌표를 구하시오.(단, 도선명은 "가"이고, 축척은 1/10000이며 계산 및 서식의 작성방법은 지적 관련 법규 및 규정에 따른다.)

측점	시준범	관측각	수평거리(m)	방위각	종선좌표(m)	횡선좌표(m)
원12	원21			108° 14′ 13″	7698.11	−1890.61
원12	1	55° 27′ 10″	68.12			
1	2	161° 18′ 14″	98.41			
2	3	230° 56′ 32″	68.79			
3	4	104° 18′ 14″	56.15			
4	5	174° 04′ 55″	52.82			
5	6	171° 57′ 36″	81.43			
6	7	271° 12′ 11″	42.87			
7	8	103° 28′ 31″	63.10			
8	9	193° 14′ 08″	70.70			
9	원15	189° 26′ 19″	38.03		7259.64	−1544.71
원15	원22	48° 01′ 06″		11° 39′ 56″		

도근측량계산부(배각법)

측점	시준점	보정치 관측각	반수 수평거리	방위각	종선차(ΔX) 보정치 종선좌표	횡선차(ΔY) 보정치 횡선좌표
		° ′ ″	· m	° ′ ″	m ·	m ·
			·			
			·			
			·			
			·			
			·			
			·			
			·			
			·			
			·			
			·			
			·			
		보정치 수평거리	반수		보정치	보정치
			·			

05. 축척 1.1200 지역에서 원면적이 1300m²인 토지를 3필지로 분할하기 위하여 전자면적계로 면적을 측정한 결과 A = 261m², B = 572m², C = 471m²이었다. 이 도면의 도곽 신축량이 - 0.6mm일 때 지적 관련 법규 및 규정에 의하여 아래 사항들을 계산하시오.

가. 면적보정계수를 구하시오.(단, 소수점 이하 4자리까지 구하시오.)
계산과정)

답 _____

나. 분할 후의 각 필지의 면적의 합계와 분할 전 면적과의 오차의 허용범위를 구하시오.
계산과정)

답 ± _____

다. 각 지번별 보정면적을 구하시오.

지번	계산과정	보정면적(m²)
A		
B		
C		
합계		

라. 각 지번별 결정면적을 구하시오.

지번	계산과정	결정면적(m²)
A		
B		
C		
합계		

17회 출제예상문제 해설 및 정답

01 solution

$$S = \frac{6.5 + 7.0 + 4.5}{2} = 9.0\text{mm}$$

$$R = \sqrt{\frac{(S-a)(S-b)(S-c)}{S}} = \sqrt{\frac{(9-6.5)(9-7.0)(9-4.5)}{9}}$$

$$= 1.58\text{mm}$$

02 solution 교회점계산부

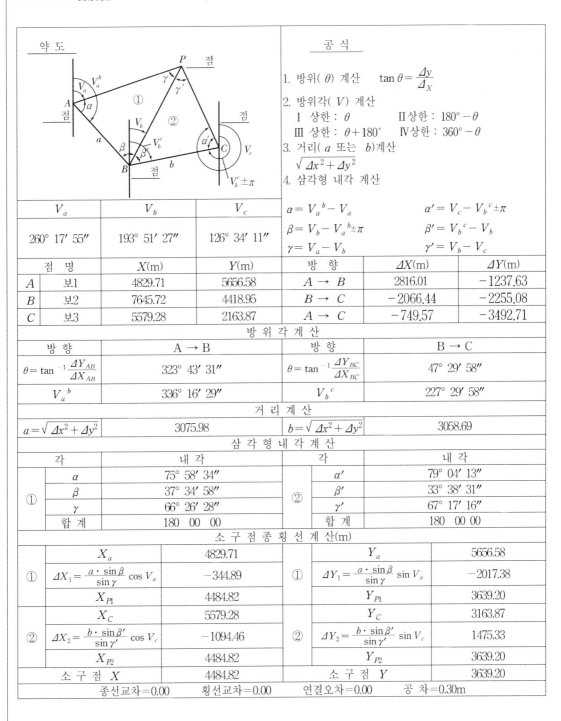

V_a	V_b	V_c
260° 17′ 55″	193° 51′ 27″	126° 34′ 11″

공 식

1. 방위(θ) 계산　　$\tan\theta = \dfrac{\Delta y}{\Delta X}$
2. 방위각(V) 계산
　Ⅰ 상한 : θ　　　　　Ⅱ상한 : $180° - \theta$
　Ⅲ상한 : $\theta + 180°$　　Ⅳ상한 : $360° - \theta$
3. 거리(a 또는 b)계산
　$\sqrt{\Delta x^2 + \Delta y^2}$
4. 삼각형 내각 계산

$\alpha = V_a{}^b - V_a$　　　　　$\alpha' = V_c - V_b{}^c \pm \pi$
$\beta = V_b - V_a{}^b \pm \pi$　　　$\beta' = V_b{}^c - V_b$
$\gamma = V_a - V_b$　　　　　$\gamma' = V_b - V_c$

점 명		X(m)	Y(m)	방 향	ΔX(m)	ΔY(m)
A	보1	4829.71	5656.58	$A \to B$	2816.01	-1237.63
B	보2	7645.72	4418.95	$B \to C$	-2066.44	-2255.08
C	보3	5579.28	2163.87	$A \to C$	-749.57	-3492.71

방 위 각 계 산

방 향	$A \to B$	방 향	$B \to C$
$\theta = \tan^{-1}\dfrac{\Delta Y_{AB}}{\Delta X_{AB}}$	323° 43′ 31″	$\theta = \tan^{-1}\dfrac{\Delta Y_{BC}}{\Delta X_{BC}}$	47° 29′ 58″
$V_a{}^b$	336° 16′ 29″	$V_b{}^c$	227° 29′ 58″

거 리 계 산

$a = \sqrt{\Delta x^2 + \Delta y^2}$	3075.98	$b = \sqrt{\Delta x^2 + \Delta y^2}$	3058.69

삼 각 형 내 각 계 산

	각	내 각		각	내 각
①	α	75° 58′ 34″	②	α'	79° 04′ 13″
	β	37° 34′ 58″		β'	33° 38′ 31″
	γ	66° 26′ 28″		γ'	67° 17′ 16″
	합 계	180 00 00		합 계	180 00 00

소 구 점 종 횡 선 계 산(m)

①	X_a	4829.71	①	Y_a	5656.58
	$\Delta X_1 = \dfrac{a \cdot \sin\beta}{\sin\gamma}\cos V_a$	-344.89		$\Delta Y_1 = \dfrac{a \cdot \sin\beta}{\sin\gamma}\sin V_a$	-2017.38
	X_{P1}	4484.82		Y_{P1}	3639.20
②	X_C	5579.28	②	Y_C	3163.87
	$\Delta X_2 = \dfrac{b \cdot \sin\beta'}{\sin\gamma'}\cos V_c$	-1094.46		$\Delta Y_2 = \dfrac{b \cdot \sin\beta'}{\sin\gamma'}\sin V_c$	1475.33
	X_{P2}	4484.82		Y_{P2}	3639.20
소 구 점 X		4484.82	소 구 점 Y		3639.20

종선교차=0.00	횡선교차=0.00	연결오차=0.00	공 차=0.30m

03 solution

BC방위각

$$V_B^C = V_B^a + \angle B$$

$$= V_a^b + 180° + \angle B$$

$$= 230° \, 30' \, 20'' + 67° \, 37' \, 10''$$

$$= 298° \, 7' \, 30''$$

CA방위각

$$V_C^a = V_C^B + \angle C$$

$$V_c^B = V_B^c - 180°$$

$$= 150° \, 18' \, 10''$$

04 solution

도근측량계산부(배각법)

측점	시준점	보정치 관측각	반수 수평거리	방위각	종선차(ΔX) 보정치 종선좌표	횡선차(ΔY) 보정치 횡선좌표
원12	원21	° ′ ″	$\cdot$ m $\cdot$	108° 14′ 13″	m 7698.11	m −1890.61
원12	1	4 55° 27′ 10″	14.68 68.12	163° 41′ 27″	−65.38 −0.02 7632.71	19.13 0 −1871.48
1	2	3 161° 18′ 14″	10.16 98.41	144° 59′ 44″	−80.61 −0.03 7552.07	56.45 −0.01 −1815.04
2	3	4 230° 56′ 32″	14.54 68.79	195° 56′ 20″	−66.15 −0.02 7485.90	−18.89 0 −1833.93
3	4	5 104° 18′ 14″	17.81 56.15	120° 14′ 39″	−28.28 −0.01 7457.61	48.51 0 −1785.42
4	5	5 174° 04′ 55″	18.93 52.82	114° 19′ 39″	−21.76 −0.01 7435.84	48.13 0 −1737.29
5	6	4 171° 57′ 36″	12.28 81.43	106° 17′ 19″	−22.84 −0.01 7412.99	78.16 −0.01 −1659.14
6	7	7 271° 12′ 11″	23.33 42.87	197° 29′ 37″	−40.89 −0.02 7372.08	−12.89 0 −1672.03
7	8	4 103° 28′ 31″	15.85 63.10	120° 58′ 12″	−32.47 −0.01 7339.60	54.10 0 −1617.93
8	9	4 193° 14′ 08″	14.14 70.70	134° 12′ 24″	−49.30 −0.05 7290.28	50.68 0 −1567.25
9	원15	7 189° 26′ 19″	26.30 38.08	143° 38′ 50″	−30.63 −0.01 7259.64	22.54 0 −1544.71
원15	원22	48° 01′ 06″	168.02 640.42	11° 39′ 56″		
	$\Sigma\alpha =$ $+ T =$ $-180(n-1)$	1703° 24′ 56″ 108° 14′ 13″ 1800° 00′ 00″	$\cdot$ $\cdot$		$\Sigma|\Delta X| = 438.31$ $\Sigma\Delta X = -438.31$	$\Sigma|\Delta Y| = 409.48$ $\Sigma\Delta Y = 345.92$
	$T_2' =$ $T_2 =$	11° 39′ 9″ 11° 39′ 56″	$\cdot$ $\cdot$		기지$= -438.47$ $f(x) = 0.16$	기지$= 345.90$ $f(y) = 0.02$
	오차$=$ 공차$=$	−47″ ±66″	$\cdot$ $\cdot$		연결오차$= 0.16$ 공차$= \pm 0.25$	

05
solution

가. 면적보정계수

$$Z = \frac{X \cdot Y}{\Delta X \cdot \Delta Y} \text{로} \quad \frac{333.33 \times 416.67}{(333.33 - 0.6)(416.67 - 0.6)} = 1.0032$$

나. 신구면적 허용오차

$$\pm 0.026^2 \cdot M\sqrt{F}$$
$$\pm 0.026^2 \times 1200 \times \sqrt{1300} = \pm 29\text{m}^2$$

다. 측정면적×보정계수=보정면적

A=261×1.0032=261.8 　　　　보정면적 : 262m²

B=572×1.0032=573.8 　　　　보정면적 : 574m²

C=471×1.0032=472.5 　　　　보정면적 : 472m²

합계 : 261.8＋573.8＋472.5 　　　보정면적 : 1308m²

라. 산출면적계산 $= \dfrac{\text{원면적}}{\text{보정 면적의 합계}} \times$ 필지별 보정면적

$A = = \dfrac{1300}{1308} \times 262 = 260.4$ 　　　　결정면적 : 260m²

$B = = \dfrac{1300}{1308} \times 574 = 570.4$ 　　　　결정면적 : 571m²

$C = = \dfrac{1300}{1308} \times 472 = 469.1$ 　　　　결정면적 : 469m²

합계 : 260.4＋570.4＋469.1 　　　결정면적 : 1300m²

18회 출제예상문제

Cadastral Surveying

이 문제는 수험자의 기억을 토대로 작성하였으므로 실제 문제와 일부 다를 수도 있습니다. 해설과 해답은 오류가 없도록 최선을 다하였으나 혹 미미한 부분은 계속 수정 보완하겠습니다.

01. 축척 1/500 지역에서 배각법에 의한 지적도근점측량을 실시한 결과가 아래와 같을 때 주어진 서식을 완성하시오.(단, '가' 도선이며, 서식의 작성 및 계산 방법은 지적 관련 법규 및 규정에 따른다.)(12점)

[기지점(고초원점)]

점명	종선좌표(m)	횡선좌표(m)
보7	−25.85	−119.43
보5	−438.59	227.61

[기지방위각]
 출발기지방위각 = 264° 46′ 51″
 도착기지방위각 = 180° 35′ 53″

측점	시준점	관측각	수평거리
보7	보8	0° 00′ 00″	
보7	1	267° 55′ 11″	49.58m
1	2	127° 36′ 43″	78.55m
2	3	276° 47′ 18″	112.41m
3	4	172° 01′ 25″	70.34m
4	5	131° 28′ 54″	45.22m
5	6	125° 18′ 51″	41.29m
6	7	149° 47′ 34″	80.67m
7	8	280° 15′ 59″	123.78m
8	보5	97° 48′ 48″	233.93m
보5	보6	266° 49′ 13″	

지적도근측량계산부(배각법)

측점	시준점	보정치 관측각	반수 수평거리	방위각	종선차(*ΔX*) 보정치 종선좌표(*X*)	횡선차(*ΔY*) 보정치 횡선좌표(*Y*)
		° ′ ″	· m	° ′ ″	m	m
			·			
			·			
			·		·	·
			·		·	·
			·		·	·
			·		·	·
			·		·	·
			·		·	·
			·		·	·
			·		·	·
			·		·	·
			·			

02. 지적삼각보조점의 교회망을 관측한 성과가 아래와 같을 때 점P(보36)의 좌표를 서식을 완성하여 구하시오.(단, 계산방법과 서식의 작성은 지적 관련 법규 및 규정에 따른다.)(12점)

[기지점좌표]

점명	종선좌표(m)	횡선좌표(m)
기용-3(A)	426572.48	183424.75
기용-2(B)	427578.89	182709.71
보1(C)	426602.00	182855.08

[약도]

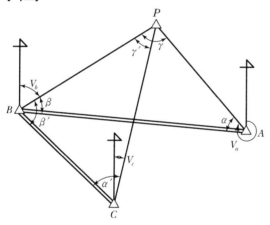

[관측성과]

$V_a = 356°44'27''$

$V_b = 90°41'57''$

$V_c = 27°53'26''$

교회점계산부

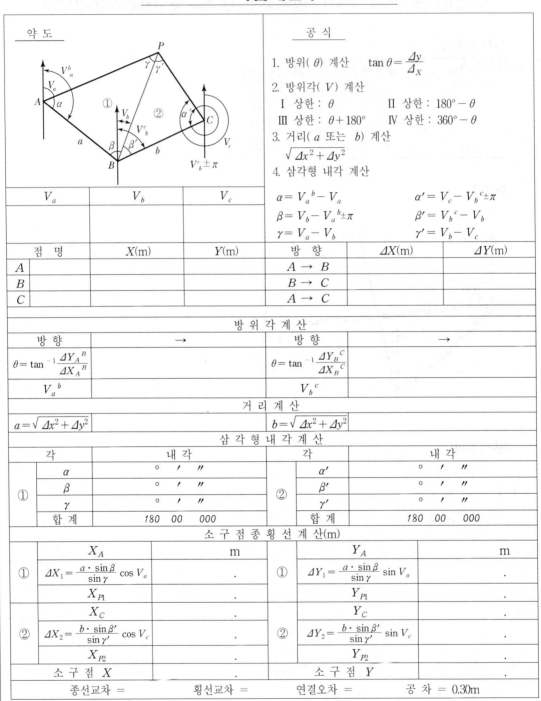

약 도	공 식

공 식

1. 방위(θ) 계산 $\tan\theta = \dfrac{\Delta y}{\Delta_X}$

2. 방위각(V) 계산

  Ⅰ 상한 : θ Ⅱ 상한 : $180° - \theta$

  Ⅲ 상한 : $\theta + 180°$ Ⅳ 상한 : $360° - \theta$

3. 거리(a 또는 b) 계산

  $\sqrt{\Delta x^2 + \Delta y^2}$

4. 삼각형 내각 계산

V_a	V_b	V_c

$a = V_a^{\ b} - V_a$ $\alpha' = V_c - V_b^{\ c} \pm \pi$

$\beta = V_b - V_a^{\ b} \pm \pi$ $\beta' = V_b^{\ c} - V_b$

$\gamma = V_a - V_b$ $\gamma' = V_b - V_c$

점 명	X(m)	Y(m)	방 향	ΔX(m)	ΔY(m)
A			$A \rightarrow B$		
B			$B \rightarrow C$		
C			$A \rightarrow C$		

방 위 각 계 산				
방 향	$\rightarrow$		방 향	$\rightarrow$
$\theta = \tan^{-1}\dfrac{\Delta Y_A^{\ B}}{\Delta X_A^{\ B}}$			$\theta = \tan^{-1}\dfrac{\Delta Y_B^{\ C}}{\Delta X_B^{\ C}}$	
$V_a^{\ b}$			$V_b^{\ c}$	

거 리 계 산	
$a = \sqrt{\Delta x^2 + \Delta y^2}$	$b = \sqrt{\Delta x^2 + \Delta y^2}$

삼 각 형 내 각 계 산					
	각	내 각		각	내 각
①	α	° ′ ″	②	α'	° ′ ″
	β	° ′ ″		β'	° ′ ″
	γ	° ′ ″		γ'	° ′ ″
	합 계	180 00 000		합 계	180 00 000

소 구 점 종 횡 선 계 산(m)					
	X_A	m		Y_A	m
①	$\Delta X_1 = \dfrac{a \cdot \sin\beta}{\sin\gamma}\cos V_a$	.	①	$\Delta Y_1 = \dfrac{a \cdot \sin\beta}{\sin\gamma}\sin V_a$	.
	X_{P1}			Y_{P1}	
	X_C	.		Y_C	
②	$\Delta X_2 = \dfrac{b \cdot \sin\beta'}{\sin\gamma'}\cos V_c$	.	②	$\Delta Y_2 = \dfrac{b \cdot \sin\beta'}{\sin\gamma'}\sin V_c$	.
	X_{P2}	.		Y_{P2}	.
	소 구 점 X	.		소 구 점 Y	.

종선교차 =	횡선교차 =	연결오차 =	공 차 = 0.30m

03. 일반원점지역에서 삼각점 성과표상의 좌표가 X = − 4572.37m, Y = 2145.39m이다. 이를 지적좌표계로 환산하여 삼각점을 포용하는 축척 1/1200 지역의 지적도 도곽선의 좌표를 계산하시오.(8점)

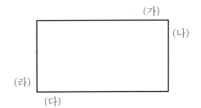

가. 상단종선좌표
나. 우측횡선좌표
다. 하단종선좌표
라. 좌측횡선좌표

04. 다음 삼각형에서 $\angle \beta$의 크기와 방위각 $V_c^{\ b}$를 구하시오.(6점)

[각의 크기]

$V_a^{\ b}$: 98° 46′

V_a : 49° 40′

V_b : 4° 24′

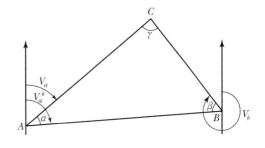

05. 축척 1/1000인 지역에서 원면적이 2001m²인 100번지의 토지를 분할하기 위하여 전자면적계로 면적을 측정하여 100번지는 1236.2m², 100 − 1번지는 784.4m²를 얻었을 때 아래 물음에 답하시오.(단, 도면의 신축량은 $\Delta X = -0.6$mm, $\Delta Y = -0.6$mm이며 계산방법은 지적 관련 법규 및 규정에 따른다.)(10점)

가. 면적보정계수
나. 신구면적허용오차

다. 면적계산(단, 계산과정을 포함하여 각각의 면적을 계산·결정한다.)

	보정면적	산출면적	결정면적
100번지			
100-1번지			
합계			

06. 기지점 A에서 기지점 B를 관측한 결과, 각도가 실제보다 α(1° 12′ 34″)만큼 오측되었을 때 아래 물음에 답하시오.(7점)

기지점	종선좌표(m)	횡선좌표(m)
A	45 7544.62	21 5379.91
B	45 7519.85	21 7704.23

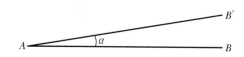

가. 기지점 B의 위치(좌표)를 구하시오.

나. 오측 결과로 계산한 연결오차(BB′)를 구하시오.

18회 출제예상문제 해설 및 정답

01
solution

지적도근측량계산부(배각법)

측점	시준점	보정치 관측각	반수 수평거리	방위각	종선차(ΔX) 보정치 종선좌표(X)	횡선차(ΔY) 보정치 횡선좌표(Y)
보7	보8	$\circ$ $\quad'\quad''$	$\underline{\quad\quad}$ m	264° 46′ 51″	m $\underline{\quad\quad}$ -25.85	m $\underline{\quad\quad}$ -119.43
보7	1	-9 267° 55′ 11″	20.17 49.58	172° 41′ 53″	-49.18 0.01 -75.02	6.30 0 -113.13
1	2	-5 127° 36′ 43″	12.73 78.55	120° 18′ 31″	-39.64 0.01 -114.65	67.81 -0.01 -45.33
2	3	-4 276° 47′ 18″	8.90 112.41	217° 5′ 45″	-89.66 0.02 -204.29	-67.80 -0.01 -113.14
3	4	-6 172° 01′ 25″	14.22 70.34	209° 7′ 4″	-61.45 0.02 -265.72	-34.23 0 -147.37
4	5	-9 131° 28′ 54″	22.11 45.22	160° 35′ 49″	-42.65 0.01 -308.36	15.02 0 -132.35
5	6	-10 125° 18′ 51″	24.22 41.29	105° 54′ 30″	-11.32 0 -319.68	89.71 -0.01 -92.65
6	7	-5 149° 47′ 34″	12.40 80.67	75° 41′ 59″	19.93 0.01 -299.74	78.17 -0.01 -14.49
7	8	-4 280° 15′ 59″	8.08 123.78	175° 57′ 54″	-123.47 0.03 -423.18	8.71 0 -5.78
8	보5	-2 97° 48′ 48″	4.47 233.93	93° 46′ 40″	-15.41 0 -438.59	233.42 -0.03 227.61
보5	보6	$\underline{\quad\quad}$ 266° 49′ 13″	(127.3) (825.77)	180° 35′ 53″	$\sum\|\Delta X\| = \underline{452.71}$ $\sum\Delta X = \underline{-412.85}$ 기지 $= \underline{-412.74}$	$\sum\|\Delta Y\| = \underline{551.17}$ $\sum\Delta Y = \underline{347.11}$ 기지 $= \underline{347.04}$
	$\sum a =$	1895° 49′ 56″	$\underline{\quad\cdot\quad}$		$f(x) = \underline{-0.11}$	$f(x) = \underline{0.07}$
	$+ T_1 =$	264° 46′ 51″			$\underline{\quad\quad}$	$\underline{\quad\quad}$
	$-180(n-1) =$	1620° 0′ 0″			$\underline{\quad\cdot\quad}$	$\underline{\quad\cdot\quad}$
	$T_2{}' =$	180° 36′ 47″	$\underline{\quad\cdot\quad}$		연결오차 $=$	0.13m
	$- T_2 =$	180° 35′ 53″	$\cdot$		공차 $=$	±0.14m
	오차 $=$	54″	$\cdot$			
	공차 $=$	±63″				

02 solution

교회점계산부

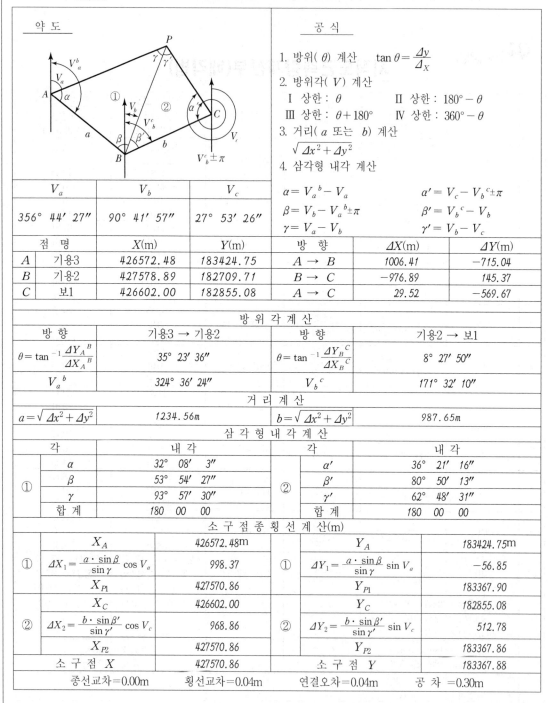

약 도

공 식

1. 방위(θ) 계산　　$\tan\theta=\dfrac{\Delta y}{\Delta x}$

2. 방위각(V) 계산
　Ⅰ 상한 : θ　　　　　Ⅱ 상한 : $180°-\theta$
　Ⅲ 상한 : $\theta+180°$　　Ⅳ 상한 : $360°-\theta$

3. 거리(a 또는 b) 계산
　　$\sqrt{\Delta x^2+\Delta y^2}$

4. 삼각형 내각 계산

V_a	V_b	V_c
356° 44′ 27″	90° 41′ 57″	27° 53′ 26″

$\alpha=V_a{}^b-V_a$　　　　　　$\alpha'=V_c-V_b{}^c\pm\pi$

$\beta=V_b-V_a{}^b\pm\pi$　　　　$\beta'=V_b{}^c-V_b$

$\gamma=V_a-V_b$　　　　　　　$\gamma'=V_b-V_c$

	점 명	X(m)	Y(m)	방 향	ΔX(m)	ΔY(m)
A	기용3	426572.48	183424.75	$A \to B$	1006.41	−715.04
B	기용2	427578.89	182709.71	$B \to C$	−976.89	145.37
C	보1	426602.00	182855.08	$A \to C$	29.52	−569.67

방 위 각 계 산				
방 향	기용3 → 기용2		방 향	기용2 → 보1
$\theta=\tan^{-1}\dfrac{\Delta Y_A{}^B}{\Delta X_A{}^B}$	35° 23′ 36″		$\theta=\tan^{-1}\dfrac{\Delta Y_B{}^C}{\Delta X_B{}^C}$	8° 27′ 50″
$V_a{}^b$	324° 36′ 24″		$V_b{}^c$	171° 32′ 10″

거 리 계 산			
$a=\sqrt{\Delta x^2+\Delta y^2}$	1234.56m	$b=\sqrt{\Delta x^2+\Delta y^2}$	987.65m

삼 각 형 내 각 계 산					
각		내 각	각		내 각
①	α	32° 08′ 3″	②	α'	36° 21′ 16″
	β	53° 54′ 27″		β'	80° 50′ 13″
	γ	93° 57′ 30″		γ'	62° 48′ 31″
	합 계	180　00　00		합 계	180　00　00

소 구 점 종 횡 선 계 산(m)					
①	X_A	426572.48m	①	Y_A	183424.75m
	$\Delta X_1=\dfrac{a\cdot\sin\beta}{\sin\gamma}\cos V_a$	998.37		$\Delta Y_1=\dfrac{a\cdot\sin\beta}{\sin\gamma}\sin V_a$	−56.85
	X_{P1}	427570.86		Y_{P1}	183367.90
②	X_C	426602.00	②	Y_C	182855.08
	$\Delta X_2=\dfrac{b\cdot\sin\beta'}{\sin\gamma'}\cos V_c$	968.86		$\Delta Y_2=\dfrac{b\cdot\sin\beta'}{\sin\gamma'}\sin V_c$	512.78
	X_{P2}	427570.86		Y_{P2}	183367.86
소 구 점 X		427570.86	소 구 점 Y		183367.88

종선교차=0.00m	횡선교차=0.04m	연결오차=0.04m	공 차 =0.30m

03 solution

계산과정

① 종선좌표

$-4572.37 \div 400 = -11.43$

$-11 \times 400 = -4400$

$-4400 + 500000 = 495600$

② 횡선좌표

$2145.39 \div 500 = 4.29$

$4 \times 500 = 2000$

$2000 + 200000 = 202000$

답 가. <u>495600m</u>　나. <u>202500m</u>　다. <u>495200m</u>　라. <u>202000m</u>

04 solution

$\alpha = V_A{}^B - V_a = 49°06'00''$

$\beta = V_b - V_B{}^A = 85°38'00''$

$V_C{}^b = V_a + 180 - \gamma = 49°40' + 180 - 45°16' = 184°24'00''$

답 $\angle\beta$: <u>85° 38′ 00″</u>　$V_c{}^b$ <u>184° 24′ 00″</u>

05 solution

가. 면적보정계수

$$\frac{300 \times 400}{(300 - 0.6)(400 - 0.6)} = 1.0035$$

나. 신구면적허용오차

$\pm 0.026^2 \times 1000 \times \sqrt{2001} = \pm 30$

다. 면적계산

	보정면적	산출면적	결정면적
100번지	$1236.2 \times 1.0035 = 1240.5$	$\frac{2001}{2027.6} \times 1240.5 = 1224.2$	1224m^2
100－1번지	$784.4 \times 1.0035 = 787.1$	$\frac{2001}{2027.6} \times 787.1 = 776.8$	777m^2
합계	2027.6m^2	2001	2001m^2

06
solution

가. B의 위치(좌표)

$$V_A{}^B = V_A{}^B(참값) - \alpha(오차값)$$

$$= 90°36'38'' - 1°12'34''$$

$$= 89°24'4''$$

$$\theta = \tan^{-1}\left(\frac{\Delta y}{\Delta x}\right)$$

$$= \tan^{-1}\left(\frac{2324.32}{24.77}\right)$$

$$= 89°23'22''$$

$$V_A{}^B = 180 - 89°23'22''$$

$$= 90°36'38''$$

$$\overline{AB} = \sqrt{(7544.62 - 7519.85)^2 + (5379.91 - 7704.23)^2}$$

$$= 2324.45$$

$$B_X = A_X + (AB \times \cos V_A{}^B)$$

$$B_X = 457544.62 + (2324.45 \times \cos 89°24'4'')$$

$$= 457568.92$$

$$B_Y = A_Y + (AB \times \sin V_A{}^B)$$

$$B_Y = 215379.91 + (2324.45 \times \sin 89°24'4'')$$

$$= 217704.23$$

$$\therefore \quad X : 457568.92, \quad Y : 217704.23$$

나. 연결오차(BB')

1) BB' 계산

$$\tan\alpha = \frac{BB'}{AB}$$

$$BB' = AB \times \tan\alpha$$

$$BB' = 2324.45 \times \tan 1°12'34'' = 49.07 \, m$$

2) BB' 계산

$$\overline{AB} : \overline{BB'} = \rho'' : \alpha$$

$$\overline{BB'} = \frac{\overline{AB} \times \alpha}{\rho''}$$

$$\overline{BB'} = \frac{2324.45 \times 1°12'34''}{0°0'206265''} = 49.07 \, m$$

$$\therefore \quad 49.07 m$$

답 가. $X :$ __457568.92__ $Y :$ __217704.23__   **나.** __49.07__

수평각점표귀심계산부(진수)

측점명   점

$$r'' = \frac{K}{D \cdot \sin 1''}$$

K : 편심거리
D : 삼각점간거리

K =

=

=

D =

=

=

편심시준점	$O' =$	$P' =$	$Q' =$
관측방향각	° ′ ″	° ′ ″	° ′ ″
K	m	m	m
$1/D$			
$1/\sin 1''$	206264.81	206264.81	206264.81
r''	″	″	″
r	′ ″	′ ″	′ ″
중심방향각	° ′ ″	° ′ ″	° ′ ″
비고	r : r''를 분초로 환산 기입하고 편심 관측방향이 중심 방향선의 좌측에 있는 때에는(+), 우측에 있는 때에는 (−)부호를 붙인다. K : 5m 이내일 것 D : 약치라도 가함		

약 도

※ 중심 방향선은 실지와 부합하도록 기입할 것
C=측점
O', P', Q'=편심시준점

수평각측점귀심계산부

[별지 제35호 서식]

	측점명	점	360° 00′ 00″

$r'' = \dfrac{K \cdot \sin\alpha}{D \cdot \sin 1''}$

α : 관측방향각 $+ (360° - \theta)$

K : 편심거리(5m 이내)

D : 삼각점간 거리(약치도 가함)

$K =$ ___ m

$\theta =$

$360° - \theta =$

시준점	$O=$			$P=$			$Q=$			$R=$			$S=$		
관측방향각	°	′	″	°	′	″	°	′	″	°	′	″	°	′	″
$360° - \theta$	°	′	″	°	′	″	°	′	″	°	′	″	°	′	″
α	+ °	′	″	+ °	′	″	+ °	′	″	+ °	′	″	+		

	$O=$	$P=$	$Q=$	$R=$	$S=$
$\dfrac{1}{D}$					
$\dfrac{1}{\sin 1''}$	206264.8	206264.8	206264.8	206264.8	
K	m	m	m	m	
$\sin\alpha$					
r''	× ″	× ″	× ″	× ″	×
r	′ ″	′ ″	′ ″	′ ″	″
중심방향각	° ′ ″	° ′ ″	° ′ ″	° ′ ″	° ′ ″
C점에서 O점을 0°한 중심방향각	° ′ ″	° ′ ″	° ′ ″	° ′ ″	° ′ ″
중심각	° ′ ″	° ′ ″	° ′ ″	° ′ ″	

비고	D : 중심삼각점과 시준점간 거리 r'' : 초를 단위로 한, 귀심화수 r : 분초를 환산한, 귀심화수 $\Big\}$ 부호는 $\sin\alpha$의 정, 부에 따라 붙임

약 도

C : 중심삼각점
E : 편심측점
K : 편심거리

표고계산부

<table>
<tr><td>약 도</td><td>공 식</td></tr>
<tr><td>

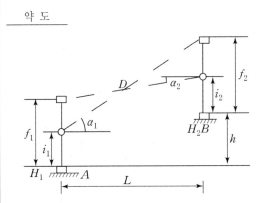

</td><td>

$H_2 = H_1 + h$

$h = L \cdot \tan(a_1 - a_2)/2 + (i_1 - i_2 + f_1 - f_2)/2$

$L = D \cdot \cos a_1$ 또는 a_2

H_1 : 기지점 표고 $a_1,\ a_2$: 연직각

H_2 : 소구점 표고 $i_1,\ i_2$: 기계고

h : 고저차 $f_1,\ f_2$: 시준고

L : 수평거리 D : 경사거리

</td></tr>
</table>

기지점명	점	점	점	점
소구점명	점		점	
L	m	m	m	m
a_1	° ′ ″	° ′ ″	° ′ ″	° ′ ″
a_2	° ′ ″	° ′ ″		
$(a_1 - a_2)$	° ′ ″	° ′ ″		
$\tan\left(\dfrac{a_1 - a_2}{2}\right)$				
$L \cdot \tan\left(\dfrac{a_1 - a_2}{2}\right)$	m	m	m	m
i_1	m	m	m	m
i_2	m	m	m	m
f_1	m	m	m	m
f_2	m	m	m	m
$\dfrac{(i_1 - i_2) + (f_1 - f_2)}{2}$	m	m	m	m
h	m	m	m	m
H_1	m	m	m	m
H_2	m	m	m	m
평 균	m		m	
교 차	m		m	
공 차	m		m	
평 균		검 사 자		

평면거리계산부

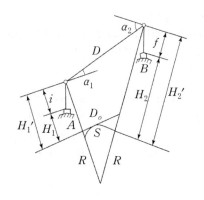

약 도	공 식
	○연직각에 의한 계산 $S = D \cdot \cos \frac{1}{2}(a_1 + a_2) - \frac{D(H_1' + H_2')}{2R}$ ○표고에 의한 계산 $S = D - \frac{(H_1' - H_2')^2}{2D} - \frac{D(H_1' + H_2')}{2R}$ ○평면거리 $D_o = S \times K \left(K = 1 + \frac{(Y_1 + Y_2)^2}{8R^2} \right)$ D : 경사거리 $\quad\quad R$: 곡률반경(6372199.7m) S : 기준면거리 $\quad\quad i$: 기계고 H_1, H_2 : 표고 $\quad\quad f$: 시준고 a_1, a_2 : 연직각(절대치) $\quad\quad K$: 축척계수 Y_1, Y_2 : 원점에서 삼각점까지의 횡선거리(km)

연직각에 의한 계산		표고에 의한 계산	
방 향		점 $\longrightarrow$ 점	
D		D	
a_1		$2D$	
a_2		H_1'	
$\frac{1}{2}(a_1 + a_2)$		H_2'	
$\cos \frac{1}{2}(a_1 + a_2)$		$(H_1' - H_2')$	
$D \cdot \cos \frac{1}{2}(a_1 + a_2)$		$(H_1' - H_2')^2$	

$H_1' = H_1 + i$		$\frac{(H_1' - H_2')^2}{2D}$	
$H_2' = H_2 + f$		$D - \frac{(H_1' - H_2')^2}{2D}$	
R	6372199.7m	R	6372199.7m
$2R$	12744399.3m	$2R$	12744399.3m
$\frac{D(H_1' + H_2')}{2R}$		$\frac{D(H_1' + H_2')}{2R}$	
S		S	
Y_1		Y_1	
Y_2		Y_2	
$(Y_1 + Y_2)^2$		$(Y_1 + Y_2)^2$	
$8R^2$	324839427.7km	$8R^2$	324839427.7km
$K = 1 + \frac{(Y_1 + Y_2)^2}{8R^2}$		$K = 1 + \frac{(Y_1 + Y_2)^2}{8R^2}$	
$S \times K$		$S \times K$	
평 균 (D_o)		m	
계 산 자		검 사 자	

교차점계산부

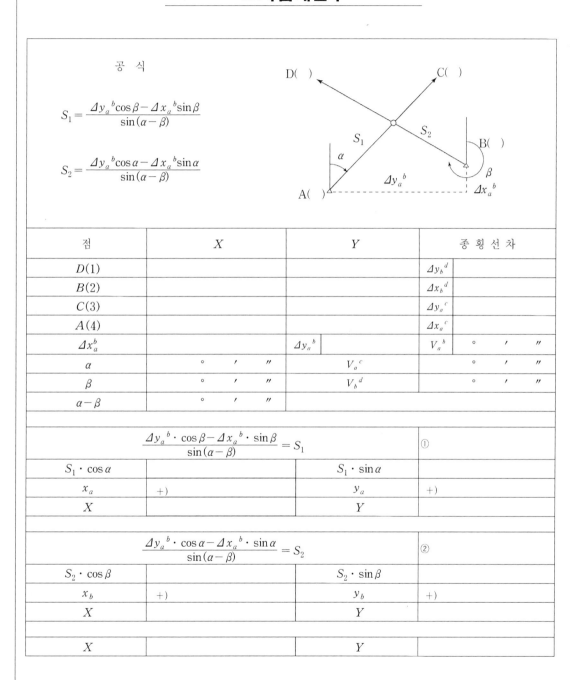

점	X		Y	종 횡 선 차			
$D(1)$				$\Delta y_b^{\ d}$			
$B(2)$				$\Delta x_b^{\ d}$			
$C(3)$				$\Delta y_a^{\ c}$			
$A(4)$				$\Delta x_a^{\ c}$			
$\Delta x_a^{\ b}$		$\Delta y_a^{\ b}$		$V_a^{\ b}$	°	′	″
α	° ′ ″		$V_a^{\ c}$		°	′	″
β	° ′ ″		$V_b^{\ d}$		°	′	″
$\alpha-\beta$	° ′ ″						

$\dfrac{\Delta y_a^{\ b}\cdot\cos\beta-\Delta x_a^{\ b}\cdot\sin\beta}{\sin(\alpha-\beta)}=S_1$		①
$S_1\cdot\cos\alpha$	$S_1\cdot\sin\alpha$	
x_a +)	y_a +)	+)
X	Y	

$\dfrac{\Delta y_a^{\ b}\cdot\cos\alpha-\Delta x_a^{\ b}\cdot\sin\alpha}{\sin(\alpha-\beta)}=S_2$		②
$S_2\cdot\cos\beta$	$S_2\cdot\sin\beta$	
x_b +)	y_b +)	+)
X	Y	

X	Y

원과 직선의 교점좌표 계산부

공 식

$E = \Delta y_o{}^P \cos \alpha_o - \Delta x_o{}^P \sin \alpha_o$

$\sin \phi = E/R$

검산공식

$\tan \alpha_0 = \dfrac{\Delta y_P{}^a}{\Delta x_P{}^a}$

$S = \dfrac{\Delta x_P{}^a}{\cos \alpha_o}$

$\quad = \dfrac{\Delta y_P{}^a}{\sin \alpha_o}$

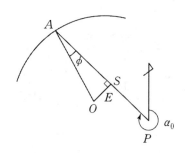

(1~5) : 소수5자리 각도는 0.1″ 기타항(좌표)=소수점 2자리(m)

점		X	Y	R	
P					
O					
$\Delta x_o{}^P,\ \Delta y_o{}^P$					
	$\Delta y_o{}^P \cos \alpha_o$		α_o		
	$\Delta x_o{}^P \sin \alpha_o$		$\phi = \sin^{-1}\dfrac{E}{R}$		
	E		$V_O{}^A = \alpha_o + \phi$		
	$R \cdot \cos V_o{}^A$		$R \cdot \sin V_o{}^A$		
	x_o		y_o		
	x_a		y_a		
검	x_p		y_P		
	$\Delta x_P{}^a$		$\Delta y_P{}^a$		
산	$\dfrac{\Delta x_P{}^a}{\cos \alpha_o}$		$\dfrac{\Delta y_P{}^a}{\sin \alpha_o}$		
	$\tan^{-1}\dfrac{\Delta y_P{}^a}{\Delta x_P{}^a}$				

교점다각망계산부(X, Y형)

약 도		

조건식	I	$(1)-(2)+w_1=0$	조건식	I	$(1)-(2)+w_1=0$
	II	$(2)-(3)+w_2=0$		II	$(2)-(3)+w_2=0$
	III	$(3)-(4)+w_3=0$			

경중률		ΣN	ΣS	경중률		ΣN	ΣS
	(1)				(1)		
	(2)				(2)		
	(3)				(3)		
	(4)						

1. 방위각

순서	도선	관 측	보정	평 균
I	(1)			
	(2)			
	w_1			
II	(2)			
	(3)			
	w_2			
III	(3)			
	(4)			
	w_3			

2. 종선좌표

순서	도선	관 측(m)	보정	평 균(m)
I	(1)			
	(2)			
	w_1			
II	(2)			
	(3)			
	w_2			
III	(3)			
	(4)			
	w_3			

3. 횡선좌표

순서	도선	관 측(m)	보정	평 균(m)
I	(1)			
	(2)			
	w_1			
II	(2)			
	(3)			
	w_2			
III	(3)			
	(4)			
	w_3			

4. 계산

1) 방 위 각 $= \dfrac{\left[\dfrac{\Sigma a}{\Sigma N}\right]}{\left[\dfrac{1}{\Sigma N}\right]} = \underline{\hspace{4cm}} = $

2) 종선좌표 $= \dfrac{\left[\dfrac{\Sigma X}{\Sigma S}\right]}{\left[\dfrac{1}{\Sigma S}\right]} = \underline{\hspace{4cm}} = $

3) 횡선좌표 $= \dfrac{\left[\dfrac{\Sigma Y}{\Sigma S}\right]}{\left[\dfrac{1}{\Sigma S}\right]} = \underline{\hspace{4cm}} = $

$W=$오차, $N=$도선별 점수, $S=$측점간 거리, $a=$관측방위각

교점다각망계산부(H, A형)

약 도

조건식	Ⅰ	$(1)-(2)+w_1=0$
	Ⅱ	$(2)+(3)-(4)+w_2=0$
	Ⅲ	$(4)-(5)+w_3=0$

경중률		ΣN	ΣS
	(1)		
	(2)		
	(3)		
	(4)		
	(5)		

1. 방위각

순서	도선	관 측	보정	평 균
Ⅰ	(1)	° ′ ″		° ′ ″
	(2)			
	w_1			
Ⅱ	(2)+(3)			
	(4)			
	w_2			
Ⅲ	(4)			
	(5)			
	w_3			

2. 종선좌표

순서	도선	관 측	보정	평 균
Ⅰ	(1)			m
	(2)			
	w_1			
Ⅱ	(2)+(3)			
	(4)			
	w_2			
Ⅲ	(4)			
	(5)			
	w_3			

3. 횡선좌표

순서	도선	관 측	보정	평 균
Ⅰ	(1)			
	(2)			
	w_1			
Ⅱ	(2)+(3)			
	(4)			
	w_2			
Ⅲ	(4)			
	(5)			
	w_3			

4. 계산

1) 상관방정식

순서	ΣN	ΣS	Ⅰ	Ⅱ	Ⅲ
(1)					
(2)					
(3)					
(4)					
(5)					

2) 표준방정식(방위각)

Ⅰ	Ⅱ	Ⅲ	W_a	Σ	

3) 표준방정식(종·횡선좌표)

Ⅰ	Ⅱ	Ⅲ	W_x	Σ	W_y	Σ

5) 정해(방위각)

I	II	III	W_a	Σ

6) 정해(종횡선좌표)

I	II	III	W_a	Σ	W_y	Σ

7) 상관계수(방위각)

C_1	C_2	C_3

8) 상관계수(종선좌표)

C_1	C_2	C_3

9) 상관계수(횡선좌표)

C_1	C_2	C_3

10) 보정계수(방위각)

도선	C_1	C_2	C_3	Σ
1				
2				
3				
4				
5				

11) 보정계수(종선좌표)

도선	C_1	C_2	C_3	Σ
1				
2				
3				
4				
5				

12) 보정계수(횡선좌표)

도선	C_1	C_2	C_3	Σ
1				
2				
3				
4				
5				

도근측량계산부(배각법)

측 점	시준점	보정치 관 측 각	반수 수평거리	방위각	종선차(ΔX) 보정치 종선좌표(X)	횡선차(ΔY) 보정치 횡선좌표(Y)
		° ′ ″	m	° ′ ″	m	m

도근측량계산부(방위각법)

측 점	시준점	보정치 방 위 각	수평거리	개정방위각	종선차(ΔX) 보정치 종선좌표(X)	횡선차(ΔY) 보정치 횡선좌표(Y)
		° ′ ″	m	° ′ ″	m	m

교회점계산부

[별지 제35호 서식]

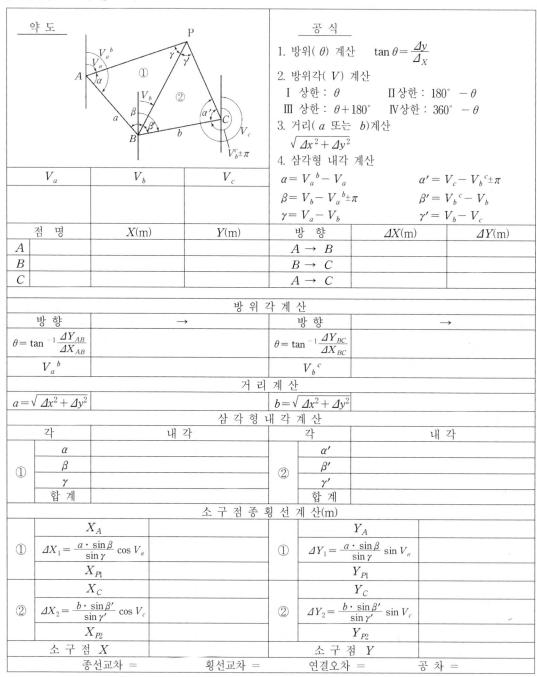

약 도			공 식		
			1. 방위(θ) 계산 $\tan\theta = \dfrac{\Delta y}{\Delta x}$		
			2. 방위각(V) 계산		
			Ⅰ상한 : θ Ⅱ상한 : $180° - \theta$		
			Ⅲ상한 : $\theta + 180°$ Ⅳ상한 : $360° - \theta$		
			3. 거리(a 또는 b)계산		
			$\sqrt{\Delta x^2 + \Delta y^2}$		
			4. 삼각형 내각 계산		

V_a	V_b	V_c	$\alpha = V_a{}^b - V_a$	$\alpha' = V_c - V_b{}^c \pm \pi$
			$\beta = V_b - V_a{}^b \pm \pi$	$\beta' = V_b{}^c - V_b$
			$\gamma = V_a - V_b$	$\gamma' = V_b - V_c$

점 명	X(m)	Y(m)	방 향	ΔX(m)	ΔY(m)
A			$A \rightarrow B$		
B			$B \rightarrow C$		
C			$A \rightarrow C$		

방 위 각 계 산				
방 향	$\rightarrow$	방 향		$\rightarrow$
$\theta = \tan^{-1}\dfrac{\Delta Y_{AB}}{\Delta X_{AB}}$		$\theta = \tan^{-1}\dfrac{\Delta Y_{BC}}{\Delta X_{BC}}$		
$V_a{}^b$		$V_b{}^c$		

거 리 계 산		
$a = \sqrt{\Delta x^2 + \Delta y^2}$	$b = \sqrt{\Delta x^2 + \Delta y^2}$	

삼 각 형 내 각 계 산				
각	내 각	각		내 각
① α		② α'		
β		β'		
γ		γ'		
합계		합계		

소 구 점 종 횡 선 계 산(m)				
① X_A		① Y_A		
$\Delta X_1 = \dfrac{a \cdot \sin\beta}{\sin\gamma}\cos V_a$		$\Delta Y_1 = \dfrac{a \cdot \sin\beta}{\sin\gamma}\sin V_a$		
X_{P1}		Y_{P1}		
② X_C		② Y_C		
$\Delta X_2 = \dfrac{b \cdot \sin\beta'}{\sin\gamma'}\cos V_c$		$\Delta Y_2 = \dfrac{b \cdot \sin\beta'}{\sin\gamma'}\sin V_c$		
X_{P2}		Y_{P2}		
소 구 점 X		소 구 점 Y		
종선교차 =	횡선교차 =	연결오차 =		공 차 =

조 정 관

- jgcho68@hojungs.kr
- **주요약력**
- 지적학 박사
- 지적기술사
- 한국산업관리공단 지적기사 감독 및 채점위원
- 한국산업관리공단 측량 및 지형공간(산업)기사 감독 및 채점위원
- 한국인물사 등재
- 국토교통부 장관상, 해양수산부 장관상, 미래창조과학부 장관상, 행정자치부 장관상 외 다수
- (前) 북한 개성공단 확정측량사업 수행, 도면전산화사업, 3D사업 담당
- (前) 해외사업(방글라데시, 튀니지, 탄자니아, 에티오피아) PM
- (前) 한국국토정보공사 사업개발부, 미래사업단, 글로벌사업처, 기획조정실 근무
- (前) 한국지적기술사회 총무이사, LX지사 여수지사장
- (前) 한국국토정보공사 국토정보교육원 교수실장
- (現) HOJUNG SOLUTIONS CO., Ltd. Chief Consultant

- **저서**
- 「포인트 지적기술사」 예문사
- 「포인트 측량 및 지형공간정보 기사·산업기사」 예문사
- 「필답형/작업형 지적실기 기사·산업기사」 예문사
- 「지적법규」 예문사
- 「지적전산학」 성안당
- 「지적측량학」 지적에듀
- 「지적전산학 물제풀이」 지적에듀
- 「필답형/작업형 지적기사 실기 과년도 문제풀이」 예문사
- 「필답형/작업형 지적산업기사 실기 과년도 문제풀이」 예문사

박 민 호

- mhpark@mokpo.ac.kr
- **주요약력**
- 공학석사(서울대학교)
- 공학박사(서울대학교)
- 국립목포대학교 지적학과 교수

- **저서 및 논문**
- 「필답형/작업형 지적실기 기사·산업기사」 예문사
- 「필답형/작업형 지적기사 실기 과년도문제해설」 예문사
- 「필답형/작업형 지적산업기사 실기 과년도문제해설」 예문사

최승영

- sychoi@mokpo.ac.kr
- 주요약력
- 법학박사(토지관계법)
- 공인중개사(부동산공시법) 출제위원
- 감정평가사(부동산관계법규) 출제위원
- 국가고시 5급 일반승진(중앙인사위원회) 출제위원
- 서울특별시 지방공무원 5급 일반승진임용시험 출제위원
- 서울특별시, 경기도, 충남, 대전, 경북, 울산, 전남, 전북 지방공무원 9급 임용시험 (지적법규) 출제위원
- 한국부동산학회 학술이사
- 한국지적학회 이사(토지정보분과위원장)
- 한국지적정보학회 이사(토지법분과위원장)
- 現) 국립 목포대학교 지적학과 교수

- 저서 및 논문
- 토지사법(2002년) [전남대출판부]
- 토지공법(2002년) [전남대출판부 외]
- 지적법규 [예문사]
- 필답형/작업형 지적실기 기사·산업기사 [예문사]

조형식

- f15kdaum@hanmail.net
- 주요약력
- 측량및지형공간정보 박사
- 측량및지형공간정보기술사
- 지적기사

- 저서
- 포인트 토목산업기사 과년도 문제해설 [예문사]
- 포인트 측량및지형공간정보 기사·산업기사 실기 [예문사]
- 필답형/작업형 지적실기 기사·산업기사 [예문사]

■ 도움을 주신 분들

- 한국국토정보공사 공간정보연구원 김현필
- 한국국토정보공사 경기도본부 박근표
- 한국국토정보공사 울산경남본부 김영민
- 한국국토정보공사 광주전남본부 김옥두
- 한국국토정보공사 여수지사 장내원
- 한국국토정보공사 여수지사 강현구

필답형/작업형

지적실기 기사 · 산업기사

발행일 | 2007. 2. 8 초판 발행
2007. 5. 30 개정 1판 1쇄
2008. 1. 25 개정 2판 1쇄
2009. 4. 20 개정 3판 1쇄
2010. 1. 30 개정 4판 1쇄
2011. 1. 31 개정 5판 1쇄
2012. 1. 31 개정 6판 1쇄
2012. 9. 20 개정 7판 1쇄
2013. 7. 10 개정 8판 1쇄
2014. 3. 10 개정 9판 1쇄
2015. 2. 10 개정 10판 1쇄
2016. 3. 25 개정 10판 2쇄
2017. 4. 10 개정 10판 3쇄
2018. 4. 20 개정 10판 4쇄
2019. 4. 10 개정 10판 5쇄
2020. 7. 1 개정 10판 6쇄
2021. 4. 10 개정 10판 7쇄
2021. 8. 30 개정 11판 1쇄
2022. 3. 30 개정 11판 2쇄
2023. 1. 10 개정 11판 3쇄
2025. 1. 10 개정 12판 1쇄

저 자 | 조정관 · 박민호 · 최승영 · 조형식
발행인 | 정용수
발행처 | 예문사

주 소 | 경기도 파주시 직지길 460(출판도시) 도서출판 예문사
T E L | 031) 955 – 0550
F A X | 031) 955 – 0660
등록번호 | 11 – 76호

정가 : 38,000원

ISBN 978–89–274–5504–2 13530